ALLE · ZEIT · WACH
1842

Franz X. Eder

Arbeitsmethoden der Thermodynamik

Band I

Temperaturmessung

Mit 301 Abbildungen

Springer-Verlag Berlin Heidelberg New York 1981

Dr.-Ing. Franz Xaver Eder
Professor an der Technischen Universität München
ehem. Direktor des Zentralinstituts für Tieftemperaturforschung
der Bayerischen Akademie der Wissenschaften, München

CIP-Kurztitelaufnahme der Deutschen Bibliothek

Eder, Franz Xaver
Arbeitsmethoden der Thermodynamik / F. X. Eder.
Bd. 1. Temperaturmessung.
Berlin, Heidelberg, New York: Springer, 1981

ISBN-13: 978-3-642-48047-8 e-ISBN-13: 978-3-642-48046-1
DOI: 10.1007/978-3-642-48046-1

Softcover reprint of the hardcover 1st edition 1981

Bindearbeiten: K. Triltsch, Würzburg
2362/3020-543210

Vorwort

Mit dem vorliegenden ersten Band wird die dreiteilige Darstellung der „Arbeitsmethoden der Thermodynamik“ eröffnet, deren Schwerpunkt auf der Beschreibung der in diesem Sachgebiet der Physik erforderlichen und angewandten Meßverfahren liegt. Die Behandlung dieser in der in- und ausländischen Literatur nicht sehr reichhaltig durch Lehrbücher der Experimentier- und Meßkunst vertretenen Disziplin der reinen und angewandten Physik ist nach didaktischen Gesichtspunkten ausgerichtet und geht über die reine Aufzählung geeigneter oder bekannter Meß- und Arbeitsverfahren hinaus. Es werden vielmehr die zum Verständnis notwendigen Zusammenhänge und theoretischen Ableitungen der meßtechnischen Grundlagen in Ansätz und ihren Ergebnissen dargestellt, um die schöpferischen Kräfte und Einfallsreichtum des Lesers für die Durchführung selbständiger Forschungsvorhaben zu aktivieren. Von den vielen in der Fachliteratur verstreuten Hinweisen auf relevante Methoden und Instrumente werden in diesem Buch die wichtigsten Beispiele meist ausführlicher beschrieben, vielfach im Detail bildlich erläutert und ihre Leistungsfähigkeit sowie Anwendungsbereiche diskutiert. Auf weitere Methoden wird in einem umfangreichen Literaturverzeichnis verwiesen, das jedem Kapitel angefügt wurde und auf dem aktuellsten Entwicklungsstand gehalten ist. Um dem Leser die Auswahl der verfügbaren und geeigneten Meßmethoden zu erleichtern, werden jeweils Beispiele für die erzielbaren Meßergebnisse und ihre Genauigkeitsgrenzen aufgeführt. Diese Dreiteilung der Darstellung wird in diesem Buch konsequent beibehalten und durch zusätzliche Hinweise auf die Anwendung bei technischen Problemen erweitert.

Wie auch in anderen physikalischen Disziplinen der experimentellen Forschung sind die in der Thermodynamik angewandten oder neu entwickelten Meßverfahren durch den Einsatz moderner Elektronik gekennzeichnet, mit der oft nicht nur teure, feinmechanisch aufwendige Instrumente durch einfachere ersetzt werden, sondern eine meist größere Genauigkeit gewonnen wird. Darüber hinaus ist die moderne Elektronik und Computertechnik für die Registrierung von Meßdaten, für ihre Auswertung und für die selbsttätige Steuerung sich wiederholender Meßaufgaben unersetzlich und übernimmt zeitraubende, oft auch mit den herkömmlichen Mitteln unlösbare Aufgaben. Diese in den neueren Publikationen festgestellte Entwicklung wird berücksichtigt, wenn sich eine generelle Anwendung auf verschiedenartige Meßprobleme als vorteilhaft erweist.

Die Aufteilung in drei Bände, deren zweiter sich mit den thermischen Stoffeigenschaften und Fragen der Wärmeübertragung beschäftigt, während der dritte Band die Erzeugung tiefer und hoher Temperaturen sowie die hier gebräuchlichen Arbeitsverfahren behandelt, ist durch praktische Erwägungen gegeben: jeder Einzelband soll in Umfang und Preis begrenzt und in sich abgeschlossen sein. Trotzdem werden vielfach Hinweise auf Inhalt und Literaturangaben in den anderen Bänden gegeben, die dem Verständnis oder einer knapperen Darstellung der Zusammenhänge zugute kommen.

Der Leser wird feststellen, daß dem Gebiet der sehr tiefen Temperaturen ein relativ großer Umfang in der Darstellung gewidmet wurde. Dies liegt nur zu einem Teil an den vom Verfasser im Laufe der letzten 25 Jahre vorrangig bearbeiteten Tieftemperatur- und Supraleitungsproblemen. Tatsache ist, daß sich in diesem Zeitraum die Nutzung und Anwendung sehr tiefer Temperaturen in allen aktuellen Gebieten der reinen und angewandten Physik in einem Maße verbreitet haben, das man mit der Entwicklung der Hochvakuumtechnik vergleichen kann. Auch hier führt das Arbeiten im Kelvin-Bereich aufgrund der äußerst geringen thermischen Anregung zu genaueren Meßergebnissen und verbesserter Nachweisempfindlichkeit. Darüber hinaus werden in diesem Temperaturbereich einige neuartige Phänomene beobachtet, die zu einem besseren Verständnis des Aufbaus der Materie führen.

Das Buch enthält viele Literaturzitate wichtiger Originalarbeiten, die sorgfältig ausgewählt wurden und dem Leser unmittelbar bei seiner Arbeit helfen; außerdem wurden zusammenfassende Berichte und Monographien über begrenzte Teilgebiete aufgenommen. Die Tabellen mit Meßergebnissen, Stoffeigenschaften und zu vergleichenden Meßgeräten ersetzen zu einem Teil das zeitraubende Nachschlagen in größeren, wahrscheinlich nicht überall vorhandenen Tabellenwerken. Gelegentlich finden sich Literaturhinweise im Text, die mit Ed. I oder Ed. III gekennzeichnet sind und sich auf die früher im Deutschen Verlag der Wissenschaften in Berlin erschienenen Bände I und III des Verfassers mit dem Titel „Moderne Meßmethoden der Physik" beziehen.

Für das Zustandekommen des Buches bin ich dem Springer-Verlag, besonders der Planung Technik des Verlagsbüros München, für die sorgfältige Ausstattung und hervorragende Zusammenarbeit während der Drucklegung und den Mitarbeitern der Berliner Herstellungsabteilung zu großem Dank verpflichtet. Meiner Frau gebührt für das Lesen des Manuskripts und der Korrekturen ein hohes Lob.

Ich hoffe auf eine günstige Aufnahme des Werkes, auf eine hohe Effizienz bei seiner Benutzung, auf Verständnis beim Leser für noch vorhandene Mängel und auf freundliche Hinweise für ihre Beseitigung.

München, im Mai 1981 Franz X. Eder

Inhaltsverzeichnis

1 Grundlagen der Thermometrie 1

1.1 Temperaturbegriff 1

1.2 Kelvin-Temperaturskala 2

1.3 Statistische Wärmetheorie 4

1.4 Negative absolute Temperaturen 5

1.5 Thermodynamische Temperaturskala 6
1.5.1 Carnot-Prozeß 7
1.5.2 Kelvin-Skala 8
1.5.3 Temperaturskalen 9
1.5.4 Ideales Gasverhalten und thermodynamische Temperaturskala 10
1.5.5 Carnot-Prozeß für das ideale Gas 11
1.5.6 Die Entropie 12
1.5.7 Thomson-Joule-Effekt 14

1.6 Thermodynamische Temperaturskala unterhalb von 1 K 15
1.6.1 Thermometereichung nach dem 2. Hauptsatz 16
1.6.2 Besetzungsthermometrie 17
1.6.3 Temperaturmessung durch den osmotischen Druck 19
1.6.4 Schmelzdruck von ^3He 20

1.7 Rauschthermometrie 20

1.8 Strahlungstheoretische Temperaturskala 22

1.9 Akustische Thermometrie 26

1.10 Internationale praktische Temperaturskala 1968 (IPTS-68) 26
1.10.1 Allgemeines 26
1.10.2. Einheiten 27
1.10.3. Definition der IPTS-68 27
1.10.4 Genauigkeit und Reproduzierbarkeit der IPTS-68 29
1.10.5 Empfohlene praktische Temperaturskala unterhalb von 5,2 K 30
1.10.6 Bereich zwischen 5,189 und 13,81 K 30

Literatur zu Kapitel 1 31

2 Praktische Temperaturmessung 33

2.1 Ausdehnungsthermometer 33
2.1.1 Allgemeines 33
2.1.2 Gasthermometer 33
2.1.2.1 Gasthermometer konstanten Volumens 33
2.1.2.2 Gasthermometer konstanten Druckes 35

2.1.2.3 Gefäßmaterialien 36
2.1.2.4 Füllgase 37
2.1.2.5 Reduktion der gasthermometrischen Temperatur auf die thermodynamische Skala 37
2.1.2.6 Differential-Gasthermometer 38
2.1.3 Flüssigkeitsthermometer 39
2.1.3.1 Allgemeines 39
2.1.3.2 Bauarten, Theorie 40
2.1.3.3 Thermometerkorrekturen 42
2.1.3.4 Spezielle Formen des Flüssigkeitsthermometers 43
2.1.4 Flüssigkeits-Federthermometer 44
2.1.5 Metallausdehnungsthermometer 45

2.2 Dampfdruckthermometer 46
2.2.1 Allgemeines 46
2.2.2 Meßmethoden, Ausführungsformen 47
2.2.3 Thermomolekulare Druckdifferenz 48
2.2.4 Dampfdrucktabellen 49

2.3 Thermoelemente 51
2.3.1 Thermoelektrischer Effekt 51
2.3.2 Thermoelektrische Thermometer 52
2.3.3 Gebräuchliche Thermoelemente 54
2.3.4 Ausführungsformen und Herstellung 59
2.3.5 Messung der Thermospannung 62
2.3.5.1 Ausschlagsverfahren 62
2.3.5.2 Kompensationsmethoden 62
2.3.5.3 Digital-Millivoltmeter 63
2.3.5.4 Nachweis kleiner Thermospannungen durch Gleichspannungs-Wechselspannungs-Umsetzer 65
2.3.5.5 Thermospannungskonverter 65
2.3.6 Prüfung und Eichung von Thermoelementen 66
2.3.6.1 Allgemeines zu den Eichmethoden 66
2.3.6.2 Spezielle Eichverfahren 67
2.3.6.3 Erzielbare Genauigkeit 69
2.3.6.4 Einfluß der Temperatur der Nebenlötstelle 69
2.3.6.5 Prüfung der Homogenität von Thermodrähten 70
2.3.7 Meßfehler beim Einbau, äußere Einflüsse und Alterung 72
2.3.7.1 Einbaufehler 72
2.3.7.2 Einfluß des Druckes 74
2.3.7.3 Einfluß eines Magnetfeldes 75
2.3.7.4 Einfluß einer Neutronenbestrahlung 75
2.3.7.5 Alterungseffekte 76

2.4 Widerstandsthermometer 78
2.4.1 Allgemeines 78
2.4.2 Temperaturabhängigkeit des elektrischen Widerstandes 78
2.4.3 Werkstoffe für metallische Widerstandsthermometer 80
2.4.3.1 Grundsätzliches 80
2.4.3.2 Platin-Widerstandsthermometer 80
2.4.3.3 Platinthermometer für hohe Temperaturen 82
2.4.3.4 Platinthermometer und Internationale Temperaturskala 82
2.4.3.5 Widerstandsthermometer aus anderen Metallen 83
2.4.4 Halbleiterwiderstände (Thermistoren) 84
2.4.5 Konstruktion der Widerstandsthermometer 86
2.4.5.1 Drahtwicklung 86
2.4.5.2 Dünnfilmwiderstände 88
2.4.5.3 Anschlußleitungen 88
2.4.5.4 Thermometerformen; Schutzrohre 89

2.4.5.5 Alterung der Widerstandsthermometer . . . 89
2.4.6 Meßverfahren . . . 90
2.4.6.1 Kompensationsverfahren . . . 90
2.4.6.2 Brückenschaltungen . . . 91
2.4.6.3 Kreuzspulinstrument . . . 96
2.4.6.4 Linearisierung von Widerstandsthermometern; Widerstandskonverter . . . 97
2.4.6.5 Temperaturintegrator mit Thermistor . . . 100
2.4.6.6 Direkte Verstärkungsmethoden . . . 101
2.4.6.7 Messung von Temperaturdifferenzen . . . 102
2.4.7 Meßfehler und Eichung . . . 102
2.4.7.1 Erwärmung des Thermometers durch den Meßstrom . . . 102
2.4.7.2 Druckeinflüsse . . . 103
2.4.7.3 Stabilität von Widerstandsthermometern . . . 103
2.4.7.4 Eichmethoden . . . 104
2.4.8 Anwendungen spezieller Art . . . 105

2.5 Strahlungspyrometer . . . 105
2.5.1 Grundlagen der Pyrometrie . . . 105
2.5.1.1 Bestimmung der Temperatur aus Strahlungsmessungen . . . 106
2.5.1.2 Der schwarze Körper . . . 107
2.5.1.3 Methoden der Lichtschwächung . . . 110
2.5.2 Gesamtstrahlungspyrometer . . . 113
2.5.2.1 Allgemeines . . . 113
2.5.2.2 Strahlungsempfänger . . . 114
2.5.2.3 Gesamtstrahlungspyrometer mit Thermoelement . . . 126
2.5.2.4 Gesamtstrahlungspyrometer mit Fotozellen . . . 128
2.5.2.5 Messung nichtschwarzer Körper . . . 129
2.5.2.6 Meßfehler . . . 130
2.5.3 Optische Pyrometrie . . . 130
2.5.3.1 Temperatur und Helligkeit . . . 130
2.5.3.2 Glühfadenpyrometer . . . 131
2.5.3.3 Objektive optische Pyrometer . . . 133
2.5.3.4 Pyrometer nach Wanner . . . 134
2.5.3.5 Spektralfotometer von König-Martens . . . 135
2.5.3.6 Emissionsgrad und Messung nichtschwarzer Strahler . . . 136
2.5.4 Farbpyrometrie . . . 137
2.5.4.1 Verteilungstemperatur . . . 138
2.5.4.2 Messung mit dem Glühfadenpyrometer . . . 139
2.5.4.3 Farbpyrometer nach Naeser . . . 140
2.5.4.4 Objektive Farbpyrometer . . . 141
2.5.5 Fotothermometrie . . . 142
2.5.6 Temperaturmessung an Flammen . . . 142
2.5.6.1 Temperatur einer Flamme . . . 142
2.5.6.2 Messung an leuchtenden Flammen . . . 143
2.5.6.3 Methode der Linienumkehr . . . 144
2.5.6.4 Temperaturbestimmung aus der Breite von Spektrallinien . . . 145
2.5.6.5 Andere Meßmethoden in Gasentladungen . . . 146

2.6 Weitere Temperaturmeßmethoden; Temperaturindikatoren . . . 147
2.6.1 Temperaturbestimmung mittels Schallgeschwindigkeit . . . 147
2.6.2 Quarzresonator als Thermometer . . . 150
2.6.3 Rauschthermometrie . . . 151
2.6.4 Interferometrische Temperaturmessung . . . 156
2.6.5 Magnetische Temperaturmessung . . . 158
2.6.6. Pyro- und ferroelektrische Thermometer . . . 159
2.6.7 Thermokolore; Seger-Kegel . . . 160
2.6.8 Thermographie, optische Methoden . . . 161
2.6.9 Kalorimetrische Temperaturmessung . . . 162

2.7 Thermostate; Temperaturregelung und -aufzeichnung 164
2.7.1 Theorie der selbsttätigen Temperaturregelung 164
2.7.2 Temperaturfühler und -regler; Peltier-Kühlung 169
2.7.3 Gas- und Flüssigkeitsthermostate 173
2.7.3.1 Badflüssigkeiten 173
2.7.3.2 Rührvorrichtung 173
2.7.3.3 Wasserbadthermostate 173
2.7.3.4 Gasthermostate 175
2.7.3.5 Thermostate für höhere Temperaturen 176
2.7.3.6 Thermostate für Temperaturen unterhalb des Eispunktes 177
2.7.4 Präzisionsthermostate 178
2.7.5 Hochtemperaturthermostate 182
2.7.6 Steuerung von zeitlich veränderlichen Temperaturen 183
2.7.6.1 Programmierbare Temperatursteuerung 184
2.7.6.2 Thermostate mit linearem Temperaturanstieg 185
2.7.6.3 Thermostate für zyklische Temperaturänderungen 187
2.7.6.4 Thermostate zum Erzeugen eines konstanten Temperaturdifferentials . . . 188
2.7.6.5 Thermostate für periodischen Temperaturverlauf 189
2.7.7 Temperaturaufzeichnung 190

2.8 Thermometereichung; Standardinstrumente 190
2.8.1 Allgemeines über Thermometereichung 191
2.8.2 Eichung von Standardthermometern 191
2.8.3 Vergleich mit Standardthermometern 192
2.8.4 Allgemeines über Temperaturfixpunkte 194
2.8.5 Primäre thermometrische Fixpunkte 195
2.8.5.1 Primäre Fixpunkte zwischen 13,81 und 27,102 K 195
2.8.5.2 Die Sauerstoff-Fixpunkte 196
2.8.5.3 Der Wassertripelpunkt 197
2.8.5.4 Der Wassersiedepunkt 198
2.8.5.5 Erstarrungspunkte von Zn, Ag und Au 199
2.8.6 Sekundäre Fixpunkte unterhalb des Eispunktes 200
2.8.7 Sekundäre Fixpunkte oberhalb des Eispunktes 201

2.9 Einbau und Trägheit des Thermometers 203
2.9.1 Theorie des inneren Einbaus 203
2.9.2 Innerer Einbau der Thermometer 207
2.9.2.1 Allgemeines 207
2.9.2.2 Messung in festen Körpern 208
2.9.2.3 Temperaturmessung in Flüssigkeiten 209
2.9.2.4 Lufttemperaturmessung 209
2.9.2.5 Gastemperaturmessung in Rohrleitungen 209
2.9.2.6 Messung hoher Gastemperaturen 210
2.9.2.7 Messung in schnell strömenden Gasen 212
2.9.3 Messung der Oberflächentemperatur 213
2.9.4 Anzeigeträgheit des Thermometers 216
2.9.4.1 Einmalige, plötzliche Temperaturänderung 217
2.9.4.2 Periodische Temperaturänderungen 218
2.9.4.3 Nacheilen des Thermometers 219
2.9.5 Temperaturmessung an rotierenden Teilen 220
2.9.6 Berührungsfreie Temperaturmessung 221
2.9.6.1 Oberflächentemperaturmessung durch kompensierte Wärmeübertragung . . 221
2.9.6.2 Oberflächentemperaturmessung an Ultrazentrifugen 222
2.9.6.3 Induktive Signalübertragung von rotierenden Teilen 223
2.9.6.4 Induktive Temperaturübertragung bei Waagen 224
2.9.6.5 Spezielle Verfahren 225
2.9.7 Untersuchung von Temperaturfeldern 226

Literatur zu Kapitel 2 226

3 **Messung tiefer Temperaturen** . . . 234

3.1 Gas-, Dampfdruck- und akustische Thermometer . . . 235
3.1.1 Gasthermometer für tiefe Temperaturen; Theorie . . . 235
3.1.2 Aufbau der Gasthermometer . . . 236
3.1.3 Andere Bauformen der Gasthermometer . . . 238
3.1.4 Gasthermometer im überkritischen Druckbereich . . . 239
3.1.5 Dampfdruck tiefsiedender Gase; Korrekturen . . . 241
3.1.5.1 Dampfdruck von Sauerstoff . . . 242
3.1.5.2 Dampfdruck von Neon . . . 242
3.1.5.3 Dampfdruck von Wasserstoff . . . 243
3.1.5.4 Dampfdruck der Helium-Isotope . . . 243
3.1.5.5 Dampfdruckkorrekturen . . . 245
3.1.6 Praktische Dampfdruckmessung . . . 247
3.1.7 Akustisches Thermometer . . . 250

3.2 Thermoelemente bei tiefen Temperaturen . . . 251
3.2.1 Grundsätzliches . . . 251
3.2.2 Materialien für Tieftemperatur-Thermoelemente . . . 252
3.2.2.1 Der „passive“ Schenkel . . . 252
3.2.2.2 Kupfer/Konstantan-Element . . . 254
3.2.2.3 Gold-Kobalt-Legierungen . . . 254
3.2.2.4 Gold-Eisen-Legierungen . . . 255
3.2.2.5 Weitere Materialien . . . 257
3.2.3 Einfluß von Magnetfeldern u. a. . . . 257
3.2.4 Messung sehr kleiner Thermospannungen . . . 259
3.2.5 Supraleitende Schalter und Wechselrichter . . . 261
3.2.6 Eichmethoden und Befestigung . . . 262

3.3 Widerstands- und Dioden-Thermometrie . . . 263
3.3.1 Allgemeines . . . 264
3.3.2 Andere Metallthermometer . . . 264
3.3.3 Germaniumthermometer . . . 265
3.3.3.1 Grundsätzliches . . . 265
3.3.3.2 Aufbau und Eigenschaften . . . 266
3.3.3.3 Si- und SiC-Widerstandsthermometer . . . 268
3.3.3.4 Meßwertinterpolation . . . 270
3.3.4 Kohle-Widerstandsthermometer . . . 271
3.3.4.1 Kompakte Kohle-Widerstandsthermometer . . . 272
3.3.4.2 Kohleschicht-Thermometer . . . 277
3.3.4.3 Kohle-Glasthermometer . . . 281
3.3.4.4 Kohlethermometer bei sehr tiefen Temperaturen . . . 282
3.3.4.5 Zur Widerstandsmessung . . . 283
3.3.4.6 Trägheit der Kohlethermometer; thermische Ankopplung . . . 286
3.3.4.7 Einfluß äußerer Parameter . . . 290
3.3.5 Halbleiter-Diodenthermometer . . . 294
3.3.5.1 Theorie des Diodenthermometers . . . 294
3.3.5.2 GaAs-Dioden . . . 295
3.3.5.3 Ge- und Si-Dioden . . . 296
3.3.5.4 GaAs-Widerstandsthermometer . . . 296
3.3.6 Widerstandsmeßverfahren . . . 296
3.3.6.1 Gleichspannungsverfahren . . . 297
3.3.6.2 Wechselstrombrücken . . . 298
3.3.6.3 Phasenempfindlicher Detektor . . . 301
3.3.6.4 Meßbrücken mit induktiven Spannungsteilern . . . 303
3.3.6.5 Selbstabgleichende Widerstandsbrücken . . . 308
3.3.6.6 Gepulste Wechselspannungsbrücken . . . 309
3.3.6.7 Widerstands-Frequenz-Konverter . . . 310

3.3.6.8 Messung der thermischen Impedanz . . . 311
3.3.7 Einfluß äußerer Parameter . . . 312
3.3.7.1 Hydrostatischer Druck . . . 312
3.3.7.2 Einfluß von Magnetfeldern . . . 312
3.3.7.3 Bestrahlungseinflüsse . . . 314
3.3.7.4 Alterung von Widerstandsthermometern . . . 315
3.3.8 Spezielle Eichverfahren . . . 315
3.3.9 Montage der Widerstandsthermometer . . . 317

3.4 Magnetische Thermometrie I: Elektronischer Paramagnetismus . . . 319
3.4.1 Allgemeines . . . 319
3.4.2 Eigenschaften der paramagnetischen Substanzen . . . 321
3.4.2.1 Cer-Magnesium-Nitrat (CMN) . . . 321
3.4.2.2 Chrom-Kalium-Alaun (CPA) . . . 323
3.4.2.3 Cer-Dipocolinat (CDP) . . . 323
3.4.2.4 Lanthan-Cer-Magnesiumnitrat (CLMN) . . . 323
3.4.2.5 Eisen-Ammonium-Alaun (FAS) . . . 324
3.4.2.6 Weitere Substanzen . . . 325
3.4.2.7 Verdünnte Legierungen . . . 326
3.4.2.8 Hyperfeinstruktur-Resonanz-Thermometer . . . 326
3.4.3 Meßverfahren . . . 327
3.4.3.1 Allgemeines . . . 327
3.4.3.2 Fluxmetrische Methoden . . . 328
3.4.3.3 Dynamische Verfahren . . . 330
3.4.3.4 Meßbrücken . . . 331
3.4.3.5 Magnetische Quanteninterferenz . . . 335
3.4.3.6 Aufbau von Kontakten und Schwachstellen . . . 341
3.4.3.7 Supraleitender Flußtransformator . . . 343
3.4.3.8 SQUID-Magnetometer . . . 344
3.4.4 Spezielle Eichverfahren . . . 347
3.4.4.1 Eichung nach dem 2. Hauptsatz . . . 348
3.4.4.2 Vergleich mit dem Rauschthermometer . . . 349
3.4.4.3 Eichung durch die Schmelzkurve von festem ^{3}He . . . 351
3.4.4.4 Eichung durch die Sprungpunkte von Supraleitern . . . 351
3.4.5 Thermische Ankopplung der paramagnetischen Thermometer . . . 352
3.4.6 Temperaturskalen für paramagnetische Salze . . . 354

3.5. Magnetische Thermometrie II: Kernphysikalische Thermometer . . . 355
3.5.1 Kernparamagnetismus . . . 355
3.5.2 Messung der statischen Kernsuszeptibilität . . . 357
3.5.3 Gepulstes NMR-Thermometer . . . 360
3.5.4 Kontinuierlich betriebenes NMR-Thermometer (CW-NMR) . . . 365
3.5.5 Kernorientierungsthermometrie (NO-Thermometer) . . . 367
3.5.6 Thermometrie mit Hilfe des Mößbauer-Effekts . . . 369
3.5.7 Thermische Ankopplung der Kernthermometer . . . 372
3.5.8 Eich- und Vergleichsmethoden . . . 375

3.6 Dielektrische Thermometer . . . 377
3.6.1 Temperaturabhängigkeit der Dielektrizitätskonstanten . . . 377
3.6.2 $SrTiO_3$-Glaskeramik-Thermometer . . . 378
3.6.3 Andere dielektrische Thermometer . . . 379
3.6.4 Verhalten bei sehr tiefen Temperaturen . . . 380
3.6.5 Meßverfahren . . . 381
3.6.6 Pyroelektrische Thermometer . . . 381
3.6.7 Eigenschaften pyroelektrischer Thermometer . . . 383
3.6.8 Anwendung der pyroelektrischen Thermometer . . . 384

3.7 Supraleitungsthermometer . . . 385
3.7.1 Magnetische Thermometrie mit einem Supraleiter . . . 385

3.7.2 Praktische Ausführung . . . 386
3.7.3 Supraleitendes Widerstandsthermometer . . . 387
3.7.4 Supraleitungstemperaturregler . . . 389
3.7.5 Messung von Temperaturgradienten . . . 390

3.8 Rauschthermometrie . . . 390
3.8.1 Grundlagen . . . 391
3.8.2 Rauschthermometer mit Verstärker . . . 392
3.8.3 SQUID-Rauschthermometer . . . 393
3.8.4 Josephson-Effekt und Rauschthermometrie . . . 395
3.8.5 Rauschthermometer mit Josephson-Diode . . . 397
3.8.6 Vergleich mit Kernthermometern . . . 398

3.9 Schmelzkurve und osmotischer Druck von ^{3}He . . . 399
3.9.1 Eigenschaften von festem und flüssigem ^{3}He . . . 400
3.9.2 Neuere Bestimmungen der ^{3}He-Schmelzkurve . . . 401
3.9.3 Messung des Schmelzdruckes . . . 402
3.9.4 Schmelzdruckkurven . . . 404
3.9.5 Temperaturmessung mit Hilfe des osmotischen Druckes . . . 405

3.10 Vergleich, Einbau und Eichung der Tieftemperatur-Thermometer . . . 407
3.10.1 Vergleich der Tieftemperatur-Thermometer . . . 407
3.10.2 Einbau, thermische Ankopplung . . . 408
3.10.3 Theorie der thermischen Ankopplung . . . 411
3.10.4 Kontaktprobleme bei sehr tiefen Temperaturen . . . 416
3.10.5 Eichmethoden, Fixpunkte . . . 417
3.10.5.1 Spezielle Eichmethoden . . . 417
3.10.5.2 Vergleich mit He-Dampfdruck-Thermometer . . . 418
3.10.5.3 Thermometrische Fixpunkte . . . 418
3.10.5.4 Fitting der Eichdaten . . . 420
3.10.6 Vergleich der Temperaturskalen . . . 421
3.10.7 Eichkryostaten und Temperaturregler . . . 422

Literatur zu Kapitel 3 . . . 428

Sachverzeichnis . . . 437

Inhaltsübersicht der weiteren Bände

Band II: Thermische und kalorische Stoffeigenschaften

Thermische Ausdehnung
Kalorimetrie
Heterogene Einstoffsysteme
Wärmeleitfähigkeit
Wärmeübertragung
Mehrstoffsysteme

Band III: Tiefe und hohe Temperaturen

Kälteerzeugung
Erzeugung tiefer Temperaturen
Tiefste Temperaturen
Experimentelle Technik bei tiefen Temperaturen
Erzeugung hoher Temperaturen

1 Grundlagen der Thermometrie

[1.6; 1.19; 1.20; 1.22; 1.26; 1.34; 1.41; 1.46; 1.48]

1.1 Temperaturbegriff

Die *qualitative* Beurteilung der Temperatur beruht auf der Empfindung warm oder kalt, wenn ein Gegenstand berührt wird. Das menschliche Unterscheidungsvermögen für verschiedene Temperaturen, vor allem für Temperaturdifferenzen, ist innerhalb eines engen Temperaturbereichs gut ausgeprägt.

Die *experimentelle* Grundlage für den Temperaturbegriff bildet der 0. (nullte) Hauptsatz der Thermodynamik: zwei Systeme, die im thermischen Gleichgewicht mit einem dritten sind, befinden sich auch unter sich im thermischen Gleichgewicht. Der Zustand eines Systems ist in der klassischen Thermodynamik *nicht* durch die dynamischen Eigenschaften der molekularen Bausteine definiert, sondern durch spezifische Zustandsgrößen, wie Druck, Volumen, Temperatur, chemische Zusammensetzung, Viskosität, elektrische und magnetische Feldstärke usf., also durch Größen, die für Gleichgewichtszustände unabhängig von der Zeit sind. Aus ihnen können allgemeinere *Zustandsgrößen*, wie Energie, Entropie, Enthalpie, abgeleitet werden. Thermodynamische Systeme können von einem Gleichgewichtszustand durch bestimmte Prozesse in einen anderen überführt werden. Aufgabe der klassischen Thermodynamik ist es, solche Prozesse durch adäquate Änderungen der thermodynamischen Zustandsgrößen zu beschreiben.

Sind zwei Systeme durch *adiabatische* Wände voneinander getrennt, so sind sie voneinander unabhängig; mit *diathermischen* Wänden gleichen sich Unterschiede in den Zustandsvariablen bis zum Erreichen des thermodynamischen Gleichgewichts aus, wobei durch diese Wände *Energie* von einem System auf das andere übertragen wird; man nennt sie *Wärme.*

Es ist evident, daß es unendlich viele Zustände eines Systems B im thermischen Gleichgewicht mit einem gegebenen Zustand des Systems A gibt. Beschränkt man sich auf solche mit konstanter Masse und Zusammensetzung, die nur durch das Koordinatenpaar X, Y (z. B. Druck, Volumen) charakterisiert sind, so beschreiben die möglichen Gleichgewichtszustände für das System B eine *Isotherme*, die als Ort aller Punkte in einem X,Y-Diagramm definiert ist und Zustände wiedergibt, die im thermischen Gleichgewicht mit einem und demselben Zustand des anderen Systems sind.

Unabhängig von der analytischen Form kann die Gleichung einer Isothermenschar in parametrischer Form wie

$$f(X, Y) = \theta \tag{1/1}$$

geschrieben werden, wobei die Konstante θ für jede Isotherme des Systems verschieden ist. Man bezeichnet die Größe θ als *Temperaturfunktion* des Systems. Um eine *empirische* Temperaturskala zu erstellen, wählt man willkürlich ein System als Standardthermometer und definiert durch Funktionalausdrücke Zahlenwerte (Temperaturen) für seine Isothermen. Die Temperatur für eine beliebige Isotherme des Standardthermometers ist die gleiche wie für die entsprechende Isotherme eines anderen Systems. Sind also zwei beliebige Systeme durch eine wärmedurchlässige Wand getrennt, so bedeutet Gleichheit der Temperatur thermodynamisches Gleichgewicht und das Auftreten einer Temperaturdifferenz einen Wärmefluß.

1.2 Kelvin-Temperaturskala

Für die Aufstellung einer *absoluten* Temperaturskala und damit einer von empirischen Daten unabhängigen Definition der Temperatur benutzt die klassische Thermodynamik bevorzugt die Formulierungen des 2. Hauptsatzes durch *Clausius* und *Kelvin* in Form einer zwischen zwei Temperaturen arbeitenden Wärmekraftmaschine (Abschn. 1.5). Als Modell dient der Carnot-Prozeß, der zwischen zwei Isothermen mittels adiabatischer Zustandsänderungen abläuft. Das vom Arbeitsmedium unabhängige Ergebnis besteht darin, daß das Verhältnis der Temperaturfunktionen dem der bei den zwei verschiedenen Temperaturen ausgetauschten Wärmemengen entspricht. Die Festlegung der numerischen Temperaturwerte ist willkürlich, doch wird damit ein Nullpunkt der Kelvin-Temperatur definiert, an dem kein Wärmeaustausch mehr erfolgt.

Zu einer allgemeinen Formulierung der absoluten Temperatur kam *Caratheodory* [1.12], der einen interessanten Zusammenhang zwischen der Integrierbarkeit einer Pfaffschen oder vollständigen Differentialgleichung in der Form

$$X(x, y, z)\,\mathrm{d}x + Y(x, y, z)\,\mathrm{d}y + Z(x, y, z)\,\mathrm{d}z = 0 \tag{1/2}$$

und der adiabatischen Erreichbarkeit von Zuständen in der Nachbarschaft eines willkürlichen Zustandes in einem thermodynamischen System feststellte. Geht man von einem System mit der inneren Energie U aus, das sich aus den Teilsystemen mit den Zuständen p_1, V_1 bzw. p_2, V_2 zusammensetzt und bei der willkürlichen Temperatur t im Gleichgewicht befindet, so liefert der 1. Hauptsatz bei einer adiabatischen Zustandsänderung die Beziehung

$$\mathrm{d}Q = \left(\frac{\partial U}{\partial V_1} + p_1\right)\mathrm{d}V_1 + \left(\frac{\partial U}{\partial V_2} + p_2\right)\mathrm{d}V_2 + \left(\frac{\partial U}{\partial t}\right)\mathrm{d}t = 0, \tag{1/3}$$

die der Pfaffschen Differentialgleichung (1/2) mit $x = V_1$, $y = V_2$ und $z = t$, sowie $X(x, y, z) = (\partial U/\partial V_1 + p_1)$ usf. entspricht. Die Bedingung für eine Lösung der Gl. (1/3) fordert das Einführen eines Integrationsfaktors $\lambda(x, y, z)$ und einer Funktion $\Phi(x, y, z)$, damit

$$X\,\mathrm{d}x + Y\mathrm{d}y + Z\,\mathrm{d}z = \lambda\,\mathrm{d}\Phi \tag{1/4}$$

wird. Man kann nachweisen, daß die notwendige und ausreichende Bedingung für den Integrationsfaktor der Pfaffschen Differentialgleichung $\mathrm{d}Q = 0$ darin besteht, daß alle Zustandspunkte x, y, z in der Nähe eines vorgegebenen Zustandes nicht nur über Zustandsänderungen mit $\mathrm{d}Q = 0$, sondern auch durch nichtadiabatische Zustandsänderungen erreichbar sind.

Geht man nach *Caratheodory* von zwei Teilsystemen in thermischem Gleichgewicht aus, so gelten wieder die Beziehungen

$$\mathrm{d}Q = \mathrm{d}Q_1 + \mathrm{d}Q_2 = \lambda\,\mathrm{d}\Phi, \tag{1/5}$$

worin

$$\mathrm{d}Q_1 = \lambda_1\,\mathrm{d}\Phi_1 \qquad \text{und} \qquad \mathrm{d}Q_2 = \lambda_2\,\mathrm{d}\Phi_2\,; \tag{1/6}$$

daraus folgt

$$\partial\Phi/\partial\Phi_1 = \lambda_1/\lambda\,; \quad \partial\Phi/\partial\Phi_2 = \lambda_2/\lambda\,; \quad \partial\Phi/\partial\theta = 0, \tag{1/7}$$

wenn Φ_1, Φ_2 und die Temperaturgröße θ als unabhängige Variable eingeführt werden. Die Größe Φ hängt nur von Φ_1 und Φ_2, nicht aber von θ ab, d. h.

$$\frac{\partial}{\partial t}\left(\frac{\lambda_1}{\lambda}\right) = \frac{\partial}{\partial\theta}\left(\frac{\lambda_2}{\lambda}\right) = 0$$

oder

$$\frac{1}{\lambda_1}\,\frac{\partial\lambda_1}{\partial\theta} = \frac{1}{\lambda_2}\,\frac{\partial\lambda_2}{\partial\theta} = \frac{1}{\lambda}\,\frac{\partial\lambda}{\partial\theta} = g(\theta), \tag{1/8}$$

worin $g(\theta)$ eine beliebige Funktion von θ ist. Aus Gl. (1/8) folgt sofort, daß

$$\lambda = G\exp\left(\int g(\theta)\,\mathrm{d}\theta\right), \tag{1/9}$$

wenn G eine Funktion von Φ_1 und Φ_2 ist. Es liegt daher nahe, als *absolute Temperatur* die Größe

$$T(\theta) = C\exp\left(\int g(\theta)\,\mathrm{d}\theta\right) \tag{1/10}$$

und die Funktion

$$S(\Phi) = \frac{1}{C}\int G(\Phi)\,\mathrm{d}\Phi \tag{1/11}$$

einzuführen, welche die *Entropie* darstellt, wie der Vergleich mit Gl. (1/5)

$$\mathrm{d}Q = \lambda\,\mathrm{d}\Phi = T\,\mathrm{d}S \tag{1/12}$$

ergibt. Die Konstante C wird durch die gewählte Temperaturskala festgelegt.

Brønsted [1.9] hat nachgewiesen, daß diese Ableitung keine größere Gültigkeit besitzt als die speziellere von *Kelvin* mit Hilfe des *Carnot*-Prozesses (Abschn. 1.5.2).

1.3 Statistische Wärmetheorie

Wendet man die Molekularvorstellung auf ein System von N Teilchen an, deren Energie $\varepsilon_1, \dots \varepsilon_j$ statistisch um den wahrscheinlichsten Wert verteilt ist, so besitzt dieses System bei konstanter Teilchenzahl die Energie E. In einer solchen (kanonischen) Verteilung ist die Zahl der Teilchen mit der Energie ε_j nach dem *Maxwell-Boltzmann*schen Verteilungsgesetz

$$N_j = \frac{g_j N \exp(-\varepsilon_j/\theta)}{\sum g_i \exp(-\varepsilon_j/\theta)}, \tag{1/13}$$

wenn g_j das statistische Gewicht des j-ten Energiezustandes und θ der Verteilungsmodul ist. Die Bedeutung der Größe θ geht aus dem Nenner von Gl. (1/13) hervor, der die *Zustandsfunktion*

$$Z = \sum g_j \exp(-\varepsilon_j/\theta) \tag{1/14}$$

darstellt. Für ein System freier Teilchen wird $Z \sim \theta^{3/2}$. Damit kann für das ideale Gas die *Maxwell*-Verteilung der Molekulargeschwindigkeit abgeleitet werden. Aus dem mittleren Geschwindigkeitsquadrat

$$\bar{v}_m^2 = 3\theta/m$$

und dem statistischen Wert der Energie des einatomigen Gases

$$m v_m^2/2 = 3kT/2 \tag{1/15}$$

findet man für den Verteilungsmodul den Ausdruck

$$\theta = kT, \tag{1/16}$$

der aus der Energiegröße θ mit Hilfe der *Boltzmann*-Konstanten $k = 1{,}3803 \cdot 10^{-23}$ J/K die intensive Größe T ableitet.

Aus der *Maxwell-Boltzmann*-Verteilung läßt sich für ein System von N Teilchen die Zustandswahrscheinlichkeit

$$P = E/RT + N \ln Z \tag{1/17}$$

angeben, wenn Z die Zustandsfunktion nach Gl. (1/14) bedeutet. Für eine Zustandsänderung ergibt sich aus Gl. (1/17)

$$\mathrm{d}E = kT\,\mathrm{d}(\ln P) - \mathrm{d}W, \tag{1/18}$$

wenn $\mathrm{d}W$ die am System geleistete Arbeit und $\mathrm{d}E$ die Änderung der Gesamtenergie ist. Die innere Energie ändert sich demnach nicht nur durch Leistung von mechanischer Arbeit, sondern auch aufgrund des Terms $kT\,\mathrm{d}(\ln P)$, der einer zugeführten Wärmemenge $\mathrm{d}Q$ entspricht. Damit stellt Gl. (1/18) den 1. Hauptsatz in der Form

$$\mathrm{d}E = \mathrm{d}Q - \mathrm{d}W \tag{1/19}$$

dar. Die Größe $k \ln P$ muß eine Zustandsgröße sein, da von ihr nicht abhängt, auf welche Weise der Zustand erreicht wird; sie gibt die Anzahl von Möglichkeiten an, mit der für vorgegebene N und E der Zustand realisiert werden kann. Die Größe

$$\mathrm{d}Q/T = \mathrm{d}(k \ln P) \tag{1/20}$$

stellt ein vollständiges Differential und $1/T$ den Integrationsfaktor für $\mathrm{d}Q$ dar. Dies entspricht der Definition der *Entropie* S nach Gl. (1/12) und führt zum Ausdruck

$$\mathrm{d}S = \mathrm{d}(k \ln P). \tag{1/21}$$

Bei sehr tiefen Temperaturen kann man sich bei der Berechnung der Zustandssumme Z nach Gl. (1/14) auf *diskrete* Energieterme in äquidistanten Abständen beschränken; vielfach genügt es, nur zwei Energieterme zu berücksichtigen (Abschn. 1.4). Für ein System mit (quantisierten) konstanten Differenzbeträgen δ zwischen aufeinanderfolgenden Energietermen findet man die Zustandssumme zu

$$Z = \sum_{j=0}^{\infty} \exp(-\delta/kT) = \frac{1}{1 - \exp(-\delta/kT)}, \tag{1/22}$$

woraus sich innere Energie und spezifische Wärme berechnen lassen.

1.4 Negative absolute Temperaturen

Für ein begrenztes Energiespektrum, d. h. für einen endlichen Wert von j, wie das z. B. für magnetische Ionen in einem verdünnten paramagnetischen Salz (s. a. *Ed.* III, § 12.3) zutrifft, wird Gl. (1/22) für die Zustandssumme durch den Ausdruck

$$Z = \sum_{j=0}^{n-1} \exp(-j\delta/kT) = \frac{\exp(-n\delta/kT) - 1}{\exp(-\delta/kT) - 1} \tag{1/23}$$

ersetzt. Sind nur zwei Energieniveaus im Abstand δ vorhanden, so vereinfacht sich Gl. (1.23) in

$$Z = \exp(\delta/kT) + \exp(-\delta/kT) = 2\cosh(\delta/2kT). \tag{1/24}$$

In einem System mit *Kernspins* in einem Kristall, deren magnetische Kernmomente μ dem effektiven Magnetfeld H ausgesetzt werden, stellen sich N^+ Momente *in* und N^- Momente *entgegen* dem Feld bei gegebener Temperatur T_0 ein, wobei $N^+ > N^-$ und $N^+ + N^- = N = \text{const.}$ Mit $\delta = \mu H$ findet man analog zu Gl. (1/23)

$$N^+(T_0) - N^-(T_0) = n_0 = N \tanh(\mu H/kT_0) = N(1 + \mu H/kT_0),$$

da $\mu H/kT_0 \ll 1$. Wird das thermische Gleichgewicht gestört, so wird die neue

Besetzungsverteilung mit der Änderungsgeschwindigkeit

$$dn/dt = (n_0 - n)/\tau_1 \tag{1/25}$$

zurückgebildet, wobei

$$n = N^+(T) - N^-(T) = N \tanh(\mu H/kT), \tag{1/26}$$

T die durch die Niveaubesetzung definierte Temperatur und τ_1 die *Relaxationszeit* ist, in der Energie abgegeben oder aufgenommen wird.

Durch Absorption von Energie im Spinsystem, z. B. durch Einstrahlen der Resonanzfrequenz $\omega\hbar = \delta$, kann das höhere Niveau mehr als es der jeweiligen Temperatur oder sogar $T = \infty$ entspricht, besetzt werden, und es wird

$$N^-/N^+ = \exp(-2\mu H/kT) > 1; \quad \text{daraus folgt} \quad T < 0. \tag{1/27}$$

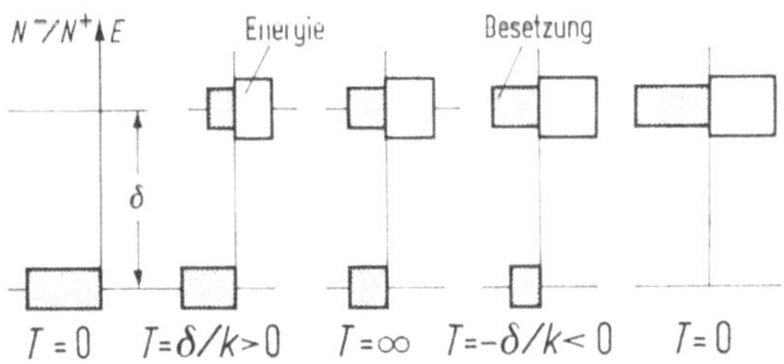

Bild 1.1. Niveaubesetzung bei negativen absoluten Temperaturen

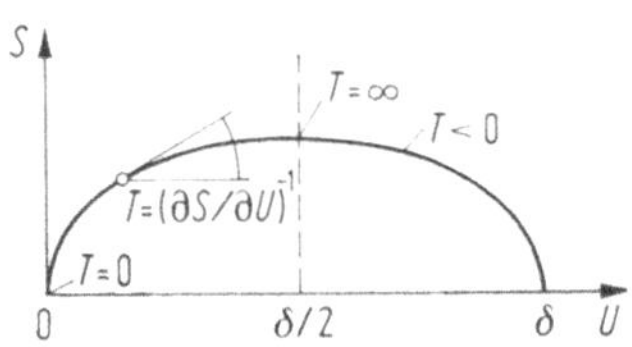

Bild 1.2. S, U-Diagramm eines Spinsystems

In Bild 1.1 sind für verschiedene Ausgangstemperaturen die Niveaubesetzungen und Energie dargestellt, wobei $\varepsilon_0 = 0$ angenommen wird. Durch die Übersetzung des höheren Energieniveaus entsteht eine nach Gl. (1/27) definierte *negative absolute Temperatur*. In Bild 1.2 ist die Entropie dieses Systems als Funktion der inneren Energie $U = \delta N^-$ dargestellt und der grundsätzliche Unterschied zwischen $T = 0$ und $T = \infty$ zu erkennen. Nach der Überbesetzung des höheren Niveaus ($T < 0$) „kühlt" sich das Kernspinsystem über $T = \infty$ auf $T > 0$ ab, wie sich aus der Neigung der S, U-Kurve und der bekannten Beziehung

$$T = (\partial S/\partial U)^{-1} \tag{1/28}$$

ergibt. Die daraus resultierenden Temperaturen beziehen sich auf das Spinsystem, das über meist relativ lange Relaxationszeiten τ_1 an das Gittersystem gekoppelt ist. Sie können nur über die Kernsuszeptibilität, z. B. mit Hilfe von Kernresonanzmessungen (*Ed.* III, § 11.61), nachgewiesen werden.

1.5 Thermodynamische Temperaturskala

[1.11; 1.17; 1.37]

Die Definition der thermodynamischen Temperaturskala ist eng mit dem 2. Hauptsatz verknüpft; sie wird am einfachsten aus dem *Carnot*-Prozeß abgeleitet.

1.5.1 Carnot-Prozeß

[1.2; 1.5]

Der von *Carnot* (1824) vorgeschlagene Kreisprozeß wird mit einem beliebigen Arbeitsstoff durchgeführt, dessen Zustandsänderungen aus zwei Isothermen und zwei Adiabaten bestehen. In Bild 1.3 ist ein solcher Prozeß mit einem Gas als Arbeitsmedium im p, V-Diagramm dargestellt, wobei zunächst eine empirische Temperaturskala ϑ zur Beschreibung der p, V-Relation angenommen wird. Der Kreisprozeß arbeitet mit zwei Wärmespeichern I und II, deren Temperatur in dieser Skala ϑ_1 und ϑ_2 betragen soll ($\vartheta_1 > \vartheta_2$). Das Arbeitsmittel im Ausgangszustand *1* wird durch Zufuhr der Wärmemenge Q_1 längs der Isothermen $\vartheta = \vartheta_1$ in den Zustand *2* überführt. Die anschließende Zustandsänderung *2—3* stellt eine Adiabate dar, für die nach dem 2. Hauptsatz der Thermodynamik

$$dq = du + p\,dV \tag{1/29}$$

die geleistete Arbeit $p\,dV$ wegen $dq = 0$ auf Kosten der inneren Energie du geht. Zwischen *3* und *4* wird dem Arbeitsmedium isothermisch bei der niedrigeren Temperatur ϑ_2 die Wärmemenge Q_2 entzogen und dem Wärmespeicher II zugeführt. Der Prozeß wird durch eine zweite Adiabate *4-1* abgeschlossen, für die wieder $dq = 0$ gilt.

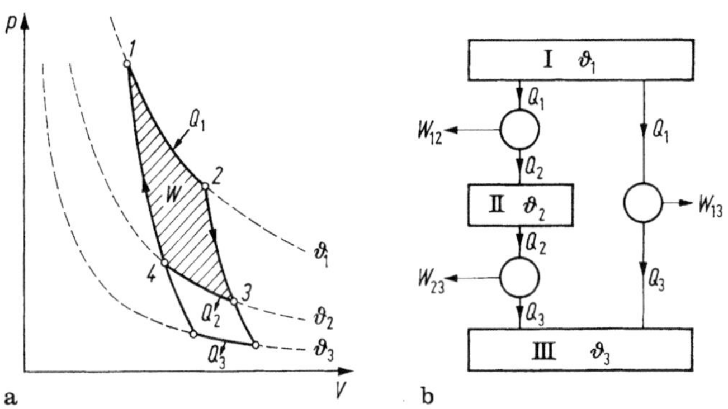

Bild 1.3. Carnot-Prozesse

Da sich beim Durchlaufen eines geschlossenen Kreisprozesses die innere Energie u nicht ändert, muß wegen Gl. (1/29) die geleistete Arbeit $W = \oint p\,dV = Q_1 - Q_2$ betragen. Der Wirkungsgrad dieser *reversibel* arbeitenden Maschine, d. h. das Verhältnis von gewonnener Arbeit W zur zugeführten Wärmemenge Q_1 beträgt demnach

$$\eta = W/Q_1 = (Q_1 - Q_2)/Q_1. \tag{1/30}$$

Es ist leicht nachzuweisen, daß die Wahl des Arbeitsstoffes dieses Ergebnis nicht beeinflussen kann. Kuppelt man nämlich eine zweite Maschine (mechanisch) mit der eben beschriebenen, so daß diese als Kältemaschine (*Wärmepumpe*) wirkt, so muß ebenfalls $W' = Q_1' - Q_2'$ für die von der zweiten Maschine den Wärmereservoirs zugeführten bzw. entzogenen Wärmemengen gelten. Sind geleistete und verbrauchte Arbeit gleich, d. h. $W = W'$, so wird dem Wärmespeicher I bei der Temperatur ϑ_1 insgesamt die Wärmemenge $Q_1 - Q_1'$ entzogen und dem kälteren Speicher die Wärmemenge $Q_2 - Q_2'$ zugeführt. Da die Gesamtarbeit dieses kombinierten Prozesses Null sein muß und nach dem 2. Hauptsatz die Übertragung der Wärmemengen $Q_1' - Q_1 = Q_2' - Q_2$ von ϑ_2 nach ϑ_1 unmöglich ist, müssen diese Differenzen verschwinden. Damit ist der Kreisprozeß vom Arbeitsmedium unabhängig und lediglich eine Funktion der Temperaturen ϑ_1 und ϑ_2. Es gilt also

$$Q_1/Q_2 = (1 - \eta)^{-1} = f(\vartheta_1, \vartheta_2). \tag{1/31}$$

1.5.2 Kelvin-Skala

Um die noch unbekannte Temperaturfunktion in Gl. (1/31) zu finden, schaltet man hinter den Wärmebehälter II in Bild 1.3 einen dritten mit der Temperatur ϑ_3. Zwischen diesen drei Wärmespeichern arbeiten zwei *Carnot*-Prozesse derart, daß die vom ersten Prozeß an II abgegebene Wärmemenge Q_2 der entsprechen soll, die vom zweiten Prozeß aufgenommen wird. Dann muß nach Gl. (1/31) auch $Q_2/Q_3 = f(\vartheta_2, \vartheta_3)$ gelten, woraus durch Multiplikation

$$Q_1/Q_2 = f(\vartheta_1, \vartheta_2)\, f(\vartheta_2, \vartheta_3) \tag{1/32}$$

folgt. Verläuft ein *Carnot*-Prozeß direkt zwischen den Wärmespeichern I und III, so muß analog $Q_1/Q_3 = f(\vartheta_1, \vartheta_3)$ sein und liefert durch Vergleich mit Gl. (1/32) die Beziehung

$$f(\vartheta_1, \vartheta_3) = f(\vartheta_1, \vartheta_2)\, f(\vartheta_2, \vartheta_3). \tag{1/33}$$

Diese Gleichung kann nur erfüllt werden, wenn die Funktion f die Form $f(\vartheta_1, \vartheta_2) = \theta(\vartheta_1)/\theta(\vartheta_2)$ aufweist, damit ϑ_2 aus Gl. (1/33) verschwinden kann. Damit wird $f(\vartheta_1, \vartheta_3) = \theta(\vartheta_1)/\theta(\vartheta_3)$ und aus Gl. (1/32) das Verhältnis

$$Q_1/Q_2 = \theta(\vartheta_1)/\theta(\vartheta_2). \tag{1/34}$$

Da $f(\vartheta)$ eine universelle Funktion der Temperatur ist, kann mit Hilfe von Gl. (1/34) eine *Temperaturskala* definiert werden. Die heute gültige *thermodynamische Temperaturskala* wird dadurch erhalten, daß die Funktion $\theta(\vartheta) = T$ gesetzt wird.

Da Gl. (1/34) nur das Verhältnis zweier Wärmemengen angibt, ist die thermodynamische Temperatur T bis auf einen konstanten Faktor bekannt, der durch die Differenz der Temperaturwerte von Wassersiedepunkt und Eispunkt $T_{100} - T_0 = 100$ K bestimmt wird. Ein zwischen diesen Temperaturen durchgeführter *Carnot*-Prozeß liefert den experimentellen Wert

$$Q_0/(Q_{100} - Q_0) = T_0/(T_{100} - T_0) = 2{,}7316,$$

woraus sich für den Eispunkt die Temperatur $T_0 = 273{,}16$ K ergibt.

Diese Temperaturskala ist nach der Definitionsgleichung (1/34) unabhängig vom Arbeitsmedium (der Thermometersubstanz) und wird nach einem Vorschlag von Lord *Kelvin* (1848) als *absolut* und die Einheit mit *Kelvin* (K) bezeichnet.

1.5.3 Temperaturskalen

Für praktische Temperaturmessungen kann nur in speziellen Fällen (z. B. im mK-Bereich) auf Gl. (1/34) zurückgegriffen werden. Meistens werden *Thermometer* benutzt, die von einer gut beobachtbaren Eigenschaft der Thermometersubstanz (thermische Ausdehnung, elektrischer Widerstand, Thermospannung, paramagnetische Suszeptibilität) die zu messende Temperatur ableiten. Der funktionelle Zusammenhang zwischen der zu messenden Eigenschaft E und der Temperatur ϑ kann zwar beliebig sein, doch wird eine lineare Funktion der Form

$$E = f(\vartheta) = a + b\vartheta \tag{1/35}$$

vorzuziehen sein. Die Konstanten a und b lassen sich durch Messung an zwei Temperaturfixpunkten ϑ_0 und ϑ_1 ermitteln, bei denen die Größen E_0 und E_1 gemessen werden. Für einen beliebigen Wert von E findet man die zugehörige Temperatur aus

$$\vartheta = \vartheta_0 + \frac{E - E_0}{E_1 - E_0} (\vartheta_1 - \vartheta_0) \tag{1/36}$$

durch Benutzung des mittleren *Temperaturkoeffizienten* der Größe E im Bereich zwischen ϑ_0 und ϑ_1

$$c_\vartheta = (E_1 - E_0)/(\vartheta_0 - \vartheta_1)\, E_0. \tag{1/36a}$$

Damit ergibt sich aus Gl. (1/36) die Beziehung

$$\vartheta = \vartheta_0 + \frac{E - E_0}{c_\vartheta E_0}. \tag{1/37}$$

Wählt man als Fixpunkte Tripel- und Siedepunkt von Wasser und bezeichnet diese Temperaturen mit 0 °C und 100 °C, so folgt aus Gl. (1/36) für eine beliebige Temperatur

$$\vartheta = 0\,°\mathrm{C} + \frac{E - E_0}{E_{100} - E_0} \cdot 100\,°\mathrm{C}.$$

Wird nach dieser Vorschrift z. B. mit Hilfe der thermischen Ausdehnung eines Metallstabes die Temperatur bestimmt, so unterscheiden sich die mit verschiedenen „Thermometern" gewonnenen Angaben; bei einer mit einem Kupferstab bestimmten Temperatur von 50 °C wird ein aus einem Wolframstab bestehendes Thermometer 54 °C anzeigen.

Dieser Befund steht im Gegensatz zur Definition der *absoluten* Temperatur in Abschn. 1.5.2 und enthüllt den grundlegenden Nachteil einer Temperaturdefinition, die von der Thermometersubstanz abhängt. Die damit gewonnenen Temperaturskalen unterscheiden sich bezüglich a) der benutzten Substanz, b) ihrer thermometrischen Eigenschaft und c) der angewandten Funktion $f(\vartheta)$. Temperaturskalen, die sich in einem der beiden erstgenannten Merkmale unterscheiden, werden fundamental verschieden genannt. Zwei Skalen dagegen, denen verschiedene Funktionen $f(\vartheta)$ zugrunde liegen, lassen sich mathematisch beliebig genau anpassen.

Allen gebräuchlichen Skalen liegen als *Fundamentalpunkte* der Tripel- und Siedepunkt des Wassers zugrunde, deren Intervall bei der *Celsius*-Skala durch 100, bei der *Réaumur*-Skala durch 80 und bei der *Fahrenheit*-Skala durch 180 geteilt ist. Bei den erstgenannten Skalen wird der Tripelpunkt mit 0 °C, in der *Fahrenheit*-Skala mit 32 °F bezeichnet, woraus sich folgende Umrechnungsvorschriften ergeben:

$$n\,°\mathrm{C} = 0{,}8\,n\,°\mathrm{R} = (1{,}8\,n + 32)\,°\mathrm{F}.$$

1.5.4 Ideales Gasverhalten und thermodynamische Temperaturskala

Die aus den idealen Gaseigenschaften ableitbare Temperaturskala führt ebenfalls auf die Gl. (1/34) mit einem noch zu bestimmenden Faktor. Hierauf beruht die große Bedeutung des *Gasthermometers.*

Das ideale Gas wird durch zwei Eigenschaften definiert:

a) *Boyle-Gesetz,* wonach $pV = f(\vartheta)$ nur von der mit einem beliebigen Thermometer gemessenen Temperatur ϑ abhängt;

b) *Joule-Gesetz,* nach dem sich die Temperatur eines Gases, das ohne Arbeitsleistung in einem Vakuumraum strömt, nicht ändert.

Das reale Gas erfüllt diese Bedingungen im allgemeinen nicht exakt, kann aber mit abnehmendem Druck in guter Näherung als ideal betrachtet werden.

Betrachtet man das Produkt pV des quasi-idealen Gases als die thermometrische Eigenschaft E in Gl. (1/36) und setzt $\vartheta_0 = 0\,°\mathrm{C}$, $\vartheta_1 = 273{,}16\,°\mathrm{C}$, so gilt

$$\vartheta = \frac{(pV) - (pV)_0}{(pV)_1 - (pV)_0}\,\vartheta_1.$$

Definiert man die ideale Gastemperatur durch die Beziehung $(pV)/(pV)_1 = \theta/\theta_1$, wenn θ_1 die durch einen Fixpunkt gegebene Temperatur ist, so folgt für eine beliebige Temperatur ϑ

$$(pV)_\vartheta = \theta(pV)_1/\theta_1 = K\theta, \tag{1/38}$$

da nach Voraussetzung $(pV)_1/\theta_1 = \mathrm{const} = K$ sein muß. Die Beziehung (1/38) stellt nichts anderes als das ideale Gasgesetz dar.

Um zu beweisen, daß die durch Gl. (1/34) definierte thermodynamische Temperaturskala identisch mit der des idealen Gases ist, benutzt man folgende Relationen (Abschn. 6.6):

$$p = T(\partial p/\partial T)_V - (\partial U/\partial V)_T;$$

$$V = T(\partial V/\partial T)_p + (\partial H/\partial p)_T.$$

Darin stellen U und H die innere Energie bzw. Enthalpie des Gases dar. Nach der Bedingung b) dieses Abschnitts muß $(\partial U/\partial V)_T = 0$ und damit

$$p = T(\partial p/\partial T)_V \tag{1/39}$$

werden. Benutzt man die Temperaturskala des idealen Gases nach Gl. (1/38), so muß gelten

$$p = \theta(\partial p/\partial \theta)_V. \tag{1/40}$$

Durch Vergleich von (1/39) und (1/40) findet man schließlich

$$T = \theta(\partial p/\partial \theta)_V/(\partial p/\partial T/_V, \tag{1/41}$$

d. h. die Identität von thermodynamischer und idealer Gastemperatur.

1.5.5 Carnot-Prozeß für das ideale Gas

Man kann auch direkt die Beziehung (1/34) ableiten, wenn man das ideale Gas mit der Zustandsgleichung

$$pV = nR\vartheta \tag{1/42}$$

(n Zahl der Mole, Gaskonstante $R = 8{,}314$ J/Mol K) als Arbeitsmedium eines *Carnot*-Prozesses verwendet. Die in einem solchen Kreisprozeß (vgl. Bild 1.3) zu- und abgeführten Wärmemengen bei den Temperaturen ϑ_1 und ϑ_2 berechnen sich zu

$$Q_1 = \int_1^2 p \,\mathrm{d}V = n\,R\,\vartheta_1 \ln(V_2/V_1)\,; \tag{1/43a}$$

$$Q_2 = \int_3^4 p\,\mathrm{d}V = n\,R\,\vartheta_2 \ln(V_4/V_3)$$
$$= -\,n\,R\,\vartheta_2 \ln(V_2/V_1). \tag{1/43b}$$

Da wegen Gl. (1/19) und $\mathrm{d}Q = 0$ die gesamte längs der Adiabaten *2-3* und *4-1* geleistete Arbeit Null ist, ergibt sich für die Gesamtarbeit des Prozesses

$$W = Q_1 - Q_2 = n\,R\,(\vartheta_1 - \vartheta_2) \ln(V_2/V_1) \tag{1/44}$$

und für den Wirkungsgrad

$$\eta = \frac{Q_1 - Q_2}{Q_1} = \frac{n\,R(\vartheta_1 - \vartheta_2)\ln(V_2/V_1)}{n\,R\vartheta_1 \ln(V_2/V_1)} = \frac{\vartheta_1 - \vartheta_2}{\vartheta_1}. \tag{1/45}$$

Der Vergleich mit den Gln. (1/30) und (1/34) zeigt, daß nur die thermodynamische absolute Temperatur $T \equiv \vartheta$ auch für das ideale Gas diese Beziehungen befriedigt.

Benutzt man das ideale Gas als Thermometersubstanz, so kommen als thermometrische Eigenschaften E das spezifische Volumen v unter konstantem Druck oder der Gasdruck p bei konstantem Volumen in Betracht. Nach Gl. (1/36a) ergibt sich der mittlere *Ausdehnungskoeffizient* α zwischen 0 und 100 °C zu

$$\alpha = (v_{100} - v_0)/100\,v_0 \tag{1/46}$$

und der mittlere *Spannungskoeffizient* β zu

$$\beta = (p_{100} - p_0)/100\,p_0. \tag{1/47}$$

Mit Gl. (1/37) findet man dann die Temperatur des *Gasthermometers konstanten Druckes* zu

$$\vartheta_p = 100 \frac{v - v_0}{v_{100} - v_0} + \vartheta_0, \tag{1/48a}$$

und die des *Gasthermometers konstanten Volumens* zu

$$\vartheta_v = 100 \frac{p - p_0}{p_{100} - p_0} + \vartheta_0, \tag{1/48b}$$

woraus mit den Gln. (1/46) und (1/47) folgt:

$$v = v_0(1 + \alpha\vartheta_p)\,; \quad p = p_0(1 + \beta\vartheta_v). \tag{1/49a, b}$$

Die Beziehungen (1/48) stellen die Meßvorschriften für die gasthermometrische Temperaturmessung (Abschn. 2.1 und 3.1) dar. Die Abhängigkeit der Differenz $\vartheta_v - \vartheta_p$ von der Art und dem Fülldruck des Gases läßt sich durch Extrapolation der beobachteten Temperaturwerte auf den Druck Null eliminieren. Für verschwindenden Gasdruck gilt Gl. (1/42) und ergibt mit den Gln. (1/49) die Beziehungen

$$(v/v_0) = (p/p_0) = 1 + \gamma t$$

oder

$$t + 1/\gamma = (v/v_0)_p/\gamma = (p/p_0)_v/\gamma, \tag{1/50}$$

in denen die Koeffizienten α und β durch den gemeinsamen Koeffizienten γ und ϑ durch die thermodynamische Zentigrad-Temperatur t ersetzt sind. Mit dem experimentell gefundenen Wert von $1/\gamma = 273{,}16$ K erhält man aus Gl. (1/50) die Temperatur

$$T = t + 1/\gamma = t + 273{,}16\ \mathrm{K},$$

die mit dem aus dem idealen Gasgesetz (1/42) resultierenden Wert

$$T = (v/v_0)_p T_0 = (p/p_0)_v T_0$$

übereinstimmt, d. h. das ideale Gasthermometer liefert die absolute thermodynamische Temperatur.

1.5.6 Die Entropie

[1.3]

Durch Einführen der thermodynamischen Temperatur T läßt sich die bereits durch Gl. (1/21) definierte Zustandsgröße *Entropie* ableiten, indem man den in einem engen Temperaturbereich verlaufenden *Carnot*-Prozeß des Bildes 1.4 betrachtet. Links ist im p, V-Diagramm der Kreisprozeß durch die benachbarten Isothermen T_1 und T_2, sowie durch die Adiabaten a und b gegeben. Für die bei diesen Temperaturen zu- bzw. abgeführten Wärmemengen dQ_1 und dQ_2 gilt nach

Gl. (1/45)

$$dQ_1/T_1 + dQ_2/T_2 = 0, \qquad (1/51)$$

wenn die Wärmemengen als algebraische Größen betrachtet werden. Analog gilt für den Übergang von T_1 auf T_1': $dQ_1'/T_1' + dQ_2/T_2 = 0$, woraus generell die Beziehung

$$dQ_1'/T_1' = dQ_1/T_1$$

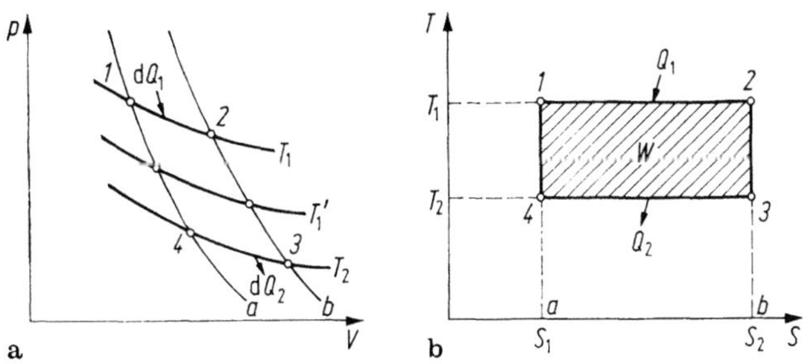

a b

Bild 1.4. Zum Begriff der Entropie

folgt. Die Größe dQ/T hat demnach unabhängig von der Temperatur für zwei bestimmte Adiabaten immer den gleichen Wert. Nach *Clausius* kann man jeder Adiabaten eine Größe S zuordnen, die dadurch bestimmt ist, daß sie sich beim Übergang zu einer benachbarten Adiabaten um den Betrag

$$dS = dQ/T \qquad (1/52)$$

ändert. Diese Größe wird *Entropie* genannt und für jeden Körper aus der ihm reversibel bei bekannter Temperatur zugeführten Wärmemenge bestimmt. Mit Benutzung des 1. Hauptsatzes (1/19) und $dW = p\,dV$ ergibt sich aus Gl. (1/52)

$$dS = (dU + p\,dV)/T. \qquad (1/52a)$$

Da für die *Adiabate* wegen $dQ = 0$ auch $dS = 0$ wird, stellt sie zugleich eine Linie konstanter Entropie, eine *Isentrope* dar.

Wie aus Bild 1.4b hervorgeht, wird der *Carnot*-Prozeß in einem T,S-Diagramm besonders übersichtlich als Rechteck abgebildet, dessen Seiten von den Isothermen T_1 und T_2 und den Isentropen S_1 und S_2 gebildet werden. Die zu- und abgeführten Wärmemengen $Q_1 = T_1(S_2 - S_1)$ und $Q_2 = T_2(S_2 - S_1)$ entsprechen den Flächen *1—2—b—a* und *4—3—b—a*; ihre Differenz $(Q_1 - Q_2)$ stellt die geleistete Arbeit W (vgl. Gl. 1/44) dar und wird durch die Fläche *1—2—3—4* gegeben.

Da für den Wärmehaushalt eines beliebigen reversiblen Kreisprozesses die adiabatischen Zustandsänderungen keinen Beitrag leisten, gilt für die Entropieänderung

$$\oint dQ/T = \oint dS = 0, \qquad (1/53)$$

d. h. die Entropie ist eine Zustandsgröße, deren Unterschiede für eine beliebige Zustandsänderung vom durchlaufenden Weg unabhängig sind. Mathematisch wird ein solcher Differentialausdruck von mehreren unabhängigen Variablen als *vollständiges Differential* bezeichnet. Ohne spezielle Annahmen kann aus dieser Eigenschaft der Größe S die absolute Temperatur als integrierender Nenner abgeleitet werden (Abschn. 1.2).

1.5.7 Thomson-Joule-Effekt

Die Reduktion der gasthermometrischen Messungen auf die thermodynamische Temperaturskala läßt sich mit Hilfe des *Thomson-Joule*-Effekts durchführen. Dieser tritt auf, wenn man nach Bild 1.5 einen Gasstrom ohne Wärmeaustausch mit der Umgebung und ohne merkliche Änderung seiner kinetischen Energie durch einen porösen Stopfen B oder ein Ventil vom Druck p_1 auf den Druck p_2 entspannen läßt. Sind die entsprechenden spezifischen Volumina v_1 und v_2, so wird vom Gas bei der Expansion die Arbeit $w = p_2v_2 - p_1v_1$ geleistet. Wegen $\mathrm{d}q = 0$ wird nach dem 1. Hauptsatz

$$u_2 - u_1 = p_1v_1 - p_2v_2$$

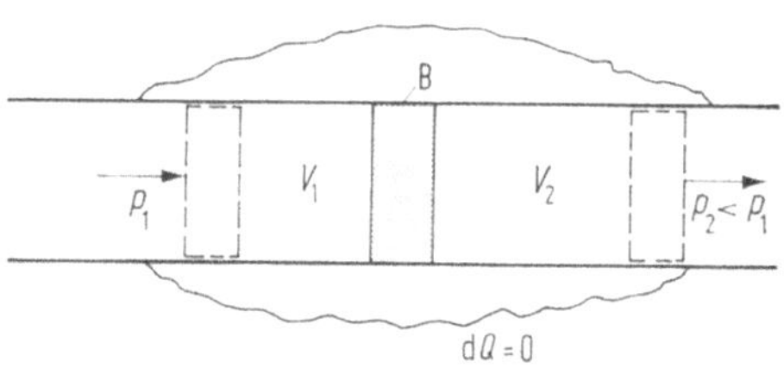

Bild 1.5. Thomson-Joule-Effekt

oder nach Einführen einer neuen Zustandsgröße

$$h = u + pv, \tag{1/54}$$

die *Enthalpie* oder *Wärmeinhalt* genannt wird, $h_1 = h_2$. Führt man die spezifische Wärme bei konstantem Druck,

$$c_p = (\partial u/\partial T)_p + p(\partial v/\partial T)_p, \tag{1/55}$$

und die Änderung der inneren Energie bei isothermischer Entspannung,

$$(\partial u/\partial p)_T = -T(\partial v/\partial T)_p - p(\partial v/\partial p)_T,$$

ein, so folgt aus dem 1. Hauptsatz die Beziehung

$$\mathrm{d}q = c_p\mathrm{d}T + [v - T(\partial v/\partial T)_p]\,\mathrm{d}p. \tag{1/56}$$

Für $\mathrm{d}q = 0$ ergibt sich daraus die Temperaturänderung bei der *isenthalpischen Entspannung* zu

$$(\partial T/\partial p)_h = (1/c_p)[T(\partial v/\partial T)_p - v]. \tag{1/57}$$

Den Differentialquotienten $(\partial T/\partial p)_h = \mu$ bezeichnet man als *differentiellen Thomson-Joule-Effekt*, der z. B. bei der Verflüssigung von Gasen von besonderer Bedeutung ist und in Abschn. 6.6 eingehender behandelt wird. Die Größe μ kann zunächst nur in einer praktischen Temperaturskala gemessen werden, d. h. $\mu = (\partial T'/\partial p)_h$, deren Werte T' eine eindeutige Funktion der thermodynamischen Temperatur T sind. Ist die mit einem Gasthermometer festgestellte zu T gehörige Temperatur T', so gilt

$$\partial v/\partial T = (\partial v/\partial T')\,(\partial T'/\partial T)$$

und $c_p \mathrm{d}T = c'_p \mathrm{d}T'$, wenn c'_p die in der T'-Skala gemessene spezifische Wärme bedeutet. Führt man diese Relation in Gl. (1/57) ein, so erhält man den Ausdruck

$$\frac{\mathrm{d}T}{T} = \frac{(\partial v/\partial T')_p \,\mathrm{d}T'}{\mu' c'_p + v} \tag{1/58 a}$$

oder nach Integration

$$\ln (T/T_0) = \int\limits_{T'_0}^{T'} \frac{(\partial v/\partial T')_p \cdot \mathrm{d}T'}{\mu' c'_p + v}. \tag{1/58 b}$$

Da unter dem Integralzeichen nur direkt meßbare Größen stehen, kann T/T_0 aus den beobachteten T'-Werten berechnet werden. Gleichung (1/58b) läßt sich besonders leicht auswerten, wenn die Größe μ für das Füllgas des Gasthermometersbekannt ist, da in diesem Fall $v = T' v_0/T'_0$ und $(\partial v/\partial T') = v_0/T'_0$.

1.6 Thermodynamische Temperaturskala unterhalb von 1 K

[1.45; 1.47]

Unterhalb von 1 K läßt sich die in Abschn. 1.5.4 behandelte gasthermometrische Methode wegen der niedrigen anwendbaren Drücke für die He-Isotope nicht mehr verwenden. Für praktische Messungen können bis herab zu 0,3 K das ^{3}He-Dampfdruckthermometer (Abschn. 3.1.5), spezielle Thermoelemente (Abschn. 3.2) und vor allem Halbleiterwiderstände bis in den Millikelvin-Bereich benutzt werden. Diese *Sekundärthermometer* besitzen eine hohe Empfindlichkeit $\Delta T/T < 10^{-3}$, müssen aber mit Primärthermometer oder an geeigneten Fixpunkten geeicht werden.

Die für $T < 1$ K geeigneten *Primärthermometer* lassen sich in sechs Gruppen einteilen:

a) Suszeptibilitätsthermometer, die auf der Grundlage des 2. Hauptsatzes geeicht werden;
b) γ-Anisotropiethermometer unter Verwendung von im Magnetfeld orientierten Kernen;
c) Polarisationsthermometer mit Nachweis durch den *Mößbauer*-Effekt;
d) osmotische Druckmessung an einem Superleck, das sich zwischen reinem flüssigen ^{4}He und einer verdünnten Mischung von ^{3}He in ^{4}He befindet;
e) Schmelzdruckmessung an ^{3}He;
f) Messung des thermischen Rauschens.

Bei den in Kap. 3 behandelten Sekundärthermometern dienen als Meßgröße die paramagnetische und Kernsuszeptibilität oder die Relaxationszeit bei der Kerninduktion sowie die charakteristischen Eigenschaften reiner Supraleiter mit niedriger Sprungtemperatur.

1.6.1 Thermometereichung nach dem 2. Hauptsatz

Wendet man Gl. (1/52) auf ein paramagnetisches Salz an, für das der Ausdruck für die Enthalpie

$$H = U + pV - BM \tag{1/59}$$

im Vergleich zum Gas um die magnetische Energie BM (magnetische Induktion B, Magnetisierung M) erweitert ist, so läßt sich die Temperatur durch die Beziehung

$$T = \Delta Q/\Delta S = (\partial U/\partial S)_{V,M} = (\partial H/\partial S)_{p,B} \tag{1/60}$$

definieren. In Bild 1.6 wird anhand des S,T-Diagramms für ein paramagnetisches Salz das Eichverfahren eines magnetischen Thermometers erläutert.

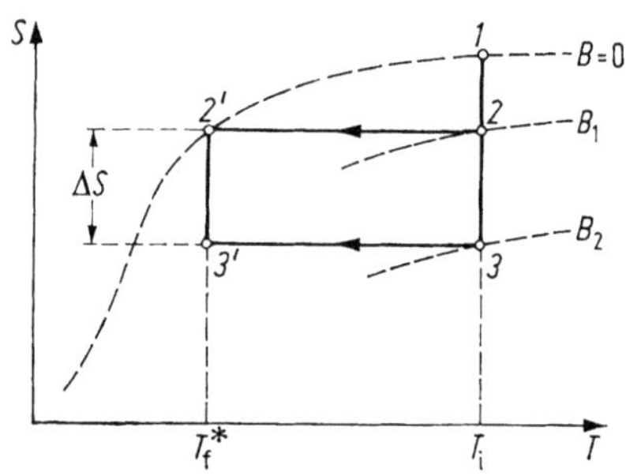

Bild 1.6. Eichung des paramagnetischen Thermometers

Es wird im Punkt *1* von der durch eine Absolutmessung bekannten Anfangstemperatur T_i im feldfreien Zustand ($B = 0$) ausgegangen. Durch isothermisches Magnetisieren auf $B = B_1$ stellt sich der Zustand *2* ein. Das paramagnetische Salz wird nunmehr thermisch isoliert und das Magnetfeld auf das Ausgangsfeld reduziert, wobei im Punkt *2'* die Temperatur T_f^* erreicht wird. Der Wert von T_f^* wird aus der vorläufigen Temperaturskala abgeleitet, die auf dem idealen *Curie*-Gesetz

$$\chi = A/T \tag{1/61}$$

basiert, wenn $\chi = M/H$ die magnetische Suszeptibilität und A die *Curie*-Konstante des Salzes bedeuten. Um die wahre thermodynamische Temperatur T_f zu erhalten, wird das System wieder auf $B = B_1$ (bei $T = T_i$) und weiter auf $B = B_2$ magnetisiert (Zustand *3*), wobei die Magnetisierungswärme $\Delta Q_1 = T_i \Delta S_1$ z. B. aus der Menge des verdampfenden Heliums bestimmt wird.

Nach thermischer Isolierung des Systems wird es adiabatisch entmagnetisiert, bis im Zustand *3'* die gleiche Temperatur durch das Suszeptibilitätsthermometer,

d. h. T_f^* angezeigt wird. Während der nachfolgenden Entmagnetisierung *3'—2'* bei $T_f^* = \text{const}$ muß die Wärmemenge $\Delta Q_2 = T_f \Delta S_2$ zugeführt werden. Da $\Delta S_1 = -\Delta S_2 = |\Delta S|$, wird die wahre Temperatur T_f aus

$$T_f = \frac{\Delta Q_2}{\Delta Q_1} T_i \tag{1/62}$$

gefunden. Durch Wiederholen dieses Kreisprozesses für verschiedene Werte von B und damit T_f^* läßt sich die T,T^*-Kurve für das verwendete Salz konstruieren (Abschn. 3.4). Die Schwierigkeit bei der Durchführung dieser im Prinzip einfachen Eichmethode liegt darin, daß ΔQ_2 nicht mit ausreichender Genauigkeit bestimmbar ist. Es kommen hierfür Verfahren in Betracht, bei denen das Salz durch optische oder radioaktive Strahlung bekannter Intensität, durch Kondensation einer bekannten He-Gasmenge oder durch elektrische Hysteresisverluste im Tonfrequenzbereich aufgeheizt wird. Von *Giauque* [1.18] wird ein Eichverfahren angegeben, bei dem die Zuführung einer bekannten Wärmemenge bei T_f^* entfällt; statt dessen muß nach Gl. (1/60) die Enthalpiedifferenz $\Delta H\big|_1^2 = -\int_1^2 M\,\mathrm{d}B$ aus magnetischen Messungen bei konstanter Temperatur bestimmt werden [1.13].

1.6.2 Besetzungsthermometrie

Quantenmechanische Systeme von elektronischen oder Kern-Spins der Stärke I und mit dem magnetischen Moment μ sind ohne angelegtes Magnetfeld $(2I + 1)$-fach entartet. Im Feld mit der Induktion B werden die $2I + 1$ Niveaus um die Energiebeträge

$$\Delta E = \mu B / I \tag{1/63}$$

aufgespalten und sind analog zu Gl. (1/13) und entsprechend der Beziehung für die Besetzungswahrscheinlichkeit

$$P(m) = N_0 \frac{\exp(-m\Delta E/kT)}{\sum \exp(-m\Delta E/kT)} \tag{1/64}$$

abhängig von der Größe B/T verschieden bevölkert. Der Nenner von Gl. (1/64) stellt die *Zustandssumme* Z des Systems dar. In Bild 1.7 ist die Aufspaltung in einzelne Energieniveaus und ihre Besetzung bei einem bestimmten Wert von B/T schematisch dargestellt, wobei als Bezugsachse für die Quantisierungsrichtung das angelegte Magnetfeld gilt. Die Besetzung der Niveaus stellt ein eindeutiges Maß für die Temperatur bei bekanntem B dar. Sie kann daraus durch verschiedene Methoden ermittelt werden:

a) Die *statische Suszeptibilität* χ eines solchen Systems berechnet sich aus $\chi = \mu_0 M/B$ (magnetische Feldkonstante μ_0), wobei die Magnetisierung allgemein aus der Relation

$$M = kT\,\partial(\ln Z)/\partial B \tag{1/65}$$

folgt und sich mit Hilfe der Gln. (1/63) und (1/64) berechnen läßt. Man erhält für M den Ausdruck

$$M = N_0\, \mu^2 g^2 I(I+1) \cdot B/3\,kT, \tag{1/66}$$

wenn mit g der *Landé*-Faktor bezeichnet wird. Die *Curie*-Konstante in Gl. (1/61) ergibt sich mit Gl. (1/66) zu

$$\Lambda = N_0\, \mu^2 g^2 I(I+1)/3k. \tag{1/67}$$

Diese Methode erlaubt *keine* absolute Temperaturmessung, da das äußere Magnetfeld durch magnetische Wechselwirkung zwischen den Ionen und durch das Kristallfeld modifiziert wird.

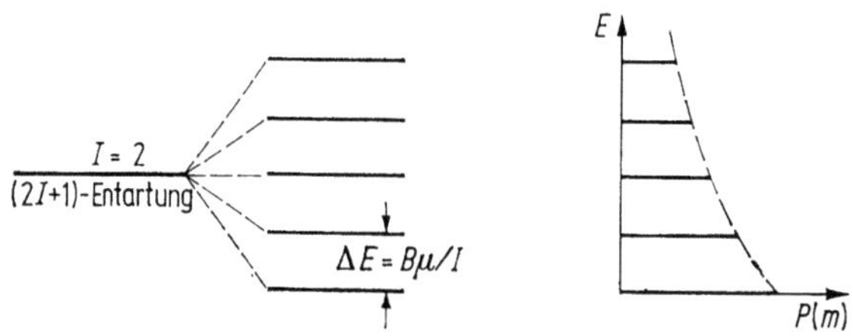

Bild 1.7. Aufspaltung und Besetzung von Energieniveaus in einem Spinsystem

b) Dynamische Kernspin-Suszeptibilität wird in den Kernspinthermometern (NMR-Thermometrie) als Meßgröße benutzt. Das Meßsignal, das senkrecht zum Außenfeld B_0 und zur Richtung des HF-Feldes entsteht, hängt nicht nur von der Kernsuszeptibilität, sondern auch von der Größe des HF-Feldes und den Relaxationszeiten τ_1 und τ_2 (Spin-Gitter- und Spin-Spin-Relaxationszeit) ab. Als relative Temperaturmeßgröße wird die Größe τ_1 verwendet, die nach der *Korringa*-Beziehung umgekehrt proportional zu T ist (Abschn. 3.5.3).

c) γ-Anisotropie-Thermometrie. Zerfällt ein radioaktiver Kern durch Emission eines γ-Quants, so besteht eine bestimmte räumliche Anisotropie der beobachteten Intensität, die von der ursprünglichen Spinrichtung und dem Zerfallsschema abhängt. Da einer der Parameter, welcher den Polarisationsgrad bestimmt, die absolute Temperatur ist, kann aus der Anisotropie der γ-Strahlung auf diese eindeutig geschlossen werden. Für die Winkelverteilung der γ-Intensität läßt sich der Ausdruck

$$W(\vartheta) = 1 + \Sigma\, B_k(gH/kT)\, A_k P_k(\cos\vartheta) \tag{1/68}$$

angeben, in dem ϑ den Winkel zwischen γ-Emissionsrichtung und Orientierungsachse, die B_k die Besetzungswahrscheinlichkeit und P_k nach Gl. (1/64) die Legendre-Polynome für ϑ bedeuten. Für bekannte Zerfallsschemata, wie z. B. für ^{60}Co und ^{54}Mn, lassen sich die Ausdrücke nach Gl. (1/68) genau berechnen, und es kann aus der Intensitätsmessung für die Winkel ϑ_0 und $\vartheta_{90°}$ bei bekanntem Feld H die Temperatur bestimmt werden.

Kernorientierungsthermometer (NO-Thermometer) sind primäre Thermometer, da die Größe ΔE in Gl. (1/64) eine für die Thermometersubstanz charakteristische Größe ist. Die Genauigkeit bei der Bestimmung von $W(T, \vartheta)$ hängt von der Zählrate innerhalb eines Meßintervalls ab; mit 30 min Meßzeit läßt sich bei $T = 1$ mK eine Genauigkeit von 5% erzielen (Abschn. 3.5). Durch Einbau in leicht polarisierbare Gitter können die sehr hohen, zu einer merklichen Polarisation erforderlichen Magnetfelder bereits mit viel kleineren äußeren Feldern erreicht werden [1.35].

d) *Thermometrie mit Hilfe des Mößbauer-Effekts* [1.27] wird im Millikelvin-Bereich in speziellen Fällen angewandt. Der Mößbauer-Effekt beruht auf der rückstoßfreien Emission und Absorption von γ-Quanten durch bestimmte radioaktive Kerne, die sich im Gitter eines geeigneten Festkörpers befinden. Durch Bewegung der γ-Quelle oder des Absorbers entsteht eine *Doppler*-Verschiebung der emittierten Frequenzen, woraus sich durch Intensitätsmessungen die relative Besetzung der einzelnen Hyperfeinstrukturniveaus ermitteln läßt. Diese hängt eindeutig von der Temperatur ab und liefert eine Asymmetrie der Linienintensität. Das Verfahren ist theoretisch sehr einfach, erfordert keine Eichung, ist aber oft schwierig anzuwenden und erfordert lange Meßzeiten (Abschn. 3.5.6).

1.6.3 Temperaturmessung durch den osmotischen Druck [1.31; 1.32]

Infolge des bei der Osmose einseitig verlaufenden Diffusionsvorgangs zwischen zwei gleichartigen Lösungen unterschiedlicher Konzentration, die durch eine semi-permeable Membran getrennt sind, entsteht auf der Seite der geringeren Konzentration ein hydrostatischer Überdruck, der *osmotische Druck*. Für ideale (sehr verdünnte) Lösungen gilt die *Van't Hoff*sche Beziehung

$$P_{\text{osm}} = n\,R\,T/V\,, \tag{1/69}$$

wenn n/V die Konzentration des gelösten Stoffes in mol/l bedeutet.

Im Falle von Mischungen der He-Isotope in flüssiger Phase nimmt das schwere ^{4}He die Rolle des (superfluiden) Lösungsmittels für das leichte ^{3}He ein, dessen Energie der Fermi-Energie kT_F bei $T = 0$ entspricht, die proportional zu $x_d^{2/3}$ ist, wenn x_d die ^{3}He-Konzentration im ^{4}He ist. Werden nach Bild 1.8 zwei Behälter A und B über ein Superleck (anstelle der semi-permeablen Wand) miteinander verbunden, so entsteht infolge der „Diffusion" des superfluiden ^{4}He durch das Superleck in B ein höherer Druck. Zwischen A mit der ^{3}He-Konzentration $x_d = 0$ und B mit $x = x_d$ entsteht eine osmotische Druckdifferenz, die sich zu

$$p_B = \Pi = RT_B x_d/v_4 \tag{1/70}$$

berechnet, wenn v_4 das spezifische Volumen des ^{4}He bedeutet. Für sehr kleine Werte von x_d ist p_B tatsächlich proportional zu T; bei höheren Konzentrationen werden Abweichungen von Gl. (1/70) beobachtet. Über Messung der entstehenden Druckdifferenz und Anwendungsmöglichkeiten (Abschn. 3.9.5).

1.6.4 Schmelzdruck von ^{3}He

[1.21; 1.38]

Die in Bild 1.9 wiedergegebene Schmelzdruckkurve des leichten He-Isotops zeigt bei $T = 0{,}319$ K ein ausgeprägtes Druckminimum mit $p = 29{,}31$ bar; für $T = 0$ mündet sie mit $p = 34{,}4$ bar horizontal in die Ordinate ein. Zwischen 2,5 und 100 mK wird der Druckkoeffizient größer als 20 bar/K und erlaubt eine Nachweisgrenze von 0,1 µK.

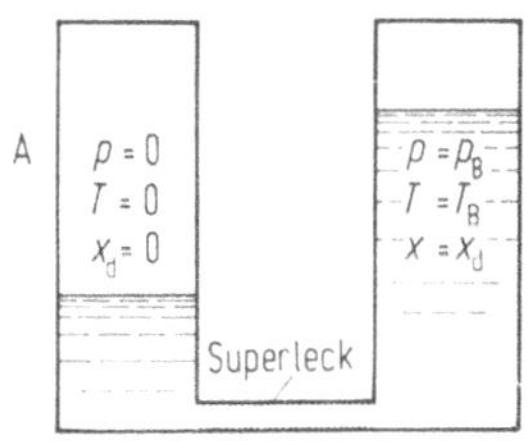

Bild 1.8. Osmotischer Druck in ^{3}He-^{4}He-Mischungen

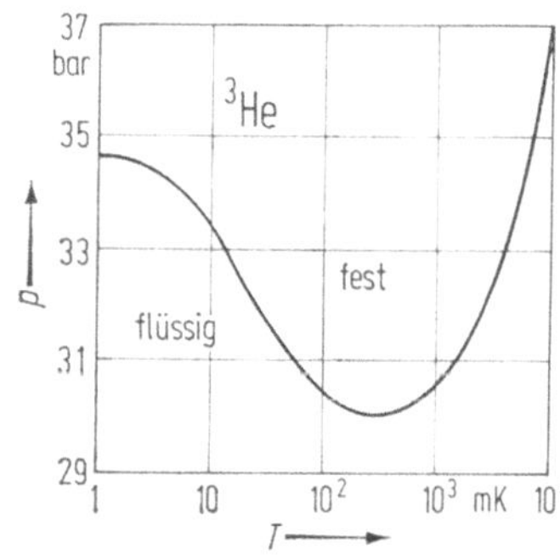

Bild 1.9. Schmelzkurve von ^{3}He

Diese Methode stellt im strengen Sinn kein eigentliches Primärthermometer dar, da die damit gewonnenen Temperaturwerte von der Genauigkeit abhängen, mit der die Schmelzdruckkurve bestimmt ist. Über die Methoden zur Druckmessung, Einbau und Anwendung s. Abschn. 3.9.3.

1.7 Rauschthermometrie

[1.4; 1.10; 1.16; 1.28]

Ein unbelasteter elektrischer Widerstand R erzeugt nach Beobachtungen von *Johnson* (1927) ein Rauschspektrum, für das *Nyquist* durch Anwendung der Bose-Statistik folgende Beziehung angeben konnte:

$$\langle u^2 \rangle = 4hf/[\exp(hf/kT) - 1]. \qquad (1/71)$$

Darin bedeuten $\langle u^2 \rangle$ das mittlere Rauschspannungsquadrat in einem Frequenzband zwischen f und $f + \mathrm{d}f$, h das Plancksche Wirkungsquantum und k die Boltzmann-Konstante. Für $kT \gg hf$ ergibt sich der bekannte Ausdruck

$$\langle u^2 \rangle = 4kTR\,\mathrm{d}f, \qquad (1/72)$$

der die Meßvorschrift für ein Primärthermometer darstellt. Da die Rauschspannung eine Fluktuationsgröße ist, muß zur Messung von T das Zeitmittel von $\langle u^2 \rangle$ gebildet werden, wofür eine Meßzeit τ notwendig ist. *Rice* [1.36] hat hierfür die Beziehung

$$\Delta T/T = (\tau\, \mathrm{d}f)^{-1/2} \tag{1/73}$$

abgeleitet, wonach der relative Meßfehler für die Temperatur mit wachsender Meßzeit und Bandbreite abnimmt. Die praktischen Probleme in der Rauschthermometrie bestehen darin, daß a) andere Ursachen als die thermische Anregung der Spannungsfluktuationen ausgeschaltet werden müssen, b) effektive Bandbreite df des Rauschdetektors und c) Verstärkungsfaktor des Eingangsverstärkers genau bekannt sein müssen.

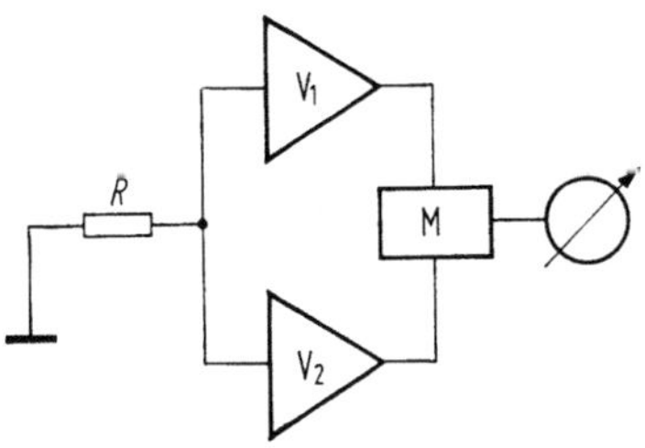

Bild 1.10. Korrelationsverstärker für Rauschspannungsmessungen

Die beiden letztgenannten Schwierigkeiten lassen sich überwinden, wenn die Rauschleistung eines Widerstandes R bei der Temperatur T durch Anpassen eines Widerstandes R_1 bei bekannter Temperatur T_1 konstant gehalten wird; es gilt dann $RT = R_1T_1$. Der grundlegende Fortschritt für die praktische Anwendung von Gl. (1/72) bestand jedoch darin, eine Korrelationsanordnung zu verwenden, die aus zwei identischen Verstärkern V_1, V_2 und einer nachgeschalteten Multiplikatorstufe M (s. Bild 1.10) besteht [1.40], deren Ausgangssignal nur die vom Widerstand R erzeugten Fluktuationen, nicht aber die unkorrelierten Anteile des Eigenrauschens von V_1 und V_2 enthält. Beide Verstärker müssen den gleichen Verstärkungsfaktor besitzen; die Anordnung verringert *nicht* die Meßzeit nach Gl. (1/73).

Grundsätzlich verschieden ist die Methode von *Brodskii* und *Savateev* [1.8], bei der nicht die mittlere Rauschleistung, sondern die Zählrate $\dot{n}$ für die Fluktuationsimpulse gemessen wird, welche einen vorgegebenen Schwellenwert U überschreiten. Theoretisch ergibt sich hierfür die Beziehung

$$\dot{n} = A \exp\left[-U^2/(A + BT)\right], \tag{1/74}$$

in der A und B Konstante sind, die durch die Verstärkereigenschaften und den Meßwiderstand gegeben sind.

Für genügend tiefe Temperaturen, bei denen supraleitende Tunneldioden (Josephson-Effekt, *Ed.* III, § 11.66) als Detektoren für die Rauschspannung benutzt werden können, lassen sich *absolute Thermometer* konstruieren. In der Josephson-Diode werden die Spannungsschwankungen in Frequenzänderungen verwandelt und sind *absolut* meßbar. Wendet man die Theorie der Frequenzmodulation auf die Rauschspannungsschwankungen an, so läßt sich die Bandbreite der Meßanordnung eliminieren [1.29]. Über Einzelheiten und Anwendung, s. Abschn. 3.8.

1.8 Strahlungstheoretische Temperaturskala

[1.24; 1.30]

Ein *schwarzer Körper* besteht aus einem fast geschlossenen Hohlraum, dessen Innenwände im Idealfall die auftreffende Strahlung vollkommen absorbieren. Nach dem 2. Hauptsatz stellt sich für jede Temperatur ein Gleichgewichtszustand ein, für den die Strahlungsenergie an jeder Stelle des Hohlraumes unabhängig von den Wandeigenschaften ist. Zu dem von der Fläche dA unter dem Winkel ϑ zur Flächennormalen abgestrahlten, monochromatischen Strahlenbündel im Wellenlängenbereich λ bis $\lambda + d\lambda$ mit dem Raumwinkel $d\omega$ gehört die Strahlungsleistung (vgl. Bild 1.11)

$$d\Phi = L(\lambda, T)\, dA \cos\vartheta\, d\omega\, d\lambda, \tag{1/75}$$

wenn $L(\lambda, T)$ die *spektrale Strahldichte* ist. Sie hängt bei einem beliebigen Material von den Stoffeigenschaften, der Temperatur, der Wellenlänge λ, vom Winkel ϑ und vom Polarisationsgrad ab.

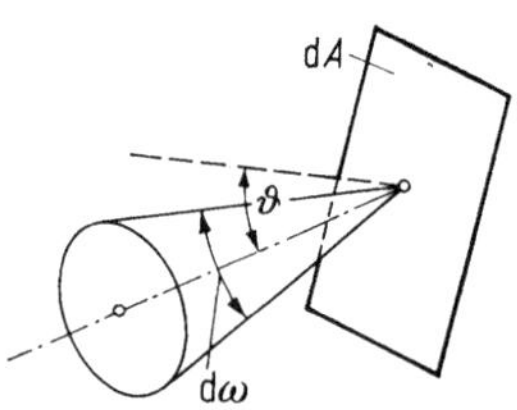

Bild 1.11. Strahlungsleistung für ein Flächenelement

Beim *schwarzen Strahler*, dessen Wandungen strahlungsundurchlässig und auf gleicher Temperatur sind, ist die Strahlung *unpolarisiert* und wird $L(\lambda, T)$ von den Materialeigenschaften unabhängig.

*Kirchhoff*sche *Strahlungsgesetze*

a) Die Strahlungsleistung im Innern des schwarzen Strahlers wird *Strahlung des schwarzen Körpers* bei der betreffenden Temperatur T genannt und nach Gl. (1/75) berechnet.

b) Für einen beliebigen Körper entspricht das Verhältnis der bei der Temperatur T emittierten Strahldichte $L(\lambda, T)$ und seinem *Absorptionsvermögen* $\alpha(\lambda, T)$ der schwarzen Strahlung $L_s(\lambda, T)$ bei derselben Temperatur; d. h.

$$\frac{L(\lambda, T)}{\alpha(\lambda, T)} = \frac{L_s(\lambda, T_s)}{\alpha(\lambda, T)} = L_s(\lambda, T). \tag{1/76}$$

Da für den nichtschwarzen Strahler $\alpha < 1$, strahlt der schwarze Körper in jedem Spektralbereich mehr als jeder andere Temperaturstrahler bei gleichem T und λ aus.

c) Für jedes Wellenlängenintervall $d\lambda$ ist die Strahldichte eines beliebigen Strahlers nur ein Bruchteil von der des schwarzen Körpers. Man bezeichnet diesen Quotienten

$$\varepsilon(\lambda, T) = L(\lambda, T)/L_s(\lambda, T) \tag{1/77}$$

als *spektralen Emissionsgrad* des Körpers bei der Temperatur T. Die Gl. (1/76) kann daher auch in der Form

$$\varepsilon(\lambda, T) = \alpha(\lambda, T) \tag{1/78}$$

ausgedrückt werden.
d) Die auf einen Körper fallende Strahlung wird zu einem Teil reflektiert, der Rest wird absorbiert oder hindurchgelassen. Bezeichnet man den *Reflexionsgrad* eines Stoffes mit $\varrho(\lambda, T)$, seinen *Transmissionsgrad* mit $\tau(\lambda, T)$, so muß gelten

$$\alpha(\lambda, T) + \varrho(\lambda, T) + \tau(\lambda, T) = 1. \tag{1/79}$$

Jede dieser Größen hängt von λ und T ab und ist kleiner als Eins. Kann man die Transparenz vernachlässigen, was meist bei nicht zu dünnen Schichten der Fall ist, vereinfacht sich Gl. (1/79) zu

$$\alpha(\lambda, T) = 1 - \varrho(\lambda, T). \tag{1/79a}$$

Stefan-Boltzmannsches Strahlungsgesetz
Im Jahre 1879 hat *Stefan* aus Messungen der Gesamtstrahlung eines schwarzen Körpers empirisch die Beziehung

$$\int_0^\infty L_s(\lambda, T) = \sigma T^4 \tag{1/80}$$

aufgestellt, die später von *Boltzmann* theoretisch begründet wurde. Die Größe σ stellt die *Konstante der Gesamtstrahlung* dar und wurde durch unmittelbare Beobachtungen zu

$$\sigma = 5{,}669 \cdot 10^{-8}\ \mathrm{W\ m^{-2}\ K^{-4}}$$

bestimmt. Da das Integral auf der linken Seite von Gl. (1/80) mit Hilfe der in Abschn. 2.5 beschriebenen Methoden experimentell ermittelt werden kann, ist der Anschluß an die absolute Temperaturskala unmittelbar gegeben.

Wiensches Verschiebungsgesetz

M. Wien hat nachgewiesen, daß zwischen der Energieverteilung eines Hohlraumstrahlers mit vollkommen spiegelnden Wänden, mit dem eine adiabatische Kompression durchgeführt wird, und der absoluten Temperatur des Strahlers eine einfache Beziehung besteht. Die Strahldichte $L(\lambda, T)$ bei der Wellenlänge λ_m ändert sich bei variabler Temperatur T derart, daß

$$\lambda_\mathrm{m} T = k_1, \tag{1/81}$$

d. h., daß die Wellenlänge maximaler Energie λ_m umgekehrt proportional zu T wird. Für die maximale Strahldichte selbst gilt die Beziehung

$$L_\mathrm{s}(\lambda, T) = k_2 T^5. \tag{1/82}$$

Wiensche Strahlungsgleichung

Paschen hat auf experimentellem Weg für die monochromatische Strahldichte eines schwarzen Strahlers die Gleichung

$$L_s(\lambda, T) = 2c_1\lambda^{-\alpha} \exp(-c_2/\lambda T)$$

angegeben, für die *W. Wien* die theoretische Deutung und Bestimmung der Konstanten $\alpha = 5$ gelang. Damit erhält man die Strahlungsgleichung

$$L_s(\lambda, T) = 2c_1\lambda^{-5} \exp(-c_2/\lambda T), \tag{1/83}$$

wonach die Strahldichte für eine bestimmte Wellenlänge mit wachsender Temperatur nicht unbegrenzt zunimmt, sondern sich dem Grenzwert $c_1\lambda^{-5}$ nähert. Im langwelligen Infrarot fanden *Rubens* und *Kurlbaum* im Jahre 1900 allerdings große Abweichungen von Gl. (1/83), die für $T = 1800$ K und $\lambda = 50$ µm über 40% betrugen.

Plancksche Strahlungsformel

Ausgehend von der Wienschen Gleichung gelang es *M. Planck* eine Strahlungsgleichung aufzustellen, durch welche sich im ganzen Wellenlängenbereich die experimentell gefundenen Werte genau darstellen lassen. Seine berühmte Beziehung

$$L_s(\lambda, T) = \frac{2c_1\lambda^{-5}}{\exp(c_2/\lambda T - 1)} \tag{1/84}$$

wurde zum Ausgangspunkt der Quantentheorie, nach der die Energie der strahlenden Oszillatoren in *Quanten* der Größe $\varepsilon = h\nu$ unterteilt wird, wobei $\nu = c/\lambda$ (c Lichtgeschwindigkeit) die emittierte Frequenz und h das *Plancksche Wirkungsquantum* bedeuten. Für die Strahlungskonstanten liefert die Plancksche Theorie folgende Werte:

$$c_1 = 2\pi hc^2 = 3{,}7415 \cdot 10^{-16}\ \mathrm{W\,m^2},$$

$$c_2 = hc/k = 1{,}4388 \cdot 10^{-2}\ \mathrm{m \cdot K},$$

wenn $k = 1{,}3805 \cdot 10^{-23}$ J/K die Boltzmann-Konstante ist. Mit diesen Werten und Gl. (1/81) findet man die Konstante des Wienschen Verschiebungsgesetzes zu

$$\lambda_m T = 2{,}898 \cdot 10^{-3}\ \mathrm{m \cdot K}. \tag{1/81a}$$

In Bild 1.12 ist die spektrale Strahldichte des schwarzen Körpers nach der Planck-Formel für verschiedene Temperaturen dargestellt. Für kleine Werte von $\lambda_m T$ geht Gl. (1/84) in die bequemer zu handhabende Wiensche Gleichung über; die relative Abweichung bleibt bei $\lambda T < 2 \cdot 10^{-3}$ m · K unterhalb von 0,1%, für $\lambda T < 3 \cdot 10^{-3}$ m · K unterhalb von 1%. Im Sichtbaren ($\lambda = 0{,}65$ µm) bleibt die Genauigkeit der Wienschen Gleichung bei Temperaturen bis zu 3200 bzw. 4800 K innerhalb der angegebenen Fehlergrenzen.

Für relativ lange Wellen (Reststrahlen) im µm-Bereich ist die Quantenstruktur der Strahlung vernachlässigbar und kann Gl. (1/84) durch die Strahlungsformel nach *Rayleigh-Jeans*

$$L_s(\lambda, T) = ckT/\lambda^4 \tag{1/85}$$

ersetzt werden.

Optische Temperaturmessung

Mit Hilfe der Planckschen Strahlungsformel kann aus Strahlungsmessungen der Anschluß an die Internationale Temperaturskala (ITS) gefunden werden. Die Meßmethode besteht darin, die Strahldichte eines schwarzen Körpers in

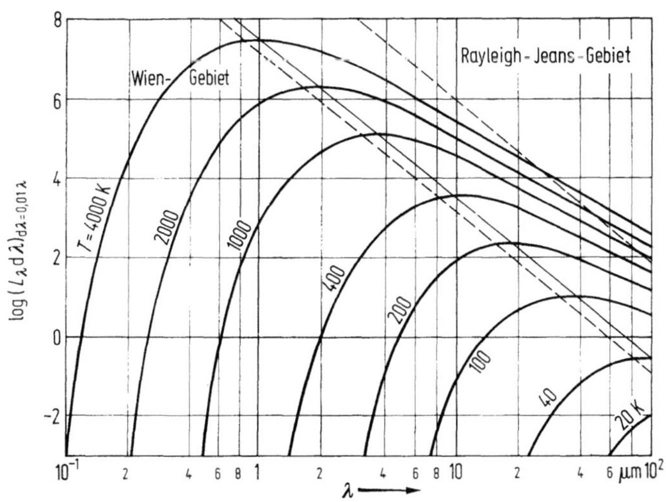

Bild 1.12. Spektrale Strahldichte eines schwarzen Körpers

einem bekannten Wellenlängenintervall bei der gesuchten Temperatur mit der eines schwarzen Körpers bei gleicher Wellenlänge bei einer bekannten Temperatur zu vergleichen. Aus dem Verhältnis beider Strahldichten entsprechend Gl. (1/84)

$$v = \frac{L_s(\lambda, T_1)}{L_s(\lambda, T_3)} = \frac{\exp(c_2/\lambda T_2] - 1}{\exp(c_2/\lambda T_1) - 1} \tag{1/86}$$

läßt sich das Verhältnis T_2/T_1 und damit die gesuchte Temperatur finden. Diese in der *optischen Pyrometrie* (Abschn. 2.5.3) häufig benutzte Beziehung ermöglicht ausgehend von einem geeigneten thermometrischen Fixpunkt die Erweiterung der Kelvin-Skala nach sehr viel höheren Temperaturen.

Bereits oberhalb von etwa 1300 K läßt sich mit guter Näherung anstelle von Gl. (1/84) die Wiensche Strahlungsformel anwenden und damit durch die Beziehung

$$1/T_2 - 1/T_1 = \frac{\lambda}{c^2} \ln \frac{L_s(\lambda, T_1)}{L_s(\lambda, T_2)} \tag{1/87}$$

die gesuchte Temperatur bestimmen. Diese Beziehung wird als *Hauptgleichung der optischen Pyrometrie* bezeichnet. Bei einem Meßfehler $\Delta v/v = 0{,}5\%$ ergibt sich bei 2000 K eine Temperaturfehlmessung von etwa 0,9 K. Im Bereich hoher Temperaturen muß die exakte Gl. (1/86) benutzt werden [1.44].

1.9 Akustische Thermometrie

[1.1; 1.25]

Der Zusammenhang zwischen Temperatur eines Gases und der Ausbreitungsgeschwindigkeit u von niederfrequentem Schall ist durch die Beziehung

$$u = \sqrt{\varkappa RT/M} \tag{1/88}$$

gegeben, wenn M das Molekulargewicht und $\varkappa = c_p/c_v$ das Verhältnis der spezifischen Wärmen bedeuten. Innerhalb eines großen Druckbereichs ist u vom Druck unabhängig. Als Gas ist He wegen seiner geringen Abweichungen vom idealen Gasverhalten besonders gut geeignet; die erreichbare Meßgenauigkeit ist groß, sofern in der Meßstrecke kein Temperaturgradient vorhanden ist.

Meist werden in einem zylindrischen Rohr von kreisförmigem Querschnitt mittels eines akustischen Generators stehende Wellen erzeugt und die Resonanzfrequenzen

$$f^2 = n^2 \varkappa RT/(4L^2M) \quad n = 1, 2, 3 \ldots \tag{1/89}$$

gemessen, wobei L die Resonatorlänge bedeutet. Für genaue Messungen muß der Einfluß der akustischen Dämpfung, die von der Gasviskosität, der spezifischen Wärme c_p und der thermischen Leitfähigkeit des Gases abhängt, berücksichtigt werden.

1.10 Internationale praktische Temperaturskala 1968 (IPTS-68)

[1.11; 1.15; 1.43]

1.10.1 Allgemeines

Da die Bestimmung der thermodynamischen Temperatur umfangreiche und komplizierte Apparaturen, wie Gasthermometer oder akustische Thermometer, erfordert und das Arbeiten mit diesen recht schwierig ist, wurden bereits seit langem *praktische Temperaturskalen* eingeführt, die sich mit einfacheren Thermometern realisieren lassen. Definition und internationale Verbreitung der praktischen Temperaturskala werden vom Internationalen Komitee für Maß und Gewicht koordiniert [1.23]. Sie ersetzt die Internationale praktische Temperaturskala von 1948 (IPTS-48) in ihrer verbesserten Fassung von 1960. Die Abweichungen zwischen beiden Skalen sind bei geeichten Thermometern kleiner als die Eichfehlergrenzen. Bei Präzisionsmessungen mit Thermoelementen und Strahlungspyrometern sind die Abweichungen gegebenenfalls zu berücksichtigen.

1.10.2 Einheiten

Die Einheit der Temperatur ist die Basiseinheit *Kelvin* mit dem Einheitenzeichen K. Das Kelvin ist der 273,16te Teil der thermodynamischen Temperatur des Tripelpunktes von Wasser. Die Celsius-Temperatur t ist durch die Beziehung

$$t = T - T_0$$

mit $T_0 = 273{,}16$ K definiert. Die Einheit für die Angabe der Celsius-Temperaturen ist der Grad *Celsius* (°C), der dem Kelvin entspricht. Die in der IPTS-68 bestimmten Werte der thermodynamischen Temperatur T und der Celsius-Temperatur t werden durch den Index 68 am Formelzeichen gekennzeichnet.

1.10.3 Definition der IPTS-68

Die IPTS-68 ist für Temperaturen oberhalb von 13,81 K definiert. Sie basiert auf dem Pt-Widerstandsthermometer zwischen 13,81 K und 630,74 °C, auf dem Standard-Pt-Rh/Pt-Thermoelement zwischen 630,74 und 1064,43 °C und auf dem Strahlungspyrometer oberhalb von 1064,43 °C. Jedes Thermometer muß an einem oder mehreren thermometrischen Fixpunkten geeicht werden. Insgesamt gibt es 11 thermometrische Fixpunkte, die in Tabelle 1.1 zusammengestellt sind. Im Temperaturbereich von 90,188 K bis 1064,43 °C werden die gleichen

Tabelle 1.1. Thermometrische Fixpunkte der IPTS-68

Gleichgewichtszustand	Temperatur	
	T_{68}(K)	t_{68}(°C)
Gleichgewicht zwischen fester, flüssiger u. dampfförmiger Phase von H_2	13,81	−259,34
Gleichgewicht zwischen flüssiger u. dampfförmiger Phase des Gleichgewichts-H_2 bei $p = 3330{,}6$ Pa	17,042	−256,108
Gleichgewicht zwischen flüssiger u. dampfförmiger Phase des Gleichgewichts-H_2 bei Normaldruck	20,28	−252,87
Gleichgewicht zwischen flüssiger u. dampfförmiger Phase des Neons (Siedepunkt des Neons)	27,102	−246,043
Gleichgewicht zwischen fester, flüssiger u. dampfförmiger Phase von O_2 (Tripelpunkt von O_2)	54,361	−218,789
Gleichgewicht zwischen flüssiger u. dampfförmiger Phase des O_2 (Siedepunkt von O_2)	90,188	−182,962
Gleichgewicht zwischen fester, flüssiger u. dampfförmiger Phase von Wasser (Tripelpunkt von H_2O)	273,16	0,01
Gleichgewicht zwischen flüssiger u. dampfförmiger Phase von Wasser (Wassersiedepunkt)	373,15	100,00
Gleichgewicht zwischen fester u. flüssiger Phase des Zn (Erstarrungspunkt von Zn)	692,73	419,58
Gleichgewicht zwischen fester u. flüssiger Phase von Ag (Erstarrungspunkt von Ag)	1235,08	961,93
leichgewicht zwischen fester u. flüssiger Phase es Au (Erstarrungspunkt von Au)	1337,58	1064,43

Fixpunkte wie in der IPTS-48 verwendet; ihre Werte sind jedoch nach neueren thermodynamischen Temperaturmessungen korrigiert worden.

1. Bereich von 13,81 bis 273,15 K: Die Temperatur T_{68} wird durch die Beziehung

$$W(T_{68}) = W_{\mathrm{CCT-68}}(T_{68}) + \Delta W(T_{68}) \tag{1/90}$$

definiert. Dabei ist $W(T_{68})$ das Widerstandsverhältnis des Pt-Widerstandsthermometers und $W_{\mathrm{CCT-68}}(T_{68})$ das Widerstandsverhältnis, das sich aus der Beziehung

$$T_{68} = \left[A_0 + \sum_{i=1}^{20} A_i[\ln W_{\mathrm{CCT-68}}(T_{68})]^i\right] \mathrm{K} \tag{1/91}$$

ergibt (CCT-68 steht für *Comité Consultatif de Thermométrie*, 1968). Die Konstanten in Gl. (1/91) sind im Text der IPTS-68 tabelliert; $W_{\mathrm{CCT-68}}(T_{68})$ kann als Widerstandsverhältnis eines hypothetischen Referenzthermometers angesehen werden. Die Abweichungen $\sum W(T_{68})$ bei den Temperaturen an den Fixpunkten erhält man aus den gemessenen Werten von $W(T_{68})$ und den entsprechenden Werten von $W_{\mathrm{CCT-68}}(T_{68})$, die ebenfalls als Tabelle in der IPTS-68 vorliegen.

Der Bereich zwischen 13,81 und 273,15 K ist in vier Intervalle unterteilt:

a) Zwischen 90,188 und 273,15 K gilt mit Gl. (1/90)

$$\Delta W(T_{68}) = A_4 t_{68} + C_4 t_{68}^3 (t_{68} - 100\,^\circ\mathrm{C}),$$

wobei die Konstanten A_4 und C_4 durch die Werte von $\Delta W(T_{68})$ beim Siedepunkt von O_2 und H_2O definiert werden.

b) Zwischen 54,361 und 90,188 K gilt

$$\Delta W(T_{68}) = A_3 + B_3 T_{68} + C_3 T_{68}^2,$$

worin die Konstanten bei den Werten $\Delta W(T_{68})$ am Tripelpunkt und Siedepunkt des O_2 und der Wert von $\mathrm{d}\Delta W(T_{68})/\mathrm{d}T_{68}$ am Siedepunkt des O_2 definiert werden.

c) Zwischen 20,28 und 54,361 K gilt

$$\Delta W(T_{68}) = A_2 + B_2 T_{68} + C_2 T_{68}^2 + D_2 T_{68}^3,$$

worin die Konstanten durch die Werte von $\Delta W(T_{68})$ am Siedepunkt von H_2, von Ne und am Tripelpunkt von O_2 definiert werden.

d) Zwischen 13,81 und 20,28 K gilt

$$\Delta W(T_{68}) = A_1 + B_1 T_{68} + C_1 T_{68}^2 + D_1 T_{68}^3,$$

worin die Konstanten bei den Werten von $\Delta W(T_{68})$ am Tripelpunkt von H_2, bei $T_{68} = 17{,}042$ K und am Siedepunkt von H_2, und der Wert der Ableitung von $\Delta W(T_{68})$ am Siedepunkt von H_2 bestimmt werden.

Im Text der IPTS-68 ist festgelegt, daß für ein Pt-Widerstandsthermometer das Verhältnis $R(100\,^\circ\mathrm{C})/R(0\,^\circ\mathrm{C})$ nicht kleiner als 1,39250 sein darf.

Die Reproduzierbarkeit der heute verfügbaren Pt-Widerstandsthermometer ist bis 1064,43 °C besser als die von Pt-Rh/Pt-Thermoelementen; es ist anzunehmen, daß in Zukunft die IPTS in einem größeren Bereich von 13,81 K bis 1064,43 °C durch das Pt-Widerstandsthermometer definiert werden wird.

2. Bereich von 0 bis 630,74 °C: Die Temperatur t_{68} ist darin durch die Beziehungen

$$R(t') = R(0\,°\mathrm{C})\,(1 + At' + Bt'^2) \tag{1/92}$$

und

$$t_{68} = t' + 0{,}045\,°\mathrm{C}\,\frac{t'}{100\,°\mathrm{C}}\left(\frac{t'}{100\,°\mathrm{C}} - 1\right)\left(\frac{t'}{419{,}58\,°\mathrm{C}} - 1\right)\left(\frac{t'}{630{,}74\,°\mathrm{C}} - 1\right) \tag{1/92a}$$

definiert, in denen die Konstanten $R(0\,°\mathrm{C})$, A und B durch die gemessenen Widerstandswerte am Tripelpunkt und Siedepunkt von H_2O sowie am Erstarrungspunkt von Zn bestimmt werden.

3. Bereich von 630,74 bis 1064,43 °C: Die Temperatur t_{68} ist in diesem Temperatur bereich durch die Gleichung

$$E(T_{68}) = a + bt_{68} + ct_{68}^2 \tag{1/93}$$

definiert, wenn $E(t_{68})$ die Thermospannung eines Normal-Thermopaares Platin-Rhodium (10% Rh)/Platin ist und sich die Vergleichslötstelle auf der Temperatur $t_{68} = 0\,°\mathrm{C}$ befindet. Die Konstanten a, b und c werden aus den Werten von E bei $t_{68} = 630{,}74\,°\mathrm{C} \pm 0{,}2\,\mathrm{K}$ (mit dem Pt-Thermometer bestimmt) und den Erstarrungspunkten von Ag und Au bestimmt. (Die Temperatur $t = 630{,}74\,°\mathrm{C}$ ist der Erstarrungspunkt von Sb in der IPTS-68). Das Thermopaar muß bezüglich der Thermospannungen folgende Bedingungen erfüllen:

$$E(\mathrm{Au}) = 10300\,\mu\mathrm{V} \pm 50\,\mu\mathrm{V};$$

$$E(\mathrm{Au}) - E(\mathrm{Ag}) = 1183\,\mu\mathrm{V} + 0{,}158[E(\mathrm{Au}) - 10300\,\mu\mathrm{V}] \pm 4\,\mu\mathrm{V};$$

$$E(\mathrm{Au}) - E(630{,}74\,°\mathrm{C}) = 4760\,\mu\mathrm{V} \pm 0{,}631[E(\mathrm{Au}) - 10300\,\mu\mathrm{V}] \pm 8\,\mu\mathrm{V}.$$

4. Bereich oberhalb von 1064,43 °C: In diesem Intervall beruht die IPTS-68 auf dem Planckschen Strahlungsgesetz der Gl. (1/86). Da Absolutmessungen der spektralen Strahldichten schwierig und nicht sehr genau sind, wird die gesuchte Temperatur aus dem Verhältnis v nach Gl. (1/86) unter Bezug auf den Erstarrungspunkt von Au ermittelt. Die Definitionsgleichung lautet daher

$$\frac{L_\lambda(T_{68})}{L_\lambda\big(T_{68}(\mathrm{Au})\big)} = \frac{\exp\left(\dfrac{c_2}{\lambda T_{68}(\mathrm{Au})} - 1\right)}{\exp\left(\dfrac{c_2}{\lambda T_{68}} - 1\right)}, \tag{1/94}$$

worin L_λ die spektralen Strahldichten für einen schwarzen Körper bei der gesuchten Temperatur T_{68} bzw. am Erstarrungspunkt von Au bei der Wellenlänge λ sind; ferner gilt $c_2 = 0{,}014388\,\mathrm{m} \cdot \mathrm{K}$.

1.10.4 Genauigkeit und Reproduzierbarkeit der IPTS-68

Die Genauigkeit der IPTS-68 für die Bestimmung der thermodynamischen Temperatur liegt bei 10 mK unterhalb von 0 °C. Am Tripelpunkt von Wasser sind T_{68} und thermodynamische Temperatur per Definition identisch. Oberhalb von 0 °C nimmt die Genauigkeit der IPTS-68 bei 100 °C bis 5 mK ab, beträgt 30 mK am Erstarrungspunkt von Zn und 0,2 K am Goldpunkt.

Die Reproduzierbarkeit der IPTS-68 hängt im wesentlichen von drei Faktoren ab: a) Fehler bei der Messung der Fixpunkttemperaturen; b) Interpolationsformeln für das Pt-Widerstandsthermometer führen zu Unsicherheiten in der Temperaturangabe von 1 mK zwischen 273 und 90 K, von 2 mK zwischen 90 und 20 K und von 3 mK zwischen 20 und 14 K; c) Alterungserscheinungen beim Pt-Thermometer können Meßfehler von 2 mK und mehr zwischen 14 und 273 K zur Folge haben.

1.10.5 Empfohlene praktische Temperaturskala unterhalb von 5,2 K [1.14]

Die gesuchte Temperatur kann aus dem gemessenen Dampfdruck von ^4He und ^3He abgeleitet werden, wobei die obere Temperaturgrenze durch die kritischen Temperaturen (5,2 K für ^4He, 3,3 K für ^3He) und die untere durch die Nachweisgrenzen für den Dampfdruck gegeben sind.

Die 1958 vom Internationalen Komitee für Maß und Gewicht empfohlene „^{4}He-Skala 1958" [1.7] ist eine Dampfdrucktabelle (Abschn. 3.10.5.2) für ^4He. Sie wird auch oberhalb des normalen Siedepunktes von 4,215 K am kritischen Punkt ($T_{68} = 5{,}189$ K; $p = 2272$ mbar) bis herab auf etwa 1,5 K ($p = 4{,}8$ mbar) verwendet.

Die 1962 empfohlene „^{3}He-Skala 1962" ist durch eine Gleichung für den ^{3}He-Dampfdruck definiert [1.39; 1.42]. Ihr Anwendungsbereich liegt zwischen dem kritischen Punkt ($T_{62} = 3{,}3246$ K; $p = 1163{,}7$ mbar), dem normalen Siedepunkt bei 3,19 K und etwa 0,5 K ($p = 0{,}21$ mbar), wo die Nachweisgenauigkeit bereits merklich abnimmt. Im Überschneidungsbereich beider Skalen liefern beide eine Übereinstimmung auf mindestens 0,3 mK, doch wird die ^{3}He-Skala unterhalb des λ-Punkts von ^4He der ^{4}He-Skala vorgezogen, um Meßfehler durch das superfluide Filmkriechen und den dadurch bewirkten Wärmeeinfall zu vermeiden.

1.10.6 Bereich zwischen 5,189 und 13,81 K

In diesem Temperaturintervall existiert noch keine international angenommene praktische Temperaturskala. Das Pt-Thermometer wird unterhalb von 14 K ungeeignet, da der Widerstand R und auch $\mathrm{d}R/\mathrm{d}T$ stetig abnehmen. Heute werden zu genauen Messungen meist *Ge-Widerstandsthermometer* verwendet, deren Reproduzierbarkeit besser als die von Kohleschichtwiderständen ist und zwischen 1 und 20 K mindestens 1 mK beträgt. Nachteilig beim Ge-Thermometer ist die kompliziertere analytische Interpolationsgleichung, für die nach *Osborne* et al. [1.33] das Polynom $\log R = \sum_{n=1}^{14} a_n (\log T)^n$ eine Eichgenauigkeit von 1 mK zwischen 0,8 und 20 K garantiert. Näheres s. Abschn. 3.3.3 und 3.10.5.

Literatur zu Kapitel 1

1.1. *Appel, J. H.*: Rev. Sci. Instr. 33 (1962) 428
1.2. *Baker, H. D.; Ryder, E. A.; Baker, N. H.*: Temperature Measurement in Engineering. Vol. II. New York 1961
1.3. *Booth, S. F.*: Precision Measurement and Calibration: Heat and Mechanics, Vol. II. Washington 1961
1.4. *Borkowski, C. J.; Blalock, T. V:* Rev. Sci. Instr. 45 (1974) 151
1.5. *Bosnjakovic, F.*: Technische Thermodynamik, Bd. 1, 5. Aufl. Dresden 1967
1.6. *Brickwedde, F. G.*: Temperature, its Measurement and Control in Science and Industry, Vol. III, Part 1. New York 1962
1.7. *Brickwedde, F. G.*, et al.: J. Res. NBS (Wash.) 64A (1960) 1
1.8. *Brodskii, A. D.; Savateev, A. V.*: Izmeritelnaya Tekhn. 5 (1960) 21
1.9. *Brønsted, I. N.*: Principles and Problems in Energetics. New York 1955
1.10. *Brophy, J. T.; Epstein, M.; Webb, S. L.*: Rev Sci. Instr. 36 (1965) 1803
1.11. *Brzustowski, T.*: Introduction to the Principles of Engineering Thermodynamics, 1969
1.12. *Caratheodory, C.*: Math. Ann. 67 (1909) 355
1.13. *Daniels, J. M.; Kurti, N.*: Proc. Roy. Soc. A 221 (1954) 243
1.14. *Dijk, H. van; Durieux, M.*: Progr. Low Temp. Phys. II, (1957) 431
1.15. *Durieux, M.*: Progr. Low Temp. Phys., Vol. VI (1970) 405
1.16. *Fink, H. J.*: Can. J. Phys. 37 (1959) 1397
1.17. *Freeze, E.; Parker, L. P.*: Bibliography of Temperature Measurement, Jan. 1953 to Dec. 1969. NBS Rep. No. 373 (1973)
1.18. *Giauque, W. F.*: Phys. Rev. 92 (1953) 1339
1.19. *Giedt, W. H.*: Thermophysics. New York 1971
1.20. *Griffiths, E.*: Methods of Measuring Temperature, 3rd edn. London 1947
1.21. *Grilly, E. R.*: J. Low. Temp. Phys. 4 (1971) 615
1.22. *Hall, J. A.*: The Measurement of Temperature. London 1966
1.23. *Hall, J. A.*: Metrologia 3 (1967) 25
1.24. *Hausen, H.*, in: Landoldt-Börnstein, Bd. IV, Teil 4. Berlin, Heidelberg, New York: Springer 1967
1.25. *Hedrick, A. L.; Pardue, D. R.*, in: Temperature, its Measurement and Control in Science and Industry, Vol. II, 1955
1.26. *Herzfeld, C. M.* (ed.): Temperature, its Measurement and Control in Science and Industry, Vol. III. New York 1962
1.27. *Kalvius, G. M.; Katila, T. E.; Lounasmaa, O. V.*: Mößbauer Effect Methodology, Vol. 5, 1969, p. 231
1.28. *Kamper, R. A.*, in: Temperature, its Measurement and Control in Science and Industry, Vol. IV, 1972, p. 349
1.29. *Kamper, R. A.; Zimmerman, J. E.*: J. Appl. Phys. 42 (1971) 132
1.30. *Kostkowski, H. J.; Lee, R. D.*: Temperature its Measurement and Control in Science and Industry, Vol. III, Part 1, 1962, p. 449
1.31. *Landau, J.; Tough, J. T.; Brubaker, N. R.; Edwards, D. O.*: Phys. Rev. A2 (1970) 2472
1.32. *Landau, J.; Rosenbaum, R. L.*: Proc. 13th Int. Conf. Low Temp. Phys. 1973
1.33. *Osborne, D. W.; Flotow, H. E.; Schreiner, F.*: Rev. Sci. Instr. 38 (1967) 159
1.34. *Plumb, H. H.* (ed): Temperature, its Measurement and Control in Science and Industry, Vol. IV, 1972
1.35. *Pratt, W. P.*, et al.: J. Low Temp. Phys. 1 (1969) 469
1.36. *Rice, S. O.*: Bell Syst. Tech. J. 23 (1944) 282
1.37. *Schmidt, E.*: Technische Thermodynamik, 2 Bände, 11. Aufl. von *Stephan, K.; Mayinger, F.*, Berlin, Heidelberg, New York: Springer 1975/1977
1.38. *Scribner, R. A.; Adams, E. D.*; in: Temperature, its Measurement and Control in Science and Industry, Vol. IV, Part 1, 1972, p. 37
1.39. *Sherman, R. H.*, et al.: J. Res. NBS (Wash.) 68 (1964) 579
1.40. *Shore, F. J.; Williamson, R. S.*: Rev. Sci. Instr. 37 (1966) 787

1.41. *Sokolow, W. A.:* Temperatur-Meßmethoden (russ.), Bd. I. Moskau 1954
1.42. *Sydoriak, S. G.; Sherman, R. H.:* J. Res. NBS (Wash.) 68A (1964) 547
1.43. *Thomas, W.*, in: Landoldt-Börnstein in 6. Aufl. Bd IV, Teil 4, Bandteil b. Berlin, Heidelberg, New York: Springer 1972, S. XIV
1.44. *Tingwaldt, D.; Kunz, H.* in: Landolt-Börnstein 6. Aufl., Bd. IV, Teil 4, Bandteil a Berlin, Heidelberg, New York: Springer 1967
1.45. *Thoulouze, D.:* J. Physique (Paris) 31 (1970) C3
1.46. *Weber, R. L.:* Heat and Temperature Measurement. New York 1950
1.47. *Weyhmann, W.:* Methods of Experimental Physics-Solid State Phys. 1973
1.48. *Wolfe, H.* (ed): Temperature, its Measurement and Control in Science and Industry. London 1960

2 Praktische Temperaturmessung

[1.2; 1.3; 1.17; 1.20; 1.22; 1.24; 1.30; 1.34; 1.41; 1.46; 1.48; 2.125; 2.137; 2.186; 2.193; 2.195]

2.1 Ausdehnungsthermometer

2.1.1 Allgemeines

Das spezifische Volumen von fast allen Stoffen vergrößert sich mit wachsender Temperatur. Tritt innerhalb des benutzten Meßbereichs keine Phasenumwandlung auf, so ist z. B. die lineare Abmessung eines Festkörpers oder das Volumen einer Flüssigkeit ein eindeutiges Maß und innerhalb eines kleinen Intervalls eine lineare Funktion der Temperatur. Die beiden angeführten Eigenschaften können daher als thermometrische Funktion im Sinne des Abschn. 1.5.3 zur Temperaturmessung herangezogen werden. Thermometer, denen die thermische Ausdehnung eines Stoffes zugrunde liegt, nennt man *Ausdehnungsthermometer*; zu ihnen zählen Gas-, Flüssigkeits- und Metallthermometer.

2.1.2 Gasthermometer

Wie bereits in Abschn. 1.5.5 erwähnt, werden für die Realisierung der thermodynamischen Temperaturskala als Fundamentalinstrumente in erster Linie Gasthermometer mit He- oder H_2-Füllung gebraucht. Entsprechend den Gln. (1/48) wird zwischen Gasthermometern konstanten *Druckes*, bei denen die Temperatur aus dem Gasvolumen abgeleitet wird, und solchen konstanten *Volumens* unterschieden, deren Druck als Maß für die gesuchte Temperatur dient. In beiden Ausführungen wird das Gas in ein Meßgefäß bekannten Volumens eingeschlossen, das durch eine dünne Kapillare mit einem Präzisionsmanometer verbunden ist. Als Füllgase werden He, H_2 und N_2 verwendet; das letztere besonders bei höheren Temperaturen wegen seiner geringeren Diffusion durch das Meßvolumen.

2.1.2.1 Gasthermometer konstanten Volumens

[2.5]

Dieses am häufigsten verwendete Instrument besteht, wie aus Bild 2.1 zu ersehen ist, aus dem Meßgefäß V (20 bis 200 cm^3) und einem Hg-Manometer, dessen Meßbereich zwischen 100 und 2000 mbar liegen kann. Das mit dem Meßgas gefüllte Volumen V ist mit dem rechten Manometerschenkel, das zur exakten

Einstellung auf einige Hundertstel mbar eine feine Glasspitze Sp enthält, durch eine dünne Kapillare K aus Platin verbunden. Das Hilfsgefäß L dient zur Füllung und wird hierzu soweit abgesenkt, daß das Meßgas durch die geöffneten Hähne H_1 und H_2 in das evakuierte Meßvolumen strömen kann. Vor dem Schließen von H_2 wird es soweit gehoben, daß die Hg-Füllung fast bis K reicht. Der Grobabgleich wird durch Zufluß aus dem Vorratsgefäß G bei offenem Hahn H_4 oder durch Ablassen über H_5 vorgenommen. Zur Feineinstellung dient die Stell-

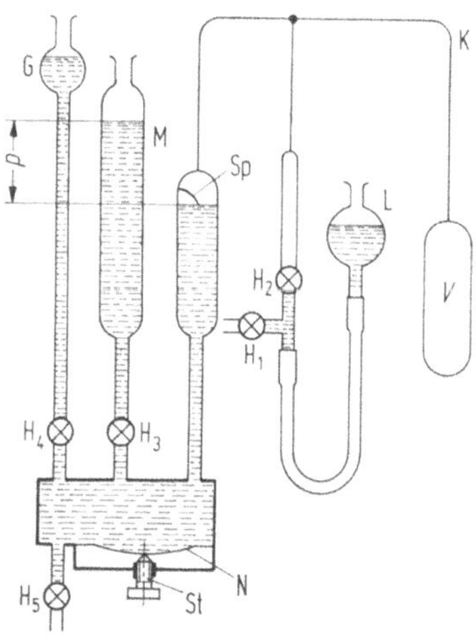

Bild 2.1. Gasthermometer konstanten Volumens

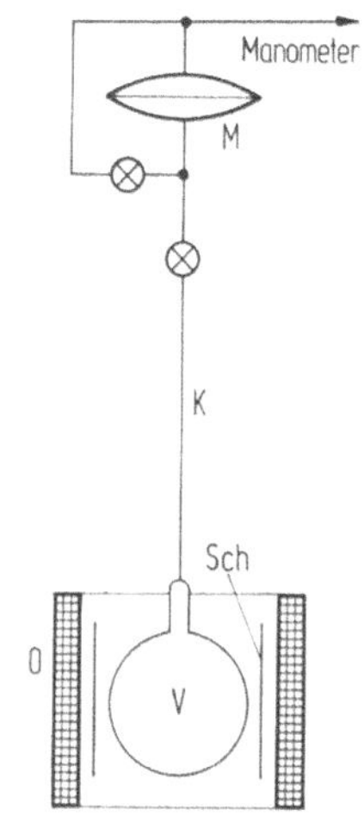

Bild 2.2. Gasthermometer mit Differential-Druckmeßzelle

schraube St, mit der die dünne Stahlmembran N durchgebogen und damit das Volumen verringert werden kann. Längs der Manometersäulen sind zur Temperaturkorrektur Fadenthermometer (Abschn. 2.1.3.3) angebracht. Als Strahlungsschutz dient ein Mantel aus Nickelblech, der mit Ableseöffnungen versehen ist. Der Schenkel über M wird evakuiert, um von barometrischen Druckschwankungen unabhängig zu sein.

In neueren Ausführungen (Bild 2.2) wird das Meßvolumen V des Thermometers durch ein sehr empfindliches Differentialmanometer M vom eigentlichen Hg-Manometer getrennt, das daher weitere Meßschenkel haben kann. Das Totvolumen dieser Instrumente ist sehr klein und wird durch spezielle Ventilkonstruktionen [2.5] konstant gehalten. Konzentrisch um das Meßvolumen, einem Pt/Rh-Kugelgefäß von 500 cm^3 Inhalt, ist der Ofen O mit den Cu-Schirmen Sch angeordnet, um eine räumlich homogene Temperaturverteilung in V zu erzielen; die Kapillare K aus Pt/Rh besitzt nur 0,08 mm Innendurchmesser. Dieses Gasthermometer wird im National Bureau of Standards [2.136] zwischen 100 und 960 °C benutzt.

Mit der Differentialdruckzelle M lassen sich relative Druckänderungen von 10^{-6} nachweisen. Sie besteht aus einer kreisförmigen Membran, deren Nullstellung mit hoher Empfindlichkeit mittels einer kapazitiven Methode bestimmt werden kann. Der Absolutdruck in V wird mit einem gesonderten Hg-Manometer gemessen; auch das „Sonar-Manometer", in dem die Höhendifferenz der beiden weiten Hg-Schenkel mit einer akustischen Echomethode bestimmt wird, ist hierfür geeignet (Abschn. 2.2.2).

Zur Bestimmung der thermodynamischen Temperatur ist die Abweichung vom idealen Gasverhalten zu berücksichtigen (Abschn. 2.1.2.5) und sind Korrekturen wegen der thermischen Ausdehnung des Meßgefäßes, der elastischen Volumenänderung bei verschiedenen Drücken und der endlichen Zuleitungsvolumina anzubringen, die eine unterschiedliche Temperatur aufweisen.

Bezeichnet man das Volumen der Kapillaren K einschließlich des in Bild 2.1 oberhalb des kurzen Manometerschenkels befindlichen Gasraumes mit v_s (*schädlicher Raum*), seine Temperatur mit t_s, den kubischen Wärmeausdehnungskoeffizienten des Meßvolumens mit γ und den elastischen Druckkoeffizienten mit k, so folgt aus Gl. (1/49b) die Beziehung

$$t_v = (p'/p_0 - 1)/\beta, \tag{1/49c}$$

wobei für p der korrigierte Wert

$$p' = p\left(1 + \gamma t + kp + \frac{v_s}{V_0}\frac{1 + \beta t}{1 + \beta t_s}\right) \tag{2/1}$$

einzusetzen ist. Es genügt, in diese Gleichung, welche die gesuchte Temperatur t bereits enthält, hierfür den Näherungswert aus Gl. (1/49c) einzusetzen. Aus Gl. (2/1) lassen sich die wichtigsten Kriterien für ein genaues Gasthermometer ablesen, nämlich kleine Werte von v_s/V_0 und der Stoffgrößen γ und k.

2.1.2.2 Gasthermometer konstanten Druckes

Bei diesem Instrument, das vereinfacht in Bild 2.3 dargestellt ist, wird der Gasdruck p aufrechterhalten und die bei der Meßtemperatur entstehende Volumenänderung bestimmt. Hierzu dient das parallel zum Meßvolumen V geschaltete Zusatzgefäß V_z, das über den Hahn H_2 mit Quecksilber gefüllt werden kann.

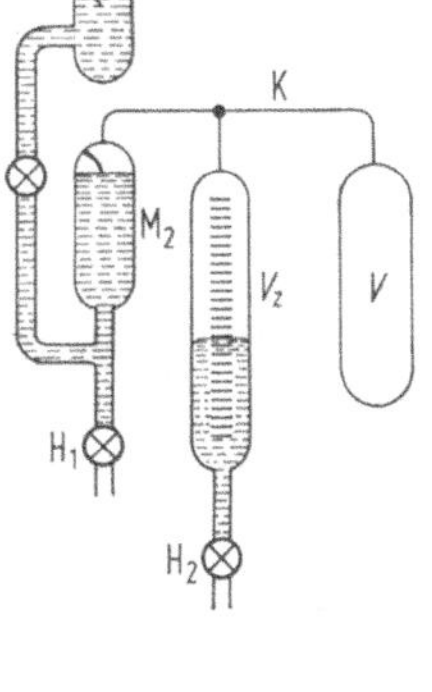

Bild 2.3. Gasthermometer konstanten Druckes

Zur Einstellung des konstanten Druckes sind beide Manometerschenkel M_1 und M_2 innen mit feinen Glasspitzen versehen. Der gewünschte Gasdruck wird bei geöffnetem Hahn H_1 eingestellt, wobei beide Spitzen durch Feinjustierung in optischen Kontakt mit den Hg-Menisken gebracht werden. Die Temperaturmessung erfolgt durch Verändern von V_z, das durch Kalibrieren oder Auswägen mit Quecksilber geeicht wird. Ist V_z vollkommen gefüllt, lassen sich auch Messungen mit konstantem Volumen ausführen. Da die Volumina von V_z und V vergleichbar sind, bringt man ersteres in ein Eisbad, um Meßfehler zu vermeiden.

Aus Gl. (1/49a) folgt für die gesuchte Temperatur:

$$t_p = (V/V_0 - 1)/\alpha, \tag{1/49a}$$

wenn

$$V/V_0 = \left[V_0 + V_z' - V_z + (v_s' - v_s)\frac{T_0}{T_s}\right]\frac{1}{V_0(1+\gamma t)}. \tag{2/2}$$

Die Angaben von V_z' und V_z bzw. v_s' und v_s beziehen sich auf die Temperaturen t_p bzw. 0 °C; ebenso wird V_0 am Eispunkt bestimmt. Die durch die elastische Deformation bewirkte Volumenkorrektur entfällt bei diesem Thermometer, da $\mathrm{d}p/\mathrm{d}T = 0$. Die Temperatur T_s des schädlichen Raumes v_s ist besonders bei hohen Temperaturen schwierig zu ermitteln; am besten geschieht dies mit einem parallel zur Kapillaren geführten Röhrchen, das selbst wieder ein Gasthermometer darstellt.

2.1.2.3 Gefäßmaterialien

Zwischen —260 und 500 °C läßt sich das Thermometergefäß aus schwer schmelzbarem Glas mit geringer thermischer Nachwirkung (z. B. *Jenaer Glas* 2954^{III} oder *Rasotherm*) herstellen, das vor dem Füllen durch alternierendes Erhitzen und Abkühlen bei gleichzeitigem Evakuieren gealtert wird. *Quarzglas* ist bis 1000 °C brauchbar, besitzt kleine Werte von γ, wird jedoch bei höheren Temperaturen für He und H_2 durchlässig. Beidseitig glasiertes *Porzellan* bewährt sich bis 1100 °C. Bis 1600 °C werden Gefäße aus Pt/Ir- und Pt/Rh-Legierungen,

Tabelle 2.1. Kubischer Ausdehnungskoeffizient $10^3 \cdot \gamma$

Temp. °C	90 Pt/10 Ir	80 Pt/20 Rh	Quarzglas	Glas 2954^{III}	Glas 16^{III}
−250	—	—	+0,228	−2,79	−3,66
200	—	—	+0,081	−2,74	−3,45
150	—	—	−0,006	−2,22	−2,94
100	—	—	−0,045	−1,53	−2,04
0	0	0	0	0	0
+50	—	—	+0,066	+0,93	+1,20
100	+2,70	—	+0,153	+1,89	+2,43
200	5,46	—	+0,351	+3,84	+5,01
500	14,24	+14,5	+0,918	+10,03	+13,9
1000	30,45	31,3	+1,62	—	—
1500	48,3	50,03	—	—	—

bis 2000 °C reine Ir-Gefäße in sauerstoffarmer Atmosphäre verwendet. Platinmetalle sind auch bei sehr hohen Temperaturen für He undurchlässig.

Zur Berechnung der Volumenkorrektur infolge der thermischen Ausdehnung muß der Koeffizient $\gamma(T)$ bekannt sein. Oberhalb von 0 °C ist in guter Näherung die Beziehung $V_t = V_0(1 + \gamma t)$ anwendbar; mit abnehmender Temperatur fällt γ stetig und verschwindet analog zur spezifischen Wärme bei $T = 0$. *Quarzglas* scheint allerdings hierin eine Ausnahme zu bilden.

In Tabelle 2.1 sind nach *Henning* [2.136] für einige Gefäßmaterialien die kubischen Ausdehnungskoeffizienten angegeben.

Die relative Volumenzunahme $\Delta V/V$ infolge der elastischen Dehnung beträgt bei den üblichen Meßvolumina 5 bis $10 \cdot 10^{-8}$ mbar^{-1} Druckdifferenz, kann allerdings mit höherer Temperatur zunehmen.

2.1.2.4 Füllgase

Von den wichtigsten Thermometergasen He, H_2 und N_2 kommt für den Tieftemperaturbereich nur das He in Betracht, während bei den höchsten, mit dem Gasthermometer noch meßbaren Temperaturen N_2 vorgezogen wird, der selbst bei 1600 °C und 300 mbar Druck nur eine Dissoziation von 10^{-6} zeigt. Wasserstoff ist nur in den Jenaer Gläsern 59^{III} und 2954^{III} bis etwa 450 °C brauchbar; in Quarzglas diffundiert er bereits merklich bei Zimmertemperatur.

Bei der Messung sehr tiefer Temperaturen mit dem He-Thermometer wird die Druckanzeige durch *Adsorption* an den Gefäßwänden verfälscht; in einem Kugelgefäß von 2 cm Durchmesser werden bei 0,9 K und einem Gasdruck, der dem halben Sättigungsdruck (0,045 mbar) entspricht, bereits 2,5% der Gasatome adsorbiert.

2.1.2.5 Reduktion der gasthermometrischen Temperatur auf die thermodynamische Skala

Neben den in den Gln. (2/1) und (2/2) berücksichtigten Korrekturen sind auch die Abweichungen des Füllgases vom idealen Gas zu berücksichtigen. Nach den sehr genauen Messungen von *Heuse* und *Otto* sowie *Keesom* und *Tuyn* können für He, H_2 und N_2 die in Tabelle 2.2 für den Anfangsdruck $p = 1300$ mbar angegebenen Spannungskoeffizienten benutzt werden.

Tabelle 2.2. Spannungskoeffizienten

Gas	$\beta \cdot 10^3$ ($p = 1300$ mbar)
Helium	3,6607
Wasserstoff	3,6622
Stickstoff	3,6742

Für kleinere Fülldrücke im Gasthermometer kann zwar die ideale Gasgleichung benutzt werden, doch müssen kleine Druckdifferenzen genau genug gemessen werden können. Bei höheren Fülldrücken hängen die Größen α und β vom Druck ab; für nicht zu hohe Drücke kann die Gasgleichung in der Form

$$pv = RT + p\varkappa \tag{2/3}$$

angesetzt werden, worin $\varkappa_t = [\partial(pv)/\partial p]_T$ die Neigung der Isothermen pv gegen die Druckachse bedeutet. In Tabelle 2.3 ist nach Messungen von *Holborn* und *Otto* die Größe $pv/RT = 1 + p\varkappa/RT$ zwischen 0 und 100 bar im Temperaturbereich von -150 bis $+200\,°C$ für H_2 angegeben.

Tabelle 2.3. Isothermen von Wasserstoff

t(°C)→ p(bar)↓	−150	−100	−50	0	50	100	200
0	1,0000	1,0000	1,0000	1,0000	1,0000	1,0000	1,0000
10	1,0032	1,0064	1,0064	1,0061	1,0055	1,0049	1,0039
20	1,0073	1,0130	1,0130	1,0122	1,0111	1,0098	1,0078
30	1,0122	1,0199	1,0197	1,0183	1,0166	1,0148	1,0118
50	1,0245	1,0345	1,0334	1,0307	1,0277	1,0246	1,0196
70	1,0402	1,0511	1,0476	1,0433	1,0388	1,0345	1,0275
100	1,0699	1,0756	1,0697	1,0625	1,0554	1,0492	1,0392

Für kleine Drücke läßt sich $\varkappa_t$ durch die Beziehung $\varkappa_t = a + bT + c/T + e/T^3$ darstellen, deren Parameter aus den experimentellen Werten berechnet werden. Auch aus Messungen des Thomson-Joule-Effektes lassen sich mit Hilfe von Gl. (1/58b) die Korrekturen für das Gasthermometer ableiten.

Aufgrund solcher Messungen lassen sich für beide Arten des Gasthermometers die Korrekturen $t - t_p$ bzw. $t - t_v$ zahlenmäßig angeben, wobei t die thermodynamische Temperatur, und t_p bzw. t_v die am Gasthermometer abgelesenen und nach Gl. (2/1) und (2/2) korrigierten Werte sind. In Tabelle 2.4 sind für He, H_2 und N_2 die Korrekturen für den Anfangsdruck $p = 1300$ mbar zusammengestellt.

2.1.2.6 Differential-Gasthermometer

Das Gasthermometer konstanten Volumens eignet sich besonders im Tieftemperaturbereich (Abschn. 3.1) auch zur Messung von *Temperaturdifferenzen* und erfordert lediglich die Messung von kleinen Druckunterschieden. Das Meßsystem besteht aus zwei identischen Meßvolumina, die durch feine Kapillaren mit dem Differentialdruckmesser verbunden sind. Die Einstellung auf konstantes Volumen erfolgt in bekannter Weise durch Quecksilbermenisken in Kontakt mit feinen Stahlspitzen. Einer der kurzen Schenkel, der elastisch mit dem anderen verbunden ist, kann mit einer Mikrometerschraube um einen meßbaren Betrag gehoben oder gesenkt werden, bis beide Menisken ihre Spitzenkontakte berühren.

Als Differentialmanometer sind auch alle elektrischen Druckmeßdosen geeignet; bei den kapazitiven Instrumenten dieser Art liefert der Nullabgleich sowohl konstantes Volumen als auch die gesuchte Druckdifferenz. Näheres s. a. Abschn. 3.1.1.

Tabelle 2.4. Korrektionen gasthermometrisch gemessener Temperaturen auf die thermodynamische Skala (eingeklammerte Zahlenwerte extrapoliert)

t °C	Thermometer konstanten Druckes $t - t_p$			Thermometer konstanten Volumens $t - t_v$		
	He	H_2	N_2	He	H_2	N_2
−258	+0,411	—	—	+0,042	—	—
−250	+0,200	+2,21	—	+0,035	+0,113	—
−200	+0,035	+0,39	—	+0,022	+0,052	—
−183	+0,024	+0,270	+2,45	+0,019	+0,044	+0,287
−150	+0,013	+0,141	+1,16	+0,013	+0,032	+0,141
−100	+0,007	+0,080	+0,60	+0,007	+0,017	+0,052
−50	+0,001	+0,015	+0,111	+0,003	+0,006	+0,016
0	0	0	0	0	0	0
50	0,000	−0,004	−0,024	−0,001	−0,002	−0,004
100	0	0	0	0	0	0
150	+0,001	+0,008	+0,056	+0,003	+0,006	+0,011
200	+0,002	+0,019	+0,13	+0,007	+0,016	+0,027
300	+0,004	(+0,048)	+0,32	+0,021	(+0,049)	+0,077
400	+0,007	(+0,082)	+0,55	0,043	(+0,10)	+0,14
445	(+0,009)	(+0,10)	(+0,66)	(+0,054)	(+0,12)	+0,17
960	(+0,027)	(+0,31)	(+2,03)	(+0,30)	(+0,70)	+0,92
1063	(+0,031)	(+0,35)	(2,32)	(+0,36)	(+0,83)	+1,08

Von Vorteil sind diese Geräte z. B. bei der Messung der Wärmeleitfähigkeit von Festkörpern bei tiefen Temperaturen (Abschn. 7.3) in starken Magnetfeldern, da ihre Anzeige unabhängig von diesen ist.

2.1.3 Flüssigkeitsthermometer

[2.42; 2.294; 2.317]

2.1.3.1 Allgemeines

Das Flüssigkeitsthermometer, speziell in der Form des Quecksilberthermometers, ist ein Präzisionsinstrument, das bereits vor 50 Jahren eine hohe Entwicklungsstufe erreicht hat. Hinsichtlich seiner Genauigkeit wird es heute von den elektrischen Methoden übertroffen. Der Einführung von „*Standardthermometern*" lag die Schaffung eines in sich kalibrierbaren Meßgerätes zugrunde, das durch Eichung bei 0 und 100 °C eine mit der IPTS vergleichbare Gradeinteilung liefert. Die Verwirklichung dieser Idee erfordert die Berücksichtigung einiger Korrekturen, die das Arbeiten mit Flüssigkeitsthermometern umständlich und zeitraubend gestalten.

Obwohl heute für höchste Genauigkeitsansprüche solche Instrumente nicht mehr benutzt werden, sind sie wegen ihrer geringen Kosten, einfachen Ablesbarkeit und ihres großen Anwendungsbereichs zwischen −190 bis 500 °C weit verbreitet. Dieses Temperaturintervall ist bei tiefen Temperaturen durch die verwendete Meßflüssigkeit, für die obere Meßgrenze durch den Erweichungspunkt des Glases bestimmt.

2.1.3.2 Bauarten, Theorie

Das Flüssigkeitsthermometer beruht auf der relativen thermischen Ausdehnung einer Flüssigkeit in einem Glasgefäß, an das eine Kapillare für die Ablesung angesetzt ist. Es werden Einschluß- und Stabthermometer unterschieden. Das *Einschlußthermometer* (Bild 2.4) besteht aus einem vollkommen mit der Thermometerflüssigkeit gefüllten Gefäß V, an das die Kapillare K aus der gleichen Glassorte angeschmolzen ist. Neben oder hinter K ist eine Skala Sk aus Glas oder Metall angebracht, die am unteren Ende fest mit dem Gefäß V verbunden ist, damit es sich ungehindert ausdehnen kann. Diese Bauform wird nur bis etwa 400 °C verwendet, da die dünnwandige Kapillare den bei höheren Temperaturen erforderlichen Gasdrücken über dem Flüssigkeitsfaden nicht mehr standhält.

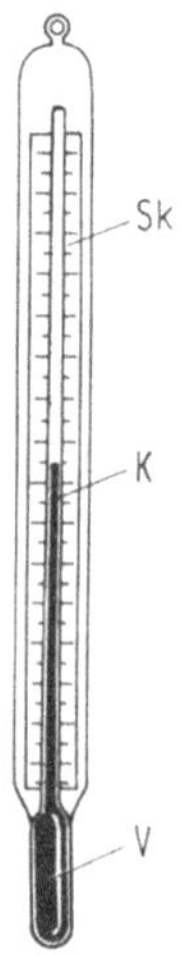

Bild 2.4. Einschlußthermometer

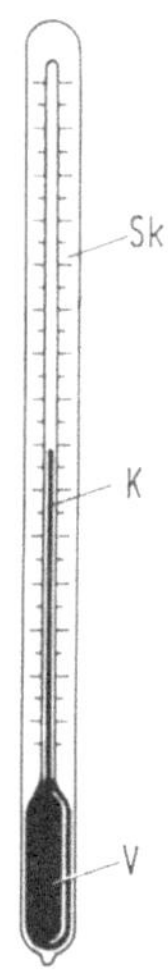

Bild 2.5. Stabthermometer

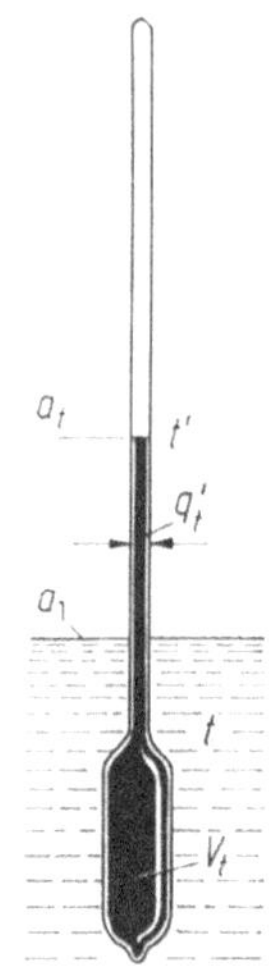

Bild 2.6. Zur Ableitung der Gl. (2/6)

Das fast ausschließlich für wissenschaftliche Messungen verwendete *Stabthermometer* (Bild 2.5) besitzt eine dickwandige Kapillare K, auf der zugleich die Skala Sk eingeätzt ist; sie sind oft als Zylinderlinse ausgebildet, um das scharfe Bild des Flüssigkeitsfadens zu verbreitern.

Bei der *Theorie* des Flüssigkeitsthermometers geht man davon aus, daß die Flüssigkeitsmasse unabhängig von der Temperatur konstant bleibt. Man bezeichnet die Dichte der Thermometerflüssigkeit bei der Temperatur t mit ϱ_t, das Volumen im Thermometergefäß einschließlich des ebenfalls auf t befindlichen Teils der Kapillaren mit V_t und mit a_1 die Marke auf der Kapillaren, bei der V_t endet (Bild 2.6). Der Flüssigkeitsmeniskus soll sich an der Marke a_t befinden und die Temperatur des herausragenden Fadens t' betragen. Ist A_t der dieser Temperatur entsprechende Kapillarquerschnitt, so gilt die Massenbilanz

$$M = \varrho_t V_t + \int_{a_1}^{a_t} \varrho_{t'} A_{t'} \, \mathrm{d}A. \tag{2/4}$$

Ist die Temperatur des herausragenden Fadens überall die gleiche, vereinfacht sich diese Beziehung zu

$$M = \varrho_t V_t + \varrho_{t'}(a_t - a_1)\,A_{t'} = \varrho_0 V_0 + \varrho_{t'}(a_0 - a_1)\,A_{t'}, \tag{2/5}$$

wenn mit den Indizes 0 die entsprechenden Werte für eine Messung am Eispunkt bezeichnet sind. Nimmt man zunächst $t = t'$ an, so ergibt sich aus Gl. (2/5)

$$a_t - a_0 = \frac{1 - (\varrho_t V_t/\varrho_0 V_0)}{\varrho_t V_t/\varrho_0 V_0} \cdot \frac{M}{\varrho_0 A_0} = \frac{1 - \Phi_t}{\Phi_t} \cdot \frac{M}{\varrho_0 A_0}, \tag{2/6}$$

wenn man den Quotienten $\varrho_t V_t/\varrho_0 V_0 \simeq (1 + \beta t)/(1 + \alpha t) = \Phi_t$ setzt. Die Koeffizienten β bzw. α stellen die volumetrische Ausdehnung des Thermometergefäßes und der Flüssigkeit dar, die angenähert sich linear mit der Temperatur ändern. Für eine zweite Messung bei $t = 100\,°C$ und Vergleich mit Gl. (2/6) erhält man die wichtige Beziehung

$$\frac{a_t - a_0}{a_{100} - a_0} = \frac{1 - \Phi_t}{1 - \Phi_{100}} \cdot \frac{\Phi_t}{\Phi_{100}}, \tag{2/7}$$

aus der die Skalenteilung ermittelt werden kann, wenn die Skalenwerte a_0 und a_{100} durch Eichung festliegen. Nach *Scheel* und *Heuse* läßt sich für *Quecksilber* das Verhältnis ϱ_0/ϱ_t in Gl. (2/6) zwischen 0 und 100 °C durch die Funktion

$$\varrho_0/\varrho_t = 1 + 1{,}8182 \cdot 10^{-4} t + 0{,}78 \cdot 10^{-8} t^2$$

darstellen; für höhere Temperaturen ist sie durch *Hoffmann* und *Meissner* [2.145] erweitert worden.

Für die relative Gefäßausdehnung V_t/V_0 von Jenaer Glas 16^{III} gilt zwischen 20 und 500 °C die Beziehung

$$V_t/V_0 = 1 + 0{,}2334 \cdot 10^{-4} t + 0{,}906 \cdot 10^{-8} t^2.$$

Mit diesen Werten findet man für die relative Volumenausdehnung von Hg in Jenaer Glas 16^{III} bei Vernachlässigung der höheren Potenzen von t den Zusammenhang

$$\Phi_t = \frac{1 + \beta t}{1 + \alpha t} = 1 + (\beta - \alpha)\,t = 1 - 1{,}5848 \cdot 10^{-4} t + 0{,}126 \cdot 10^{-8} t^2,$$

woraus $\Phi_{50} = 0{,}99215$ und $\Phi_{100} = 0{,}98445$ folgt. Damit ergibt sich nach Gl. (2/7) für $t = 50\,°C$ der Wert 0,50094, d. h. bei einer gleichmäßigen Skalenteilung zwischen 0 und 100 °C zeigt der Quecksilberfaden am 50. Teilstrich eine um 0,094 °C zu hohe Temperatur an.

Anstelle von Hg, das von −38 (Schmelzpunkt) bis +625 °C verwendbar ist, wobei oberhalb von 250 °C der Raum über dem Meniskus mit Stickstoff von hohem Druck gefüllt wird, werden verschiedene organische Flüssigkeiten benutzt. Da sie Glas benetzen, muß der freie Kapillarraum stets mit Gas gefüllt sein, um ein Abreißen des Fadens zu verhindern [2.143]. Es werden folgende Flüssigkeiten verwendet:

Pentan	−200 bis +20 °C,	$\alpha_{15°} = 15{,}89 \cdot 10^{-4}$;
Aethylalkohol	−110 bis +50 °C,	$\alpha_{15°} = 11{,}01 \cdot 10^{-4}$;
Toluol	−70 bis +100 °C,	$\alpha_{15°} = 11{,}2 \cdot 10^{-4}$.

Die damit gefüllten Thermometer sind wegen des größeren α-Wertes empfindlicher als Hg-Thermometer, jedoch ist wegen der kleineren thermischen Leitfähigkeit dieser Flüssigkeiten ihre Einstellgeschwindigkeit geringer und sie besitzen eine ungleichmäßige Skalenteilung.

Die Verwendung von Hg-Tl (8,7% Tl), einer eutektischen Mischung, die erstmals von *Moser* [2.214] untersucht wurde, anstelle von reinem Hg erweitert die untere Gebrauchsgrenze auf −60 °C [2.80]. In Tabelle 2.5 ist der relative Ausdehnungskoeffizient $(\beta - \alpha)$ für Hg und Hg-Tl in einigen Gläsern zusammengestellt.

Tabelle 2.5. Scheinbarer Ausdehnungskoeffizient $(\beta - \alpha) \cdot 10^4$ von Hg oder Hg-Tl in Gläsern

Temperaturbereich °C	16^{III}	Geräteglas 20	2954	Supremaxglas	Quarzglas
−58 bis +100	1,58	1,68	1,64	1,72	1,81
+100 bis +200	1,60	1,70	1,66	1,74	1,84
+200 bis +300	1,63	1,75	1,70	1,79	1,89
+300 bis +400	1,70	1,82	1,78	1,86	1,97
+400 bis +500	—	1,93	1,89	1,97	2,10
+500 bis +625	—	—	—	2,12	2,25

2.1.3.3 Thermometerkorrekturen

Befindet sich bei einem ganz eingetaucht geeichten Thermometer nicht der ganze Faden auf der zu messenden Temperatur t, so ist zur abgelesenen Temperatur t_a die *Fadenkorrektion*

$$\Delta t = (\beta - \alpha)(t_a - t_f)\, n$$

unter Berücksichtigung des Vorzeichens zu addieren, wenn t_f die mittlere Temperatur des herausragenden Fadens und n dessen in Grad gemessene Länge bedeuten. Der Wert von t_f wird mit dem *Mahlkeschen Fadenthermometer*, d. h. mit einem langen zylindrischen Ausdehnungsgefäß bestimmt, dessen Länge der herausragenden Fadenlänge des eigentlichen Thermometers entsprechen soll.

Die Genauigkeit der mit dem Flüssigkeitsthermometer gemessenen Temperatur hängt wesentlich von der *Volumenstabilität* von Thermometergefäß und -kapillaren ab, die durch zwei Effekte beeinträchtigt wird: a) *Säkulares Aufrücken des Nullpunkts*, das einer Kontraktion des Thermometergefäßes entspricht. Der Effekt hängt von Temperatur, Zeit, thermischer Vorbehandlung bei der Fabrikation und von der Glassorte ab; seine Größe beträgt 0,01 bis 0,04 K/a und kann durch künstliches Altern bei Übertemperatur fast völlig ausgeschaltet werden [2.72]. b) Eine wesentlich größere Rolle spielt die nach jedem Erhitzen beobachtete Erniedrigung des Nullpunktes, die *Nullpunktsdepression*, die bei den üblichen Thermometergläsern 0,2 bis 0,6 °C erreichen kann. Dieser Effekt ist ebenfalls durch die *thermische Nachwirkung* bedingt, erniedrigt alle Temperaturangaben um diesen Wert und verschwindet erst nach 12 bis 24 h. Ausführliche Untersuchungen hierzu stammen von *Rahlfs* und *Vieth* [2.244], sowie *Busse* [2.42] und beziehen sich auf verschiedene Glassorten. Danach zeigen Gläser mit etwa gleichem Na-

und K-Silikat-Gehalt eine besonders große Depression. Ist nur eines dieser Silikate enthalten, werden die Gläser fast nachwirkungsfrei.

In Tabelle 2.6 ist für verschiedene Gläser die Eispunktsdepression nach Erwärmen auf 100 °C angegeben.

Tabelle 2.6. Eispunktsdepression von Gläsern

Glassorte	°C
Jenaer Normalglas 16^{III}	0,04
Jenaer Borsilikatglas 59^{III}	0,03
Jenaer Glas $2\,954^{III}$	0,03
Supremaxglas $1\,565^{III}$	0,01
Verbrennungsröhrenglas	0,03
Thüringer GGF-Glas	0,04

Nach *Reiss* [2.247] läßt sich die Fadenkorrektur durch eine "Heat Pipe" (Abschn. 8.5) verhindern, welche die Temperatur zwischen Thermometergefäß und -faden ausgleicht.

2.1.3.4 Spezielle Formen des Flüssigkeitsthermometers

Für die Messung sehr kleiner Temperaturänderungen, z. B. in der Kalorimetrie, werden Einstellthermometer verwendet, unter denen das *Beckmann-Thermometer* das gebräuchlichste ist. Es besteht, wie in Bild 2.7 gezeigt ist, aus dem relativ

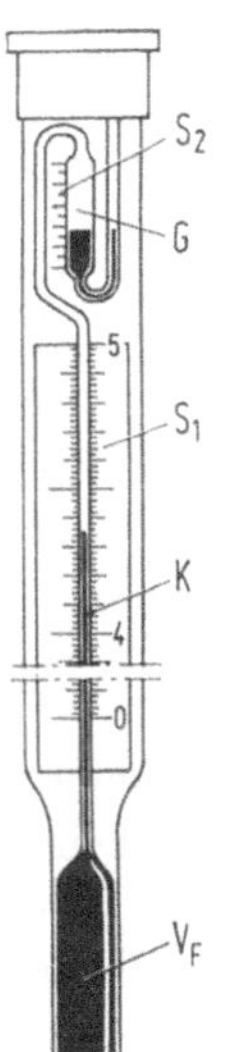

Bild 2.7. Beckmann-Thermometer

großen Quecksilbergefäß V aus Jenaer Glas 16^{III} und einer sehr feinen Kapillaren K von 25 cm Länge, die nur 5 K entspricht. Um es in einem größeren Temperaturbereich von meist -10 bis $+50\,°C$ benutzen zu können, kann man am oberen Kapillarende einen Teil des Quecksilbers in das mit einer Mensur versehene

Hilfsgefäß G ausfließen lassen. Nach dem Abtrennen einer n K-Äquivalenten entsprechenden Quecksilbermenge verringert sich die in V befindliche Quecksilbermenge auf $m' = m_0[1 - n(1 - \Phi_{100})/100]$, was für Jenaer Glas 16^{III} einen Faktor $(1 - n/6432)$ bedeutet. Da nach Gl. (2/6) die Fadenverschiebung proportional zu m' ist, entspricht die auf der Skala S_1 mit 1 K bezeichnete Fadenlänge tatsächlich einer Temperaturänderung von $(1 + 0{,}000156n)$ K, wenn n K abgetrennt sind.

Für Temperatur-Regeleinrichtungen (Abschn. 2.7.2) wird das Hg-Thermometer mit zwei Pt-Zuleitungen versehen, von denen die in der freien Kapillare befindliche bei der eingestellten Temperatur mit dem Hg-Meniskus Kontakt gibt. Die Schalttemperatur solcher *Kontaktthermometer* läßt sich bei den „Statex-Thermometern" durch eine Spindel im erweiterten Oberteil der Kapillaren verändern, die durch einen äußeren kleinen Permanentmagneten gedreht werden kann. Die Schaltleistung dieser Instrumente beträgt einige Watt.

Nach einem Vorschlag von *Saarimaa* et al. [2.259] kann die Höhe der Hg-Säule kapazitiv bestimmt werden, wenn die Kapillare außen versilbert und der Hg-Faden als Gegenelektrode verwendet wird. Solche Thermometer sind zur Fernmessung und Registrierung geeignet.

2.1.4 Flüssigkeits-Federthermometer

Bei diesem in Bild 2.8 gezeigten Instrument dient das Röhrenfedermanometer D als Anzeigegerät für die thermische Ausdehnung der im Meßgefäß V_F eingeschlossenen Flüssigkeit. Bezeichnet man mit V das gesamte Flüssigkeitsvolumen und mit V_F das des Temperaturfühlers, so ergibt sich der Flüssigkeitsdruck

$$p = (\beta - 3\alpha)\,(t - t_0)\,V_F/kV, \tag{2/8}$$

wenn k bzw. β Kompressibilität und Wärmeausdehnungskoeffizient der Füllflüssigkeit, α der lineare Ausdehnungskoeffizient des Gefäßmaterials und $(t - t_0)$ die zu messende Temperaturdifferenz ist. Um Meßfehler durch Temperaturänderungen von D und der Verbindungskapillaren K klein zu halten, soll deren Volumen klein gegen V_F sein. Bei den mit Quecksilber gefüllten Thermometern wird das Gefäß V_F aus Stahl hergestellt; die Stahlkapillare K besitzt eine lichte Weite von 0,1 bis 0,3 mm und ist gegen mechanische Beschädigung durch eine Drahtspirale geschützt.

Um Dampfblasen in der Leitung solcher mit Hg gefüllten Geräte zu vermeiden, stehen sie unter einem Druck von 100 bis 150 bar; bei organischen Flüssigkeiten werden 5 bis 30 bar angewandt. Das Anzeigegerät besteht meist aus einem Bourdon-Rohr mit mechanischer Zeigerübertragung; durch Kompensationsmethoden läßt sich der durch die schwankende Außentemperatur t_0 hervorgerufene Meßfehler eliminieren.

Diese Instrumente eignen sich wegen der großen Anzeigekräfte und Übertragungsentfernungen (bis 50 m) zur Temperaturüberwachung, Regel- und Registrieraufgaben und weisen eine Fehlergrenze von $\pm 0{,}5$ bis $1{,}5\%$ des Meßbereichs auf. Höhendifferenzen zwischen Fühler und Anzeigeinstrument bewirken einen zusätzlichen Meßfehler.

2.1.5 Metallausdehnungsthermometer

Bei diesem Instrument dient als Meßgröße die relative thermische Ausdehnung von zwei unterschiedlichen Metallen. Die auftretenden großen mechanischen Kräfte gestatten die Betätigung von Regel- und Registriereinrichtungen, wie das Beispiel des in Bild 2.9 dargestellten *Stabthermometers* zeigt. In dem als Schutzrohr A dienenden Metallrohr mit großem Ausdehnungskoeffizienten befindet sich koaxial der Stab B aus Porzellan oder Invarstahl, dessen relative Ausdehnung den in den Schneiden S_1 und S_2 gelagerten Hebel H mit den Kontakten K betätigt. Durch die Regulierschraube R läßt sich die Ansprechtemperatur des Schaltrelais einstellen. Bei der Ausführungsform nach [2.293] wird der Stab B aus Porzellan in eine Bohrung des Metallthermostaten eingeschraubt und seine relative Längenänderung durch einen Kontakthebel gemessen.

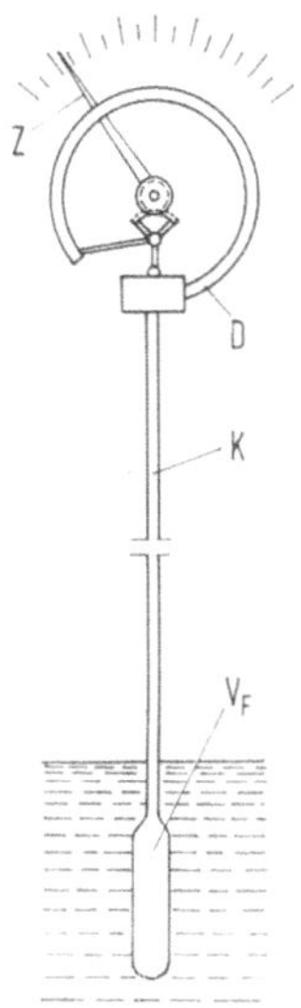

Bild 2.8. Flüssigkeits-Federthermometer

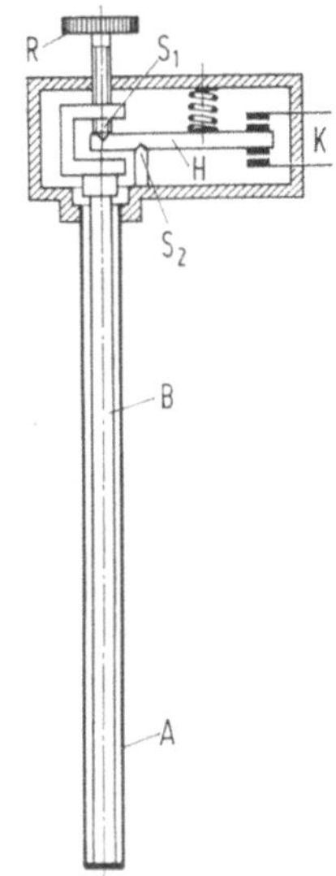

Bild 2.9. Stabregler

Als Werkstoffe mit großem thermischen Ausdehnungskoeffizienten kommen Al, Ni, Ni-Cr (bis 1000 °C) und Messing in Betracht; Vergleichsmaterialien sind Porzellan und Quarzglas, deren Koeffizienten um den Faktor 3 bis 10 geringer sind. Die Regler nach Bild 2.9 zeichnen sich durch schnelles Ansprechen und Einfachheit aus und werden bis 600 °C bei einem Meßfehler von $\pm 0{,}5$ K benutzt [2.118].

In einer weitverbreiteten Ausführungsform werden zwei Metallstreifen mit unterschiedlichen Ausdehnungskoeffizienten zusammengewalzt oder verlötet [2.30; 2.250]. Mit steigender Temperatur krümmt sich dieser *Bimetallstreifen* nach der Seite des Metalls mit der geringeren Ausdehnung und kann zur Betätigung eines Schaltrelais benutzt werden. Die Ausbiegung f eines einseitig befestigten Streifens der Dicke d und der Länge L ergibt sich zu

$$f = CL^2(t - t_0)/d, \qquad (2/9)$$

wenn C eine Materialkonstante ist, die sich aus den Ausdehnungskoeffizienten und elastischen Konstanten beider Partner berechnen läßt. Die Meßempfindlichkeit läßt sich erhöhen, wenn L z. B. durch Aufwickeln des Bimetalls zu einer Wendel oder Spirale vergrößert wird (Bimetallthermometer). Durch Erhitzen auf 50 bis 80 K über die Gebrauchsgrenze werden diese Geräte gealtert, wodurch eine Fehlergrenze von 0,5 bis 1,5% des Meßbereichs ermöglicht wird.

2.2 Dampfdruckthermometer

[2.137]

2.2.1 Allgemeines

Mit dem *Dampfdruck-* oder *Tensionsthermometer* wird die Temperatur aus dem Sättigungsdruck einer geeigneten Flüssigkeit bestimmt, die sich auf der Meßtemperatur befindet. Diese Thermometer können sehr empfindlich sein, wenn die Thermometersubstanz dem Meßbereich günstig angepaßt ist. Um die Kondensation außerhalb des Meßgefäßes zu vermeiden, werden diese Thermometer nur für Temperaturen unterhalb der Umgebungstemperatur angewandt. Für wissenschaftliche Zwecke wird der Dampfdruck mit einem Hg-Manometer gemessen, dessen Maximalbereich meist auf 1 bar beschränkt ist.

Für O_2 als Füllsubstanz ändert sich der Sättigungsdruck in der Nähe des normalen Siedepunktes (−183 °C) um etwa 109 mbar/K, für H_2 (−253 °C) um 270 mbar/K. Im Tieftemperaturbereich bildet die Dampfdruckmessung mit ^{4}He und ^{3}He als Meßflüssigkeit die Grundlage für die praktische Temperaturskala (Abschn. 1.10.5); nähere Einzelheiten s. Abschn. 3.1.5.1.

Der Zusammenhang zwischen Sättigungsdruck p und Temperatur T läßt sich in guter Näherung für Drücke unterhalb von 1 bar aus der Clausius-Clapeyron-Gleichung für die Verdampfungswärme r ableiten, wonach

$$r = T(v' - v)\,\mathrm{d}p/\mathrm{d}T \tag{2/10}$$

und v' bzw. v die spezifischen Volumina der Flüssigkeit im dampfförmigen bzw. flüssigen Zustand bedeuten. Nach Integration von Gl. (2/10) und Einführen der molaren Verdampfungswärme r_0 erhält man mit $v' - V = RT(1 - p/p_k)/p$ (p_k kritischer Druck, Abschn. 6.1) die Beziehung

$$\ln p = -\frac{r_0}{RT} + \frac{a}{R}\ln T - \frac{b}{R}\,T + k. \tag{2/11}$$

Darin sind a, b und k Konstanten, die für einen engen Temperaturbereich Null gesetzt werden können, was zur Kirchhoff-Rankineschen Beziehung

$$\log p = A - B/T \tag{2/12}$$

führt. Mit $B = T'/C$, worin T' die Siedetemperatur bei Normaldruck ist, ergibt sich in der Nähe des Siedepunktes die einfache Relation

$$\mathrm{d}T/\mathrm{d}p = 4{,}284\cdot 10^{-4}CT'. \qquad \text{(K/mbar)} \tag{2/12a}$$

Die Konstante $C = T'/B$ besitzt für viele Substanzen mit Ausnahme von He und H_2 den Wert 0,2.

2.2.2 Meßmethoden, Ausführungsformen

In Bild 2.10 ist im Prinzip das Dampfdruckthermometer mit einer kleinen Flüssigkeitsmenge dargestellt, die sich im Meßkölbchen A befindet, und dessen Dampfleitung im Flüssigkeitsbad durch einen Vakuummantel isoliert ist. Meßvolumen und Manometer sind durch eine Kapillare K verbunden. Die Erweiterung B im rechten Schenkel des Manometers M dient zur Aufnahme der Gasmenge, die noch nicht in A kondensiert ist; aus dem Gefäß C wird das Manometer mit Hg gefüllt. Durch den Ansatz S wird die Meßsubstanz in die Apparatur eingeleitet. Gase, welche Hg angreifen, wird man im allgemeinen nicht verwenden oder über ein kapazitives Differentialmanometer (Abschn. 2.1.2.1) an das Hg-Manometer anschließen.

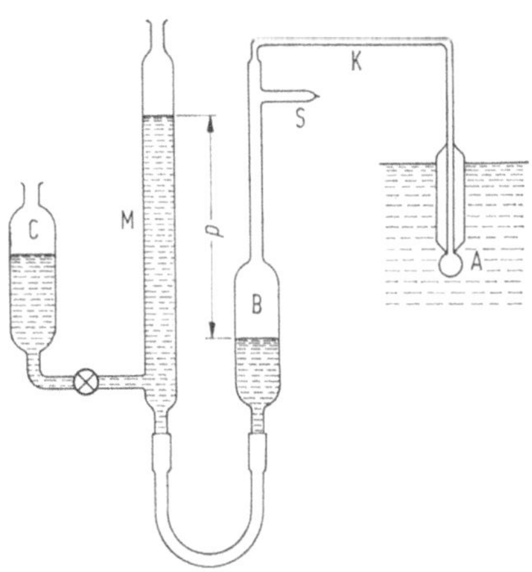

Bild 2.10. Dampfdruckthermometer

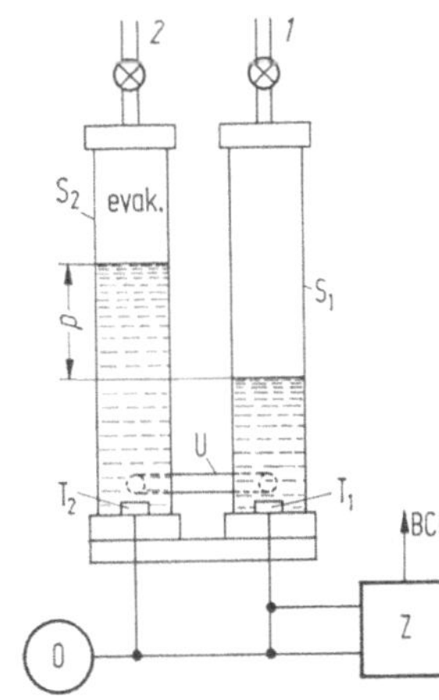

Bild 2.11. Sonar-Manometer

Für sehr genaue und automatische Dampfdruckmessungen, wie z. B. bei der Eichung von Tieftemperaturthermometern (Abschn. 3.2 und 3.3) in He-Kryostaten, wird neuerdings das *digitale Sonar-Manometer* der Fa. Wallace & Tierman (USA) benutzt, das kontinuierlich arbeitet und die gemessenen Druckwerte in zwei BCD-Ausgängen zum Zwecke der Registrierung und Datenverarbeitung liefert. Das in Bild 2.11 schematisch dargestellte Manometer besteht aus einem mit Hg gefüllten U-Rohr mit den Schenkeln S_1 und S_2 von 41,3 mm Durchmesser und etwa 90 cm Länge, die bei U am unteren Ende miteinander verbunden sind. Die Höhe beider Hg-Säulen wird mittels zwei piezoelektrischer Wandler T_1 und T_2 aus akustischen Echomessungen bestimmt.

In einstellbaren Zeitabständen werden in beiden Schenkeln Ultraschallimpulse der Trägerfrequenz 1 MHz von 0,5 μs Dauer gestartet, die an den Menisken beider Säulen reflektiert werden und in den Wandlern T_1, T_2 zeitlich aufeinander folgende Signale erzeugen. Der Echoimpuls in der kürzeren Hg-Säule startet eine Zeitmeßvorrichtung, die von einem quarzgesteuerten Oszillator O von 96 MHz betrieben wird; nach Ankunft des Echosignals in der anderen Säule wird O angehalten und das Zeitintervall Δt im Zähler Z gemessen und als Meßwert ausgegeben. Bei bekannter Schallgeschwindigkeit von Hg ($u = 1450$ m/s) wird der zu messende

Niveauunterschied proportional zum Zeitintervall Δt. Um eine hohe Genauigkeit zu gewährleisten, wird das U-Rohr auf konstante Temperatur innerhalb von $\pm 0{,}03\,^\circ\mathrm{C}$ gehalten; eine unterschiedliche Erdbeschleunigung g wird durch die einstellbare Temperatur des U-Rohrs kompensiert. Bei einem Gesamtmeßbereich von 0 bis 1080 mbar beträgt die Meßempfindlichkeit 0,01 mbar; die Meßfolge ist zwischen 0,1 und 5 s variierbar. Für die Messung des absoluten Dampfdruckes wird ein Schenkel evakuiert; das Instrument ist auch als Differentialmanometer zu verwenden.

Für technische Messungen wird das Dampfdruckmanometer besonders bei höheren Temperaturen eingesetzt und das Meßgefäß, der *Fühler*, mit einer leicht verdampfenden Flüssigkeit, wie *Hexan*, *Xylol* oder *Benzol* gefüllt. Durch ein in die Flüssigkeit tauchendes Kapillarrohr wird der Sättigungsdruck auf ein empfindliches Federmanometer übertragen, das direkt in Celsius-Graden geeicht ist. Mit organischen Substanzen sind maximal 30 °C, mit Hg gefüllten Instrumenten 700 °C zu messen, wobei die Länge der Kapillaren bis zu 20 m betragen kann. An die Reinheit der Füllung werden hohe Anforderungen gestellt, da bereits geringe Luft- oder andere Gasreste merkliche Fehler verursachen. Der sich bei maximaler Betriebstemperatur einstellende Dampfdruck beträgt zwischen 5 und 25 bar, so daß Luftdruckschwankungen nur im unteren Skalenbereich wirksam werden. Der Meßfühler darf nur so weit gefüllt sein, daß sich über der Meßflüssigkeit noch ein Dampfraum befindet [2.319].

2.2.3 Thermomolekulare Druckdifferenz

Für genaue Dampfdruckmessungen ist die thermomolekulare Druckdifferenz zu berücksichtigen, die auftritt, wenn zwei Behälter mit unterschiedlicher Temperatur z. B. durch ein Rohr (Radius r) verbunden sind. Unter bestimmten Umständen kann diese Druckkorrektur einen merklichen Teil des gesamten Druckunterschiedes ausmachen. Für den auftretenden Druckunterschied läßt sich unter vereinfachenden Bedingungen der folgende Ausdruck ableiten:

$$\Delta p = \frac{k}{p}\left[\frac{1 + C/T_0}{1 + C/T}\right]\frac{\eta_0^2}{\varrho_0 r^2}\,\frac{\Delta T \cdot T}{T_0^2}\,, \qquad (2/13)$$

wobei der Parameter k von der Gasart abhängt, C die Sutherland-Konstante (*Ed.* I, § 14.7), η_0 die Viskosität bei 0 °C und ϱ_0 die Normaldichte des Gases ist. Danach wird Δp um so größer, je kleiner der Rohrradius r ist. Von *Weber* und *Schmidt* [2.306] ist eine verbesserte Gleichung für die thermomolekulare Druckdifferenz abgeleitet worden, die für den gesamten Druckbereich gültig ist; sie lautet

$$\frac{\mathrm{d}p}{\mathrm{d}T} = \frac{p}{2T}\left[\frac{\pi}{24 K_1}\left(\frac{r^2}{\lambda^2} + 4 K_2\,\frac{r}{\lambda}\right) + \frac{1 + g(r/\lambda)}{1 + h(r/\lambda)}\right]^{-1} \qquad (2/14)$$

mit der freien Weglänge λ des Gases und den vier Konstanten K_1, K_2, g und h, welche in den verschiedenen Druckbereichen sowohl die viskose Strömung als auch die Knudsen-Beziehung $p/T^{1/2} = \mathrm{const}$ berücksichtigen. Bei genauen Messungen muß noch die Rohrrauhigkeit in Betracht gezogen werden.

Nach Untersuchungen von *McConville* [2.202] mit He^3- und He^4-Dampfdruckthermometern und verschieden weiten Rohren findet man bei etwa 300 μbar Druck eine maximale Druckkorrektur, die 20 μbar und mehr erreichen kann.

2.2.4 Dampfdrucktabellen

[2.172]

In Tabelle 2.7 sind für wichtige Substanzen die Dampfdrücke als Funktion der Temperatur angegeben. Für den Temperaturbereich unterhalb von −180 °C sind genaue Dampfdruckangaben in Abschn. 3.1 zu finden.

Tabelle 2.7. Dampfdruck verschiedener Gase (in mbar)

t in °C	0	−1	−2	−3	−4	−5	−6	−7	−8	−9	−10
Schwefeldioxid (SO_2)											
−10	1013	969	927	885	846	807	771	735	701	668	636
−20	636	606	577	549	522	495	470	447	424	402	381
−30	381	361	342	324	307	290	274	259	244	230	217
−40	217	204	192	181	170	160	150	141	132	124	116
−50	116	109	101	94,8	88,7						
Ammoniak (NH_3)											
−30	1197	1140	1085	1032	982	933	887	842	799	758	719
−40	719	681	645	611	578	555	517	488	461	434	410
−50	410	386	364	342	322	303	284	267	250	235	220
−60	220	206	192	180	168	157	146	136	127	118	110
Schwefelwasserstoff (H_2S)											
−60	1027	976	928	881	836	793	751	712	674	638	693
−70	603	570	538	507	478	451	424	399	375	353	331
−80	331	311	291	273	255	239	222+	206+	191+	176+	163+
Kohlendioxid (CO_2)											
−70						1345	1242	1146	1057	974	896
−80	896	824	758	696	638	585	535	490	448	409	373
−90	373	340	309	281	255	231	210	190	172	155	140
−100	140	126	113	102	91,2	81,7	73,1				
Stickoxidul (N_2O)											
−80				1391	1315	1242	1172	1105	1042	981	923
−90	923	865	793	727	666	609	556	508	463	421	383
−100	383	348	316	186	259	234	211	191	172	154	139
−110	139	124	111	100	88,9	79,3					
Äthan (C_2H_6)											
−80				1359	1292	1227	1165	1105	1048	993	940
−90	940	890	842	795	751	709	668	630	594	558	525
−100	525	493	463	434	407	381	356	333	311	290	270
−110	270	252	234	217	202	187	173	160	148	137	126
Äthylen (C_2H_4)											
−100	1260	1191	1125	1061	1001	943	887	835	785	737	691
−110	691	648	607	567	531	496	462	431	401	373	346
−120	346	312	298	276	255	236	217	200	184	169	155
−130	155	142	130	119	108	99	90	81,6			

Tabelle 2.7. (Fortsetzung)

t in °C	0	−1	−2	−3	−4	−5	−6	−7	−8	−9	−10
Krypton (Kr)											
−140										1412	1312
−150	1312	1218	1130	1046	967	892	823	758	691	623	561
−160	561	505									
Methan (C_2H_4)											
−150									1342	1236	1143
−160	1143	1054	971	893	820	752	688	629	574	522	475
−170	475	430	389	351	316	284	255	227	203	180	160
−180	160	141	124	109^+	94^+	81^+	69^+				
Xenon (Xe)											
−90							1920	1826	1737	1650	1567
−100	1567	1487	1411	1337	1266	1198	1133	1071	1012	955	900
−110	900	848	798	751	706	663					
Propylen (C_3H_6)											
−30			1952	1877	1804	1733	1664	1598	1533	1471	1410
−40	1410	1351	1295	1240	1187	1136	1086	1038	992	947	905
−50	905	863	823	785	748	712	678	645	613	583	533
−60	553	525	498	473	448	424	401	380	359	339	320
−70	320	302	285	268	253	238	224	210	197	185	174
−80	174	163	152	142	133	124	116	108	101	94	87
−90	87	81	75	70							
Propan (C_3H_8)											
−30	1665	1601	1538	1477	1418	1361	1306	1252	1200	1150	1102
−40	1102	1054	1009	965	923	882	843	805	768	733	698
−50	698	666	634	604	575	547	520	494	469	445	422
−60	422	400	379	359	340	321	304	287	271	256	241
−70	241	227	214	201	189	178	167	156	147	137	129
−80	129	120	113	105	98	92	85	79	74	68	64
Butan (C_4H_{10})											
+20		1999	1934	1872	1811	1751	1693	1637	1582	1528	1476
+10	1476	1425	1376	1328	1281	1235	1191	1148	1106	1066	1026
0	1026	988	951	915	880	846	813	781	750	720	691
−10	691	663	636	610	585	560	536	513	491	470	449
−20	449	429	410	392	374	357	340	324	309	294	280
−30	280	267	254	241	229	217	206	196	186	176	167
−40	167	158	149	141	133	126	119	112	106	100	94
−50	94	88	83	78	73	69	65				

Die Genauigkeit der angegebenen Werte für Dampfdruck und Temperatur beträgt für sehr reine Substanzen $\Delta T = 0{,}05$ K und $\Delta p = 0{,}1$ mbar; für CH_4 und Kr ist sie um den Faktor 5 größer. Die mit $^+$ bezeichneten Drücke beziehen sich auf die feste Phase.

2.3 Thermoelemente

[2.73; 2.168]

2.3.1 Thermoelektrischer Effekt

Der im Jahre 1821 von *Seebeck* entdeckte thermoelektrische Effekt entsteht in einem geschlossenen Leiterkreis aus zwei verschiedenen Metallen, wenn die beiden Verbindungsstellen (*Lötstellen*) unterschiedliche Temperatur besitzen. Dabei tritt eine elektromotorische Kraft E auf, die mit zunehmender Temperatur wächst und von der Größenordnung Millivolt ist. Dieser Effekt wurde zuerst von *Le Chatellier* (1887) zur Temperaturmessung herangezogen.

Die thermodynamische Theorie des Thermoelementes (Lord *Kelvin* 1851) geht vom inversen Effekt, dem im Jahre 1834 entdeckten *Peltier-Effekt* aus, wonach ein Leitpaar AB beim Durchfluß eines Stromes i eine Wärmemenge $\dot{Q} = i\Pi_{AB}$ entwickelt, wenn Π_{AB} der *Peltier-Koeffizient* ist. Bezeichnet man mit Π_1 und Π_2 die temperaturabhängigen Peltier-Koeffizienten eines Leiterkreises, deren Lötstellen sich auf den Temperaturen T_1 und T_2 befinden, so gilt

$$Ei = (\Pi_2 - \Pi_1)\, i \qquad \text{oder} \qquad E = \Pi_2 - \Pi_1, \tag{2/15}$$

wenn E die elektromotorische Kraft in diesem Kreis darstellt. Vernachlässigt man Wärmeleitungsvorgänge und betrachtet das Thermoelement als reversible Wärmekraftmaschine, die zwischen den Temperaturniveaus T_2 und T_1 arbeitet, so wird nach dem 2. Hauptsatz (1/31)

$$\Pi_2/T_2 - \Pi_1/T_1 = 0 \qquad \text{oder} \qquad (\Pi_2 - \Pi_1)/\Pi_1 = (T_2 - T_1)/T_1, \tag{2/16}$$

woraus mit Gl. (2/15) die Beziehung

$$E = \Pi_1(T_2 - T_1)/T_1 \tag{2/17}$$

folgt. Dem höheren Temperaturniveau T_2 wird Wärme nicht nur durch Wärmeleitung in den Drähten sondern auch die Wärmemenge $\dot{Q} = i\Pi_2$ entzogen, während dem kälteren Niveau die Wärmemenge $i\Pi_1$ zugeführt wird. Ferner geht aus Gl. (2/17) hervor, daß die Thermospannung bei konstantem Π_1 der Temperaturdifferenz proportional sein soll. Dies gilt im allgemeinen nicht, da als zusätzlicher reversibler Wärmeeffekt der *Thomson-Effekt* berücksichtigt werden muß.

Fließt durch einen Leiter der Strom i und ist zusätzlich in ihm ein Temperaturgradient $\partial T/\partial x$ vorhanden, so wird neben der Jouleschen Wärme eine Wärmemenge $\mu i(\partial T/\partial x)$ erzeugt, wobei der Thomson-Koeffizient μ eine von T abhängige Materialkonstante darstellt. Für den Thermokreis nach Bild 2.12, der aus dem Leiterpaar AB besteht, muß Gl. (2/15) um diesen Effekt erweitert werden und es gilt

$$E = \Pi + \Delta\Pi - \Pi + \mu_A \Delta T - \mu_B \Delta T.$$

Im Grenzübergang resultiert daraus die Beziehung

$$\mathrm{d}E/\mathrm{d}T = \mathrm{d}\Pi/\mathrm{d}T + (\mu_A - \mu_B). \tag{2/18}$$

Wendet man analog zu Gl. (2/16) den 2. Hauptsatz auf dieses Problem an, so ergibt sich der Ausdruck

$$\mu_A = \mu_B = \Pi/T - (\mathrm{d}\Pi/\mathrm{d}T)$$

und mit Berücksichtigung von Gl. (2/18)

$$\Pi = T(\mathrm{d}E/\mathrm{d}T)\,; \quad \mu_A - \mu_B = T(\mathrm{d}^2E/\mathrm{d}T^2). \tag{2/19a, b}$$

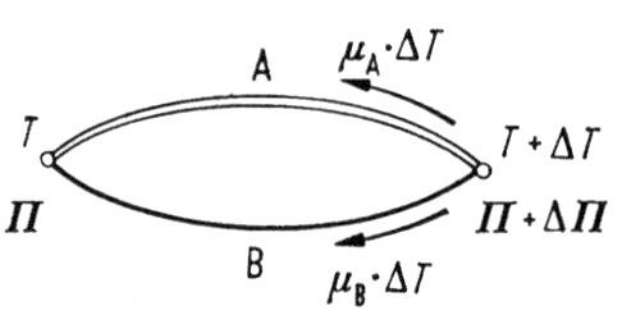

Bild 2.12. Thermokreis

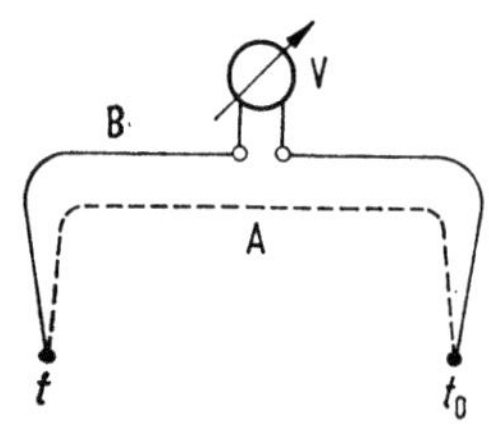

Bild 2.13. Thermoelement

Aus der ersten dieser Gleichungen kann gefolgert werden, daß sich wegen

$$E = \int_{T_1}^{T_2} (\Pi/T)\,\mathrm{d}T \tag{2/20}$$

die Thermospannung E additiv aus den Teilbeträgen für aufeinanderfolgende Temperaturabschnitte zusammensetzt, d. h.

$$E = \int_{T_1'}^{T_2} (\Pi/T)\,\mathrm{d}T + \int_{T_1}^{T_1'} (\Pi/T)\,\mathrm{d}T. \tag{2/20a}$$

Die Differenz der *Thomson*-Koeffizienten kann mit Hilfe von Gl. (2/19b) experimentell gefunden werden; der Absolutwert wird im Vergleich zu *Blei* bestimmt, dessen μ-Wert verschwindend klein ist. Für andere Metalle ergeben sich folgende Werte: *Platin* —9, *Eisen* —8, *Kupfer* +2, *Konstantan* —23, *Platin-Rhodium* —2 µV/K bei 0 °C.

2.3.2 Thermoelektrische Thermometer [2.73; 2.168]

Der thermoelektrische Effekt wird verbreitet zur Temperaturmessung herangezogen, wobei eine allgemein gültige Beziehung zwischen Thermospannung und Lötstellentemperatur aus den Hauptsätzen der Thermodynamik nicht abgeleitet werden kann und $E = f(T)$ empirisch bestimmt werden muß. In der Meßanordnung nach Bild 2.13 sind die Drähte A und B aus verschiedenem Material an zwei *Lötstellen* miteinander verbunden und wird die Thermospannung z. B. im Zweig B durch das Millivoltmeter V gemessen. Befinden sich die Klemmen von V auf gleicher Temperatur, so heben sich die Thermospannungen zwischen B und den Klemmen auf; die gemessene Spannung errechnet sich aus

$E = E^{t}_{AB} - E^{t_0}_{AB}$ und hängt von der zu messenden Temperatur t im Vergleich zur Temperatur t_0 der Nebenlötstelle ab. In der Meßanordnung nach Bild 2.14 wird das Thermopaar AB an den Klemmen C, C′ mit den Zuleitungsdrähten aus Kupfer verbunden, die zu den Klemmen des Anzeigeinstruments V führen. Bei den in der Abbildung angegebenen Temperaturen ergibt sich die resultierende Thermospannung zu

$$E = E^{t}_{AB} - E^{t'}_{ACu} + E^{t''}_{CuB}.$$

Für $t' = t''$ wird $E^{t'}_{ACu} - E^{t''}_{CuB} = E^{t'}_{ACu} - E^{t'}_{BCu} = E^{t'}_{AB}$ und demnach

$$E = E^{t}_{AB} - E^{t'}_{AB}.$$

Die *Nebenlötstellen* C und C′ lassen sich auf gleiche Temperatur bringen, wenn sie gemeinsam, elektrisch voneinander isoliert, in einen Thermostaten oder in ein Dewar-Gefäß mit schmelzendem Eis gebracht werden. Für viele Messungen reicht die Montage auf einem Kupferklotz aus, dessen Temperatur allerdings bekannt sein muß. Gleiches gilt für Mehrfachumschalter, wenn mit demselben Instrument die Thermospannung mehrerer Elemente nacheinander gemessen werden soll.

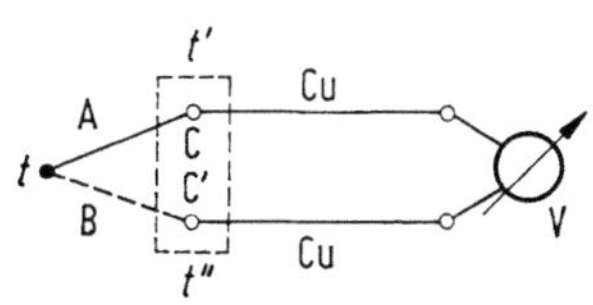

Bild 2.14. Thermoelement mit Nebenlötstellen

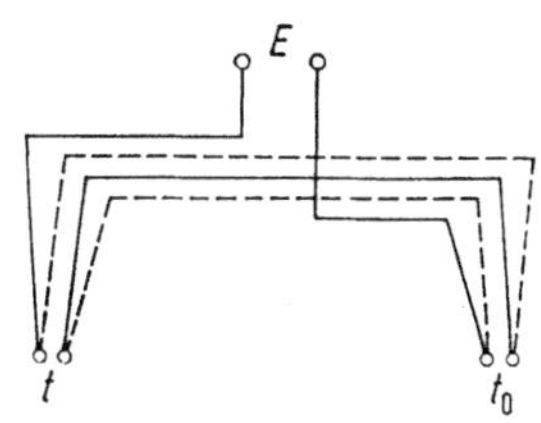

Bild 2.15. Thermosäule

Durch Serienschaltung gleichartiger Thermopaare (Bild 2.15), deren Lötstellen sich auf jeweils derselben Temperatur befinden, jedoch elektrisch isoliert voneinander sind, kann die resultierende Thermospannung vervielfacht werden. Gleichzeitig erhöht sich damit auch der innere Widerstand einer solchen *Thermosäule*, die besonders für Strahlungsmessungen und als *Differentialthermometer* verwendet wird. Für kleine Temperaturdifferenzen läßt sich der Meßwert aus der differentiellen Thermospannung $\mathrm{d}E/\mathrm{d}t$ bestimmen, die eine Funktion der Temperatur ist.

Soll mit Thermoelementen die *mittlere Temperatur* einer größeren Fläche gemessen werden, so kann hierzu ebenfalls die Schaltung nach Bild 2.15 benutzt werden, wenn die Vergleichslötstellen auf gleiche Temperatur gehalten werden und die Lötstellen die zu mittelnden Temperaturen einnehmen. Die Mittelbildung erfolgt in diesem Fall elektrisch und liefert den Meßstrom

$$i = (R_i + \Sigma R_n)^{-1} \, \Sigma E_n, \tag{2/21}$$

wenn R_i der Instrumentenwiderstand, R_n der Elementenwiderstand und E_n die vom n-ten Element erzeugte Thermospannung ist, die von der Temperatur meist nicht linear abhängt. Die Summation erstreckt sich auf alle n Elemente und ist aus dem obigen Grund mit einem Meßfehler behaftet. Eine ausführliche Analyse solcher Schaltungen und auch von Parallelschaltungen mehrerer Thermoelemente wird in [2.196] und [2.315] gegeben.

2.3.3 Gebräuchliche Thermoelemente [2.269]

Fast jede Verbindung von zwei verschiedenen Metallen liefert eine Thermospannung; in Tabelle 2.8 ist die thermoelektrische Spannungsreihe für verschiedene Metalle sowie Kohle und Graphit gegen Platin zusammengestellt. Die Thermospannung E bezieht sich auf Lötstellentemperaturen von 0 bzw. 100 °C, wobei ein positives Vorzeichen bedeutet, daß der Strom an der wärmeren Lötstelle vom Platin zu dem betreffenden Metall fließt. Die Thermospannung eines aus den Metallen A und B bestehenden Elementes errechnet sich dann aus

$$E_{\mathrm{AB}} = E_{\mathrm{APt}} - E_{\mathrm{BPt}}.$$

Tabelle 2.8. Thermoelektrische Spannungsreihe (E in mV)

Metall	E	Metall	E	Metall	E	Metall	E
Bi ∥	−7,2	Hg	+0,0	Ir	+0,7	Mo	+1,2
Bi ⊥	−5,2	Graphit	+0,2	Rh	+0,7	U	+1,2
Konstantan	−3,4	Kohle	+0,3	Ag	+0,7	Li	+1,8
Co	−1,6	Al	+0,4	Au	+0,7	Fe	+1,9
Ni	−1,5	Mg	+0,4	Zn	+0,7	Sb	+4,8
K	−0,9	Sn	+0,4	In	+0,7	Ge	+34
Ca	−0,5	Pb	+0,4	Cu	+0,7	Si	+45
Pd	−0,3	Cs	+0,5	W	+0,8	Te	+50
Na	−0,2	Ta	+0,5	V2A	+0,8		
Th	−0,1	Tl	+0,6	Cd	+0,9		
Pt	0	Manganin	+0,6	Ce	+1,1		

Für den praktischen Gebrauch haben sich nur einige Metallkombinationen zur genauen Temperaturmessung bewährt und erfüllen folgende Forderungen:

a) Die Thermospannung soll in dem zu benutzenden Temperaturbereich mit wachsender Temperatur stetig ansteigen.

b) Die Thermospannung soll genügend groß sein, damit eine ausreichende Meßgenauigkeit garantiert ist.

c) Die Eichkurve des Thermoelements soll für lange Zeit erhalten bleiben und sich nicht merklich durch innere Umwandlungen, Rekristallisation oder eindiffundierte Verunreinigungen ändern.

d) Das Thermoelement soll gegen Oxidation, Korrosion und andere Einflüsse widerstandsfähig sein.

e) Die beiden Metalle sollen reproduzierbar und in gleichbleibender Qualität erhältlich sein.

In der Praxis werden folgende Elemente verwendet:

Platin/Platin-Rhodium [2.15]

Diese zuerst von *Le Chatelier* angegebene Kombination ist an Konstanz der Thermokraft allen ähnlichen Pt-Legierungen mit Ir, Os, Ru oder Re überlegen, wenngleich diese wesentlich höhere Thermospannungen liefern. Dieses Element mit 10% Rh bildet für den Temperaturbereich zwischen 630,74 und 1064,43 °C die Grundlage für die Definition der IPTS-68 (Abschn. 1.10.3); ihre Spannung wird durch die quadratische Gleichung (1/93) wiedergegeben, deren Konstanten an den Erstarrungspunkten von Au, Ag und Sb bestimmt werden. Eine quadratische Interpolationsformel im Temperaturbereich zwischen 600 und 1300 °C lautet:

$$E = -348{,}54 + 8{,}32064\,t + 15{,}9075 \cdot 10^{-4} t^2\ \mu\mathrm{V},$$

wenn sich die Nebenlötstelle auf 0 °C befindet. In Tabelle 2.9 ist die Thermospannung dieses Elements zwischen 0 und 1700 °C (Nebenlötstelle 0 °C) zusammengestellt.

Tabelle 2.9. Thermospannung des Pt/Pt 10Rh-Elements (in mV)

°C	0	20	40	60	80
0	0	0,113	0,235	0,364	0,500
100	0,643	0,792	0,946	1,106	1,269
200	1,436	1,607	1,780	1,956	2,135
300	2,316	2,499	2,685	2,872	3,061
400	3,251	3,442	3,635	3,829	4,024
500	4,221	4,419	4,618	4,818	5,020
600	5,224	5,429	5,635	5,842	6,050
700	6,260	6,471	6,683	6,897	7,112
800	7,329	7,547	7,766	7,987	8,209
900	8,432	8,657	8,883	9,111	9,340
1000	9,570	9,802	10,035	10,269	10,505
1100	10,741	10,979	11,217	11,456	11,695
1200	11,935	12,175	12,416	12,657	12,897
1300	13,138	13,378	13,618	13,858	14,098
1400	14,337	14,576	14,815	15,054	15,292
1500	15,530	15,768	16,006	16,243	16,479
1600	16,716	16,952	17,187	17,539	17,657

Die Lebensdauer des Thermoelements hängt vor allem von den Diffusionsvorgängen der Verunreinigungselemente und dem Korngrößenwachstum ab, die zu mechanischem Bruch führen. Das Element ist ausgezeichnet in reiner, oxidierender Atmosphäre, aber auch für kürzere Zeit in Inertgasen oder Vakuum verwendbar. Deformiert man ein schon benutztes Element, so bilden sich an der Biegestelle beim nächsten Hochheizen besonders große Kristallite. Deshalb werden meist die Drähte in ein hochschmelzendes Isolierröhrchen mit einer Doppelbohrung eingezogen, das selbst wieder von einem Schutzrohr umgeben ist. Bei Dauergebrauch bildet sich auf dem Teil des Pt-Rh-Schenkels, der sich in einem Temperaturbereich zwischen 400 und 600 °C befindet, ein schwarzer Niederschlag aus Rh-Oxid, der die Thermospannung erniedrigt. Über genaue Interpolationsformeln und Meßergebnisse an vielen Einzelelementen, s. *Bedford* et al. [2.23].

Pt/PtRh-Elemente anderer Zusammensetzung

Sie werden für unterschiedliche Zielsetzung und Anwendungsfälle verwendet. Beim *Typ R-Element* (Pt13Rh/Pt) liegt die Thermokraft im Mittel um 12% höher als beim Typ S mit 10% Rh-Gehalt. Seine Anwendung in reduzierender

Atmosphäre oder mit merklichem Gehalt an metallischen und nichtmetallischen Dämpfen (S, As, P) sollte unterbleiben. Das *Typ B-Element* mit unterschiedlichem Rh-Gehalt in beiden Schenkeln (Pt30Rh/Pt6Rh) wurde zuerst von der Degussa (Hanau) eingeführt und ist weit verbreitet [2.227]. Es besitzt gegenüber den beiden vorgenannten Elementen verbesserte Stabilität, größere mechanische Festigkeit und größeren Temperaturbereich. Daneben werden auch Kombinationen Pt20Rh/Pt5Rh [2.21] und Pt40Rh/Pt20Rh [2.22] verwendet, doch ist der B-Typ der gebräuchlichste. Für seine Anwendung wird empfohlen, die Eichung bei etwa 600, 1064, 1300 und 1554 °C vorzunehmen, um Abweichungen der Thermospannung von den Eichtabellen (Tabelle 2.10) berücksichtigen zu können. Oberhalb von 1600 °C sind die Eichkurven zu extrapolieren. Zum Schutz und zur Isolation wird hochreines Al-Oxid und 0,5 mm Drahtstärke bei Verwendung bis 1600 °C empfohlen. Geringe Änderungen der Vergleichslötstellentemperatur wirken sich nicht aus, da die Thermospannung bei Zimmertemperatur sehr klein ist.

Tabelle 2.10. Thermospannung verschiedener PtRh/Pt-Elemente (in mV)

°C	Pt13Rh/Pt	Pt30Rh/Pt6Rh	Pt30Rh/Pt	Pt6Rh/Pt
0	0	0	0	0
100	0,645	0,0332	0,619	0,586
200	1,465	0,1782	1,452	1,273
300	2,395	0,4305	2,439	2,009
400	3,399	0,7864	3,553	2,767
500	4,455	1,2415	4,778	3,536
600	5,563	1,7912	6,108	4,316
700	6,720	2,4305	7,539	5,108
800	7,924	3,1540	9,068	5,914
900	9,175	3,9565	10,692	6,735
1000	10,471	4,8326	12,405	7,573
1100	11,817	5,7769	14,202	8,425
1200	13,193	6,7833	16,074	9,291
1300	14,582	7,8446	18,009	10,164
1400	15,969	8,9519	19,990	11,038
1500	17,355	10,0940	21,997	11,903
1600	18,727	11,2574	24,007	12,749
1700		12,4263	25,993	13,567
1800		13,5845	27,939	14,354

In Tabelle 2.10 sind neben den Typen R und B auch die Paare Pt30Rh/Pt (Typ BP) und Pt6Rh/Pt (Typ BN) aufgenommen. In Bild 2.16 sind für die Elemente des Typs B und BN Thermospannung E, der Seebeck-Koeffizient $\mathrm{d}E/\mathrm{d}T$ und die 2. Ableitung $\mathrm{d}^2E/\mathrm{d}T^2$ dargestellt.

Andere Thermoelemente für hohe Temperaturen

Für hohe Temperaturen über 2000 °C werden verschiedene Kombinationen aus Edelmetallegierungen verwendet, deren Anwendungsbereich in Tabelle 2.11 angegeben ist.

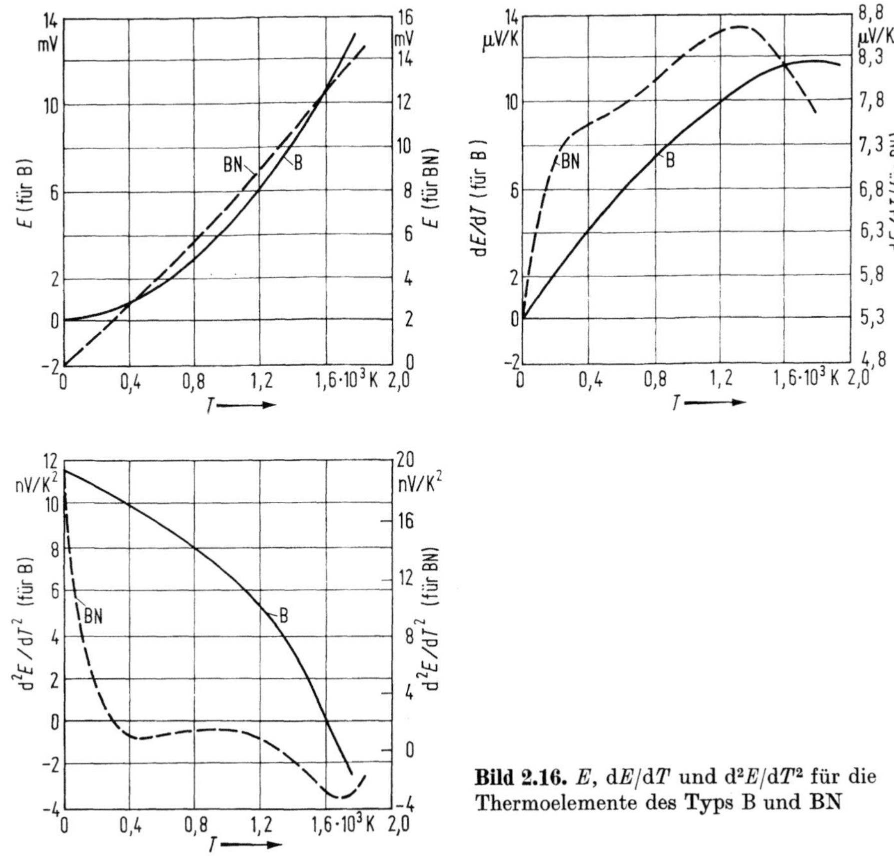

Bild 2.16. E, $\mathrm{d}E/\mathrm{d}T$ und $\mathrm{d}^2E/\mathrm{d}T^2$ für die Thermoelemente des Typs B und BN

Genaueres über ein neues Ir40Rh/Pt40Rh-Element, s. *Glawe* [2.114], sowie über W/Re-Elemente für Messungen zwischen 1600 und 3000 °C, s. [2.9]. Für sehr hohe Temperaturen bis 2000 °C eignet sich ein Element, das aus einem Graphitrohr mit einer Seele aus W oder Karborund besteht, die in dieses eingepreßt wird. *Chromnickel/Konstantan* (Typ E) besitzt über 0 °C die höchste Thermospannung unter den standardisierten Thermoelementen und kann in oxidierender oder inerter Umgebung zwischen −250 und 871 °C verwendet werden. Bei höheren

Tabelle 2.11. Thermoelemente für hohe Temperaturen

	E in mV bei °C				
Thermoelement	1000	1500	2000	2500	3000
Ir10Rh/Ir10Ru	6,24	8,89	10,26 (1800)		—
Mo/Ta	14,80	18,80	18,85	14,90	—
W/W50 Mo	0	2,25	5,20	7,70	8,24
Ir60Rh/Ir	5,308	8,013	10,995	—	—
W/W26Re	14,527	24,918	33,835	38,325 (2300)	

Temperaturen ist die Anwendung im Vakuum nicht zu empfehlen, da das Cr herausdampft und die Eichung des Elements ändert. Der (negative) Konstantanschenkel wird bei Bestrahlung durch thermische Neutronen in seiner Zusammensetzung verändert. In Tabelle 2.12 ist die Thermospannung dieses Elements im Bereich −250 bis +1000 °C angegeben.

Tabelle 2.12. Thermospannung (mV) von Chromnickel/Konstantan (in mV)

°C	0	20	40	60	80
−260	−9,796	−9,604	−9,274	−8,825	—
−200	−8,825	−8,273	−7,631	−6,907	−6,107
−100	−5,237	−4,301	−3,306	−2,254	−1,151
0	0	1,191	2,419	3,683	4,983
+100	6,317	7,683	9,078	10,501	11,949
200	13,419	14,909	16,417	17,942	19,481
300	21,033	22,597	24,171	25,754	27,345
400	28,943	30,546	32,155	33,767	35,382
500	36,999	38,617	40,236	41,853	43,470
600	45,085	46,697	48,306	49,912	51,513
700	53,110	54,703	56,291	57,873	59,451
800	61,022	62,588	64,147	65,699	67,245
900	68,783	70,313	71,835	73,350	74,857

Die Kombination *Eisen/Konstantan* (Typ J) wird für industrielle Anwendungen wegen ihrer relativ hohen Thermospannung und des geringen Preises häufig benutzt. Da die Eichkurven von Elementen unterschiedlicher Herkunft nicht übereinstimmen, sind sie für genaue Messungen nicht brauchbar. Ihr Anwendungsbereich liegt zwischen 0 und 760 °C in Vakuum, oxidierender, inerter oder reduzierender Atmosphäre. Der positive Fe-Schenkel ist relativ unempfindlich gegen Bestrahlung mit thermischen Neutronen; für den Konstantanschenkel trifft dies nicht zu.

Chromnickel/Alumel (Typ K) wird bis 1300 °C benutzt; der positive Schenkel besteht aus 90% Ni, 9% Cr, sowie Si und Fe, der andere aus 94% Ni, 2% Al, 1% Si und 2,5% Mn. Die Thermospannung dieses Elements steigt oberhalb von 0 °C fast linear mit der Temperatur an und beträgt bei 1000 °C 41,3 mV.

Cu/Konstantan (Typ T) ist das zwischen −250 und +300 °C am häufigsten benutzte Element und von den standardisierten Typen das einzige, dessen Fehlergrenzen unterhalb von 0 °C spezifiziert sind. Der (positive) Cu-Schenkel besteht aus Elektrolytkupfer von 99,95% Reinheit; der andere Schenkel enthält meist 45 bis 60% Cu, 40 bis 55% Ni und etwas Mn sowie Fe. Der Anwendungsbereich liegt zwischen −184 und +370 °C in Vakuum oder in oxidierender, reduzierender und inerter Atmosphäre. Für Bestrahlungsexperimente mit thermischen Neutronen ist das Element wenig geeignet, da das Cu in beiden Schenkeln in Ni und Zn umgewandelt wird. Wegen der hohen Wärmeleitfähigkeit des Cu-Schenkels ist darauf zu achten, daß sowohl die Meßtemperatur als auch die der Vergleichslötstelle durch Wärmezu- oder -abfuhr nicht verfälscht werden (s. a. Abschn. 2.3.7). In Tabelle 2.13 sind die Thermospannung E dieses Elements im Bereich von -150 bis $+370\,^{\circ}$C sowie der differentielle Thermoeffekt $\mathrm{d}E/\mathrm{d}T$ angegeben.

Angaben über die Thermospannung dieses Elements bei tiefen Temperaturen, bei denen es häufig benutzt wird, s. Abschn. 3.2, Tabelle 3.8. *Manganin/Konstantan*-Elemente, die etwa die gleiche Thermospannung wie das Cu/Konstantan-Element liefern und deren *beide* Schenkel geringe Wärmeleitfähigkeit besitzen, zeichnen sich daher durch kleine Temperaturmeßfehler aus.

Tabelle 2.13. Thermokraft E und $\mathrm{d}E/\mathrm{d}T$ von Kupfer/Konstantan

T in °C	E in mV	$\mathrm{d}E/\mathrm{d}T$ in µV/K	T in °C	E in mV	$\mathrm{d}E/\mathrm{d}T$ in µV/K
−150	−4,648	22,33	+50	+2,035	42,81
140	−4,419	23,57	60	2,467	43,65
130	−4,177	24,81	70	2,908	44,47
120	−3,923	26,03	80	3,357	45,26
110	−3,656	27,22	90	3,813	46,03
100	−3,378	28,39	100	4,277	46,77
90	−3,088	29,54	120	5,227	48,18
80	−2,788	30,66	140	6,204	49,51
70	−2,475	31,76	160	7,207	50,77
60	−2,152	32,84	180	8,235	51,98
50	−1,819	33,89	200	9,286	53,15
40	−1,474	34,91	220	10,360	54,25
30	−1,121	35,90	240	11,456	55,30
20	−0,757	36,89	260	12,572	56,28
−10	−0,383	37,85	280	13,707	57,21
0	0	38,74	300	14,860	58,08
+10	+0,391	39,46	320	16,030	58,93
+20	0,789	40,26	340	17,217	59,75
+30	1,196	41,09	370	19,027	60,92
40	1,611	41,95			

2.3.4 Ausführungsformen und Herstellung

Thermoelemente, die nicht oberhalb von 150 °C gebraucht werden, lassen sich durch Weichlötung herstellen. Hartgelötete Elemente sind bis 700 °C brauchbar; für noch höhere Temperaturen werden die Drähte in einer reduzierenden Flamme oder einfacher mit einer Drahtpunktschweißmaschine oder -zange verschweißt. Pt-Drähte lassen sich mit solchen aus Cu oder Ag mit dem Schweißbrenner verbinden.

Von *Stover* [2.285] wird eine Methode zur Herstellung eines nadelförmigen Thermoelements aus Cu-Konstantan angegeben, das aus einer zugespitzten Konstantanseele besteht, die bis auf das spitze Ende mit einem geeigneten Lack (Midland 11x712) bedeckt und anschließend mit Cu bedampft wird. Die Herstellung von Thermodrähten aus Chromel und Alumel von 25 µm Durchmesser und deren Verschweißen durch eine Kondensatorentladung mit aufgesetzter Kohleelektrode wird von *Gelb* et al. [2.111] beschrieben. Die Lötstelle wird zwischen zwei dünnen Glaskapillaren ausgespannt und zeigt bei Turbulenzmessungen in Gasen eine Zeitkonstante von 0,1 s. Eine Vorrichtung zum Verdrillen zweier 30 μm starker Cu- bzw. Konstantandrähte und Verschweißen der Lötstelle mittels Kondensatorentladung ($C = 1000\,\mu F$) wird von *Zanstra* [2.321] beschrieben.

Für die thermoelektrische Messung der Temperaturverteilung über oder in einer Metalloberfläche lassen sich nach *Wilkinson* [2.310] Konstantandrähte von 0,25 mm Durchmesser auf diese direkt aufsetzen und die Thermospannungen differentiell nach Bild 2.17 mit einem Digital-Nanovoltmeter V bestimmen.

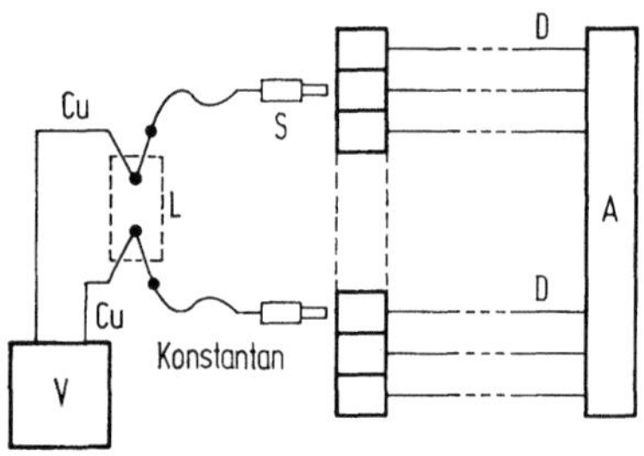

Bild 2.17. Messung der Temperaturverteilung mit aufgesetztem Thermodraht

Die differenzielle Thermospannung von Konstantan gegenüber den meisten metallischen Werkstoffen beträgt 20 bis 50 μV/K (z. B. 38 μV/K für Al). Die zu den Konstantansockeln S geführten Meßdrähte D werden paarweise gegen die beiden auf gleicher Temperatur befindlichen Cu/Konstantan-Lötstellen L mit dem Instrument V gemessen. Die damit erreichte Temperaturauflösung beträgt 0,01 K.

Bei sehr genauen Messungen von Erstarrungs- oder Schmelztemperaturen oberhalb von 500 °C entstehen Fehler, wenn sich die Lötstelle in einem starken Temperaturgefälle befindet. Nach *Murdock* et al. [2.218] läßt sich dieser Meßfehler verringern, wenn zwei gegeneinander geschaltete Lötstellen benutzt werden, von denen eine beweglich angeordnet ist. Auch mit einem ausgedehnten Thermoelement (verdrillte und verlötete Thermodrähte) lassen sich nach *Jackson* [2.158] Störungen des Temperaturverlaufs längs der Lötstelle feststellen, wie sie bei der Behälterstandsmessung (Abschn. 13.4), Turbulenzmessungen und bei Mischungsreaktionen auftreten.

Mit dünndrähtigen Thermoelementen können kurzdauernde Temperaturänderungen gemessen werden. Hierbei spielen die Wärmekapazität der Lötstelle, die Wärmeleitung der beiden (thermisch parallel geschalteten) Schenkel und der Wärmeübergang vom Meßobjekt an die Lötstelle die Hauptrollen. Mit gebräuchlichen Elementen, wie Cu/Konstantan oder Chromel/Alumel liegen in Wasser oder Alkohol die Ansprechzeiten zwischen 0,2 und 5 ms bei Drahtstärken von nur 25 μm [2.14]. Zu vergleichbaren Werten kommen auch *Kovacs* et al. [2.178] bei der Messung der Oberflächentemperatur einer mit einem 200-J-Lichtblitz beleuchteten Fläche.

In der Pyrometrie (Abschn. 2.5) wird als Gesamtstrahlungsempfänger vielfach das Thermoelement eingesetzt, das sich durch Einfachheit und relativ große Empfindlichkeit auszeichnet. Auch bei diesem Instrument hängt das Meßsignal von der Wärmeabfuhr und den Strahlungskoeffizienten der Auffangfläche ab. Im einzelnen gibt *Geiling* [2.110] eine Übersicht über die Leistungen und Bauformen dieses Instruments.

Vielfach sind thermoelektrische Messungen bei Hochvakuum auszuführen und es müssen beide Elementschenkel vakuumdicht in den Meßraum eingeführt werden. Nach *Cox* [2.56] eignet sich hierzu das Element *Molybdän/Kovar* besonders gut, da beide Drähte mit Glas verschmolzen werden können. Zwischen 50 und 550 °C läßt sich die Thermospannung durch die quadratische Funktion $E = 0{,}020098 + 0{,}044956\,T - 0{,}00002056\,T^2$ (mV) ausdrücken. Der Seebeck-Effekt $\mathrm{d}E/\mathrm{d}T$ besitzt bei etwa 0 °C ein Maximum und fällt nach höheren Temperaturen fast linear ab.

Bei vielen Anwendungen, besonders bei hohen Temperaturen, ist das Thermoelement mechanischen Kräften, einer aggressiven Atmosphäre oder auch einer Teilchenbestrahlung ausgesetzt. In diesen Fällen wird der Temperaturfühler (Bild 2.18) von einem Schutzrohr umgeben. Sind chemische Einflüsse nicht zu befürchten, kann das beständigere Metall als Rohr ausgebildet werden, in das der zweite Schenkel isoliert eingeführt und am unteren Ende verschweißt wird (a). Muß ein Schutzrohr (b) benutzt werden, werden die Elementdrähte D durch das Keramikrohr K mit einer Doppelbohrung elektrisch isoliert. Das Schutzrohr S wird bis 1000 °C aus *Quarzglas*, bis 1200 °C aus glasiertem *Porzellan* und bis 1600 °C aus glasierter Marquardt-Masse hergestellt, die hitzebeständig und gasdicht sind. Für *Magnesia*, *Zirkonoxid* und *Thoriumoxid* liegen die Gebrauchsgrenzen bei 2200, 2300 und 2500 °C. Für Messungen in Schmelzen eignen sich Rohre aus *Silit*, *Karborund* oder *Graphit*, wobei trägheitsarme Thermometer mit geringen Wandstärken bis herab zu 0,5 mm auszuführen sind.

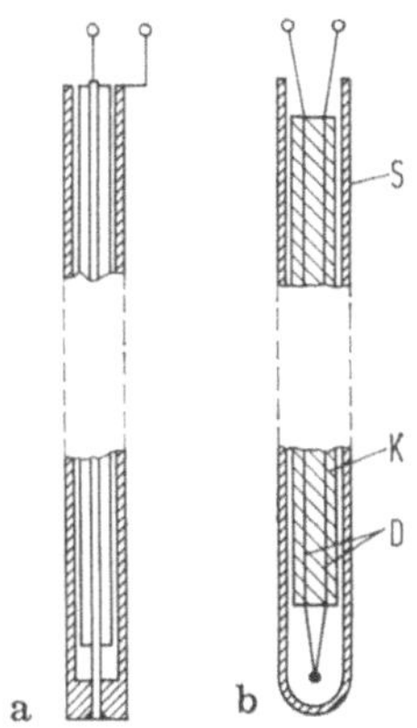

Bild 2.18. Thermoelementenformen

Für thermoelektrische Thermometer in kohlenstoffhaltiger Atmosphäre eignen sich nach *Nadler* et al. [2.220] Elemente aus W/Re, W/W-25 Re, Re/W-25 Re, Graphit/Re und Graphit/Ir bis 2200 °C, wobei sich mit W stabile Karbide oberhalb von 1500 °C bilden. Bei Temperaturen über 2300 °C können infolge des Nebenschlusses der keramischen Isolation Meßfehler bis zu 10% auftreten. Mit einem Element, das aus *drei* Schenkeln besteht, die eine gemeinsame Lötstelle bilden, läßt sich dieser Fehler auf 1% verringern.

Besondere Probleme treten mit Thermoelementen auf, die einer Neutronenstrahlung ausgesetzt sind, wie das bei Überwachungsinstrumenten in Kernreaktoren der Fall ist. Generell verändert sich die Eichkurve abhängig von der

Neutronendosis auf irreversible Weise und verursacht Fehlmessungen von über 10%. Durch Nacheichen an sekundären Fixpunkten, z. B. am Schmelzpunkt von Cu bei 1083 °C, kann der effektive Meßfehler auf 1% reduziert werden.

2.3.5 Messung der Thermospannung [2.282]

Wie aus Abschn. 2.3.3 hervorgeht, betragen die zu messenden Thermospannungen nur einige Millivolt und erfordern bei der Beobachtung kleiner Temperaturdifferenzen sehr empfindliche Gleichspannungsmeßmethoden. Die Messung von Spannungen im μV-Bereich wird zusätzlich durch Thermospannungen an den Meßklemmen, Durchführungen und Meßstellenumschaltern fehlerhaft. Grundsätzlich kommen Ausschlagsverfahren, Kompensationsmethoden und Digital-Millivoltmeter in Betracht; bei sehr tiefen Temperaturen werden spezielle Meßverfahren angewandt (Abschn. 3.2.4).

2.3.5.1 Ausschlagsverfahren

Bei dieser Methode wird die vom Thermoelement erzeugte EMK E mit einem Millivoltmeter (*Ed.* III, § 2.22) gemessen. Bezeichnet man mit R_e und R_i den Widerstand des Thermoelements einschließlich Zuleitungen und Nebenlötstelle bzw. den Innenwiderstand des Anzeigeinstruments, so beträgt der Meßstrom $i = E/(R_e + R_i)$ und die an den Geräteklemmen liegende Spannung

$$E_i = \frac{R_i}{R_i + R_e} E. \qquad (2/22)$$

Da nach *Ed.* III, Gl. (2/77), die Spannungsempfindlichkeit eines Drehspulinstruments durch den Ausdruck $S'_u = (T_0/\pi DR)^{1/2}$ bestimmt ist, bedeutet ein zunehmender Innenwiderstand eine verringerte Nachweisempfindlichkeit bzw. bei gleichem S'_u eine vergrößerte Eigenschwingungsdauer T_0.

Häufig ist das Anzeigegerät für einen bestimmten Elementenwiderstand einschließlich der Zuleitungen geeicht und zeigt unmittelbar die Temperatur an. Jede Änderung des Zuleitungswiderstandes macht Korrekturen nach Gl. (2/22) erforderlich. Diese sind zwar um so geringer, je höher R_i ist, verkleinern jedoch die Nachweisempfindlichkeit.

2.3.5.2 Kompensationsmethoden

Kompensationsverfahren (*Ed.* III, § 2.34) weisen gegenüber den Ausschlagsverfahren mit direkter Spannungsmessung mittels Galvanometer den Vorteil auf, daß durch das Element im abgeglichenen Zustand kein Strom fließt. Klassische Kompensatoren werden heute mit Ausnahme des *Lindeck-Rothe-Kompensators* selten angewandt, da der unbestreitbare Vorteil der Messung mit digitalen, hochohmigen Instrumenten die zeitraubende Bedienung eines Kurbelkompensators in den meisten Fällen überflüssig macht.

Das Prinzip der Lindeck-Rothe-Schaltung ist in Bild 2.19 erläutert. Der Meßstrom der Gleichspannungsquelle B durchfließt den Normalwiderstand R_n und wird mit dem veränderlichen Widerstand R_v derart variiert, daß der Spannungsabfall iR_n der vom Thermoelement Th erzeugten Spannung E entspricht. Sind beide Spannungen entgegengesetzt gerichtet, so wird der Strompfad mit dem Element im kompensierten Zustand stromlos, wie am Galvanometer G nachgewiesen wird. Bezüglich des Quellenwiderstandes besitzt der Thermokreis bei voller Kompensation einen unendlich hohen Widerstand, d. h., es kann als Nullinstrument G ein hochohmiges Galvanometer benutzt werden.

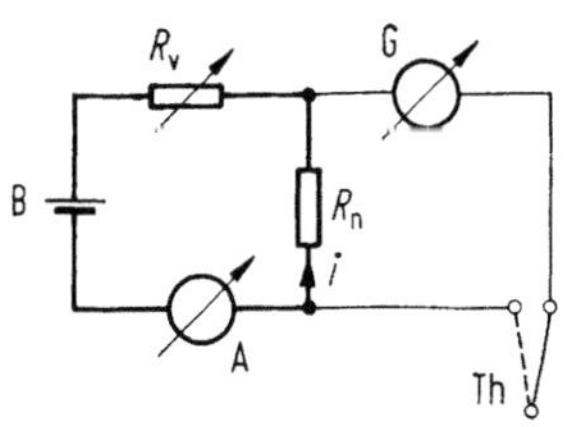

Bild 2.19. Lindeck-Rothe-Schaltung

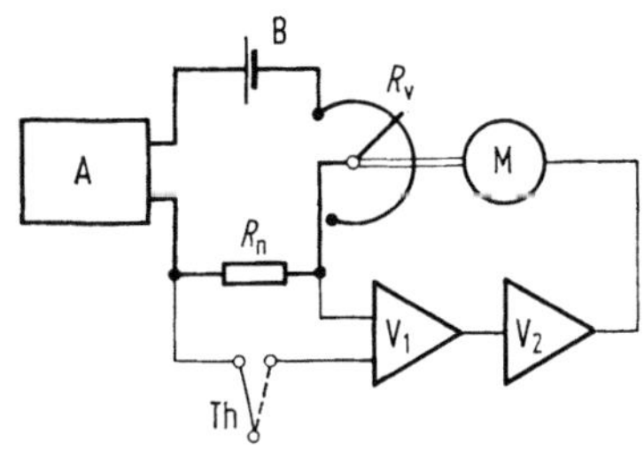

Bild 2.20. Selbsttätige Kompensation

Nach Bild 2.20 kann dieses Kompensationsverfahren zu einem selbstabgleichenden Gerät erweitert werden, indem das Signal im nicht abgeglichenen Zustand über einen Operationsverstärker V_1 mit nachgeschaltetem Leistungsverstärker V_2 dem Verstellmotor M zugeleitet wird, der den Vorwiderstand R_v so lange verstellt, bis die Abgleichbedingung erfüllt ist. Der Kompensationsstrom, der dann der zu messenden Spannung proportional ist, wird am Digitalstrommesser A abgelesen. Die Genauigkeit dieser Methode hängt nur von der Stromnachweisempfindlichkeit des Vorverstärkers V_1 ab.

2.3.5.3 Digital-Millivoltmeter

(*Ed.* III, §§ 2.35 u. 6.8)

Mit der fortschreitenden Entwicklung der Digital-Meßtechnik lassen sich heute bei sehr großen Kreiswiderständen Thermospannungen mit einer Nachweisempfindlichkeit von 0,1 μV über längere Zeiträume messen. Im Prinzip beruhen diese Instrumente auf einem Vergleich der zu messenden Spannung U_x mit einer linear mit der Zeit ansteigenden Sägezahnspannung $U_r = At$. Wird U_r zur Zeit $t = 0$ gestartet und erreicht sie bei $t = t_1$ die Meßspannung, so wird $U_x = At_1$. Bei $U_x = U_r$ wird eine gleichzeitig gestartete elektronische Uhr gestoppt und t_1 in Ziffern angezeigt. Dieser Meßvorgang wird fortlaufend je nach Meßbereich nach 0,1 bis 3 s wiederholt.

Die hierfür benutzte Prinzipschaltung ist in Bild 2.21 dargestellt. Die vom Sägezahnspannungsgenerator G_z erzeugte Spannung U_r wird im Komperator K mit der vorverstärkten oder auch (je nach Meßbereich) abgeschwächten Meßspannung U_x verglichen. Der Ausgang eines frequenzstabilen Oszillators O_1 wird während der bis zum Abgleich verstreichenden Zeit t_1 gezählt; je höher U_x, um so länger wird t_1 und um so mehr Perioden von O_1 werden im Zähler Z registriert. Die Wiederholungsfrequenz für die Sägezahnspannung wird von einem zweiten Generator O_2 geliefert. G_z liefert zwei Ausgangssignale: die linear mit t ansteigende Spannung und einen Rechteckimpuls proportional zur Sägezahndauer. Dieser Impuls öffnet das Stromtor T nur beim Beginn des Sägezahns. Das von O_2 erzeugte Signal setzt den Zähler in Nullstellung, triggert den Start der Sägezahnspannung und gibt die Frequenzzählung frei. Nach $t_1 = U_x/A$ wird T geschlossen, die Zählung gestoppt und die Anzeige in Z durch den neuen Meßwert ersetzt. Dieses Meßprinzip entspricht einem *Spannungs-Zeit-Konverter*, wie er in *Ed.* III, § 6.84 beschrieben ist.

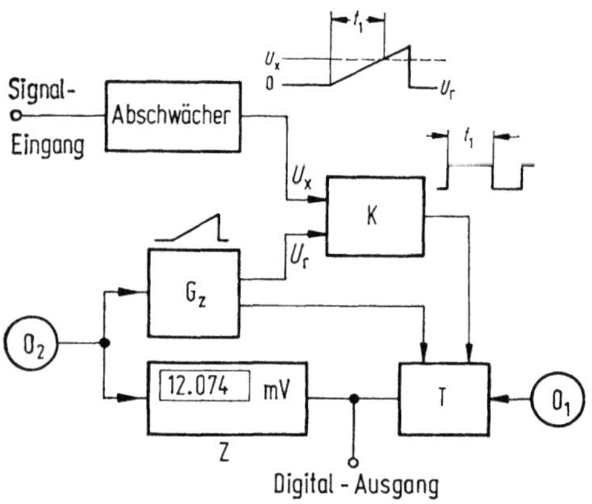

Bild 2.21. Digitales Millivoltmeter (Schema)

Bei den Digital-Millivoltmetern mit einem *Spannungs-Frequenz-Konverter* wird die Frequenz eines Oszillators linear mit der vorverstärkten Meßspannung verändert und als Meßanzeige die innerhalb einer konstanten Zeitdifferenz gezählte Periodenzahl benutzt.

Die Genauigkeit beider Instrumente wird durch die Fehlerquellen bei der Amplituden-Digital-Umsetzung begrenzt, welche aus Drift, Nichtlinearitäten und Rauschspannungen resultieren. Die Rauschspannung nach Gl. (1/72) beträgt z. B. bei einem Quellenwiderstand von10 kΩ etwa 10 nV bei einer Bandbreite von 0,1 Hz. Ferner sind zusätzliche Thermospannungen an den Anschlüssen, Klemmen und Verbindungen wirksam, wenn diese unterschiedlichen Temperaturen ausgesetzt sind. Weitere Fehlerquellen sind induzierte Spannungen im Instrument durch veränderliche, äußere Magnetfelder und in Erdungsschleifen.

Repräsentative Geräte dieser Art besitzen im empfindlichsten Meßbereich einen Eingangswiderstand von 10 bis 30 MΩ, bei 100,00 μV Vollausschlag mit einer Meßunsicherheit von 10 nV pro Digit, ein Eingangsrauschen von 30 nV bei 10 kΩ Quellenwiderstand, die Genauigkeit von 0,01%, ein Netzspannungsunterdrükkungsverhältnis von 160 dB, automatische Meßbereichsumschaltung und eine Sägezahnfrequenz von 0,3 Hz im empfindlichsten Meßbereich.

Für die Umschaltung mehrerer Meßstellen auf *ein* Anzeigegerät wird ein thermokraftarmer *Meßstellenumschalter* benutzt, dessen Kontaktspannung meist kleiner als 10 nV ist. Durch einen thermokraftfreien Umpoler lassen sich noch vorhandene Störspannungen ausmitteln.

2.3.5.4 Nachweis kleiner Thermospannungen durch Gleichspannungs-Wechselspannungs-Umsetzer

Die Schwierigkeiten einer driftfreien Verstärkung kleiner Thermospannungen lassen sich z. T. dadurch umgehen, daß man diese durch mechanische oder elektronische Zerhacker in Rechteckspannungen analoger Amplitude umformt, verstärkt und mißt. Durch Anwendung von Lock-in-Verstärkern (s. Abschn. 3.3.6.3) werden nur die Signalspannungen der Unterbrecherfrequenz schmalbandig verstärkt, doch ist dieses Verfahren hinsichtlich seiner Nachweisgrenzen durch die Thermospannungen an den Schaltkontakten begrenzt.

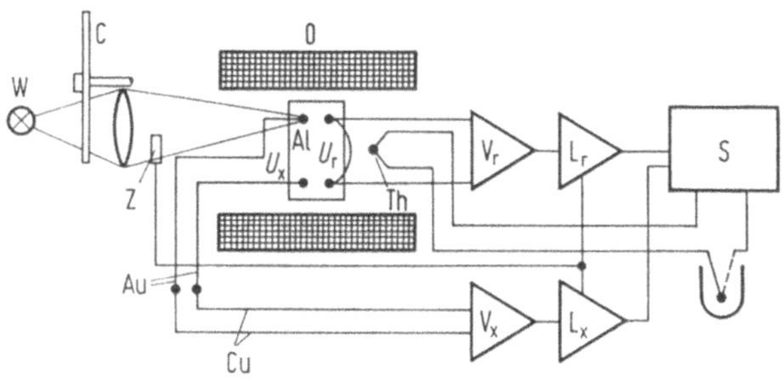

Bild 2.22. Eichung von Thermoelementen

Von *Freeman* und *Bass* [2.101] wird das in Bild 2.22 schematisch dargestellte Verfahren zur Eichung eines Thermoelements mittels periodischer, kleiner Temperaturschwingungen angegeben. Diese werden durch eine vom Chopper C periodisch unterbrochene Bestrahlung mittels der Wolframlampe W auf einer Al-Folie Al erzeugt, auf der sich die Lötstellen des zu untersuchenden Thermodrahtes (Au) und des Referenzelements befinden. Beide Thermospannungen U_x und U_r werden in V_x bzw. V_r vorverstärkt, in den Lock-in-Verstärkern L_x und L_r nachverstärkt und ihr Verhältnis U_x/U_r wird im X-Y-Schreiber S als Funktion der im Ofen herrschenden Temperatur registriert. Die für die Lock-in-Verstärkung erforderliche Referenzfrequenz wird mit Hilfe der Si-Fotozelle Z erzeugt und L_r bzw. L_x zugeleitet. Da die von W erzeugte periodische Temperaturschwankung ΔT für beide Thermoelemente dieselbe ist, verhalten sich die differentiellen Thermospannungen wie die Signalamplituden im Ausgang der Lock-in-Verstärker. Mit einer Unterbrecherfrequenz von 21 Hz, einer Zeitkonstanten von 3 s läßt sich eine Genauigkeit der Thermospannungsmessung von 1% bereits bei Temperaturänderungen von 30 mK erreichen.

2.3.5.5 Thermospannungskonverter

[2.20]

Für einige Anwendungsfälle wird eine der gemessenen Temperatur proportionale Ausgangsspannung gewünscht, vor allem in der Meteorologie und beim Einsatz von elektronischen Rechnern in größeren Experimenten. Eine einfache Methode hat *Conrad* [2.53] für die Linearisierung von Thermoelementen angegeben, deren

Spannung durch die quadratische Beziehung $E = aT + bT^2$ gegeben ist. Hierzu wird die Brückenschaltung von Bild 2.23 verwendet, die das Widerstandsthermometer R_t als einen Brückenzweig der sonst symmetrischen Brücke enthält. Bei nicht vollkommen abgeglichener Brücke (s. *Ed.* III, § 9.53) ist das Verhältnis $\Delta E/E$ von Aus- und Eingangsspannung $\Delta R/R_t$, wenn ΔR die Widerstandsänderung des temperaturabhängigen Zweiges ist. Damit wird $\Delta E \sim E\Delta R/R_t$, d. h.

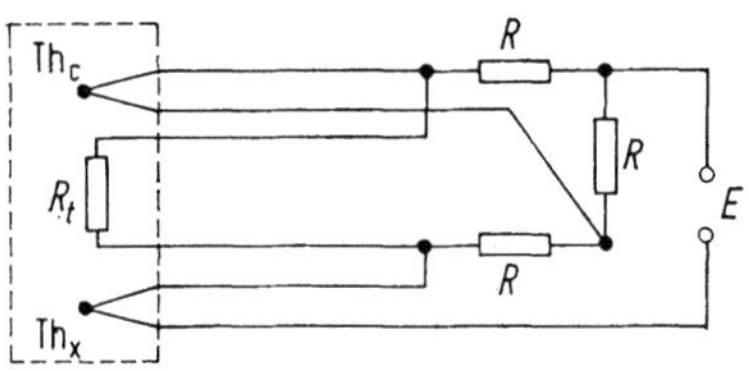

Bild 2.23. Linearisierung der Thermospannung

$\Delta E \sim (\Delta T)^2$. Durch die Einstellung eines dem Meßbereich entsprechenden Brückengleichgewichts läßt sich erreichen, daß die vom Thermoelement $\mathrm{Th_c}$ gelieferte Spannung ΔE das in T quadratische Glied des Meßelements $\mathrm{Th_x}$ gerade kompensiert und die Thermospannung E eine lineare Funktion von T wird.

Von *Kivits* und *Kemper* [2.170] werden elektronische Schaltungen angegeben, durch welche die mit der Meßtemperatur nichtlinearen Thermospannungen in Ausgangssignale umgewandelt werden, die proportional oder auch umgekehrt proportional zur Temperatur sind. Mittels vorgespannter Dioden wird die gekrümmte Kennlinie $E = f(T)$ in eine stückweise durch Gerade darstellbare umgewandelt; mit 10 Knicken ist bei einem $1/T$-Konverter in einem größeren Temperaturbereich eine mittlere Genauigkeit von 0,05% erreichbar.

Wesentlich genauer und vielseitiger anwendbar ist ein elektronischer *Prozeßrechner*, dem die Koeffizienten der Eichkurve des benutzten Thermoelements eingegeben werden und der für jede gemessene Thermospannung die gesuchte Temperatur $1/T$ oder $\log T$ berechnet und ausdruckt.

2.3.6 Prüfung und Eichung von Thermoelementen

Sowohl für den Hersteller als auch für den Benutzer von Thermoelementen sind Prüf- und Untersuchungsverfahren entwickelt worden, die eine gleichmäßige und fehlerfreie Herstellung der hierfür benutzten Legierungen und reinen Metalle gewährleisten. Die Eichung von Thermoelementen geschieht in besonders hierfür geeigneten Flüssigkeits- bzw. Schmelzbädern bei den in Tabelle 1.1 zusammengestellten Fixpunkten der IPTS-68 und durch Vergleich mit Normalthermometern. Für die meisten Thermoelemente existieren genaue Eichtabellen und Interpolationsformeln.

2.3.6.1 Allgemeines zu den Eichmethoden

In einem regelbaren Heizofen kann durch Vergleich mit einem Standardinstrument (Widerstandsthermometer, Gasthermometer) die Thermokraft des zu eichenden Elements mit Hilfe eines sehr genauen Digital-Millivoltmeters bei verschiedenen Temperaturen gemessen und eine $E = f(T)$-Kurve gezeichnet werden. Die Qualität solcher Kurven hängt von der Zahl der Meßpunkte, der Genauigkeit des Vergleichsthermometers und von dem Auftreten einer möglichen Temperaturdifferenz zwischen den beiden Thermometern ab. In einem größeren Temperaturbereich wird man die erhaltenen Meßwerte für bestimmte Intervalle mit Hilfe eines Computers durch ein Polynom ausdrücken und die Differenz zwischen diesem Ausdruck und den Meßdaten als Funktion von T auftragen. Bessere Resultate liefert die analoge Prozedur bzgl. der differentiellen Thermospannung $\mathrm{d}E/\mathrm{d}T$ und deren Anpassung an ein Polynom höherer Ordnung. Schließlich kann noch die 2. Ableitung $\mathrm{d}^2E/\mathrm{d}T^2$ in Abhängigkeit von T aufgetragen werden.

Das Anpassen (fitting) von Meßwerten und Polynom wird nach der Methode der kleinsten Quadrate vorgenommen, wobei die maximale Abweichung der Eichpunkte von der analytischen Kurve geringer als die größte Unsicherheit der Temperatur an den benutzten Fixpunkten sein soll.

2.3.6.2 Spezielle Eichverfahren

Pt/Pt10Rh-Elemente, die in der IPTS-68 (vgl. Abschn. 1.10.3) den Temperaturbereich von 630 bis 1064 °C als Standardinstrument definieren, werden an den Schmelzpunkten von Sb, Ag und Au geeicht; ihre E, T-Kurve ist durch Gl. (1/93) gegeben. Oberhalb von 1064 °C dient zum Vergleich ein schwarzer Körper, dessen Temperatur mit einem optischen Pyrometer (Abschn. 2.5) gemessen wird. Der Pt-Schenkel soll für die Temperaturen 100 und 0 °C ein Widerstandsverhältnis von mindestens $R_{100}/R_0 = 1{,}392$ besitzen. Die Eichung mit schmelzendem Au erfolgt mittels der Drahtbrückenmethode, bei der zwischen den beiden Schenkelenden ein dünner Golddraht geschweißt wird. Die beobachtete Thermospannung bricht beim Durchschmelzen des Drahtes zusammen. Unterhalb von 630 °C werden die Thermoelemente mit einem Pt-Widerstandsthermometer in einem Al-Block verglichen, in dem ein sehr kleiner Temperaturgradient herrscht und der elektrisch aufgeheizt werden kann.

Generell müssen für die Eichung eines homogenen Thermoelements am Erstarrungspunkt einer Metallschmelze folgende Bedingungen erfüllt sein:

a) das Thermoelement muß vor Verunreinigungen geschützt sein;
b) es muß tief in die Schmelze eintauchen, damit im Bereich der Lötstelle ein Wärmestrom längs der Drähte und dem Schutzrohr möglichst verhindert wird;
c) die Bezugslötstelle muß sich auf konstanter und reproduzierbarer Temperatur befinden;
d) die Metallschmelze muß chemisch rein sein;
e) das Metall muß während des Schmelzens auf etwa konstanter Temperatur gehalten werden.

Als *Nebenlötstellenbad* wird gewöhnlich ein *Eisbad* benutzt, das in einem weiten Dewar-Gefäß aus geschabtem Eis und destilliertem Wasser hergestellt wird.

Die Schmelztiegel für Metallschmelzen bestehen meist aus reinem *Graphit*, das in jede gewünschte Form gebracht werden kann. Bei hohen Temperaturen liefern die bei der Oxidation entstehenden Gase eine reduzierende Atmosphäre, die zum Schutz des geschmolzenen Metalls erforderlich ist. Porzellanrohre und andere Si enthaltende Tiegelwerkstoffe sind für Al nicht geeignet. Al wird in einem Graphittiegel geschmolzen und das Porzellanschutzrohr mit einer dünnen Graphitschutzschicht überzogen. In Bild 2.24 ist ein solcher Schmelzofen für Al dargestellt. In den elektrisch beheizten Graphitofen O taucht ein dünnwandiges Graphitrohr R, das unten kegelförmig ausläuft und das Schutzrohr des Thermoelements Th eng umschließt. Durch das Gewicht des Ofendeckels wird das Graphitrohr mit seiner Spitze auf den Tiegelboden gepreßt.

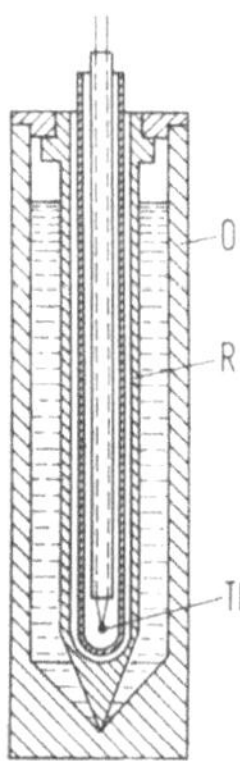

Bild 2.24. Schmelzofen für Aluminium

Bild 2.25. Eichung von Thermoelementen

Beim Eichen am Erstarrungspunkt wird das Thermoelement sehr langsam in das geschmolzene Metall getaucht. Die Schmelze wird etwa 10 K über den Schmelzpunkt erhitzt und langsam abgekühlt. In gleichen Zeitabschnitten wird die Thermospannung gemessen und über der Zeit aufgetragen; der horizontale Abschnitt der Abkühlkurve entspricht der Erstarrungstemperatur. Sb und Sn neigen zur Unterkühlung und müssen daher gerührt werden.

Die Eichung an Schmelzpunkten ist auch mit geringen Materialmengen durchführbar, wie oben am Beispiel des Au bereits erwähnt. Diese von *Hoffmann* und *Meißner* vorgeschlagene Methode, bei der das Drahtstück mindestens 1 mm Länge haben soll, liefert für Au auf 0,1 K genau dieselben Werte wie das Erstarrungsverfahren. *Palladium* und andere leicht oxidierbare Metalle sind hierfür weniger geeignet. Bei unedlen Metallen genügt es, die beiden Thermodrahtenden mit dem betreffenden Draht zu umwickeln.

Für viele Zwecke ist ein direkter Vergleich des zu eichenden Elements mit einem Standardelement völlig ausreichend, wobei beide Drahtpaare in enge Bohrungen eines Blocks aus Cu oder Ni gebracht werden, der sich in einem Röhrenofen befindet. Auch können (s. Bild 2.25) die beiden Lötstellen verschweißt werden. Die Vergleichsmessungen werden bei steigender und sinkender Temperatur vorgenommen, wobei die zeitliche Temperaturänderung dieselbe sein soll, um Mittelwerte bilden zu können. Für die Thermospannungsmessung sind zwei getrennte Meßanordnungen zu verwenden und die Meßwerte sollten gleichzeitig registriert werden.

2.3.6.3 Erzielbare Genauigkeit

In Tabelle 2.14 sind die wichtigsten Eichverfahren und die damit erzielbaren Genauigkeiten zusammengestellt.

Tabelle 2.14. Eichverfahren und Genauigkeit von Thermoelementen

Thermoelement	Temperaturbereich °C	Eichverfahren	Meßgenauigkeit K	Interpolationsunsicherheit in K
Pt/Pt10Rh	600···1063	IPTS-68 Erstarrungspunkt von Sb, Ag, Au	0,2	0,2
Pt/Pt10Rh	0···1500	Erstarrungspunkt von Sn, Zn, Al, Cu	0,2	0,5 (bis 1100) 2 (bis 1500)
Chromel/Alumel	0···1200	Vergleich mit Standardelement alle 100 K	1,0	2,0
Chromel/Alumel Fe/Konstantan	−190 bis +350	Vergleich mit Standardwiderstand alle 60 K oder an Fixpunkt	0,1	0,5
Cu/Konstantan	0···300	Vergleich mit Standardwiderstandsthermometer alle 50 K	0,1	0,2
Cu/Konstantan	−190 bis 0	Sublimationspunkt von CO_2 u. Siedepunkt von O_2	0,1	0,3

2.3.6.4 Einfluß der Temperatur der Nebenlötstelle

Gelegentlich ist es unmöglich, bei der Eichung die Nebenlötstelle auf konstanter Temperatur zu halten. Befindet sich die Nebenlötstelle auf der Temperatur t_1, so wird nicht die Thermospannung $E(t)$ sondern $E(t) - E(t_1)$ gemessen. Aus der Eichkurve läßt sich die dazugehörige Temperatur ablesen. Da die Thermospannung $E(t) = f(t)$ eine beliebige Funktion der zu messenden Temperatur t sein kann, wird $f(t) = E + f(t_1)$, wenn t_1 die Temperatur der Nebenlötstelle ist. Da $t_1 < t$, gilt angenähert

$$E = f(t) - f(t_1) = f(t - xt_1) = f(t) - xt_1(\partial f/\partial t), \tag{2/23}$$

mit

$$x = (\partial f/\partial t)_{t_1}/(\partial f/\partial t),$$

und es muß daher zu dem aus der Tabelle entnommenen Wert von E der Betrag $x \cdot t_1$ addiert werden. Für das Element Pt/PtRh wird für $t = 1000\,°C$ und $t_1 = 20\,°C$ der Faktor $x = 0{,}5$.

Für technische Temperaturmessungen werden oft mit Vorteil Thermopaare verwendet, bei denen die Thermospannung zwischen 0 und 50 °C sehr klein ist oder überhaupt verschwindet. Die Vergleichslötstelle kann in diesem Fall auf Umgebungstemperatur gehalten werden. Solche Thermoelemente sind z. B.

Pt30Rh/Pt6Rh (Typ B, vgl. Tabelle 2.10) und nach *Rohn* das Element Ni10Cu/Ni10Fe, dessen Thermospannung bei 800 °C 13 mV und unterhalb von 100 °C maximal 0,1 mV beträgt.

Für kleine Schwankungen der Nebenlötstellentemperatur kann man diese nach der Schaltung von Bild 2.26 automatisch kompensieren. In Serie mit dem Thermoelement Th liegt der Widerstand R_1 mit kleinem Temperaturkoeffizienten des Widerstandes, parallel dazu der Widerstand R mit einem großen Temperatur-

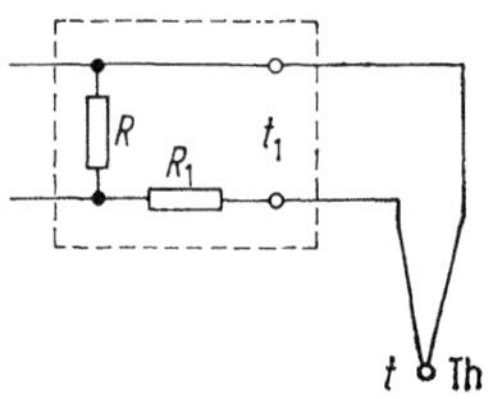

Bild 2.26. Kompensation der Temperatur der Nebenlötstelle

koeffizienten. Beide Widerstände befinden sich auf der Temperatur t_1 der Nebenlötstelle. Ist der Innenwiderstand des Anzeigegerätes groß gegen den von Th, so liegt an R die Spannung $E' = ER/(R + R_1)$. Steigt t_1, so wird E kleiner und R größer; die Kompensation ist vollkommen, wenn

$$\partial R/\partial t_1 = (R/R_1) \cdot (\partial R_1/\partial t_1) - (R/R_1) \cdot (R + R_1)\,(\partial E/\partial t_1).$$

2.3.6.5 Prüfung der Homogenität von Thermodrähten

Es läßt sich theoretisch nachweisen, daß die von einer Lötstelle erzeugte Thermospannung die über den Temperaturverlauf zwischen Meß- und Nebenlötstelle integrierte differenzielle Thermospannung darstellt. Jeder Bereich der Drähte mit unterschiedlicher Zusammensetzung, elastischer oder plastischer Dehnung, veränderlicher Korngröße u. a. erzeugt in einem Temperaturgradienten eine nicht von der Meßtemperatur abhängige Störspannung. Für Präzisionsmessungen muß daher die Homogenität der Drähte gewährleistet sein oder untersucht werden. Die vom Hersteller gelieferten Drähte werden nur in Ausnahmefällen einzeln geeicht, sind aber meist homogen. Viel wichtiger ist es aber, bereits benutzte Elemente vor der Eichung auf ihre Homogenität zu prüfen, da ein Knicken oder Verdrillen eine dauernde Änderung der Thermospannung in einem räumlichen Temperaturgradienten verursachen kann. Obwohl thermoelektrische Inhomogenitäten nicht schwierig festzustellen sind, liefern sie kein quantitatives Maß für die bei der Temperaturbestimmung daraus resultierenden Meßfehler.

Starke Inhomogenitäten lassen sich dadurch nachweisen, daß man die Drahtenden an ein empfindliches Millivoltmeter anschließt und den Draht langsam durch einen kurzen elektrischen Röhrenofen zieht. Geringere Inhomogenitäten weist man mit einer Drahtschleife nach, die in einen Ofen mit großem Temperaturgradienten gebracht wird. Hat man z. B. bei einem Pt/PtRh-Element an beiden Schenkeln bei 600 °C eine Inhomogenitätsspannung von 10 µV festgestellt, so entspricht diese einem Temperaturmeßfehler von der Größenordnung 1 K bei dieser Temperatur, wobei sich die Wirkung der Inhomogenitäten in beiden Schenkeln addieren oder subtrahieren kann.

Von *Fuschillo* [2.103] wird die in Bild 2.27 vereinfacht dargestellte Methode zur Inhomogenitätsprüfung angegeben. Dabei läuft der Draht durch ein U-Rohr in einem Flüssigkeitsbad, das einen großen Temperaturgradienten an zwei getrennten Stellen hervorruft. Der Draht wird spannungsfrei auf den Isolierzylinder Z aufgespult, dessen Achse aus einem Pyrex-Rohr R besteht und zur Befestigung dient. Der abgespulte Draht durchläuft ein dünnes J-förmiges Pyrexrohr P, in dem sich an der Stelle B ein Temperaturgradient einstellt. Diese

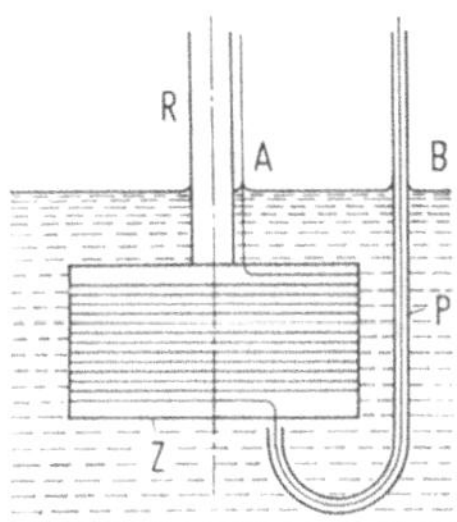

Bild 2.27. Prüfung der Inhomogenität von Thermodrähten

Anordnung befindet sich in einem mit LN_2 gefüllten Bad. Zwischen den beiden Drahtenden wird laufend die Inhomogenitätsspannung entsprechend dem festen Temperaturgradienten bei A und dem beweglichen bei B gemessen, wodurch die Inhomogenitäten lokalisiert werden können. Eine ausführliche Darstellung solcher Methoden und die damit erzielten Resultate gibt *Fenton* [2.92].

Ausglühen

Obwohl vom Hersteller die Thermodrähte wärmebehandelt werden, wird vor der Eichung — auch wenn das Element bereits benutzt ist — eine weitere Wärmebehandlung oder „Stabilisierung" empfohlen. Hierzu wird der ganze Draht lose zwischen zwei Klemmen aufgehängt und elektrisch erhitzt, wobei die Temperatur pyrometrisch oder über den Widerstand gemessen wird. Bei Pt verschwinden die größten mechanischen Spannungen bereits nach einigen Minuten bei etwa 1400 °C, doch sollte die Glühung einige Stunden fortgesetzt werden. Parallel hierzu tritt durch Rekristallisation ein unerwünschtes Kornwachstum auf, das die Streckgrenze des Materials herabsetzt. Von *McLaren* et al. [2.205] wird eine Methode für die reproduzierbare Glühbehandlung von Pt/Pt10Rh-Standardelementen angegeben, bei der durch das Element über einen kapazitiven Blindwiderstand (180 μF) ein regelbarer Wechselstrom geschickt wird (max. 12 A bei Drähten von 0,5 mm Durchmesser). Gleichzeitig werden Thermospannung und pyrometrisch die Glühtemperatur gemessen und als Funktion des Heizstromes aufgetragen.

Zur *Prüfung* der Thermoelementenmaterialien werden diese mit einem stabilen reinen Metall verglichen. Bei tiefen Temperaturen ist hierfür Cu, für den ganzen Meßbereich chemisch reines Pt am besten geeignet.

Platin für Thermoelemente soll gegen spektroskopisch reines Pt bei 1200 °C höchstens eine Thermospannung von 0,1 mV entwickeln. Geglühtes *Kupfer* ist in Bezug auf seine thermoelektrischen Eigenschaften sehr gleichmäßig und wird als Standard für Eichzwecke unterhalb von 300 °C benutzt.

2.3.7 Meßfehler beim Einbau, durch äußere Einflüsse und Alterung

Eine allgemeine Analyse über die durch die Ankopplung von Temperaturfühlern an die Meßstelle verursachten Meßfehler wird in Abschn. 2.9 gegeben.

2.3.7.1 Einbaufehler

Infolge der zwischen Lötstelle und Umgebung herrschenden Temperaturdifferenz fließt eine vom Material und Abmessungen des Thermoelements abhängige Wärmemenge von der wärmeren Meßstelle ab und verfälscht die Temperaturangabe. Nach *Bauerle* [2.18] läßt sich der Meßfehler beim „eingetauchten" Thermoelement nach dem in Bild 2.28 dargestellten Modell berechnen. Beide Drähte werden durch den Gesamtdurchmesser a und der von T abhängigen Wärmeleitfähigkeit $\lambda(T)$ in den Temperaturbereichen 1 und 2 repräsentiert. Das Element taucht in einer Länge L_1 in eine Bohrung vom Durchmesser b in

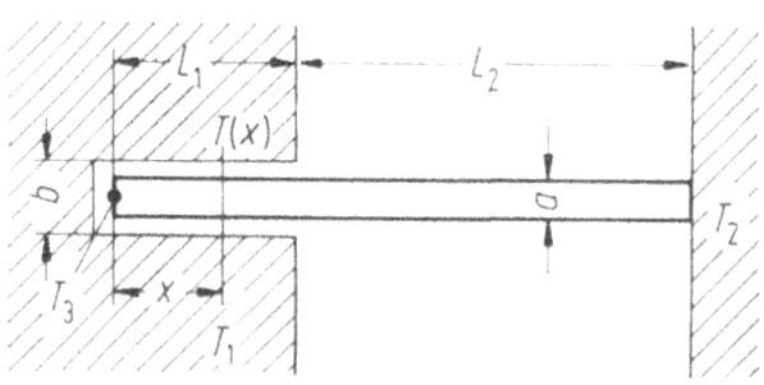

Bild 2.28. Zur Analyse des Eintauchfehlers von Thermoelementen

dem massiven Material, dessen homogene Temperatur T_1 zu bestimmen ist, und ist über die Länge L_2 zu einem Körper (Nebenlötstelle, „Abfangblock") der Temperatur T_2 geführt. In der Bohrung und außerhalb dieser findet Wärmeübertragung zwischen Thermodraht und Umgebung statt, die durch die Wärmeübergangszahlen α_1 und α_2 charakterisiert ist. Die längs des Drahtes veränderliche Temperatur wird mit $T(x)$ bezeichnet; T_3 stellt die Temperatur der Lötstelle für $x = 0$ dar.

Ersetzt man die an die Drahtoberfläche übergehende Wärmemenge durch die entsprechende, im Volumen erzeugte Wärmemenge, so wird das Problem auf ein eindimensionales zurückgeführt. Ausgehend von der stationären Wärmeleitungsgleichung

$$\lambda(T)\,\nabla^2 T + \dot{q} = 0, \tag{2/24}$$

worin

$$\dot{q} = \frac{\alpha_i(T_i - T)\,\pi a\,\mathrm{d}x}{(\pi/4)\,a^2\mathrm{d}x} = 4\alpha_i(T_i - T)/a \tag{2/25}$$

die auf der Drahtlänge $\mathrm{d}x$ „erzeugte" Wärmemenge ist und der Index i die Bereiche 1 und 2 kennzeichnet, ergibt sich die Differentialgleichung

$$\frac{\mathrm{d}^2T}{\mathrm{d}x^2} = \frac{(T - T_i)}{l_i^2} = 0, \tag{2/26}$$

in der die Größen $l_i = \left(a\lambda(T)/4\alpha_i\right)^{1/2}$ die Dimension einer Länge erhalten. Als

Lösung findet man die Beziehung

$$T_1 - T_3 = F(T_1 - T_2), \tag{2/27}$$

in der die Größe F den auftretenden *Meßfehler* im Verhältnis zum Maximalfehler $(T_1 - T_2)$ angibt und sich berechnet zu

$$F = (\cosh (L_1/l_1) + (l_2/l_1) \sinh (L_1/l_1) \tanh (L_2/l_2)^{-1}. \tag{2/28}$$

Für $L_1 \gtrsim 2l_1$ ergibt sich ein kleiner Meßfehler aus Gl. (2/28), die sich zur Beziehung vereinfacht:

$$F \simeq \frac{2l_1}{l_1 + l_2 \tanh (L_2/l_2)} \exp(-L_1/l_1), \tag{2/29}$$

d. h. dieser nimmt exponentiell mit der Eintauchtiefe L_1 ab.

Bei *mittleren Temperaturen* in einer Gasatmosphäre findet der Wärmeübergang zwischen Bohrung und Thermoelement durch Wärmeleitung λ_g des Gases statt und gilt für die Größe α_1

$$\alpha_1 = 2\lambda_g/a \ln (b/a).$$

Ein guter Wärmeübergang wird demnach durch eine enge Passung des Elements in der Bohrung erzielt; im Vakuum wird α_1 sehr klein und es sind große Meßfehler zu erwarten. Der erste Term in Gl. (2/29) liegt zwischen 0 und 2; man erhält für $L_1 = 3l_1$ bzw. $5l_1$ relative Fehler F von < 10 bzw. 1,3%.

Bei *hohen Temperaturen* im Vakuum findet die Wärmeübertragung durch Strahlung statt und die Wärmeübergangszahlen sind durch die Beziehung

$$\alpha_1 \cong \alpha_2 = 4\varepsilon\sigma T_1^3$$

gegeben, in der ε der Emissionskoeffizient (Abschn. 2.5) und σ die Stefan-Boltzmannsche Konstante der Gesamtstrahlung ist. Für L_1, $L_2 \gtrsim 2l_1$ wird der erste Term in Gl. (2/29) etwa Eins und es ergeben sich relative Fehler F von 5 bzw. 0,7% für $L_1 = 3l_1$, bzw. $5l_1$. Bei mittleren Temperaturen wird l_1 sehr groß, d. h. im Vakuum sollte die Wärmeübertragung durch isolierende, aber gut wärmeleitende *Kitte* verbessert werden.

In Tabelle 2.15 sind für einige Thermoelemente mit verschiedenen Durchmessern und Temperaturen die Eintauchlängen L_1 in Bohrungen von 0,8 und 1,6 mm Durchmesser für einen Meßfehler von 1% angegeben.

Tabelle 2.15. Einfluß von L_1 bei $F = 1\%$

Thermoelement	Durchmesser mm	Gasfüllung 27 °C	Gasfüllung 1000 °C	Vakuum 500 °C	Vakuum 1000 °C
Pt/PtRh	0,13	1,3	1,1	4,3	2,0
	0,51	4,0	2,9	8,7	4,1
Chromel/Alumel	0,13	0,9	0,7	1,9	0,9
	0,51	3,0	1,6	3,9	1,8
Cu/Konstantan	0,13	3,6	2,4	7,1	3,3
	0,51	11,0	5,7	14,2	6,7

2.3.7.2 Einfluß des Druckes

Zur Temperaturmessung in Hochdruckapparaturen mit Maximaldrücken von einigen 10 kbar ist das Thermoelement wegen seiner geringen Abmessungen und einfachen Meßtechnik besonders geeignet. Da die erzeugte Thermospannung von der Temperaturverteilung der Fermi-Energien der benutzten Metalle abhängt und diese druckempfindlich ist, ändert sich ihre Eichkurve mit dem angelegten Druck.

Die Thermospannung E, die nach der Beziehung

$$E = \int_{T_0}^{T_1} \sigma_{ab} \mathrm{d}T \tag{2/30}$$

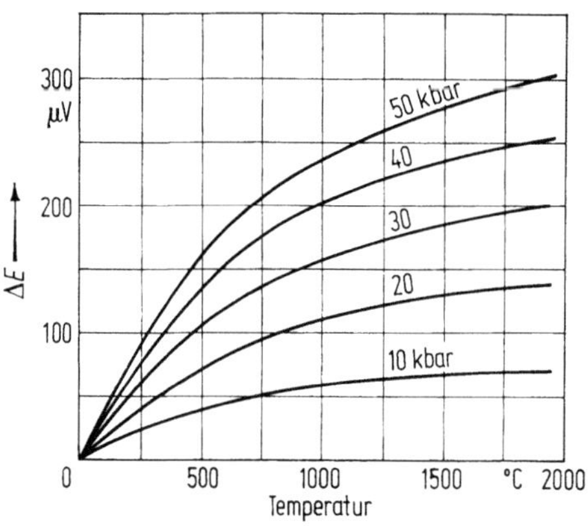

Bild 2.29. Druckeinfluß für ein Pt/Pt-Rh-Thermoelement bei 20 °C

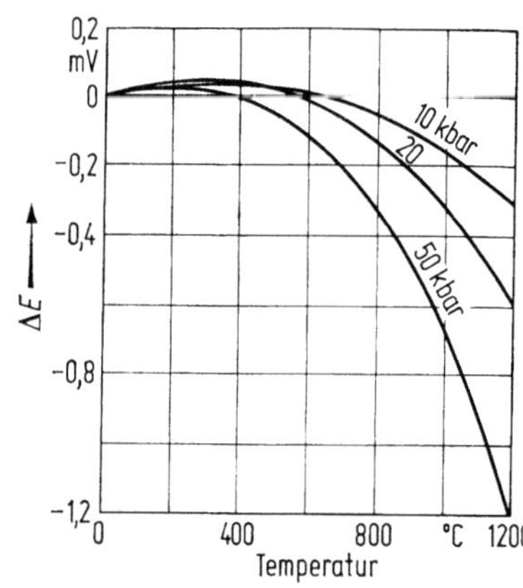

Bild 2.30. Druckeinfluß für ein Chromel/Alumel-Thermoelement bei 20 °C

vom Seebeck-Koeffizienten σ_{ab} der beiden Elementenschenkel a und b zwischen den Temperaturen T_1 und T_0 (Vergleichstemperatur) abhängt, ergibt sich für den Einbau des Elements in die Druckkammer zu

$$E' = \int_{T_0}^{T_a} \sigma_{ab} \mathrm{d}T + \int_{T_a}^{T_1} \sigma'_{ab} \mathrm{d}T,$$

wenn bei der Temperatur T_a das Element aus der Druckkammer herausgeführt wird und σ'_{ab} den durch den Druckeinfluß geänderten Seebeck-Koeffizienten angibt. Dieser äußert sich daher in der Spannungsdifferenz

$$\Delta E = \int_{T_a}^{T_1} (\sigma_{ab} - \sigma'_{ab}) \, \mathrm{d}T, \tag{2/31}$$

die als Druckkorrektur zur Eichung bei Normaldruck zu berücksichtigen ist. Da $\sigma_{ab} = \sigma_a - \sigma_b$, läßt sich nach Gl. (2/31) der Druckeinfluß auf beide Metalle separat durch die Beziehung

$$E = \int_{T_a}^{T_1} (\sigma_a - \sigma_a') \, dT - \int_{T_a}^{T_1} (\sigma_b - \sigma_b') \, dT \qquad (2/32)$$

darstellen, wenn mit σ_a' bzw. σ_b' die Seebeck-Koeffizienten unter Druckeinwirkung bezeichnet sind.

Getting und *Kennedy* [2.112] geben über die Ergebnisse solcher Untersuchungen einen Überblick, wobei bestimmte Korrekturen einzuführen sind, welche die Einflüsse auf das durch die Wand des Druckbehälters geführte Thermoelement (Temperaturgradient, plastische Verformung der Schenkel) berücksichtigen. In den Bildern 2.29 und 2.30 sind die Ergebnisse von Einzeldrahtmessungen der Elemente Pt/PtRh und Chromel/Alumel zu Korrekturkurven für Drücke bis zu 50 kbar und Meßtemperaturen ($T_a = 20\,°C$) bis zu 1200 bzw. 1800 °C verarbeitet worden. Die Unsicherheit dieser Korrekturen beträgt bei Pt/PtRh $\pm(10\% + 10\ \mu V)$ und für Chromel/Alumel $\pm(20\% + 20\ \mu V)$, was einer relativ kleinen Meßunsicherheit bei der Temperaturbestimmung von $\pm 0{,}2\%$ entspricht. Aus Bild 2.30 geht außerdem hervor, daß für das Chromel/Alumel-Element bis $T_1 = 500\,°C$ die Korrekturen zu vernachlässigen sind.

2.3.7.3 Einfluß eines Magnetfeldes

[2.174]

Der Einfluß von Magnetfeldern bis zu 10 T auf den Seebeck-Koeffizienten einiger Thermoelemente ist bei Umgebungstemperatur von *Richards* et al. [2.249] studiert worden. Im Gegensatz zu Widerstandsthermometern kann bei den untersuchten Elementen der Zusammensetzung Cu/Au0,07%Fe, Au0,03%Fe/Au 2,1%Co und Cu/Konstantan sowohl bei 300 °C als auch bei 4,2 K keine Änderung der Thermospannung nachgewiesen werden.

2.3.7.4 Einfluß einer Neutronenbestrahlung

Umfangreiche Erfahrungen über den Einfluß einer Neutronenbestrahlung auf die Temperaturangabe mittels Thermoelementen liegen aus dem Reaktorbetrieb vor. Im Oak Ridge Lab. sind über 1000 Chromel/Alumel-Elemente über viele Jahre hinaus laufend bei Temperaturen bis etwa 500 °C beobachtet worden. Von diesen fielen in 5 Jahren nur 15 Thermoelemente aus; ihr Versagen hängt nicht unmittelbar mit der Neutronenbestrahlung zusammen. Die Elemente sind in einem Inconel-Rohr von 3,2 mm Durchmesser mit Magnesia-Isolation untergebracht und einer n-Dosis von $6 \cdot 10^{19}$ n/cm² ($E > 50$ keV) ausgesetzt gewesen. Die mechanische Zuverlässigkeit wird dadurch kaum verringert; der Meßfehler beträgt weniger als 0,3 K.

Thermoelemente in einem Siedewasserreaktor (Alumel/Chromel) zeigen bei einer Bestrahlung mit dem n-Fluß von $5 \cdot 10^{13}$ n/cm²s keinen Meßfehler, wohl aber eine Aufheizung durch die Absorption von Gammastrahlen [2.233].

Nach Messungen von *Carpenter* et al. [2.46] an Chromel/Alumel- sowie W3%Re/W25%Re-Elementen, die zwischen 900 und 1100 °C über 7 Monate bei einer

Neutronendosis von $1{,}6 \cdot 10^{21}$ thermischen und $2{,}7 \cdot 10^{21}$ schnellen Neutronen ($E > 0{,}18$ MeV) ausgesetzt waren, ändert sich die Eichung am Cu-Schmelzpunkt (1083 °C) um weniger als 1% beim C/A-Element; beim W/WRe-Element nimmt die Temperaturangabe fast linear mit dem Neutronenfluß ab und zeigt schließlich um 85 K weniger an, wie aus Bild 2.31 ersichtlich ist.

Von *Heckelman* und *Kozar* [2.134] wurden mit BeO isolierte, 1,6 mm starke W3Re/W25Re-Elemente in einer He-A-Atmosphäre zwischen 1600 und 1800 °C 11 Monate lang mit einem Neutronenfluß von $4 \cdot 10^{21}$ thermischen Neutronen/cm² und $0{,}9 \cdot 10^{21}$ schnellen Neutronen/cm² inner- und außerhalb des Reaktorkerns bestrahlt. Im ersten Fall nimmt die scheinbare Temperaturanzeige bei 1800 °C um 340 K, im zweiten Fall nur um 54 K ab. Besonders der WRe-Schenkel wird nach längerer Bestrahlung porös und scheidet W/Re-Kriställchen in der BeO-Isolierung ab.

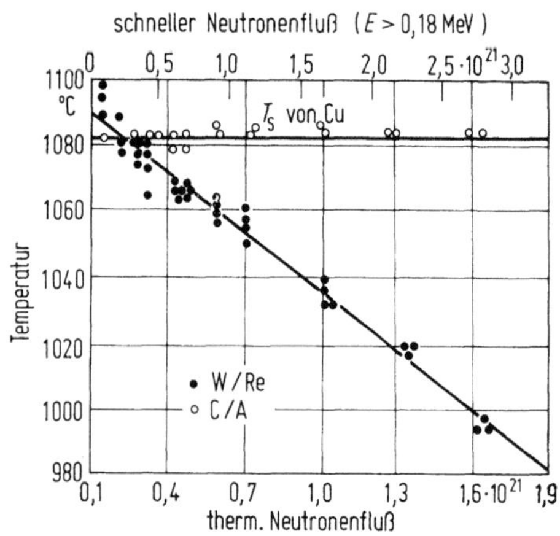

Bild 2.31. n-Bestrahlungseinfluß auf Thermoelemente

2.3.7.5 Alterungseffekte

Die von einem Thermoelement abgegebene Spannung ist bei konstanter Temperatur von Meß- und Lötstelle (besonders bei hohen Temperaturen) Änderungen unterworfen, die man *Alterungseffekt* nennt. Solche Instabilitäten eines Thermoelements werden durch geringe Änderungen der chemischen Zusammensetzung der beiden Elementenschenkel innerhalb des Temperaturgradientenbereichs, durch Verunreinigungen infolge der Umgebungsatmosphäre oder der keramischen Schutzrohre, durch Diffusion eines Legierungspartners in der Lötstelle oder Phasenumwandlungen legierter Drähte bewirkt. Die Größe dieser Störeffekte hängt von der Zeit, der Temperatur, der umgebenden Gasatmosphäre, der Drahtstärke und anderen Geometrieeffekten ab. Da die hochschmelzenden Metalle und Legierungen, wie sie als Thermoelemente verwendet werden, in Luft rasch oxidieren, lassen sich eindeutige Messungen über den Alterungseinfluß nur in einer inerten Atmosphäre oder im Vakuum durchführen.

Von *Walker* et al. [2.303] liegen umfangreiche Untersuchungen über diese Einflüsse auf die wichtigsten Elemente zur Hochtemperaturmessung vor, welche W, Re, Ta und Mo, sowie deren Legierungen verwenden, und sich bis 2000 °C erstrecken. Solche Alterungsversuche werden in einem Röhrenofen bei konstanter Eintauchtiefe des zu prüfenden Elements gemacht, wobei die Drähte ohne Ummantelung speziell im Hochvakuum oder in Schutzrohren in Inertgas bis zu 200 h auf konstante Temperatur gehalten werden. Nach dem Glühprozeß wird die Änderung der Thermospannung bei bekannten Temperaturen gemessen. Als Schutzrohr kommt Al-Oxid mit geringem Fe-Gehalt in Betracht; die blanken Drähte werden in einem Vakuum von 10^{-6} bis 10^{-7} mbar „gealtert" und gemessen. In Tabelle 2.16 sind die Meßfehler verschiedener Elemente nach einer Glühbehandlung bei 1625 °C zusammengestellt, wobei sich der erste Wert Δt auf konstante Eintauchtiefe, die zweite Angabe auf den Maximalfehler bezieht. Die zu messende Temperatur beträgt 1200 °C, die Glühzeiten sind auf 20, 72 und 120 h festgelegt.

Tabelle 2.16. Meßfehler von Thermoelementen durch Glühung (in K)

Thermoelement	Glühzeit bei 1625 °C					
	20 h		72 h		120 h	
	Δt	Δt_{max}	Δt	Δt_{max}	Δt	Δt_{max}
W/Re	+10	+16	+11	+21	+13	+21
W3Re/Re			0	0	0	−5
W5Re/Re			+2	+8	+2	+2
W/W26Re	+11	+18	+13	+29	+16	+34
W3Re/W26Re			+4	+18	+6	+14
W5Re/W26Re			+6	+22	+9	+26
Mo/W26Re			+3	+10	+7	+18
Re50Mo/W26Re	+24	+41			+23	+59
W/Mo			+42	+88	+42	+78
W3Re/Mo					−2	−10
W5Re/Mo					+6	+25
Re/W26Re	+10	+20	+12	+41	+20	+56
Re/Re50Mo	−10	−11			+13	+43

Beim W/Re-Element entsteht der Meßfehler bereits nach 1 h Glühzeit und wird hauptsächlich durch den W-Schenkel bedingt. Bis zu 150 h wirken sich die Rekristallisation und nach weiterem Glühen die Reaktion mit dem Al_2O_3-Schutzrohr aus. Durch Zulegieren von 3 bis 5% Re zum W verringern sich die Instabilitäten beträchtlich. Auch beim W/Mo-Element sind die beobachteten Meßfehler auf das W zurückzuführen; der Mo-Schenkel reagiert mit dem Schutzrohr und liefert einen Meßfehler in entgegengesetzter Richtung, versprödet zudem nach längerer Glühbehandlung. Das Re/Re50Mo-Element ist relativ stabil, liefert aber bis 1500 °C eine kleinere Thermospannung und ist besonders oberhalb von 2000 °C geeignet.

Zu beachten ist ferner die Änderung der Duktilität nach einer Glühbehandlung zwischen 1000 und 2000 °C. Im allgemeinen nimmt sie mit zunehmendem Meßfehler unabhängig von dessen Ursachen zu. Mehrfaches Biegen des W/W26Re-Elements, das bei 1650 °C in A oder Vakuum 24 h geglüht wurde, liefert Thermospannungsänderungen von 40 bis 50 μV. Ungeglühtes W verhält sich wesentlich stabiler.

2.4 Widerstandsthermometer

2.4.1 Allgemeines

Der elektrische Widerstand reiner *Metalle* wächst mit der Temperatur monoton an (39% für Platin zwischen 0 und 100 °C) und kann daher als Meßgröße für die Temperatur benutzt werden. Auch *Halbleiter* (Abschn. 2.4.4) und *Elektrolyte* zeigen eine starke Temperaturabhängigkeit ihres spezifischen Widerstandes; im Gegensatz zu den Metallen ist ihr Temperaturkoeffizient des Widerstandes negativ. Da der elektrische Widerstand sehr genau gemessen werden kann, hängt die Genauigkeit der elektrischen Temperaturmessung in erster Linie von der Reproduzierbarkeit des Widerstandes ab. Seit den Arbeiten von *Callendar* (1887) sind die Grundzüge für die Konstruktion eines Widerstandsthermometers, der Meßverfahren und der Widerstands-Temperatur-Beziehung bekannt.

Das Platin-Widerstandsthermometer ist heute das führende Instrument für exakte Temperaturmessung zwischen −190 und +630 °C und dient als Standardmethode für die Verwirklichung der ITPS-68 in einem Bereich von 13,81 K und 630,74 °C (vgl. Abschn. 1.10.3). Die exakte Messung der Temperatur wird durch einfache Zusammenhänge zwischen Widerstand R und Temperatur T erleichtert, doch ist für Präzisionsmessungen eine umfangreiche Meßeinrichtung erforderlich. In einem kleinen und wählbaren Temperaturbereich ist eine hohe Meßempfindlichkeit von 10^{-3} K erreichbar, was besonders für die Konstruktion von Thermostaten wichtig ist. Andererseits nimmt die Wicklung der Widerstandsthermometer immer eine bestimmte Fläche im Gegensatz zur punktförmigen Lötstelle des Thermoelements ein und eignet sich daher besonders gut zur Mitteltemperaturmessung von strömenden Medien und inhomogenen Temperaturfeldern. Auch die Messung schnell veränderlicher Temperaturen in strömenden Gasen, bei Verbrennungskalorimetern u. a. ist mit sehr dünnen Widerstandsdrähten möglich.

Wie das Thermoelement, ist auch das Widerstandsthermometer für die Fernmessung und Registrierung geeignet; die Widerstandsmessung erfordert jedoch eine bestimmte *Meßleistung*, die zur Verfälschung der zu messenden Temperatur führen kann, wenn sie nicht thermisch abgeführt wird.

2.4.2 Temperaturabhängigkeit des elektrischen Widerstandes [2.164] (*Ed.* III, § 9.21)

Nach der Elektronentheorie der Metalle wird die elektrische Leitung in einem Metallionengitter durch „freie Elektronen" bewirkt, die nicht den einzelnen Metallatomen angehören, sondern sich als „Elektronengas" zwischen den Atomrümpfen bewegen. Infolge des angelegten elektrischen Feldes wandern die Elektronen durch das Metallgitter und geben einen Teil ihrer kinetischen Energie in Form von Joulescher Wärme an das Gitter ab. Mit wachsender Temperatur nimmt die Amplitude der Gitterschwingungen und damit die Wahrscheinlichkeit von Gitterstößen zu, d. h., es wird der elektrische Widerstand größer. Die quantentheoretische Berechnung des Durchgangs von Elektronen, die der Fermi-

Dirac-Statistik gehorchen, führt für den Widerstand auf die Grüneisensche Formel

$$R = \left(\frac{T}{\theta_D}\right)^5 \int_0^{\theta_D/T} \frac{x^5 dx}{(e^x - 1)(1 - e^{-x})}, \tag{2/33}$$

worin θ_D die Debyesche charakteristische Temperatur des Metalls ist. Da sich bei höheren Temperaturen das Integral dem Wert $(\theta_D/T)^4/4$ nähert, wird in diesem Gebiet der Widerstand der Temperatur proportional. Für tiefe Temperaturen wird das Integral konstant und R der 5. Potenz der absoluten Temperatur proportional. Dieser theoretische Befund von *Grüneisen* und *Bloch* wird für viele reine Metalle weitgehend bestätigt (*Ed.* III, Abb. 9.4).

Mathiessensche Regel

Nach Gl. (2/33) sollte der elektrische Widerstand am absoluten Nullpunkt verschwinden. Mit Ausnahme der supraleitenden Elemente, deren Widerstand bereits oberhalb von $T = 0$ aus ganz anderen Gründen zu Null wird, weisen alle metallischen Leiter für $T = 0$ einen endlichen und temperaturunabhängigen Widerstand auf, der *Restwiderstand* genannt wird. Dieser Widerstandsanteil wird durch statische Gitterfehler, wie Versetzungen, Fremdatome und andere Gitterdefekte hervorgerufen und addiert sich zum temperaturabhängigen spezifischen Widerstand $\varrho_0(T)$. Der gesamte spezifische Widerstand setzt sich daher entsprechend der Beziehung

$$\varrho = \varrho_0(T) + \varrho_g \tag{2/34}$$

zusammen, wenn ϱ_g den spezifischen Restwiderstand bezeichnet. Diese Beziehung wird *Mathiessensche Regel* genannt. Differenziert man Gl. (2/34) nach T,

$$d\varrho/dT = d\varrho_0(T)/dT,$$

so verschwindet der Einfluß der Strukturfehler. Dies ergibt sich auch, wenn man den Temperaturkoeffizienten $\beta = (d\varrho/dT)/\varrho$ eines Widerstandes betrachtet und das Produkt $\beta\varrho = d\varrho/dT = \text{const}$ bildet.

Die sich aus diesen Überlegungen für die Widerstandsthermometrie ergebenden Folgerungen sind sehr weitgehend. Bei sehr tiefen Temperaturen weisen Widerstandsthermometer zwar einen großen Temperaturkoeffizienten auf, doch werden große Anforderungen hinsichtlich Reinheit und struktureller Güte des Drahtmaterials gestellt. Letzteres gilt auch für den gewöhnlichen Temperaturbereich, für den der Widerstandsdraht aus sehr reinen Metallen bestehen muß und bei der Herstellung und Anwendung des Thermometers keinen mechanischen und thermischen Veränderungen ausgesetzt werden darf.

Neben den Reinmetallen finden in zunehmendem Maße für meist technische Messungen und Regelzwecke *Halbleiter*, auch *Thermistoren* genannt, ihre Anwendung, die einen negativen Temperaturkoeffizienten besitzen. Näheres s. Abschn. 2.4.4.

2.4.3 Werkstoffe für metallische Widerstandsthermometer

2.4.3.1 Grundsätzliches

Als Materialien für Widerstandsthermometer kommen reine Metalle mit hohem Temperaturkoeffizienten in Frage, die ihre physikalischen und chemischen Eigenschaften in dem zu messenden Temperaturbereich nicht ändern und sich in großer Reinheit und gleichbleibender Güte herstellen, sowie zu sehr dünnen Drähten ziehen lassen. Ferner soll sich der Widerstand mit der Temperatur stetig ändern, keine Hysteresiserscheinungen aufweisen und druckunempfindlich sein. Der spezifische Widerstand soll möglichst groß sein, um auf kleinstem Raum große Widerstände unterbringen zu können.

Der mittlere Temperaturkoeffizient zwischen 0 und 100 °C

$$\alpha = (R_{100} - R_0)/100\, R_0 \tag{2/35}$$

wird für Metalle positiv, für Halbleiter und Elektrolyten jedoch negativ. In Tabelle 2.17 sind der spezifische Widerstand und die relativen Widerstände für die wichtigsten Thermometermetalle zusammengestellt. Bei reinen Metallen beträgt der mittlere Widerstandskoeffizient etwa $4 \cdot 10^{-3}$ bis $5 \cdot 10^{-3}$, bei den magnetischen Metallen Eisen und Nickel etwa $7 \cdot 10^{-3}$.

Tabelle 2.17. Widerstandsänderung einiger Metalle

Material $10^6\, \varrho_0$ in Ω cm Temp. in °C	Platin 9,8	Kupfer 1,56	Eisen 8,6	Nickel 6,4
−200	0,178	0,117	—	—
−100	0,599	0,557	—	—
0	1,000	1,000	1,000	1,000
100	1,385	1,431	1,650	1,663
200	1,757	1,862	2,464	2,501
300	2,118	2,299	3,485	3,611
400	2,465	2,747	4,716	4,847
500	2,800	3,210	6,162	5,398
600	3,124	3,695	7,839	5,882

2.4.3.2 Platin-Widerstandsthermometer

Platin erfüllt die an ein Widerstandsthermometer zu stellenden Forderungen am besten, da es chemisch widerstandsfähig ist, einen hohen Schmelzpunkt (daher auch eine hohe Rekristallisationstemperatur), ferner einen relativ hohen spezifischen Widerstand besitzt und die R, T-Beziehung einfach ist.

Callendar stellte als erster zwischem Widerstand R_t und Temperatur t die quadratische Gleichung

$$R_t = R_0(1 + At + Bt^2) \tag{2/36}$$

auf, deren Koeffizienten A und B aus R_0, dem Widerstand am Eispunkt und den

Werten R_1 und R_2 bei zwei weiteren Temperaturen bestimmt werden; es gilt:

$$A = \frac{1}{t_3 - t_1}\left(\frac{R_1 - R_0}{R_0}\cdot\frac{t_2}{t_1} - \frac{R_2 - R_0}{R_0}\cdot\frac{t_1}{t_2}\right)$$

und

$$B = \frac{1}{t_2 - t_1}\left(\frac{R_1 - R_0}{R_0}\cdot\frac{1}{t_2} - \frac{R_2 - R_0}{R_0}\cdot\frac{t_1}{t_2}\right).$$

Für reines Platin findet man mit $A = 3{,}98 \cdot 10^{-3}$ und $B = -5{,}8 \cdot 10^{-7}$ die Beziehung

$$t = +3431 - 1313[7{,}828 - (R_t/R_0)]^{1/2}.$$

Callendar definierte ähnlich wie beim Gasthermometer eine „Platin-Temperatur" t_p durch die Beziehung

$$t_\mathrm{p} = 100\,\frac{R_t - R_0}{R_{100} - R_0} = \left(\frac{R}{R_0} - 1\right)/\alpha,$$

in der nach Gl. (2/35) der mittlere Temperaturkoeffizient α eingesetzt wird. Mit Hilfe einer zweiten Konstanten δ findet man die wirkliche Temperatur t aus der Zahlenwertgleichung

$$t = t_\mathrm{p} + \delta\,\frac{t}{100}\left(\frac{t}{100} - 1\right) = \frac{1}{\alpha}\left(\frac{R_t}{R_0} - 1\right) + \delta\,\frac{t}{100}\left(\frac{t}{100} - 1\right) \qquad (2/37)$$

in sukzessiver Annäherung. Diese Formel gilt zwischen 0 und 630,5 °C; der Zusammenhang zwischen den Konstanten A, B und α, δ ist durch $A = \alpha(1 + \delta/100)$, $B = -\alpha\delta/100^2$ gegeben. Für das reinste Platin ist $\alpha = 0{,}003927$ und $\delta = 1{,}49$.

Für den Bereich 0 bis −190 °C eignet sich als beste Interpolationsformel die von *Van Dusen* [2.76] vorgeschlagene, welche die Eichung an vier Fixpunkten erfordert:

$$\frac{R(t)}{R_0} = 1 + \alpha\left[t - \delta\left(\frac{t}{100} - 1\right)\frac{t}{100} - \beta\left(\frac{t}{100} - 1\right)\left(\frac{t}{100}\right)^3\right]. \qquad (2/38)$$

Für die Parameter ergeben sich folgende Werte: $\alpha = 0{,}0039267$, $\delta = 1{,}4914$, $\beta = 0{,}1096$. Mathematisch ist Gl. (2/38) nicht ganz befriedigend, da ober- und unterhalb des Eispunktes zwei verschiedene 3. Differentialquotienten $\mathrm{d}^3R/\mathrm{d}t^3$ auftreten.

Nach *Pratt* et al. [2.240] lassen sich verschiedene Platinthermometer durch eine universelle Funktion

$$Z_{12}(T) = [R(T) - R(T_1)]/[R(T_2) - R(T_1)] \qquad (2/39)$$

charakterisieren, in der T_1, T_2 zwei Temperaturfixpunkte darstellen. Nach dieser Methode sind für ein ungeeichtes Thermometer bei zwei Fixpunkten T_1 und T_2 die Widerstände zu messen und mit Hilfe der Gl. (2/39) aus einer Tabelle für Z_{12} aus dem gemessenen $R(T)$ die gesuchten Temperaturen zu ermitteln.

Für sehr reines Platin läßt sich damit im Temperaturbereich 75 bis 400 K eine Genauigkeit von ± 10 mK erzielen. Über eine allgemeine Rekursionsformel, die auf einer erweiterten Callendar-Gleichung (2/36) beruht, s. *Diamond* [2.69]. *Johnston* und *Lindberg* [2.161) haben für ein miniaturisiertes Platinthermometer (Abschn. 2.4.5) die Gültigkeit der Beziehung (2/38) oberhalb von 90 K nachweisen können; für den Bereich unterhalb von 90 K werden spezielle Interpolationsformeln angewandt, die eine Genauigkeit von 2 mK garantieren.

2.4.3.3 Platinthermometer für hohe Temperaturen [2.237]

Aus verschiedenen Untersuchungen, den Meßbereich des Platinthermometers bis 1000 °C und darüber auszudehnen, geht hervor, daß die quadratische Beziehung (2/35) noch weit oberhalb des Schwefelsiedepunktes mit überraschender Genauigkeit gültig ist. *Moser* [2.215] findet nach dieser Formel bei 1000 °C um 1 bis 2 K zu niedrige Werte und schlägt als Interpolationsgleichung die Beziehung

$$t = 100\,\frac{R_t - R_0}{R_{100} - R_0} + \delta\,\frac{t}{100}\left(\frac{t}{100} - 1\right) + \gamma\,\frac{t}{100}\left(\frac{t}{100} - 1\right)\cdot\left(\frac{t}{444{,}6} - 1\right)$$

vor, deren Konstante γ am Goldpunkt zu bestimmen ist. Die Konstante δ entspricht der internationalen Vorschrift; das Glied mit γ verschwindet sowohl am Eispunkt als auch am Wasser- und Schwefelsiedepunkt. Hat man die vier Konstanten an den Fixpunkten (0, 100, 444,6, 1063 °C) bestimmt, ergeben sich am Antimonpunkt um 0,1 K und am Silberpunkt (980,8 °C) um 0,5 K zu niedrige Werte. Bei den Widerstandsmessungen oberhalb von 1000 °C müssen die Zuleitungsdrähte sehr gut isoliert werden und es ist reinstes Platin zu verwenden.

2.4.3.4 Platinthermometer und Internationale Temperaturskala

Entsprechend der Definition der IPTS-68 (Abschn. 1.10.3) ist im Bereich 13,81 K bis 630,74 °C die Temperatur mit dem Platinthermometer zu messen und es sind die Gleichungen (1/90), (1/91) und (1/92a) anzuwenden. Die Bezugsfunktion $W_{\mathrm{CCT-68}}\,(T_{68})$ sowie ihre erste und zweite Ableitung gehen am Eispunkt stetig in die Funktion $W(t_{68})$ über, die durch Gl. (1/92a) gegeben ist. In Tabelle 2.18 ist das Widerstandsverhältnis $W_{\mathrm{CCT-68}}(T_{68})$ bei den Fixpunkten angegeben.

Für die Anwendung des Pt-Thermometers bis herab zu -190 °C ist zu fordern, daß das benutzte Platin ein Widerstandsverhältnis $R_{100}/R_0 > 1{,}390$ und δ in Gl. (2/37) einen Wert kleiner als 1,51 besitzt. Die erste Forderung richtet sich auf den Reinheitsgrad, die zweite läßt sich durch eine gute Thermometerkonstruktion verwirklichen.

Tabelle 2.18. Widerstandsverhältnis $W_{CCT-68}(T_{68})$

Fixpunkt	T_{68}	W_{CCT-68}
Tripelpunkt d. Gleichgew.-H_2	13,81 K	0,00141206
Siedepunkt d. Gleichgew.-H_2	20,28 K	0,00448517
Siedepunkt von Neon	27,102 K	0,01221272
Tripelpunkt von O_2	54,361 K	0,09197252
Siedepunkt von O_2	90,188 K	0,24379909
Tripelpunkt von H_2O	0 °C	1
Siedepunkt von H_2O	100 °C	1,39259668
Erstarrungspunkt von Sn	231,968 °C	1,89257086

2.4.3.5 Widerstandsthermometer aus anderen Metallen [2.108]

Außer Platin eignen sich vor allem diejenigen Metalle, deren Temperaturkoeffizient des Widerstandes praktisch nicht und deren spezifischer Widerstand nur nach der Mathiessenschen Regel von Verunreinigungen abhängen. Die zweite Bedingung ist vor allem bei Messungen im Tieftemperaturgebiet von Bedeutung.

Für nicht zu hohe Genauigkeitsansprüche eignet sich sehr reines *Karbonyl-Nickel*, das, wie aus Tabelle 2.17 zu entnehmen ist, von allen in Frage kommenden Metallen den größten Temperaturkoeffizienten aufweist. Da Nickel bei etwa 350 °C eine Phasenumwandlung erleidet, kann es nur bis etwa 300 °C benutzt werden. Der Nickeldraht ist vor Dämpfen von Essigsäure, HCl und NH_3 zu schützen. In Tabelle 2.19 sind für den Bereich −60 bis +180 °C die relativen Widerstände eines 100-Ω-Widerstandes aus Nickel angegeben.

Tabelle 2.19. Ni-Widerstandsthermometer

Temp. in °C	R_t/R_0	Temp. in °C	R_t/R_0	Temp. in °C	R_t/R_0
−60	0,695	+30	1,171	+120	1,759
−50	0,742	40	1,230	130	1,833
−40	0,791	50	1,291	140	1,909
−30	0,841	60	1,353	150	1,987
−20	0,893	70	1,417	160	2,067
−10	0,946	80	1,482	170	2,149
0	1,000	90	1,549	180	2,231
+10	1,056	100	1,617		
+20	1,113	110	1,687		

Eisen besitzt ebenfalls einen hohen Temperaturkoeffizienten von etwa 0,0065/°C, ist jedoch schwer in gleichmäßiger Reinheit zu erhalten und kann wegen Oxidationsgefahr nur bis 100 °C verwendet werden.

Für technische Thermometer eignet sich auch eine Legierung von 70% Ni und 30% Fe, deren Temperaturkoeffizient zwischen 0,0044 und 0,0048/K liegt. Diese Legierung ist gegen Oxidation bis 550 °C resistent und übertrifft den spezifischen Widerstand von Ni um den Faktor 3.

Eine Au/Ag-Legierung kann im Bereich -30 bis $+120\,°C$ mit annähernd gleichem Temperaturbeiwert wie Pt hergestellt werden und ist als Austauschmaterial für Pt geeignet.

Als metallische Flüssigkeit ist *Quecksilber* vollkommen spannungsfrei, doch ist sein Temperaturkoeffizient viermal kleiner als der von Pt.

2.4.4 Halbleiterwiderstände (Thermistoren)

[2.260]

Diese Temperatursensoren bestehen aus NiO/Li_2O-Gemischen oder aus $MgO \cdot Cu_2O_3$-Mischkristallhalbleitern und können in verschiedenen Formen und Größen hergestellt werden, die am besten ihrem Anwendungszweck entsprechen. Wie bei den meisten Halbleitern läßt sich der Widerstand durch eine Beziehung der Form

$$R(T) = a \exp(b/T)$$

darstellen, worin die temperaturabhängige Größe a eine Funktion der Trägerkonzentration und b der Energielücke proportional ist. Nach *Bossun* et al. [2.35] läßt sich der Widerstand in guter Näherung durch die Gleichung

$$\log R(T) = A + B/(T + \theta)$$

ausdrücken, in der A, B und θ Konstante darstellen. Für die relativ kleine Temperaturänderung $\Delta T = T_0 - T_1$ ergibt sich daraus

$$\Delta T = -B\left[\frac{\log(R_0/R)}{(\log R_0 - A)(\log R_1 - A}\right];$$

doch genügt für die meisten Zwecke die Beziehung

$$R_1/R_0 = \exp C(1/T_1 - 1/T_0).$$

Der Koeffizient C beträgt 3500 bis 4000 für gebräuchliche Ausführungen und bestimmt den Temperaturkoeffizienten bei der Temperatur T_1, wonach

$$(\mathrm{d}R_1/\mathrm{d}T_1)/R_1 = -C/T_1^2.$$

Im Gegensatz zum Thermoelement und dem ungeschützten Widerstandsthermometer besitzt der Thermistor eine merkliche Wärmekapazität W und es wird seine Gleichgewichtseinstellung mit der zu messenden Temperatur durch den thermischen Widerstand K beschrieben. Im instationären Zustand gilt daher die Bedingung

$$i^2 R_0 \exp C(1/T' - 1/T_0) = (T' - T)/K + W\,\mathrm{d}T'/\mathrm{d}t,$$

in der links die im Thermistor beim Meßstrom i verbrauchte Leistung, T' seine Temperatur und T die zu messende Temperatur bedeuten. Im stationären Fall verschwindet das zeitabhängige Glied auf der rechten Seite. Der Meßfehler $T' - T$ wächst rasch mit zunehmendem Meßstrom i an, wie aus dem in Bild 2.32 dargestellten Beispiel zu entnehmen ist. Der Wärmewiderstand K hängt von der

Größe und Kapselung des Thermistors, von der Wärmeübergangszahl im umgebenden Medium und von dessen Natur ab. Bei dynamischen Temperaturmessungen (Abschn. 2.9) ist für die zeitliche Auflösung die *Zeitkonstante* $\tau = WK$ maßgebend [2.245].

Das Halbleitermaterial wird bei hohen Temperaturen gesintert, wobei die Edelmetallzuleitungen in gutem elektrischen Kontakt mit dem aktiven Material gebracht wird, das in Form von Ellipsoiden, Stäbchen oder Plättchen gepreßt und mit Glas überzogen oder in einem gasgefüllten Glaskölbchen montiert wird. In Tabelle 2.20 sind die relativen Widerstandswerte eines Standardthermistors von 100 Ω bei 25 °C zwischen —60 und +100 °C angegeben.

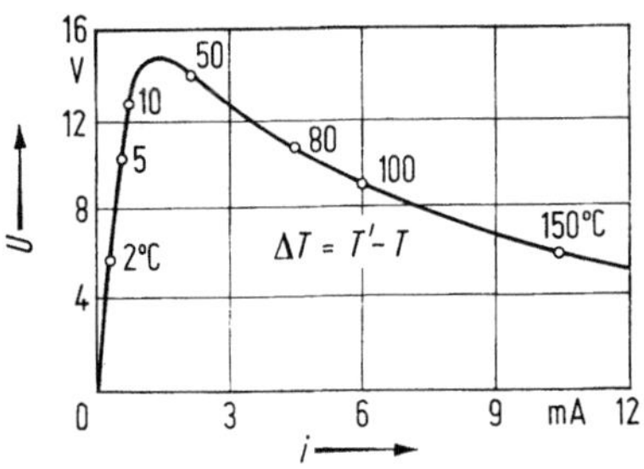

Bild 2.32. U,i-Kennlinie eines Thermistors

Tabelle 2.20. R/R_{25} für einen Thermistor

Temp. in °C	R/R_{25}	Temp. in °C	R/R_{25}	Temp. in °C	R/R_{25}
−60	49,10	−5	3,151	+50	0,442
55	36,60	0	2,568	55	0,380
50	27,54	+5	2,103	60	0,328
45	20,93	10	1,731	65	0,285
40	16,06	15	1,434	70	0,248
35	12,43	20	1,194	75	0,216
30	9,703	25	1,000	80	0,189
25	7,637	30	0,841	85	0,167
20	6,053	35	0,711	90	0,147
15	4,837	40	0,604	95	0,130
−10	3,890	45	0,515	100	0,115

Thermistoren in Form epoxidumhüllter Scheiben von 2,4 bis 11 mm Durchmesser besitzen Relaxationszeiten von 10 bis 75 s in ruhender Luft; die Leistung für eine Temperaturerhöhung von 1 K beträgt 1,0 bzw. 10 mW. Die entsprechenden Werte für glasumhüllte Thermistorperlen von 0,5 bzw. 2,4 mm Durchmesser sind 1,0 und 2,0 s, bzw. 0,2 und 1,4 mW. Die bei 25 °C gebräuchlichen Widerstandswerte liegen zwischen 1 Ω und 20 MΩ; die Gebrauchsgrenze für relativ große Genauigkeitsanforderungen beträgt 300 °C, doch können spezielle Oxidthermistoren [2.318] bis 2200 °C angewandt werden. Die Widerstandsänderung infolge Alterns beträgt 0,1 bis 0,2%/a.

Die hauptsächliche Anwendung der Thermistoren liegt in der Messung sehr kleiner Temperaturänderungen oder -differenzen [2.184], vor allem jedoch im

Bau von Regeleinrichtungen für sehr konstante Temperaturen [2.54; 2.199]. Durch Kombination von Thermistoren und temperaturunabhängigen Widerständen lassen sich lineare Vierpole aufbauen, deren Ausgangsspannung bei konstanter Eingangsspannung sich linear mit der Temperatur in einem Intervall von etwa 80 K ändert.

Für spezielle Anwendungen in der Ozeanographie sind von *Cook* et al. [2.54] sehr kleine Thermistoren von 0,25 mm Durchmesser benutzt worden, mit denen 10 mK in 0,02 s aufgelöst werden konnten. Der Druckeinfluß ist von *Tavernier* und *Prache* [2.289] zu $\Delta R/R = -4{,}6 \cdot 10^{-6}\, p$ (bar) gemessen worden.

Als weiteres Material für Halbleiterwiderstände ist bis 1100 °C *Sinterkorund* in Form eines dünnen Plättchens geeignet; stark dotiertes *Germanium*, das in der Tiefthermometrie eine wichtige Rolle spielt, ist auch bis herauf zu 80 K verwendbar [2.52].

Von *Felimban* et al. [2.91] sind npn-Silizium-*Transistoren* im Temperaturbereich zwischen 77 und 400 *K* untersucht worden, wobei sich die Steigung log (i_{cs}/U_{eb}) (Kollektorkurzschlußstrom i_{cs}, Emitter Basisspannung U_{eb}) als sehr genaues Maß für die Temperatur erwies, die mit einer Genauigkeit von 1‰ und auf 0,5 K exakt bestimmt werden kann. Über *elektrolytische* Thermistoren, deren Temperaturkoeffizient außerordentlich groß sein kann, s. [2.58; 2.128].

2.4.5 Konstruktion der Widerstandsthermometer

Das Widerstandsthermometer besteht aus dem auf einen isolierenden Träger gewickelten Draht aus Pt oder Ni, dem Schutzrohr und Verbindungsleitungen vom Widerstand zu den äußeren Meßklemmen. Bei der Messung schnell veränderlicher Temperaturen wird auf das Schutzrohr verzichtet, sofern der Meßdraht chemisch nicht angegriffen wird.

2.4.5.1 Drahtwicklung

Platin wird in Form von Drähten mit Durchmessern zwischen 0,02 und 0,2 mm, bei Temperaturen oberhalb von 1000 °C bis zu 0,6 mm verwendet. Der gewöhnlich benutzte Draht von 0,1 mm Stärke besitzt bei 0 °C einen Widerstand von 25,5 Ω/m, der sich um etwa 0,1 Ω/K ändert. Wie in Abschn. 2.4.3.4 hervorgehoben, muß der Pt-Draht ein Widerstandsverhältnis $R_{100}/R_0 = 1{,}392$ aufweisen, d. h. höchste Reinheit und eine saubere, glatte Oberfläche besitzen. Trotz eingehender Pt-Analysen mit Hilfe des Massenspektrometers ist auch heute noch nicht der Zusammenhang des Widerstandsverhältnisses mit Art und Konzentration der möglichen Verunreinigungen erkannt. Die Elemente S, Si, Al, Fe und Cr, deren Gesamtkonzentration 100 ppm beträgt, scheinen das Erreichen des sehr hohen Widerstandsverhältnisses von 1,3927 nicht zu behindern, wie Untersuchungen im NBS (National Bureau of Standards) gezeigt haben. Strukturdefekte, wie Punktfehler durch Verunreinigungen oder Leerstellen, Versetzungen und Korngrenzen, sind zunächst im hartgezogenem Draht vorhanden, können aber zum größten Teil durch Tempern bei einer geeigneten Temperatur ausgeheilt werden [2.27]. Bei Messung hoher Temperatur bis 1100 °C und anschließendem raschem

Abkühlen können Leerstellen eingefroren werden und den Widerstand um einige 10^{-5} erhöhen.

Der Draht wird beim Aufbau des Thermometers hartgezogen verarbeitet und anschließend für einige Minuten auf Rotglut erhitzt. Die ideale Montage vermeidet mechanische Spannungen bei thermischer Ausdehnung und soll außerdem trägheitsarm sein. Die oft noch angewandte Befestigung an einem Glimmerkreuz (Bild 2.33) mit Randkerben gibt zwar minimale Berührungsflächen, kann aber bei zu straffer Wicklung zu mechanischen Spannungen führen.

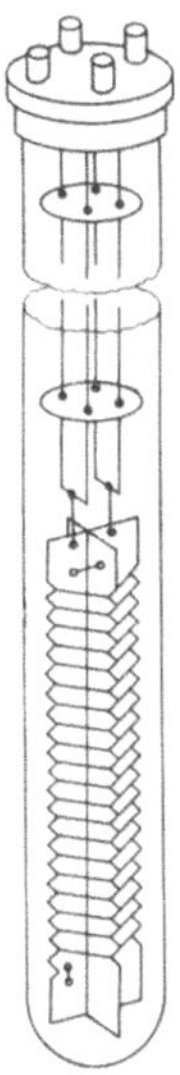

Bild 2.33. Widerstandsthermometer älterer Konstruktion

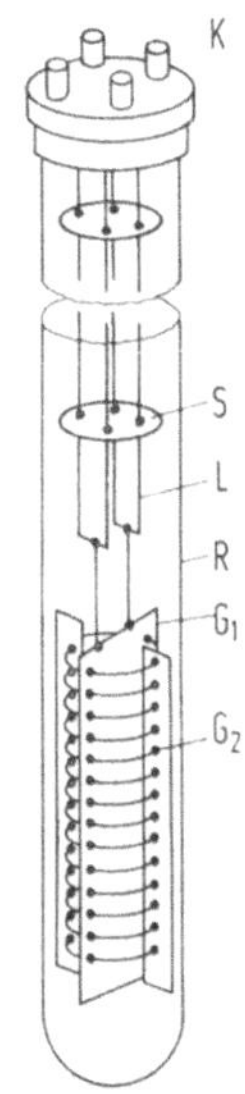

Bild 2.34. Widerstandsthermometer nach dem NBS

Bei der in Bild 2.34 gezeigten neuen Ausführungsform des *National Bureau of Standards* werden in einem Glimmerstreifen G_1 von 8 bis 12 mm Breite und 0,1 mm Dicke in 0,5 mm Abstand vom Rande Löcher mit 0,6 mm gegenseitigem Abstand gebohrt. Dieselben Lochreihen werden in den zwei 2 mm breiten Glimmerstreifen G_2 angebracht, worauf sie auf beide Seiten von G_1 gelegt werden und die bifilare Wicklung aus 0,1 mm starkem Pt-Draht hindurchgefädelt wird. Zuletzt werden die schmalen Streifen um 90° gedreht, wodurch die Wicklung völlig frei liegt. Die Drahtenden werden mit 0,3 mm starken Goldzuleitungen L verschweißt, die alle 10 cm durch durchbohrte Glimmerscheibchen S gehalten und voneinander isoliert werden. Die Golddrähte führen zu den Klemmen K am Thermometerkopf, der am oberen Ende des Schutzrohrs R befestigt ist. Für Temperaturen über 1000 °C müssen Platinableitungen verwendet werden; unterhalb von 200 °C sind Kupferdrähte zulässig.

Bei einer besonders gedrungenen Bauform, in der ein 25-Ω-Widerstand ein Schutzrohr von nur 8 mm Durchmesser und 20 mm Länge erfordert, wird der Pt-Draht zuerst zu einer feinen Wendel aufgewickelt und diese an einem Glimmerkreuz befestigt. Noch kleinere Abmessungen erreicht man mit einem Specksteinzylinder von 25 mm Länge und 2 mm Durchmesser, in den vor dem Brennen ein zweigängiges Gewinde von 0,3 mm Steigung geschnitten und in das der Pt-Draht lose gewickelt wird.

Anstelle des Glimmerkreuzes ist auch ein einfacher Glimmerstreifen verwendbar, auf den der Draht bifilar gewickelt wird, wodurch eine flache Bauform entsteht, die für kalorimetrische Messungen geeignet ist. Bei hohen Temperaturen können aus dem Glimmer Gaseinschlüsse entweichen und den Widerstand verändern.

Das *Quarzglasthermometer* besteht aus einem Quarzstab als Träger für die Drahtwicklung von 0,05 mm Drahtstärke, der in ein eng passendes Quarzrohr eingeschmolzen wird, so daß der Platindraht vollständig in Quarz eingebettet

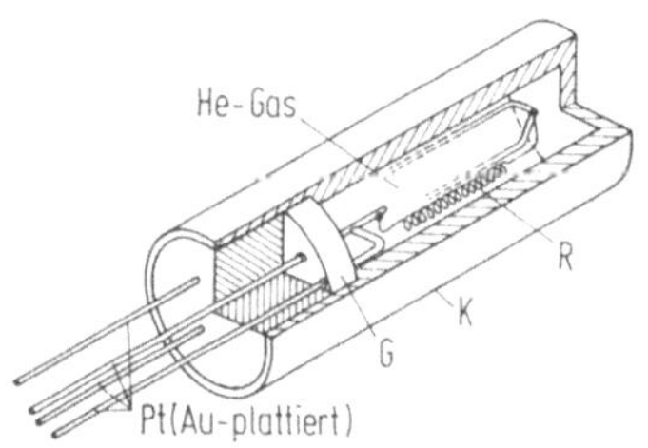

Bild 2.35. Miniatur-Platinthermometer

ist. Dieses Thermometer hält schroffen Temperaturwechseln stand und ist für technische Messungen bis 600 °C verwendbar. Bei dem von *Johnston* et al. [2.161] angegebenen und schematisch in Bild 2.35 dargestellten *Miniatur-Platinthermometer* (Minco-Thermometer) von 100 Ω Widerstand, 4 mm Durchmesser und 1,3 cm Länge befindet sich der Pt-Widerstand R in einem Kovarröhrchen K, das mit Heliumgas gefüllt und durch eine vierpolige Glasdurchführung G verschlossen ist. Es wird eine Genauigkeit von 2 mK und eine Alterung von 10 ppm pro Jahr angegeben.

Von *Kleven* et al. [2.171] wird ein Differential-Platinthermometer hoher Stabilität zur Messung von Temperaturdifferenzen von ± 2 K im Bereich zwischen —70 und 0 °C beschrieben, dessen Meßfehler nur ± 1 mK beträgt.

2.4.5.2 Dünnfilmwiderstände

Für Temperaturmessungen unter hohen Beschleunigungskräften hat *Kennedy* [2.166] aufgedampfte Ge-Schichten auf Glimmersubstrat entwickelt, deren Dicke zwischen 0,3 und 0,6 μm liegt, und Widerstände von etwa 800 kΩ bei Raumtemperatur aufweisen. Die mit SiO isolierten Sensoren werden mit Al abgedeckt und besitzen eine Einstellzeit von etwa 0,4 s.

Auch *Kovar* (Fe, Ni, Co-Legierung) ist in dünnen Schichten trotz des geringen Temperaturkoeffizienten ($\alpha = 0{,}013$/K) für spezielle Zwecke geeignet.

2.4.5.3 Anschlußleitungen

Jedes Ende des Meßwiderstandes ist mit einer kurzen U-förmigen Drahtschleife versehen, an die vier Golddrähte von 0,1 bis 0,3 mm Durchmesser gelötet oder geschweißt werden, die zu den Kupferklemmen am Thermometerkopf führen.

Die Zuleitungen werden zur Isolation durch Scheibchen aus Porzellan, Quarzglas oder Glimmer mit vier Löchern oder in dünnen Porzellan- oder Glasröhrchen geführt.

Bestehen Zuführungsdrähte und Klemmen aus anderem als dem Widerstandsmaterial, so treten an den Verbindungsstellen Thermospannungen auf, die zu Meßfehlern führen können. Diese lassen sich stark verringern, wenn die Lötstellen an zwei vom Meßstrom in entgegengesetzter Richtung durchflossenen Stellen bei homogener Temperatur dicht nebeneinander angeordnet sind, und/oder nur Drähte mit kleinen Thermospannungen gegeneinander verwendet werden. Das gleiche gilt auch für die Anschlußklemmen am Thermometerkopf, der bei höheren Temperaturen von einem wassergekühlten Blechmantel umgeben wird. Trotz der geringeren Thermokraft der Paarung Ag/Pt zieht man Goldzuleitungen wegen ihres höheren Schmelzpunktes vor, da der Pt-Draht durch die Golddämpfe weniger gefährdet wird. Nur bei Thermometern bis zu 100 °C und geringerer Genauigkeit sind Kupferdrähte als Meßzuleitungen tragbar.

2.4.5.4 Thermometerformen; Schutzrohre

Neben der üblichen zylindrischen Bauform, die sich z. B. zur Messung in Flüssigkeiten gut eignet oder bei kleinen Durchmessern in Kupferblöckchen eingekittet werden kann, werden Widerstandsthermometer auch in flacher Bauart (für Messungen der Oberflächentemperatur) oder zylindrischer Ringform verwendet. Zur Messung der mittleren Temperatur in einem von Flüssigkeit oder Gas durchströmten Rohrquerschnitt wird blanker Draht im Meßquerschnitt mehrfach hin- und hergeführt und darauf geachtet, daß der Draht federnd aufgehängt ist, um eine Dehnung beim Abkühlen zu vermeiden. Eine solche Anordnung besitzt den Vorteil geringer Trägheit und großer Meßgenauigkeit.

In den meisten Fällen müssen die Thermometer gegen mechanische Beanspruchung und chemische Einflüsse von einem *Schutzrohr* umgeben werden. Diese werden aus *Glas* oder *Nickel*, bei höheren Temperaturen aus *Quarzglas* oder *Porzellan* und für höchste Temperaturen aus den bis zu 1200 °C gasdichten keramischen Massen verschiedener Zusammensetzung hergestellt; s. a. [2.195].

Bei tiefen Temperaturen muß das Schutzrohr entweder gasdicht geschlossen sein oder über ein Trocknungsmittel mit der Außenluft kommunizieren, damit Wasserdampf aus der Luft nicht kondensiert. Für Messungen im Gebiet des flüssigen Wasserstoffs wird das gasdichte Schutzrohr mit Helium gefüllt, das außerdem für guten Wärmeaustausch sorgt.

Über die dabei entstehenden Meßfehler und Erhöhung der Einstellzeit, s. Abschn. 2.9.

2.4.5.5 Alterung der Widerstandsthermometer

Das fertige Thermometer wird vor Gebrauch einige Male für 1 bis 2 h auf 600 bis 800 °C bzw. auf die maximale Verwendungstemperatur erhitzt, um die restlichen mechanischen Spannungen zu beseitigen. Für Präzisionsmessungen wird dieses Verfahren so lange fortgesetzt, bis keine Änderung des Eispunktes mehr zu beobachten ist.

2.4.6 Meßverfahren

Zur Messung des Widerstandes eignen sich alle Meßmethoden, die der angestrebten Genauigkeit genügen und bei Bedarf die gewünschte zeitliche Auflösung besitzen. Mit dem Platinthermometer ist bei Umgebungstemperatur eine Meßempfindlichkeit von 1 mK und darunter erzielbar, wozu der Widerstand auf 2 bis $4 \cdot 10^{-6}$ gemessen werden muß. Für kalorimetrische Messungen sind die Empfindlichkeitsanforderungen u. U. noch wesentlich höher. Als Meßmethoden kommen potentiometrische Verfahren, Wheatstone-Brücken, digitale Instrumente und für gröbere und technische Messungen die direkt anzeigenden Thermometer im wesentlichen in Betracht. Eine Übersicht hierüber gibt *Ed.* III, § 9.

2.4.6.1 Kompensationsverfahren

Bei diesem potentiometrischen Verfahren wird der Thermometerwiderstand R_t vom bekannten Meßstrom i durchflossen und der dadurch erzeugte Spannungsabfall iR_t stromlos mit einem Kompensationsapparat gemessen. Aufbau und Eigenschaften solcher Apparate werden ausführlich in *Ed.* III, § 2.34 behandelt. Der Vorteil dieser Meßmethode liegt darin, daß der Widerstand der Zuleitungsdrähte das Meßergebnis nicht beeinflußt, d. h. die Entfernung von Meßort und Thermometer beliebig groß sein kann.

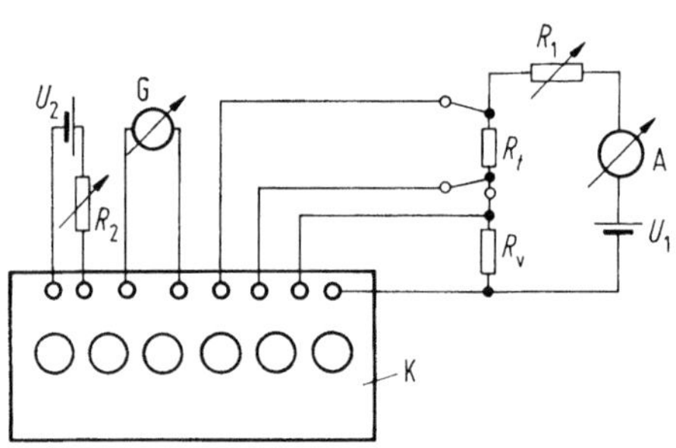

Bild 2.36. Kompensationsmethode zur Widerstandsmessung

In Bild 2.36 ist die hierfür geeignete Meßanordnung dargestellt. Meßwiderstand R_t und Vergleichswiderstand R_v sind über den Regelwiderstand R_1 und das Milliamperemeter A an eine konstante Stromquelle U_1 gelegt, wobei R_v etwa die Größe des Thermometriewiderstandes R_t besitzen soll. Mit Hilfe des Vorschaltwiderstandes R_1 wird der Meßstrom i derart gewählt, daß der zu erwartende Spannungsabfall am Kompensator K die Einstellung aller Dekaden erfordert, ohne einen Erwärmungsfehler (Abschn. 2.4.7) am Thermometer befürchten zu müssen. Der durch K fließende konstante Strom wird durch die Spannungsquelle U_2 geliefert und mittels Regelwiderstand R_2 eingestellt. Als Nulldetektor wird ein empfindliches, dem Innenwiderstand von K angepaßtes Galvanometer G oder ein digitales Nanovoltmeter verwendet. Mit einem im Kompensator eingebauten Umschalter wird abwechselnd der Spannungsabfall iR_v am Vergleichswiderstand mit dem am Thermometer iR_t verglichen, woraus sich der gesuchte Thermometerwiderstand aus

$$R_t = (R_{kt}/R_{kv})\, R_v \tag{2/40}$$

ergibt, wenn R_{kt} bzw. R_{kv} die zur Kompensation von R_t bzw. R_v einzustellenden Widerstände an K bedeuten. Der Absolutwert der Spannungsabfälle braucht daher nicht bekannt zu sein; auch entfällt die Einstellung eines bekannten Kompensationshilfsstromes mit Hilfe eines Normalelements. Um Thermospannungen in den Meßleitungen eliminieren zu können, werden Hilfsstrom i und Kompensationsstrom gleichzeitig umgepolt.

Nach dem Vorschlag von *Daneman* und *Mergner* [2.63] ist es vorteilhafter, nicht R_t sondern das Verhältnis R_t/R_{t0} dadurch zu messen, daß durch geeignete Wahl von iR_v bei der Eichung des Widerstandsthermometers am Eispunkt die Kompensatoreinstellung 1000000 erzielt wird. Das Widerstandsverhältnis bei der zu messenden Temperatur kann auf diese Weise direkt an K abgelesen und mit den Eichtabellen verglichen werden. Ferner können Meßstrom i und der Kompensationsstrom einer Konstantspannungsquelle (*Ed.* III, § 16.26) entnommen und gleichzeitig umgeschaltet werden, um Fehler durch Thermokräfte eliminieren zu können. Präzisionsmessungen nach dieser Methode ergaben mit einem Meßwiderstand von etwa 25 Ω bei 0 °C eine Temperaturauflösung von 0,8 bis 5,5 mK zwischen 13 K und 630 °C bei Meßströmen von 2 bzw. 5 mA. Von Vorteil ist besonders bei kalorimetrischen Messungen die Kenntnis der im Thermometer verbrauchten Leistung i^2R_t, um entsprechende Korrekturen durchführen zu können. Bei allen Brückenverfahren ist dies nicht der Fall.

Freeman und *Walker* [2.102] haben diese Methode noch dadurch verbessert, daß der Hilfsstromkreis durch eine Konstantstromquelle betrieben wird, wodurch Spannungsmeßfehler von weniger als 0,1 µV auftreten.

Eine ausführliche Darstellung weiterer potentiometrischer Verfahren gibt *Dauphinee* [2.64]. Für geringere Genauigkeitsansprüche sind *selbstabgleichende Kompensatoren* (*Ed.* III, § 2.343) brauchbar, deren Meßunsicherheit jedoch 0,1% beträgt.

2.4.6.2 Brückenschaltungen

Die oben beschriebenen Verfahren sind besonders dann von Vorteil, wenn sich der Widerstand über einen großen Bereich ändert, wie z. B. beim Platinthermometer, dessen Widerstandsverhältnis bei 20 K nur noch 0,0045 beträgt.

Grundsätzlich lassen sich viele der in *Ed.* III, § 9.53 beschriebenen Brückenschaltungen auch für die Widerstandsthermometrie benutzen, sofern sie nicht durch äußere Einflüsse, wie Temperaturgang, magnetische Streufelder und elektrostatische Störungen zu Meßfehlern Anlaß geben. Ihre Meßgenauigkeit ist mit der oben beschriebenen Kompensationsmethode vergleichbar, ihre Handhabung meist einfacher. Den Grundtyp aller Brückenschaltungen stellt die Wheatstone-Brücke dar, die aus den konstanten Widerständen R_1 bis R_3 und dem Meßwiderstand R_t besteht und über den Regelwiderstand R_v von der Batterie E gespeist wird. Zum Nullabgleich dient das Galvanometer G oder ein digitales Mikrovoltmeter (Bild 2.37). Einer der Widerstände wird so lange geregelt, bis die Diagonalspannung verschwindet, d. h. sich die Gleichgewichtsbedingung

$$R_t = (R_1/R_2)\, R_3 \qquad (2/41)$$

ergibt. Eine relative Widerstandsänderung δ entsprechend $R_t = (R_1/R_2)\, R_3(1 - \delta)$

läßt sich noch nachweisen, wenn

$$\delta = (\Delta i/E)\,(R_3 + R_t)\,[1 + (R_1 + R_g)/R_t + (R_g/R_3)], \tag{2/42}$$

wobei Δi die durch das Galvanometer noch nachweisbare Stromstärke, E die Batteriespannung und R_g der Innenwiderstand des Galvanometers bedeutet. Für ein spannungsempfindliches Nullinstrument ist Δi in Gl. (2/42) durch $\Delta u/R_g$ zu ersetzen.

Im Gegensatz zu den potentiometrischen Methoden werden in den Brückenschaltungen die Zuleitungswiderstände mitgemessen. Besitzt das Thermometer nur zwei Zuleitungsdrähte, so muß zur Kompensation des Zuleitungswiderstandes in die Zuleitung eine „blinde“ Drahtschleife von gleicher Länge und Material der

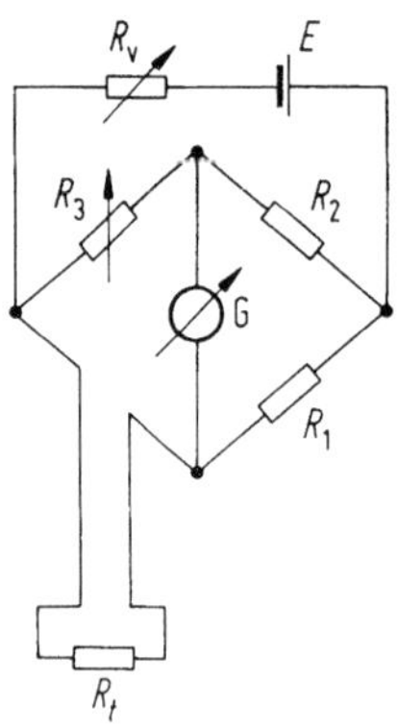

Bild 2.37. Wheatstone-Brücke

tatsächlichen Zuleitung eingebracht werden. Bei einer symmetrischen Brücke ($R_1 = R_2$) und einem Zuleitungswiderstand von je r (Ω) muß die Drahtschleife den Widerstand $2r$ erhalten, um den Meßfehler eliminieren zu können (Bild 2.38a). Bei dieser Methode braucht die Eintauchtiefe des Thermometers nicht berücksichtigt zu werden.

Anstelle der Blindschleife wird bei besonders langen Meßzuleitungen (Fernthermometer) ein Ende des Thermometerwiderstandes mit *einer*, das andere mit *zwei* Zuleitungen versehen, deren Widerstände gleich sind. Dieses Thermometer wird in der in Bild 2.38b gezeigten Weise an die Meßbrücke gelegt, wobei sich die Zuleitungswiderstände r einmal zu R_3, das andere Mal zu R_t addieren, und für $R_1 = R_2$ die Brücke bei $R_t = R_3$ abgeglichen ist. Diese bereits 1871 von *W. v. Siemens* angegebene *Dreileiterkompensation* ist nicht anwendbar, wenn mehrere Thermometer in verschiedenen Entfernungen vom Meßort angeschlossen sind und diese eine gemeinsame Rückleitung besitzen.

Der Widerstand eines Thermometers mit vier Zuführungen wird nach Bild 2.39 mit der Thomson-Brücke gemessen, wozu zwei Ablesungen erforderlich sind. Die symmetrischen Zweige R_2 und R_4 werden durch einen Schleifdraht auf 10^{-7} genau eingestellt. Bei der Messung I werden von den vier Enden c, d, e, f des Thermometers R_t die Enden f mit i, d mit h und c mit g verbunden und die Brücke wird durch Verändern von R_3 abgeglichen. Hierfür gilt die Beziehung $R_t + R_{bf} + R_1 = R_{ad} + R_3$. Bei der Messung II werden die Enden f mit h, e mit g und d mit i verbunden, und es wird der Abgleich durch die Beziehung $R_t + R_{ad} + R_1 = R_{bf} + R'_3$ gegeben. Durch Addition beider Gleichgewichtseinstellungen findet man für den gesuchten Widerstand den Wert

$$R_t = \frac{R_3 + R'_3}{2} - R_1.$$

Im allgemeinen wird $R_1 = 0$ gewählt.

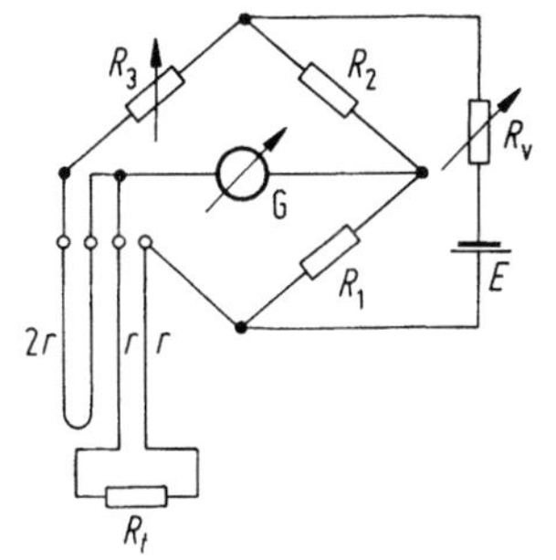

Bild 2.38a. Widerstandsthermometer mit Blindschleife

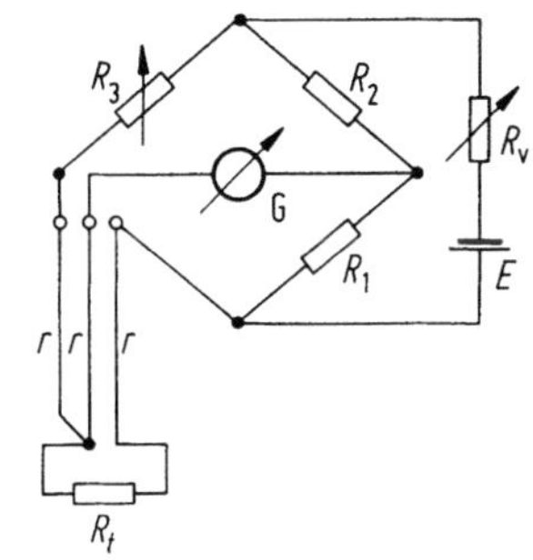

Bild 2.38a. Dreileiterkompensation

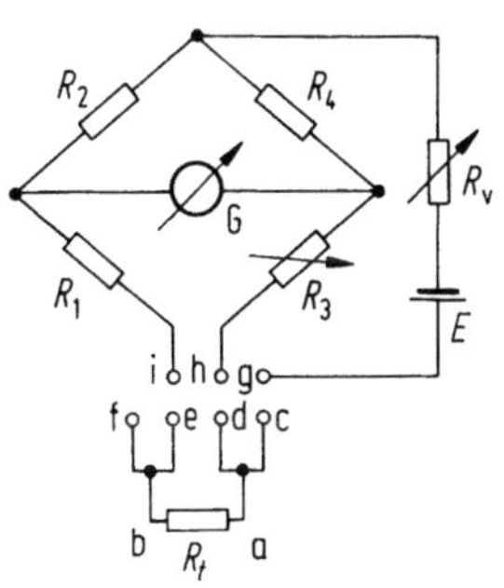

Bild 2.39. Thomson-Brücke

Für Präzisionsmessungen muß die Temperaturabhängigkeit der meist aus *Manganin* hergestellten Vergleichswiderstände berücksichtigt werden, die durch

$$R_t = R_{25\,°C}[1 + a(t - 25) - 4 \cdot 10^{-7}(t - 25)^2]$$

gegeben ist, worin die Konstante $a \simeq 5{,}0 \cdot 10^{-5}$. Hieraus findet man zwischen 20 und 35 °C den mittleren Temperaturkoeffizienten zu $8 \cdot 10^{-6}$/°C. Für sehr genaue Messungen werden alle größeren Widerstände in ein Aluminiumgehäuse eingeschlossen und konstant auf 35 °C gehalten oder die Widerstände aus einer speziellen *Gold-Chrom-Legierung* hergestellt, deren Temperaturkoeffizient 1 bis $2 \cdot 10^{-6}$ beträgt. Für die Benutzung mehrerer Widerstandsthermometer an *einer* Brücke muß ein thermokraftfreier vierpoliger Umschalter mit amalgamierten Kontakten verwendet werden, an dem Zusatzwiderstände angebracht werden können.

Nach Gl. (2/41) ist die noch nachweisbare Widerstandsänderung dem Meßstrom bzw. der Brückenspannung umgekehrt proportional. Da der Meßstrom durch den Erwärmungsfehler (Abschn. 2.4.7), d. h. die maximale im Thermometer verbrauchte Leistung von höchstens 1 mW begrenzt ist, sind hochempfindliche Galvanometer mit großer Nullpunktkonstanz und geringer Thermokraft zu benutzen (Näheres s. *Ed.* III, § 2.22). Bei einem Meßstrom von 2 bis 5 mA, dessen Größe sich nach der für die Einstellung des stationären Gleichgewichts erforderlichen Zeit richtet, beträgt der *Erwärmungsfehler* weniger als 1 mK.

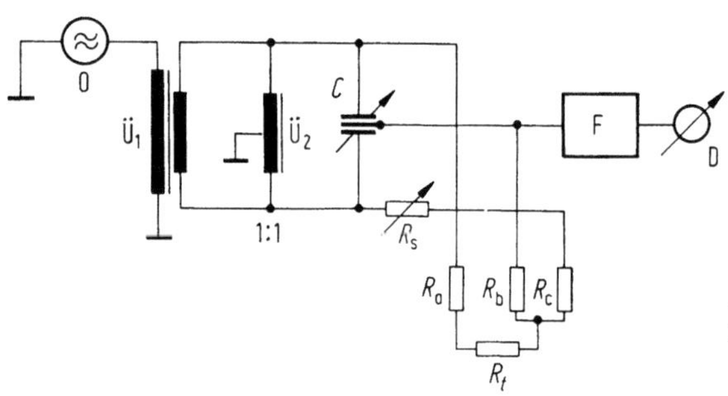

Bild 2.40. Mueller-Brücke zur Widerstandsmessung

Die Smith-Brücke ist eine besonders für Widerstandsthermometer geeignete Form der Thomson-Doppelbrücke, in der die festen Zweige ein Widerstandsverhältnis von 1 : 100 und der veränderliche Hauptzweig einen 100mal größeren Widerstand als das Thermometer aufweisen. Von *Denker* und *Mosselman* [2.67] ist die Brückenanordnung hinsichtlich Unempfindlichkeit gegen magnetische Störungen weiterentwickelt worden; die resultierende Meßunsicherheit für ein Platinthermometer von 18 Ω beträgt $1{,}3 \cdot 10^{-5}$ K.

Bei geringen Genauigkeitsansprüchen und kleinerem Meßbereich kann der Galvanometerausschlag einer Wheatstone-Brücke direkt als Maß für die Temperatur verwendet werden. Für den Strom im Detektorzweig i_g gilt dann mit den Bezeichnungen des Bildes 2.37 die Beziehung

$$i_g = U \frac{R_t R_2 - R_3 R_1}{(R_1 + R_2)\,[R_t R_3 + R_g(R_t + R_3)] + R_1 R_2 (R_t + R_3)},$$

wonach i_g der Batteriespannung U und damit auch dem Meßstrom im Thermometer proportional ist. Der Meßstrom wird bei bekanntem Ersatzwiderstand anstelle von R_t bestimmt.

Wechselstrombrücken weisen gegenüber den bisher besprochenen Gleichspannungsbrücken den Vorteil auf, daß die Doppelmessung zur Eliminierung der Thermospannungen fortfällt und als Nulldetektor ein hochempfindliches elektronisches Instrument benutzt werden kann.

Hierfür ist besonders die Mueller-Brücke geeignet, die vor allem zur Messung von Halbleiterthermometern (Abschn. 3.3) im Tieftemperaturbereich verwendet wird. Die von *Diamond* [2.68] beschriebene Ausführung, die vereinfacht in Bild 2.40 gezeigt ist, wird von einem Übertrager mit Toroidkern und dem Übersetzungsverhältnis 1 : 1 ($Ü_1$) gespeist und ist zur exakten Phasenkompensation mit dem

Differentialkondensator C (2×40 pF) abzugleichen. Die eigentlichen Meßzweige bestehen aus dem mit drei Zuleitungen versehenen Thermometer R_t und dem Abgleichwiderstand R_s, der aus sieben Dekaden induktionsarmer Widerstände von 0,01 bis 10000 Ω besteht. Der Detektorkreis besteht aus dem Resonanzfilter F, das auf die Brückenfrequenz von 1025 Hz abgestimmt ist und dem Nachweisinstrument D mit vorgeschaltetem Resonanzverstärker. Bei einer Bandbreite $\Delta f = 0{,}1$ Hz beträgt die Zeitkonstante etwa 3 s. Um die Zuleitungswiderstände R_a, R_b und R_c eliminieren zu können (was bei Halbleiterwiderständen nicht erforderlich ist), werden die Zuleitungen ausgetauscht und es ergibt sich der gesuchte Widerstand aus dem arithmetischen Mittel $R_t = (R_s' + R_s'')/2$. Die Brücke wird über den Transformator Ü$_1$ vom 1025-Hz-Oszillator O betrieben und erlaubt eine Nachweisgenauigkeit von 10^{-5}, was bei einem Halbleiterthermometer einer Temperaturänderung von 10 μK entspricht.

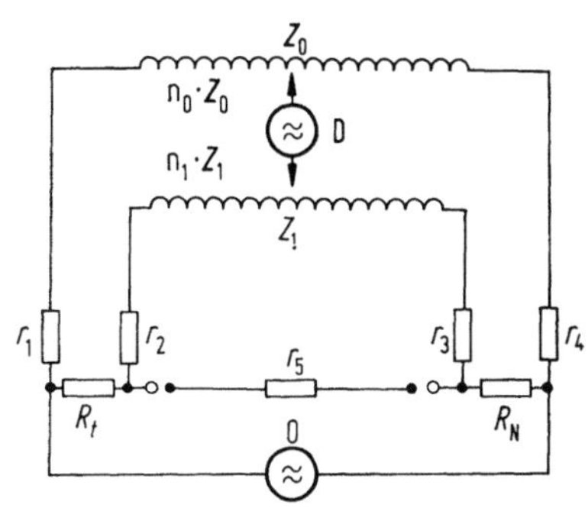

Bild 2.41. Thomson-Brücke mit induktiven Spannungsteilern

Hill und *Miller* [2.142] verwenden zur Widerstandsmessung die in Bild 2.41 dargestellte Thomson-Doppelbrücke mit induktiven Spannungsteilern $\boldsymbol{Z}_1$ und $\boldsymbol{Z}_2$, mit denen auch große Teilungsverhältnisse mit einer Genauigkeit bis zu 10^{-7} unabhängig von der Temperatur und zeitlich stabil erreicht werden können. Die Brücke wird vom Oszillator O mit einer Frequenz von 400 Hz betrieben; sie besitzt acht dekadische Skalen, um auch bei einer Übersetzung 10 : 1 noch $1 \cdot 10^{-7}$ sicher ablesen zu können. In der Schaltung bedeuten R_t den Thermometerwiderstand, R_N einen Normalwiderstand und $\boldsymbol{Z}_0$ und $\boldsymbol{Z}_1$ die Verhältniszweige; r_1 bis r_5 sind die Widerstände der Zuleitungsdrähte. Sind $n_0\boldsymbol{Z}_0$ bzw. $n_1\boldsymbol{Z}_1$ die jeweils abgegriffenen Induktivitäten, dann gilt für das Brückengleichgewicht

$$\frac{R_t}{R_N} = \frac{n_0\boldsymbol{Z}_0 + r_1}{(1-n)\,\boldsymbol{Z}_0 + r_4} + r_5 \left[\frac{(1-n_1)\,\boldsymbol{Z}_1 + r_3}{\boldsymbol{Z}_1 + r_2 + r_3 + r_5}\right] \times \left[\frac{n_0\boldsymbol{Z}_0 + r_1}{(1-n_0)\,\boldsymbol{Z}_0 + r_4} - \frac{n_1\boldsymbol{Z}_1 + r_2}{(1-n_1)\,\boldsymbol{Z}_1 + r_3}\right].$$

Die Eingangsimpedanzen $\boldsymbol{Z}_0$ und $\boldsymbol{Z}_1$ sind im Vergleich mit einer Widerstandsbrücke sehr viel größer, so daß der Einfluß der Zuleitungswiderstände r_1 bis r_5 meist vernachlässigt werden kann. Sind etwa $\boldsymbol{Z}_0$ und $\boldsymbol{Z}_1$ größer als $5 \cdot 10^5$ Ω und die Zuleitungswiderstände höchstens 1 Ω, dann gilt bis zu einer Genauigkeit von 10^{-7} die vereinfachte Beziehung

$$\frac{R_t}{R_N} = \left[\frac{n_0}{1 - n_0}\right]\left[1 + \frac{r_1}{n_0 \boldsymbol{Z}_0} - \frac{r_4}{[1 - n_0)\,\boldsymbol{Z}_0]}\right]. \tag{2/43}$$

Mit $r_1 = 0{,}27\,\Omega$ und $r_4 = 0{,}1\,\Omega$ unterscheidet sich die zweite Klammer der Gl. (2/43) nur um weniger als $2 \cdot 10^{-6}$ von Eins und kann mit großer Genauigkeit die Beziehung

$$R_t/R_N = n_0/(1 - n_0) \tag{2/43a}$$

benutzt werden. Verzichtet man auf eine absolute Widerstandsmessung und eicht das Thermometer am Tripelpunkt von Wasser (Abschn. 2.4.7), so wird die Meßunsicherheit über den gesamten Meßbereich höchstens 0,1 mK.

Weitere Wechselstrombrücken, die sich vor allem für die Messung tiefer Temperaturen mittels Kohleschicht- oder Halbleiterwiderständen eignen und nur eine Meßleistung von einigen nW erfordern, s. [2.59; 2.113; 2.116].

2.4.6.3 Kreuzspulinstrument

Für weniger genaue und technische Widerstandsmessungen wird die Quotientenmethode angewandt, bei der als Anzeigeinstrument ein *Kreuzspulsystem* verwendet wird. Dieses in *Ed.* III, § 2.232 näher beschriebene elektrodynamische

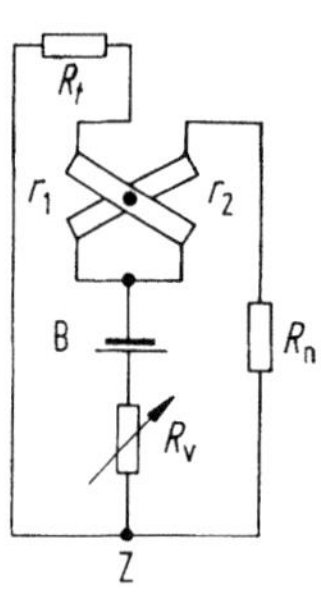

Bild 2.42. Kreuzspulinstrument in Bruger-Schaltung

Meßsystem besitzt als beweglichen Teil zwei gegeneinander verdrehte Spulen, die sich in einem vom Drehwinkel abhängigen radialen Magnetfeld befinden und kein mechanisches Rückstellmoment aufweisen. Der Ausschlagwinkel des Instruments hängt nur vom Verhältnis der beiden durch die Einzelspulen fließenden Ströme ab und wird empirisch geeicht. Bei der in Bild 2.42 dargestellten *Bruger-Schaltung* liegen der Thermometerwiderstand R_t und ein konstanter Vergleichswiderstand R_n mit je einer der Spulen des Meßsystems mit den Widerständen r_1 und r_2 an einer gemeinsamen Spannungsquelle B mit der Spannung U. Vernachlässigt man die Zuleitungswiderstände, so erhält man das Verhältnis der Spulenströme zu

$$i_t/i_n = (R_n + r_2)/(R_t + r_1), \tag{2/44}$$

das unabhängig von der Batteriespannung ist. Bei größerem Abstand des Thermometers vom Anzeigeinstrument verlegt man den Verzweigungspunkt Z in die Nähe von R_t, damit Änderungen der Zuleitungswiderstände beide Stromkreise gleich beeinflussen.

Diese Methode besitzt weder die hohe Empfindlichkeit noch die Absolutgenauigkeit der anderen oben beschriebenen Verfahren, ist jedoch bequem und eignet sich besonders zur *Fernmessung.* Die empfindlichsten Geräte werden gewöhnlich für den Meßbereich 0 bis 50 °C gebaut.

2.4.6.4 Linearisierung von Widerstandsthermometern; Widerstandskonverter [2.34]

Für viele Anwendungen des Widerstandsthermometers ist es von Vorteil, über einen weiten Temperaturbereich einen linearen Zusammenhang zwischen dem Ausgangssignal der Widerstandsmeßanordnung und der Temperatur oder ihrem reziproken Wert zu erhalten. Die hierfür anzuwendenden Verfahren sind verall-

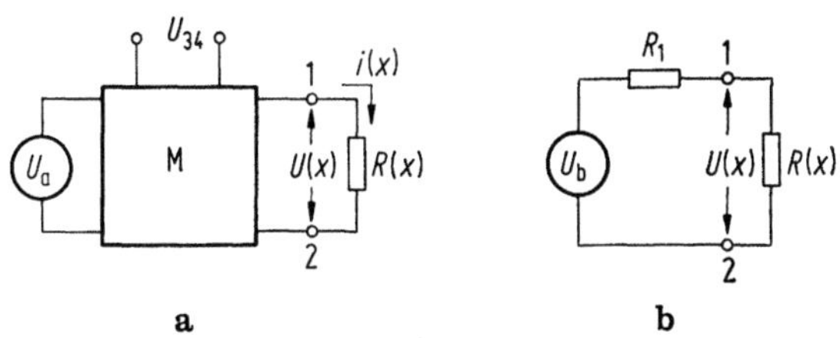

Bild 2.43. Widerstandsmeßkreis (**a**), Ersatzschaltbild (**b**)

gemeinert von *Diamond* [2.70] beschrieben worden. In Bild 2.43a ist ein lineares Netzwerk M (Meßbrücke u. ä.) zur Messung des Widerstandes $R(x)$ gezeigt, das von der Spannungsquelle U_a betrieben und dessen Ausgangsspannung U_{34} gemessen wird. Die Größe x kann die zu messende Temperatur T, aber auch die reziproke Größe $1/T$ sein. Nach dem Kompensationstheorem kann $R(x)$ durch seinen Spannungsabfall $U(x)$ ersetzt werden, der als Spannungsquelle zu sehen ist, die gegen die konstante Spannung U_a arbeitet. Das Ausgangssignal U_{34} wird nur dann linear mit x zusammenhängen, wenn $U(x) \sim x$. Ersetzt man die Spannungsquelle U_a und das Netzwerk nach dem *Thévenin-Theorem* (*Ed.* III, § 3.24) durch die Quelle U_b und den Widerstand R_1 (s. Bild 2.43b), so hängt eine mögliche Linearisierung nur von R_1 ab, d. h. dem Widerstand, der von $R(x)$ gesehen wird. Man erhält daraus

$$U(x) = U_b R(x)/[R_1 + R(x)] \tag{2/45}$$

und die „Response"-Funktion

$$K(x) = \frac{U(x)}{U_b} = \frac{R(x)}{R_1 + R(x)} = 1 - \frac{R_1}{R_1 + R(x)}. \tag{2/46}$$

Ein linearer Zusammenhang von $U(x)$ und x hängt daher von der Linearität der Größen $R(x)/[R_1 + R(x)]$ oder $1/[R_1 + R(x)]$ mit x ab, d. h. von der Konstanz der 1. Ableitung oder vom Verschwinden der 2. Ableitung von $K(x)$. Die 1. Ableitung von Gl. (2/46) liefert die Empfindlichkeit S,

$$S = \mathrm{d}K/\mathrm{d}x = R_1 R'(x)/[R_1 + R(x)]^2, \tag{2/47}$$

wenn $R'(x)$ die Ableitung nach x bedeutet. Die Möglichkeit der Linearisierung hängt daher von der Konstanz von S ab; nimmt $R(x)$ mit x zu, muß nach Gl. (2/47) die Ableitung $R'(x)$ ebenfalls mit x anwachsen, damit S wenigstens innerhalb eines Bereichs konstant bleiben kann. Die hinreichende Bedingung für eine Linearisierung liefert erst die 2. Ableitung von $K(x)$, d. h.

$$\mathrm{d}^2K/\mathrm{d}x^2 = \mathrm{d}S/\mathrm{d}x = \frac{R_1}{(R_1 + R)^2}\,[(R_1 + R)\,R'' - 2R'^2], \tag{2/48}$$

in der $R(x)$, $R'(x)$ und $R''(x)$ durch R, R' und R'' ersetzt sind. Soll Gl. (2/48) Null werden, so muß gelten

$$2R'^2/(R_1 + R) = R'', \tag{2/49}$$

d. h. die notwendigen und ausreichenden Linearisierungsbedingungen sind durch

$$2R'^2/R \geqq R'' \geqq 0 \tag{2/50}$$

gegeben. Das bedeutet, daß dies nur dann möglich ist, wenn die $R(x)$-Kurve nach oben *konkav* gekrümmt ist.

Oft ist es zweckmäßiger, die Linearisierung bezüglich der reziproken absoluten Temperatur T anzuwenden und $x = 1/T$ zu setzen. Man erhält dann als Empfindlichkeit den Ausdruck

$$S = -R_1[T/(R_1 + r)]^2\, r', \tag{2/51}$$

wenn man $R(x)$ durch $r(T)$ ersetzt. Die der Gl. (2/49) entsprechende Linearisierungsgleichung lautet

$$2r'^2/(R_1 + r) = r'' + 2r'/T \tag{2/52}$$

und liefert die entsprechende Linearisierungsbedingung

$$2r'^2/r \geqq r'' + 2r'/T \geqq 0. \tag{2/53}$$

Anwendungen:

a) Thermistor-Linearisierung gegen T. Nach Abschn. 2.4.4 kann der Widerstand eines Thermistors durch die Beziehung $R(T) = A \exp(B/T)$ ausgedrückt werden. Führt man die dimensionslosen Variablen $\alpha = R_1/A$ und $u = T/B$ ein, so erhält man entsprechend Gl. (2/46) $K(T) = 1/[1 + \alpha \exp(-1/u)]$ und nach Gl. (2/47) die Empfindlichkeit zu

$$(-B)\, S = \alpha \exp(-1/u)/u^2\, [1 + \alpha \exp(-1/u)]^2.$$

Mit Hilfe der Gl. (2/49) findet man hieraus die Linearisierungsbedingungen

$$1/2 \geqq u \geqq -1/2,$$

welche praktisch ohne Einschränkung gelten, da B von der Größe einige Tausend ist.

b) Thermistor-Linearisierung gegen $1/T$. Mit $x = 1/T$ wird der Widerstand $R(T) = A \exp(Bx)$ und ergibt mit $v = B/T$ folgende Beziehungen für die „Response“-Funktion und Empfindlichkeit:

$$K(v) = 1/[1 + \alpha \exp(-v)]; \quad S/B = \alpha \exp(-v)/[1 + \alpha \exp(-v)]^2.$$

Die Linearisierungsbedingungen lauten in diesem Fall: $2 \geqq v \geqq 0$.

c) Widerstandsthermometer gegen T *oder* $1/T$. Führt man $t = T/1000$ (T in °C) und das Widerstandsverhältnis $n(t) = r(t)/r(0)$ ein, worin sich $r(0)$ auf den Widerstand am Eispunkt bezieht, so läßt sich nach Gl. (2/38) $n(t)$ zu

$$n(t) = 1 + at + bt^2 + ct^3 \tag{2/54}$$

angeben. Mit $x = h(t)$, der Meßgröße, und $p = R_1/r(0)$ findet man die entsprechende Response-Funktion

$$K(x) = n(t)/[p + n(t)]$$

und die Empfindlichkeit S zu

$$S = \mathrm{d}K/\mathrm{d}x = pn'/h'(p + n)^2,$$

worin n' und h' die Ableitung nach t angeben. Die Linearisierungsgleichungen ergeben sich daraus wie folgt

$$2n'^2/(p + n) = n'' - (h''/h')\, n'; \quad 2n'^2/n \geqq n'' - (h''/h')\, n' \geqq 0.$$

Im Fall der Linearisierung nach der Temperatur wird $x = h(t)$, $h' = 1$, $h'' = 0$ und es gelten die Gln. (2/47), (2/49) und (2/50). Soll gegen $1/T$ linearisiert werden, gelten die Beziehungen (2/51) und (2/52).

Für das Platinthermometer mit $a = 3{,}98$, $b = -0{,}585$ und $c = 0$ ist die $R(T)$-Kurve nach unten gekrümmt und keine Linearisierung nach t möglich. Die Linearisierung gegen $1/T$ dagegen liefert einen Linearisierungsbereich

$$a \geqq 3{,}66 + b/a \geqq 0,$$

der auch für Ni und Cu anwendbar ist.

Für konventionelle Temperaturbereiche werden kommerziell Thermistorkreise mit einer Linearisierung gegen die Temperatur vertrieben und es sind keine externen Schaltmittel erforderlich. Solche Sensoren sind vorzüglich für *digitale Thermometer* und *Thermostaten* bei Ansteuerung eines spannungsabhängigen Oszillators (*Ed.* III, § 6.84) für die drahtlose Fernmessung geeignet.

Von *Stankovic* [2.281] wird ein einfacher, in Bild 2.44 dargestellter Temperatur/Frequenz-Konverter beschrieben, der aus einem astabilen Multivibratorkreis mit den Transistoren T_1 und T_2 und den frequenzbestimmenden Schaltelementen $R(T)\,C_1$ und R_2C_2 besteht, worin $R(T)$ den Thermistorwiderstand bedeutet. Die Multivibrator-Frequenz ist durch den Ausdruck

$$f(T) = \{\ln 2\,[R(T)\,C_1 + R_2C_2]\}^{-1}$$

gegeben, und liegt zwischen 200 und 20000 Hz. Durch geeignete Wahl der Schaltmittel läßt sich in einem größeren Temperaturbereich eine ausgezeichnete Linearität zwischen T und f erreichen.

Von *McLean* [2.206] wird eine einfache Thermistormeßbrücke mit linearem Ausgangssignal zwischen 0 und 50 °C angegeben und von *Alon* und *Jonas* [2.3] ein Thermistor-Thermometer mit linearisiertem Frequenzausgang für magnetische Aufzeichnung und Telemetrie beschrieben. Thermistoren als Schaltelemente in NF-Kreisen, s. [2.179].

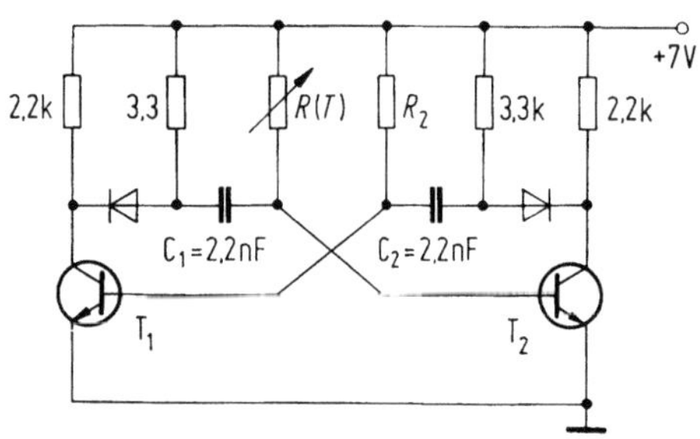

Bild 2.44. Thermistor-Temperatur/Frequenz-Konverter

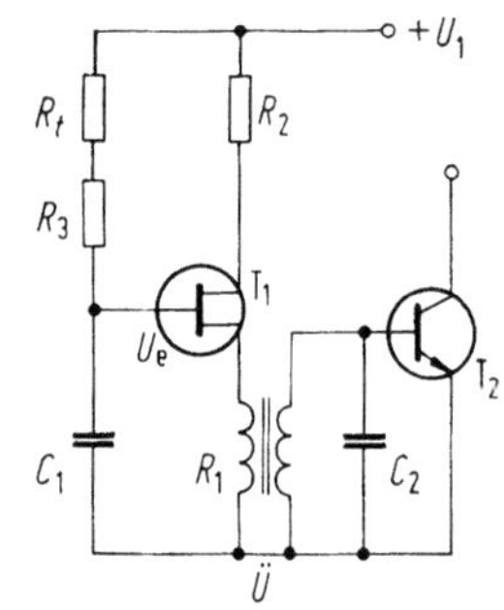

Bild 2.45. Thermistor-Temperaturintegrator

2.4.6.5 Temperaturintegrator mit Thermistor

Für spezielle Anwendungen, wie z. B. Messung des Zeitmittels der Temperatur, oder beim Strömungskalorimeter, können Temperaturintegratoren benutzt werden. Von *Weaving* [2.305] werden hierzu geeignete Meßkreise angegeben, deren Prinzip in Bild 2.45 dargestellt ist. Es handelt sich um einen Relaxationsoszillator von sehr kleiner Frequenz, der aus dem Schalttransistor T_1 und dem Entladungskreis $C_1R_3R_tR_2R_1$ besteht, wobei der Thermistor R_t als temperaturabhängiger Widerstand die Oszillatorfrequenz bestimmt. Zu Beginn des Ladevorgangs liegt der Emitter von T_1 an Erdpotential, d. h. T_1 ist nichtleitend. Der Kondensator C_1 wird nun über R_t und R_3 aufgeladen, wobei sich die Emitterspannung U_e exponentiell bis auf die Speisespannung U_1 steigert. Beim Erreichen der Durchbruchspannung U_p wird der Emitter positiv und der dynamische Widerstand zwischen Emitter und Basis sehr klein, wodurch sich C_1 über die Primärwicklung R_1 des Übertragers Ü entlädt. Dieser Zyklus wiederholt sich im Zeitintervall

$$\tau = R_t C_1 \ln (1 - \eta)^{-1},$$

wenn $\eta = U_p/(U_e - U_d)$ und U_d eine nur schwach von der Temperatur abhängige Spannung bedeutet. Durch geeignete Wahl von R_3 wird der Serienwiderstand $(R_t + R_3)$ zu $1/T$ proportional und die Relaxationsfrequenz τ^{-1} eine lineare Funktion von T.

Die Signale werden durch den Übertrager Ü ausgekoppelt und auf den Transistor T_2 gegeben, durch den ein Zähler angesteuert wird. Die Zählraten sind von der Betriebsspannung U_1 abhängig und können z. B. von 40 1/min bei 10 °C bis 70 1/min bei 30 °C zunehmen.

2.4.6.6 Direkte Verstärkungsmethoden

Zur trägheitsarmen und empfindlichen Messung der Temperatur mittels Widerstandsthermometer wird von *Tavoularis* [2.290] ein einfacher elektronischer Verstärker mit geringer Drift und proportionalem Signalausgang für kleine Temperaturdifferenzen beschrieben, der in Bild 2.46 wiedergegeben ist. Die Meßanordnung besteht aus der einstellbaren Spannungsquelle A, welche die Spannung U_1 liefert, dem Spannungs-Strom-Konverter B, der den Thermometerwiderstand R_t mit konstantem Strom versorgt und den Konstantwiderstand R_n zur Messung des Stromes enthält, sowie aus dem Vergleichsspannungskreis C zur Einstellung der Ausgangsspannung und Verringerung der Gesamtdrift. Referenzsignal U_r

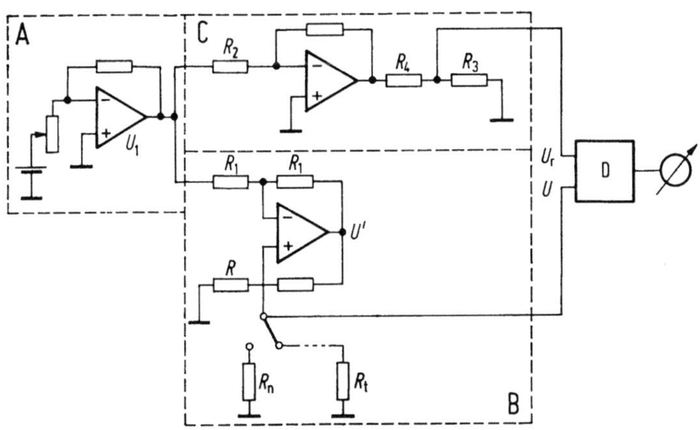

Bild 2.46. Direkte Verstärkung für Widerstandsthermometer

und Meßspannung U werden dem Differentialverstärker D zugeführt. Da die Zweige der Brücke in B abgeglichen sind, der durch R_t fließende Strom unabhängig von diesem ist und $i = -U_1/R$ beträgt, ergibt sich die Ausgangsspannung zu

$$U - U_r = -U_1 \alpha_0 R_{t0}/R \cdot (T - T_0).$$

Dabei ist vorausgesetzt, daß $R_3/R_4 = R_{t0}/R$ (R_{t0} Widerstand bei 0°C) ist; α_0 ist der Temperaturkoeffizient von R_t.

Diese Methode eignet sich zur Messung von Temperaturschwankungen im Bereich 2 bis 5 kHz, wozu blanke Platindrähte von 0,2 bis 1,0 µm Durchmesser benutzt werden. Die Temperaturauflösung dieser für Messungen an turbulenten Gasströmen benutzten Methode liegt bei 20 µK.

Zur schnellen und genauen Temperaturmessung in strömenden Flüssigkeiten oder Gasen gleichzeitig an vielen Meßstellen mit Hilfe von Thermistoren kleinster Abmessungen ist von *Fowlis* [2.100] eine abgeglichene Wheatstone-Brücke angewandt worden. Die Meßstellen werden über einen rauscharmen elektronischen Umschalter auf einen stabilen, linearen Gleichspannungsverstärker geschaltet; ihr Signal wird nach einer Analog-Digital-Konversion einem schnellen Digitalrecorder zugeführt. Mit diesem Verfahren lassen sich pro Sekunde bis zu 150 Temperaturen im Bereich von 10 bis 40°C mit einer Genauigkeit von ±10 mK registrieren.

2.4.6.7 Messung von Temperaturdifferenzen

Mit Hilfe der Wheatstone-Brücke kann in *einer* Ablesung die Temperaturdifferenz zweier Widerstandsthermometer bestimmt werden, wenn die Eichkurven beider Thermometer innerhalb des Meßbereichs übereinstimmen. Man schaltet zu diesem Zweck in den 1. Zweig der Brücke den Widerstand R_1 und die Blindzuleitungen des zweiten Thermometers, in den 2. Zweig R_2 und die Blindzuleitungen des ersten Thermometers und zusätzlich den bekannten Abgleichwiderstand R_x. Sind die beiden anderen Zweige gleich, so wird $R_1 - R_2 = R_x$. Diese Methode ist besonders zur Messung des Thomson-Joule-Effektes (Abschn. 6.6) benutzt worden.

Bei einer weiteren Methode werden beide Widerstandsthermometer mittels Kompensationsverfahren gemessen und an jedem Ende mit je drei Zuleitungen versehen. Die entsprechenden Zuleitungspaare dienen der Stromzuführung und zur Potentialmessung, das dritte zur Parallelschaltung eines bekannten Widerstandes r_1, bzw. r_2. Betragen die Widerstände der beiden Thermometer R_1 und R_2, so gilt für den Abgleich mit Hilfe eines Differentialgalvanometers oder eines elektronischen Differentialverstärkers

$$1/R_1 + 1/r_1 = 1/R_2 + 1/r_2,$$

woraus für die Widerstandsdifferenz der beiden Thermometer

$$R_2 - R_1 = R_1 R_2 (r_1 - r_2)/(r_1 r_2)$$

folgt.

Von *Kleven* et al. [2.171] wird ein stabiles Differential-Platinthermometer angegeben, das zur Messung kleiner Wärmeströme im Bereich von -70 bis 0 °C dient und für maximale Temperaturdifferenzen von ± 2 K ausgelegt ist. Die einzelnen Widerstände aus 15 µm starkem Draht werden schraubenförmig mit einem Durchmesser von 0,25 mm gewickelt und mit Glas auf einen Platindraht freitragend aufgeschmolzen. Bei einem Widerstand von 500 Ω bei 0 °C wird eine Stabilität von ± 1 mK erzielt.

2.4.7 Meßfehler und Eichung

2.4.7.1 Erwärmung des Thermometers durch den Meßstrom [2.194]

Grundsätzlich läßt sich die Meßgenauigkeit beim Widerstandsmeßverfahren steigern, wenn man den Meßstrom vergrößert. Gleichzeitig erhöht sich damit die im Thermometer verbrauchte elektrische Leistung und kann zu einer merklichen *Übertemperatur* des Drahtes gegen seine Umgebung führen. Die Übertemperatur des Thermometers, die durch den Meßstrom i hervorgerufen wird, hängt außer vom Widerstand R von der *Anzeigeträgheit* des Sensors (Abschn. 2.9), d. h. von dessen Wärmeübertragung an die Meßstelle ab. Bei kleinen Belastungsströmen ist die zu i^2 proportionale Widerstandszunahme bzw. Temperaturerhöhung experimentell nachgewiesen. Bei gleicher Meßleistung kann nach *Callendar* die Übertemperatur Δt bei der Absoluttemperatur T aus der Temperaturerhöhung Δt_0 am Eispunkt aus der Beziehung $\Delta t = 273\,\Delta t_0/T$ berechnet werden.

Man findet Δt_0, wenn man bei zwei verschiedenen Stromstärken i_1 und i_2 mißt und die Temperaturerhöhung $\tau = \alpha i^2$ einführt. Aus beiden Messungen mit dem experimentell bestimmbaren Wert $\Delta\tau = \tau_2 - \tau_1$ und der Größe $\alpha = (\tau_2 - \tau_1)/(i_1^2 - i_2^2)$ findet man die gesuchte Temperaturerhöhung für die Meßströme i_1 und i_2 zu

$$\Delta t_1 = \Delta\tau i_1^2/(i_2^2 - i_1^2) \quad \text{und} \quad \Delta t_2 = \Delta\tau i_2^2/(i_2^2 - i_1^2).$$

Lieneweg hat den Erwärmungsfehler von Widerstandsthermometern unterschiedlicher Bauart für $i = 10$ mA in ruhender Luft und Wasser bei 20 °C gemessen und ihn zwischen 0,06 und 1,0 K gefunden.

2.4.7.2 Druckeinflüsse

Von *Knobler* et al. [2.173] ist der Einfluß hydrostatischen Druckes auf die Temperaturanzeige von in Glas eingeschmolzenen Miniatur-Platinthermometern (Degussa Typ P4) von 25 mm Länge und 2 mm Durchmesser mit dem Eispunkt-

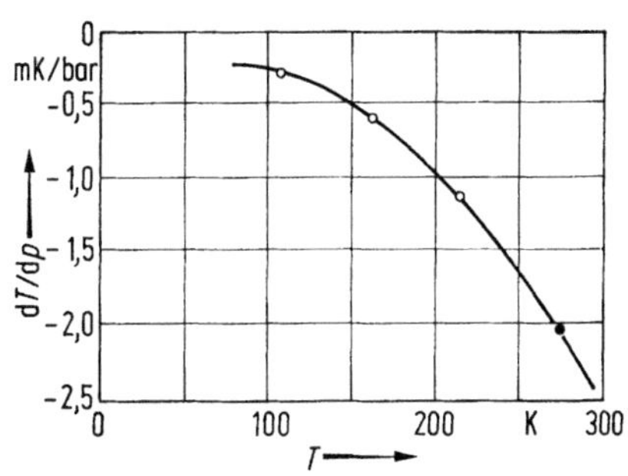

Bild 2.47. Druckeinfluß auf Widerstandsthermometer

widerstand 100 Ω zwischen 77 und 300 K untersucht worden. Bis zu Drücken von etwa 100 bar nimmt der Thermometerwiderstand linear mit dem Druck ab und zeigt einen Druckkoeffizienten $dT/dp = -2{,}0$ bis $11 \cdot 10^{-6}$ K/bar, der entsprechend Bild 2.47 von der Temperatur abhängt.

Bei Messungen im Vakuum treten Meßfehler durch Strahlungseinfall auf, da die thermische Ankopplung an die Umgebung nur über Festkörperleitung stattfindet. Sie lassen sich durch geeignete Strahlungsschilde aus dünner Silberfolie oder mit Al bedampfter Mylarfolie merklich reduzieren.

2.4.7.3 Stabilität von Widerstandsthermometern

Zur Prüfung der Stabilität wird die Temperatur einer Meßprobe periodisch über eine bestimmte Zeitspanne gemessen und mit der Angabe eines Standardthermometers verglichen. Die Differenz zwischen den Meßwerten entspricht der Genauigkeit des untersuchten Thermometers; ihr zeitlicher Verlauf wird als *Stabilität* bezeichnet. Zweckmäßig wird ΔT über $\log t$ aufgetragen und dies stellt eine Kennzeichnung der Stabilität dar, die vom Alterungsprozeß des Thermometers abhängt. Als Ursachen von Instabilitäten kommen in Betracht: Änderungen der Stoffwerte; Oberflächenadsorption von Verunreinigungen; Haarrisse infolge unterschiedlicher Wärmedehnung und Änderung des Anschlußwiderstandes an den Kontakten durch Diffusion von Zinn in das Material. Im allgemeinen bildet bei *Thermistoren* die ΔT, log t-Darstellung eine Gerade mit negativer Steigung. Eine gute Stabilität wird durch geeignete Zusammensetzung und Sinterbehandlung erreicht, um nach Möglichkeit Phasenänderungen zu verhindern. Auch durch Erwärmen des Thermometers auf die maximale Gebrauchstemperatur läßt sich die Stabilität verbessern.

Die *Reproduktion* eines Thermistors, d. h. der Austausch einer defekten Einheit, ist ohne Eichung meist nicht möglich, da sein Widerstand $R \sim L/A$ (L Länge, A Querschnitt) und geometrische Abweichungen unvermeidbar sind.

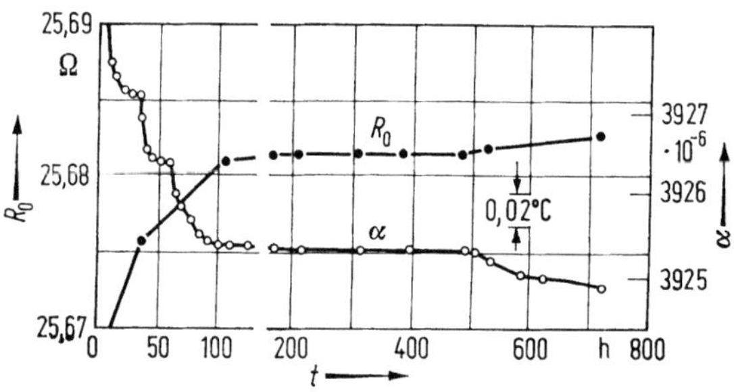

Bild 2.48. Stabilität eines Pt-Thermometers nach Erhitzen auf 900 °C

Die Stabilität von *Pt-Widerstandsthermometern* wird durch Eichmessungen bei 0 und 100 °C geprüft, da sich Änderungen der Widerstandscharakteristik bei höheren Temperaturen hiermit nachweisen lassen. Durch Verwendung von dünnem Platindraht, der in einer Doppelwendel um das Glimmerkreuz gewickelt wird, gelingt es, sehr stabile Thermometer herzustellen. Nach Untersuchungen am NBS, bei denen die Thermometer in Intervallen von 100 K oberhalb von 700 °C jeweils 0,5 bis 2 h erhitzt wurden, fällt mit wachsender Temperzeit der Widerstand R_0 am Eispunkt und steigt der Beiwert α entsprechend Gl. (2/38) auf einen konstanten Wert an, wie aus Bild 2.48 ersichtlich ist. Die Größe α bleibt bis 1000 °C etwa konstant, während R_0 nach 600 h Temperns bei 1000 °C um etwa 3 mΩ (bei einem 25 Ω-Widerstand) abnimmt. Am Eispunkt betragen die durch Tempern hervorgerufenen Meßfehler etwa ± 5 mK; die Reproduzierbarkeit liegt bei 1 mK.

2.4.7.4 Eichmethoden

Die Eichung von Platinthermometern erfordert die Bestimmung der Werte von R_0, A und B an drei Fixpunkten entsprechend Gl. (2/36), bzw. der Größen R_0, α, β und δ an vier Fixpunkten, wenn die Interpolationsformel (2/38) für den Bereich bis −190 °C benutzt wird.

Das in Abschn. 2.4.5.1 beschriebene Miniatur-Pt-Thermometer nach [2.161] wird mit Hilfe eines Lagrangeschen Interpolationspolynoms am Eispunkt und bei den Normalsiedepunkten von He, H_2 und O_2 geeicht. Von *Pratt* und *Ailion* [2.240] wird zur Eichung von Pt-Thermometern im Bereich 75 bis 400 K der Vergleich bei 0 °C und am LN_2-Siedepunkt vorgeschlagen und mit der in Gl. (2/39) definierten *Z*-Funktion von *Cragoe* ausgewertet. Die erreichte Genauigkeit dieser Methode liegt bei $\pm 0{,}01$ K.

Allgemeine Hinweise für Eichverfahren und die Darstellung von Fixpunkten der IPTS-68 sind in Abschn. 2.8 enthalten.

2.4.8 Anwendungen spezieller Art

Im Vergleich zu anderen Thermometern kann mit dem Widerstandsthermometer die über den Querschnitt *gemittelte* Temperatur von Gas- und Flüssigkeitsströmen unmittelbar gemessen werden. Es werden sehr dünne Pt-Drähte von 10 μm Durchmesser quer zur Strömungsrichtung gespannt, deren Temperatur praktisch trägheitslos der Meßgröße folgt; die durch Turbulenzen erzeugten Temperaturschwankungen von 10 μK lassen sich ohne Schwierigkeiten beobachten. Auch zur Messung der Oberflächentemperatur ist das Widerstandsthermometer geeignet, wenn der Meßdraht isoliert auf die Meßstelle geklebt wird.

Bei der Messung an rotierenden Teilen läßt sich der zu messende Widerstand *kontaktlos* mit einer induktiven Methode genau bestimmen. Von *Geet* [2.109] wird zur Messung der magnetischen Kernresonanz in rotierenden Proben und gleichzeitiger Temperaturbestimmung ein durch eine kleine Gasturbine mit 20 bis 30 Hz angetriebener, koaxial angeordneter Thermistor benutzt; zwischen -50 und $+150\,^\circ$C ist die erzielte Genauigkeit besser als ± 1 K.

Für Messungen der Oberflächentemperatur von Glas, Quarz- oder Vycor-Glas bei Temperaturen bis 1100 K lassen sich aufgedampfte Au-Gitter von 5 μm Dicke und 0,2 mm Breite verwenden, die mit Strom- und Potentialzuführungen versehen sind.

2.5 Strahlungspyrometer

[1.24; 2.248]

2.5.1 Grundlagen der Pyrometrie

In Abschn. 1.8 sind bereits die wichtigsten Beziehungen angegeben worden, nach denen sich die Temperatur einer strahlenden Substanz durch Messung der emittierten Energie oder der mit der Temperatur zusammenhängenden Wellenlänge bestimmen läßt. Im allgemeinen sind die dabei benutzten Methoden auf Temperaturen oberhalb von 600 °C beschränkt; in speziellen Anwendungen sind pyrometrisch auch weit tiefere Temperaturen meßbar, wenn der Emissionskoeffizient der strahlenden Oberfläche bekannt ist. Bis zu 1000 °C werden *Gesamtstrahlungspyrometer* angewandt, bei welchen nach Gl. (1/80) innerhalb eines bekannten Raumwinkels die Strahlungsleistung durch geeignete Strahlungsempfänger (Abschn. 2.5.2) gemessen wird. *Optische Pyrometer* werden oberhalb von 1000 °C verwendet und bestimmen die gesuchte Temperatur aus der Strahlungsintensität bei einer bestimmten Wellenlänge oder durch fotometrischen Vergleich der Strahlung mit der eines bekannten Strahlers. Mit dem *Farbpyrometer* wird aus der Farbtemperatur, d. h. innerhalb eines z. B. durch ein Filter festgelegten Wellenlängenbereichs die wahre Temperatur gemessen, wobei die spektrale Leuchtdichte $L_s(\lambda, T)$ durch die Plancksche Formel (1/84) gegeben ist.

2.5.1.1 Bestimmung der Temperatur aus Strahlungsmessungen

Um die pyrometrische Temperaturmessung auf die thermodynamische Temperaturskala zurückzuführen, müssen die Beobachtungen an die thermometrischen Fundamentalpunkte, den Tripel- und Siedepunkt von Wasser, angeschlossen werden. Da die Strahldichte bei diesen niedrigen Temperaturen äußerst gering ist, kann der Anschluß nur über die Gesamtstrahlung eines *schwarzen Körpers* mit Hilfe des Stefan-Boltzmann-Gesetzes (1/80) gewonnen werden. Hierzu muß ein schwarzer Körper auf 100 °C gebracht und die abgestrahlte Energie von einem zweiten bei 0 °C restlos absorbiert werden. Diese Methode liefert nur die Differenz der Gesamtstrahlungen und ist nicht zur genauen Festlegung der Temperaturskala geeignet.

Nach der IPTS-48 wird die unbekannte Temperatur T eines schwarzen Strahlers dadurch bestimmt, daß man bei vorgegebener Wellenlänge seine Strahldichte $L_s(\lambda, T)$ mit der Strahldichte $L_s(\lambda, T_{Au})$ des auf den Goldschmelzpunkt gehaltenen schwarzen Körpers vergleicht. Dabei soll das experimentell gefundene Verhältnis v der beiden Strahldichten mit der Planckschen Strahlungsformel ausgewertet werden:

$$v = \frac{L_s(\lambda, T)}{L_s(\lambda, T_{Au})} = \frac{\exp(c_2/\lambda T_{Au}) - 1}{\exp(c_2/\lambda T) - 1}. \qquad (2/55)$$

Für die Konstanten sind die Werte $T_0 = 273{,}15$ K, $T_{Au} = 1336{,}15$ K und $c_2 = 1{,}438$ cmK festgelegt. Im Bereich der Wienschen Formel (1/83) vereinfacht sich Gl. (2/55) zu

$$1/T = 1/T_{Au} - \frac{\lambda}{c_2} \ln v. \qquad (2/56)$$

Diese Beziehung bezeichnet man als die *Hauptgleichung der optischen Pyrometrie*. Zur Bestimmung von v verwendet man ein Schwächungsmittel, z. B. einen rotierenden Sektor mit veränderlichem Durchlaßgrad.

Die in den Gln. (2/55) und (2/56) auftretenden Größen sind monochromatische Größen. Bei der praktischen Anwendung dieser Beziehungen wird die Wellenlänge durch Farbfilter und Monochromatoren mit spektralen Transmissionsgraden $\tau(\lambda)$ ausgesondert und die Strahlung eines endlichen Spektralbereichs durchgelassen. Der Empfänger, das menschliche Auge oder eine Fotozelle, wertet die Strahlung nach seiner spektralen Empfindlichkeit $V(\lambda)$ aus. Das Verhältnis v, aus dem die gesuchte Temperatur bestimmt wird, bezieht sich daher nicht mehr auf Strahl- sondern auf Leuchtdichten; anstelle von Gl. (2/55) ist zu setzen:

$$v = \frac{\int L_s(\lambda, T)\, \tau(\lambda)\, V(\lambda)\, d\lambda}{\int L_s(\lambda, T_{Au})\, \tau(\lambda)\, V(\lambda)\, d\lambda}, \qquad (2/57)$$

wobei über den Spektralbereich, in dem $\tau(\lambda)$ und $V(\lambda)$ von Null verschieden sind, zu integrieren ist. Bei bekanntem $\tau(\lambda)$ kann man den Wert von v aus Gl. (2/57) dem Verhältnis spektraler Leuchtdichten bei der eindeutig bestimmbaren *effektiven Wellenlänge* λ_e gleichsetzen, d. h.

$$v = L_s(\lambda_e, T_1)/L_s(\lambda_e, T_2). \qquad (2/58)$$

Für $T_2 \to T_1$ geht λ_e in eine nur von T abhängige *Grenzwellenlänge* λ_g über, die im Rahmen der Wien-Formel durch die Beziehung

$$\lambda_g(T)^{-1} = \frac{\int L_s(\lambda, T)\, \tau(\lambda)\, V(\lambda)\, d\lambda/\lambda}{\int L_s(\lambda, T)\, \tau(\lambda)\, V(\lambda)\, d\lambda} \qquad (2/59)$$

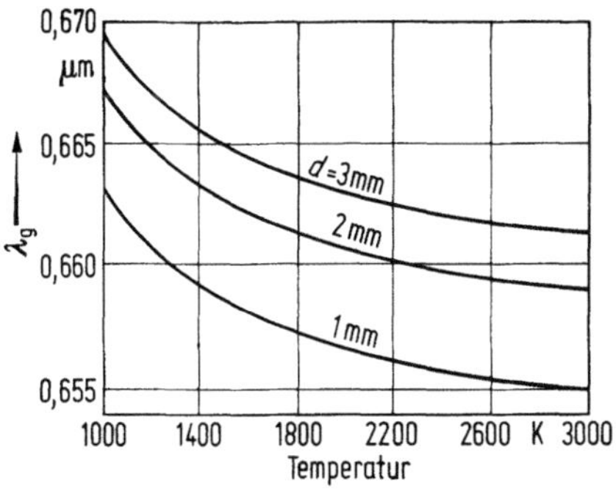

Bild 2.49. Grenzwellenlänge λ_g als Funktion der Temperatur T des schwarzen Körpers für Rotgläser verschiedener Dicke d (Typ RG 2 von Schott)

festgelegt und durch numerische Integration zahlenmäßig als Funktion von T in Bild 2.49 berechnet ist. Zwischen $\lambda_e(T_1, T_2)$ und $\lambda_g(T)$ gilt in guter Näherung

$$\lambda_e(T_1, T_2) = 1/2[\lambda_g(T_1) + \lambda_g(T_2)]. \qquad (2/60)$$

Mit Hilfe von λ_e kann die gesuchte Temperatur T aus der Wienschen Formel zu

$$\frac{1}{T} = \frac{1}{T_{Au}} - \frac{\lambda_g(T, T_{Au})}{c_2} \ln v \qquad (2/61)$$

bestimmt werden, die mit Gl. (2/56) übereinstimmt, wenn man λ durch λ_e ersetzt.

Da das Verhältnis der Strahldichten eines schwarzen Körpers bei zwei verschiedenen Wellenlängen λ_1 und λ_2 eindeutig von der Temperatur abhängt, kann man diese daraus bestimmen. Dasselbe gilt für einen beliebigen Temperaturstrahler, sofern die spektralen Emissionsgrade bei diesen Wellenlängen übereinstimmen, d. h.

$$\frac{L(\lambda_1, T)}{L(\lambda_2, T)} = \frac{L_s(\lambda_1, T)}{L_s(\lambda_2, T)}. \qquad (2/62)$$

Diese Methode eignet sich besonders für die *grauen Strahler*, deren spektrale Emissionsgrade definitionsgemäß unabhängig von λ sind.

2.5.1.2 Der schwarze Körper

Schwarze Strahler für niedrige und mittlere Temperaturen lassen sich durch einen gleichförmig temperierten Hohlraum herstellen, der innen durch Platinschwarz oder Oxiden aus Fe, Ni, Cr oder Co geschwärzt ist. Der von *Lummer* und *Kurlbaum* (1898) verwendete schwarze Strahler, der in Bild 2.50 dargestellt ist, besteht aus dem zylindrischen Rohr R_1 aus Marquardtscher Masse von etwa 40 cm Länge, das im Innern eine Reihe von Diaphragmen enthält, durch die die Schenkel des Thermoelements Th geführt sind. Zwei weitere Rohre R_2 und R_3, die durch einen Luftraum vom Innenrohr getrennt sind, dienen zur thermischen Isolation, die zusätzlich durch den Isoliermantel M aus Asbest verstärkt wird. Der innere Zylinder R_1 aus feuerfester Keramik ist mit einer Platinband-Wicklung W zur elektrischen Beheizung versehen. Die Bedingungen der homogenen Hohlraumstrahlung sind nur dann erfüllt, wenn alle Flächenelemente einschließlich der Lötstelle des Pt/PtRh-Elements gleich hell erscheinen.

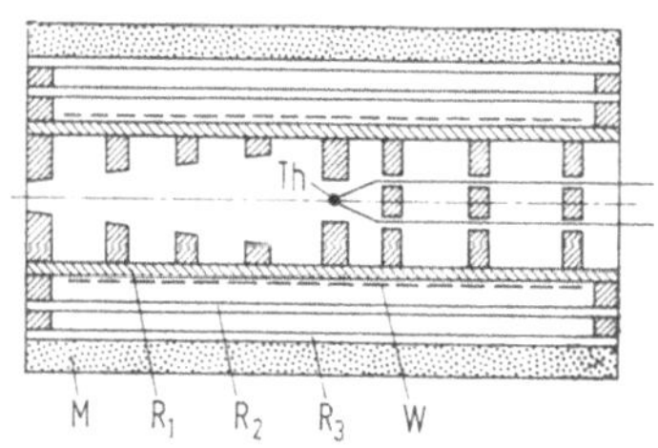

Bild 2.50. Schwarzer Körper. Nach *Lummer* und *Kurlbaum*

Diese Konstruktion wurde von *Brodhun* und *Hoffmann* [2.39] dadurch verbessert, daß in die innerste Kammer noch ein zweites Rohr eingeführt wurde, das durch die Strahlung der äußeren Wände beheizt wird. Als Werkstoffe kommen nur diffus reflektierende Materialien in Frage, also keine blanken Metallrohre. Kohlerohre mit konstanter Wandstärke eignen sich für eine direkte elektrische Hochstrombeheizung. Für Temperaturen bis 2300 °C konstruierten *Nothdurft* und *Willenberg* [2.225] einen schwarzen Körper aus einem *Wolframrohr*, das direkt mit 1000 A beheizt wird und im Innern mit Wolframwolle ausgekleidet ist. Das gasdichte Innenrohr ist mit mehreren Schutzzylindern aus Wolframblech umgeben und wird zum Schutz gegen Oxidation mit einem N_2/H_2-Gasgemisch durchspült.

Müller et al. [2.217] konstruierten einen Hohlraumstrahler für 3000 °C aus einem Wolframrohr von 23 mm Länge und 11 mm Durchmesser, das induktiv durch einen Tonfrequenzgenerator bei 10 kHz mit 8 kVA beheizt wird. Nach *Tingwaldt* [2.296] lassen sich auch kleine Rohre aus Nernst-Masse (85 bis 92% Zirkonoxid, 8 bis 15% Yttriumoxid), die an Luft bis 2300 °C erhitzt werden können, als schwarze Strahler verwenden.

Die Temperatur des Strahlers wird gewöhnlich mit einem in diesen eingeführten Thermoelement (Abschn. 2.3.3) gemessen. Soll eine Eichung im Goldschmelzpunkt erfolgen, so kann man ein zweites Thermoelement mit einem Golddraht zwischen den Pt/PtRh-Schenkeln einbauen und mit dem ersten die Temperatur in der Nähe des Schmelzpunktes messen.

Von *Hoffmann* und *Meißner* [2.146] ist eine Form des schwarzen Strahlers angegeben worden, mit der die Frage der exakten Temperaturmessung einwandfrei gelöst werden konnte. Wie in Bild 2.51 dargestellt ist, wird ein kugelförmiger Hohlraum H mit trichterförmigem Ansatz aus Marquardtscher Masse in einen Schmelztiegel T mit flüssigem *Gold* oder *Palladium* getaucht und die austretende

Strahlung über das totalreflektierende Prisma P beobachtet. Während des Erstarrens oder Schmelzens ist die Temperatur über einige Zeit konstant und gewährleistet eine sichere Messung. Eine analoge Methode ist bei Messungen des Schmelzpunktes von *Platin* und *Iridium* benutzt worden. Behelfsmäßig kann auch ein elektrisch beheiztes Platinröhrchen von 6 bis 8 mm Durchmesser verwendet werden, das an der heißesten Stelle ein seitliches Loch von etwa 3 mm Durchmesser besitzt. Auch die aus einer Falte eines zusammengekniffenen Platinbandes bei kleinem Austrittswinkel emittierte Strahlung ist angenähert als schwarz zu betrachten.

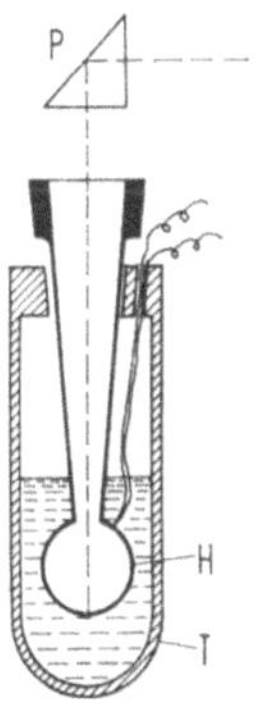

Bild 2.51. Tauchstrahler. Nach *Meißner*

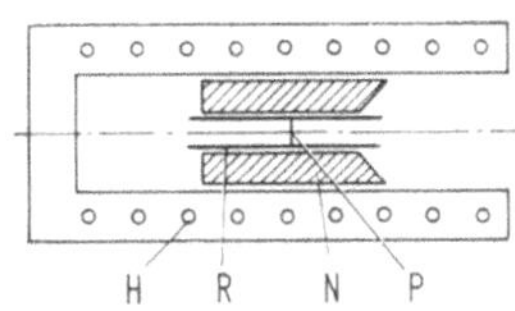

Bild 2.52. Goldöfchen

Den thermometrischen Anschluß an den Goldschmelzpunkt erhält man auf einfache Weise mit dem in Bild 2.52 dargestellten Öfchen. Er besteht aus einem Rohrofen mit der Heizwicklung H aus Cr-Ni-Draht, dem Nickelrohr N und einem dünnwandigen Porzellanröhrchen R von etwa 2 mm Innendurchmesser, das in der Mitte ein Goldplättchen P mit rauher Oberfläche enthält. Man verfolgt bei langsam steigender Temperatur die Strahlungsintensität, bis am Goldpunkt plötzlich die Durchsicht frei wird.

Für Strahlungsmessungen an metallischen Heizleitern kann man eine feine radiale Bohrung anbringen; günstiger ist die von *Euler* [2.85] empfohlene Methode, den Heizdraht koaxial mit reflektierenden Strahlungsschilden zu umgeben, die mit Zinkoxid bestrichen sind.

Eine neuere Ausführungsform eines schwarzen Strahlers wird von *Simmons* et al. [2.270] beschrieben und in Bild 2.53 vereinfacht dargestellt. Im zylindrischen Metallgehäuse C ist der Heizkörper A, ein zylindrisches Graphitrohr von 6,5 mm Außendurchmesser und 0,13 mm Wandstärke mit verkupferten Enden, am oberen Ende E_1 im Flansch G fest montiert, während das untere Ende E_2 in einem durch O-Ringe geführten und abgedichteten Kolben befestigt ist. Auf diese Weise können mechanische Spannungen infolge der thermischen Ausdehnung des Heizrohrs vermieden werden. Die Stromzuführung geschieht über den Metallbalg B, der mit der Elektrode Z verbunden und gegen C durch den Flansch I isoliert ist. Beide Stromanschlüsse werden mit Wasser gekühlt; der Innenraum des Ofens wird von Argon durchspült. Zur Strahlungsmessung ist A mit einem schmalen Fenster F ($0{,}8 \times 6{,}5$ mm^2) versehen und sind in C entsprechende Öffnungen vorgesehen. Mit einem Wechselstrom von 70 bzw. 165 A erreicht der Strahler Temperaturen von 730 bzw. 1730 °C. Die höchste Temperatur wird bei 2130 °C mit einer Leistung von etwa 2 kVA erreicht.

Der von *Lapworth* et al. [2.187] beschriebene schwarze Strahler ist für einen Wellenlängenbereich von 0,2 bis 5 μm bestimmt und erreicht eine Maximaltemperatur von 2730 °C. Das Heizelement besteht ebenfalls aus einem elektrisch beheizten, dünnwandigen Graphitrohr von 9 cm Länge, 7 mm Außendurchmesser und einer Bohrung von 3 mm Durchmesser, in die ein konischer Graphitstopfen etwa in der Rohrmitte eingesetzt ist. Der Ofen wird im Vakuum betrieben und durch Wolframzylinder gegen Abstrahlung geschützt. Die maximal aufgenommene Leistung beträgt 5 kVA.

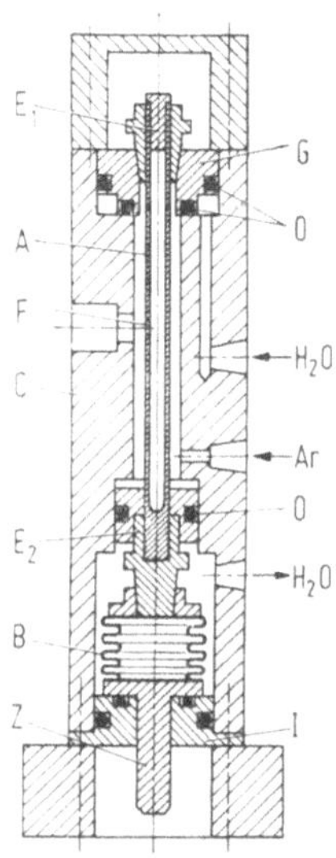

Bild 2.53. Schwarzer Strahler. Nach *Simmons* et al.

Ein schwarzer Körper gibt, abgesehen von Leitungsverlusten in der Ofenkonstruktion, seine Energie nur durch Strahlung ab und wird eine von der Temperatur abhängige konstante Verteilung im abgestrahlten Wellenlängenbereich aufweisen. In Bild 2.54 ist in Abhängigkeit von der Temperatur die gesamte abgestrahlte Energiedichte und die in den Wellenlängenintervallen von 0 bis 10 μm auftretende dargestellt. Wird maximale Energieabgabe innerhalb eines bestimmten Wellenlängenbereichs gefordert, sollte der Strahler mit höchstmöglicher Temperatur betrieben werden. Ist dagegen nach dem Wirkungsgrad bei der Umsetzung in Strahlungsenergie in einem bestimmten Wellenlängenbereich gefragt, so ist die Darstellung nach Bild 2.55 zu benutzen, in der der Wirkungsgrad η_s für den Bereich $\lambda = 0$ bis 10 μm nach der Wien-Formel berechnet ist.

2.5.1.3 Methoden der Lichtschwächung

Das Leuchtdichteverhältnis v in Gl. (2/56) wird meist mit dem *rotierenden Sektor* bestimmt, der die Leuchtdichte des schwarzen Körpers bei der zu messenden Temperatur auf die eines schwarzen Körpers bekannter Temperatur erniedrigt. Der maximale Betrag der Schwächung liegt bei 1/100, wobei eine Genauigkeit von 0,3% erreichbar ist. Seine Wirkung beruht darauf, daß das Licht des Strahlers entsprechend dem Winkel des radial verlaufenden Sektorausschnittes während jedes Umlaufs nur für den geometrisch bestimmbaren Bruchteil hindurchgelassen wird. Die Umlauffrequenz wird etwa zu 30 Hz gewählt, bei der ein Flimmern nicht mehr wahrgenommen wird. Beim Einbau des Sektors ist darauf zu achten, daß das vom Strahler ausgehende Lichtbündel durch den Sektorausschnitt nicht weiter eingeengt wird als dem Öffnungswinkel des optischen Pyrometers entspricht.

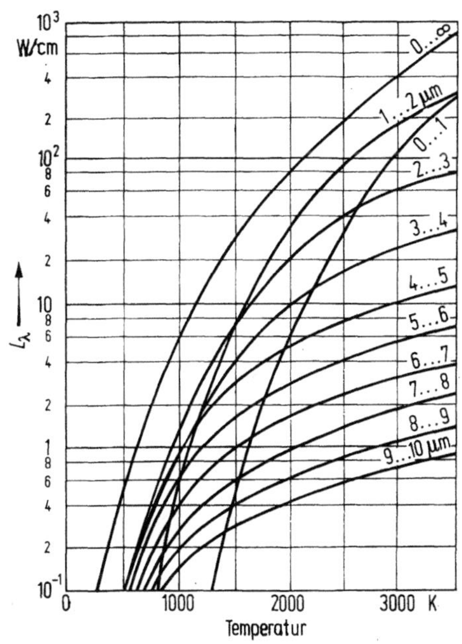

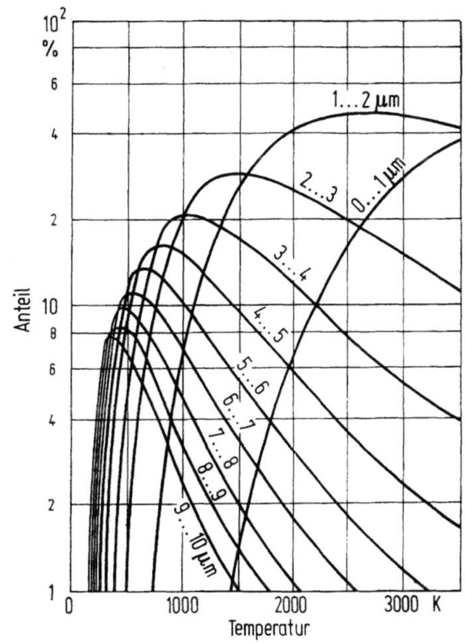

Bild 2.54. Teilstrahlung als Funktion der Temperatur

Bild 2.55. Isothermer Wirkungsgrad bei der Strahlungsemission als Funktion der Temperatur

Aus Gl. (2/56) erhält man für $\lambda = 0{,}65\ \mu m$ die Beziehung

$$1/T = (7{,}4842 - 1{,}0408 \log v) \cdot 10^{-4},$$

nach der in Tabelle 2.21 die gesuchten Temperaturen für einige Werte von v berechnet sind.

Tabelle 2.21.

v	t in °C	v	t in °C
100	1578	1000	2019
200	1692	2000	2197
300	1765	3000	2314
500	1866	5000	2478

Nach dieser Tabelle ist mit dem rotierenden Sektor im Anschluß an den Goldschmelzpunkt höchstens eine Temperatur von 1578 °C zu messen. Für höhere Temperaturen läßt sich ein *Hilfsstrahler* benutzen, dessen Temperatur T_H zwar nicht bekannt, jedoch genügend konstant sein muß; man vergleicht zunächst die gesuchte Temperatur mit diesem, wobei $T_H > T_{Au}$, und dann den Hilfsstrahler mit dem Goldpunkt.

Optische Abbildung

Nach *Kurlbaum* lassen sich größere Werte von v erzielen, wenn man — wie in Bild 2.56 gezeigt — durch eine Linse L ein reelles Bild des Strahlers S auf einem weißen Schirm Sch bekannten Reflexionsvermögens entwirft und die Flächenhelligkeit des Bildes ausmißt. Bezeichnet man mit $2r$ den Blendendurchmesser

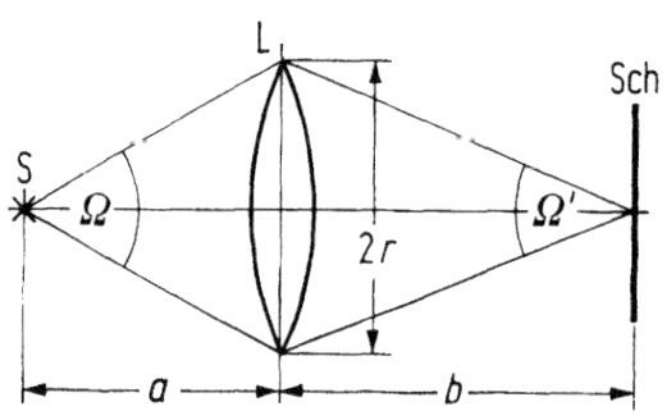

Bild 2.56. Lichtschwächung durch Abbildung

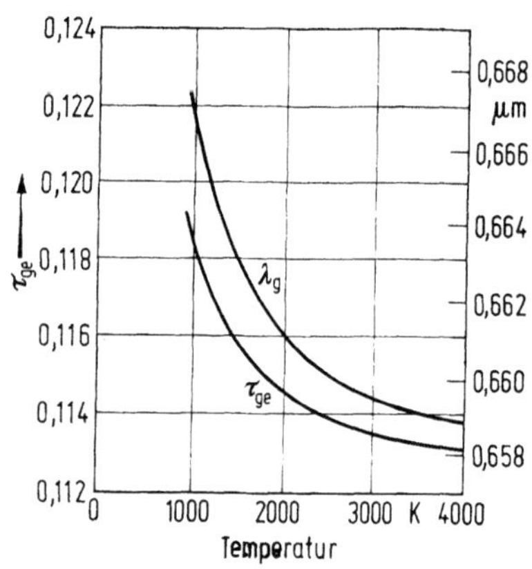

Bild 2.57. Effektiver Durchlaßgrad und Grenzwellenlänge von Filtern

der Linse und mit a bzw. b Objekt- und Bildabstand, so ergibt sich mit den Raumwinkeln $\Omega = r^2\pi/a^2$ und $\Omega' = r^2\pi/b^2$ die Vergrößerung zu $V = b/a = (\Omega/\Omega')^{1/2}$ und die Lichtschwächung zu

$$v = b^2/r^2 D\varrho,$$

wenn D die Durchlässigkeit der Linse und ϱ das diffuse Reflexionsvermögen des Schirmes bedeuten, das nur wenig von der Wellenlänge, aber deutlich vom Winkel zwischen optischer Achse der Anordnung und der Visiereinrichtung des Pyrometers abhängt. Für senkrechten Einfall betragen die Werte von ρ bei $\lambda = 0{,}65$ μm für $MgCO_3 = 0{,}989$ und für $MgO = 0{,}996$; für D kann man etwa den Wert 0,9 annehmen, wenn keine experimentellen Angaben verfügbar sind.

Rauchgläser stellen zwar ein bequemes Mittel zur Lichtschwächung dar, doch hängt ihre Durchlässigkeit von der spektralen Energieverteilung der zu untersuchenden Strahlungsquelle ab. Besser sind *neutrale Raugläser* [2.291] geeignet, deren spektraler Durchlaßgrad $\tau_g(\lambda)$ zwar von der Wellenlänge abhängt, mit denen aber durch Kombination verschiedener Filter eine weitgehende Unabhängigkeit von λ erzielt werden kann. Wird durch ein solches Graufilter die Leuchtdichte eines schwarzen Körpers der gesuchten Temperatur T auf die Leuchtdichte bei bekannter Temperatur T_1 erniedrigt, so muß gelten:

$$\int L_s(\lambda, T)\, \tau(\lambda)\, \tau_g(\lambda)\, V(\lambda)\, d\lambda = \int L_s(\lambda, T_1)\, \tau(\lambda)\, V(\lambda)\, d\lambda. \tag{2/63}$$

Da man anstelle der linken Seite dieser Gleichung auch

$$\tau_{ge}(T) \int L_s(\lambda, T) \tau(\lambda)\, V(\lambda)\, d\lambda$$

setzen kann, läßt sich ein *effektiver Durchlaßgrad* des Graufilters bei bekanntem $\tau_g(\lambda)$ aus der Beziehung

$$\tau_{ge}(T) = \frac{\int L_s(\lambda, T)\, \tau(\lambda)\, \tau_g(\lambda)\, V(\lambda)\, d\lambda}{\int L_s(\lambda, T)\, \tau(\lambda)\, V(\lambda)\, d\lambda} \tag{2/64}$$

für jede Temperatur T zahlenmäßig berechnen. In Bild 2.57 sind für eine Filterkombination des Graufilters NG3 (1 mm) und eines Rotglases RG2 (2 mm dick) der Fa. Schott der effektive Durchlaßgrad $\tau_{ge}(T)$ und die effektive Grenzwellenlänge λ_g als Funktion von T dargestellt. Mit Hilfe dieser Methode kann die gesuchte Temperatur T mittels der Wien-Formel

$$\frac{1}{T} = \frac{1}{T_1} + \frac{\lambda_e(T, T_1)}{c_2} \ln \tau_{ge}(T) \tag{2/65}$$

erhalten werden.

2.5.2 Gesamtstrahlungspyrometer

2.5.2.1 Allgemeines

Wird die Strahlung des gesamten oder eines großen Wellenlängenbereichs gemessen, so spricht man von einem *Gesamtstrahlungspyrometer*. Nach dem Stefan-Boltzmann-Gesetz (1/80) ist dabei die aufgefangene Strahlungsenergie proportional zu $(T^4 - T_0^4)$, wenn der Empfänger die Temperatur T_0 besitzt und die Strahlungsquelle ein schwarzer Strahler ist. Für einen *nichtschwarzen* Körper erhält man eine äquivalente *schwarze Strahlungstemperatur* T_g, die der eines schwarzen Körpers gleicher Gesamtstrahlung entspricht und aus der sich die wahre Temperatur aus der Beziehung

$$T = T_g / \varepsilon_g^{1/4}$$

berechnet, wenn ε_g das Gesamtemissionsvermögen des Strahlers ist.

Die grundsätzliche Methode für die Gesamtstrahlungsmessung ist in Bild 2.58 dargestellt: Die vom schwarzen Körper S ausgehende Strahlung gelangt durch die Blenden B_1 am Strahler und B_2 auf den Empfänger E. Befinden sich die Blenden im Abstand a, so berechnet sich der auf den Empfänger fallende Energiestrom zu

$$M_s(T) = \sigma A_1 A_2 (T^4 - T_0^4)/\pi a^2, \tag{2/66}$$

wenn A_1, A_2 die Blendenöffnungen und σ die Gesamtstrahlungskonstante (vgl. Abschn. 1.8) ist und Blenden sowie Empfängerfläche vollkommen absorbieren.

Befindet sich z. B. der Strahler auf der Temperatur des Goldschmelzpunktes, so wird mit $\sigma = 5{,}669 \cdot 10^{-12}$ W/cm²K⁴, $A_2 = 1$ cm² und $a = 50$ cm die auf den

Empfänger einfallende Leistung $M_s = 0{,}3$ mW $\cdot A_1$. Wird die Strahlungsquelle durch Spiegel oder Linsen auf den Empfänger abgebildet, muß deren Reflexions- bzw. Absorptionsvermögen als Funktion der Wellenlänge berücksichtigt werden.

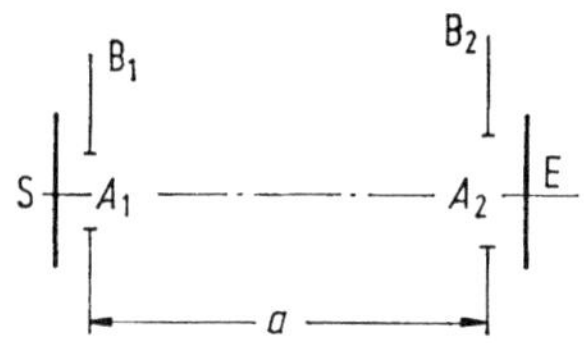

Bild 2.58. Prinzip der Gesamtstrahlungsmessung

2.5.2.2 Strahlungsempfänger

[2.32]

Als Strahlungsdetektoren im gesamten Spektralbereich kommen folgende grundsätzliche Meßgerätetypen in Frage: *Thermoelement*, *Bolometer* (Halbleiter, metallische und supraleitende), *Radiometer*, *Mikroradiometer*, sowie spezielle Instrumente, wie pyroelektrische Detektoren. Die Empfindlichkeit dieser Empfänger (meist in Volt pro eingestrahltem Watt gemessen) unterscheidet sich nicht stark voneinander, da ihre Grenze durch die thermodynamischen Schwankungserscheinungen und die Rauscheigenschaften des Anzeigeinstruments gegeben ist. Grundsätzlich wird nach *Pohl* und *Stöckmann* [2.238] die kleinste nachweisbare Strahlungsleistung zu

$$P_{\min} = kT\Delta f \qquad (2/67)$$

angegeben, worin Δf die Bandbreite der Nachweisvorrichtung bedeutet.

Eine Zusammenstellung der mit verschiedenen Detektoren erzielbaren Empfindlichkeiten wird von *van Zandt* [2.320] gegeben, worin der gerade noch nachweisbare Energiestrom in Abhängigkeit von der Wellenlänge für 1 mm² Empfängerfläche bei einer Einstrahldauer von 2,5 s aufgeführt wird. Dieser Grenzwert beträgt unabhängig von der Wellenlänge 1 bis 10 pW.

Schwärzung des Strahlungsempfängers

Im thermischen Gleichgewicht wird sich die Temperatur der Auffangfläche derart einstellen, daß die absorbierte Energie der durch Leitung, Strahlung und Konvektion abgeführten entspricht. Durch Schwärzen der Empfängerfläche mit Platinschwarz, Ruß und Wasserglas, Wismutdampf u. a. kann erreicht werden, daß bei Wellenlängen bis zu einigen Mikrometern das Reflexionsvermögen nur 0,3 bis 2% beträgt. Die Absorption kann merklich gesteigert werden, wenn die Empfängerfläche von spiegelnden Wänden umgeben ist.

Thermoelektrische Detektoren [2.110]

Die Energiebilanz dieser Detektoren ergibt sich, wenn man folgende Beiträge berücksichtigt: Absorbierte Strahlungsleistung, die zur Empfängerfläche A proportional ist; die im Thermoelement durch den Meßstrom produzierte Verlustwärme; Wärmeverluste infolge Wärmeleitung der Elementenschenkel, sowie Konvektions- und Strahlungsverluste der Empfängerfläche. Es läßt sich nachweisen, daß der Wärmewiderstand beider Thermodrähte gleich groß sein soll und die Hälfte der absorbierten Leistung durch die Oberfläche (Strahlung und Konvektion), der andere Teil durch Wärmeleitung abgeführt werden soll. Durch Evakuieren des Detektors werden Konvektions- und Gasleitungsverluste vermieden.

Unter vereinfachenden Voraussetzungen findet man die Empfindlichkeit zu

$$S_0 = \varepsilon(\partial E/\partial T)/4sA, \tag{2/68}$$

worin $(\partial E/\partial T)$ die differentielle Thermospannung (vgl. Abschn. 2.3.1) des Thermopaares, ε den Absorptionskoeffizient der Empfängerfläche und $s = \alpha + 4\varepsilon_g\sigma\Delta T^3$ den Koeffizienten für die Wärmeabgabe bei der Temperaturdifferenz ΔT zwischen

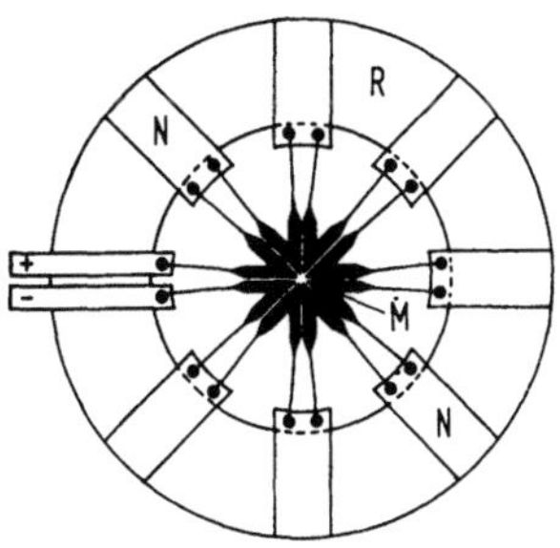

Bild 2.59. Thermosäule für Pyrometer

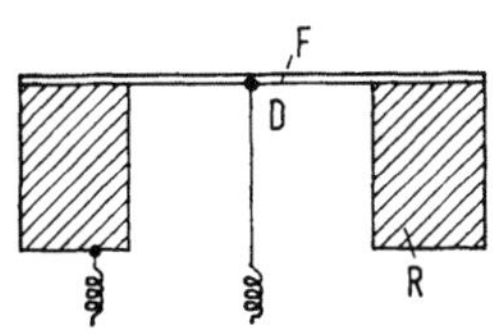

Bild 2.60. Thermoempfänger. Nach *Gardon*

Lötstelle und Umgebung bedeutet. Der Emissionskoeffizient $\varepsilon_g = (\varepsilon + \varepsilon')/2$ berücksichtigt die abgestrahlte Leistung in beiden Richtungen; für ein Vakuumelement wird $\alpha = 0$. Nach Gl. (2/68) würde sich mit $\varepsilon = 1$, $\varepsilon_g = 0{,}5$, $T = 300$ K und $(\partial E/\partial T) = 1$ mV/K eine maximale Empfindlichkeit von 0,8 V/Wcm² ergeben.

Die kleinste nachweisbare Strahlungsleistung, die neben der Empfindlichkeit und der Zeitkonstanten die *Güte* des Detektors bestimmt, hängt vom Verhältnis des abgegebenen Signals zur Störspannung ab. Als Störquellen kommen das Temperatur- und das Widerstandsrauschen in Betracht, wobei beim Thermoelement letzteres immer überwiegen wird. Für das oben angeführte Beispiel findet man bei einer Bandbreite $\Delta f = 1$ Hz und $A = 10^{-2}$ cm² als minimale Nachweisleistung $N_{min} = 30$ pW.

Die *Trägheit* des Detektors ist eine Funktion der Wärmekapazität der Empfängerfläche sowie des thermischen Widerstandes zwischen dieser und dem Gehäuse. Durch Hintereinanderschaltung mehrerer Thermoelemente erhält man die öfter angewandte *Thermosäule,* die Vorteile bei großen Empfängerflächen und bei hohen Innenwiderständen des Nachweisgerätes bietet. Die nicht bestrahlten Nebenlötstellen müssen auf konstanter Temperatur gehalten werden. In Bild 2.59 ist eine zu pyrometrischen Zwecken geeignete Form einer Thermosäule gezeigt, bei der die dünnen Drähtchen radial angeordnet und an den Meßlötstellen M dünn ausgewalzt sind. Die Nebenlötstellen N sind an schmalen Blechstreifen auf dem Glimmerring R befestigt.

Das von *Moll* konstruierte Vakuum-Thermoelement mit 0,3 mm² Auffangfläche und 1 μm Dicke besitzt eine Empfindlichkeit von etwa 4 V/W bei 3 s

Einstellzeit. Nach *Müller* [2.216] erhält man sehr empfindliche Thermoelemente auf folgende Weise: Ein elektrolytisch hergestellter Ni-Streifen wird zur Hälfte mit Cu, auf der anderen mit Cr galvanisch überzogen. Nach dem Glühen haben sich durch Diffusion der übereinanderliegenden Metallschichten eine scharf abgegrenzte Ni-Cu-Legierung (Konstantan) und eine Ni-Cr-Legierung gebildet, die eine hohe Thermospannung gegeneinander besitzen. Die nur 0,1 µm dicken Thermoelemente besitzen große Empfindlichkeit und geringe Einstellzeit.

Von *Gardon* [2.105] wird zur Messung großer Strahlungsintensitäten ein neuartiges Thermoelement mit sehr kleiner Zeitkonstanten angegeben, dessen Prinzip in Bild 2.60 dargestellt ist. Das Instrument besteht aus dem Kupferring R, über den eine sehr dünne Konstantanfolie F gespannt und am Rande verlötet ist, wodurch diese Nebenlötstelle konstante Temperatur besitzt. Die Hauptlötstelle wird von dem in der Mitte von F angelöteten feinen Kupferdraht D gebildet. Die von der geschwärzten Folie aufgenommene Strahlungsleistung fließt radial an R ab, wobei entsprechend der an der Hauptlötstelle sich einstellenden Temperatur die Thermospannung E erzeugt wird, die sich zu

$$E = 0{,}044 \cdot R^2/d \ (\mathrm{mV/Wcm^{-2}}),$$

errechnet, wenn R und d Radius und Dicke der Folie bedeuten. Die entsprechende Zeitkonstante berechnet sich zu $\tau_0 = 3{,}7\ R^2(\mathrm{s})$. Nachfolgend sind für einige Beispiele die rechnerisch gefundenen Daten zusammengestellt:

Foliendurchmesser in cm	0,034	0,107	0,34
Foliendicke in µm	2,5	2,5	25
S_0 in mV/Wcm^{-2}	0,050	0,50	0,50
τ_0 in ms	1	11	106
M_{smax} in W/cm^2	138	26,4	26,4
$E_{\max}$ in mV	7	13	13

Experimentell sind diese Werte annähernd erreicht worden. Kleinere Intensitäten lassen sich wegen der kleinen Zeitkonstanten noch ohne Schwierigkeiten messen, wenn man die einfallende Strahlung periodisch unterbricht und mit einem Lock-in-Verstärker (*Ed.* III, § 7.66) die Thermospannung mißt.

Für sehr empfindliche Strahlungsempfänger läßt sich eine Thermospannung von 20 bis 50 µV je Mikrowatt absorbierter Strahlung erreichen, was für $A = 0{,}005$ cm^2 einer Empfindlichkeit von 0,16 V/W entspricht.

In Tabelle 2.22 sind nach [2.110] die Meßdaten einiger Thermodetektoren zusammengestellt.

Die *Nachweisgrenze* ist nicht ausschließlich durch Gl. (2/68), sondern durch den Störpegel der *spontanen Wärmeschwankungen* [2.61] gegeben und liegt bei Zimmertemperatur bei etwa 50 pW absorbierter Strahlungsleistung, was einer Strahldichte von 10 nW/cm^2 und einer Thermospannung in der Größe 1 nV entspricht. Zur Messung dieser geringen Thermospannungen können die in Abschn. 2.3.5 behandelten Methoden der *selbsttätigen Kompensation* angewandt werden, wie sie z. B. von *Leo* und *Hübener* [2.190] durch einen *Fotozellenkompensator* realisiert wurde. Mit einem Spannbandgalvanometer von 2 s Schwingungsdauer und 2,6 µV/mm Empfindlichkeit als Primärinstrument, dessen Ausschlag optisch

Tabelle 2.22. Eigenschaften von Thermoempfängern

A mm²	R Ω	S_0 V/W	τ_0 ms	Bemerkungen
2	20	0,29	68	in Luft
2	20	4,35	1000	evakuiert
1	5,8	0,38	90	komp. System
0,5	5	6,5	36	Bi + 3% Sb/Bi + 5% Sn
1,0	10	8,5	36	Bi + 3% Sb/Bi + 5% Sn
4,0	12,5	3,8	41	Bi + 3% Sb/Bi + 5% Sn
11,0	100	0,28	13,3	Thermosäule 50 ×
9,0	36	0,52	50	Thermosäule 50 ×
1,2	1480	50	177	Bi/Sb-Lötstelle
1,2	183	406	345	Bi/Te-Lötstelle
1,2	150	34,2	212	Bi/Te auf Film aufgedampft
80	18	0,1	250	Thermosäule 12 ×
0,4	200	90	30	Zapfenelemente
0,8	35	30	30	Zapfenelemente
0,4	10	5	58	Zapfenelemente
0,4	20	10	17	Zapfenelemente

mit einer Differentialfotozelle gemessen wird, konnte eine Verstärkung von 8 mA/μV erreicht werden.

Nachweisgrenzen.

Die qualitative Beurteilung von Strahlungsmeßgeräten durch den Begriff der Empfindlichkeit

$$S = u/P_a \tag{2/69}$$

ist unvollständig, da sie von der kleinsten noch nachweisbaren Leistung abhängt und diese durch die Rauscheigenschaften des Detektors begrenzt wird. Man führt daher die äquivalente Rauschleistung

$$P_R = u_r/S\,\Delta f^{1/2} = \frac{u_r}{u}\,P_a/\Delta f^{1/2} \tag{2/70}$$

ein, worin u_r die mittlere Rauschspannung im Frequenzband Δf bedeutet. P_R ist demnach ein Maß für die untere Nachweisgrenze der Strahlungsleistung, die in einer Bandbreite $\Delta f = 1$ Hz ein Signal/Rausch-Verhältnis Eins aufweist. Da bei allen bekannten Strahlungsdetektoren $P_R \sim A^{1/2}$, läßt sich die untere Nachweisgrenze

$$P^* = P_R/A^{1/2} = \frac{u_r}{u}\,P_a/(\Delta f \cdot A)^{1/2} \tag{2/71}$$

definieren, deren Dimension W/cm $\sqrt{\text{Hz}}$ ist.

Die Rauschleistung setzt sich vor allem aus folgenden Anteilen zusammen: *Hintergrundrauschleistung* P_s^* durch die Umgebung mit der Temperatur T_s, die sich aus der Beziehung

$$\langle\Delta P_s\rangle^2 = \frac{8k\sigma}{\varepsilon}\,(T_s^5 + T_0^5)\,A \tag{2/72}$$

berechnet, wenn sich der Detektor auf der Temperatur T_0 befindet, und $\varepsilon = a$ der Emissionskoeffizient der Detektorfläche ist. Für $\varepsilon = 1$, $T_0 = 4$ K findet man $P_s = 36$ pW/cm $\sqrt{\text{Hz}}$ für $T_s = 290$ K.

Widerstandsrauschleistung

$$P_w^* = u_w/P_R(A\Delta f)^{-1/2} \tag{2/73}$$

worin entsprechend der Nyquist-Formel $u_w = (4kTR\Delta f)^{1/2}$ und R den Innenwiderstand des Detektors angibt. Die Analyse der Gl. (2/73) ergibt, daß P_w^* vom Detektorwiderstand und für eine feste Zeitkonstante τ_0 von A unabhängig ist. Für $T_0 = 4$ K findet man mit üblichen Werten von $\tau_0 P_w = 75$ fW/cm $\sqrt{\text{Hz}}$.

Den weitaus größten Einfluß auf die untere Nachweisgrenze übt das *Verstärkerrauschen* aus (*Ed.* III, § 5.27), besonders bei Anwendung von supraleitenden Bolometern mit äußerst kleinem Innenwiderstand. Man bezeichnet als *Rauschfaktor* F den Quotienten

$$F = p_0/VkT_s\Delta f, \tag{2/74}$$

worin p_0 die im (Vor-) Verstärker bei der Temperatur T_s in der Bandbreite Δf erzeugte Rauschleistung und V der Verstärkungsfaktor ist.

Um Strahlungsempfänger mit stark unterschiedlicher Zeitkonstante τ miteinander vergleichen zu können, kann man nach *Jones* [2.162] bei sinusförmiger Modulation der zu messenden Strahlung (mit der Frequenz ω) den Ausdruck

$$1/P_R = C(\tau/2A)^{1/2}(1 + \omega^2\tau^2)^{-1/2} \tag{2/75}$$

einführen, in dem C eine Konstante ist und bei dessen Anwendung vorausgesetzt wird, daß P_R nur durch thermisches Rauschen begrenzt ist. Dies ist bei Thermoelementen, Bolometern und Fotozellen der Fall. Bei Detektoren, deren Meßgrenze vom Hintergrundrauschen bestimmt wird, wie bei Fotowiderständen, und *Golay-Zelle*, fällt in Gl. (2/75) der Term $\tau^{1/2}$ fort.

Bolometer

Dies sind Widerstands-Strahlungsempfänger von sehr kleiner Dicke und nur wenigen Quadratmillimetern Empfangsfläche, deren Widerstand in einer Wheatstone-Brücke oder durch Strommessung bestimmt wird. Sie werden sowohl als Luft- als auch als Vakuumgeräte ausgeführt und besitzen Einstellzeiten τ zwischen 1 bis 100 ms. In der ausführlichen Zusammenstellung von *Konosenko* [2.175] sind die verschiedenen Typen, ihre Herstellung und Eigenschaften beschrieben. Als temperaturabhängige Sensoren werden Metallfilme, Halbleiterschichten, Dünnschichten aus pyroelektrischen Substanzen, Dielektrika und Supraleitern verwendet.

Bei der Messung in der Wheatstone-Brücke wird der Bolometerwiderstand R_x mit den drei Festwiderständen R_1, R_2 und R_3 im abgeglichenen Zustand durch ein Nullinstrument vom Widerstand R_g im Diagonalzweig als Funktion der aufgenommenen Strahlung gemessen. Man erhält den Brückenstrom i_g aus der

Beziehung

$$i_g = i_1 \frac{R_x + R_1}{R_1} \cdot \frac{R_x R_2 - R_1 R_3}{R_g(R_1 + R_2 + R_3 + R_x) + (R_1 + R_2)(R_2 + R_3)}, \tag{2/76}$$

wenn i_1 der durch das Bolometer fließende Strom ist. Um dessen Einfluß auf das Brückengleichgewicht zu eliminieren, wird oft ein Zweig der Brücke aus zwei gleichen Bolometern gebildet, von denen nur das eine bestrahlt wird. Anstelle des erschütterungsempfindlichen Galvanometers wird oft ein Transistorverstärker mit kleiner Bandbreite benutzt und die Brücke mit einem NF-Oszillator betrieben. Bei Bolometern mit kleiner Zeitkonstante unterbricht man die zu messende Strahlung mit einer „Lichtsirene“ o. ä. und mißt die resultierenden Widerstandsänderungen in Resonanz mit einem passenden Verstärker.

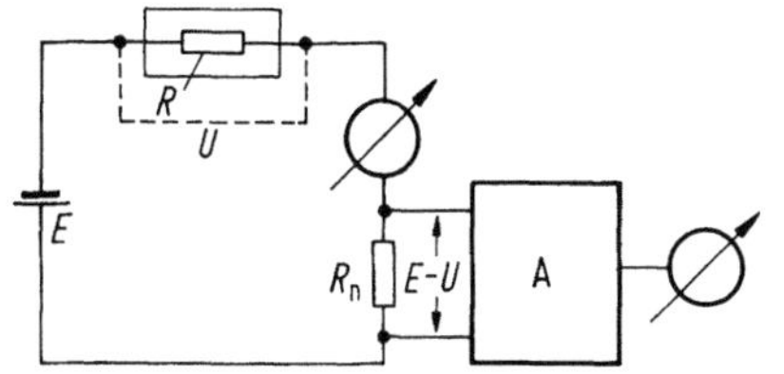

Bild 2.61. Bolometerschaltung

Die heute übliche Meßmethode ist in Bild 2.61 dargestellt; sie enthält die Konstantspannungsquelle E in Serie mit dem Bolometerwiderstand R und einem konstanten Vorwiderstand R_n, dessen Spannungsabfall $(E - U)$ im Verstärker A gemessen wird. Da $i(U, T) = (E - U)/R$, ergibt sich die Spannungsempfindlichkeit zu

$$\frac{\delta U}{\delta T} = -i\left(\frac{\partial R}{\partial T}\right)_i \Big/ \left[1 + \frac{1}{R_n}\left(\frac{\partial U}{\partial i}\right)_T\right]. \tag{2/77}$$

Die Größe $(\partial U/\partial i)_T$ stellt den differentiellen Bolometerwiderstand dar und entspricht seinem effektiven Ausgangswiderstand als Generator. Die Gleichstrom- und NF-Kennlinien des Bolometers können durch i/U-Messungen bei verschiedenen Temperaturen erhalten werden; sie sind eine nichtlineare Funktion von U, da durch die in R verbrauchte Meßleistung i^2R die Bolometertemperatur gegenüber der Umgebungstemperatur erhöht wird. Die maximale Empfindlichkeit $(\delta U/\delta T)_{max}$ kann graphisch für verschiedene Meßströme i bestimmt werden, da im allgemeinen $R_n \gg (\partial U/\partial i)_T$. Die passende Wahl von R_n wird von folgenden Forderungen bestimmt: Maximale Spannungsempfindlichkeit; die Zeitkonstante R_nC (C Streukapazität der Zuleitung) muß wegen der gewünschten Zeitauflösung begrenzt werden; die Detektorimpedanz muß merklich größer als R_n sein.

Analog zum Thermoelement nimmt das Bolometer einen Widerstand $R(T)$ an, bei dem die absorbierte Strahlungsleistung im Gleichgewicht zur durch Strahlung emittierten Energie und zu den Wärmeleitungsverlusten steht. Letztere sind bei dünnen Folien und Zuleitungsdrähten gering; die Konvektionsverluste lassen sich durch Evakuieren der Bolometerzelle und die Strahlungsverluste durch Kühlen mit flüssigem Stickstoff oder Helium stark herabsetzen [2.17].

Die nach Gl. (2/69) definierte Empfindlichkeit $S_0 = U/P_a$ pro Quadratzentimeter Empfängerfläche ergibt sich für das Bolometer nach [2.17] zu

$$S_0 = \Delta U/AP_a = (\partial U/\partial T)\, R\, i\, \Delta T/AP_a, \tag{2/78}$$

wenn ΔT die erzeugte Temperaturänderung ist. Bezeichnet man $(\partial U/\partial T)$ mit α, mit ω die Modulationsfrequenz und mit k den für die Wärmeabfuhr verantwortlichen Koeffizienten, so ergibt sich für die Empfindlichkeit der Ausdruck

$$S_0 = \frac{\alpha}{2\,(k_B T \Delta f)^{1/2}}\,(\Delta T/kA)^{1/2}(\omega^2 c^2 + k^2)^{-1/2} k, \tag{2/79}$$

wenn c die spezifische Wärme des Bolometers bedeutet.

Hochempfindliche und trägheitsarme Geräte sollen nach Gl. (2/79) geringe Wärmekapazität und Auffangfläche besitzen, sowie bei tiefen Temperaturen arbeiten. Man benutzt aufgedampftc Metallschichten mit Dicken zwischen 0,1 und 1 μm und Trägerfolien geringer Wärmekapazität aus Glas, Quarz, Glimmer und Cellophan [2.2; 2.29].

Nach *Brocman* [2.38] lassen sich dünne Ni-Filme galvanisch auf eine Cu-Folie niederschlagen, die anschließend in konzentrierter Cyankalilösung aufgelöst wird. Im allgemeinen werden dünne Metallschichten im Hochvakuum aufgedampft oder durch Kathodenzerstäubung hergestellt; als Elektrodenmaterial hat sich aufgedampftes Gold bewährt. Mit dem Ni-Bolometer nach [2.38] wird eine Empfindlichkeit $S_0 = 78$ mV/Wcm^{-2} bei einer Zeitkonstanten von 5 ms und einer unteren Nachweisgrenze von 9 μW erzielt. Beim Vakuumbolometer liegt der entsprechende Wert bei 68 mV/Wcm^{-2}.

Halbleiterbolometer, deren aktiver Widerstand aus Oxiden von Cu, Mn, Co und Ni besteht (Thermistoren, s. Abschn. 2.4.4), besitzen im Vergleich zu den Metallen einen viel größeren Temperaturkoeffizienten α, der etwa 4%/K beträgt und bei tieferen Temperaturen stark ansteigt [2.283].

Kohleschichtbolometer, die meist zwischen 2 und 4,2 K betrieben werden und einen Widerstandskoeffizienten von 500 bis 10^4 aufweisen, werden heute mit Vorteil in der Pyrometrie benutzt. Bei der Konstruktion von *Tishchenko* [2.297] besteht das aktive Element aus einem Parallelepiped der Größe $4 \times 3 \times 0{,}5$ mm^3 mit 5 μm dicken Konstantanzuleitungen, das mit einem Isolationsfilm am He-Kryostaten befestigt ist. Die Strahlführung wird zusätzlich mit LN_2 gekühlt, um die Strahlungsverluste klein zu halten. Bei 2 K Arbeitstemperatur werden folgende Werte gefunden: $\alpha = 1{,}27$; $\Delta T = 0{,}2$ K; $k = 40$ μW/K; $S_0 = 10^4$ V/W; $P_{min} = 5$ pW; $R = 40$ kΩ. Trotz kleiner spezifischer Wärme können für die Lichtmodulation nur Frequenzen um 10 Hz angewandt werden, da die thermische Leitfähigkeit relativ klein ist.

Diesen Nachteil vermeidet das Bolometer nach *Cannon* und *Chester* [2.44] mit der in Bild 2.62 dargestellten Konstruktion. Auf dem Substrat A (KCl) werden zuerst dünne Streifen aus Au (K) aufgedampft, die abwechselnd mit den Zuleitungen E verbunden sind. Hierauf wird eine dünne Schicht aus Kohlelack L aufgetragen und eingebrannt, der als Lösungsmittel Xylol enthält. In Tabelle 2.23 sind die erreichten Eigenschaften solcher Bolometer zusammengestellt, die bei He-Temperaturen (4,2 K) betrieben werden. Ihre Empfindlichkeit ist bis zu 2,5 kHz frequenzunabhängig.

Von *Wigmore* [2.309] wird zur Messung sehr kurzer Wärmeimpulse in einem Magnetfeld ein Bolometer beschrieben, dessen aktives Element aus n-Ge mit $3 \cdot 10^{15}$ cm^{-3} Sb, p-Ge mit $5 \cdot 10^{15}$ In und n-Si mit $3 \cdot 10^{16}$ P besteht, wobei durch

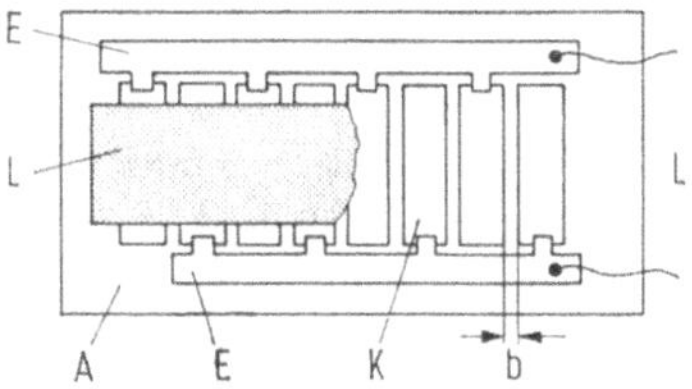

Bild 2.62. Kohleschichtbolometer. Nach [2.44]

Stoßionisation gebundener Ladungsträger eine Trägerlawine entsteht, wenn die Diode in Sperrichtung bei sehr tiefen Temperaturen vorgespannt ist. Mit solchen Bolometern wird eine Empfindlichkeit von 50 mV/W bei einer Ansprechzeit von 0,2 μs und eine äquivalente Rauschleistung von 10^{-7} W $\sqrt{\text{Hz}}$ erreicht. Weitere Bolometer für den IR-Bereich, die bei Zimmertemperatur betrieben werden, stammen von *Camak* et al. [2.43] und von *Lewis* et al. [2.192].

Tabelle 2.23. Eigenschaften von Kohleschichtbolometern

Nr.	1	2	3	4	5
Streifenbreite in mm	0,05	0,05	0,05	0,22	0,012
Streifenlänge in mm	10	10	10	20	20
R bei 300 K in Ω	180	115	49	115	130
R bei 4,0 K in kΩ	18,5	15	7,3	15,6	5,6
$(\partial U/\partial T)_{max}$ bei 4 K in V/K	0,225	0,225	0,175	0,392	0,115
$(\partial U/\partial i)_T$ bei 4 K in mΩ	9,2	8,4	5,0	11,6	5,6

Eine Methode zur Messung des niederfrequenten *Rauschspektrums* von Strahlungsdetektoren wird für den Frequenzbereich zwischen 1 und 200 Hz von *Caringella* und *Eisenman* [2.45] angegeben. Für die Bestimmung von Temperaturprofilen in Mikrostrukturen (integrierte Schaltkreise) hat *Schlegel* [2.265] ein Mikropyrometer mit einem von LN_2 gekühlten In-Sb-Detektor entwickelt. Schließlich wird von *Aslin* [2.10] eine Vorrichtung zur Messung der von einer Xenon-Blitzlichtlampe ausgehenden Strahlung angegeben, bei der die Lichtquelle von einem geschlossenen Gehäuse umgeben ist, dessen Temperaturanstieg beobachtet wird. Das IR-Strahlungspyrometer von *Harmer* und *Watts* [2.130] verwendet eine PbS-Zelle als Detektor und mißt abwechselnd die Temperatur des zu beobachtenden Strahlers und die eines Vergleichsstrahlers bekannter Temperatur bei einer Umschaltfrequenz von 1 kHz.

Beim *dielektrischen Bolometer* nach *Ewless* [2.87] wird als Meßeffekt die Änderung der Dielektrizitätskonstanten mit der Temperatur benutzt. Als Sonde eignet sich ein mit Tellur geschwärzter Nitrobenzolfilm mit zwei Goldelektroden, deren Empfindlichkeit von 1,5 V/Wcm^{-2} mit einer Schichtdicke von 5 μm und einer Auffangfläche von 0,5 mm² erreicht wird. Auch die in Abschn. 3.6 beschriebenen dielektrischen Thermometer sind im Bereich des flüssigen He als Bolometer zu gebrauchen.

Theoretisch wird dieser Typ von Bolometer durch die Beziehung

$$(j\omega c + \lambda)\,\Delta T = \varepsilon \Delta P_a \qquad (2/80)$$

beschrieben, welche die Temperaturänderung einer dünnen dielektrischen Schicht mit der Wärmekapazität c (J/cmK), der Wärmeleitfähigkeit λ und dem Emissionsvermögen ε angibt, die mit der Kreisfrequenz ω periodisch bestrahlt wird. Daraus resultiert zwischen Vorder- und Rückwandelektrode die Spannungsänderung Δu, die sich aus dem Temperaturkoeffizienten $(\partial p/\partial T)$ der dielektrischen Polarisation und der elektrischen Kapazität zu

$$\Delta u = A\Delta p/C = A(\partial p/\partial T)\,\Delta T/C \qquad (2/81)$$

berechnet. Durch Einsetzen von Gl. (2/80) in Gl. (2/81) findet man bei bekannten Stoffdaten die Empfindlichkeit des Bolometers.

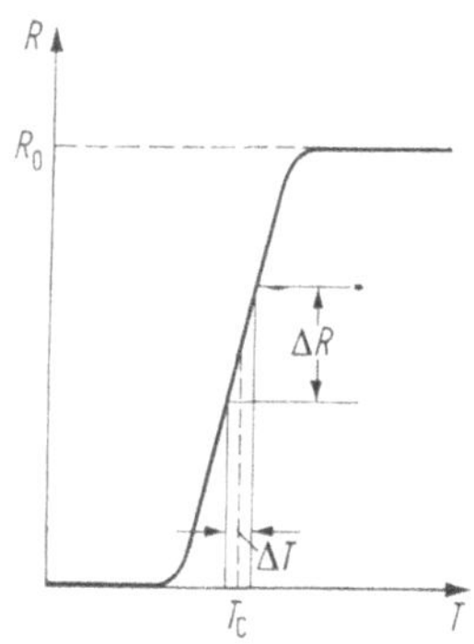

Bild 2.63. Prinzip des Supraleitungsbolometer

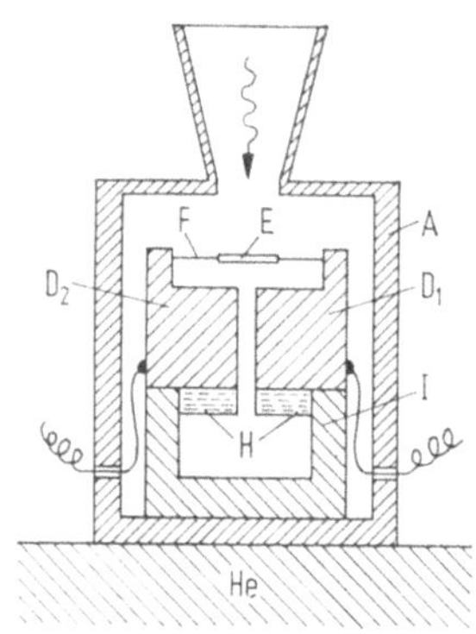

Bild 2.64. Aufbau des Supraleitungsbolometer

Beim *pyroelektrischen Bolometer* nach *Cooper* [2.55] wird das Dielektrikum durch einen ferroelektrischen Kristall in der Nähe des Curie-Punktes ersetzt, dessen Änderung der Polarisation infolge der absorbierten Strahlungsenergie zu einem relativ großen Ausgangssignal führt. Als aktive Substanz ist *Bariumtitanat* geeignet, dessen Curie-Temperatur $T_C = 381$ K beträgt und bei dieser Temperatur die Dielektrizitätskonstante von etwa 5000 besitzt. Man erhält mit diesem Nachweisinstrument eine Empfindlichkeit von 14 pW bei $T = 381$ K und $f = 10$ Hz bei einem Signal- zu Rauschverhältnis von 1,3; s. a. [2.312].

Supraleitungsbolometer [2.256] gehören zu den empfindlichsten Nachweismethoden für thermische Strahlung und beruhen auf der sehr großen Temperaturabhängigkeit des elektrischen Widerstandes eines Films aus supraleitendem Material in der Nähe des Sprungpunktes T_c (*Ed.* III, § 9.8). In Bild 2.63 ist schematisch die Übergangskurve eines supraleitenden Films dargestellt, dessen Widerstand R sich am Sprungpunkt T_c innerhalb eines Temperaturintervalls $\Delta T = 0{,}01$

bis 1 mK vom (temperaturunabhängigen) Restwiderstand R_0 auf Null absenkt. Die daraus resultierende Widerstandsänderung ΔR liefert beim Meßstrom i das Ausgangssignal $i \cdot \Delta R = \Delta u$. Allgemein muß hierfür der Ausdruck

$$\Delta u = i(\partial R/\partial T)\,\Delta T + (\partial u/\partial i)\,\Delta i \tag{2/82}$$

gesetzt werden, da der supraleitende Detektor immer in Serie mit einem Vorwiderstand an einer konstanten Spannungsquelle betrieben wird. Analog zu Gl. (2/79) findet man auch die Empfindlichkeit des Supraleitungsbolometers bei vorgegebener Modulationsfrequenz ω aus der Größe $\alpha = i(\partial R/\partial T)_i$, sowie aus der Wärmekapazität c und dem Wärmeableitungskoeffizienten k.

In Bild 2.64 ist schematisch das von *Martin* und *Bloor* [2.200] konstruierte Bolometer dargestellt. Der eigentliche Sensor E ist ein auf ein Glimmerscheibchen aufgedampfter Zinnfilm mit 3 × 2 mm² Fläche und 3 μm Dicke, dessen vier Zuleitungen aus mit Blei bedampften Nylonfäden F (10 μm Durchmesser)

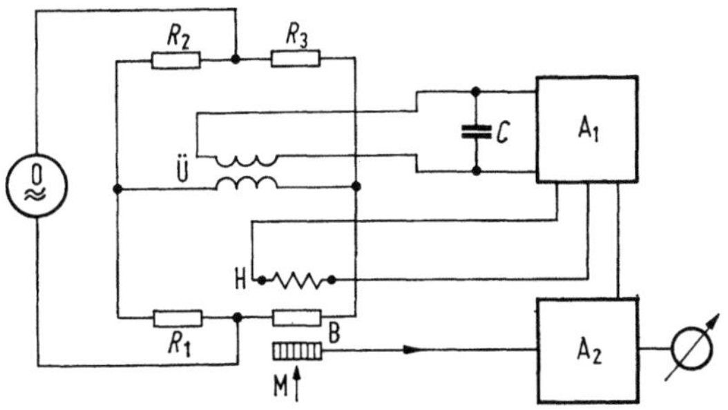

Bild 2.65. Verstärkerkreis für Supraleitungsbolometer

mit den Hälften D_1, D_2 eines Messingzylinders verbunden sind. Die erforderliche Temperaturstabilität von mindestens 1 mK wird durch die Konstanz des He-Dampfdruckes im Kryostaten erreicht. Zur Feineinstellung der Temperatur sind an D_1 und D_2 die Heizer H angebracht, deren Strom direkt über den Widerstand von E gesteuert wird. Hierzu sind D_1, D_2 durch den Zwischenring I aus Nylon oder Makrolon gegen den Kryostatendeckel thermisch isoliert. Die Meßeinrichtung ist von einem Kupfergehäuse A umgeben, das über E eine Eintrittsöffnung mit Trichter für die zu messende Strahlung besitzt. Die noch vorhandenen Temperaturschwankungen liegen um 10 μK.

Die dazugehörige Meßeinrichtung (Bild 2.65) besteht aus einer vom 800-Hz-Oszillator O gespeisten Wheatstone-Brücke, deren Ausgangssignal vom Übertrager Ü dem Verstärker A_1 zugeführt wird. Nach Gleichrichtung wird es im Lock-in-Verstärker A_2, dessen Frequenz von 10 Hz mit der Modulationsfrequenz des Lichtmodulators M übereinstimmt, phasenrichtig verstärkt und registriert. Bei einer Zeitkonstanten von 1,25 s sind bei einem Signal/Rausch-Verhältnis von Eins noch 1 pW nachweisbar. Die Steilheit des Sn-Films am Sprungpunkt $(\partial R/\partial T)$ ist von der Größe 200 Ω/K; sie hängt von der Zusammensetzung und Struktur der aufgedampften Schicht ab und kann noch um eine Größenordnung gesteigert werden.

Das Problem der automatischen Konstanthaltung der Bolometertemperatur wurde von *Khrebtov* et al. [2.167] für die in Bild 2.64 dargestellte Konstruktion eingehend behandelt. Bezeichnet man die Temperaturfluktuationen im stabilisierten Kryostaten, die im Frequenzbereich 0,01 bis 0,1 Hz liegen, mit ΔT_c, so betragen die des Bolometers

$$\Delta T = k_1 \, \Delta T_c (1 + sg),$$

wenn k_1 der Koeffizient für die Wärmeübertragung vom Kryostaten an das Bolometer, s die am Bolometer auftretende Steilheit in K/W eingestrahlter Leistung und g den Verlauf des Verstärkungsfaktors (W/K) im System angibt. Infolge der Frequenzabhängigkeit von s und g findet man bei geeigneter Wahl der Modulationsfrequenz eine starke Unterdrückung von ΔT_c von etwa 1 mK auf einige Prozent, d. h. auf 15 μK.

Als Bolometerschicht wird von *Fuson* [2.104] und anderen ein NbN-Film von 25 μm Dicke und 1,25 mm² Fläche benutzt, der auf einen dünnen Kupferträger aufgekittet wird und eine Zeitkonstante von 1 bis 20 ms aufweist. Dieses Bolometer kann wegen des höheren Sprungpunktes $T_c = 15$ K auch bei der Temperatur des abgepumpten flüssigen Wasserstoffs betrieben werden. Um den Innenwiderstand der supraleitenden Empfängerfläche zu vergrößern, kann man grundsätzlich entweder auf Verbindungen, wie NbN, Nb_3Sn übergehen, deren Kennlinie $(\partial R/\partial T)$ jedoch meist weniger steil als die bei reinen Substanzen ist, oder die Schicht mäanderförmig ausbilden, wie es *Maul* [2.201] und *Judge* [2.163] realisiert haben.

In Tabelle 2.24 sind die Daten einiger Supraleitungsbolometer zusammengestellt.

Tabelle 2.24. Eigenschaften supraleitender Bolometer

Referenz	Material	A cm²	T K	i mA	R Ω	$(\partial R/\partial T)$ Ω/K	S_0 V/W	τ ms	P^* $W/\sqrt{Hz}$-cm
Milton (1946)	NbN	0,008	14,4	–	14	–	–	0,3	–
Fuson (1948)	NbN	0,016	14,4	–	15	–	–	0,8	–
Smith (1957)	NbN	0,01	14,4	30	0,2	25	13,5	0,5	$3 \cdot 10^{-10}$
Martin (1961)	Sn	0,06	3,7	–	10	190	850	10	$4 \cdot 10^{-12}$
Judge (1968)	Sn	0,85	3,7	4 μA	75	4400	$2 \cdot 10^4$	25 s	$2,6 \cdot 10^{-12}$
Maul (1968)	Sn	3,1	3,9	5	56	5200	1,4	25 μs	$4,5 \cdot 10^{-10}$
Bertin (1968)	Sn	1	3,6	2	66	1300	1	–	$1,4 \cdot 10^{-8}$

Die von *Bertin* und *Rose* [2.28] durchgeführten Vergleiche zwischen Halbleiter- und Supraleitungsbolometern kommen zu dem Schluß, daß in bezug auf die Empfindlichkeit kein nennenswerter Unterschied besteht. Die supraleitenden Instrumente weisen jedoch den zusätzlichen Vorteil der einfacheren Systempräparation und des geringeren Widerstandes auf und können daher mit höherer Modulationsfrequenz betrieben werden.

Golay-Zelle

Von *Golay* [2.115] ist 1949 das Prinzip eines neuartigen Strahlungsempfängers für die IR-Spektroskopie angegeben worden, der unter den Begriff *thermopneumatischer Detektor* fällt. Dieser Detektor beruht auf der Tatsache, daß sich in einer abgeschlossenen, mit Gas gefüllten Kammer bei Absorption von Strahlungsenergie der Gasdruck erhöht. Da Gase selbst in nur geringem Maße und selektiv absorbieren, werden in die Zelle dünne Metallfilme gebracht, die über ein großes Wellenlängengebiet fast vollkommen absorbieren. Als Füllgase kommen solche mit guter Wärmeleitung und kleiner spezifischer Wärme in Betracht. Zur Anzeige der sehr geringen Druckänderungen benutzt man als Zellenabschluß dünne Metall- oder organische Folien, deren Durchbiegung mit optischen oder elektrischen Methoden gemessen wird.

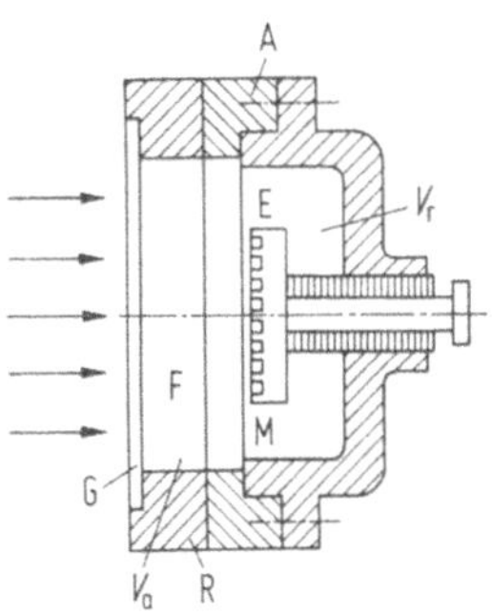

Bild 2.66. Golay-Zelle

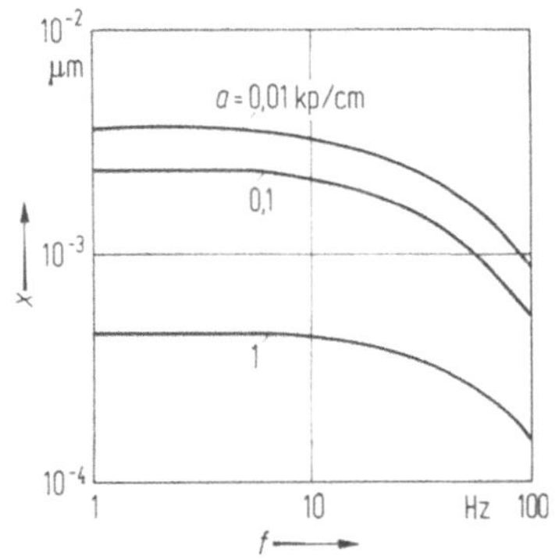

Bild 2.67. Golay-Zelle: Membranauslenkung x für ein zylindrisches System

In Bild 2.66 ist vereinfacht eine Golay-Zelle im Schnitt dargestellt, bei der die Durchbiegung der Membran mit einer kapazitiven Methode gemessen wird. Die Absorptionskammer A besteht aus dem Isolierring R, auf dessen Vorderseite ein Glimmerfenster G gasdicht aufgekittet ist. Zur Absorption der auffallenden Gesamtstrahlung dient die Kollodiumfolie F, die etwa 0,5 µm dick und mit einer aufgedampften Goldschicht versehen ist. Die Zellenrückwand wird von einer 10 µm dicken Al-Folie M gebildet, die verschieden stark gespannt sein kann. Ihre Durchbiegung wird aus der Kapazitätsänderung zwischen Membran M und einer im Abstand von 20 µm isoliert montierten Gegenelektrode E bestimmt, die mit Längsschlitzen zur Verhinderung eines dämpfenden Gaspolsters versehen ist. Als Füllgas wird Luft, Xenon oder CO+He benutzt.

Die theoretische Behandlung geht davon aus, daß die im Zellenvolumen absorbierte Strahlungsenergie die innere Energie der Gasfüllung vergrößert und äußere Arbeit bei der Durchbiegung der Membran leistet. Nach *Lucero* [2.197], der sowohl kugelförmige als auch zylindrische Ausführungen analytisch behandelt hat, lassen sich folgende Beziehungen angeben:

a) Energiegleichung

$$P_a(t) = p_a(\mathrm{d}V_a/\mathrm{d}t) + C_g(\mathrm{d}T/\mathrm{d}t) + k(T - T_w), \qquad (2/83)$$

wenn V_a das Zellenvolumen ist, in dem die Strahlung absorbiert wird und der Druck p_a herrscht, C_g die in diesem enthaltene Wärmekapazität des Füllgases, k die Wärmeableitung an die Wandtemperatur T_w bedeuten. Der 1. Term in

Gl. (2/83) stellt die Expansionsleistung, der zweite die Änderung der inneren Energie und der letzte die Verlustwärme dar.

b) Membrangleichung

$$p_a = p_r + (a/A)\,x + (D/A)\,(\mathrm{d}x/\mathrm{d}t) + (m/A)\,(\mathrm{d}^2x/\mathrm{d}t^2), \qquad (2/84)$$

wobei p_r der Druck im hinteren Zellenvolumen V_r, a die „Federkonstante" der Membran mit der Masse m und x die Ausbiegung ist, sowie D die Dämpfungskonstante entsprechend der Gasviskosität bedeutet. Die Durchbiegung x wird um so größer, je kleiner a, C_g und m sind; auch kleines Kammervolumen V_a vergrößert den Meßeffekt. Die Empfindlichkeit der Golay-Zelle läßt sich durch Verwendung eines leichten Gases mit kleiner spezifischer Wärme steigern, doch erhöhen sich wegen der damit verbundenen größeren Wärmeableitung k die Verluste. Die Gleichungen sind als Funktion der Frequenz ausgewertet worden und liefern die in Bild 2.67 für eine konstante absorbierte Strahlungsleistung von $P_a = 10\ \mu$W angegebenen Membranamplituden x als Funktion der Modulationsfrequenz f für eine CO-He-Gasfüllung und verschiedene Werte von a.

Die kleinste noch nachweisbare Strahlungsleistung sollte theoretisch bei 5 pW liegen bei einem Signal-/Rauschverhältnis von etwa 10^4. Praktisch werden etwa 50 pW erreicht.

Die Membrandurchbiegung wird entweder analog wie beim Kondensatormikrofon mit einer HF-Methode gemessen oder es werden optische Verfahren benutzt, bei denen der auf die verspiegelte Membran gerichtete Lichtstrahl geteilt und mit Fotodioden die Änderung des reflektierten Lichtstromes gemessen wird. Eine verbesserte Methode wird von *Hickey* und *Daniels* [2.139] angegeben.

Das *Mikroradiometer* besteht aus einem Thermoelement, dessen eine Lötstelle als Strahlungsempfänger ausgebildet und durch einen Kupferbügel zu einem Stromkreis geschlossen ist. Der Bügel befindet sich ähnlich der Spule eines Drehspulinstruments in einem radialen, homogenen Magnetfeld und ist an einem dünnen Quarzfaden aufgehängt. Das Instrument vereinigt Thermoempfänger und Nachweisgerät, ist aber im Gebrauch unbequem und erschütterungsempfindlich.

Im *Radiometer* [2.152] sind in einem auf 10 mbar evakuierten Glasgefäß zwei Glimmerplättchen an einem dünnen Quarzfaden aufgehängt, von denen das eine geschwärzt ist. Die auf beide Plättchen fallende Strahlung ruft wegen des unterschiedlichen Absorptionsvermögens zwischen ihnen eine Temperaturdifferenz hervor, die den daran reflektierten Gasmolekülen verschiedene Geschwindigkeiten verleiht. Das resultierende Drehmoment steigt zunächst mit fallendem Druck, erreicht ein Maximum und nimmt dann wieder ab; es ist annähernd der Temperaturdifferenz proportional (vgl. *Ed.* I, § 7.64).

In Tabelle 2.25 sind die wichtigsten Daten moderner Bolometer zum Vergleich zusammengestellt.

2.5.2.3 Gesamtstrahlungspyrometer mit Thermoelement

Bei dem ersten von *Fery* (1904) konstruierten Gesamtstrahlungspyrometer wird die einfallende Strahlung auf ein freiliegendes Thermoelement mit Hilfe eines vergoldeten Hohlspiegels konzentriert. Mit einem Fe/Konstantan-Element

Tabelle 2.25. Eigenschaften von Strahlungsdetektoren

Referenz	Typ[a]	Material	T K	Fläche mm²	Dicke µm	τ_0 s	R Ω	S_0 V/W-cm²	P^* W/cm $\sqrt{Hz}$	f Hz
Moll (1925)	Th-E	Cu/Konst.	—	0,3	1	3	—	$1,2 \cdot 10^{-2}$	—	—
Gardon (1952)	Th-E	Cu/Konst.	—	0,7	2,5	$1,1 \cdot 10^{-2}$	—	$0,5 \cdot 10^{-3}$	—	—
Harris u. *Scholp* (1940)	Th-E	Bi/Te	—	1,2	—	0,35	183	0,48	—	—
Brocman (1946)	Wd-B	Ni	—	5,3	—	$5 \cdot 10^{-3}$	—	$8 \cdot 10^{-2}$	—	—
Aiken et al. (1946)	Wd-B	Au	—	3	0,05	$4 \cdot 10^{-3}$	100	0,12	10^{-7}	30
Tishchenko (1971)	HL-B	C	2	12	500	$8 \cdot 10^{-3}$	$4 \cdot 10^{4}$	$1,2 \cdot 10^{3}$	$3 \cdot 10^{-12}$	9
Cannon et al. (1967)	HL-B	C	4,2	100	—	$1 \cdot 10^{-3}$	$1,5 \cdot 10^{4}$	—	—	100
Wigmore (1970)	HL-B	p-Si	1,7	2	500	$2 \cdot 10^{-5}$	—	0,05	10^{-7}	—
Ewless (1947)	diel. B	Nitrobenzol	—	0,5	5	0,1	2000	1,5	10^{-8}	10
Cooper (1962)	pyroel. B	Ba-Titanat	381	—	—	—	10^{9}	—	$1,4 \cdot 10^{-11}$	10
Fuson (1948)	sl B	NbN	14,4	1,6	25	$0,8 \cdot 10^{-3}$	—	—	$5 \cdot 10^{-8}$	360
Martin (1961)	sl B	Sn	3,7	6	—	$1 \cdot 10^{-2}$	10	5	$4 \cdot 10^{-12}$	—
Judge (1968)	sl B	Sn	3,7	85	—	25	75	$1,7 \cdot 10^{4}$	$2,6 \cdot 10^{-12}$	—
Bertin (1968)	sl B	Sn	3,6	100	—	—	66	1	$1,4 \cdot 10^{-8}$	—
Hickey u. *Daniels* (1969)	Golay-Z.	—	—	—	—	—	—	—	$2 \cdot 10^{-10}$	13

[a] Th-E Thermoelement; Wd-B metall. Bolometer; HL-B Halbleiterbolometer; sl. B supraleitendes Bolometer.

entsteht bei Bestrahlung mit einem schwarzen Strahler von 1200 °C ein Signal von etwa 4 mV; das Gerät muß wegen des von der Wellenlänge abhängigen Reflexionsvermögens des Spiegels empirisch geeicht werden.

Bei den technisch gebräuchlichen Pyrometern werden anstelle des Hohlspiegels Linsen verwendet und wird der Strahlungsdetektor als Vakuumthermoelement

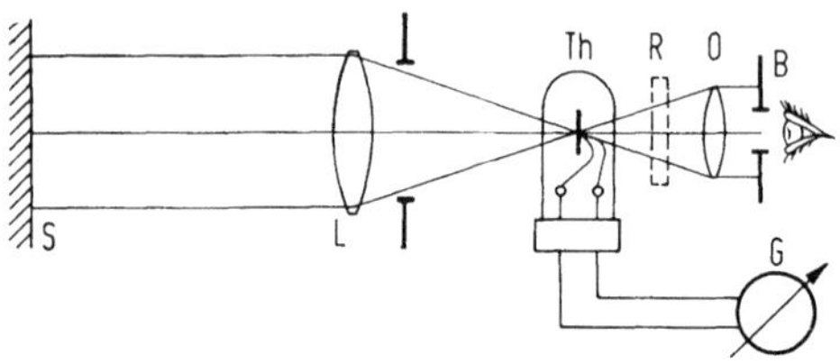

Bild 2.68. Gesamtstrahlungspyrometer

ausgeführt. Das in Bild 2.68 schematisch wiedergegebene *Ardometer* enthält ein Vakuumthermoelement Th mit geschwärztem Pt-Plättchen von 3 mm Durchmesser an der Lötstelle, das von dem durch die Linse L entworfenen Bild des Strahlers S völlig überdeckt sein muß. Die Visiereinrichtung besteht aus Okular O und Blende B; bei sehr hellen Objekten wird das Rauchglas R vorgeschaltet. Das Zeigergalvanometer G ist mit verschiedenen Meßbereichen versehen, die von 600 bis 2000 °C reichen. Zwischen Thermospannung U und Temperatur besteht die empirische Beziehung

$$U = A_t \alpha_t \sigma T^4,$$

in der α_t ein temperaturabhängiger Eichfaktor ist und die Größe A_t die Verluste bei der optischen Abbildung berücksichtigt. Beim Pyrometer nach *Hase* (*Pyrradio*) ist das Anzeigeinstrument eingebaut und eine Temperaturkompensation vorgesehen, um es ohne Kühlung auch bei höheren Umgebungstemperaturen benutzen zu können.

Die Meßfehler hängen von der spektralen Absorption des Abbildungssystems ab und betragen mit Glaslinse, Flußspatlinse und Goldspiegel 46, 5 und 0 K für eine Strahlertemperatur von 1000 K; bei höheren Temperaturen sind sie kleiner. Auch Thermistorbolometer und supraleitende Sn-Bolometer (Meßbereich bis 10 K) werden bei einigen Geräten angewandt.

2.5.2.4 Gesamtstrahlungspyrometer mit Fotozellen [2.130; 2.271]

Zu den Gesamtstrahlungspyrometern lassen sich auch bedingt die Instrumente mit Fotozellen rechnen, deren geringe Trägheit für die Messung schnell veränderlicher Temperaturen von Vorteil ist. Da ihre Anzeige von der spektralen Empfindlichkeitsverteilung der benutzten Detektoren abhängt, wendet man einen Vergleichsstrahler an und bildet mit einem rotierenden Spiegelsektor abwecheslnd diesen und den zu messenden Strahler auf dem Detektor ab. In Bild 2.69 ist eine solche Meßanordnung dargestellt. Die vom Strahler S kommende, vom Objektiv O auf der Fotozelle D abgebildete Strahlung wird mit einer Lichtsirene Sp, deren Sektoren verspiegelt sind, periodisch zerhackt. Während der

Phasen, in denen S abgedeckt wird, fällt vom Vergleichsstrahler L das Licht auf die Fotozelle. Dieser wird so eingeregelt, daß das NF-Signal zum Verstärker V verschwindet. Mit dem Filter F kann ein begrenztes Frequenzband für den Nachweis ausgesondert werden. Der Abgleich läßt sich auch automatisch durchführen. Mit dem *Milliskop* (Hartmann & Braun), einem selbstabgleichenden Registrierpyrometer für den Bereich 200 bis 1000 °C, liegt die Meßunsicherheit zwischen 5 und 25 K.

Als Detektoren kommen für diese Geräte IR-empfindliche Fotowiderstände und Fotokatoden mit Vervielfacher in Betracht.

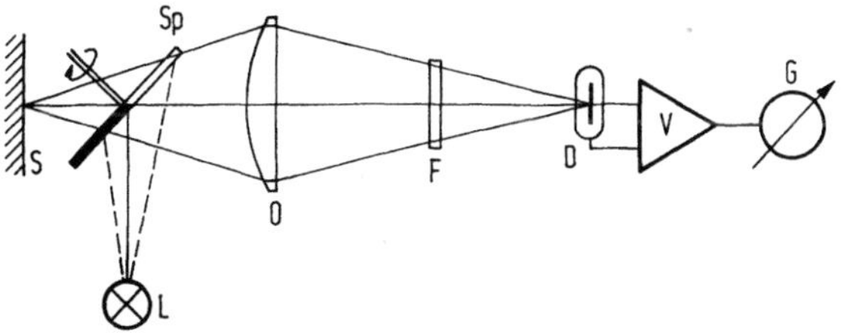

Bild 2.69. Pyrometer mit Fotozelle

2.5.2.5 Messung nichtschwarzer Körper

Nach Abschn. 2.5.1.1 wird die Temperatur eines schwarzen Strahlers T_s aus der Gesamtstrahlung nach Gl. (2/66) und nach der Meßvorschrift der IPTS zum Anschluß an den Goldschmelzpunkt mit Hilfe der Gl. (2/61) bestimmt. Soll die unbekannte Temperatur eines *nichtschwarzen* Strahlers, was in der Praxis in vielen Fällen die Regel ist, gemessen werden, kann man die Strahldichten $L(\lambda, T)$ bei gleicher Wellenlänge λ durch die eines schwarzen Körpers mit der Temperatur T_s ersetzen, so daß die Beziehung

$$L(\lambda, T) = L_s(\lambda, T_s) \tag{2/85}$$

erfüllt ist. Diese Methode liefert nicht die wahre thermodynamische Temperatur des nichtschwarzen Körpers; es muß vielmehr der *Absorptionsgrad* $\alpha(\lambda, T)$ des Strahlers bei der Wellenlänge λ bekannt sein. Das Kirchhoffsche Gesetz besagt, daß der *spektrale Emissionsgrad* $\varepsilon(\lambda)$ eines beliebigen Körpers mit der Größe $\alpha(\lambda)$ für ein aus der entgegengesetzten Richtung innerhalb des gleichen Öffnungswinkels auftreffenden monochromatischen Strahlenbündels der Wellenlänge λ übereinstimmt:

$$\varepsilon(\lambda) = \frac{L(\lambda, T)}{L_s(\lambda, T)} = \alpha(\lambda). \tag{2/86}$$

An die Stelle von Gl. (2/85) ist daher die Beziehung zu setzen:

$$\frac{L(\lambda, T)}{\alpha(\lambda, T)} = \frac{L_s(\lambda, T_s)}{\alpha(\lambda, T)} = L_s(\lambda, T). \tag{2/87}$$

Da für alle nichtschwarzen Strahler $\alpha < 1$ ist, strahlt der schwarze Körper in jedem Spektralbereich mehr als jeder andere Temperaturstrahler von gleicher

Temperatur im gleichen Spektralbereich. Die Strahldichte des nichtschwarzen Körpers ist für jedes Wellenlängenintervall nur der Bruchteil $\varepsilon(\lambda, T)$ der des schwarzen Körpers. Durch Einsetzen der Wienschen Formel ergibt sich mit Gl. (2/87) der gesuchte Zusammenhang zwischen Emissionsgrad, schwarzer und wahrer Temperatur zu

$$1/T = 1/T_s + \frac{\lambda}{c_2} \ln \varepsilon(\lambda, T). \qquad (2/88)$$

Der spektrale Emissionsgrad $\varepsilon(\lambda, T)$ ist experimentell für sehr viele Körper unterschiedlicher Oberflächenbeschaffenheit bestimmt worden; er hängt zusätzlich vom Raumwinkel und dem Polarisationsgrad der Strahlung ab (vgl. a. Abschn. 8.4).

2.5.2.6 Meßfehler

Der Meßbereich der Gesamtstrahlungspyrometer mit Thermoelementen als Detektoren beginnt in technischen Geräten bei 800 °C und erstreckt sich bis zu sehr hohen Temperaturen. Werden Quarzlinsen oder metallbedampfte Hohlspiegel zur Abbildung verwendet, kann auch der Temperaturbereich von 600 bis 1000 °C noch gut erfaßt werden. Mit Thermosäulen und Bolometern können auch wesentlich tiefere Temperaturen von 100 °C und darunter gemessen werden. Mit technischen Instrumenten beträgt beim schwarzen Körper die Fehlergrenze ±15 K zwischen 800 und 1400 °C und ±25 K bei 2000 °C, wobei der bei der Eichung des Pyrometers entstandene Fehler einbezogen ist. Der Einfluß der Entfernung zwischen Pyrometer und Meßobjekt bleibt unter ±10 K, wenn der Objektdurchmesser mindestens 10% der Meßentfernung ist.

2.5.3 Optische Pyrometrie

[2.147; 2.177]

2.5.3.1 Temperatur und Helligkeit

Mit den optischen Pyrometern wird die Temperatur aus der Strahldichte bei einer bestimmten Wellenlänge durch direkte Messung nach Gl. (1/83) oder durch fotometrischen Vergleich der Strahldichte mit der eines bekannten Strahlers bestimmt. Aus der Gleichheit der Strahldichte wird auf gleiche Strahlungstemperatur geschlossen.

Bei vielen optischen Pyrometern wird der Strahldichtenvergleich mit dem Auge vorgenommen, das *Helligkeitsunterschiede* auf 0,5 bis 1% genau feststellen kann. In Anlehnung an Gl. (2/56) ergibt sich hieraus eine Fehlergrenze für die Temperaturmessung von

$$\Delta T = \frac{\lambda}{c_2} T^2 (\mathrm{d}L/L) = \frac{\lambda}{c_2} T^2 (\mathrm{d}H/H), \qquad (2/89)$$

was bei einer Temperatur von 2000 K einem ΔT von 1 bis 2 K entspricht. Unter Helligkeit H wird die Integration über das Produkt aus spektraler Strahldichte

$L(\lambda, T)$ und der *spektralen Augenempfindlichkeit* $V(\lambda, T)$ verstanden, d. h.

$$H(T) = 1/\Lambda \int_0^\infty L(\lambda, T)\, V(\lambda, T)\, d\lambda, \tag{2/90}$$

wobei Λ das Lichtäquivalent, d. h. das Verhältnis zwischen Strahlungsleistung (in W) und erzeugtem Lichtstrom (in lm) bedeutet und die Wellenlänge $\lambda = 0{,}555\ \mu m$ zugrunde gelegt wird. Nach neueren Messungen beträgt $\Lambda = 0{,}001602$ W/lm; der Lichtstrom 1 *Lumen* (lm) als internationale Einheit der Helligkeit ist dadurch definiert, daß der senkrecht von 1 cm² eines auf den Platinschmelzpunkt geheizten schwarzen Körpers in den Raumwinkel Eins ausgestrahlte Lichtstrom $\Phi = 60$ lm gesetzt wird.

2.5.3.2 Glühfadenpyrometer

Das von *Holborn* und *Kurlbaum* 1901 angegebene Glühfadenpyrometer ist das gebräuchlichste Instrument zur optischen Temperaturmessung. Es besitzt den großen Vorzug, daß das Meßobjekt während der Messung beobachtet werden

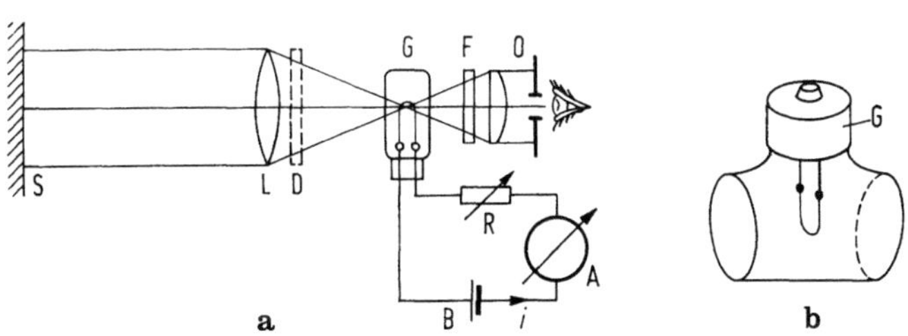

Bild 2.70.
Glühfadenpyrometer

kann und daher Stellen verschiedener Strahldichte ausgemessen werden können. Wie in Bild 2.70 dargestellt ist, wird das Meßobjekt S durch ein Fernrohr betrachtet, das aus dem Objektiv L und dem Okular O besteht. In der Ebene des reellen Bildes von S befindet sich die Pyrometerlampe G, eine gealterte Wolframglühlampe mit U-förmig gebogenem Faden, der von der Batterie B über den Regulierwiderstand R beheizt wird. Die Heizstromstärke i wird am Strommesser A abgelesen; bei höheren Meßtemperaturen wird das Rauchglas D hinter das Objektiv geschaltet. Bei Temperaturen über 700 °C wird ein Farbfilter F (Rotfilter RG2 von Schott) benutzt. Zur Messung werden Glühfaden und Meßobjekt scharfgestellt und der Heizstrom so lange geändert, bis die hellste Stelle des Fadens vor dem Hintergrund des Strahlers zu verschwinden scheint.

Die *Pyrometerlampe* G besitzt beidseitig Planglasscheiben, die zur Reflexunterdrückung um 15 bis 20° gegen die Senkrechte geneigt sind. Bis 1450 °C ist ein Wolframfaden von 0,03 mm Stärke am besten geeignet, der sich während des Einregelns sehr schnell auf die Gleichgewichtstemperatur einstellt; die Heizfadenlänge soll etwa 3 cm betragen. Bei den üblichen Pyrometerlampen, die im mittleren Temperaturbereich mit $i = 0{,}3$ A beheizt werden, entspricht eine Stromänderung von 3 mA einer prozentual etwa gleich großen Änderung der absoluten Fadentemperatur, jedoch einer Helligkeitsänderung von 5 bis 10%.

Obwohl mit einem optischen Pyrometer das gesamte sichtbare Spektrum zur Temperaturmessung herangezogen werden kann, werden meist rote Farbfilter verwendet, die vor das Okular gesetzt werden und Meßfehler weitgehend ausschalten [2.298].

Durch eine Lichtschwächung v reduziert man die Strahldichte $L_s(\lambda, T)$ eines sehr intensiven Strahlers auf den Betrag $L_s(\lambda, T_0) = L_s(\lambda, T)/v$ analog zu Gl. (2/56) derart, daß T_0 in den Meßbereich der Pyrometerlampe fällt und erhält die gesuchte Temperatur aus der Beziehung

$$1/T = 1/T_0 - (\lambda \ln v)/c_2. \tag{2/91}$$

Auf diese Weise kann man z. B. durch eine Lichtschwächung von $v = 134$ bei der Wellenlänge $\lambda = 0{,}65$ µm mit $(\lambda/c_2) \ln v = 2{,}215 \cdot 10^{-4}$ die Strahldichte eines schwarzen Strahlers von 1500 °C auf $T = 1000$ °C reduzieren und die obere Meßgrenze von 1500 auf 2647 °C erweitern.

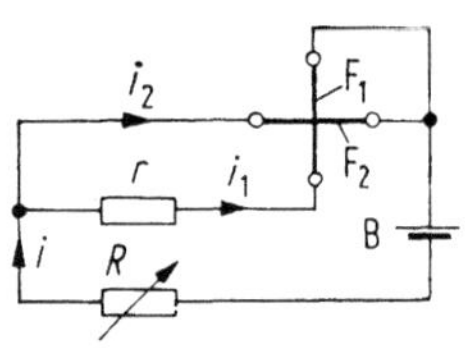

Bild 2.71. Kreuzfadenpyrometer

Von *Thorn* und *Winslow* [2.295] sind die Meßfehler mit Wolframbandlampen verschiedener Staatslaboratorien (PTB, NBS, DAMG, NPL und NRC) untersucht worden; sie liegen je nach Meßtemperatur zwischen +4 und −7 K. Die Reproduzierbarkeit der Pyrometer liegt bei 2 bis 3 °C, wobei pro Minute drei Messungen durchgeführt werden können.

Beim *Graukeil-Glühfadenpyrometer* wird die Strahldichte der Pyrometerlampe auf einen festen Temperaturwert eingestellt und die des Meßobjekts durch Verdrehen eines vorgeschalteten, neutral schwächenden Graukeils bis zum Verschwinden des Fadenbildes vermindert. Die Stellung des Graukeils ist dann ein Maß für die gesuchte Temperatur des Strahlers, sofern der Lampenstrom mit bekannten Methoden (s. *Ed.* III, § 16.33) konstant gehalten wird.

Konstante Helligkeit des Glühfadens wird beim *Kreuzfadenpyrometer* [2.124] durch zwei hintereinander stehende, im Blickfeld gekreuzt erscheinende Glühfäden von unterschiedlichem Durchmesser ohne Meßinstrument eingestellt. Die beiden Fäden F_1 und F_2 (Bild 2.71) werden von den Teilströmen i_1 und i_2 durchflossen, deren Summenstrom i durch den Widerstand R verändert werden kann. Durch den Festwiderstand r läßt sich das Verhältnis i_1/i_2 einstellen. Infolge der vom Verhältnis Oberfläche zu Drahtquerschnitt abhängigen Wärmeverluste wird der dünnere Glühfaden bei kleiner Stromstärke die tiefere Temperatur im Vergleich zum dickeren Faden besitzen. Bei einem festen Verhältnis i_1/i_2 gibt es eine bestimmte Stromstärke i, mit der beide Fäden im Blickfeld gleich hell erscheinen. Wie beim Graukeilpyrometer wird die gesuchte Temperatur durch einen drehbaren Neutralfilter veränderlicher Dicke bestimmt.

Mikropyrometer werden zur Temperaturmessung an kleinen Meßobjekten, wie dünnen Drähten, benutzt, die um den Faktor 4 vergrößert in der Glühfadenebene abgebildet werden. Um Verzerrungen durch die Pyrometerlampe zu vermeiden, werden planparallele Fenster oder auch konisch geformte Glashüllen angewendet. Unter Verzicht auf eine subjektive Beobachtung kann man die Strahlungsquelle im Maßstab 1 : 100 vergrößert auf einem weißen Schirm abbilden und unter Berücksichtigung der dadurch bewirkten Lichtschwächung dieses Bild pyrometrisch ausmessen.

Von *Phinkelschtein* und *Kandiba* [2.234] wird ein in der UdSSR benutztes Präzisionspyrometer beschrieben, das ein asphärisches Objektiv von 80 mm Durchmesser und 240 mm Brennweite besitzt, und mit dem mit Hilfe von vier Schwächungsfiltern noch Temperaturen bis zu 10000 °C gemessen werden können.

2.5.3.3 Objektive optische Pyrometer

Reproduzierbarkeit und Genauigkeit der subjektiven optischen Pyrometer sind vor allem durch die Kontrastempfindlichkeit des menschlichen Auges begrenzt. Diese Beschränkung läßt sich stark reduzieren, wenn als Detektoren *Fotomultiplier* oder *Fotowiderstände* benutzt werden, deren Nachweisgrenze von der Rauschspannung des Nachweisinstruments bestimmt wird. In Tabelle 2.26 ist die Nachweisgrenze M in W für eine Bandbreite von 1 Hz, sowie die langwellige Grenze λ_c von verschiedenen Detektoren zusammengestellt.

Tabelle 2.26. Nachweisgrenze von Detektoren

Detektor	Material	M in W	λ_c in µm
Fotowiderstand	CdS	10^{-16}	0,8
Fotomultiplier	$Cs(NaK)_3Sb$	10^{-15}	0,7
Fotomultiplier	Cs_3Sb	10^{-15}	0,6
Fototransistor	Si	10^{-13}	1,1
Fototransistor	Ge	10^{-12}	1,8
Gas-Fotozelle	Ag—O—Cs	10^{-11}	1,1
Fotowiderstand	PbS	10^{-10}	3,0
Fotodiode	Ge	10^{-10}	1,8
Fotowiderstand 90 K	PbTe	10^{-10}	6

Als Beispiel eines solchen Pyrometers ist in Bild 2.72 das Präzisionsgerät nach *Middlehurst* und *Jones* [2.211] dargestellt, dessen Aufbau dem des Glühfadenpyrometers nach Bild 2.70 ähnlich ist, anstelle des Okulars jedoch ein aus den Linsen O_2, O_3 bestehendes Projektionssystem enthält. Die Objektivlinse O_1 bildet den Strahler S mit der zu bestimmenden Temperatur in der Ebene des Glühfadenlämpchens G ab und die Linse O_2 erzeugt vom Glühfaden ein um den Faktor 5 vergrößertes Bild auf der Schlitzblende B, die auf einem Zinken einer Stimmgabel montiert ist, die mit etwa 427 Hz schwingt und den von G ausgehenden Strahlengang periodisch unterbricht. Die vor O_2 liegende Austrittsblende wird von der Feldlinse O_3 auf der Fotokatode des Detektors D abgebildet. Der Wellenlängenbereich ist durch das Interferenzfilter F (0,650 µm) gegeben.

Die Stimmgabel wird durch einen rückgekoppelten Oszillator (s. *Ed.* III, § 6.222) mit einer Maximalamplitude von 0,3 mm betrieben, wodurch eine vollkommene Überdeckung des von G herrührenden Bildes durch die schwingende

Blende mit einer Öffnung von $0{,}3 \times 2{,}2\ \mathrm{mm}^2$ erfolgt. Das Signal des Fotomultipliers D wird nach dem Verstärker dem phasenempfindlichen Detektor V zugeführt, dessen Referenzsignal vom Stimmgabeloszillator erzeugt wird.

Bei einer Temperatur von 1063 °C wird eine Nachweisempfindlichkeit von $\pm 0{,}02$, eine Stabilität von $\pm 0{,}07$ und eine Reproduzierbarkeit von $\pm 0{,}1$ K erreicht.

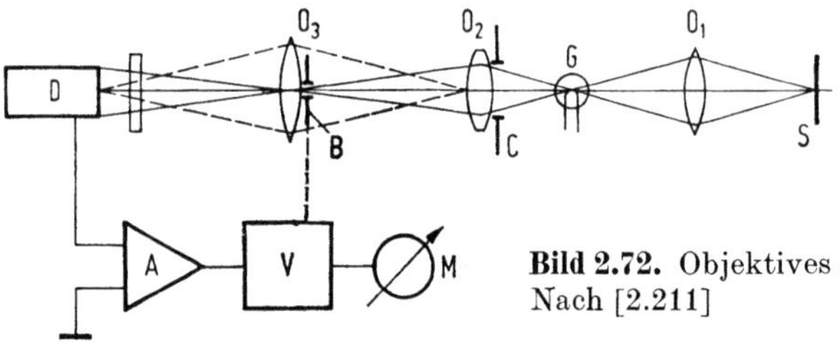

Bild 2.72. Objektives optisches Pyrometer. Nach [2.211]

Das NBS-Pyrometer (1961) ist ähnlich aufgebaut, ermöglicht aber zusätzlich das visuelle Anvisieren des Meßobjekts über den rückseitig versilberten Schwingspiegel. Grundsätzlich ist das fotoelektrische Pyrometer dem visuellen bezüglich der Einstellunsicherheit erst bei Temperaturen unterhalb von 1000 °C überlegen. Von *Foley* [2.97] wird für die Messung schnell veränderlicher Temperaturen ein objektives Pyrometer beschrieben, mit dem bei einer Unterbrecherfrequenz von 1,2 kHz bei 1700 °C noch 0,4 K nachgewiesen werden können.

Spezielle empfindliche pyrometrische Methoden, wie etwa die Messung der Temperaturverteilung in glühenden Drähten [2.135] oder von Glasoberflächen [2.154] verwenden als Detektoren Fotoleiter (CdS) mit hoher Nachweisempfindlichkeit. Bei der von *Hamilton* [2.129] angegebenen Methode zur pyrometrischen Messung von Relativtemperaturen werden zwei CdS-Fotozellen in Brückenschaltung benutzt, von denen eine von der Vergleichslichtquelle bestrahlt und die andere ohne optische Abbildung auf das Meßobjekt gerichtet wird. Bei 1400 °C können noch ± 1 K nachgewiesen werden.

2.5.3.4 Pyrometer nach Wanner

Das von *Wanner* 1900 angegebene Pyrometer besitzt eine bei konstanter Temperatur betriebene Glühlampe, deren Helligkeit bei einer bestimmten Wellenlänge mit der des Meßobjekts verglichen wird. Als Wellenlänge wird die rote Wasserstofflinie ($\lambda = 0{,}656\ \mu\mathrm{m}$) benutzt; der fotometrische Vergleich erfolgt mit einer Polarisationsvorrichtung, die aus Bild 2.73 hervorgeht. Meßobjekt S_x und Vergleichsstrahler S werden über eine Doppelblende B_1 und das Objektiv O_1 im Geradsichtprisma P spektral zerlegt und durch ein zweites Objektiv O_2 in der Ebene des Okularspaltes B_2 derart abgebildet, daß nur die rote Wasserstofflinie sichtbar wird. Mit dem Wollaston-Prisma W wird jeder der beiden Strahlen in zwei senkrecht zueinander polarisierte Teile zerlegt und die optische Abbildung derart gewählt, daß von einem Strahler nur das senkrecht polarisierte, vom anderen das waagerecht polarisierte Bild nebeneinander vor dem Okular erscheint. Durch das Biprisma Z werden beide Bilder in der Okularebene nebeneinander gebracht und können durch einen drehbaren Analysator A (Nikol-Prisma) auf gleiche Helligkeit eingestellt werden, wie folgende Überlegung zeigt:

Ist in Bild 2.74 A_x die vom Strahler S_x herrührende Strahlung, A die von der Vergleichslichtquelle S und die Polarisationsrichtung des Analysators gegen die waagerecht polarisierte Amplitude A_x um den Winkel α gedreht, so betragen die Komponenten der beiden Strahlen hinter dem Analysator $A_x \cos\alpha$ und $A \sin\alpha$. Da die Helligkeit dem Quadrat der Amplituden proportional ist, ergibt sich die Lichtschwächung v zu

$$v = A_x^2/A^2 = \tan\alpha,$$

und für den Anschluß an den Goldfixpunkt T_{Au} die Eichgleichung

$$1/T = 1/T_{Au} - (2\lambda/c_2) \ln \tan\alpha. \tag{2/92}$$

Die Winkeldrehung α kann an einem Teilkreis auf der Analysatorfassung abgelesen werden. Differenziert man Gl. (2/92), so erhält man daraus die Nachweisempfindlichkeit

$$\mathrm{d}\alpha/\mathrm{d}T = c_2 \sin 2\alpha/4\lambda T^2,$$

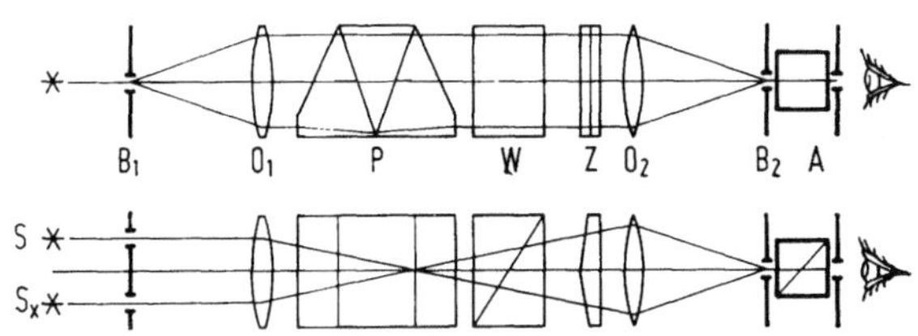

Bild 2.73. *Wanner*-Pyrometer

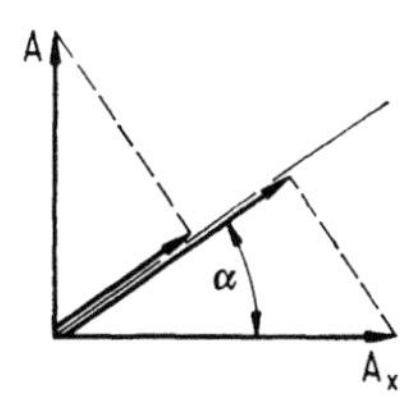

Bild 2.74. Lichtschwächung durch Polarisation

die mit steigender Temperatur stark abnimmt und für $\alpha = 45°$ ein Maximum erreicht. Sendet das Meßobjekt selbst bereits eine teilpolarisierte Strahlung aus, wie z. B. Salzschmelzen bei schräger Blickrichtung, so führt diese Meßmethode zu fehlerhaften Ergebnissen.

2.5.3.5 Spektralfotometer von König-Martens

Dieses Instrument verwendet wie das von *Wanner* zur Lichtschwächung eine Polarisationseinrichtung, unterscheidet sich aber von diesem darin, daß es für beliebige Wellenlängen einstellbar ist. Als Vergleichsstrahler wird eine beleuchtete Mattglasscheibe verwendet, deren Licht durch ein totalreflektierendes Prisma auf eine Hälfte des Kollimatorspaltes geworfen wird, während auf der anderen Spalthälfte durch ein Objektiv das Meßobjekt vergrößert abgebildet wird. Die brechende Prismenkante liegt horizontal, so daß das den Okularspalt tragende Beobachtungsfernrohr schräg nach oben gerichtet ist. Mit diesem Instrument kann die Temperatur von Strahlern geringer Ausdehnung oder bestimmter Teile des Strahlers gemessen werden.

2.5.3.6 Emissionsgrad und Messung nichtschwarzer Strahler

Mit Gesamt- und Teilstrahlungspyrometern läßt sich grundsätzlich nur die Temperatur für schwarze Strahler exakt bestimmen. Auch ohne Kenntnis des spektralen Absorptions- oder Emissionsgrades $\alpha(\lambda)$ kann die Temperatur eines nichtschwarzen Strahlers berechnet werden, wenn sich α durch ein Polynom n-ten Grades als Funktion von λ oder $1/\lambda$ darstellen läßt, und die schwarzen Temperaturen für $n + 2$ verschiedene Wellenlängen bestimmt sind. Ist dagegen $\alpha(\lambda, T)$ für sichtbare Strahlung bekannt, so kann die Temperatur des nichtschwarzen Strahlers aus Gl. (2/88) ermittelt werden. In Tabelle 2.27 sind daraus für $T_s = 1000$ K die Differenzen $T - T_s$ für verschiedene Emissionsgrade und Wellenlängen berechnet.

Tabelle 2.27. Differenz zwischen wahrer und schwarzer Temperatur als Funktion von $\alpha(\lambda)$ und λ

α	λ in μm				
	0,4	0,5	0,6	0,7	0,8
0,1	64,3	80,4	96,5	112,6	128,6
0,2	45,0	56,2	67,4	78,7	89,9
0,3	33,6	42,0	50,4	58,9	67,3
0,4	25,6	32,0	38,4	44,8	51,2
0,5	19,4	24,2	29,0	33,9	38,7
0,6	14,3	17,8	21,4	25,0	28,5
0,7	10,0	12,4	14,9	17,4	19,9
0,8	6,2	7,8	9,4	10,9	12,5
0,9	2,9	3,7	4,4	5,2	5,9
1	0	0	0	0	0

Häufig werden *Fluchtlinientafeln* benutzt, um auf grafischem Wege die wahre Temperatur T aus der schwarzen Temperatur T_s für einen gegebenen Absorptionsgrad α und bekannter Wellenlänge λ zu erhalten.

Um den Emissionsgrad eines Strahlers zu messen, muß dieser in das thermische Gleichgewicht mit einem schwarzen Körper oder einem Strahler bekannten Emissionsgrades gebracht werden. Hierzu wird das zu untersuchende Material, sofern es ein elektrischer Leiter ist, in Form eines dünnwandigen zylindrischen Rohres elektrisch zum Glühen gebracht und an der Stelle des Temperaturmaximums, d. h. etwa in Rohrmitte mit einer Öffnung versehen, aus der schwarze Strahlung austritt. Der Emissionsgrad ergibt sich aus dem Verhältnis der Strahldichten, die von der freien Metalloberfläche und dem als schwarzer Strahler wirkenden Loch ausgehen. Hierbei ist die Temperaturdifferenz zwischen Außen- und Innenwand zu berücksichtigen, die rechnerisch aus dem spezifischen Widerstand und der thermischen Leitfähigkeit des Materials gefunden werden kann.

Bei ebenen metallischen Strahlern können Emissionsgrad und wahre Temperatur direkt aus der unter 45° gegen die Normalenrichtung ausgesandten Eigenstrahlung, die weitgehend polarisiert ist, mit einem Pyrometer, das mit einem Polarisationsfilter ausgerüstet ist, bestimmt werden.

In Tabelle 2.28 ist für *Wolfram* der Emissionsgrad bei $\lambda = 0{,}65$ μm als Funktion der Temperatur angegeben.

Tabelle 2.28. Emissionsgrad von Wolfram

T in K	α	T in K	α	T in K	α
300	0,470	1800	0,440	2800	0,419
1000	0,456	2000	0,435	3000	0,415
1200	0,452	2200	0,431	3200	0,411
1400	0,448	2400	0,427	3400	0,407
1600	0,444	2600	0,423	3600	0,403

Die daraus ersichtliche Abnahme von α mit steigender Temperatur ist auch bei Pt, Pd, Fe, Mo und Ta beobachtet worden, doch treten große Streuungen der Meßwerte auf, die von der Beschaffenheit der Oberfläche, der Korngröße und Art sowie der Stärke der Oberflächenschicht abhängen.

In Tabelle 2.29 ist der spektrale Emissionsgrad $\varepsilon(\lambda, T)$ in der Normalenrichtung für einige Metalle und Festkörper zusammengestellt.

Tabelle 2.29. Emissionsgrad einiger Stoffe bei 295 K

Material	0,50	0,60	0,80	1,0	2,0	4,0 μm
Al	—	—	—	0,26	0,18	0,08
Bi	—	—	—	—	0,32	0,25
Cr	0,45	0,44	0,44	0,43	—	0,26
Cu	0,56	0,28	—	0,10	—	0,03
Au	—	—	—	0,62	—	0,03
Au[a]	0,53	0,16	—	0,04	0,03	0,03
Fe	0,45	0,43	0,41	0,35	0,22	0,12
Pb	—	—	—	—	—	0,08
Mg	0,28	0,27	0,26	0,26	0,22	0,16
Mo	0,55	0,52	0,48	0,42	0,18	0,10
Ni	—	0,34	0,33	0,27	0,19	0,10
Pt	—	0,45	—	0,27	0,19	0,08
Rh	0,24	0,23	0,19	0,16	0,09	0,08
Si	0,66	0,68	0,71	0,72	0,72	0,72
Ag	0,10	0,07	—	0,04	0,03	0,03
Ta	0,62	0,55	0,36	0,22	0,10	0,07
Sn	—	—	—	0,46	0,39	0,28
W	0,50	0,48	—	0,38	0,10	0,06
V	0,43	0,41	—	0,39	0,31	0,21
Graphit	0,78	0,76	0,75	0,73	0,65	0,52
Stahl	0,45	0,45	—	0,37	0,23	0,15

[a] Elektrolytisch abgeschieden

Bei den meisten Metallen ist am Schmelzpunkt der Emissionsgrad im flüssigen Zustand im Mittel um 10 bis 20% höher als in der festen Phase.

2.5.4 Farbpyrometrie

[2.86; 2.243]

Die Temperatur eines beliebigen Strahlers kann außer durch seine Strahldichte auch durch die Farbe bestimmt werden, in welcher er dem Auge erscheint. Da bei allen kontinuierlichen Strahlern das Maximum der Strahldichte mit steigender

Temperatur nach kürzeren Wellenlängen rückt, muß die Farbe sich bei beginnender Rotglut (525 °C) über dunkle Rotglut (700 °C), helle Rotglut (1100 °C), beginnende Weißglut (1300 °C) bis zur Weißglut (1500 °C) mit starkem Blauanteil verändern. Analog zur Strahldichte als Maß für die Temperatur des schwarzen Strahlers wird zur Kennzeichnung der *Farbe* die *Verteilungstemperatur* T_V (früher physikalische Farbtemperatur) eingeführt.

2.5.4.1 Verteilungstemperatur

Das Verhältnis der Strahldichten eines schwarzen Körpers bei zwei verschiedenen Wellenlängen λ_1 und λ_2 hängt nach den Gleichungen von *Wien* (1/83) oder *Planck* (1/84) eindeutig von seiner Temperatur ab. Gleiches gilt für einen beliebigen Strahler, falls sein Emissionsgrad für λ_1 und λ_2 übereinstimmen, wie leicht aus der Anwendung von Gl. (2/86) auf zwei verschiedene Wellenlängen zu folgern ist. Dies trifft für den *grauen Strahler* exakt zu, dessen spektraler Emissionsgrad definitionsgemäß von der Wellenlänge unabhängig ist; er kann bei einem beliebigen Strahler angenähert nur in einem kleinen Wellenlängenbereich realisiert werden.

Man definiert die Verteilungstemperatur T_V analog zu Gl. (2/62) durch die Beziehung

$$\frac{L(\lambda_1, T)}{L(\lambda_2, T)} = \frac{L_s(\lambda_1, T_{s1})}{L_s(\lambda_2, T_{s2})} = \frac{L_s(\lambda_1, T_V)}{L_s(\lambda_2, T_V)}; \tag{2/93}$$

sie ist in ihrem Gültigkeitsbereich gegeben durch

$$L(\lambda, T) = \varepsilon(T_V) \cdot L_s(\lambda, T_V), \tag{2/94}$$

wenn mit $\varepsilon(T_V)$ der *Farbemissionsgrad* bezeichnet wird. Im Bereich der Wienschen Formel findet man aus Gl. (2/93) die gesuchte Verteilungstemperatur

$$\frac{1}{T_V} = \frac{(1/\lambda_1 T_{s1}) - (1/\lambda_2 T_{s2})}{1/\lambda_1 - 1/\lambda_2}. \tag{2/95}$$

Die durch diese Gleichung definierte Verteilungstemperatur ist bei gegebener wahrer Temperatur T eine Funktion der Wellenlängen λ_1 und λ_2. Nur im speziellen Fall, daß $\varepsilon(\lambda, T)$ in Gl. (2/94) durch den Ausdruck

$$\varepsilon(\lambda, T) = C \cdot \exp(K/\lambda) \tag{2/96}$$

dargestellt werden kann, bleibt T_V in ihrem Gültigkeitsbereich wellenlängenunabhängig und ist die Gl. (2/94) streng erfüllt. Die Parameter C und K hängen nur von der Temperatur ab; für Metalle ist Gl. (2/96) annähernd erfüllt und für den grauen Strahler ist $K = 0$.

Im Grenzfall $\lambda_1 = \lambda_2 = \lambda$ geht der Differenzenquotient in Gl. (2/95) in den Differentialquotienten $\mathrm{d}(1/\lambda T_{s(\lambda)})/\mathrm{d}(1/\lambda)$ über, der die *differentielle Verteilungstemperatur* definiert. Setzt man Gl. (2/88) in Gl. (2/95) ein, so findet man die wichtige Beziehung

$$\frac{1}{T_V} = \frac{1}{T} + \frac{\lambda_1 \lambda_2}{c_2} \frac{\ln \varepsilon(\lambda_1, T) - \ln \varepsilon(\lambda_2, T)}{\lambda_1 - \lambda_2}. \tag{2/97}$$

Da, wie aus Tabelle 2.29 zu ersehen ist, $\varepsilon(\lambda, T)$ im sichtbaren Gebiet mit wachsender Wellenlänge abnimmt, wird nach Gl. (2/97) $T_V > T$; die wahre Temperatur T liegt zahlenmäßig zwischen T_V und T_s, meist jedoch näher an T_V.

In Tabelle 2.30 sind für *Wolfram* Emissionsgrad $\varepsilon(\lambda, T)$, schwarze Temperatur T_s, Verteilungstemperatur T_V und Farbemissionsgrad $\varepsilon(T_V)$ abhängig von der wahren Temperatur angegeben.

Tabelle 2.30. Strahlungseigenschaften von Wolfram

T in K	$\varepsilon(\lambda, T)$		T_s in K		T_V in K	$\varepsilon(T_V)$
	λ_1 [a]	λ_2	λ_1	λ_2		
1000	0,456	0,486	965	977	1007	0,392
1500	0,445	0,476	1420	1477	1517	0,380
2000	0,435	0,469	1856	1906	2034	0,364
2500	0,425	0,462	2274	2352	2259	0,349
3000	0,415	0,455	2673	2785	3094	0,334
3500	0,405	0,449	3052	3207	3644	0,318

[a] $\lambda_1 = 0{,}665\ \mu m$; $\lambda_2 = 0{,}467\ \mu m$.

In Tabelle 2.31 sind nach [2.193] für einige Metalle wahre, schwarze und Verteilungstemperatur zusammengestellt.

Tabelle 2.31. Schwarze und Verteilungstemperatur einiger Metalle

T in K	Fe		Mo		W		Ni	
	T_s	T_V	T_s	T_V	T_s	T_V	T_s	T_V
1500	1397	1523	1403	1513	1420	1517	1403	1546
1800	1633	1833	1658	1823	1684	1825	—	—
2000	1820	2041	1824	2032	1857	2033	—	—

2.5.4.2 Messung mit dem Glühfadenpyrometer [2.258]

Nach Gl. (2/95) läßt sich die Verteilungstemperatur mit einem Glühfadenpyrometer (Abschn. 2.5.3.2) dadurch bestimmen, daß man bei zwei verschiedenen Wellenlängen λ_1 und λ_2 die schwarzen Temperaturen T_{s1} und T_{s2} mißt und daraus T_V berechnet.

Nach *Jagersberger* und *Lieneweg* [2.159] läßt sich mit dem modifizierten *Glühfadenfarbpyrometer* nach Bild 2.75 neben der schwarzen auch die Verteilungstemperatur bestimmen. Das Pyrometer enthält zwischen Objektiv O und Fotometerlampe L die beiden einstellbaren Graukeile G_1 und G_2 und vor dem Okular K das Rot-Grünfilter F. Wird zunächst der Abgleich bei der Wellenlänge λ_r mit dem Graukeil G_1 vorgenommen, so ergibt sich dessen Stellung x_1 aus der konstanten Strahldichte der Vergleichslichtquelle zu $x_1 = k_1/L(\lambda_r, T)$. Die Strahldichte bei der grünen Wellenlänge λ_g hinter dem Graukeil ist dann $L'(\lambda_g, T)$

$= x_1 \cdot L(\lambda_g, T)$. Schaltet man den zweiten Graukeil G_2 dazwischen und gleicht bei λ_g die Vergleichslichtquelle auf die Strahldichte x_2 ab, so gilt analog $x_2 = k_2/L'(\lambda_g, T)$. Daraus findet man die Beziehung

$$x_2 = \frac{L(\lambda_r, T)}{L(\lambda_g, T)}, \tag{2/98}$$

aus der mit x_2 die Verteilungstemperatur und mit x_1 die schwarze Temperatur gewonnen werden kann.

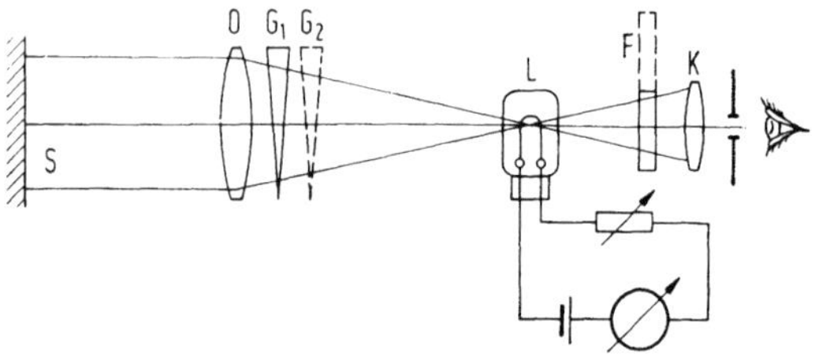

Bild 2.75. Glühfadenfarbpyrometer

2.5.4.3 Farbpyrometer nach Naeser [2.221]

Bei diesem im Eisenhüttenbetrieb viel benutzten Gerät werden durch Rot- und Grünfilter aus der Strahlung des Meßobjekts zwei Farbanteile herausgefiltert und deren Intensitäten so weit geändert, daß die Mischfarbe der einer ebenso gefilterten Vergleichslampe entspricht. Nach *Priest* kann das menschliche Auge noch Unterschiede in der Verteilungstemperatur T_V im Betrag von $\Delta T_V = 0{,}7\,(T_V/1000)^2$ feststellen. Das in Bild 2.76 schematisch dargestellte Pyrometer

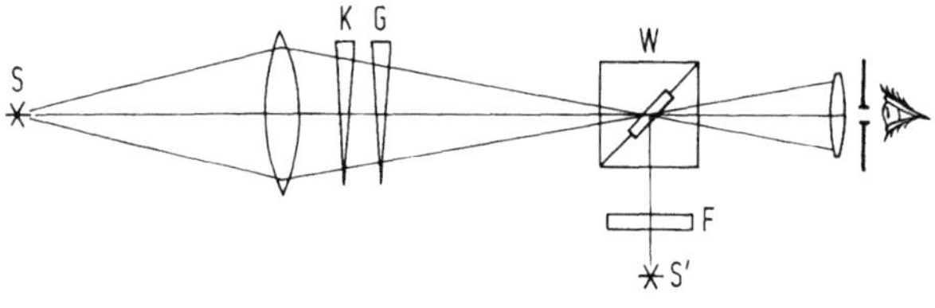

Bild 2.76. Farbpyrometer nach *Naeser*

enthält im Strahlengang des Meßobjekts S den Rot-Grün-Keil K, durch den die beiden Farbanteile verschieden stark geschwächt werden können. Man kann damit die gleiche Mischfarbe herstellen, die aus dem konstant brennenden Vergleichsstrahler S' durch das Rot-Grün-Filter F ausgefiltert wird. Mit dem Graufilter G wird die zu messende Strahlung auf die gleiche Helligkeit wie die Vergleichsstrahlung eingestellt; außerdem kann damit die schwarze Temperatur bei der Wellenlänge der Mischfarbe bestimmt werden. Zum Helligkeitsvergleich dient der geteilte Glaswürfel W, dessen Diagonalfläche kreisförmig ausgeschliffen ist, um beide Mischfarben gleichzeitig im Okular betrachten zu können. Farbtemperatur und schwarze Temperatur werden an den Skalen der drehbaren Filter K und G abgelesen, wobei eine Meßunsicherheit von ± 10 K anzunehmen ist.

2.5.4.4 Objektive Farbpyrometer

Da die Verteilungstemperatur einer Strahlungsquelle durch das Intensitätsverhältnis bei zwei oder auch mehreren Wellenlängen bestimmt ist, kann sie auch *objektiv* mit Fotodetektoren, welche selektiv die Strahlung dieser Wellenlängen empfangen, gemessen werden. *Sweet* [2.287] verwendet hierzu zwei Alkalizellen und teilt das Licht durch einen halbdurchlässig vergoldeten Spiegel und geeignete Farbfilter in zwei getrennte Lichtbündel auf. Der rote Farbanteil wird durch ein drehbares Graufilter so weit geschwächt, daß die von beiden Detektoren herrührenden Signale gleich sind. Unter Berücksichtigung der spektralen Empfindlichkeit der Fotozellen kann damit die Verteilungstemperatur bestimmt werden. Beim Pyrometer nach *Brown* [2.40] wird ein rotierendes Rot-Grün-Filter mit einem veränderlichen Blaufilter benutzt, durch das die Strahlungsquelle vergrößert auf einem Magnesiaschirm abgebildet wird. Zum Abgleich der Verteilungstemperaturen einer Vergleichslichtquelle und des Meßobjekts dient ein Elektronenstrahl-Oszillograph. Die Meßunsicherheit beträgt nur 2 K im Temperaturbereich 2100 bis 2800 °C.

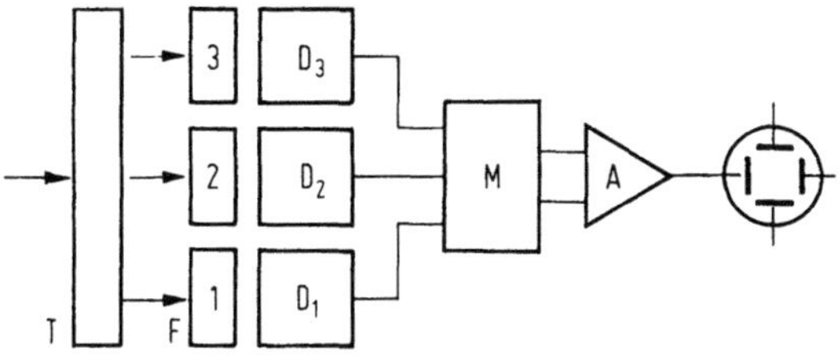

Bild 2.77. Dreifarbenpyrometer

Beim optischen Pyrometer von *Korneff* [2.176], das zur Messung schnell veränderlicher Verteilungstemperaturen bestimmt ist, werden drei Wellenlängen, d. h. eine Doppelquotientenmethode benutzt, um den Meßfehler gegenüber der herkömmlichen Methode zu verringern. Die gesuchte Temperatur findet man aus der Messung der drei Strahldichten L_1, L_2, L_3 bei den Wellenlängen λ_1, λ_2, λ_3 aus der Beziehung

$$T = \frac{c_2(2/\lambda_2 - 1/\lambda_1 - 1/\lambda_3)}{\ln (L_1 L_3/L_2^2) - \ln (\varepsilon_1 \varepsilon_2/\varepsilon_3^2) - 5 \ln (\lambda_2^2/\lambda_1 \lambda_3)}, \tag{2/99}$$

wenn ε_1, ε_2 und ε_3 die entsprechenden Emissionsgrade bei den verwendeten Wellenlängen sind. In Bild 2.77 ist das Prinzip dieses Instruments dargestellt. Die einfallende Strahlung wird durch den Strahlteiler T in drei identische Lichtbündel aufgeteilt, welche über die Filter F_1, F_2 und F_3 auf die logarithmischen Fotometer D_1, D_2 und D_3 fallen. Die Ausgangssignale werden der Summenmatrix M mit nachgeschaltetem Verstärker zugeführt, im Operationsverstärker A in Form der gewünschten Quotienten verarbeitet und in einem Oszillographen angezeigt. Bei geeigneter Auswahl der Wellenlängen wird das Meßergebnis vom Emissionsgrad des Strahlers unabhängig. Die zeitliche Auflösung liegt bei 0,1 ms; sie reicht aus, um den Temperaturverlauf von explodierenden, elektrisch erhitzten Drähten zu verfolgen.

Zur Messung der Temperatur kleiner Teilchen von 0,3 mm Durchmesser oberhalb von 300 °C wird von *Bach* et al. [2.12] ein spezielles Zweifarbenpyrometer mit einer mit flüssigem Stickstoff gekühlten In/Sb-Zelle und einem mechanisch betriebenen Strahlteiler beschrieben. Die Wellenlängen liegen bei 3,1 und 4,5 μm, und werden durch Gasfilter (CO_2, CO, H_2O-Dampf, Kohlenwasserstoffe) ausgefiltert. Das Verfahren wird zur Messung der Oberflächentemperatur von Brennstofftröpfchen zwischen 300 und 1500 °C angewandt.

2.5.5 Fotothermometrie

[2.222]

Das Ausmessen von Temperaturfeldern beheizter oder gekühlter Oberflächen mit Thermoelementen oder Widerstandsthermometern ist zeitraubend und ungenau, da der Meßvorgang die Temperaturverteilung beeinflußt und die äußere Wärmeabgabe stört. In einigen Fällen können *Temperaturmeßfarben* (s. Abschn. 2.6.3) benutzt werden, die aber meist zu ungenau sind und zeitliche Veränderungen nicht nachzuweisen gestatten.

Bei Temperaturen um 250 °C können mit einer lichtstarken, IR-durchlässigen Optik und übersensibilisierten Fotofilmen bei einer allerdings langen Belichtung Übersichtsaufnahmen gemacht werden. Der Temperaturmaßstab wird durch *Oberflächenthermoelemente* festgelegt, die mit einem geschwärzten Metallplättchen bedeckt sind. Bei der Stahlherstellung wird diese Methode häufig benutzt, da kurze Belichtungszeiten und ein Vergleich mit dem Glühfadenpyrometer möglich sind. Durch die Anwendung spezieller *Leuchtphosphore*, wie sie von *Eckardt* und *Nitsche* [2.77] vorgeschlagen werden, lassen sich Temperaturfelder unmittelbar sichtbar machen und können mit kurzer Belichtungszeit fotografiert werden. Schließlich können mit gekühlten, im IR hochempfindliche Strahlungsdetektoren (Abschn. 2.5.2.2) zusammen mit einer Rasterabtastung sehr kleine Temperaturunterschiede gemessen werden. Von *Kwap* et al. [2.182] wird ein IR-Fernsehsystem beschrieben, dessen Bildwandler Si-Dioden mit einem Empfindlichkeitsbereich zwischen 0,55 und 1,15 μm enthält und in 30 ms das Bild abtastet. Das System ist für Temperaturen oberhalb von 350 °C geeignet.

2.5.6 Temperaturmessung an Flammen

[2.71; 2.231]

2.5.6.1 Temperatur einer Flamme

Der Begriff Temperatur definiert einen Zustand statistischen Gleichgewichts und kann daher nur einem solchen zugeschrieben werden. In ihm werden durch Molekülstöße und Strahlung die Zustände *einzelner* Teilchen dauernd verändert, doch werden im Mittel Geschwindigkeitsverteilung, Molekülkonzentration für bestimmte Quantenzustände der Rotation, Schwingung und Anregung, sowie die Konzentration der Dissoziationsprodukte konstant bleiben. Die Flammentemperatur kann daher im Prinzip aus der thermischen Energie und dem Dissoziationsgleichgewicht, das aus molekülspektroskopischen Angaben gewonnen wird, berechnet werden. Die Abweichung vom Gleichgewicht erfordert die Einführung verschiedener Temperaturen für die Elektronen und Ionen, auch die von eingebrachten Sonden, z. B. in Form dünner Metalldrähte.

Hocherhitzte Gase, wie Flammen und Plasmen sind Volumenstrahler, die aus dem Volumen $\mathrm{d}V$ in den Raumwinkel $\mathrm{d}\Omega$ den Strahlungsfluß

$$\mathrm{d}\Phi = \varepsilon_\lambda \, \mathrm{d}\lambda \, \mathrm{d}V \, \mathrm{d}\Omega \tag{2/100}$$

emittieren, worin ε_λ der *spektrale Emissionsgrad* des Volumenstrahlers ist, der im Gegensatz zu dem eines Flächenstrahlers in $\mathrm{W/cm^4 \cdot sr}$ gemessen wird. Die Absorption des Volumenelements wird durch die Beziehung

$$\varkappa(\lambda) = -(\mathrm{d}L/\mathrm{d}l)/L \tag{2/101}$$

beschrieben, in der $\varkappa(\lambda)$ der *spektrale Absorptionsgrad* und $\mathrm{d}L/\mathrm{d}l$ die Strahldichteänderung pro Zentimeter Durchstrahlungsweg bedeuten. Für ein homogen strahlendes Volumenelement der Schichtdicke l berechnet sich für die Oberfläche der *spektrale Emissionsgrad* analog zu Gl. (2/86) und unter Vernachlässigung des reflektierten Anteils zu

$$\varepsilon(\lambda) = 1 - \exp\left[-\varkappa(\lambda)\right] \cdot l. \tag{2/102}$$

Im thermischen Gleichgewicht, in dem die dissoziierenden, anregenden und ionisierenden Zusammenstöße der Teilchen weit häufiger als die spontanen und erzwungenen Emissionsvorgänge erfolgen, liefert das Kirchhoffsche Gesetz für den Zusammenhang zwischen ε_λ und $\varkappa(\lambda)$ die Gleichung

$$\varepsilon_\lambda(T) = \varkappa(\lambda, T)\left[1 - \exp\left(-c_2/\lambda T\right)\right] L_\mathrm{s} = \varkappa_\mathrm{e}(\lambda, T)\, L_\mathrm{s}, \tag{2/103}$$

in der $\varkappa_\mathrm{e}(\lambda, T)$ als *effektiver Absorptionsgrad* eingeführt ist.

2.5.6.2 Messung an leuchtenden Flammen

[2.223]

Nach *Kurlbaum* kann man die Temperatur leuchtender Flammen dadurch messen, daß ihre Strahlung mit der eines schwarzen Körpers oder eines nichtschwarzen Strahlers bekannter Eigenschaften verglichen wird. Hierzu wird mit einem Glühfadenpyrometer die schwarze Temperatur T_s einer W-Bandlampe direkt und anschließend durch die Flamme hindurch bestimmt. Ist $L_\mathrm{s}(\lambda, T)$ die Strahldichte der Lampe, $L(\lambda, T)$ die der Flamme, so beobachtet man durch die Flamme hindurch die Strahldichte

$$L_\mathrm{s}(\lambda, T_\mathrm{s})\left[1 - \varkappa(\lambda, T)\right] + L(\lambda, T) = L_\mathrm{s}(\lambda, T_s').$$

Regelt man die Stromstärke der Lampe so ein, daß das glühende Band mit und ohne Flamme gleich hell erscheint, so emittiert diese ebensoviel, wie sie von der Strahlung der Lampe absorbiert, d. h. es gilt $L_\mathrm{s}(\lambda, T_s') = L_\mathrm{s}(\lambda, T_\mathrm{s})$ und man erhält:

$$L(\lambda, T) = \varkappa(\lambda, T) \cdot L_\mathrm{s}(\lambda, T_\mathrm{s}).$$

Da nach Gl. (2/86) $L(\lambda, T) = \varkappa(\lambda, T)\, L_\mathrm{s}(\lambda, T_\mathrm{s})$, folgt, daß die schwarze Strahlung

T_s des W-Bandes der wahren Temperatur T der Flamme unabhängig von λ entspricht.

Für nicht leuchtende Flammen ist dieses Verfahren nur anwendbar, wenn diese selektiv strahlt, d. h. einzelne Linien aussendet. Diese erscheinen auf dem kontinuierlichen Spektrum des Vergleichsstrahlers als hellere oder dunklere Linien und verschwinden, wenn Flamme und W-Lampe gleiche Temperatur besitzen.

2.5.6.3 Methode der Linienumkehr

Diese häufig angewandte Methode liefert die Elektronentemperatur, die für ein lokales thermodynamisches Gleichgewicht mit der Gastemperatur übereinstimmt. Sie kann auch für nicht selektiv strahlende Gase gebraucht werden, wenn man diesen leuchtende Metalldämpfe, z. B. Na-, Li- oder Tl-Dämpfe zufügt. In Bild 2.78 ist die hierzu erforderliche Versuchsanordnung wiedergegeben. Von einem *kontinuierlichen* Strahler S, (Bogenlampe, W-Bandlampe) dessen

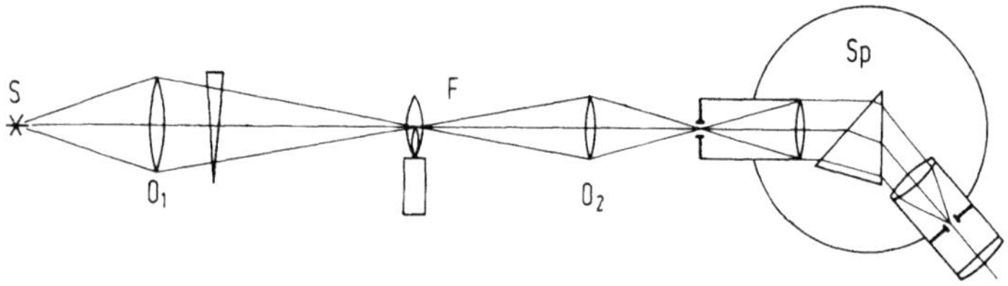

Bild 2.78. Methode der Linienumkehr

Temperatur geregelt werden kann, entwirft man durch das Objektiv O_1 ein Bild der Flamme F, deren Temperatur bestimmt werden soll. Die Flamme wird mit einem zweiten Objektiv O_2 auf dem Eintrittsspalt eines Spektrographen Sp abgebildet, so daß man die eingestellte Spektrallinie vor dem kontinuierlichen Hintergrund der Vergleichslampe beobachtet. Wird die Intensität der Vergleichslampe so eingestellt, daß die Linie gerade verschwindet, dann ist die Strahldichte $L(\lambda, T)$ der Flamme ebenso groß wie der in der Flamme absorbierte Bruchteil der Strahldichte $L_s(\lambda, T_s)$, d. h. die Flammentemperatur T entspricht der eingestellten schwarzen Temperatur T_s.

Die Spektrallinien, an denen beobachtet wird, müssen Resonanzlinien sein, da nur bei ihnen der Absorptionsgrad $\varkappa(\lambda, T)$ dem Emissionsgrad $\varepsilon(\lambda, T)$ entspricht. Als solche kommen beim *Lithium* die Linie 670,8 nm, beim *Natrium* die Doppellinie 589,0 nm bzw. 589,6 nm und beim *Thallium* die Linie 535,0 nm in Betracht.

Befriedigende Meßergebnisse sind nur zu erwarten, wenn in der Flamme Temperaturgleichgewicht vorhanden ist, was im allgemeinen in der Reaktionszone nicht zutrifft. Zum Anfärben wird das Salz mit einer Platindrahtöse oder einem feinen Keramikröhrchen eingebracht; bei Flüssigkeiten wird ein elektrostatischer Zerstäuber mit Vorteil verwendet.

Rössler [2.254] hat für die Untersuchung von Verbrennungsabläufen eine selbstabgleichende Methode entwickelt, mit der periodische, schnellveränderliche

Vorgänge registriert werden können; die Meßunsicherheit dieses Verfahrens beträgt 1 bis 2%. Als Vergleichsstrahler wird dabei ein W-Band veränderlicher Breite und Temperaturverteilung verwendet.

2.5.6.4 Temperaturbestimmung aus der Breite von Spektrallinien

In einem Hochtemperaturplasma werden die Spektrallinien durch verschiedene Wechselwirkungen zum Teil erheblich verbreitert und verschoben. Die durch die Strahlungsdämpfung bestimmte natürliche Linienbreite liegt im Bereich von 10^{-5} nm und kann vernachlässigt werden. Für die Doppler-Verbreiterung gilt annähernd der Zusammenhang

$$T = 5{,}45 \cdot 10^{11}(\Delta\lambda/\lambda)^2 A,$$

wenn $\Delta\lambda$ die Linienverbreiterung und A die relative Atommasse bedeutet. In Hochdruckentladungen kann diese Methode nicht angewandt werden, da dem Doppler-Effekt die Druckverbreiterung überlagert ist. Von *Schulz* [2.268] ist eine Methode zur Messung der Temperatur im *Hochdruckquecksilberbogen* entwickelt worden, bei der die Verbreiterung der Spektrallinien infolge der Beeinflussung hochangeregter Terme durch freie Ionen und Elektronen ausgenutzt wird. Diese Terme werden im Gasplasma durch die elektrischen Felder von Elektronen und Ionen gestört und bewirken die Frequenzänderung

$$\Delta\nu = C/r^4,$$

wenn C die Konstante des quadratischen Stark-Effekts und r den Abstand zwischen angeregtem Atom und störenden Elektronen und Ionen angibt. Die daraus resultierende Linienverbreiterung ergibt sich zu

$$\delta = aT^{1/6}C^{2/3}(1/m_1 + 1/m_2)^{1/6}N^* \qquad \mathrm{cm}^{-1}.$$

Hierin sind a eine Konstante, m_1 und m_2 die Atomgewichte der angeregten Atome, Elektronen oder Ionen und N^* die Konzentration der Elektronen bzw. Ionen. Aus dieser Beziehung läßt sich N^* und daraus mit Hilfe der *Saha-Gleichung* die gesuchte Temperatur bestimmen.

Dieser Effekt hängt für einige Linien, z. B. die Wasserstofflinie H_β sehr empfindlich von N^* und den daraus resultierenden Elektronentemperaturen ab. Ihre Halbwertsbreiten betragen 1,25, 3,1 und 4,9 nm für Elektronendichten zwischen $2 \cdot 10^{16}$ und $2 \cdot 10^{17}$ cm^{-3} und entsprechen Temperaturen von 10000, 12000 und 14000 K.

Zu den empfindlichen spektroskopischen Methoden bei normalen Temperaturen gehört auch die Messung der *Rotationstemperatur* von Sauerstoff und Stickstoff, die *Hickman* und *Liang* [2.140, 2.141] mit Hilfe der Raman-Spektroskopie ausgeführt haben. Zur Anregung der Gase bei Normaldruck wird ein Argon-Laser ($\lambda = 0{,}488$ µm) benutzt, dessen Strahl in ein Lichtbündel von 0,1 rad konzentriert und in das Gasvolumen geschickt wird. Senkrecht zur Anregungsrichtung wird mit einem Raman-Spektrographen das Rotationsspektrum aufgenommen und die Frequenz der Rotationslinien bestimmt. Bei Umgebungstemperatur weichen die daraus ermittelten Temperaturen höchstens um 1,5 bis 7,5 K von der konventionell gemessenen Gastemperatur ab.

Pichamutu et al. [2.235] haben in gepulsten *Wasserdampf*-Entladungen in einem H_2O- bzw. H_2O—He-Laser aus der UV-Emission durch das OH die Gastemperatur innerhalb weniger Mikrosekunden spektroskopisch bestimmt.

2.5.6.5 Andere Meßmethoden in Gasentladungen

Außer den spektroskopischen Verfahren zur Messung der Gastemperaturen im Kern eines Entladungsbogens oder in einer Plasmaentladung kommen Nachweisverfahren für die Absorption von Röntgenstrahlen, α-Teilchen oder Elektronen in Betracht, durch welche primär die Gasdichte gemessen wird. Um daraus die Temperatur bestimmen zu können, müssen in einem Gemisch aus mehratomigen Gasen Partialdruck und Art der Dissoziationsprodukte innerhalb des zu messenden Temperaturbereichs bekannt sein.

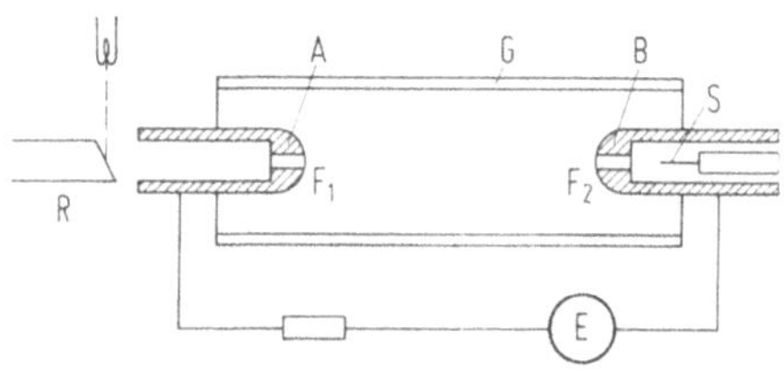

Bild 2.79. Gastemperaturmessung durch Röntgenstrahlabsorption

Die von *Engel* und *Steenbeck* [2.83] benutzte Meßanordnung ist in Bild 2.79 schematisch dargestellt. Die Gasentladung brennt zwischen den Elektroden A und B in einem Stabilisierungsrohr G und wird von der Hochspannungsquelle E über einen Vorwiderstand betrieben. Der Röntgenstrahl tritt von der Katode R durch die wassergekühlte Elektrode A in den Entladungsraum durch ein 7 µm dickes Al-Fenster F_1 von 2 mm Durchmesser ein. Die ebenfalls hohle zweite Elektrode B ist mit dem entsprechenden Fenster F_2 abgeschlossen und enthält einen Geigerzähler S zur Messung der Röntgenstrahlintensität. Die gesuchte Gasdichte ϱ ergibt sich bei bekanntem Absorptionskoeffizienten a und Schichtdicke d aus der Beziehung

$$I = I_0 \exp(-a\varrho d).$$

Als weiteres Meßverfahren kommt die Bestimmung der Schallgeschwindigkeit (Abschn. 2.6.1) in Frage, welche Mittelwerte über ein größeres Gasvolumen liefert.

Von *Dixon-Lewis* [2.74] wird eine optische Methode bei der Messung der Temperaturverteilung im inneren Kegel einer Bunsenflamme benutzt, bei der ein scharfer Lichtstrahl durch diesen geschickt wird. Aus der optischen Ablenkung des Strahls und Annahmen über den Brechungsindex innerhalb der Reaktionszone kann die Temperaturverteilung abgeschätzt werden. Von *Sobolev* et al. [2.275] wird ein fotoelektrisches Pyrometer zur Messung der Verteilungstemperatur in Flammen angegeben.

2.6 Weitere Temperaturmeßmethoden; Temperaturindikatoren

Für spezielle Meßprobleme lassen sich die üblichen „klassischen" Thermometer nur eingeschränkt anwenden und können durch Methoden ersetzt werden, die auf der Abhängigkeit verschiedener Materialeigenschaften von der Temperatur beruhen. Hierzu gehören die *akustischen*, *magnetischen* und *pyroelektrischen Thermometer*, sowie die *Rauschthermometrie*.

2.6.1 Temperaturbestimmung mittels Schallgeschwindigkeit

Die akustische Thermometrie basiert auf der Abhängigkeit der Schallgeschwindigkeit u von der Temperatur T eines Gases oder auch eines Festkörpers. Die Ausbreitungsgeschwindigkeit einer ebenen Schallwelle u_0 berechnet sich aus der Beziehung

$$u_0^2 = \varkappa(T)\, RT/M, \tag{2/104}$$

in der für das ideale Gas $p = \varrho RT/M$, M das Molekulargewicht und $\varkappa(T) = c_p/c_v$ das Verhältnis der spezifischen Wärmen angibt. Für das reale Gas wird Gl. (2/104) durch die Einführung des Kompressibilitätsfaktors $z(p, T)$ modifiziert, der sich zu $z(p, T) = pM/\varrho RT$ berechnet. Damit ergibt sich der Ausdruck

$$u_0^2 = (\varkappa z^2 R/M)\, T = \alpha^2 T. \tag{2/105}$$

Schließlich ist für die Ausbreitung einer freien Schallwelle in einem zylindrischen Gefäß vom Radius r eine Korrektur für die Ausbreitungsgeschwindigkeit u anzubringen:

$$u/u_0 = 1 - (1/r)\,(\mu/2\nu\varrho)^{1/2}. \tag{2/106}$$

Darin bedeuten μ und ϱ Viskosität und Dichte des Gases, sowie ν die Frequenz des akustischen Impulses. Definiert man

$$\alpha' = \alpha(u/u_0)$$

und berücksichtigt Gl. (2/105), so ergibt sich die einfache Beziehung

$$u = \alpha' \sqrt{T} \tag{2/107}$$

als Grundlage der akustischen Temperaturmessung.

In Bild 2.80 ist die von *Goring* und *Hardison* [2.117] angegebene Meßeinrichtung dargestellt, mit der zwischen 300 und 700 K in N_2-Gas von Normaldruck die Temperatur gemessen wurde. Der zylindrische Resonator R wird oben vom piezoelektrischen Quarzoszillator Q (mit X-Schnitt) und auf der Unterseite vom Flansch B abgeschlossen. Diese Meßeinrichtung ist am oberen Flansch A befestigt und hängt an einem V2A-Rohr Z, mit dem sie in den Eichofen eingeführt werden kann. Dieses akustische Interferometer wird mit einer festen Frequenz $\nu = 600\,\text{kHz}$ betrieben. Bei stetiger Änderung der Temperatur werden Resonanzstellen durchfahren, für welche das Verhältnis von Resonatorlänge L und der halben Wellenlänge $\lambda = u/\nu$ ganzzahlig wird, d. h. $N = L/(\lambda/2)$. Die gesuchte Temperatur ergibt sich aus der Beziehung

$$N = 2L\nu/\left(\alpha' \sqrt{T}\right), \tag{2/108}$$

in der die Zahl der Resonanzstellen bei sich stetig ändernder Temperatur durch Registrieren des Oszillatorstromes festgestellt wird. Für $L = 1{,}27$ cm und $\nu = 600$ kHz wird N = 43, bzw. 28 für Temperaturen von 302 bzw. 690 K. Da L ebenfalls mit der Temperatur zunimmt, muß für den Meßbereich die Größe α' der Gl. (2/107) als Funktion von T bestimmt werden. Die erzielbare Meßgenauigkeit liegt bei dieser Meßanordnung zwischen 0,1 und 0,3 K.

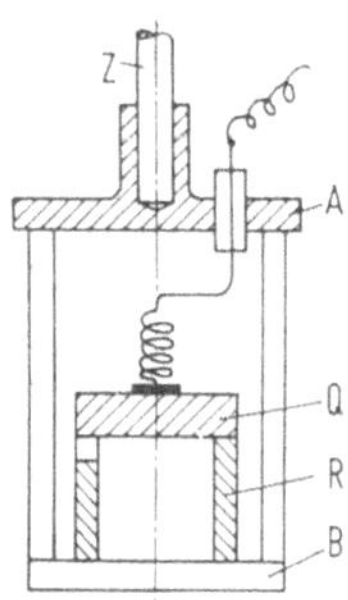

Bild 2.80. Akustische Temperaturmessung in Gasen

Die möglichen Unsicherheiten bei der Bestimmung der Größe N lassen sich bei Anwendung der *Impulsmethode* vermeiden, bei der die Laufzeit eines kurzen Schallimpulses zwischen Sender und Reflektor gemessen wird [2.198]. Vielfach wird als Detektor der reflektierten Schallwelle der Impulsgeber (z. B. Quarz, Ba-Titanat-Keramik) bei allerdings gesteigerter Anzeigeempfindlichkeit verwendet. Für extreme Meßtemperaturen wird zwischen Impulsgeber bzw. -detektor und Meßzelle ein thermisch isolierender Schalleiter geschaltet, um die elektronischen Komponenten bei Umgebungstemperatur betreiben zu können.

Als *Meßzelle* kommt für die Gasthermometrie N_2-Gas und bei tiefen Temperaturen He-Gas in Betracht; auch flüssige Metalle wie Na werden für mäßig hohe Temperaturen verwendet, wobei als Schalleiter V2A-Stäbe dienen. Für den Bereich bis 2700°C wird ein Re-Meßelement mit einem W-Draht als Schallleiter verwendet und ein magnetostriktiver Impulsgeber mit $\nu = 0{,}1$ MHz benutzt.

Flüssige Metalle und gewöhnliche Flüssigkeiten sind für eine akustische Temperaturmessung besonders geeignet, da wegen der größeren Dichte die akustische Ankopplung an den Schallgeber merklich besser als in Gasen ist. Außerdem ist bei den meisten Flüssigkeiten der isobare Temperaturkoeffizient der Schallgeschwindigkeit $(\partial u/\partial T)_p$ von der Größe -1 bis -5 m/s · K und damit mindestens um eine Größenordnung höher als der bei Gasen. Mit Hilfe einer in einen Flüssigkeitsbehälter tauchenden Drahtmeßstrecke, die in konstanten Abständen mit Rillen versehen ist, kann man sogar das Temperaturprofil aus den Abständen der Impulsechosignale erhalten.

In Bild 2.81 ist nach *Apfel* [2.8] die heute gebräuchliche Meßanordnung eines akustischen Gasthermometers vereinfacht dargestellt. Ein Schallimpuls von einigen Millisekunden Dauer, der von einem magnetostriktiven Generator G erzeugt wird, erregt über den Schalleiter L den gasgefüllten Resonator R in Resonanzschwingungen, deren Frequenz nach Gl. (2/108) von T abhängt. Durch Nachstimmen des Oszillators A und Beobachten der exponentiell abklingenden Resonatorschwingung im Elektronenstrahloszillographen O findet man sehr genau die Resonanzfrequenz und kann daraus die Temperatur berechnen. Für höhere Temperaturen besteht der Resonator mit 1,2 cm Durchmesser und 25 cm Länge aus Graphit und wird über eine 3 mm V2A-Leitung von 0,4 mm Wand-

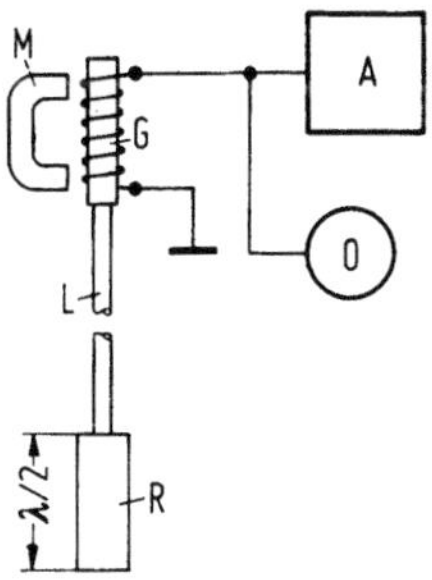

Bild 2.81. Ultraschall-Resonanzthermometer

stärke und 3 bis 6 m Länge mit dem Impulsgenerator/empfänger verbunden. Die thermische Ausdehnung des Graphits spielt gegenüber dem Temperaturkoeffizienten der Schallgeschwindigkeit keine Rolle; sie ist um zwei Größenordnungen geringer als diese. Für Messungen bis 1000 °C wird Helium von 20 bar als Füllgas für Resonator und Schalleiter benutzt.

Von *Innes* [2.157] wird eine originelle akustische Temperaturmeßmethode angegeben, die speziell für Messungen an Gasturbinen geeignet ist. Das Meßprinzip besteht darin, in einem zylindrischen, symmetrischen Resonator durch eine Düse, die senkrecht zur Resonatorachse angebracht ist, und einer gegenüberstehenden Schneide einen Pfeifton zu erzeugen, dessen Frequenz der Resonanzschwingung des Resonators entspricht und nach Gl. (2/108) temperaturabhängig ist. Der Resonator ist beidseitig mit Abgasleitungen versehen, in denen durch einen elektroakustischen Wandler die Resonanzfrequenz aufgenommen und gemessen werden kann; sie ist nur wenig vom Düsendruck abhängig.

Anstelle der Schallgeschwindigkeit von Gasen kann auch die von Festkörpern als Meßgröße für die akustische Temperaturmessung benutzt werden. Die von *Bell* [2.24] hierfür angewandte Resonanztechnik basiert auf dem Schema des Bildes 2.81: Resonator R und Schalleiter L bestehen aus Keramik oder Metall und die Resonanzfrequenz des Temperatursensors R entspricht der halben Wellenlänge in R bzw. seiner geometrischen Länge. Zur Anregung der Eigenschwingungen, deren Frequenzen zwischen 30 und 120 kHz je nach Länge und Material des Resonators liegen, kann ein magnetostriktiver Schwinger G oder ein piezoelektrischer Schallgeber verwendet werden, die innerhalb eines bestimmten Frequenzbandes durchstimmbar sein müssen. Für Temperaturen bis 1700 °C ist Molybdän als Resonator geeignet, mit dem eine Meßgenauigkeit von ± 2 K erreicht wird. Für Messungen in Kernreaktoren haben *Fathimani* und *Bell* [2.89] den Resonator als Stimmgabel ausgebildet, die aus einem geschlitzten Wolframstäbchen von nur 1,5 mm Durchmesser besteht.

Zu diesen Verfahren gehört auch der Vorschlag von *Closs* und *Surridge* [2.50], das Temperaturprofil in der unteren Atmosphäre dadurch zu bestimmen, daß durch mehrere Lautsprecher periodisch Schallimpulse senkrecht nach oben ausgesandt werden und aus der Phasenlage der von Mikrophonen aufgenommenen „Echos" die Flächen konstanter Temperatur konstruiert werden.

2.6.2 Quarzresonator als Thermometer

Wie aus § 7.141 in *Ed.* III zu entnehmen ist, erhalten Quarzschwinger, die in Y-Richtung aus dem Kristall geschnitten sind, eine relativ hohe Frequenz-Temperatur-Abhängigkeit von $+25$ bis $+100 \cdot 10^{-6}$/K. Dabei handelt es sich um eine Dickenscherschwingung einer d cm dicken Platte mit der Grundfrequenz

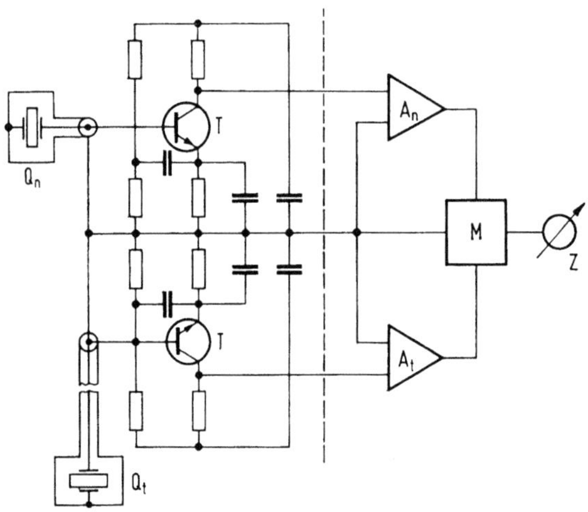

Bild 2.82. Quarzthermometer

$\nu_0 = 2{,}7303 \cdot 10^5/d$. Da der meist in He-Gas von einigen Millibar Druck eingeschlossene Quarzschwinger eine Kreisgüte Q von der Größe $2 \cdot 10^6$ besitzt, stellt er bei sehr geringem Leistungsverbrauch ein äußerst empfindliches und reproduzierbares Thermometer für den Bereich 50 bis 470 K dar.

Wade und *Slutsky* [2.302] verwenden einen 10 MHz-Schwinger mit Y-Schnitt, der in einem Glaskolben mit He-Füllung montiert ist und in ein V2A-Rohr eingepreßt wird. Die erzeugte Frequenz wird mit der eines parallel in Umgebungstemperatur betriebenen AT-Quarzschwingers verglichen, dessen Temperaturkoeffizient verschwindend klein ist. In Bild 2.82 ist das vereinfachte Schaltbild dieses Quarzthermometers dargestellt; der Meßquarz Q_t und Vergleichsquarz Q_n (AT-Schnitt) werden von einfachen transistorisierten Oszillatoren ohne zusätzliche Abstimmittel betrieben. Die Signalspannungen werden nach Verstärkung in A_n bzw. A_t im Mischkreis M zur Bildung der Frequenzdifferenz $\nu_t - \nu_n$ benutzt, die mit dem Frequenzzähler Z gemessen wird. Bei $\nu_n = 10$ MHz beträgt der Temperaturkoeffizient von Q_t etwa 1000 Hz/K, d. h. um 0,1 mK nachzuweisen, muß die Frequenzdifferenz $\Delta\nu = 0{,}1$ Hz bestimmt werden. Dies entspricht der Langzeitstabilität des AT-Quarzes. Als Zwischenfrequenz in M wird gewöhnlich 1 kHz gewählt.

Smith und *Spencer* [2.274] haben diese Methode besonders zum Nachweis sehr kleiner Temperaturabweichungen oder -differenzen benutzt und konnten bei einer Meßzeit von 100 s Temperaturunterschiede von 4 µK nachweisen. Der Meßquarz mit Y-Schnitt von 5° und 5 MHz Eigenfrequenz besitzt einen Temperaturkoeffizienten von $80 \cdot 10^{-6}$/K, d. h. 400 Hz/K und eine Kurzzeitstabilität von $0{,}3 \cdot 10^{-10}$. Die von *Benson* et al. [2.26] in einem Zweijahreszeitraum durchgeführten Vergleichsmessungen eines Quarzthermometers am Eispunkt und zwischen 0 und 60 °C ergaben eine absolute Genauigkeit von 3 bis 5 mK im Vergleich zur NBS-Standardtemperatur. Ähnliche Ergebnisse werden auch von *Novinskii* et al. [2.226] mit einem 5 MHz-Quarzoszillator erreicht, dessen Sender mit Feldeffekttransistoren bestückt ist.

In Fortentwicklung dieser Methode werden heute nach *Benjaminson* [2.25] et al. Quarzresonatoren in der LC-Richtung aus dem Kristall geschnitten, die eine streng lineare Frequenzabhängigkeit von der Temperatur von $35 \cdot 10^{-6}$/K aufweisen. Die scheibenförmigen Schwinger werden in der dritten Oberwelle mit 28 MHz erregt und sind in einem gasdichten zylindrischen Gehäuse aus Cu oder rostfreiem Stahl eingeschlossen. Durch Vergleich mit einem Konstantfrequenzresonator ist eine direkte Temperaturanzeige in einem Frequenzzähler möglich, wenn die Schwebungsfrequenz bei 0 °C zu Null gebracht wird.

2.6.3 Rauschthermometrie

[1.28; 2.1]

In Abschn. 1.7 wurden bereits die Grundlagen der Rauschthermometrie dargestellt und die theoretischen Zusammenhänge zwischen Meßgröße und gesuchter Temperatur angegeben. Im Gegensatz zum Tieftemperaturbereich, dessen spezielle Verfahren in Abschn. 3.8 zusammenhängend mit supraleitenden Frequenz-Spannungs-Konvertern beschrieben werden, können im Bereich zwischen −100 und +1000 °C gebräuchliche Nachweisverfahren für die sehr kleinen Rauschspannungen benutzt werden.

Nach Gl. (1.72) ist das mittlere Rauschspannungsquadrat, das ein elektrischer Widerstand R bei der absoluten Temperatur T in einem Frequenzband Δf erzeugt, eine in T lineare Funktion. Die ersten praktischen Abschätzungen der Rauschspannung durch *Endt* [2.82] und das erste Rauschthermometer von *Garrison* und *Lawson* [2.107] bewiesen die Richtigkeit des Meßprinzips, wonach sich bei gleicher Rauschspannung im selben Frequenzband die Quotienten

$$T_1/T_2 = R_2/R_1 \tag{2/109}$$

entsprechen. Die auf den Temperaturen T_1 und T_2 befindlichen Widerstände R_1 und R_2 werden so lange verändert, bis sich gleiche Rauschspannungen ergeben. Hierzu sind nur Verstärker, Nachweisinstrument und ein Umschalter zum Vergleich der Rauschspannungen erforderlich, da das Verstärkerrauschen

(s. *Ed.* III, § 4.6) für beide Meßwiderstände gleich ist. Dies trifft nur angenähert zu, weshalb *Pursey* und *Pyatt* [2.242] die Eingangsimpedanz des Verstärkers konstant gehalten und die verstärkten Rauschsignale mit einem Abschwächer auf den gleichen Betrag gebracht haben, dessen Wirkung im betrachteten Frequenzbereich unabhängig von f ist. *Storm* [2.284] hat beide Methoden miteinander verglichen und die zu erwartenden Meßfehler angegeben.

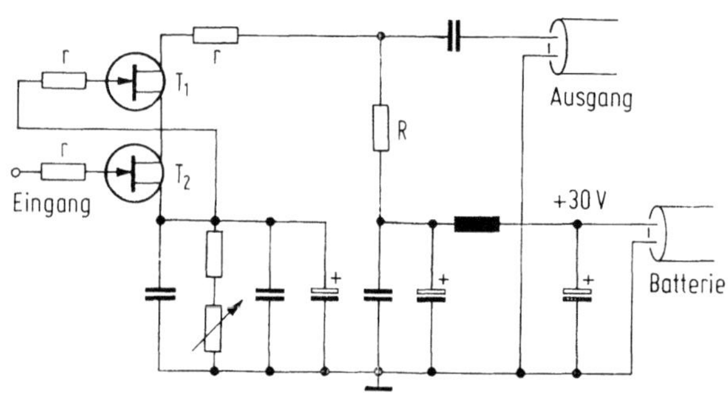

Bild 2.83. Rauscharmer Vorverstärker zur Rauschspannungsmessung

Die grundsätzliche Schwierigkeit bei der Rauschthermometrie im Bereich der Umgebungstemperatur liegt in der Verringerung des äquivalenten Rauschwiderstandes der Verstärkeranordnung, speziell des Vorverstärkers für das Eingangssignal. Als Beispiel ist in Bild 2.83 ein von *Anderson* et al. [2.6] angegebener rauscharmer FET-Verstärker dargestellt, bei dem zwei Feldeffekttransistoren T_1 und T_2 (Siliconix U243) in Kaskodenschaltung angewandt werden. Dieser Verstärker besitzt eine spektrale Rauschdichte von etwa 1,2 $\mathrm{nV}/\sqrt{\mathrm{Hz}}$ im Frequenzband 5 bis 10 kHz, was einem äquivalenten Eingangswiderstand $R_n = 87\,\Omega$ entspricht. Der benutzte Kaskodenkreis hat den Vorteil, daß die Rückkopplungskapazität vom Ausgang zum Eingang stark reduziert wird. Der Widerstand R von 1000 Ω im Saugkreis der FET ist zur Verringerung des Stromrauschens drahtgewickelt; die 47-Ω-Widerstände r sind unmittelbar an die Transistoren gelötet, um HF-Schwingungen zu unterdrücken. Der Spannungsverstärkungsfaktor dieses Vorverstärkers beträgt 31.

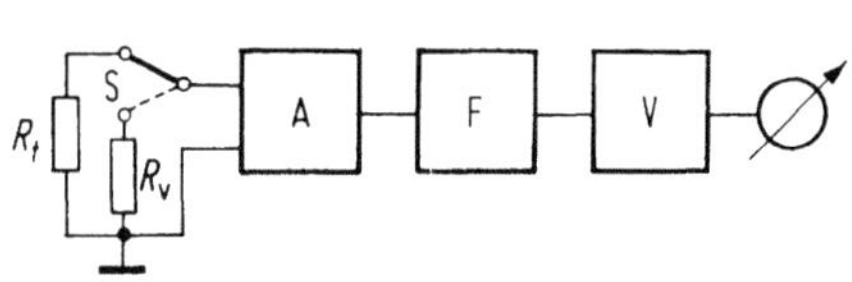

Bild 2.84. Rauschthermometer. Nach [2.284]

Das Schema der Meßanordnung in Bild 2.84 enthält den Widerstand R_t (Metallfilmwiderstand, dessen Widerstand sich zwischen 300 und 4 K nur um 1% ändert), den Vergleichswiderstand R_v, der verändert werden kann und sich auf der Eichtemperatur T_0 befindet, sowie den rauscharmen Verstärker A, das Bandpaßfilter F und das Wechselspannungsmillivoltmeter V. Mit dem Schalter S können zum Vergleich beide Widerstände abwechselnd an den Verstärker gelegt werden. Zunächst wird R_t auf die Eichtemperatur T_0 gebracht und R_v so eingeregelt, daß die an V gemessene Rauschspannung für beide Widerstände die gleiche ist; der Vergleichswiderstand soll für diese Einstellung mit $R_v(T_0)$ bezeichnet werden. Entsprechend Gl. (1/72) gilt für diese Abgleichsbedingung

$$\langle u_n^2 \rangle = 4kT_0R_t\,\Delta f_t + \langle u_{an}^2 \rangle = 4kT_0R_v(T_0)\,\Delta f_v + \langle u_{an}^2 \rangle, \tag{2/110}$$

worin Δf_t, bzw. Δf_v die Bandbreiten für den Meß- bzw. Vergleichswiderstand und $\langle u_{an}^2 \rangle$ das auf das Eingangssignal bezogene Verstärkerrauschen bedeuten, das als unabhängig von der Quellenimpedanz angenommen wird. Vereinfachend wird ferner die Beziehung

$$R_v(T_0)/R_t = \Delta f_t/\Delta f_v \tag{2/111}$$

angenommen.

Bringt man nun R_t auf die Meßtemperatur T und verändert R_v wieder derart, daß die Rauschsignale im Detektor V einander entsprechen, so gilt analog zu Gl. (2/110)

$$\langle u_n^2 \rangle = 4kTR_t\,\Delta f_t + \langle u_{an}^2 \rangle = 4kT_0R_v(T)\,\Delta f_v + \langle u_{an}^2 \rangle, \tag{2/112}$$

woraus die Beziehung

$$R_v(T)\,T_0/R_tT = \Delta f_t/\Delta f_v \tag{2/113}$$

folgt und im Vergleich mit Gl. (2/111) die Meßvorschrift

$$T = [R_v(T)/R_v(T_0)]\,T_0 \tag{2/114}$$

ergibt. Das Instrument braucht nur bei *einem* thermometrischen Fixpunkt geeicht zu werden, sofern R_t nicht von der Temperatur abhängt; der Vergleichswiderstand R_v wird in einer Brücke gemessen.

Mit dieser einfachen Meßanordnung wird zwischen 80 und 300 K eine Meßgenauigkeit von etwa 0,1% erreicht; selbst bei 4 K liegt sie noch bei 0,6%. Die Meßzeit kann zwischen 0,5 und 5 s eingestellt werden. Wie in Abschn. 1.7 hervorgehoben, wurde von *Fink* [1.16] zur Messung der Rauschspannung die Korrelationsmethode eingeführt, bei der die Rauschsignale zwei identischen Verstärkern zugeführt werden, wie das in Bild 1.10 gezeigt ist, um Nulldrift und Änderungen des Verstärkungsfaktors zu eliminieren. Die Ausgangssignale beider Verstärker werden miteinander multipliziert, so daß nur die vom Meßwiderstand erzeugten Rauschspannungsimpulse gemessen und die zeitlich nicht korrelierten Rauschsignale der Verstärker eliminiert werden.

Eine solche Meßanordnung nach *Brophy* et al. [1.10] ist vereinfacht in Bild 2.85 dargestellt; sie besteht aus identischen rauscharmen Verstärkern A, Bandfiltern F und Treiberstufen T, deren Ausgangssignale die Ströme i_1 und i_2 darstellen. Als Multiplikator wird das Hall-Element H verwendet, das aus einem polykristallinen InSb-Scheibchen ($3{,}2 \times 4{,}7 \times 0{,}025$ mm³) in einem ferromagnetischen Topfkreis besteht. Der Ausgangsstrom i_1 wird direkt durch H geschickt; durch den Strom i_2 wird in zwei Feldspulen Sp die magnetische Induktion B erzeugt. Die Hall-Spannung ergibt sich daraus zu

$$u_H = R_H\,i_1B/d, \tag{2/115}$$

wenn R_H die Hall-Konstante und d die Dicke des Plättchens ist. Da $i_1 \sim u_1$ und $B \sim u_2$, kann Gl. (2/115) durch den Ausdruck

$$u_H = (R_H K_1 K_2/d)\, u_1 u_2 \qquad (2/115\text{a})$$

ersetzt werden. Die Kreuzkorrelation von zwei zeitveränderlichen Signalen ist als zeitlicher Mittelwert ihres Produktes definiert, d. h.

$$\langle u_1 u_2 \rangle = \lim_{\tau \to \infty} (1/\tau) \int_0^{\tau} u_1 u_2 \, dt, \qquad (2/116)$$

wenn τ die Integrationszeit ist. Bildet man das zeitliche Mittel beider Seiten von Gl. (2/115a), so ergibt sich die Beziehung

$$\langle u_H \rangle = (R_H K_1 K_2/d)\, \langle u_1 u_2 \rangle, \qquad (2/117)$$

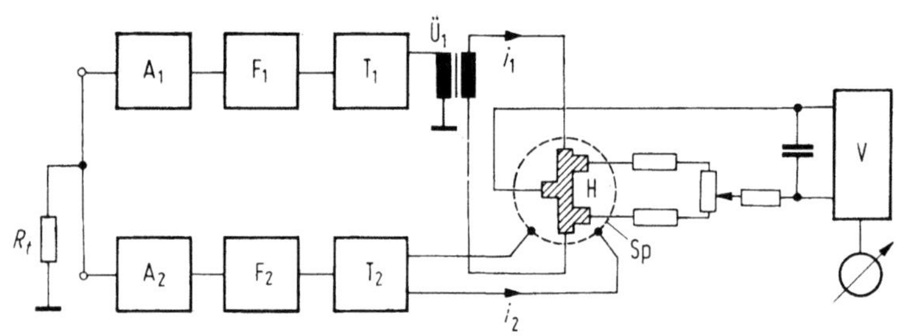

Bild 2.85. Korrelations-Rauschthermometer

d. h. die mittlere Hall-Spannung entspricht der Kreuzkorrelation der zwei Eingangssignale. Setzt man insbesonders analog zu Gl. (2/112) $u_1 = u + u_1'$ und $u_2 = u + u_2'$ an, wobei sich jedes Signal aus einer korrelierten und einer unkorrelierten Komponente zusammensetzt, so ergibt das Produkt den Ausdruck

$$u_1 u_2 = u^3 + u(u_1' + u_2') + u_1' u_2',$$

dessen letzte beide Terme verschwinden, da der zeitliche Mittelwert eines beliebig veränderlichen Signals zu Null wird. Damit ergibt sich das Ausgangssignal zu

$$\langle u_H \rangle = (R_H K_1 K_2/d)\, \langle u^2 \rangle, \qquad (2/118)$$

und stellt die gewünschte Meßgröße zur Temperaturbestimmung nach Gl. (1/72) dar, in der die unkorrelierten Rauschspannungsanteile der Verstärker eliminiert sind.

Bei dieser Meßmethode liefert der Hall-Effekt die Multiplikation und wird der zeitliche Mittelwert durch die RC-Filter gebildet. Die Zeitkonstante τ des Filters muß für eine ausreichende Mittelwertbildung passend gewählt werden; eine große Zeitkonstante liefert einen genauen Mittelwert, kann jedoch kurzzeitigen Änderungen der Meßgröße nicht mehr folgen. Im Falle der in [1.10] beschriebenen Apparatur beträgt im Frequenzintervall zwischen 0,01 und 10 kHz der Eingangsrauschpegel zwischen $5 \cdot 10^{-15}$ und 10^{-19} V^2/Hz; korrelierte Signale können bei 100 bis 1000 mal höherem Rauschpegel noch nachgewiesen werden.

Bereits *Johnson* hat darauf hingewiesen, daß die thermische Rauschspannung in elektrischen Widerständen unabhängig ist von ihrer Natur, sowie Masse und Art der Ladungsträger. In jedem Fall ist die Beziehung

$$\langle u^2 \rangle^{1/2} = K(4kRT\Delta f)^{1/2} \quad (2/119)$$

gültig, in der K den Verstärkungsfaktor der Anordnung bedeutet. Bei den üblichen Methoden muß R bekannt sein und sollte sich bei Temperaturänderungen Teilchenbestrahlung u. a. nicht verändern.

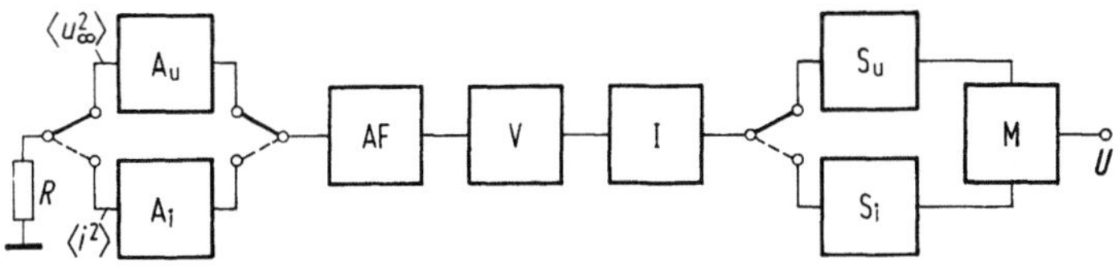

Bild 2.86. Messung der Rauschleistung. Nach [1.4]

Bei der von *Borkowsky* und *Blaloch* [1.4] angegebenen Methode entfällt diese Einschränkung und der Widerstand braucht nicht bekannt zu sein. Sie besteht darin, in üblicher Weise durch einen Verstärker hoher Eingangsimpedanz die Rauschspannung

$$\langle u_u^2 \rangle^{1/2} = K_u(4kRT\ \Delta f_u)^{1/2} \quad (2/120)$$

zu messen, wobei sich die Indizes auf die Anordnung der Spannungsmessung beziehen. Betrachtet man den Widerstand R in Parallelschaltung mit einer Rausch*strom*quelle, so entsteht der Rauschstrom

$$\langle i^2 \rangle = 4kT/R,$$

dessen Stromspektrum bei der Bandbreite Δf_i durch einen stromempfindlichen Verstärker niedriger Eingangsimpedanz verstärkt werden soll. Analog zu Gl. (2/120) ergibt sich die Ausgangsspannung dieser Anordnung zu

$$\langle u_i^2 \rangle^{1/2} = K_i(4kT\ \Delta f_i/R)^{1/2}. \quad (2/121)$$

Durch Multiplikation der Gln. (2/120) und (2/121) findet man die thermische *Rauschleistung*

$$P = \langle u_u^2 \rangle^{1/2} \langle u_i^2 \rangle^{1/2} = CT, \quad (2/122)$$

mit $C = 4kK_uK_i(\Delta f_u \Delta f_i)^{1/2}$, in der die Größe des Meßwiderstandes nicht erscheint.

In Bild 2.86 ist das Schema der Meßanordnung nach dieser Methode dargestellt. Sie besteht aus dem Spannungsverstärker A_u hoher Eingangsimpedanz und dem niederohmigen Stromverstärker A_i, die abwechselnd die im Meßwiderstand R erzeugten Rauschspannungen bzw. -ströme verstärken. Nach weiterer Verstärkung und Filterung in AF und Messung der Signale im Millivoltmeter V wird das Signal im Integratorkreis I über eine Zeit τ aufsummiert, um die statistischen Schwankungen auszugleichen. Das Ergebnis wird im Speicher S_u festgehalten, bis der gleiche Meßvorgang für den Rauschstrom nach der gleichen Zeit τ vorliegt und in S_i eingespeichert wird. Nach einem vollen Zyklus 2τ werden die gespeicherten Größen dem Multiplikator M zugeführt und wird nach Gl. (2/122) die Ausgangsspannung $U \sim T$ erhalten.

Bei einer Integrationszeit $\tau = 10$ s beträgt die erreichte Meßgenauigkeit im Temperaturbereich von 273 bis 1300 K etwa $\pm 0{,}1\%$; sie verringert sich auf 0,6%, wenn sich der Meßwiderstand innerhalb dieses Bereichs um 100% vergrößert [2.31].

2.6.4 Interferometrische Temperaturmessung

Für das Ausmessen eines Temperaturfeldes in der Nähe von beheizten Flächen hat *Kennard* [2.165] ein interferometrisches Verfahren angegeben, dessen Meßanordnung aus Bild 2.87 ersichtlich ist. Das Interferometer nach Mach-Zehnder besteht aus zwei halbdurchlässig verspiegelten Planplatten P_1 und P_2, sowie

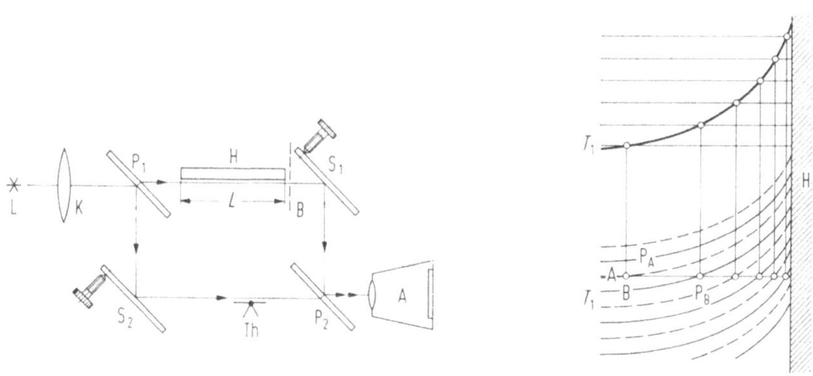

Bild 2.87. Interferometrische Temperaturmessung

den beiden Oberflächenspiegeln S_1 und S_2, die genau justiert werden können. Als Lichtquelle L dient eine Hg-Lampe mit nachgeschaltetem Filter für die grüne Hg-Linie 0,5461 µm, deren Strahlen durch den Kondensor K schwach konvergent gemacht werden. In der Kamera A ($f = 100$ cm) wird das Interferenzstreifensystem vergrößert abgebildet. Ein Arm des Interferometers enthält den beheizten Körper, dessen Temperaturfeld ausgemessen werden soll; die mittlere Temperatur des Vergleichsarms wird mit dem Thermoelement Th bestimmt. Das Instrument wird so eingestellt, daß das Strahlenbündel parallel zur Oberfläche von H verläuft und das virtuelle Bild der Interferenzstreifen etwa in der Ebene B entsteht. Das in Bild 2.87 schematisch dargestellte Interferenzsystem an einer erwärmten Platte läßt erkennen, daß die vorher senkrecht zu H verlaufenden Streifen gekrümmt sind. Betrachtet man zwei benachbarte Streifen A und B und zeichnet man senkrecht zu H eine Gerade, so entspricht dem Abstand

$P_A - P_B$ eine Differenz des Lichtweges von einer Wellenlänge. Da der geometrische Weg für jeden Strahl der Länge L der beheizten Fläche entspricht, kann aus der Streifenverschiebung der zu jedem Flächenpunkt des durchstrahlten Querschnitts gehörende Brechungsindex und daraus bei bekannter Dichte die Temperatur bestimmt werden.

Für Gase läßt sich nach der Lorenz-Lorentz-Gleichung der *Brechungsindex* n als Funktion der Dichte ϱ durch die Näherungsbeziehung

$$n - 1 = \frac{3}{2} C\varrho \tag{2/123}$$

berechnen, wenn C eine Konstante ist. Im Vakuum würden auf die beheizte Länge L bei der Wellenlänge λ

$$N_0 = L/\lambda \tag{2/124}$$

Wellenlängen entfallen; für den Brechungsindex n_i gilt analog

$$N_i = n_i N_0 = n_i L/\lambda . \tag{2/125}$$

Da für verschiedene Lichtwege entsprechend Gl. (2/123)

$$n_1 - n_2 = \frac{3}{2} C(\varrho_1 - \varrho_2),$$

ergibt sich mit den Gln. (2/123) und (2/125) die Beziehung

$$N_1 - N_2 = \frac{3}{2} C\varrho_1 \frac{L}{\lambda} \left(1 - \frac{\varrho_2}{\varrho_1}\right) = (n_1 - 1) \frac{L}{\lambda} \left(1 - \frac{\varrho_2}{\varrho_1}\right). \tag{2/126}$$

Bei konstantem Druck hängt das Dichteverhältnis $\varrho_1/\varrho_2 = T_2/T_1$ nur von den Temperaturen ab; der Streifenunterschied $N_1 - N_2 = \Delta N$ berechnet sich mit Gl. (2/126) zu

$$\Delta N = (n_1 - 1) \frac{L}{\lambda} (T_2 - T_1)/T_2,$$

woraus sich die dazugehörigen Temperaturen mit Hilfe der Beziehung

$$T_2 - T_1 = T_1 \Delta N/[(n_1 - 1)L/\lambda - \Delta N] \tag{2/127}$$

berechnen lassen. Für $L = 10$ cm, $\lambda = 0{,}5$ µm und $(n_1 - 1) = 3 \cdot 10^{-4}$ wird der Ausdruck $(n_1 - 1) L/\lambda \simeq 60$ und damit sehr viel größer als ΔN, so daß in Gl. (2/127) dieser Term im Nenner vernachlässigt und die Temperaturdifferenz $T_2 - T_1 \sim \Delta N$ gesetzt werden kann. Hieraus ergibt sich für das ebene Problem in Bild 2.87 die einfache, in der Zeichnung angedeutete Konstruktion des Temperaturprofils in Wandnähe.

Diese Meßmethode liefert mit exakten n-Werten und Berücksichtigung der Luftfeuchtigkeit sehr genaue Resultate und besitzt den Vorteil, daß das Temperaturfeld nicht durch Temperaturfühler beeinflußt wird.

Auf ein wesentlich einfacheres optisches Verfahren zur Bestimmung des Temperaturgradienten an der Oberfläche beheizter Körper wird in Abschn. 8.2 hingewiesen.

2.6.5 Magnetische Temperaturmessung

In Spezialfällen, wie z. B. bei bewegten oder rotierenden Teilen, kann man die Temperatur aus der Änderung der magnetischen Feldkonstanten ferromagnetischer Materialien unterhalb der Curie-Temperatur bestimmen. Wie in Bild 2.88 gezeigt ist, ändert sich die relative magnetische Feldkonstante $\mu(T)$ von *Stahl* mit 0,2% Kohlenstoffgehalt für schwache Magnetfelder B unterhalb der Curie-Temperatur stark mit der Temperatur T.

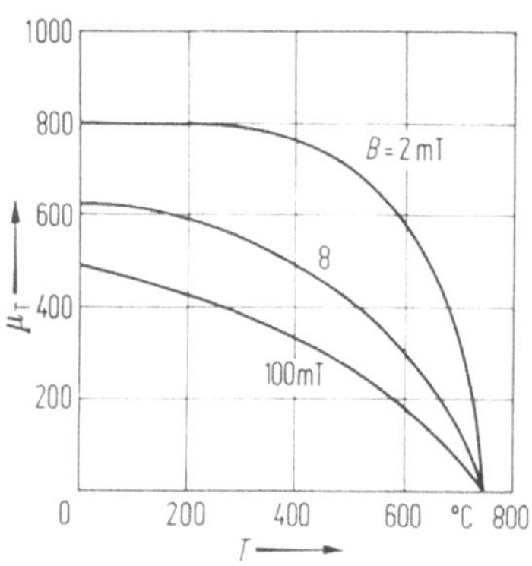

Bild 2.88. Magnetische Permeabilität von Stahl mit 0,2% C

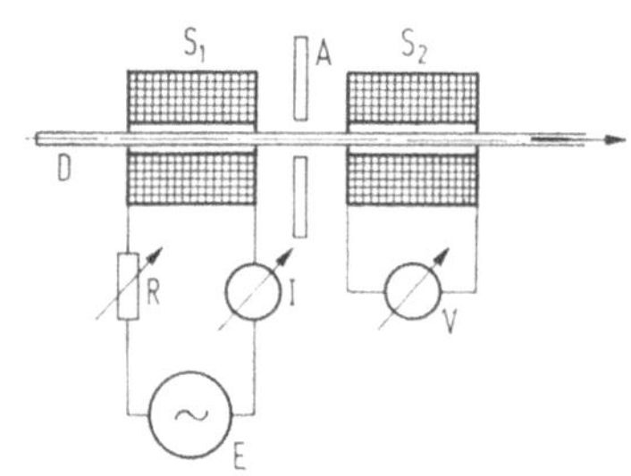

Bild 2.89. Magnetische Temperaturmessung

Nach diesem Prinzip hat *Moles* [2.213] die in Bild 2.89 dargestellte Vorrichtung zur Überwachung der Ziehtemperatur von Drähten entwickelt. Der rotglühende Draht D wird durch die Erregerspule S_1 gezogen, die über den variablen Widerstand R von der Wechselspannungsquelle E gespeist wird; der Erregerstrom wird in J gemessen. Die Wechselinduktion in D wird durch die Induktionsspule S_2 festgestellt und im Millivoltmeter V angezeigt. Durch die magnetische Blende A wird das von S_1 herrührende Streufeld gegenüber S_2 abgeschirmt. Mit einem Magnetfeld $H = 120$ A/cm kann die Temperatur unterhalb der Curie-Temperatur recht genau gemessen werden.

Dieses Verfahren ist in abgewandelter Form für die Messung der Temperatur von Gasturbinenläufern verwendbar, wenn man den Temperatursensor richtig auswählt. Durch geeignete Ni-Legierungen mit Mn, Al, Si und Sb läßt sich der Curie-Punkt von Rein-Ni, der bei 350 °C liegt, auf fast 100 °C erniedrigen; ähnlich verhält sich Co ($T_C = 1130$ °C).

Von *Willens* et al. [2.314] wurden spezielle Fe-Legierungen (*Vicalloy*) mit 52 Gew.-% Co und 14% V durch schnelles Abkühlen aus der flüssigen Phase zu dünnen Schichten von 0,04 bis 0,08 mm Dicke kondensiert und gefunden, daß ihre magnetische Feldkonstante von Zimmertemperatur ausgehend stetig mit sinkender Temperatur anwächst. Dieses Verhalten schreibt man superparamagnetischen Bereichen zu, die kontinuierlich und reversibele sich in ferromagnetische Domänen bei tiefer Temperatur umwandeln.

Aus diesen Schichten werden kleine Ringe von 6,4 mm Außen- und 3,2 mm Innendurchmesser gefertigt, die isoliert zusammengeklebt den Kern einer Toroidspule bilden. Für die Temperaturmessung wird ein solcher Kern mit Cu-Draht bewickelt und die Induktion als Funktion der Temperatur gemessen. In Tabelle 2.32 sind Legierungszusammensetzung, Windungszahl N und Induktivität L bei verschiedenen Temperaturen angegeben.

Tabelle 2.32. Induktivität verschiedener Legierungskerne als Funktion der Temperatur

Zusammensetzung in Gew.-%				N	L in μH		
Co	Fe	V	Cr		18 °C	77 K	4,2 K
52	34	14	0	165	14,1	67	212
52	35	13	0	50	1,56	12,0	17,4
52	36	0	12	165	13,2	24,2	21,5

Für eine bequeme Temperaturmessung wird der aus Toroidspule und einer Festkapazität bestehende Schwingungskreis durch einen Tunneldiodenoszillator angeregt und die Eigenfrequenz, die zwischen 1 und 2 MHz gewählt wird, als temperaturabhängige Meßgröße benutzt. Bei einer Frequenzstabilität des Oszillators von besser als 10^{-4} wird eine Meßgenauigkeit dieser Methode von 3 mK bei 4,2 K, von 10 mK bei 20 K und 0,1 K bei 200 K erreicht. Das Verfahren eignet sich gut zur Fernmessung und zur kontaktlosen Temperaturmessung an bewegten und rotierenden Teilen (Abschn. 2.9).

2.6.6 Pyro- und ferroelektrische Thermometer

Ferroelektrische Materialien zeichnen sich durch eine ungewöhnlich große Dielektrizitätskonstante ε aus, die oberhalb der Curie-Temperatur nach dem Curie-Weiss-Gesetz entsprechend der Beziehung

$$\varepsilon = K_c/(T - T_c) \qquad (2/128)$$

mit wachsender Temperatur abnimmt. Wird eine Kapazität, deren Dielektrikum aus einem ferroelektrischen Material besteht, mit einer festen Induktivität zu einem Schwingungskreis geschaltet, dessen Eigenfrequenz sich zu

$$f_0 = K_r(T - T_c)^{1/2} \qquad (2/129)$$

berechnet, worin K_r eine Konstante ist, so kann man nach dem Vorschlag von *Takami* und *Matsuura* [2.288] durch f_0 als Meßgröße die Temperatur bestimmen.

Von Interesse ist diese Methode für die Temperaturmessung an rotierenden Teilen, weil man die Eigenfrequenz des temperaturabhängigen Schwingungskreises mittels loser induktiver Kopplung berührungsfrei messen kann. Entsprechende

Versuche mit *Tri-Glycin-Sulfat* oder *Ba-Sr-Titanat* als temperaturabhängige Dielektrika, deren Curie-Temperatur bei +49 bzw. −50 °C liegt, konnten die Leistungsfähigkeit und Stabilität dieser Methode nachweisen. Für Ba-Sr-Titanat sinkt der Wert von ε nach Gl. (2/128) um den Faktor 5, wenn sich die Temperatur von 0 auf 200 °C erhöht. Die Meßkapazität wird bei 0 °C etwa auf 4000 pF, die Frequenz auf 300 bis 600 kHz festgelegt. Die erreichbare Genauigkeit zwischen 15 und 200 °C liegt in der Größe 1 K, was für viele Fälle, z. B. für die Messung der Temperatur in elektrischen Maschinen, ausreicht. Über eine weitere kapazitive Temperaturmeßmethode s. [2.246].

Von *Branca* [2.37] wird ein sehr kompaktes *piezoelektrisches Thermometer* angegeben, das aus einem in einer Hülse aus rostfreiem Stahl (2014-0) mechanisch vorgespannten Quarzkristall besteht. Bei einer Temperaturänderung tritt infolge des relativen thermischen Ausdehnungseffekts an den Elektroden eine Piezospannung auf, die proportional zu T ist. Die mechanische Vorspannung wird entsprechend dem gewünschten Meßbereich eingestellt. Die Nachweisempfindlichkeit beträgt etwa 0,1 K, was einer Piezospannung von 0,1 mV entspricht. Von Vorteil ist dieses Verfahren für den Nachweis schneller Temperaturänderungen an Maschinenteilen und in Flüssigkeiten.

Für die spezielle Anwendung in der Mikrokalorimetrie (Abschn. 5.2) ist von *Lang* und *Steckel* [2.185] ein äußerst empfindliches *pyroelektrisches Thermometer* entwickelt worden, dessen Temperaturfühler aus einem $BaTiO_3$-Kristall in Scheibenform besteht. Der Meßeffekt beruht auf der Abhängigkeit der dielektrischen Polarisation von der Temperatur: Eine Temperaturänderung ΔT erzeugt die elektrische Ladung $\Delta Q = PA\,\Delta T$, wenn P der pyroelektrische Koeffizient und A die Elektrodenfläche ist. Die erzeugte Ladung wird mit einem Elektrometer gemessen, wobei zwischen der nachgewiesenen Spannung U und der Temperatur T die Differentialgleichung gilt:

$$(PA)/C_{\mathrm{T}}(\mathrm{d}T/\mathrm{d}t) = \mathrm{d}U/\mathrm{d}t + V(R_{\mathrm{T}}C_{\mathrm{T}}). \qquad (2/130)$$

Darin bedeuten R_{T} den zwischen den Meßelektroden vorhandenen Widerstand und C_{T} die Summe der Eigenkapazität und der des Elektrometers. Mit einem empfindlichen elektronischen Elektrometer können noch Temperaturdifferenzen von 6 µK bei Umgebungstemperatur gemessen werden.

2.6.7 Thermokolore, Seger-Kegel

Für technische Temperaturmessungen bzw. für die Beobachtung einer bestimmten Temperatur oder um Einblick in den Wärmefluß an einem Konstruktionsteil zu erhalten, bedient man sich bestimmter *Farbstoffe*, deren Farbe sich innerhalb eines bestimmten Temperaturintervalls sprunghaft ändert. Diese als *Thermokolore* [2.232] bezeichneten Farbstoffe bestehen aus Salzen der Metalle Cu, Co, Ni, Cr, Mo und U, werden mit der alkoholischen Lösung eines synthetischen Harzes angerührt und auf die zu untersuchende Fläche aufgetragen, wobei das Lösungsmittel nach kurzer Zeit verdampft. Der Farbumschlag findet längs einer Isothermen statt; die Umschlagstemperatur hängt jedoch noch von der Einwirkungsdauer ab [2.264]. Der Meßbereich dieser Farben reicht von 100 bis 500 °C; die als

Thermochrome bezeichneten Farbstifte der Fa. A. W. Faber (Nürnberg) beruhen auf dem gleichen Prinzip und eignen sich für schnelle Untersuchungen von Oberflächentemperaturen [2.322].

Als *Seger-Kegel* bezeichnet man die bereits 1885 eingeführten Kegel aus keramischen Massen verschiedener Zusammensetzung, die aus K- und Na-Oxid, Kalk, Magnesia, Tonerde, Kieselsäure, Borsäure und Fe-Oxid bestehen und dreiseitige schlanke Kegel von 3 bis 6 cm Höhe bilden. Durch ihre von der Zusammensetzung abhängigen Erweichungspunkte und ihre Gestaltsänderung kann man auf Temperatur und Brennzustand des Ofengutes schließen, wobei eine Genauigkeit von $\pm$ 5 K erreicht wird.

2.6.8 Thermographie, optische Methoden

Zur Beobachtung der Temperaturverteilung auf ausgedehnten Flächen und Maschinenteilen werden zunehmend *thermographische Kameras* eingesetzt, die aus einem IR-Strahlungsdetektor, einem Abtastsystem und einer synchronen Aufzeichenvorrichtung bestehen. Als Nachweisgeräte werden gewöhnlich InSb- oder HgTe-Kristallplättchen benutzt, die zur Unterdrückung des Rauschens mit flüssigem Stickstoff auf 77 K gekühlt sind. Für physikalische Anwendungen sind die Probleme der Temperaturauflösung und -eichung, der Meßempfindlichkeit und der Einfluß des Meßobjekts auf die Temperaturangabe von besonderer Bedeutung. Von *Cetas* [2.48] sind die Methoden der quantitativen Thermometrie und der Eichung thermographischer Kameras ausführlich behandelt worden.

Die Lösung des wesentlichsten Problems bei der kontaktlosen Messung kleiner Temperaturunterschiede in der Nähe der Umgebungstemperatur geht davon aus, daß sich der Ausdruck

$$I(T) = \int_{\lambda_{\min}}^{\lambda_{\max}} p(\lambda, T)\, r(\lambda)\, \mathrm{d}\lambda \tag{2/131}$$

für das *Bildsignal* aus der Funktion $p(\lambda, T)$ für die spektrale Energieverteilung des Meßobjekts und der Funktion $r(\lambda)$ zusammensetzt, durch die sowohl die spektralen Empfangseigenschaften des Detektors, als auch der Einfluß der optischen Abbildungselemente und der elektronischen Verstärkung beschrieben werden. Im Falle des schwarzen Strahlers (Abschn. 1.8) läßt sich $p(\lambda, T)$ durch Gl. (1/84) ersetzen; die Integrationsgrenzen in Gl. (2/131) hängen primär von den Detektoreigenschaften und von der Abbildungsoptik ab. Unter Beachtung der Gln. (1/78) und (1/79) findet man für das Bildsignal des Objekts S_1 den Ausdruck

$$i_1 = \varepsilon_1 I(T_1) + \varrho_1(T_a) + \tau_1 I(T_b), \tag{2/132}$$

in dem ε_1, ϱ_1 und τ_1 Emissionsgrad, Reflexionsgrad und Transparenz des Objekts, sowie T_1, T_a und T_b dessen Temperatur und die von Umgebung und Hintergrund bedeuten.

Häufig werden mit der Thermokamera die Temperaturdifferenz zweier Objekte oder der Temperaturgradient an *einem* Objekt zu messen sein; in diesem Fall wird

$$\Delta i_{12} = i_1 - i_2 = \varepsilon_1 I(T_1) - \varepsilon_2(T_2) + (\varrho_1 - \varrho_2)\, I(T_a) + (\tau_1 - \tau_2) I(T_b).$$

Bei undurchsichtigen Objekten vereinfacht sich diese Gleichung wegen $\tau_1 = \tau_2 = 0$ und $\varrho = 1 - \varepsilon$ und liefert die Beziehung:

$$\begin{aligned} i_{12} &= \varepsilon_1 I(T_1) - \varepsilon_2 I(T_2) - (\varepsilon_1 - \varepsilon_2)\, I(T_a) \\ &= \varepsilon_1 [I(T_1) - I(T_2)] + (\varepsilon_1 - \varepsilon_2)\, [I(T_2) - I(T_a)]. \end{aligned} \tag{2/133}$$

Aus Gl. (2/133) ist zu entnehmen, daß nur die Differenzen der Temperatur bzw. der Strahldichten auftreten und daher keine Absoluteichung der Kamera erforderlich ist. Für $\varepsilon_1 = \varepsilon_2 = \varepsilon$ vereinfacht sich Gl. (2/133) noch weiter und liefert die einfache Meßvorschrift:

$$I(T_1) - I(T_2) = \Delta i_{12}/\varepsilon, \tag{2/134}$$

d. h. ist die Funktion $I(T)$ oder spezieller ihre Ableitung $\mathrm{d}I/\mathrm{d}T$ bekannt, kann daraus $T_1 - T_2$ ermittelt werden.

Analog kann die absolute Temperatur eines Objekts mit der eines schwarzen Körpers ($\varepsilon_2 = 1$) verglichen werden. Man findet hierfür die Gleichung

$$I(T_1 - I(T_2) = \Delta i_{12}/\varepsilon_1 + \frac{1 - \varepsilon_1}{\varepsilon_1} [I(T_2) - I(T_a)], \tag{2/135}$$

d. h. es ist die Umgebungstemperatur T_a aufzunehmen, um Fehler infolge der Reflexion der diffusen Umgebungsstrahlung durch das Objekt eliminieren zu können.

Zur Messung der Intensitätsunterschiede im Empfänger dient eine *Grauskala*, die zweidimensional mit elektronischen Mitteln auf dem Bildschirm eingeblendet werden kann. Mit einer solchen Kamera lassen sich neben empfindlichen Temperaturmessungen mit einer Meßunsicherheit von etwa 0,3 K bei Umgebungstemperatur auch die Strahlungseigenschaften transparenter und undurchsichtiger Materialien, sowie der zeitlich-räumliche Verlauf instationärer Aufheizvorgänge ermitteln.

Von *Oliver* und *Stott* [2.229] werden die Möglichkeiten näher untersucht, mit speziellen wäßrigen Lösungen aus der Absorption $a(\lambda, T)$ eine fotometrische Temperaturskala aufzustellen. Für die 3,5-Dinitro-Salicilsäure der Konzentration von 1,3 bis 4,6 Mol-% findet man in wäßriger KCl-Lösung bei 520 nm eine lineare Abhängigkeit von a mit der Temperatur im Bereich zwischen 20 und 40 °C. Zur Helligkeitsmessung wird ein Spektralfotometer mit Registrierausgang verwendet; die erreichte Meßgenauigkeit liegt bei 0,3 K.

Auch die von der Temperatur abhängige Doppelbrechung aktiver Flüssigkeiten ist für das Sichtbarmachen räumlicher Temperaturfelder nach Arbeiten des Verfassers geeignet.

2.6.9 Kalorimetrische Temperaturmessung

Zur Messung sehr hoher Gastemperaturen oberhalb von 5000 K kommen im allgemeinen nur noch spektroskopische Methoden in Frage (Abschn. 2.5.6), welche jedoch nur einen Mittelwert über das Meßvolumen liefern. Für die Anwendung in Plasmabrennern und Hochtemperatur-Jets geben *Grey* et al. [2.119] ein kalorimetrisches Verfahren an, bei dem der heiße Gasstrahl durch ein abgewinkeltes Rohr geleitet wird, das außen von Wasser gekühlt wird. Während des Durchströmens verringert sich die unbekannte Gastemperatur T_x auf T_g und wärmt sich das Kühlwasser um ΔT_w auf. Diese Messung wird mit offenem („o") und geschlossenem („z") Meßrohr durchgeführt. Bezeichnet man die Massendurchflüsse für Gas und Wasser mit $\dot{m}_g$ bzw. $\dot{m}_w$, so erhält man die Beziehung:

$$\dot{m}_g(h_x - h_g) = (\dot{m}_w c_p \, \Delta T_w)_0 - (\dot{m}_w c_p \, \Delta T_w)_z,$$

in der c_p die spezifische Wärme des Wasser, $\dot{m}_w$ dessen Durchsatz und h_x, h_g die Enthalpien des Gases bei Ein- und Austritt im Meßrohr sind. Der Gasdurchsatz $\dot{m}_g$ wird mit einer Meßblende gemessen; h_g gewinnt man aus einer Temperaturmessung am Austritt des Meßrohrs.

Die mit dieser Methode erhaltenen Ergebnisse sind auf etwa 3% genau; die obige Energiebilanz wird innerhalb eines Fehlers von 0,5% erfüllt.

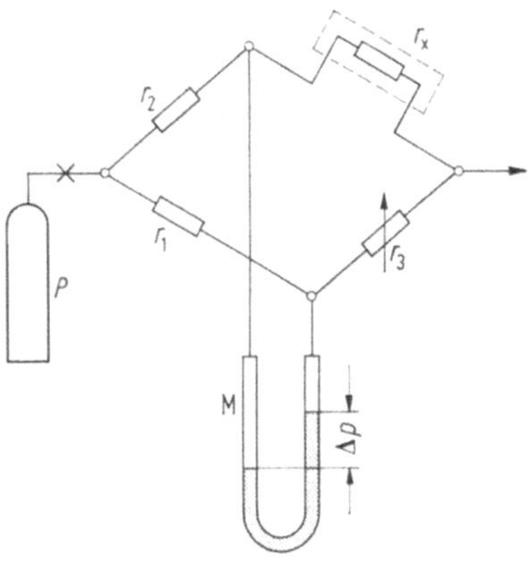

Bild 2.90. Brückenschaltung mit Strömungskapillaren zur Temperaturmessung

Eine interessante Meßmethode speziell für hohe Temperaturen wird von *Hoge* [2.149] angegeben und beruht auf der Abhängigkeit der Viskosität eines Gases von der Temperatur. Zu diesem Zweck wird ein Netzwerk aus feinen Kapillaren r_1, r_2, r_3 und r_x aufgebaut (Bild 2.90), das mit konstantem Gasdurchsatz und Eingangsdruck vom Gasspeicher P betrieben wird. Als „Nullinstrument" dient das Manometer M, in dem der Druckunterschied Δp bei nicht abgeglichener Brücke festgestellt wird. Die Brückenwiderstände r_1 und r_2 bestehen aus V2A-Kapillaren von 0,5 mm Innendurchmesser und 160 cm Länge; der einstellbare Brückenzweig r_3 ist ein mit einem Außengewinde versehener Messingkolben, der mit einer Mikrometerschraube fein verstellbar in einem passenden Messingzylinder verschoben werden kann. Die Zweige r_1 bis r_3 sind in einem Thermostaten mit bekannter Temperatur untergebracht; als Meßkapillare werden solche aus Quarzglas, V2A, Platin oder Al_2O_3 oder auch gesinterte Pyrexglas-Scheibchen verwendet.

Der sich in den Brückenzweigen einstellende Druckunterschied

$$\Delta p = p_1 - p_2 = \dot{m} K \eta / \varrho$$

hängt vom Geometriefaktor $K = 8L/\pi a^4$ (a Kapillarradius) und der kinematischen Zähigkeit $\nu = \eta/\varrho$ des Gases ab. Ausgehend vom idealen Gasgesetz $p = \varrho RT$ findet man eine zweite Gleichung für den Druckunterschied:

$$\frac{1}{2}(p_1^2 - p_2^2) = \dot{m}R(T\eta)_{\mathrm{m}},$$

wobei sich das Produkt aus Temperatur T und Viskosität η auf den über die Kapillarenlänge L gemittelten Wert bezieht. Für *Helium* z. B. ändert sich die Größe ($T\eta$) zwischen 1 und 1000 K um vier Zehnerpotenzen und kann in einem log, log-Diagramm annähernd durch eine Gerade dargestellt werden.

Versuche in einem Thermostaten bei ca. 1500 °C zeigten, daß mit einer Al_2O_3-Kapillaren eine hohe Temperaturstabilität über mehrere Wochen erreicht werden kann.

2.7 Thermostate; Temperaturregelung und -aufzeichnung

Da die meisten makroskopischen Eigenschaften der Materie temperaturabhängig sind, müssen bei den entsprechenden Untersuchungen das Meßobjekt und meist auch die Meßvorrichtung auf bekannte und konstante Temperatur gebracht und gehalten werden. Hierzu dienen *Thermostaten*, deren Temperaturschwankungen je nach Anforderung und Regelaufwand zwischen 0,1 K und 10 μK liegen; diese hängen von Änderungen der Außentemperatur und den im Meßobjekt entwickelten latenten Wärmemengen ab.

Durch die moderne Entwicklung in der Elektronik ist es mit relativ einfachen Mitteln möglich geworden, ohne Flüssigkeitsbäder nur durch elektrische Beheizung die Temperaturschwankungen auf 10 bis 100 μK bei Umgebungstemperatur zu erniedrigen. Selbstverständlich setzt dies entsprechende sehr empfindliche Thermometer voraus.

In diesen Bereich gehören auch steuerbare Wärmereservoirs, deren Temperatur einer vorgegebenen zeitlichen Funktion folgt (Abschn. 2.7.6), um temperaturabhängige physikalische Effekte feststellen und registrieren zu können.

Im Tieftemperaturgebiet sind bei der Konstruktion von *Kryostaten* analoge Probleme zu lösen und es ist eine Temperaturkonstanz von ±10 μK zwischen 2 und 4,2 K unschwer zu erreichen (Abschn. 3.10.7 und 13.2).

2.7.1 Theorie der selbsttätigen Temperaturregelung [2.255]

In vielen Fällen wird es erforderlich sein, daß der Experimentator seinen Thermostaten selbst berechnet und konstruiert, da das Meßvolumen dem apparativen Aufbau anzupassen ist und die Regelleistung vom Temperaturniveau und den Wärmekapazitäten abhängt. Aus diesem Grund werden zunächst die Grundzüge der automatischen Temperaturregelung anhand einfach gewählter Beispiele dargestellt.

Es wird von einem *Durchflußthermostaten* (Bild 2.91) ausgegangen, durch dessen Behälter z. B. ein Wasserstrom mit konstanter Geschwindigkeit v fließen soll. Durch die Regeleinrichtung R, die das steuerbare Ventil V enthält, wird der Zustrom der aufgeheizten Flüssigkeit gesteuert. Im Abstand x_T in Stromrichtung befindet sich das Thermometer Th, dessen Anzeige unmittelbar auf das Regelorgan übertragen wird. Unter der vereinfachenden Annahme, daß die Thermometeranzeige trägheitslos erfolgt und im Regelkreis keine Wärmeverluste auftreten, läßt sich der Zusammenhang zwischen der Abweichung des Thermometers dT

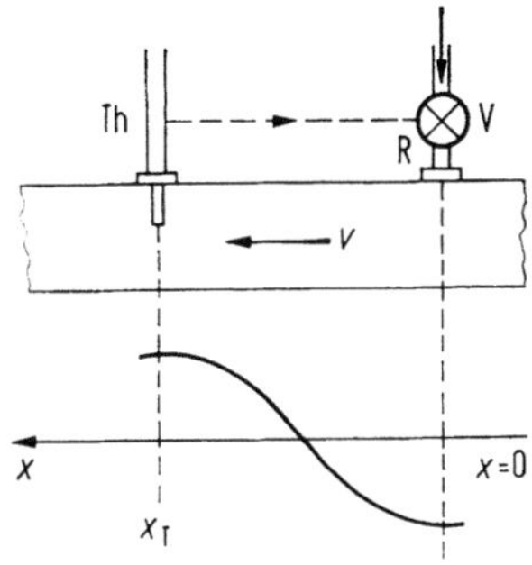

Bild 2.91. Zur Theorie des Durchflußthermostaten

vom stationären Wert und dem Zufluß durch R wie folgt finden: Stellt man von Hand das Thermometer um dT höher als den stationären Wert ein, so wird sich der Wärmezustrom um dq verringern. Wartet man wieder den stationären Zustand ab und gibt nun das Thermometer frei, so wird es eine um dT' niedrigere Temperatur anzeigen. Das Verhältnis

$$-\mathrm{d}T'/\mathrm{d}T = E \tag{2/136}$$

wird als *Empfindlichkeit* des Reglers bezeichnet.

Der Zusammenhang zwischen Flüssigkeitsstrom $\dot{m}$ (g/s) und seiner spezifischen Wärme c mit der zugeführten Wärmemenge wird durch die Beziehung

$$\mathrm{d}q = \dot{m}\, c\, \mathrm{d}T' = W \mathrm{d}T'\,; \qquad q = W(T - T_0) \tag{2/137}$$

beschrieben, aus der mit Gl. (2/136) und Vergleich mit (2/137) folgt:

$$\mathrm{d}q/q = -E\, \mathrm{d}T/(T - T_0)\,; \qquad (T - T_0)^E = k/q. \tag{2/138}$$

Aus Gl. (2/138) ist zu entnehmen, daß eine Temperaturabweichung vom stationären Wert eine um den Faktor E größere Änderung der Heizung im entgegengesetzten Sinn zur Folge hat.

Zeigt das Thermometer unverzögert an und sind keine Wärmeverluste vorhanden, werden von R ausgehend Temperaturwellen mit der Strömungsgeschwindigkeit v durch das Rohr laufen und das Thermometer Th passieren. Bezeichnet man mit δ die Abweichung von der stationären Temperatur, so wird die zeitlich-räumliche Temperaturverteilung durch die Gleichung

$$\delta = \delta_\mathrm{m} \cos 2\pi \left(\frac{t}{\tau} - \frac{x}{\Lambda}\right) \tag{2/139}$$

beschrieben, wenn die Wellenlänge $\Lambda = v\tau$. Für den Querschnitt $x = 0$ ergibt sich der Temperaturverlauf $\delta_0 = \delta_m \cos(2\pi\, t/\tau)$. Die Temperaturamplitude δ_T am Thermometer im Abstand x_T vom Heizer findet man mit $-\delta_T/\delta_0 = E = 1$ zu

$$\delta_T = -\delta_m \cos(2\pi\, t/\tau) = \delta_m \cos(2\pi\, t/\tau - \pi). \tag{2/140}$$

Mit $x = x_T$ in Gl. (2/139) und Vergleich mit Gl. (2/140) findet man den Phasenwinkel $2\pi x_T/\Lambda$ und daraus $x_T = \Lambda/2$, d. h. die Anzeige des Thermometers hinkt der Heizertemperatur um eine halbe Wellenlänge nach; als „Schwingungsdauer" erhält man den Ausdruck $\tau = 2x_T/v$.

Für $E < 1$ werden die Temperaturamplituden *gedämpft* und es gilt

$$\delta = \delta_T \exp(-kx/\Lambda) \cos 2\pi \left(\frac{t}{\tau} - \frac{x}{\Lambda}\right). \tag{2/141}$$

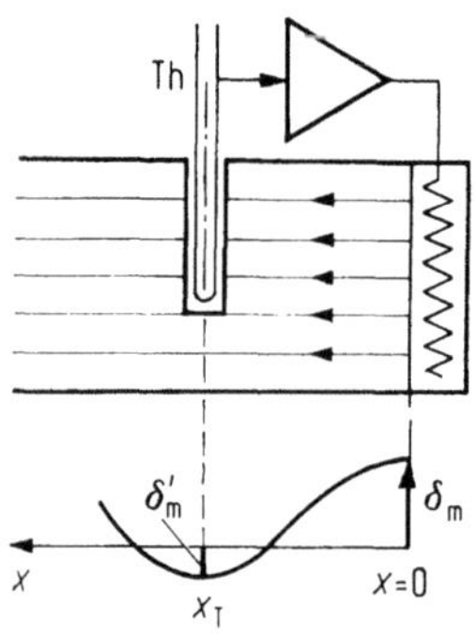

Bild 2.92. Direkte Regelung beim Metallthermostaten

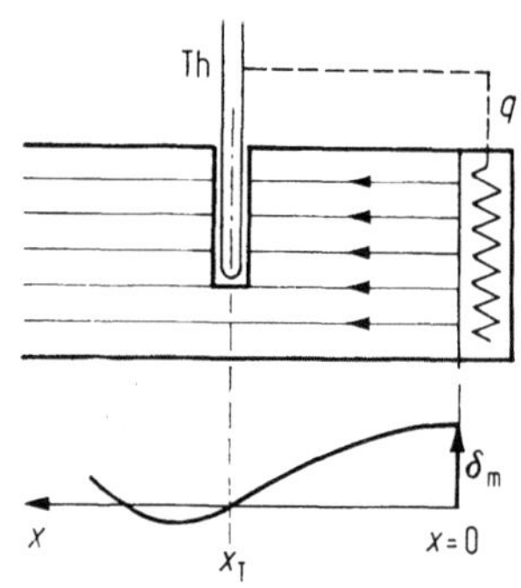

Bild 2.93. Temperaturregelung mit Dämpfung

Die Amplituden zweier aufeinanderfolgender Schwingungen verhalten sich daher wie $\delta_m/\delta'_m = \exp(kx_T/\Lambda) = \exp(k/2) = E$; die Größe $k = 2 \ln E$ ist das *logarithmische Dekrement.*

Eine nähere Behandlung der *Temperaturregelung mit Dämpfung* zeigt, daß analog zu Gl. (2/141) eine gedämpfte Temperaturschwingung, jedoch mit dem Dämpfungsfaktor $\exp(-kx/\Lambda) = \exp(-k/4)$ entsteht. In diesem Fall läßt sich eine sehr hohe Empfindlichkeit E anwenden, da die Regelschwingungen sehr schnell abklingen.

Von besonderem Interesse, vor allem bei *Metallthermostaten,* ist der in Bild 2.92 gezeigte Fall, bei dem die Ausbreitung der Temperaturwellen nicht durch ein strömendes Medium, sondern durch Wärmeleitung in Festkörpern erfolgt. Dabei soll der Einfachheit halber die eindimensionale Wärmeausbreitung zugrunde gelegt werden. Das im Abstand x_T von der Oberfläche $x = 0$ befindliche Thermometer soll die Heizung H derart beeinflussen, daß ungedämpfte Schwingungen auftreten, die eine einfache periodische Funktion der Zeit sind. Man erhält für die räumliche und zeitliche Änderung der Temperatur die Beziehung

$$\delta = \delta_m \exp\left(-x\sqrt{\pi/\lambda\tau}\right) \cos\left(2\pi\, t/\tau - x\sqrt{\pi/\lambda\tau}\right), \tag{2/142}$$

in der λ die Wärmeleitfähigkeit des Materials bedeutet. Durch Vergleich von (2/142) und (2/139) findet man für

$$x_{\mathrm{T}} = \Lambda/2 = \sqrt{\pi\lambda\tau}. \tag{2/143}$$

Eine Temperaturamplitude δ_{m} bei $x = 0$ erzeugt am Thermometer bei $x_{\mathrm{T}} = \Lambda/2$ die Temperaturänderung

$$\delta'_{\mathrm{m}} = \delta_{\mathrm{m}} \exp\left(-\Lambda/2 \sqrt{\pi/\lambda\tau}\right) = \delta_{\mathrm{m}} \exp(-\pi), \tag{2/142a}$$

d. h. die Temperaturwelle ist am Thermometer auf den $1/e^{\pi}$-ten Teil abgeklungen. Um ungedämpfte Schwingungen zu erhalten, muß daher die Empfindlichkeit den Wert $E = 23{,}1$, in der Praxis wegen der Wärmekapazität des Heizers jedoch den Wert 100 erhalten. Die in diesen Gleichungen auftretende Zeitkonstante $\tau = x_{\mathrm{T}}^2/\pi\lambda$ findet man mit $x_{\mathrm{T}} = 1$ cm für gut wärmeleitende Metalle wie Kupfer oder Aluminium zu etwa 0,1 s.

Läßt man die Vereinfachung, daß das Heizelement trägheitslos dem Regler folgt, fallen, so muß dem Heizer mit der Masse M die Wärmekapazität cM zugeschrieben werden. Für dieses in Bild 2.93 dargestellte Modell gilt Gl. (2/142), woraus sich für $x = 0$ die Temperatur zu $\delta_0 = \delta_{\mathrm{m}} \cos(2\pi t/\tau)$ ergibt. Die Phasenbeziehung zwischen der Oberflächentemperatur δ_0 und der zeitabhängigen Wärmezufuhr q ergibt sich aus der Beziehung

$$\mathrm{d}\delta_0/\mathrm{d}t = q/cM = -\frac{2\pi\delta_{\mathrm{m}}}{\tau} \sin(2\pi t/\tau) = \frac{2\pi\delta_{\mathrm{m}}}{\tau} \cos\left(\frac{2\pi t}{\tau} + \frac{\pi}{2}\right). \tag{2/144}$$

Hat die Oberflächentemperatur δ_0 gerade ihren Maximalwert erreicht, so geht $q(t)$, das vorher positiv war, durch Null, eilt also der Temperatur δ_{T} um eine halbe Wellenlänge voraus. Die Phasendifferenz zwischen δ_0 und δ_{T} dagegen beträgt nur ein Viertel der Wellenlänge. Analog zu Gl. (2/142a) findet man im vorliegenden Fall

$$\delta'_{\mathrm{m}} = \delta_{\mathrm{m}} \exp\left(-\Lambda/4 \sqrt{\pi/\lambda\tau}\right) = \delta_{\mathrm{m}} \exp(-\pi/2) = \delta_{\mathrm{m}}/4{,}8, \tag{2/144a}$$

d. h. die Temperaturwelle wird im Abstand x_{T} unabhängig von der Reglerempfindlichkeit und den Stoffeigenschaften um den Faktor 4,8 geschwächt.

Die Wärmezufuhr wird durch den Regler bei der Abweichung δ_{T} von der *Solltemperatur* um den Betrag $-q$ geändert, so daß

$$E\delta_{\mathrm{T}} = -k_1 q \qquad \text{und} \qquad E\delta'_{\mathrm{m}} = -k_1 q_{\mathrm{m}}, \tag{2/145}$$

wenn q_{m} die Maximalamplitude der Wärmezufuhr und k_1 eine Konstante ist. Die Größe von q ist aus Gl. (2/144) zu entnehmen und für q_{m} erhält man den Wert

$$q_{\mathrm{m}} = 2\pi\, cM\delta_{\mathrm{m}}/\tau, \tag{2/146}$$

mit dem schließlich aus den Gln. (2/143) und (2/144a) die erforderliche Empfindlichkeit E des Reglers zu

$$E = k_1\pi^2 cM/9{,}6 \cdot x_{\mathrm{T}}^2 \tag{2/147}$$

berechnet werden kann.

Diese Überlegungen liefern wichtige Hinweise für Entwurf und Konstruktion des Thermostaten: Kurze Einschwingzeit des Regelorgans; schnelle Einstellung auf den Regelwert; große Genauigkeit der Temperatureinstellung. Die erste Forderung bezieht sich auf die günstigste Schwingungsdauer τ im Zusammenhang mit den Abmessungen und Stoffeigenschaften des Thermostaten. Nach den Gln. (2/143) und (2/147) wird die Eigenschwingungsdauer des Regelvorgangs um so kleiner, je kleiner x_T und je größer $\dot{m}$ ist; beim Metallthermostaten ist $\tau \sim x_T^2$ und umgekehrt proportional zu λ. Die durch die zweite Bedingung geforderte schnelle, d. h. stark gedämpfte Einstellung auf den Regelwert betrifft das Dekrement der Temperaturwellen, das von der Bauart des Thermostaten und den Betriebsbedingungen abhängt. Die erreichbare Temperaturkonstanz hängt von der Empfindlichkeit des Meßfühlers und des Verstärkers ab, wobei die Beziehung (2/147) zu beachten ist.

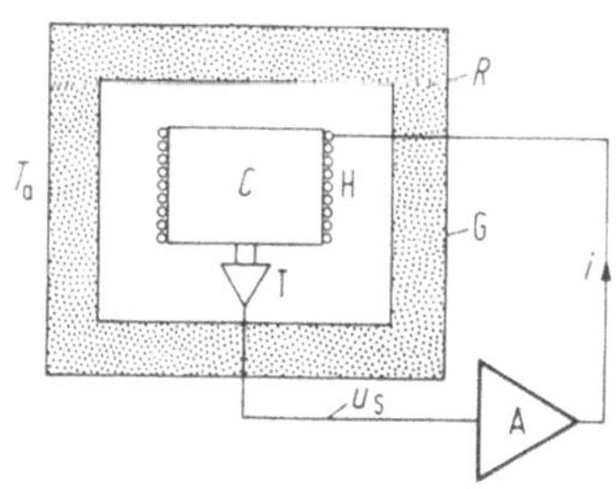

Bild 2.94. Schema eines Thermostaten

Für den weit verbreiteten Anwendungsfall, daß sich die zu stabilisierende Apparatur in einer thermischen Isolierung befindet, wird von *Dratler* [2.75] die Analyse des Regelkreises durchgeführt. Das diesem Thermostaten zugrunde liegende Schema ist in Bild 2.94 wiedergegeben: Die Apparatur mit der thermischen Kapazität C und der zu regelnden Temperatur ist mit der Heizwicklung H versehen, deren Widerstand r ist. Der Temperaturfühler gibt sein Signal an den Operationsleistungsverstärker A ab, dessen Ausgangsstrom i durch die Heizwicklung fließt. Nach außen ist die Anordnung durch das Isoliergehäuse G gegen größere Schwankungen der Außentemperatur T_a geschützt.

Die Wärmestromgleichung dieses Thermostaten lautet:

$$\partial T/\partial t = i^2 r/C - (T - T_a)/RC, \tag{2/148}$$

wenn mit R der thermische Isolationswiderstand von G bezeichnet wird. Diese Gleichung läßt sich linearisieren, wenn man den entsprechenden Ausdruck für den stationären Zustand ($\partial T/\partial t = 0$) bei der mittleren Außentemperatur T_a und konstantem Heizstrom i_0 von ihr subtrahiert. Für $\Delta i/i_0 \ll 1$ gilt dann

$$\frac{\partial}{\partial t}\,\Delta T = \frac{2 r i_0}{C}\,\Delta i - \frac{\Delta T - \Delta T_a}{RC}. \tag{2/149}$$

Daraus findet man für $\Delta T_a = 0$ und durch Fourier-Transformation die *Übertragungsfunktion* zu

$$\frac{\Delta T(\omega)}{\Delta i(\omega)} = \frac{2 r R i_0}{1 + j\omega RC}. \tag{2/150}$$

Aus dieser Beziehung geht hervor, daß der Isolationswiderstand R und Instrumentenkapazität als Tiefpaßfilter wirken; oberhalb der Abschneidefrequenz $(1/2\pi RC)$ wird dadurch eine Phasennacheilung bis zu 90° hervorgerufen, was zur Destabilisierung des Thermostaten führt. Durch eine geeignete, dem Frequenzverhalten der einzelnen Regelkreiselemente angepaßte Auslegung des Verstärkers A und Beachtung der Stabilitätskriterien (s. *Ed.* I, § 11.8) lassen sich außerordentlich hohe Anforderungen an die Regelgenauigkeit erfüllen.

2.7.2 Temperaturfühler und -regler; Peltier-Kühlung [2.181]

Die vorgegebene konstante Temperatur des Thermostaten wird durch einen *Meßfühler* aufrechterhalten, der grundsätzlich aus jedem empfindlichen Thermometer bestehen kann, dessen Anzeige in ein elektrisches Signal umsetzbar ist.

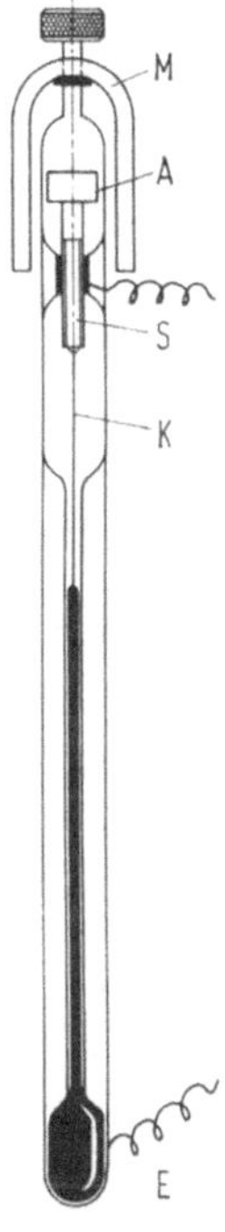

Bild 2.95. Kontaktthermometer

Bei einigen gebräuchlichen Thermostaten wird als Temperaturfühler das *Kontaktthermometer* in der Form von Flüssigkeits- oder Ausdehnungsthermometern verwendet. Das in Bild 2.95 dargestellte *Quecksilber-Kontaktthermometer* enthält eine eingeschmolzene Platindrahtspitze K, die beim Berühren der Hg-Kuppe in der Kapillaren den elektrischen Stromkreis zwischen einer zweiten Einschmelzung E am Hg-Gefäß schließt. Um die Temperatur, bei der die Kontaktgabe erfolgen soll, verändern zu können, läßt sich der Kontaktdraht mit einer leichtgängigen Spindel S verschieben. Zu diesem Zweck ist S mit einem kleinen Eisenanker A versehen, der von außen durch einen drehbaren Hufeisenmagneten M verstellt werden kann.

Die mit solchen Thermometern ausgerüsteten Thermostaten besitzen eine Temperaturkonstanz von $\pm 0{,}01$ K; sie läßt sich verbessern, wenn man den Kontakt am Hg-Meniskus periodisch unterbricht.

Beim *Kontakt-Gasthermometer* wird der Gasdruck mit einem Hg-Manometer gemessen, das mit einem Schaltkontakt ausgerüstet ist; durch Verändern des Fülldruckes läßt sich die einzuregelnde Temperatur beliebig einstellen. Für eine weniger empfindliche Regelung wird besonders für höhere Temperaturen das in Abschn. 2.1.5 besprochene *Metallausdehnungsthermometer* benutzt, dessen Regelgenauigkeit bei 600 °C etwa $\pm 0{,}5$ K beträgt.

Mit diesen Kontaktthermometern lassen sich kleine elektrische Heizleistungen direkt ein- und ausschalten; meist werden durch sie *Quecksilber-Kipprelais* betätigt, durch die ein Teil des Heizstroms zu- oder abgeschaltet wird.

Grundsätzlich sind alle elektrischen Thermometer für Regelzwecke geeignet: Bei Widerstandsthermometern wird das Signal aus der Meßbrücke nach Verstärkung zur Steuerung der Thermostatenheizung benutzt und bei der Temperaturmessung durch Thermoelemente wird die Thermospannung mit einer vorgegebenen, der Sollspannung verglichen und deren Differenz zur Regelung verwendet. Anstelle der mechanisch oder elektromagnetisch betätigten Relais werden *Thyratrons* (s. *Ed.* III, § 4.35) für relativ große Leistungen oder *Leistungstransistoren* für kleinere angewandt. Durch die oben erwähnten direkten und indirekten Kontaktthermometer wird meist nur ein Teil der dem Thermostaten zugeführten Heizleistung zu- oder abgeschaltet. Die Temperatureinstellung wird um so genauer sein, je kleiner die dem Kontaktabstand entsprechende Temperaturdifferenz ist. Diese „Ein-Aus-Steuerung" weist den Nachteil auf, daß die dem Thermostaten zugeführte Heizleistung von der Differenz zwischen Soll- und Ist-Temperatur unabhängig ist und bei großen Abweichungen vom Gleichgewicht die Solltemperatur nur langsam erreicht wird. Bei der in Abschn. 2.7.1 behandelten *stetigen Regelung* ist die zugeführte Heizleistung der Abweichung vom Sollwert proportional.

Eine Zwischenstellung nimmt der besonders in technischen Regelanlagen verwendete *Fallbügelregler* ein, der für alle elektrischen Thermometer geeignet ist. Der Regler besteht aus dem elektrodynamischen Meßsystem D (Drehspulsystem) mit dem elastischen Zeiger Z, der über der Skala S schwingt (Bild 2.96). Mit Hilfe des von einem Exzenter betätigten Fallbügels F wird der Zeigerarm in gleichen Zeitabständen niedergedrückt. Unterhalb von Z sind an kurzen Hebeln zwei stufenförmig ausgebildete Kontaktflächen A_1 und A_2 mit den Hg-Relais Q_1 und Q_2 um die Achsen a_1 und a_2 kippbar gelagert und werden beim Niederdrücken von F je nach Stellung von Z gekippt. Die Schaltzeit hängt von der relativen Lage von Z und den Kontaktflächen ab und wird stufenweise größer, je mehr die Zeigerstellung (Istwert) von der Mittelstellung zwischen A_1 und A_2 abweicht. Durch den Sollwerteinsteller E können A_1 und A_2 gemeinsam, aber auch ihr gegenseitiger Abstand verstellt werden. Durch Q_1 und Q_2 wird entweder direkt die dem Thermostaten zugeführte Heizleistung oder ein *Stellmotor* in beide Drehrichtungen geschaltet, der einen Vorschaltwiderstand im Heizkreis verstellt. Durch passende Schaltzeit des Fallbügels und der Verstellgeschwindigkeit des

Motors läßt sich das dynamische Verhalten des Reglers der thermischen Trägheit des Thermostaten weitgehend anpassen.

Für die rein elektrische Regelung ist die Wechselspannungswiderstandsbrücke am geeignetsten, die das Widerstandsthermometer in einem Brückenzweig enthält. Das Brückensignal wird nach Verstärkung mit dem des Oszillators eines Lock-in-Verstärkers verglichen und der Gleichstromausgang zur Heizregelung verwendet. Die von *Window* [2.316] angegebene Schaltung in Bild 2.97 stellt am Differentialeingang des Operationsverstärkers A das Ausgangssignal der Meßbrücke ein, die das Widerstandsthermometer R_t enthält. Der Verstärkerausgang

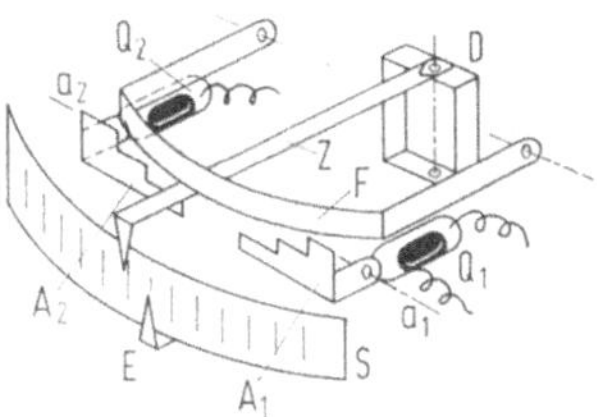

Bild 2.96. Fallbügelregler

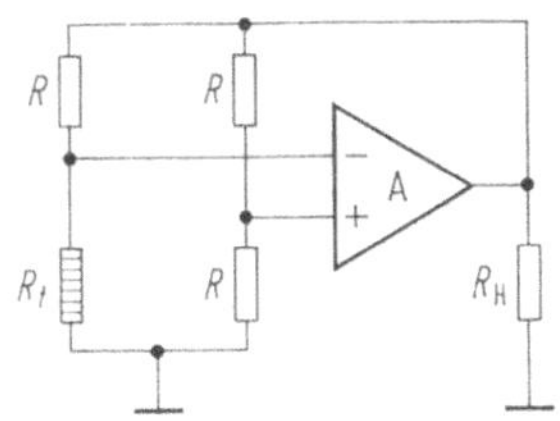

Bild 2.97. Einfacher Temperaturregler

wird als Versorgungsspannung der Brücke benutzt, die den Rückkopplungswiderstand von A darstellt. Für $R_t > R$ bewirkt die positive Rückkopplung einen Ausgangsstrom, der durch den Heizwiderstand im Thermostaten (R_h) fließt. Im anderen Fall $R_t < R$ verschwindet bei negativer Rückkopplung der Ausgangsstrom. In ähnlicher Weise kann diese Schaltung auch für Wechselspannung ausgelegt werden. Mit dem IC 709 µA, dessen Spannungsverstärkung etwa 80 dB beträgt, können direkt 10 W Heizleistung abgegeben werden.

Für größere Heizleistungen wird von *Ferrie* [2.94] eine Steuerung angegeben, die aus einem Thermistor in Serie mit einem einstellbaren Widerstand besteht und von einer Niederspannungsquelle betrieben wird. Durch den Spannungsabfall am Thermistor wird ein Kondensator aufgeladen und ein Thyristor gezündet, durch den die Regelheizung eingeschaltet wird. Wie von *Foulatier* et al. [2.99] angegeben, läßt sich auch ein normaler *Kompensationsschreiber* (*Ed.* III, 2.343) zur Temperaturregelung anwenden. Auf der Achse des Hauptpotentiometers wird ein zweites angebracht, das von einem stabilisierten Strom durchflossen wird. Die Differenzspannung zwischen Ist- und Soll-Wert wird verstärkt und zur Heizungssteuerung benutzt. Bei einem Gesamtmeßbereich von 20 bis 1200 °C läßt sich eine Regelgenauigkeit von ±0,2 K erzielen.

Wird beim üblichen Temperaturregler der Ausgangsstrom zur Differenz zwischen Ist- und Solltemperatur proportional, so ist die Heizleistung $i^2R \sim \Delta T$ und es ändert sich die Regelkreisverstärkung proportional zu ΔT. Bei kleiner Temperaturabweichung wird sie klein und führt zu einer ungenügenden Temperaturstabilisierung. Nach dem Vorschlag von *Smith* [2.273] läßt sich ein Regelverstärker durch Serienschaltung von zwei rückgekoppelten Verstärkern aufbauen, dessen Ausgangsspannung der Quadratwurzel der Eingangsspannung proportional ist und mit einem Widerstandsheizelement eine Heizleistung liefert, die dem Eingangssignal proportional ist.

Zur Regelung von elektrischen Öfen im Temperaturbereich von 700 bis 1500 °C werden IR-Detektoren (Abschn. 2.5.2.2) als Temperaturfühler verwendet, wobei der Spektralbereich bei 650 °C zwischen 4,5 und 5,2 µm und bei 850 °C um 1 µm zweckmäßig für die Auswahl des Detektors gewählt wird. Von *Garfunkel* [2.106] wird der Aufbau eines durch ein IR-Pyrometer geregelten elektrischen Ofens für die Herstellung von durchsichtigen Einkristallen bei etwa 850 °C beschrieben. Dabei kommen HgCdTe- oder InSb-Detektoren in Betracht, deren Signalmaximum bei etwa 3 µm Wellenlänge liegt. Die erreichbare Regelgenauigkeit liegt über mehrere Stunden bei 0,25 K.

Innerhalb der verschiedenen Regelmethoden, wie sie für physikalische Zwecke benutzt werden, nimmt die Anwendung der Peltier-Kühlung eine besondere Rolle ein, da mit einem von Strom durchflossenen Peltier-Element (Abschn. 2.3.1) auch Wärme abgeführt, d. h. die Temperatur des Thermostaten erniedrigt werden kann. Durch Wechseln der Stromrichtung kann die Solltemperatur von beiden Seiten eingeregelt werden.

Bezeichnet man mit Π_1 und Π_2 die temperaturabhängigen Peltier-Koeffizienten der beiden Schenkel des Elements bei den Temperaturen T_1 und $T_2 > T_1$, so wird nach Gl. (2/15) die Wärmemenge

$$\dot{Q} = (\Pi_2 - \Pi_1)\, i$$

erzeugt, wenn das Element vom Strom i durchflossen wird. Mit der Thermokraft E hängt der Peltier-Koeffizient nach Gl. (2/19) wie $\Pi = T(\partial E/\partial T)$ zusammen. Die erreichbare Temperaturdifferenz zwischen den beiden Lötstellen und damit auch die erzielbare Kälteleistung ergibt sich aus der Beziehung

$$\Delta T = E^2 T^2 / 2\lambda\varrho\,, \tag{2/151}$$

wenn λ die Wärmeleitfähigkeit und ϱ den spezifischen elektrischen Widerstand des Materials, meist Halbleiter, bedeuten. Durch Kaskadenschaltung können relativ große Temperaturdifferenzen erreicht werden; der Wirkungsgrad hängt weitgehend von der Größe ϱ ab und kann mit Halbleiterpaaren relativ günstig werden.

Für die Anwendung zu Regelzwecken wird eine Lötstelle auf konstanter Temperatur gehalten und die in der zweiten produzierte Wärmemenge über thermische Leitung oder Konvektion mittels eines zirkulierenden Fluids auf den Thermostaten übertragen.

Von *Wennerberg* [2.307] wird ein zweistufiges Peltier-Element zur Regelung eines Thermostaten auf 25 °C verwendet, dessen Umgebungstemperatur sich zwischen −30 und +85 °C ändern kann. Mit einem Thermistor als Sensor und einem Transistorverstärker mit Leistungsstufe zur direkten Stromversorgung des Peltier-Elements wird eine Regelgenauigkeit von ±0,2 K für die oben angegebenen Schwankungen der Außentemperatur erreicht. Ähnliche Thermostaten mit teilweise größerer Temperaturkonstanz werden von *Ladanay* [2.183] und *Cox* et al. [2.57] beschrieben; die dabei dem Thermostaten zugeführte Wärmemenge liegt maximal bei einigen Watt.

Besondere Anwendung hat diese Technik bei der Konstruktion von *Nullpunktthermostaten* (Abschn. 2.8) gefunden, die zu Eichzwecken dienen oder als Vergleichstemperaturquelle bei der thermoelektrischen Temperaturmessung anstelle des Eiswasserbades benutzt werden.

2.7.3 Gas- und Flüssigkeitsthermostate

Wie bereits in Abschn. 2.7.1 betont wurde, ist zum zeitlichen Ausgleich der Regelschwankungen ein Wärmereservoir erforderlich, das aus einem Metallblock oder einem Flüssigkeitsbad bestehen kann. Dieses Reservoir ist von einer thermischen Isolierung umgeben, deren thermische Trägheit zu vernachlässigen ist. Beim Gaskryostaten ersetzt eine Gasmasse, die z. B. mit einem Gebläse umgewälzt wird, das Wärmereservoir eines Badthermostaten nur ungenügend; seine Anwendung erstreckt sich auf große räumliche Abmessungen und Untersuchungen, bei denen große zeitliche Temperaturänderungen zu durchfahren sind.

2.7.3.1. Badflüssigkeiten

Als Badflüssigkeiten kommen Substanzen in Frage, die in dem interessierenden Temperaturbereich große thermische Leitfähigkeit und geringe Viskosität besitzen, um guten Wärmeübergang an das Meßobjekt und Durchmischung zu gewährleisten. Auch sollte der Dampfdruck bei Umgebungstemperatur gering sein, um häufiges Nachfüllen zu vermeiden.

Oberhalb von 0 °C kommen außer Wasser *Azeton* (56 °C), *Anilin* (184 °C), *Naphthalin* (218 °C), *Benzophenon* (306 °C) und *Schwefel* (445 °C) in Frage. Als nichtsiedende Badflüssigkeiten werden bis 40 °C *Petroleum* und *Paraffinöl*, bis 250 °C *Palmin* und bis 350 °C schwere Öle, auch Siliconöle verwendet, wobei zu beachten ist, daß bei höheren Temperaturen die leichter flüchtigen Komponenten der Öle abdampfen und damit die Viskosität zunimmt. Bis 250 °C wird eine Mischung aus 25% *Diphenyl* und 75% *Diphenyloxid* empfohlen, die bei höherem Druck bis 400 °C anwendbar ist. Zwischen 220 und 630 °C eignet sich das Eutektikum von *Natron-* und *Kalisalpeter*, wobei die Heizwicklung wegen des elektrischen Leitvermögens des Bades isoliert werden muß, sofern nicht das Bad selbst über plattenförmige Elektroden beheizt wird. Für noch höhere Temperaturen von 600 bis 1400 °C läßt sich eine Mischung von *Chlorbarium* mit *Chlornatrium* im Verhältnis 7 : 2 in einem Schamottegefäß großer Wandstärke verwenden.

2.7.3.2 Rührvorrichtung

Um eine möglichst gleichmäßige Badtemperatur zu erzielen und größere Temperaturunterschiede auszugleichen, wird durch ein Rührwerk die Flüssigkeit in ständigem Umlauf gehalten. Mit wachsender Umwälzgeschwindigkeit steigt die Wärmeübergangszahl an Heizer und Temperaturfühler, wodurch die Schwingungsdauer der Temperaturwellen für die automatische Regelung abnimmt. Besonders bewähren sich *Turbinenrührer*, die mit senkrechter Welle in einem zylindrischen Rohr die Flüssigkeit durch Öffnungen in der Bodenplatte ansaugen und nach oben drücken. Rührer, Heizvorrichtung und Regelthermometer können in einem gemeinsamen Rohr montiert sein, wodurch kurze Regelschwingungen und hohe Temperaturkonstanz erzielt werden.

2.7.3.3 Wasserbadthermostate

Für relativ große Badvolumina von einigen Hundert Litern wird von *Hutchinson* et al. [2.155] die in Bild 2.98 vereinfacht dargestellte Regeleinrichtung verwendet. Der Wasserbehälter A von 500 l befindet sich in einem Raum, dessen Temperatur auf $\pm 0{,}05$ K konstant gehalten wird. Die symmetrische Widerstandsbrücke ist in einem mit Paraffinöl gefüllten Behälter C von 0,5 l Inhalt untergebracht und besteht aus drei Manganinwiderständen R und dem Widerstandsthermometer R_t von 2000 Ω. Die Brücke wird vom stabilisierten Netzgerät N mit parallelgeschalteter Pufferbatterie B von 80 V gespeist. Die bei einer Temperaturabweichung von 1 mK bei einem Temperaturkoeffizienten des Widerstandes von $\alpha \simeq 4 \cdot 10^{-3}$/K entstehende Brückenspannung von $\Delta U = \Delta R_t U/4R = 80\,\mu$V wird um den Faktor 10^5 in einem magnetischen Verstärker D verstärkt, dem ein LC-Filter

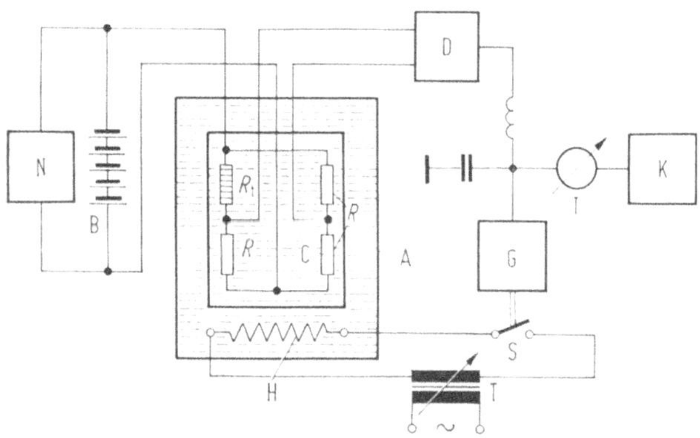

Bild 2.98. Großer Wasserthermostat

nachgeschaltet ist. Durch das Ausgangssignal wird über den Thyratronverstärker G, der bereits bei einer Temperaturabweichung von 0,1 mK anspricht, das Schaltrelais S betätigt und der Heizer H eingeschaltet, dessen Heizleistung von maximal 30 VA über den Regeltrafo T passend eingestellt werden kann. Die verstärkte Brückendiagonalspannung wird am Millivoltmeter I angezeigt und mit dem Schreiber K registriert. Die Regelgenauigkeit dieses im Aufbau veralteten Thermostaten beträgt $\pm 0{,}5$ mK und selbst in einem Zeitraum von 14 Tagen etwa ± 1 mK. Zur Wasserzirkulation sind im Wassertank vier Turbinenrührer eingesetzt.

Eine modernere Ausführung nach *Featherstone* et al. [2.90] mit einer Regelgenauigkeit von ± 2 mK in einem Temperaturbereich 280 bis 350 K ist vereinfacht in Bild 2.99 wiedergegeben. Als Temperaturfühler R_t wird ein Thermistor (2 kΩ bei 293 K, 600 Ω bei 343 K) in Brückenschaltung verwendet, dessen Ausgangssignal dem Operationsverstärker A (741) zugeführt wird; mit R_2 wird die Solltemperatur und durch das Potentiometer R_3 die Eingangsspannung von A eingestellt. Das Ausgangssignal wird im Transistor T ((2N1711) so weit verstärkt, daß es das Relais S zum Einschalten des Heizkreises H betätigen kann. In einem Behälter von 72 l Inhalt, der von einer 4 cm starken Polystyren-Isolierschicht umgeben und mit vier Rührern ausgerüstet ist, läßt sich eine Temperaturkonstanz von ± 2 mK erreichen.

Mit der von *Brabson* et al. [2.36] angegebenen Regelschaltung, bei der als Sensor ein Pt-Thermometer verwendet wird, beträgt das Regelsignal 0,4 mV/K und wird nach Verstärkung direkt zur Badheizung genutzt.

Die in Bild 2.100 vereinfacht dargestellte und zwischen 5 und 60 °C angewandte Badregelung nach *Codd* [2.51] kann direkt aus dem Wechselstromnetz betrieben werden. Bei dieser Schaltung wird die von ΔT abhängige Störspannung zur Aufladung einer Kapazität benutzt, die über einen Thyristor den Heizwiderstand betreibt. Die Netzspannung wird durch die Diode D_1 gleichgerichtet und durch Zener-Diode Z_1 in eine Rechteckspannung umgeformt. Die Differenz der an R_t, dem Meßwiderstand und dem Vergleichswiderstand R_1 liegenden Spannungsabfälle wird dem aus den Transistoren T_1, T_2 bestehenden Differentialverstärker zugeführt und das Ausgangssignal im Emitterfolger T_3 verstärkt, um den Kondensator C (0,1 µF) zu laden. Hat die Kondensatorspannung die Spitzenspannung des Schalttransistors D_2 erreicht, wird das Gitter des Thyristors Th geöffnet und

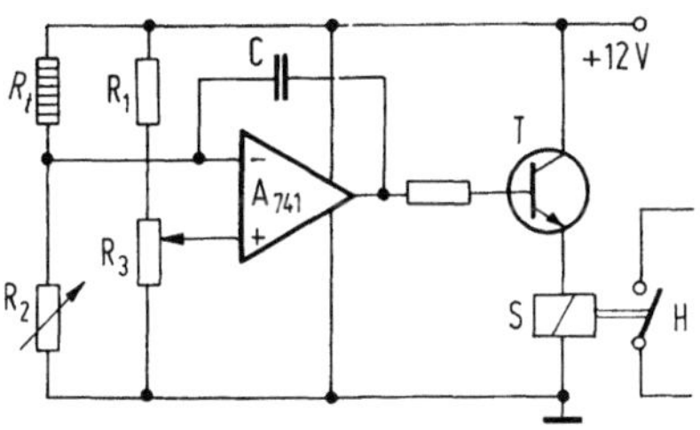

Bild 2.99. Regelung eines Wasserthermostaten

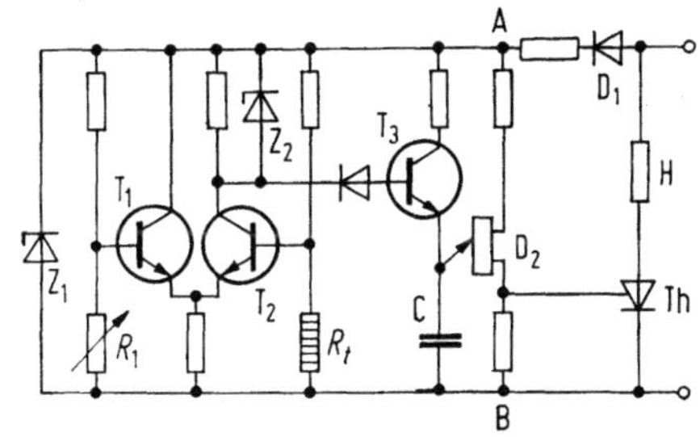

Bild 2.100. Wechselspannungstemperaturregler

entlädt sich innerhalb der Halbwelle über den Heizwiderstand H. Bei einer großen Abweichung $R_t - R_1$ entsteht nach dem Differentialverstärker ein großes Ausgangssignal, das den Kondensator schnell auflädt und dazu führt, daß fast die ganze Halbwelle durch den Heizwiderstand H fließt. Im abgeglichenen Zustand ($R_t \simeq R_1$) wird C langsam aufgeladen und Th erst spät gezündet. Die mit dieser Anordnung erreichte Temperaturkonstanz beträgt ± 5 mK für 2 h in einem 20 l-Behälter.

Für Temperaturen im Bereich von −20 bis −78 °C wird von *Baul* [2.19] eine Badflüssigkeit aus drei Teilen Äthylalkohol und einem Teil Heptan benutzt. Der Thermostat besteht aus einem doppelwandigen Gefäß, das von außen durch feste Kohlensäure in Buthylalkohol gekühlt und innen mit einer Heizwicklung versehen wird, deren Heizstrom von einem Pt-Thermometer geregelt wird. Durch gute Durchmischung des Wasserbades, empfindliche Regelsysteme und wirkungsvolle thermische Isolation gegen die Umgebung lassen sich auch noch kleinere Temperaturschwankungen von ± 25 µK [2.131] erreichen (Abschn. 2.7.4).

Hierzu eignen sich als Temperaturfühler *Thermistoren* mit ihrem sehr hohen Temperaturkoeffizienten des Widerstandes besonders gut, doch muß wegen ihres Alterungsverhaltens die Solltemperatureinstellung mit Präzisionsthermometern überwacht werden.

2.7.3.4 Gasthermostate

Für viele Anwendungen eignen sich Flüssigkeitsthermostaten der beschriebenen Bauform nicht, z. B. für die Eichung von physikalischen Geräten, deren Meßsignal temperaturabhängig ist und die nicht mit einer Flüssigkeit in Berührung kommen dürfen. Andererseits entstehen in thermisch isolierten Gasthermostaten bei Druckschwankungen adiabatische Temperaturänderungen, die größer als die gewünschte Temperaturkonstanz sein können. Für mittlere Ansprüche an die Homogenität der Temperatur im Meßvolumen wird man den Gasinhalt über eine externe Umwälzpumpe zirkulieren lassen und über einen Temperaturfühler die zugeführte Heizleistung in der „Zuluft" regeln.

Von *Sporton* [2.278] wird ein anderer Weg beschritten: Der Thermostat besteht aus Wänden, die abwechselnd aus thermisch gutleitenden und isolierenden Schichten zusammengesetzt sind. Wird ein solcher Behälter einer inhomogenen äußeren Temperaturverteilung ausgesetzt, so werden die zunächst an den Außenflächen herrschenden Temperaturdifferenzen durch die Metallschichten stark reduziert und so weit durch Wiederholung dieses Prozesses gedämpft, daß im Innern eine homogene Temperaturverteilung herrschen wird. Bei der analytischen Behandlung dieses Problems findet man, daß die „Dämpfung" örtlicher Temperaturwellen

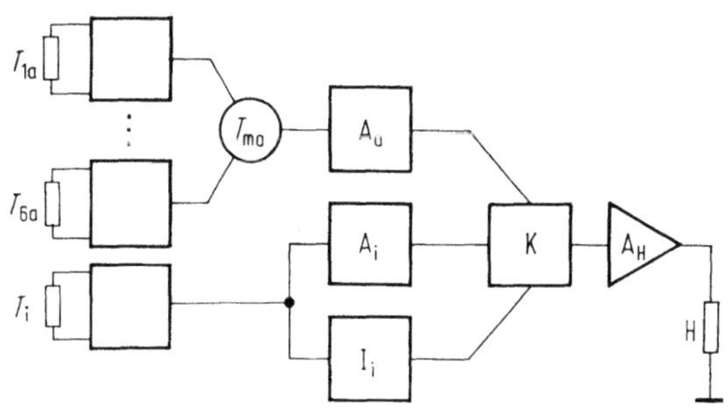

Bild 2.101. Regelung eines Luftthermostaten

an der Außenwand optimal wird, wenn das Verhältnis der thermischen Leitfähigkeiten der Metall- und Isolierschicht möglichst groß ist und die Außenwand aus dem Isolator, die Innenseiten aus Metall, z. B. Cu oder auch Duraluminium, besteht. Bei gleicher Gesamtstärke der Behälterwände wird die Dämpfung um so größer, je geringer die Einzelschichtdicken sind. Die flächenförmigen Heizelemente befinden sich auf der äußersten Metallwand; ihre Temperatur wird in der Flächenmitte durch Thermistoren gemessen.

Jeder der sechs Temperaturfühler T_{1a} bis T_{6a} (Bild 2.101) bildet einen Zweig einer Wheatstone-Brücke und ihre Ausgangssignale werden addiert, um eine mittlere Außentemperatur T_{ma} zu erhalten. Die Innentemperatur T_i wird mit einer empfindlichen Wechselspannungsbrücke gemessen; beide zu T_{ma} und T_i proportionalen Signale werden nach Phasenkompensation und Verstärkung in den Verstärkern A_a bzw. A_i zusammen mit dem Ausgang des Integrators I_i im Komparator K addiert. Der Ausgang von K wird über den Leistungsverstärker A_H den auf die sechs Wände verteilten Heizern H zugeführt. Die Regelperioden für die beiden Regelkreise (Außentemperatur T_{ma} und Heizer, Innentemperatur T_i und Heizer) sind unterschiedlich und betragen 28 bzw. 130 s.

Die für einen kubischen Thermostaten von 20 cm Kantenlänge und 20 mm Gesamtwandstärke (mit sechs Schichten) gefundene Temperaturkonstanz beträgt etwa 0,1 mK und ist lediglich durch Rauschen und Drift begrenzt.

2.7.3.5 Thermostate für höhere Temperaturen

Bei den Thermostaten für höhere Temperaturen, in denen die Wärmeübertragung mit einem Fluid ersetzt wird durch die Einstellung des Strahlungsgleichgewichts, werden als Temperaturfühler Thermoelemente, Widerstandsthermometer und pyrometrische Detektoren verwendet. Für kleine Heizleistungen kann die Heizwicklung selbst als Zweig einer Brückenschaltung zur Regelung benutzt werden.

Eine einfache Regelschaltung ist in Bild 2.102 schematisch dargestellt; sie stellt eine Gleichspannungsbrücke dar, die abgeglichen ist, wenn der Widerstand der Heizwicklung R_t der Solltemperatur entspricht, die am Widerstand R_x eingestellt werden kann. Als Brückeninstrument dient ein Kontaktgalvanometer G oder ein entsprechender Verstärker, wodurch bei einer geringen Abweichung vom Brückengleichgewicht das Relais S betätigt wird. Bei angezogenem Relais wird der im Heizkreis liegende Vorwiderstand R kurzgeschlossen und damit der

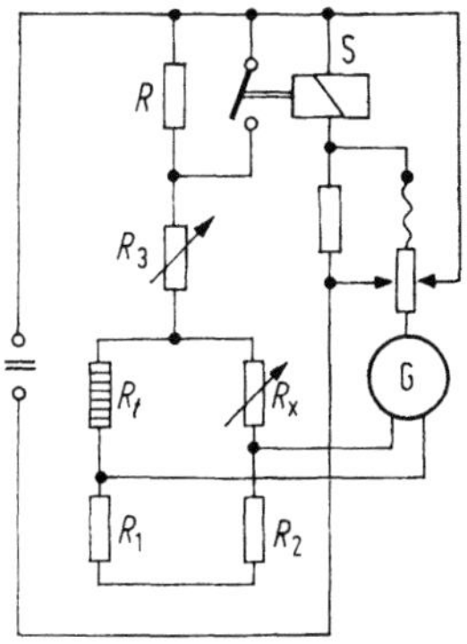

Bild 2.102. Ofenregelung mit Wheatstone-Brücke

Brückenstrom vergrößert. Durch den regelbaren Widerstand R_3 wird die Ofentemperatur etwas unterhalb des gewünschten Wertes eingestellt. Abhängig von der Ofengröße und seiner thermischen Isolation wird R in mehr oder weniger kurzen Zeitabständen kurzgeschlossen und läßt die Temperatur in der Heizwicklung um einen Gleichgewichtswert pendeln. Infolge der thermischen Trägheit des Ofenrohrs erscheint im Rohrinnern die Amplitude der Temperaturschwankungen stark gedämpft.

Durch Verwendung von Wechselspannung vereinfacht sich eine solche Regelanordnung beträchtlich, da als Nullinstrument ein empfindlicher Verstärker verwendet werden kann. Bei einer Abweichung des Widerstandes R_t vom Sollwert um ΔR_t tritt am Brückenausgang die Spannung $\Delta u = -R_1 i_H \Delta R_t/(R_1 + R_t)$ auf, wenn i_H der durch die Heizwicklung fließende Strom ist. Bei Wechselstrombetrieb treten neben den Wirkwiderständen die entsprechenden Reaktanzen auf, die außer der gleichphasigen Komponente von Δu eine um 90° phasenverschobene erzeugen, die jedoch beim Nulldurchgang von Δu konstant bleibt.

Über weitere Thermostaten für hohe Temperaturen s. Abschn. 2.7.5.

2.7.3.6 Thermostate für Temperaturen unterhalb des Eispunktes [2.132]

Für Temperaturen unterhalb der Umgebungstemperatur muß dem Thermostaten laufend Wärme entzogen und einem tieferen Wärmereservoir zugeführt werden. Dies kann dadurch geschehen, daß das innere Thermostatengefäß von einem Bad mit einer niedrig siedenden Flüssigkeit umgeben ist oder eine Flüssigkeit mit niedrigem Siedepunkt durch Abpumpen verdampft wird. Als solche kommen vor allem SO_2, NH_3 oder Äther in Betracht, die über eine Wasserstrahl- oder Drehkolbenpumpe auf die gewünschte Siedetemperatur abgepumpt werden.

Von *Österlöf* und *Olsson* [2.228] wurde ein solcher Thermostat, der für den Bereich 0 bis —50 °C geeignet ist, konstruiert (Bild 2.103). Er besteht aus dem doppelwandigen Gefäß B aus rostfreiem Stahl, das durch ein Dewar-Gefäß D thermisch isoliert wird und mit *Methanol* gefüllt ist. Dieses Gefäß ist mit einem Manostaten M verbunden, der den Dampfdruck des Kältemittels im Außenvolumen von B dadurch konstant hält, daß das im rechten Manometerschenkel eingebaute Glasfilter F die Verbindung mit dem Kondensator sperrt, wenn die

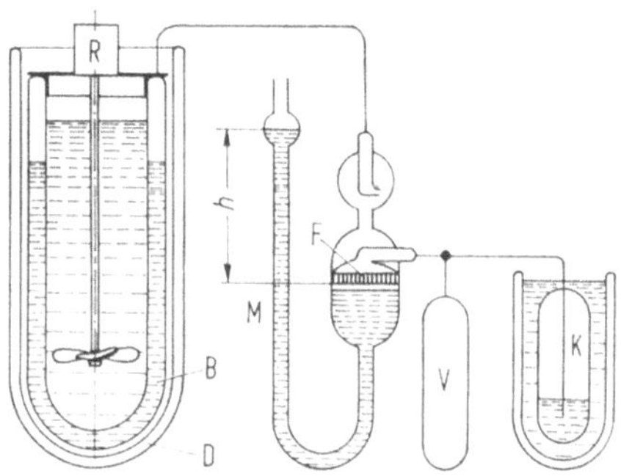

Bild 2.103. Thermostat für Temperaturen zwischen 0 und —50°C

eingestellte Druckdifferenz h zwischen F und dem oberen Quecksilbermeniskus erreicht ist. Als Kältemittel im Außenraum von B und Kondensator K wird *Freon-114* ($CClF_2$—$CClF_2$) verwendet, dessen Dampfdruck bei Zimmertemperatur 1,8 bar beträgt; es wird in K mit einer Mischung von fester Kohlensäure und Azeton gekühlt. Bei Inbetriebnahme werden B und K mit fester Kohlensäure gekühlt und B mit dem Kältemittel gefüllt. Durch den sich einstellenden hohen Dampfdruck öffnet sich der Filterverschluß und wird das Freon in K kondensiert. Ist im Flüssigkeitsbad die Solltemperatur erreicht, schließt sich F, bis es wieder durch einen geringen Druck- bzw. Temperaturanstieg in B geöffnet wird und weitere Mengen des Kältemittels kondensiert werden. Nach 8 bis 12 h ist K zu einem Drittel mit Freon gefüllt und wird unter Umgehung des Manostaten durch Druckluft in das Ringgefäß von B zurückgedrückt. Mit dieser Anordnung, deren Prinzip auf andere Temperaturbereiche übertragen werden kann, läßt sich eine Temperaturkonstanz von ± 10 mK erreichen; der Temperaturgang beträgt innerhalb von 12 h bei —20 °C etwa 0,08 K.

Häufig werden isolierte Flüssigkeitsbehälter verwendet, die innen mit angelöteten Verdampferrohren einer Kompressionskältemaschine versehen und zur genauen Temperatureinstellung mit einer elektrischen Heizvorrichtung innerhalb des Rohres für den Turbinenrührer ausgerüstet sind.

2.7.4 Präzisionsthermostate

Für viele Untersuchungen über die Temperaturabhängigkeit physikalischer Eigenschaften werden Thermostaten gebraucht, deren Temperaturkonstanz weit höher als die gebräuchlicher Bauarten ist, d. h. solche mit Langzeitschwankungen von

$\pm 10\ \mu$K und darunter. Die zu fordernde Genauigkeit hängt von der Temperaturabhängigkeit des beobachteten Parameters, der gewünschten Meßempfindlichkeit und der Meßmethode selbst ab. Besonders hohe Temperaturstabilität wird gefordert bei Untersuchungen von Phasenübergängen 2. Ordnung, des elektronischen Rauschens, der Isotopentrennung, von metallurgischen Prozessen, der Adsorptions- und Diffusionsvorgänge, sowie in der Mikrokalorimetrie.

Der von *Priel* [2.241] angegebene Thermostat unterscheidet sich von anderen Präzisionsgeräten dadurch, daß die Wärmezufuhr durch die Drehzahl der Rührvorrichtung geregelt wird, d. h. die vom Rührer zugeführte Leistung hängt von der Drehzahl und der Viskosität der Badflüssigkeit ab. Der Vorteil dieser Methode liegt in der schnellen Temperatureinstellung, dem verringerten Temperaturüberschwingen (das bei anderen Thermostaten von der thermischen Trägheit des Heizelements herrührt), der schnellen Regelung und in der einfachen Konstruktion.

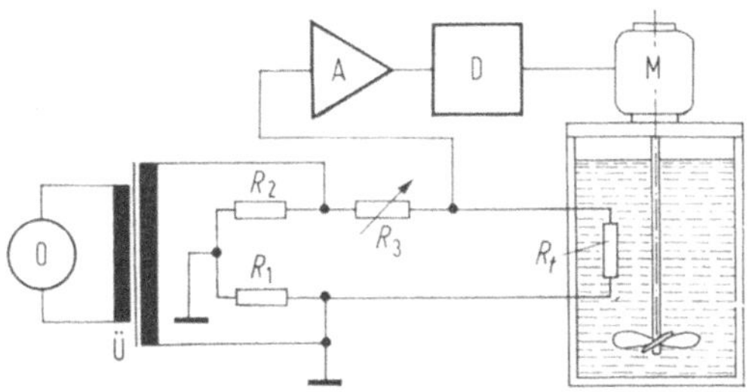

Bild 2.104. Blockdiagramm der Temperaturregelung eines Präzisionsthermostaten

Der Thermostat besteht aus einem 160 l-Behälter aus rostfreiem Stahl in doppelwandiger Ausführung und Vakuumisolierung, der zentral einige Zentimeter oberhalb des Bodens einen Rührer von 20 cm Durchmesser enthält. Die Umgebungstemperatur wird auf $\pm 0{,}5$ K konstant gehalten. Die Wassertemperatur wird mit einem Thermistor in Brückenschaltung gemessen, deren Ausgangsspannung sich zu

$$\frac{\Delta u}{\Delta T} = \frac{1}{2R_t}\left(\frac{\mathrm{d}R_t}{\mathrm{d}T}\right)\left[R_t\left(\frac{\mathrm{d}P}{\mathrm{d}\Delta T_P}\right)\Delta T_P\right]^{1/2}$$

ergibt, wenn $1/R_t(\mathrm{d}R_t/\mathrm{d}T)$ die Temperaturabhängigkeit des Thermistorwiderstandes, $\mathrm{d}P/\mathrm{d}\Delta T_P$ die Dissipationskonstante des Thermistors (8 mW/K) und ΔT_P die Temperaturerhöhung des Thermistors gegenüber seiner Umgebung während des Heizens ist. Um den Wert von $\Delta u/\Delta T$ so groß wie möglich zu machen, sollte bei konstantem ΔT_P der Widerstand groß gewählt werden, wodurch allerdings auch das Rauschsignal entsprechend zunimmt. Als Optimum hat sich ein Thermistorwiderstand zwischen 1000 und 5000 Ω erwiesen; für die Größe ΔT_P wurde 2 mK gewählt, obwohl nach der obigen Gleichung die Regelempfindlichkeit mit ΔT_P zunehmen sollte.

Im Blockdiagramm der Regelanordnung (Bild 2.104) ist der Temperaturfühler R_t in einer Brückenschaltung enthalten, die als Ganzes in einem ölgefüllten Behälter im Thermostaten untergebracht ist, um unerwünschte Temperatureinflüsse auf das Brückensignal zu vermeiden. Die Brücke wird über einen Trenntransformator Ü von einem 75 Hz-Oszillator O mit 2,5 V Spitzenspannung gespeist. Das Meßsignal wird dem Verstärker A und anschließend zur Rauschunterdrückung dem Lock-in-Verstärker D zugeführt, dessen Ausgangsspannung nach weiterer Leistungsverstärkung zur Steuerung des Rührermotors M benutzt wird. Da die durch den Rührer zugeführte Leistung $P_R \sim \nu^{5/2}$, wenn ν die Drehzahl bedeutet, genügen zur Regelung der Wärmezufuhr relativ kleine Änderungen von ν. Um eine gute Durchmischung des Wasserbades zu garantieren, wird der Rührer mit 100 1/min betrieben, was einer Wärmezufuhr von etwa 20 W entspricht; die Regeländerungen sind von der Größe ±0,1 W und rufen bei einem Wasserwert des Thermostaten von 0,16 kg Temperaturänderungen von ±0,1 µK/s hervor. Die mit diesem Thermostaten erzielte Temperaturkonstanz beträgt ±3,5 µK bei Änderungen der Raumtemperatur von 0,5 K.

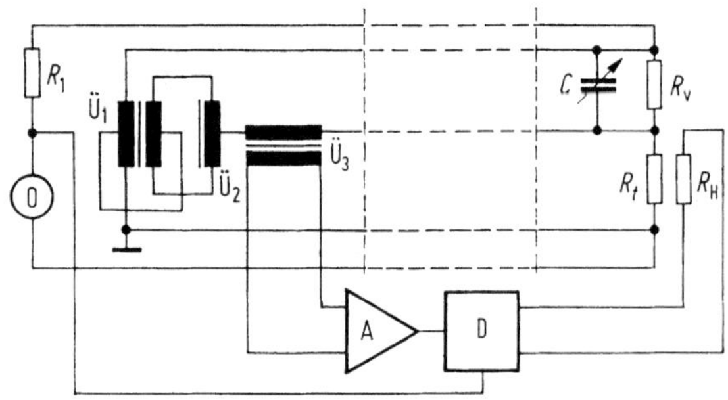

Bild 2.105. Thermostat. Nach [2.261]

Der Präzisionsthermostat nach *Larsen* [2.188] besitzt eine etwas geringere Regelgenauigkeit von ±25 µK über 24 h in einer zwischen 18 und 28 °C veränderlichen Umgebungstemperatur. Um größere Temperaturdifferenzen schnell ausgleichen zu können, ist es erforderlich, daß die zur Regelung zuzuführende Wärmeleistung eine *nichtlineare* Funktion des Reglersignals ist. Als Temperaturfühler wird trotz geringerem Temperaturkoeffizienten ein Pt-Widerstandsthermometer in einer Wechselspannungsbrücke benutzt, deren Nachweisempfindlichkeit merklich größer ist als die einer Wheatstone-Brücke, die wegen unvermeidlicher Temperatureinflüsse bei etwa ±100 µK liegt.

Der Regelkreis ist in Bild 2.105 dargestellt und besteht aus den drei Komponenten Regler, Meßfühler einschließlich Heizung, sowie Verbindungsleitungen, deren temperaturabhängiger Widerstand die Regelgenauigkeit nur wenig beeinflußt. Der Vergleichswiderstand R_v befindet sich zusammen mit dem Meßwiderstand R_t, einem Abgleichkondensator C und dem 2 Ω-Heizwiderstand R_H im Flüssigkeitsbad. Die Meßbrücke besteht aus den Widerstandszweigen R_t und R_v, sowie den symmetrischen Primärspulen des Übertragers Ü$_1$, dessen Sekundärwicklungen mit dem induktiven Spannungsteiler Ü$_2$ verbunden sind, wodurch die Brückenströme exakt symmetriert werden können. Die Brücke wird vom Oszillator O mit 970 Hz erregt; das Brückensignal wird über den Transformator Ü$_3$ auf den Verstärker A übertragen und dem Lock-in-Verstärker D mit nachgeschalteter Leistungsstufe zugeführt.

Die Regelgenauigkeit dieser, wie jeder anderen vergleichbaren Anordnung, hängt zunächst von der im Temperaturfühler R_t verbrauchten Meßleistung P_t ab, durch die dessen Temperatur etwas höher als die zu messende und zwar proportional zu u_t^2 wird, wenn $u_t = i_t R_t$. Es ist daher ein möglichst großes Verhältnis der auf die Temperaturänderung ΔT bezogenen Signalleistung P_a zu P_t anzustreben. Mit $r = R_t/R_v$ erhält man die Näherungsgleichung

$$P_a/P_t = \frac{\alpha^2(\Delta T)^2}{4(r + 1)}, \tag{2/152}$$

in der weder die Größe von R_t, noch der Eingangswiderstand des Signaldetektors oder die Oszillatorspannung enthalten sind, und α den Temperaturkoeffizienten von R_t bedeutet. Bei gegebenen Werten von P_t und ΔT ist aus Gl. (2/152) abzuleiten, daß die Signalleistung für einen Pt-Widerstand nur 1% der mit einen Thermistor erreichbaren ist, da sich die entsprechenden α-Werte etwa um den Faktor 10 unterscheiden. Theoretisch würde nach Gl. (2/152) das Verhältnis P_a/P_t für $r = 0$ maximal werden, was jedoch nicht anzustreben ist, da gleichzeitig P_t zunehmen und die Stabilität des Temperaturfühlers sich dadurch verringern würde; praktisch hat sich $r = 1$ bewährt. Als Meßfühler ist das in Bild 2.35 dargestellte Pt-Widerstandsthermometer mit $R_t = 500\ \Omega$ gut geeignet, das eine kurze Ansprechzeit und eine Selbstaufheizung von nur 27 µK/µW besitzt.

Die minimal nachweisbare Temperaturänderung $\Delta T_{\min}$ hängt mit der Bandbreite Δf des phasenempfindlichen Detektors D (Bild 2.105) und der Rauschleistung am Verstärkereingang

$$P_r = kT\Delta f \tag{2/153}$$

zusammen; für die äquivalente Rauschbandbreite $\Delta f = 5 \cdot 10^{-2}$ Hz ergibt sich die Rauschleistung $P_r = 4 \cdot 10^{-22}$ W bei Umgebungstemperatur. Definiert man $\Delta T_{\min}$ als diejenige Temperaturänderung, die eine der Eingangsrauschleistung P_r entsprechende Signalleistung erzeugt, so ergibt sich mit Gl. (2/152) die Beziehung

$$\Delta T_{\min} = \left[\frac{8(r + 1\,kT\,\Delta f}{\alpha^2 P_t}\right]^{1/2}. \tag{2/154}$$

Für $r = 1$, $T = 293$ K, $\alpha = 4 \cdot 10^{-3}$/K, $\Delta f = 5 \cdot 10^{-2}$ Hz und $P_t = 25$ µW findet man den Wert $\Delta T_{\min} = 4{,}6$ µK.

Die tatsächlich erreichte Regelgenauigkeit liegt für den beschriebenen Thermostaten abhängig von der Bandbreite Δf zwischen 5 und 10 µK für einige Minuten und $\perp$ 25 µK für 24 h.

Von *Sarid* und *Cannell* [2.261] wird ein verbesserter Thermostat mit einem Thermistor hoher Stabilität (FENWAL GA 45P8 in Glas) als Meßfühler beschrieben, dessen Widerstand in einer 90-Hz-Wechselspannungsbrücke hoher Impedanz gemessen wird, die unempfindlich gegen Änderungen der Zuleitungswiderstände und der Kontakte ist. Durch Anwendung moderner Operationsverstärker (Typ µA 725) für den Vorverstärker zum Nachweis des Brückensignals mit einer Eingangsimpedanz von mehr als 500 MΩ und einer Verstärkung von 700 können Temperaturänderungen von 1 µK noch nachgewiesen werden. Durch den Ausgangsstrom des Leistungsverstärkers von maximal 1 A, der dem Lock-in-Verstärker und der Integrationsstufe nachgeschaltet ist, können alternativ ein

Heizwiderstand oder ein thermoelektrisches Kühlelement betrieben werden. Der 1,3 l fassende Innenbehälter dieses Flüssigkeitsthermostaten aus Kupfer ist von einem V2A-Vakuummantel umgeben, der vier Strahlungsschilde aus Kupfer enthält, und auf eine Grundplatte gesetzt, die sowohl die Heizvorrichtung als auch den kalten Schenkel des Peltier-Elements umfaßt. Mit dieser Konstruktion wird eine Temperaturstabilität von $\pm 15\,\mu K$ über eine 40-h-Periode erreicht.

Für die Durchführung elektronischer Rauschmessungen bei 33,50 °C und konstanten elektrischen und magnetischen Feldern ($|E| < 8\,\mu V/m$; $|\dot{B}| < 0{,}3\,\mu T/s$) in einem Frequenzbereich von 10^{-4} bis 1 Hz ist von *Boehm* und *Bilger* [2.33] ein Flüssigkeitsthermostat entwickelt worden, der 24 l Äthylenglykol enthält und außen von einer starken Polyuräthanschaumisolation umgeben ist. Der eigentliche Versuchsraum mit einem Arbeitsvolumen von 34 cm³ besteht aus einem Cu-Zylinder mit einem Pt-Thermometer und Heizwicklung; die Wechselstrombrücke wird mit einem 102-Hz-Oszillator betrieben, mit der Temperaturänderungen von einigen Mikrokelvin nachweisbar sind. Die Temperaturdrift während 24 h ist kleiner als 100 μK.

Über weitere Präzisionsthermostaten für unterschiedliche Temperaturbereiche unter Verwendung moderner elektronischer Bauelemente s. [2.65; 2.75; 2.123; 2.191; 2.272; 2.133].

2.7.5 Hochtemperaturthermostate

Die Erzeugung hoher Temperaturen mit unterschiedlichen Verfahren wird ausführlicher in Kap. 14 behandelt; in diesem Abschnitt werden die für eine hohe Temperaturstabilität erforderlichen Regelmethoden besprochen. Häufig sind kleinere metallische oder nichtmetallische Proben auf konstanter Temperatur zu halten oder in einem vorgegebenen Temperaturzyklus zu erwärmen und anschließend abzukühlen.

Für solche Anwendungen haben *Lewis* et al. [2.192] einen Hochvakuumofen für maximal 600 °C konstruiert, bei dem die Meßproben durch eine Elektronenstrahlquelle ($U_a = 15$ kV; $i_a = 1$ mA) auf eine vorgegebene Temperatur erhitzt und anschließend auf die Temperatur des flüssigen N_2 abgekühlt werden können. Die Proben werden automatisch gewechselt, so daß eine kontaktfreie Temperaturmeßmethode angewandt werden muß. Zu diesem Zweck enthält der Ofen eine zweite, identische Probe, deren Temperatur mit einem Thermoelement gemessen und durch Regelung der Spannung des Wehnelt-Zylinders auf den gewünschten Wert eingestellt wird. Die Temperatur der Meßprobe wird mit einem IR-Radiometer im Wellenlängenbereich 1,8 bis 26 μm gemessen und über einen Kippspiegel mit der der zweiten Probe verglichen. Die erreichbare Genauigkeit hängt von Änderungen des Emissionsvermögens der Proben ab und beträgt mindestens 0,5 K im Temperaturbereich von 150 bis 600 °C.

Für viele Zwecke, z. B. beim Ziehen von Einkristallen aus halbleitenden Materialien, werden HF-Öfen mit Thyratronsteuerung benutzt. Sie reagieren schnell auf Temperaturänderungen und sind relativ klein; nachteilig ist die begrenzte Lebensdauer der Thyratrons und die gepulste Wellenform des Generators.

Hamilton [2.129] hat für die Temperaturregelung eines solchen Ofens die in Bild 2.106 vereinfacht wiedergegebene Schaltung entwickelt. Als Temperaturfühler werden CdS-Fotowiderstände (Fa. Clairex) für 200 V Betriebsspannung in einer Brückenschaltung verwendet, die mit 100 V betrieben wird. Während die Meßzelle R_t durch eine Blende die Strahlung der Meßprobe empfängt, wird die Vergleichszelle R_v über eine regelbare Neonröhre Ne beleuchtet und mit dem Potentiometer R_1 auf die Solltemperatur eingestellt. Die Ausgangsspannung der Brücke wird nach Verstärkung in A dem Phasenschieber S zugeführt, der die

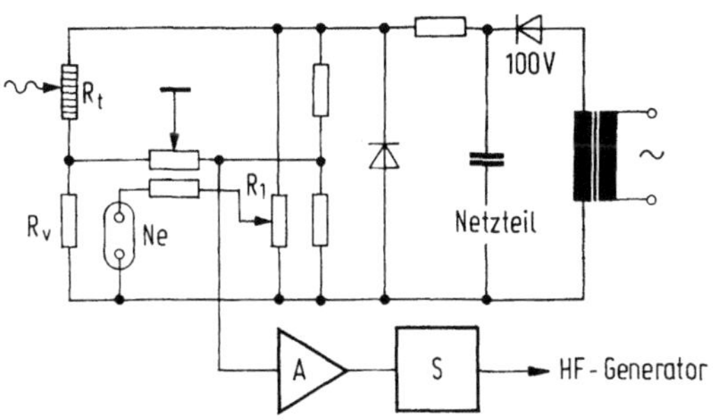

Bild 2.106. Temperaturregelung eines HF-Generators mit CdS-Fotozellen

Zündphasen des Dreiphasen-HF-Generators so einstellt, daß die Solltemperatur gehalten und stabilisiert wird. Bei einer Arbeitstemperatur von 1400 °C ist eine Regelgenauigkeit von ± 1 K erreicht worden, doch ist die Langzeitstabilität noch größer.

Bei einem kleinen Thermostaten zur Röntgenstrukturanalyse bei Temperaturen bis zu 700 °C, der von *McKeown* [2.203] konstruiert wurde, bildet eine bifilare Pt-Drahtwicklung den einen, der Heizer aus Konstantandraht den anderen Zweig einer Wheatstone-Brücke für Halbwellenbetrieb, deren Ausgangssignal nach Verstärkung die Zündphase des Thyratrons für die Leistungsregelung steuert. Die Regelgenauigkeit dieser einfachen Anordnung beträgt 20 mK für Temperaturen bis 700 °C.

Weitere Regelanordnungen für Kristallzüchtungsöfen [2.47] bei Verwendung von magnetischen Verstärkern zur Steuerung von HF-Öfen größerer Leistung s. a. [2.257].

2.7.6 Steuerung von zeitlich veränderlichen Temperaturen

Es gibt eine Reihe von physikalischen Untersuchungen, in denen die Temperatur des zu studierenden Objekts sich nach einer vorgegebenen Zeitfunktion ändern soll. Im einfachsten Fall ist die Temperatur T eine lineare Funktion der Zeit t, wie z. B. bei Lumineszenzmessungen; oft wird bei Abschreckversuchen an Metallen ein sehr großer Wert von $(\mathrm{d}T/\mathrm{d}t)$ angestrebt. Bei der Bearbeitung anderer Probleme muß die Temperatur sich entsprechend $T = T_0 \sin \omega t$ oder $T = T_0 \log (t/\tau)$ steuern lassen. Diese Forderungen lassen sich — abhängig von der Probengröße — in den meisten Fällen mit guter Genauigkeit und reproduzierbar erfüllen.

2.7.6.1 Programmierbare Temperatursteuerung

Für die Züchtung von Einkristallen aus übersättigten Lösungen und das Studium von Wachstum bzw. Auflösung von Kristallen sind eine Vielzahl von Thermostaten mit Temperatursteuerung entwickelt worden, die im wesentlichen ähnliche Prinzipien verwirklichen. Wie in Bild 2.107 am Beispiel des von *Grubič* und *Strey* [2.122] für die Kristallzüchtung entwickelten Thermostaten gezeigt ist, wird das Ausgangssignal der den Thermistor R_t enthaltenden Brücke zunächst in A verstärkt und im Summenverstärker S mit der programmierten Zusatzspannung der Programmiereinheit P überlagert. Die Summenspannung oder

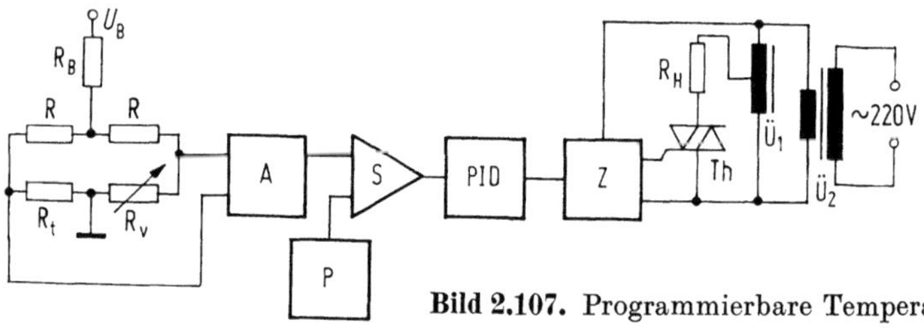

Bild 2.107. Programmierbare Temperatursteuerung

auch ihre Differenz wird dem PID-Regler und dem Zündverstärker Z zugeführt und steuert den Thyristor Th, der in Serie mit dem Heizwiderstand R_H liegt. Im Falle eines zeitlich linearen Hochheizens erzeugt P eine Sägezahnspannung, deren Differenz zum Ausgangssignal von A weiterverarbeitet wird und einen linearen Temperaturanstieg zur Folge hat. Der Programmgenerator P enthält einen Rechteckoszillator einstellbarer Frequenz, einen Frequenzzähler und Decoder, und liefert Rechteck- und Sinusspannungen mit veränderbarer Amplitude und Frequenz.

Die Genauigkeit der vorgegebenen Temperatureinstellung hängt abgesehen von der Nachweisempfindlichkeit der Regeleinrichtung von der Wärmekapazität des Meßobjekts einschließlich des Flüssigkeitsbades und seiner Ankopplung an die Heizvorrichtung ab.

Einen besonders für Untersuchungen der Thermolumineszenz geeigneten steuerbaren Thermostaten, der zwischen der Siedetemperatur von flüssigem He bzw. N_2 und 20 °C arbeitet, haben *Sweeney* et al. [2.207] beschrieben. Er besteht aus einem Metallvakuumgefäß für das Flüssigkeitsbad, an das unten der eigentliche Meßteil, der die Heizwicklungen, den Temperaturfühler und das Meßobjekt enthält, über kupferne Austauschflächen durch Wärmeleitung und -strahlung thermisch angekoppelt ist. Die Spannung des zwischen Bad (T_v) und Meßprobe (T_x) liegenden Thermoelements wird — wie aus Bild 2.108 ersichtlich — dem Vorverstärker A_1 zugeführt, dort um den Faktor 10^3 auf die Spannung u_t verstärkt und im Differentialverstärker A_2 mit der Ausgangsspannung u_g des Funktionsgenerators G verglichen.

Um einen annähernd linearen Temperaturanstieg zu programmieren, wird die Thermospannungskurve des Meßfühlers in Geradenabschnitte unterteilt und durch einen Miller-Integrator (s. *Ed.* III, § 5.64), dessen Spannungsverlauf sich aus

$$U(t) = \frac{1}{C} \int_{t_0}^{t} \frac{U}{R_i} \, dt$$

berechnet, erzeugt. Das Ausgangssignal von A_2 wird dem Servoverstärker A_3 zugeführt, der aus einem zweistufigen, widerstandsgekoppelten Transistorverstärker besteht, dessen Ausgangsstrom durch die Heizwicklungen R_H fließt und den Meßteil unverzögert aufwärmt. Mit der Ausgangsspannung von A_3 wird der Verstärkungsfaktor von A_2 gesteuert, um die Abhängigkeit der zeitlichen Temperaturänderung von der spezifischen Wärme bei tiefen Temperaturen ausgleichen zu können. Zwischen 15 und 300 K läßt sich mit dieser Apparatur eine Aufwärmrate von 0,5 bis 18 K/min mit einer etwa 2%igen Abweichung von der Linearität einstellen.

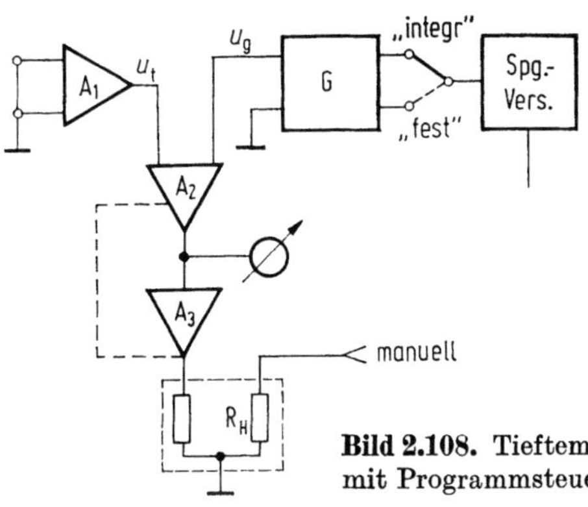

Bild 2.108. Tieftemperaturthermostat mit Programmsteuerung

Weitere steuerbare Thermostaten mit digitalem Programmgenerator, Thermistorfühler und Ansteuerung eines Peltier-Elements werden für den Temperaturbereich −40 bis +20 °C von *Buckley* und *Timbers* [2.41], sowie von *Emrik* et al. [2.81] für Abschreckversuche an dünnen Drähten angegeben, die innerhalb von 2 ms von 0 auf 350 °C erhitzt und dann auf konstanter Temperatur gehalten werden.

2.7.6.2 Thermostate mit linearem Temperaturanstieg

Experimentelle Untersuchungen der Thermolumineszenz und der thermisch stimulierten elektrischen Leitfähigkeit lassen sich sehr vereinfachen, wenn die Probentemperatur linear mit der Zeit ansteigt. Hierzu werden folgende Methoden angewandt:

a) Vergleich der Spannungen eines Funktionsgenerators mit der EMK eines Thermoelements;
b) Regelsignal wird aus der Differenz der Thermospannung und einem linearen Spannungsanstieg gewonnen;
c) Zweig einer Wheatstone-Brücke wird zeitlinear verändert;
d) Thermospannungskurve wird stückweise linearisiert.

Der von *Ausin* et al. [2.11] konstruierte Thermostat benutzt zur Linearisierung der Temperatur die Methode c), d. h. eine Brückenschaltung, die ein Pt-Thermometer in einem Zweig und im anderen ein Helipot (Beckman) mit 10 Windungen enthält, das von einem Servomotor mit Untersetzungsgetriebe verstellt wird. Das verstärkte Differenzsignal wird mit einem Phasenschieber zur Steuerung eines Thyristors benutzt, über den die Impulsbreite des Heizstromes eingestellt wird. Heizelement, Pt-Widerstand und Meßprobe befinden sich in gutem thermischen Kontakt in einer flachen V2A-Dose. Der Thermostat eignet sich für maximale Temperaturen von 400 °C; sein Temperaturanstieg läßt sich zwischen 5 und 80 K/min verändern, wobei die Abweichungen von der Linearität nur etwa 0,1 K betragen.

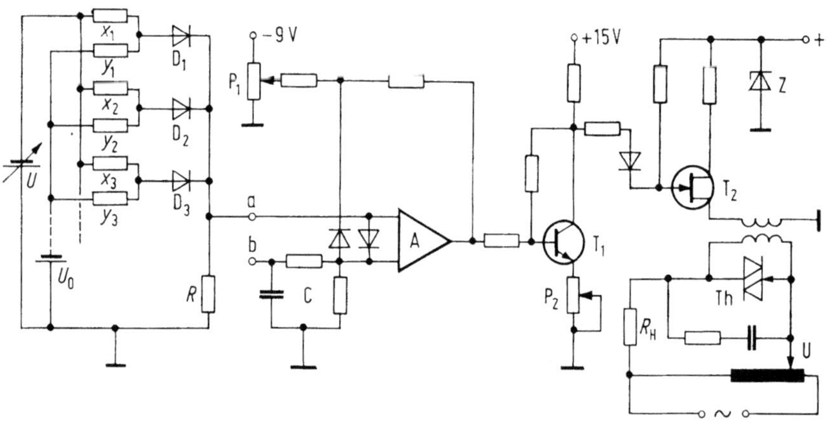

Bild 2.109. Regelkreis eines linearisierten Temperaturreglers: **a** Referenzspannung des Programmgenerators; **b** Thermoelementeneingang

Eine ähnliche Anordnung wird von *Gromyshev* et al. [2.120] für einen Temperaturbereich zwischen −190 und +300 °C benutzt; die einstellbaren Aufheizraten liegen zwischen $2 \cdot 10^{-3}$ und 2 K/s.

Von *Inabe* [2.156] wird für Thermolumineszenzmessungen die nach der Methode d) konzipierte Meßanordnung angewandt, deren Schaltschema vereinfacht in Bild 2.109 dargestellt ist. Im linken Teil der Abbildung ist der Funktionsgenerator gezeigt, der abschnittweise die Spannung U_0 mit der zeitlinear ansteigenden Spannung $U = U_1 + \beta t$ dadurch vergleicht, daß die an den Dioden liegende Spannung gerade zum Stromeinsatz führt und im Widerstand R den Spannungsabfall iR erzeugt. Für jede Widerstandskombination x, y gilt daher die Beziehung

$$(x_1/y_1)\, U_0 = U_1 \tag{2/155}$$

für das Einsetzen des Stromes i_1, wenn U_1 die Einsatzspannung der Dioden ist. Für $R \ll x_1$ findet man für den Spannungsabfall an R die Gleichung

$$\mathrm{d}U/\mathrm{d}t = \frac{R}{x_1}\,(\mathrm{d}U/\mathrm{d}t) = \frac{R}{x_1}\,\beta, \tag{2/156}$$

die der Steigerung der Thermospannungskurve α_1 im ersten Abschnitt entsprechen soll. Hieraus findet man für den Widerstand x_1 die Größe

$$x_1 = (\beta/\alpha_1)\, R, \tag{2/157}$$

und allgemein die folgenden Bedingungen:

$$x_i = \frac{\beta}{\alpha_0 \alpha_{i-1}} R; \quad y_i = (U_0/U_i)\, x_i; \quad U_i = U_1 + \beta t. \tag{2/158}$$

Mit diesem Funktionsgenerator kann die Thermospannungskurve in Abschnitten nachgebildet werden; seine Ausgangsspannung wird bei a dem Differentialverstärker A zugeführt und mit der an b liegenden Thermospannung verglichen. Das Ausgangssignal steuert den Leistungstransistor T_1 und über den FET T_2 den Zündzeitpunkt des Thyristors Th, der in üblicher Weise den Heizwiderstand R_H mit Strom aus dem Spartransformator Ü versorgt. Die Einsatzphasenlage der Regelung läßt sich mit dem Potentiometer P_2 derart einstellen, daß die Differenz zwischen Thermospannung und Referenzspannung minimal wird. Zur Verbesserung des Stabilitätsverhaltens der Regelanordnung ist parallel zum Signaleingang b ein Kondensator C (50 µF) angebracht, der die Phasennacheilung zwischen Heizvorgang und Temperaturanzeige kompensieren soll.

Mit der vorliegenden Anordnung ist im Bereich 0 bis 300 °C die E,T-Kurve des Cu/Konstantan-Elements in lineare Abschnitte von je 50 °C unterteilt worden; die nach Gl. (2/158) berechneten Widerstände x_i und y_i sind für $R = 100\,\Omega$, $U_0 = 1{,}50$ V, $\beta = 0{,}\ 23$ V/min und eine Heizrate von 20,0 K/min ausgelegt worden. Die gemessenen Abweichungen von der Linearität hängen von der Heizrate ab und betragen im Mittel $\pm 2\%$.

2.7.6.3 Thermostate für zyklische Temperaturänderungen [2.60]

In einigen Anwendungen der Metall- und Halbleiterphysik ist es notwendig, die thermische Vorgeschichte der Meßproben exakt und reproduzierbar zu steuern. Hierfür werden Thermostaten benutzt, die meist ein Kühlbad mit Heizwiderstand

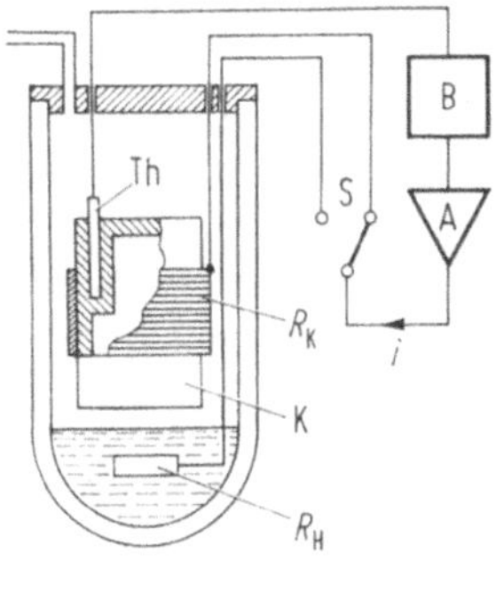

Bild 2.110. Thermostat für zyklische Temperaturbehandlung

R_H in einem Dewar-Gefäß und die Meßkammer K mit Temperaturfühler Th sowie die Heizwiderstände R_K besitzen, wie es in Bild 2.110 angedeutet ist. Bei dieser von *Angelo* et al. [2.7] benutzten Anordnung wird die Temperatur der

Meßkammer mit einem Pt-Widerstandsthermometer in einer Brückenschaltung B geregelt, deren Ausgangssignal in üblicher Weise nach Verstärkung in Vor- und Leistungsverstärker A einen Heizstrom i erzeugt, der je nach Temperaturbereich wahlweise über den Umschalter S durch die Heizwiderstände R_K oder R_H geschickt wird. Im zweiten Fall wird durch die Heizleistung $i^2 R_H$ die Badflüssigkeit (flüssiges He oder N_2) verdampft und die Meßkammer durch Konvektionskühlung auf die gewünschte Temperatur abgekühlt. Soll die Meßtemperatur erhöht werden, ist S auf den Heizwiderstand R_K umzulegen. Diese Anordnung hat sich als sehr regelungsstabil erwiesen und erlaubt zwischen 4,2 und 300 K eine Temperaturkonstanz von ± 20 mK.

Für Untersuchungen über die thermische Erzeugung von Fehlstellen und deren Ausheilvorgänge in Metallen ist von *Huang* und *Berger* [2.153] ein Meßsystem entwickelt worden, mit dem in dünnen Drahtproben Temperatursprünge von 10^6 K/s mit Fehlern $\Delta T < \pm 5$ K programmierbar erzeugt werden können. Dabei wird die Drahtprobe selbst als Thermometer und Heizwiderstand benutzt und der Strom durch den Spannungsabfall eines konstanten Serienwiderstandes gemessen. Der Stromanstieg wird von einem Leistungsverstärker geliefert, der von einem Minicomputer über einen Digital-Analog-Konverter gesteuert wird. Diese Methode ist auch für Quench-Versuche anwendbar, wobei durch geeignete Kühlflüssigkeiten die Abkühlgeschwindigkeit verändert werden kann. Von *Hoffman* [2.144] ist für chemisch-kinetische Messungen an Lösungen eine Apparatur entwickelt worden, bei der durch Entladung einer koaxialen Kapazität in der Meßzelle innerhalb von 50 ns ein Temperatursprung von 10 K zustandekommt. Die Relaxation der dadurch hervorgerufenen Reaktion in das neue Gleichgewicht wird mit einem Spektralfotometer beobachtet.

2.7.6.4 Thermostate zur Erzeugung eines konstanten Temperaturdifferentials

Für thermoelektrische Messungen unterhalb vom Eispunkt ist es von Vorteil, nicht die Differenz ΔT von zwei Temperaturen, sondern das Temperaturdifferential $\Delta T/T$ in einem größeren Bereich konstant zu halten. Diese Aufgabe wurde von *Kitchens* [2.169] mit der in Bild 2.111 gezeigten Meßanordnung gelöst. Die beiden Meßwiderstände R_1 und R_2, die sich auf den Temperaturen T_1 und T_2 befinden, werden in getrennten und vom Transformator Ü$_1$ gespeisten Kreisen mit der Spannung U_1 bzw. U_2 betrieben, wobei die entsprechenden Ströme vom Festwiderstand R bzw. vom variablen Widerstand R_v abhängen. Der resultierende Spannungsabfall $i_1 R_1 - i_2 R_2$ wird an den Verstärker A gelegt und im phasenempfindlichen Detektor D so weit verstärkt, daß über den Leistungsverstärker C der Heizwiderstand R_H mit Strom zur Herstellung des Brückengleichgewichts beschickt werden kann. Bei abgeglichener Brücke fließt in der Primärwicklung des Transformators Ü$_2$ kein Strom und es muß gelten:

$$\frac{R_1 U_1}{R + r_1 + r_2 + R_1} = \frac{R_2 U_2}{R_v + r_5 + r_6 + R_2}.$$

Betrachtet man kleine Abweichungen vom Gleichgewicht $U_1 = U_2$, $r_1 + r_2 = r_5 + r_6 = r$, $R_1 = R_2$, $R = R_v$ und setzt $\Delta U = U_2 - U_1$, $\Delta r = r - (r_1 + r_2)$,

$\Delta R = R_1 - R_2$ und $\Delta R_v = R - R_v$, so findet man die Beziehung

$$\frac{\Delta R}{R_2} = \frac{U_2}{U_1}\left(\frac{\Delta R_v - \Delta r}{R_v + r}\right) + \frac{\Delta U}{U_1}\left(1 + R_2\,\frac{1 + \Delta R/R_2}{R_v + r}\right),$$

aus der hervorgeht, daß bei konstanten Zuleitungswiderständen r die relative Widerstandsänderung $\Delta R/R_2 = (R_1 - R_2)/R_2$ von R_2 unabhängig ist, wenn man die Brückenspannungen U_1 und U_2 sorgfältig abgleicht, d. h. ΔU zu Null macht, und außerdem $R_v + r \gg R_2$ wählt. Durch geeignete Wahl von R_v wird mit diesem Thermostaten ein konstantes Temperaturdifferential $\Delta T/T_2$ unabhängig von T_2 erreicht, wobei als Temperaturfühler metallische wie auch Halbleiter-Widerstandsthermometer benutzt werden können.

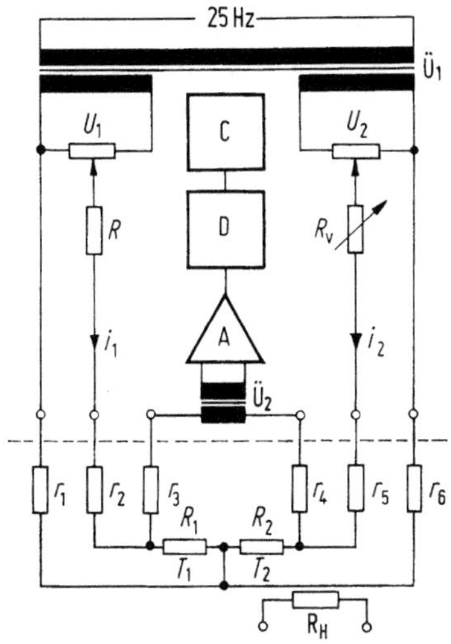

Bild 2.111. Thermostat für konstantes Temperaturdifferential

2.7.6.5 Thermostate für periodischen Temperaturverlauf

Für spezielle Untersuchungen auf Gebieten wie Wärmeübertragung oder Flüssigkeitsdynamik werden Thermostaten verwendet, bei denen sich die Temperatur sinusförmig mit der Zeit ändert und Amplitude und Frequenz in weiten Grenzen variabel sind.

Bei der von *Lee* und *Gille* [2.189] konstruierten Anordnung wird die Temperaturwelle durch eine elektrisch beheizte Platte erzeugt, die über eine Isolationsschicht thermisch an ein Kühlbad konstanter Temperatur gekoppelt ist. Als Temperaturfühler wird ein auf der Platte befestigtes Thermoelement benutzt, dessen Spannung in einem Differentialverstärker mit der eines Niederfrequenzgenerators verglichen wird. Die verstärkte Differenzspannung wird zur Steuerung des Triacs für die Heizstromregelung verwendet. Die mit einer 200-W-Heizung bei einer Fläche von 400 cm² erreichbare Temperaturamplitude beträgt 0,5 K in einem Frequenzbereich von 0,04 bis 0,25 Hz.

Über eine universeller anwendbare Methode zur Erzeugung von sinusförmigen

Temperaturwellen in einem linearen Meßsystem, z. B. zur Messung der Temperaturleitzahl (Abschn. 7.6) in einem Frequenzbereich 0,008 bis 0,1 Hz, s. *Rigney* [2.251].

2.7.7 Temperaturaufzeichnung

Die Aufzeichnung des Meßwertes der nichtelektrischen Thermometer, wie Flüssigkeits-, Dampfdruck-, Ausdehnungs- und Gasthermometer, bietet technisch keine Schwierigkeit, da es potentiometrische, fotoelektrische und kapazitive *Meßgrößenwandler* mit sehr großer Genauigkeit und geringen Rückstellkräften gibt. Mit ihrer Anwendung auf die meisten nichtelektrischen Instrumente läßt sich auch die *Fernübertragung* der Meßwerte durchführen.

Bei den elektrischen Thermometern ist in den meisten Fällen eine Aufzeichnung problemlos, seit es empfindliche Kompensationsschreiber hoher Genauigkeit und großer Eingangsimpedanz (*Ed.* III, § 2.343) im Handel gibt, die sowohl für Widerstandsthermometer als auch für Thermoelemente eingesetzt werden können. Für geringere Genauigkeitsansprüche, aber die Möglichkeit bis zu 24 Meßstellen nacheinander registrieren zu können, wird der *Punktschreiber* verwendet, der aus einem empfindlichen Drehspulmeßwerk mit Spannbandaufhängung mit einem elastischen Zeiger besteht, der in konstanten Zeitabständen von einem Fallbügel auf den Registrierstreifen gedrückt wird. Durch verschiedenfarbige Schreibbänder, die zwischen Zeiger und Schreibpapier geschaltet werden, lassen sich die Meßstellen voneinander unterscheiden und kennzeichnen. Die Punktaufzeichnung erfolgt gewöhnlich in Abständen von 10 s und eignet sich vor allem für die Registrierung langsam veränderlicher Temperaturen.

Für schnell veränderliche Meßwerte sind Lichtschreiber mit UV-empfindlichem Papier oder auch Kompensationsschreiber geeignet, die allerdings nur zwei Meßstellen aufnehmen können. Für Widerstandsthermometer werden Meßsysteme mit einer Kreuzspule (Abschn. 2.4.6.3) gebaut, bei denen der Registrierbereich durch geeignete Wahl des Vergleichswiderstandes beliebig verschoben werden kann.

Für alle anderen elektrischen Thermometer oder solche mit elektrischem Ausgang lassen sich die gebräuchlichen Methoden (*Ed.* III, § 2.6) der Registrierung elektrischer Spannungen oder Ströme anwenden.

2.8 Thermometereichung; Standardinstrumente

Exakte wissenschaftliche Messungen setzen eine Eichung der verwendeten Temperaturmeßgeräte voraus, um die erzielte Genauigkeit angeben und Vergleiche mit den Ergebnissen anderer Autoren anstellen zu können. Für mäßige Genauigkeitsansprüche genügt zur Temperaturermittlung die dem Thermometer zugehörige Eichtabelle bzw. Interpolationsformel; für größere Ansprüche ist das Instrument mit einem *Standardthermometer* in einem geeigneten Thermostaten zu eichen oder seine Angaben müssen an den durch die IPTS-68 festgelegten

Fixpunkten nachgeprüft werden. Um eine Nacheichung zu erleichtern, ist die Temperatur *zwischen* den gesetzlich vorgeschriebenen Fixpunkten durch eine Reihe von *sekundären Fixpunkten* festgelegt worden.

2.8.1 Allgemeines über Thermometereichung

Es bestehen grundsätzliche Grenzen für die Genauigkeit, mit der die Temperatur (wie im übrigen für alle physikalischen Größen) gemessen werden kann; so können z. B. Werte am Goldschmelzpunkt, der mit 1064,43 °C angegeben wird, „nur" auf 0,2 K genau beobachtet werden. Diese Meßunsicherheit hängt außer vom Temperaturbereich vom benutzten Thermometer und dessen Eichung ab; sie kann nur im Vergleich mit einem Standardthermometer bestimmt werden.

Die IPTS-68 (Abschn. 1.10) basiert auf den Temperaturwerten für eine Reihe von reproduzierbaren Gleichgewichtszuständen, die man *Fixpunkte* nennt, und paßt sich so eng wie möglich an die thermodynamische Temperaturskala an. Zur Interpolation zwischen diesen Fixpunkten dienen *Standardthermometer*, deren Meßwerte durch Formeln umgerechnet werden, die in der IPTS definiert sind.

2.8.2 Eichung von Standardthermometern

Diese Aufgabe wird von den verschiedenen nationalen Eichinstituten (PTB, DAMG, NPL, NBS u. a.) übernommen, wobei die Standardinstrumente noch weiterentwickelt und die Fixpunktthermostaten verbessert werden, um die geeichten Thermometer miteinander vergleichen zu können. Auf diese Weise und durch Vergleich von Eichmessungen an verschiedenen Instituten lassen sich realistische Schätzungen über die Meßunsicherheit in Bezug auf die IPTS-68 anstellen. Durch statistische Analyse wiederholter Messungen können aus ihnen ihre *Genauigkeit* und *Reproduzierbarkeit* angegeben werden.

Auftretende *systematische Fehler*, die nicht als willkürliche Streuwerte um einen Mittelwert erscheinen, sind die Folge einer Verschiebung für jeden Meßwert und können durch sorgfältig ausgewählte Versuchsbedingungen und Studium ihres Einflusses auf diesen verringert werden. Auch sollten die von unterschiedlichen Beobachtern und unter geänderten Meßbedingungen erhaltenen Meßwerte die Ursachen der systematischen Fehler erkennen lassen.

Um die einmal durchgeführte Eichung eines Standardinstruments zu erhalten, muß es sorgfältig behandelt werden; bei Pt-Widerstandsthermometern dürfen Drähte und Zuleitungen keinen Erschütterungen oder Stößen ausgesetzt werden, um sie mechanisch nicht zu beanspruchen, oder darf das Schutzrohr nicht ausgewechselt werden. Ähnliches gilt für Thermoelemente und Pyrometer.

Standard-Interpolationsinstrumente werden durch die IPTS-68 im einzelnen festgelegt und in drei grundsätzlich verschiedene Typen unterteilt:

a) Standardinstrument für den Temperaturbereich zwischen 13,81 K und 630,74 °C (Erstarrungspunkt von Sb) ist das Pt-Widerstandsthermometer, dessen Konstruktion und Kenngrößen dem Abschn. 2.4.5.1 zu entnehmen sind. Das Wider-

standsverhältnis R_{100}/R_0 sollte nicht kleiner als 1,39250 sein; die Interpolationsformel im Bereich 0 bis 630,74 °C ist durch Gl. (2/37) gegeben.
b) Für den Bereich 630,74 bis 1064,43 °C (Au-Schmelzpunkt) wird als Standardthermometer das Pt/Pt10Rh-Thermoelement benutzt, dessen E,T-Relation durch die quadratische Beziehung (1/93) beschrieben wird.
c) Oberhalb von 1064,43 °C ist die IPTS-68 durch das Plancksche Strahlungsgesetz entsprechend Gl. (1/94) mit dem Goldschmelzpunkt als Bezugstemperatur und $c_2 = 1{,}4388$ cm · K definiert und wird von einem optischen Pyrometer als Standardinstrument verwirklicht, mit dem im langwelligen Teil des sichtbaren Spektrums gemessen wird (Abschn. 2.5.3).

Diese drei Standardinstrumente sind in ihrer physikalischen Wirkung, der erzielbaren Genauigkeit und Stabilität vollkommen verschieden. In Tabelle 2.33 sind die geschätzten Eichfehler bei verschiedenen Fixpunkten bzw. Meßtemperaturen für die drei Standardthermometer nach Messungen am NBS zusammengestellt.

Tabelle 2.33. Geschätzte Eichfehler der Standardthermometer

Fixpunkt	Temp. °C	Pt-Thermom. mK	Pt/Pt-Rh-Element K	Opt. Pyrometer in K visuell	Opt. Pyrometer in K automat.
Siedepunkt O_2	−182,96	7	—	—	—
Tripelpunkt H_2O	0,01	2	—	—	—
Schmelzpunkt Sn	+231,96	4	—	—	—
Schmelzpunkt Zn	419,58	4	0,3	—	—
Schmelzpunkt Sb	630,74	—	0,3	4	1,2
Schmelzpunkt Au	1064,43	—	0,3	3	0,7
	1450	—	2,0	4	0,8
	1800	—	—	5	2,4
	2800	—	—	8	4,7
	3500	—	—	20	8,5

2.8.3 Vergleich mit Standardthermometern

Gebrauchsthermometer werden durch Vergleich mit Standardinstrumenten oder auch — bei geringeren Genauigkeitsansprüchen — mit amtlich geeichten Sekundärthermometern in speziell hierzu eingerichteten Thermostaten geeicht.

Ein Konstruktionsbeispiel für einen solchen *Eichthermostaten*, der oberhalb von −190 °C für vergleichende Messungen geeignet ist, wird in Bild 2.112 wiedergegeben. Er besteht aus dem Dewar-Gefäß A, das mit flüssigem N_2 gefüllt ist und ein zweites Vakuummantelgefäß B enthält, dessen Fülldruck und damit Wärmeableitung durch die Zuleitung C geregelt werden kann. Im inneren Gefäß befindet sich das Kunststoffrohr D mit dem Turbinenrührer R an seinem unteren Ende, der über eine biegsame Welle und eine Zahnraduntersetzung von außen angetrieben wird. Die Badflüssigkeit in B wird durch R nach oben gedrückt und strömt durch mehrere Öffnungen am oberen Ende von D außerhalb von ihm zurück. Durch die Heizspirale H aus Chromnickeldraht, dessen Heizleistung durch das geeichte Thermometer (wie in Abschn. 2.7.3.6 behandelt) geregelt wird, läßt sich eine Temperaturkonstanz von ±5 mK erreichen. Als Badflüssigkeit wird bis —75 °C eine Mischung von *Tetrachlorkohlenstoff* und *Chloroform* verwendet, deren Erstarrungspunkt bei etwa —81 °C liegt. Für tiefere Temperaturen eignen sich verschiedene Mischungen aus organischen Flüssigkeiten; eine solche aus 14,5% *Chloroform*, 25,3% *Methylenchlorid*, 33,4% *Äthylbromid*, 10,4% *Trans-Dichloräthylen* und 16,4% *Trichloräthylen* erstarrt bei etwa —150 °C.

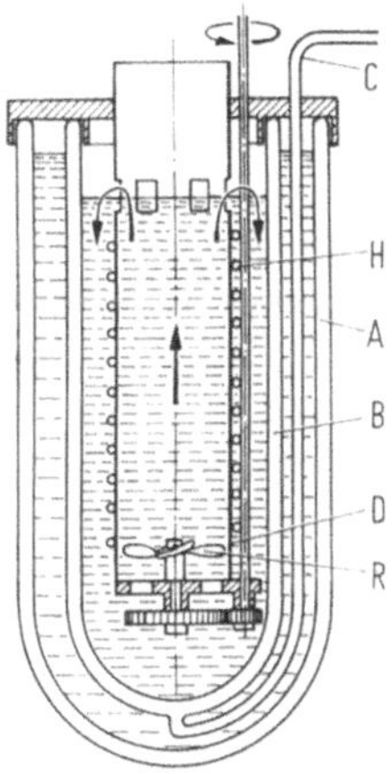

Bild 2.112. Eichthermostat

Für Temperaturen zwischen 80 und 630 °C haben *Northover* und *Hitchcock* [2.224] einen Eichthermostaten konstruiert, dessen doppelwandiger Behälter mit Glaswolle isoliert wird und zwischen 80 und 230 °C als Badflüssigkeit *Siliconöl* enthält. Im Bereich 180 bis 630 °C werden geeignete *Salzschmelzen* benutzt, die den Nachteil besitzen, daß wegen der geringeren thermischen Leitfähigkeit die Meßfehler zwischen Standard- und Eichthermometer größer als mit der Ölfüllung werden und sowohl die Heizwicklung als auch die Thermometer sorgfältig elektrisch isoliert werden müssen. Bei 450 °C betragen die örtlichen Temperaturunterschiede ±50 mK, während sie mit Siliconöl bei 200 °C um den Faktor 2,5 geringer sind.

Dieser Nachteil wird mit einer neuartigen Thermostatenfüllung [2.279] vermieden, bei der in einem beheizten, nach außen isolierten Rohr, das mit Al_2O_3- und ZrO_2-Pulver von etwa 30 μm Korngröße gefüllt ist, von unten heiße Luft eingeblasen und die Pulverfüllung „fluidisiert", d. h. in einen flüssigkeitsähnlichen Zustand gebracht wird. Der Gasdurchsatz bewirkt einen ausgezeichneten Wärmeübergang an die Pulverteilchen und eine homogene Temperaturverteilung. Standard- und Eichthermometer sind nebeneinander in diesen Thermostaten eingetaucht, dessen Anwendungsbereich sich von 500 bis 1100 °C erstreckt.

Zur Eichung von *Pyrometern* für Temperaturen bis 2750 °C ist grundsätzlich jeder elektrisch beheizte schwarze Körper geeignet; eine besonders für Eichzwecke bestimmte Konstruktion wird von *Metzler* und *Branstetter* [2.210] beschrieben. Sie besteht aus leicht zerlegbaren Teilen mit einem Innenrohr aus Graphit und wird induktiv mit einem 20-kVA-Generator bei 350 kHz beheizt. Ihr Emissionskoeffizient liegt bei 0,995; der Ofen kann schnell nachgeregelt werden, da seine Zeitkonstante nur 2,5 min beträgt.

2.8.4 Allgemeines über Temperaturfixpunkte

Als Temperaturfixpunkte dienen die Schmelz- und Siedepunkte reiner Substanzen, die in großer Reinheit verfügbar und deren Phasenumwandlungstemperatur in der thermodynamischen Skala genau bekannt sind. Mit ihrer Hilfe lassen sich sekundäre Thermometer nicht nur an den gesetzlichen Fixpunkten, sondern auch an anderen Temperaturen ober- und unterhalb des Eispunktes auf einfache Weise eichen.

Die physikalischen Verhältnisse beim Schmelz- und Siedevorgang eines reinen Stoffes sind aus dem *Phasendiagramm* zu ersehen, das am Beispiel des *Wassers* in Bild 2.113 dargestellt ist. In ihm ist für jede Phase — *fest, flüssig, gasförmig* — die zu jedem Phasenübergang gehörige Druck-Temperatur-Abhängigkeit aufgetragen. Die drei Kurvenäste schneiden sich bei allen Substanzen (mit Ausnahme des Heliums) im *Tripelpunkt* T, an dem alle Phasen im thermodynamischen Gleichgewicht stehen. Die einzelnen Äste nennt man Sublimationskurve MT, Schmelzkurve TL und Dampfdruckkurve TK, die im kritischen Punkt K endet. Für fast alle reinen Stoffe (mit Ausnahme von Wasser) steigt die Schmelztemperatur mit wachsendem Druck; bei Eichmessungen muß allerdings diese Abhängigkeit nur bei tieferen Temperaturen berücksichtigt werden.

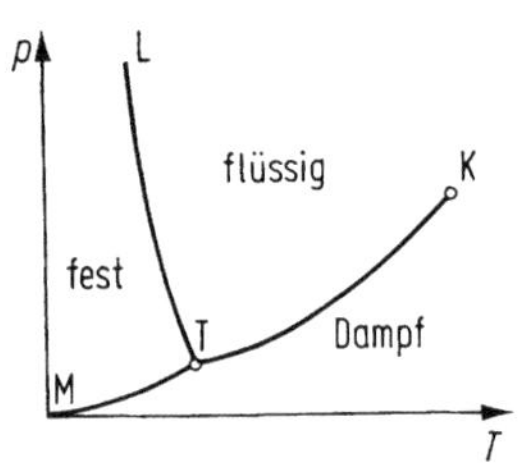

Bild 2.113. Phasendiagramm

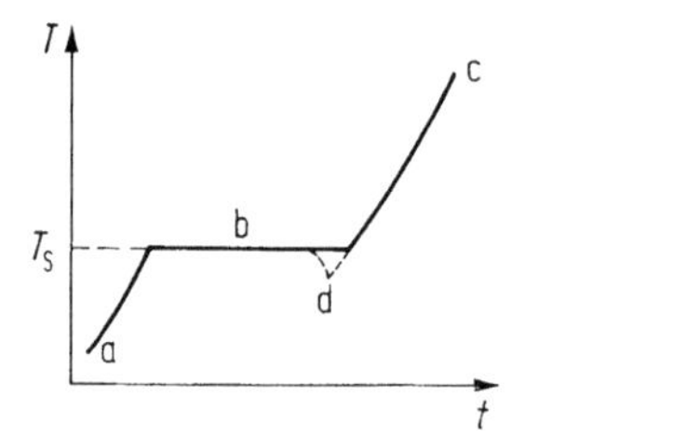

Bild 2.114. Verlauf der Schmelzkurve

Wird der Siedepunkt einer Substanz zu Eichzwecken benutzt, so muß der entsprechende Siededruck sehr genau mitgemessen werden; für die als thermometrische Fixpunkte verwendeten Stoffe ist die Dampfdruckkurve Teil der Meßvorschriften nach der IPTS-68. Bei Verwendung des *Tripelpunkts* als Fixpunkt entfällt eine gesonderte Druckmessung und ermöglicht eine sehr viel genauere Temperaturfestlegung (Abschn. 2.8.5.2).

Wird für den Phasenübergang *fest-flüssig* über der Zeit t die Temperatur T der Schmelze bzw. der festen Phase aufgetragen, wie in Bild 2.114 schematisch angedeutet, so findet man bei sehr reinen Substanzen und stetig zugeführter Schmelzwärme während des Schmelzvorgangs einen exakt bei konstanter Temperatur T_s verlaufenden Abschnitt b, während beim Erwärmen der festen (a) bzw. geschmolzenen (c) Substanz die Temperatur stetig ansteigt. Für die ideale Substanz ergibt sich beim Erstarrungsvorgang derselbe Verlauf in umgekehrter Reihenfolge c-b-a. Bei organischen Flüssigkeiten tritt häufig beim Erstarren eine *Unterkühlung* von mehreren Grad auf (Verlauf d in Bild 2.114), vor allem bei sehr reinen Substanzen mit relativ wenig Kristallisationskeimen. Dieser Vorgang ist im allgemeinen für die Beobachtung des Fixpunktes nicht störend;

bei unreinen Verbindungen verläuft der Abschnitt b in Bild 2.114 nicht mehr parallel zur t-Achse und erschwert die genaue Festlegung von Erstarrungs- bzw. Schmelztemperatur. Ferner kann durch gelöste Verunreinigungen der Erstarrungspunkt herabgesetzt werden; ΔT wird zur Konzentration der Beimengung proportional. Da zuerst die reine Substanz erstarrt, reichert sich die Schmelze an der Verunreinigung an und erniedrigt mit fortschreitender Erstarrung deren Temperatur immer mehr.

Ähnlich tritt auch beim Siedevorgang der sogenannte *Siedeverzug* auf, der zu stoßweiser Dampfentwicklung führt. Dieser besonders bei Hg, flüssigem O_2 und H_2O auftretende Störeffekt läßt sich durch starkes Rühren oder Zugabe von Glas- oder Tonscherben verringern. Bei der Eichung im Dampf der Eichsubstanz muß dieser luftfrei sein, um eine Verfälschung des Dampfdruckes durch den Partialdruck der Luft zu verhindern.

Außer Phasenübergängen werden für einige Fixpunkte auch *Umwandlungspunkte* benutzt, bei denen die Modifikation einer Substanz unter Freiwerden von latenter Wärme in eine andere übergeht. Auch der *eutektische Punkt* beim Erstarren einer Metallegierung kann als Fixpunkt dienen, hat aber bislang keine praktische Anwendung gefunden.

2.8.5 Primäre thermometrische Fixpunkte

In Tabelle 1.1 sind die elf thermometrischen Fixpunkte für die Eichung der Primärthermometer nach der IPTS-68 zusammengestellt. Gegenüber der IPTS-48 ist die Aufstellung um vier Fixpunkte unterhalb des O_2-Siedepunktes erweitert und sind die entsprechenden Temperaturangaben neu festgelegt worden.

2.8.5.1 Primäre Fixpunkte zwischen 13,81 und 27,102 K [1.15]

Die in der IPTS-68 angegebenen Siedepunkte von *Wasserstoff* beziehen sich auf die Gleichgewichtszusammensetzung (e-H_2) von Ortho- und Parawasserstoff, die am normalen Siedepunkt bei $p_0 = 1{,}01325$ bar $= 101325$ Pa 0,21% o-H_2 und 99,79% p-H_2 beträgt. Um Fehler durch die unbekannte Zusammensetzung des H_2 zu vermeiden, liegt der Dampfdruckkurve die Gleichgewichtskonzentration zugrunde, die mit einem Katalysator aus Fe-Hydroxid im Meßvolumen leicht herzustellen ist.

Für die Dampfdruckkurve zwischen 20,28 und 13,81 K wird mit dem Tripelpunktdruck $p_t = 70{,}30$ mbar folgende Beziehung angegeben:

$$\log \frac{p}{p_0} = A + \frac{B}{T_{68}} + CT_{68} + DT_{68}^2,$$

mit $A = 1{,}711466$, $B = -44{,}01046$ K, $C = 0{,}023591$ K^{-1} und $D = -0{,}00004802$ K^{-2}.

Als weiterer Fixpunkt ist ferner der H_2-Siedepunkt bei 33,306 mbar aufgenommen worden, dessen Temperatur zu 17,042 K angegeben ist. Der oben angegebene Tripelpunktdruck wird auf 0,04 mbar genau angenommen, was einem $\Delta T = 1$ mK entspricht.

Die Siedetemperatur von *Neon* beträgt nach neueren Messungen 27,102 K; für den Dampfdruck zwischen 24,5 und etwa 40 K wird die Beziehung

$$\log \frac{p}{p_0} = A + \frac{B}{T_{68}} + CT_{68} + DT_{68}^2$$

benutzt, wobei $A = 4{,}61152$, $B = -106{,}3851$ K, $C = -0{,}036833$ K^{-1} und $D = 4{,}24892 \cdot 10^{-4}$K^{-2}. Der Tripelpunkt $T_t = 24{,}555$ K von Neon entspricht dem Druck $p_t = 433{,}03$ mbar. Die mit dieser Gleichung erreichbare Meßgenauigkeit beträgt bei 40 K etwa 10 mK. In der Nachbarschaft des normalen Siedepunktes ist die Näherungsgleichung

$$T_{68} = \left(27{,}102 + 3{,}3144\,(p/p_0 - 1) - 1{,}24\,(p/p_0 - 1)^2 + 0{,}74\,(p/p_0 - 1)^3\right) \text{K}$$

anwendbar, deren Genauigkeit 0,2 mK beträgt.

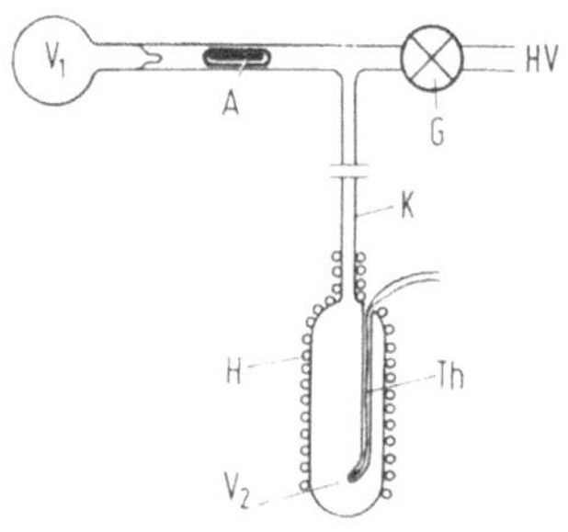

Bild 2.115. Eichapparatur für den Tripelpunkt von Neon. Nach [2.96]

In Bild 2.115 ist eine von *Flippen* und *Frederick* [2.96] benutzte Eichvorrichtung für den Tripelpunkt von *Neon* dargestellt: Das 1 l-Vorratsvolumen V_1 mit reinem Neon ist an ein T-Stück angeschmolzen, das den Eisenstift A enthält und nach dem Evakuieren mit dem Glashahn G abgeschlossen werden kann. Das Kondensationsgefäß V_2 von 15 mm Durchmesser und 8 cm Höhe ist über die Kapillare K mit dem Füllsystem verbunden. Es enthält eine dünnwandige Kapillare mit dem zu eichenden Thermoelement Th (oder einen etwas dickeren Einsatz für ein Widerstandsthermometer) und die Heizwicklung H aus Manganindraht, die dazu dient, eine Verstopfung von K durch festes Ne während des Einkondensierens zu verhindern. Das Gefäß V_2 wird in einem He-Dewar mit Sichtstreifen abgekühlt, nachdem das System evakuiert und die Glasspitze von V_1 mit dem Eisenstift A zertrümmert wurde. Von außen läßt sich beobachten, daß oberhalb des festen Neons gleichzeitig Flüssigkeit kondensiert, d. h. der Tripelpunkt bei 24,555 K erreicht ist.

2.8.5.2 Die Sauerstoff-Fixpunkte

[2.150]

In der IPTS-68 bilden normaler Siedepunkt und Tripelpunkt von *Sauerstoff* die thermometrischen Fixpunkte zwischen etwa 54 und 90 K. Die folgende Beziehung für den Dampfdruck von O_2 gilt für den Temperaturbereich 54,361 und etwa 94 K:

$$\log \frac{p}{p_0} = A + \frac{B}{T_{68}} + C \log \frac{T_{68}}{T_0} + DT_{68} + ET_{68}^2.$$

Die Konstanten werden mit $T_0 = 90{,}188$ K angegeben zu: $A = 5{,}961546$, $B = -467{,}45576$ K, $C = -1{,}664512$, $D = -0{,}013213$ K^{-1} und $E = 50{,}804 \times 10^{-6} K^{-2}$. Der Temperaturfehler dieser Gleichung beträgt etwa 2 mK bei 94 K und nimmt auf Null bei 90,188 K ab; er wächst auf 5 bzw. 10 mK bei 70 bzw. 54 K.

Zur Darstellung des O_2-Tripelpunktes ist von *Thomas* und *Blanke* [2.292] ein geeigneter Eicheinsatz angegeben worden. Er besteht aus einem dickwandigen Cu-Behälter mit acht axialen Bohrungen in der Behälterwand zur Aufnahme der zu eichenden Widerstandsthermometer und einer Heizwicklung am Außenmantel und befindet sich in einem Außenbehälter aus Cu, der evakuiert oder mit He-Gas gefüllt werden kann. Die Eichung wird in einem abgepumpten N_2-Bad durchgeführt, dessen Temperatur auf die des festen N_2 (54 K) erniedrigt wird. Der bei Umgebungstemperatur und 6 bar Druck eingefüllte Sauerstoff sublimiert zunächst und wird durch dosierte Wärmezufuhr zum Schmelzen gebracht. Der bei dieser Eichmethode auftretende Temperaturfehler ist kleiner als ± 1 mK.

2.8.5.3 Der Wassertripelpunkt

[2.16; 2.212]

Entsprechend der IPTS-68 ist der bisherige *Eispunkt* durch den *Tripelpunkt* von Wasser ersetzt worden, dessen Temperatur mit 0,01 °C angegeben ist. Zur Darstellung dieses Phasengleichgewichts wird sehr reines Wasser mit der gleichen Zusammensetzung d. h. Isotopenverhältnis wie Ozeanwasser in einer geschlossenen *Tripelpunktzelle* verwendet. Der Vorteil gegenüber der beim Eispunkt angewandten Eichmethoden liegt darin, daß das Wasser in der Tripelpunktzelle immer dasselbe bleibt und Verunreinigungen des Wassers durch Zusätze oder gelöste Gase entfallen.

Die hierfür geeigneten Eichzellen werden nach verschiedenen Methoden gefüllt und abgeschmolzen; ihre Abmessungen sind der Größe der zu eichenden Thermometer angepaßt. In Bild 2.116 ist die meist übliche Form dieser Zelle gezeigt; sie besteht aus dem Innenrohr A für das zu eichende Thermometer Th (in einer Füllung aus Paraffinöl) und dem Außenmantel B, in den nach langer, sorgfältiger Reinigung luftfreier Wasserdampf einkondensiert wird [2.4; 2.93]. Außen ist die Eichzelle von einem Vakuumgefäß C umgeben, in dem sich ein Gemisch aus destilliertem Wasser und Eis befindet. Die Abmessungen der Glasrohre A und B betragen etwa 10 bzw. 45 bis 50 mm Durchmesser; die Länge der Zelle liegt bei 35 cm.

Um eine Erniedrigung des Gefrierpunktes zu vermeiden, muß das Wasser sehr rein (elektrische Leitfähigkeit $< 0{,}1$ $m\Omega^{-1}m^{-1}$), die Glasoberfläche sorgfältig gereinigt, und in der Zelle die Luft vollkommen entfernt sein. Im Mantelgefäß B ist das Wasser bis 1 bis 2 cm unterhalb des oberen Abschlusses eingefüllt.

Man erreicht den Tripelpunkt in der Zelle, indem um das Innenrohr A ein fester Eismantel erzeugt und anschließend an der Außenfläche von A dieser in einer dünnen Schicht zum Schmelzen gebracht wird. Hierzu wird die durch Eiswasser in B gekühlte Zelle innen durch pulverisiertes Trockeneis gekühlt, wobei sich ein zylindrischer Eismantel E bildet, der vom Innenrohr dadurch abgelöst wird, daß die Zelle rasch um die Längsachse hin- und hergedreht wird. Dieser Prozeß wird während der ersten Stunden nach der Eismantelbildung wiederholt; im Laufe einiger Tage stellt sich bei einer geringen täglichen Temperaturerhöhung von 0,3 mK der stationäre Wert ein, bei dem die Eichung durchgeführt werden kann. Die Erzeugung des Eismantels läßt sich nach *Robinson* et al. [2.253] vereinfachen, wenn man durch das mit Alkohol oder Azeton gefüllte Innenrohr A kaltes N_2-Gas aus einem mit flüssigem N_2 gefüllten Vakuumgefäß leitet.

Die mit dieser Methode durchgeführten Eichmessungen, die beliebig oft wiederholt werden können, liefern eine Genauigkeit von $\pm 0{,}1$ mK mit Pt-Widerstandsthermometern.

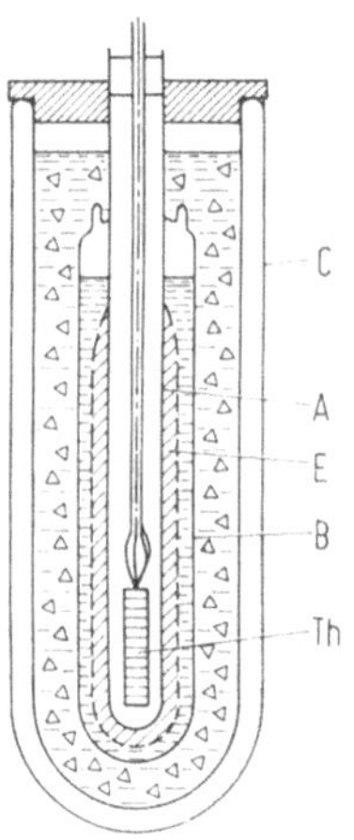

Bild 2.116. Wassertripelpunktzelle

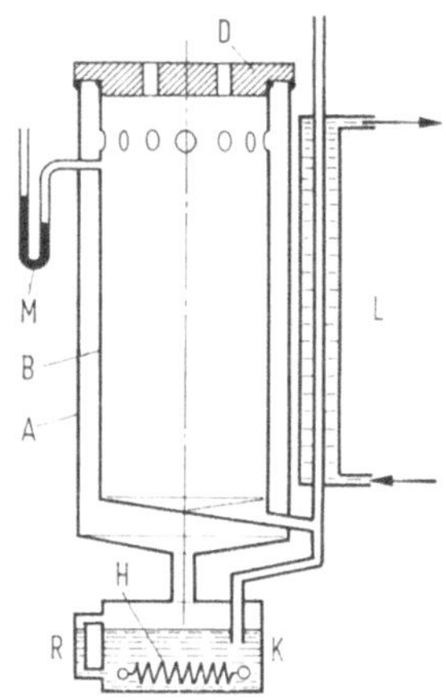

Bild 2.117. Wassersiedeapparat

2.8.5.4 Der Wassersiedepunkt

Der Wassersiedepunkt als zweiter Fundamentalpunkt der klassischen Temperaturskalen wird aus der Siedetemperatur von reinem Wasser unter Berücksichtigung des Gleichgewichtsdruckes bestimmt. Hierzu wird der in Bild 2.117 schematisch dargestellte *Wassersiedeapparat* benutzt, der aus dem Kupferkessel K mit Wasserstandsrohr R und Heizer H, sowie dem Kondensator A aus Kupfer besteht, bei dem der Wasserdampf zwischen Außen- und Innenmantel nach oben streicht und durch Öffnungen in den Innenteil von A gelangt. Die zu eichenden Thermometer werden durch passende Bohrungen im Deckel D gesteckt. Der Dampf kondensiert an allen Flächen, deren Temperatur unterhalb der Siedetemperatur liegt, wird jedoch hauptsächlich im Liebig-Kühler L verflüssigt. Der Gleichgewichtsdruck im Kondensationsraum wird im Vergleich zum Außendruck durch das Differentialmanometer M gemessen. Der ganze Kondensator wird nach außen zweckmäßig thermisch isoliert, um plötzliche Temperaturänderungen und unregelmäßiges Sieden zu vermeiden.

In Tabelle 2.34 ist die Wassersiedetemperatur t_{68} als Funktion des Gleichgewichtsdruckes zusammengestellt. Daraus ist zu entnehmen, daß der Druck auf 0,3 mbar (entsprechend 3 mm WS) abzulesen ist, wenn T_s mit einer Genauigkeit von ± 10 mK bestimmt werden soll.

Neben der oben beschriebenen Methode, den Wassersiedepunkt darzustellen, gibt es noch weitere dynamische Verfahren, wie das *Ebulliometer*, und statische Methoden, deren Genauigkeit die des üblichen Wassersiedeapparates übersteigt.

Tabelle 2.34. Dampfdruck von Wasser

t_{68} °C	0,000	0,002	0,004	0,006	0,008
	(p − 1000) in mbar				
99,900	9,64	9,71	9,78	9,86	9,93
99,910	10,00	10,07	10,14	10,22	10,29
99,920	10,36	10,43	10,50	10,58	10,65
99,930	10,72	10,79	10,87	10,94	11,01
99,940	11,08	11,15	11,23	11,30	11,37
99,950	11,44	11,52	11,59	11,66	11,74
99,960	11,80	11,88	11,95	12,03	12,09
99,970	12,17	12,24	12,31	12,38	12,45
99,980	12,53	12,60	12,67	12,74	12,82
99,990	12,89	12,96	13,03	13,11	13,18
100,000	13,25	13,32	13,39	13,47	13,54
100,010	13,61	13,68	13,76	13,83	13,90
100,020	13,97	14,05	14,12	14,19	14,26
100,030	14,34	14,41	14,48	14,55	14,62
100,040	14,70	14,77	14,84	14,91	14,99
100,050	15,06	15,13	15,20	15,28	15,35
100,060	15,42	15,49	15,57	15,64	15,71
100,070	15,78	15,86	15,93	16,00	16,07
100,080	16,15	16,22	16,29	16,36	16,44
100,090	16,51	16,58	16,65	16,73	16,80
100,100	16,87				

2.8.5.5 Erstarrungspunkte von Zn, Ag und Au

Zur Darstellung der Erstarrungspunkte von Zn, sowie der als sekundäre Fixpunkte (Abschn. 2.8.6) dienenden reinen Metalle Sn und Al werden Schmelztiegel aus Graphit benutzt, um Verunreinigungen mit anderen Elementen zu vermeiden. *McLaren* [2.204] beschreibt solche zum Schmelzen hochreiner Metalle geeigneten Zellen ausführlich; meist werden Graphitrohre in einem Röhrenofen mit massivem Innenrohr verwendet, um während des Erstarrens einen kleinen Temperaturgradienten aufrechterhalten zu können. Zur Vorsicht steht die gasdichte Meßzelle unter einem Druck von Argon oder Helium.

Eine vollkommen geschlossene Eichzelle wird von *Sostman* [2.276] angegeben und ist in Bild 2.118 dargestellt. Sie besteht für Zn und Al aus Vycorglas, für Sn und Pb aus Pyrexglas mit einem Außendurchmesser von 50 mm und besitzt eine Länge von 40 cm. In das Innenrohr A wird das zu eichende Thermometer eingebracht; im unteren Teil des Außenrohrs B befindet sich der Graphittiegel C, der mit einem Deckel D aus dem gleichen Material abgeschlossen ist und die hochreine Metallschmelze M enthält. Nach oben wird die Zelle durch einige Strahlungsschilde S aus Graphit abgeschlossen, zwischen denen zum Unterbinden der Konvektion Glasfaserpfropfen dienen. Die Meßzelle wird beim Zusammenbau lange Zeit evakuiert, dann mit Argon gespült und schließlich abgeschmolzen.

Silber nimmt beim Schmelzen an Luft erhebliche Mengen an O_2 auf, die den Erstarrungspunkt um bis 11 K herabsetzen; man verwendet daher gut abgeschlossene Tiegel aus reinstem Graphit und passende Deckel, durch deren Öffnungen die zu eichenden Thermoelemente geführt werden.

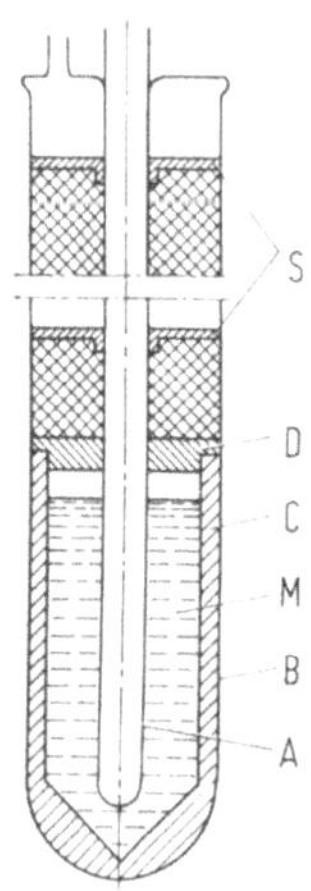

Bild 2.118 Eichzelle für Zn

Gold läßt sich ohne Schwierigkeiten in einem unglasierten Porzellantiegel schmelzen. Sein Erstarrungspunkt ist leicht zu beobachten, da es sich um einige Grad unterkühlen läßt; auch die Anforderungen an hohe Reinheit sind erfüllbar. Zur Durchführung von Schmelzpunktbestimmungen werden mindestens 30, besser 70 cm³ der Metalle benötigt [2.121].

In Abschn. 2.3.6.2 ist bereits die *Drahtmethode* bei der Eichung von Thermoelementen beschrieben worden, bei der nur geringe Mengen an Eichmetall benötigt und auf $\pm 0,1$ K genaue Temperaturangaben erreicht werden. Meist ist es vorteilhaft, die Schmelze bis zum Erstarren zu rühren; eine hierfür geeignete Apparatur wird von *Dedman* [2.66] angegeben.

2.8.6 Sekundäre Fixpunkte unterhalb des Eispunktes

Außer den durch die IPTS-68 festgelegten thermometrischen Fixpunkten gibt es eine Reihe von *sekundären Fixpunkten,* welche die Eichung innerhalb der meist großen Intervalle zwischen den gesetzlichen Fixpunkten erleichtern und ausreichende Genauigkeit ermöglichen. Unterhalb des Eispunktes eignen sich vor allem die Siede- und Tripelpunkte verflüssigter Gase, in einigen Fällen auch die Erstarrungspunkte von organischen Flüssigkeiten.

In Tabelle 2.35 sind solche sekundären Fixpunkte nach steigender Temperatur geordnet; es wird nach Siedepunkt (Sd), Tripelpunkt (Tr), Erstarrungspunkt (E), Sublimationspunkt (Sb) und Umwandlungspunkt (U) unterschieden.

Von *Hoge* [2.150] sind unterhalb des Sauerstoffpunktes einige weitere sekundäre Fixpunkte angegeben worden; von *Pierce* und *Pace* [2.236] ist der Tripelpunkt von *Stickstofftrifluorid* NF_3 vorgeschlagen und untersucht worden. *Pool* et al. [2.239] geben den Tripelpunkt von *Argon* als thermometrischen Fixpunkt an, der bei 84 K liegt.

Über die Eichung bei sehr tiefen Temperaturen mit Hilfe der Dampfdruckkurven von ^{4}He und ^{3}He s. Abschn. 3.10.

Tabelle 2.35. Sekundäre Fixpunkte unterhalb von 0 °C

Stoff	Symbol	Phasenübergang	Temperatur °C	Temperatur K	Druck mbar
Helium	He	Sd	−268,94	4,22	
Neon	Ne	Tr	−248,59	24,56	433,3
Stickstoff	N_2	U	−237,7	35,5	
Sauerstoff	O_2	U	−229,39	43,76	
Kohlenoxid	CO	U	−211,8	61,5	
Stickstoff	N_2	Tr	−210,00	63,15	125,3
Stickstofftrifluorid	NF_3	Tr	−206,78	66,37	
Kohlenoxid	CO	Tr	−205,06	68,10	153,3
Stickstoff	N_2	Sd	−195,80	77,35	
Kohlenoxid	CO	Sd	−191,48	81,67	
Argon	A	Tr	−189,33	83,82	
Argon	A	Sd	−185,87	87,28	
Methan	CH_4	Tr	−182,48	90,67	117,2
Äthylen	C_2H_4	Tr	−169,15	104,00	1,2
Methan	CH_4	Sd	−161,49	111,66	
Krypton	Kr	Tr	−157,21	115,94	731,9
Krypton	Kr	Sd	−153,41	119,74	
Xenon	X	Tr	−111,9	161,3	814,6
Schwefelkohlenstoff	CS_2	E	−112,1	161,1	
Xenon	X	Sd	−108,14	165,01	
Äthylen	C_2H_4	Sd	−103,71	169,44	
Chlormethan	CH_3Cl	Tr	−97,73	175,42	88,0
Toluol	C_7H_8	E	−94,99	178,16	
Stickoxydul	N_2O	Sd	−88,48	184,67	
Chlorwasserstoff	HCl	Sd	−85,03	188,12	
Kohlendioxid	CO_2	Sb	−78,48	194,67	
Trichlormethan	$CHCl_3$	E	−63,49	209,66	
Quecksilber	Hg	E	−38,87	234,28	
Ammoniak	NH_3	Sd	−33,43	239,72	
Chlormethan	CH_3Cl	Sd	−24,22	248,93	
Tetrachlorkohlenstoff	CCl_4	E	−22,99	250,16	
Schwefeldioxid	SO_2	Sd	−10,01	263,14	

2.8.7 Sekundäre Fixpunkte oberhalb des Eispunktes

Für den Temperaturbereich zwischen 0 und etwa 320 °C kommen der Umwandlungspunkt von *Natriumsulfat* bei 32,38 °C, sowie der Siedepunkt von *Naphthalin* bei 218,0 °C und andere Phasenumwandlungstemperaturen in Betracht, die in

Tabelle 2.36 zusammengestellt sind. Hierzu gehören die Schmelz- und Erstarrungspunkte verschiedener Metalle, die bei großen Genauigkeitsanforderungen sehr rein sein müssen. Für die Messung der Schmelztemperatur hochschmelzender Metalle spielen die Gasatmosphäre und die vom Tiegelmaterial aufgenommenen Verunreinigungen für die Reproduzierbarkeit des Erstarrungspunktes eine große Rolle.

Tabelle 2.36. Sekundäre Fixpunkte oberhalb von 0 °C

Phasenänderung Stoff,	Temp. in °C
Tripelpunkt von *Diphenyloxid*	26,8
Umwandlungstemp. von *Natriumsulfat*	32,38
Tripelpunkt von *Benzoesäure*	122,36
Erstarrungstemp. von *Indium*	156,61
Siedepunkt von *Naphthalin*	218,0
$t_s = 8{,}0 + 0{,}0438(p - 1013{,}25) - 2{,}47 \cdot 10^{-5}(p - 1013{,}25)^2$	
Erstarrungstemp. von *Zinn*	231,91
Siedetemp. von *Benzophenon*	305,9
$t_s = 305{,}9 + 0{,}0482(p - p_0) - 0{,}28 \cdot 10^{-4}(p - p_0)^2$	
Erstarrungstemp. von *Kadmium*	321,03
Erstarrungstemp. von *Blei*	327,3
Siedetemp. von *Quecksilber*	356,58
$t_s = 356{,}58 + 0{,}054826(p - p_0) - 2{,}991 \cdot 10^{-5}(p - p_0)^2$	
Erstarrungstemperatur von	
Zink	419,505
Antimon	630,5
Aluminium	660,1
Kupfer (in reduz. Atm.)	1083
Nickel	1453
Kobalt	1492
Palladium	1552
Platin	1769
Rhodium	1960
Iridium	2443
Wolfram	3380

Von *Sostman* [2.277] wird der Schmelzpunkt von *Gallium* bei 29,770 °C als sehr genauer Eichpunkt vorgeschlagen. Für die Thermometereichung an den Schmelzpunkten von Metallen sind die bereits besprochenen elektrisch beheizten Öfen mit inaktivem Tiegelmaterial geeignet; die Eichmethoden bei hohen Temperaturen mit Hilfe des schwarzen Körpers sind in Abschn. 2.5.1.2 erwähnt worden. Ein spezielles Eichverfahren für eine Hochtemperatur-Röntgenstrukturkamera beschreiben *Wilkinson* und *Calvert* [2.311], bei dem mit polarisiertem Licht der Schmelzvorgang von in dünnen Quarzglaskapillaren eingeschlossenen Substanzen beobachtet wird. Als Eichsubstanzen eignen sich die folgenden: NaCl (804 °C), KCl (776 °C), Tl-Bromid (459 °C), K-Nitrat (333,6 °C), Antracen (217 °C), Benzoesäure (122 °C) und Diphenylmethan (27 °C). Die Eichung wird mit der sehr genau bekannten thermischen Ausdehnung von Reinsilber verglichen.

2.9 Einbau und Trägheit des Thermometers
[2.193; 2.195; 2.323]

Beim Gebrauch des Thermometers wird mit ihm entweder in einem festen, flüssigen oder gasförmigen Medium oder an der Oberfläche eines festen Körpers, seltener an der einer Flüssigkeit die Temperatur gemessen. Da sich bestenfalls nur die Meßstelle auf der zu bestimmenden Temperatur befindet, Zuleitungen und Schutzrohr des Thermometers eine abweichende Temperatur besitzen, wird von der Meßstelle Wärme abgeführt und damit die Meßtemperatur geändert. Diesen Meßfehler kann man quantitativ ermitteln und durch geeignete experimentelle Maßnahmen stark verringern (Abschn. 2.9.2).

Sollen zeitlich veränderliche Temperaturen gemessen werden, kommt zu diesem Problem noch der Einfluß der *thermischen Trägheit* des Thermometers und seines Schutzrohres hinzu. Die Analyse und Berechnung der hierdurch entstehenden Meßfehler sowie ihre Reduzierung durch vorteilhafte Ausbildung des Meßfühlers sind Inhalt des Abschn. 2.9.4. Schließlich werden in diesem Abschnitt die Methoden der berührungsfreien Temperaturmessung besprochen, die häufig besonders bei rotierenden Konstruktionsteilen anzuwenden sind.

2.9.1 Theorie des inneren Einbaus

Die Einflüsse der unerwünschten Wärmezu- oder -abfuhr auf ein in einer Rohrleitung montiertes Thermometer lassen sich an Hand des Bildes 2.119 verfolgen. In der Rohrleitung R, die nach außen thermisch isoliert sein kann, strömt das

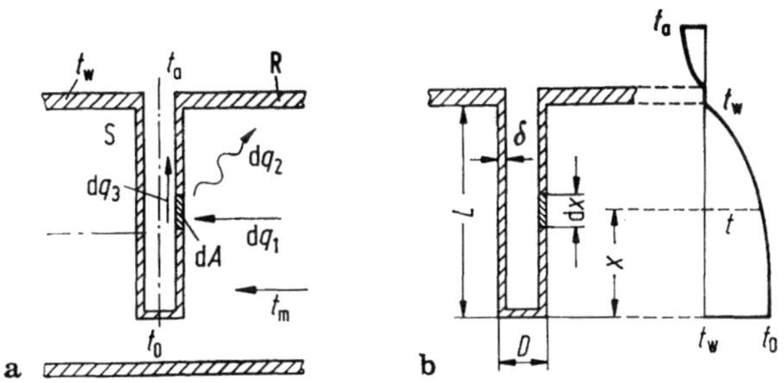

Bild 2.119. Zur Theorie des inneren Einbaus

gasförmige oder flüssige Medium, dessen Temperatur t_m gemessen werden soll. Hierzu dient ein Thermometer Th, das in einem Schutzrohr S die Temperatur t_0 an dessen unterem Ende mißt. Bei einer Außentemperatur t_a wird die Rohrwandung aus Metall je nach thermischer Isolierung eine dazwischenliegende Temperatur t_w annehmen. Wie in der Abbildung angedeutet, wird einem Flächenelement dA des Thermometerrohrs durch die Flüssigkeit eine Wärmemenge zugeführt, die mit dq_1 bezeichnet ist und den abgeführten Beträgen dq_2 infolge Abstrahlung und dq_3 durch Wärmeleitung die Balance hält, d. h.

$$dq_1 = dq_2 + dq_3. \qquad (2/159)$$

Führt man nach Bild 2.119b die Größen L, D und δ für Länge, Durchmesser und Wandstärke des Schutzrohrs und für den Abstand vom Rohrende die Koordinate x ein, so gelten für die einzelnen Wärmemengen der Gl. (2/159) die Beziehungen:

$$\mathrm{d}q_1 = \alpha(t_\mathrm{m} - t)\,\pi D\,\mathrm{d}x, \tag{2/160}$$

$$\mathrm{d}q_2 = C(T^4 - T_\mathrm{w}^4)\,\pi D\,\mathrm{d}x, \tag{2/161}$$

$$\mathrm{d}q_3 = -\lambda\frac{\mathrm{d}t}{\mathrm{d}x}\,\pi D\,\mathrm{d}x, \tag{2/162}$$

worin α die *Wärmeübergangszahl* (Abschn. 8.2) zwischen strömendem Medium und S, λ die Wärmeleitfähigkeit des Thermometerrohrs und C die für den Strahlungsaustausch verantwortliche *Strahlungszahl* bedeuten. Die Größe C errechnet sich mit dem Absorptionsgrad a_s bzw. a_w von Thermometerrohr und Rohrwand aus der Beziehung

$$C = a_\mathrm{s}a_\mathrm{w}\sigma\int_0^L\int_0^{A_\mathrm{w}}(\mathrm{d}x\,\mathrm{d}A_\mathrm{w}/s^2)\cos\beta_\mathrm{w}\cos\beta_\mathrm{s}, \tag{2/163}$$

in der σ die Konstante der Gesamtstrahlung nach Gl. (1/80), $\mathrm{d}A_\mathrm{w}$ ein Flächenelement der Rohrwandung, β_w und β_s die gegen die Flächennormalen gemessenen Einfallswinkel der Strahlung und s der Abstand zwischen $\mathrm{d}A_\mathrm{e}$ und dem Flächenelement $\pi D\,\mathrm{d}x$ von S ist. Aus den Gln. (2.159) bis (2/162) ergibt sich für den Temperaturverlauf längs S die Differentialgleichung

$$\frac{\mathrm{d}^2t}{\mathrm{d}x^2} + \frac{1}{\lambda\delta}\left(\alpha(t_\mathrm{m} - t) - C(T^4 - T_\mathrm{w}^4)\right) = 0 \tag{2/164}$$

die nicht geschlossen lösbar ist. Für relativ kleine Temperaturdifferenzen und nicht zu hohe Absoluttemperaturen kann man Gl. (2/161) durch die Näherung

$$\alpha_\mathrm{s} = \frac{C(T^4 - T_\mathrm{w}^4)}{t - t_\mathrm{w}} = 4T_0^3C \tag{2/165}$$

ersetzen, in der T_0 sich auf einen Bezugswert zwischen t_0 und t_m bezieht. Für die Wärmeübertragungszahl durch Strahlung α_s läßt sich mit Gl. (2/163) die Näherungsformel

$$\alpha_\mathrm{s} = \frac{4T_0^3\sigma}{a_\mathrm{s}^{-1} + \pi DL(a_\mathrm{w}^{-1} - 1)/S_\mathrm{w}} \tag{2/166}$$

benutzen, in der S_w die Rohroberfläche angibt.

Durch Einführen von Gl. (2/165) in Gl. (2/164) findet man die lineare Differentialgleichung

$$\frac{\mathrm{d}^2t}{\mathrm{d}x^2} + \frac{1}{\lambda\delta}\left(\alpha(t_\mathrm{m} - t) - \alpha_\mathrm{s}(t - t_\mathrm{w})\right) = 0, \tag{2/167}$$

die in der Form

$$\mathrm{d}^2t/\mathrm{d}x^2 - E^2t + G = 0$$

geschrieben werden kann, wenn die Abkürzungen

$$E^2 = (\alpha + \alpha_s)/\lambda\delta \quad \text{und} \quad G = (\alpha t_m + \alpha_s t_w)/\lambda\delta \tag{2/168}$$

eingeführt werden. Aus der allgemeinen Lösung von Gl. (2/167)

$$t = K_1 \exp(Ex) + K_2 \exp(-Ex) + G/E^2$$

und den Randbedingungen $x = L$, $t = t_w$; $x = 0$, $t = t_0$; $(\mathrm{d}t/\mathrm{d}x)_{x=0} = 0$ bestimmt man die Integrationskonstanten

$$K_1 = K_2 = K = \frac{\alpha_s}{\alpha + \alpha_s} \cdot \frac{t_w - t_m}{2 \cosh EL}$$

und mit diesen die Temperatur t_0 am unteren Ende des Thermometerohrs ($x = 0$) zu

$$\frac{t_m - t_0}{t_m - t_w} = \frac{\alpha_s}{\alpha + \alpha_s} + \frac{\alpha}{(\alpha + \alpha_s) \cosh EL}. \tag{2/169}$$

Die rechte Seite der Gl. (2/169) läßt sich besonders übersichtlich schreiben, wenn man die Abkürzungen

$$f = 1/\cosh EL; \quad g = \alpha_s/(\alpha + \alpha_s)$$

einführt:

$$(t_m - t_0)/(t_m - t_w) = f - fg + g. \tag{2/169a}$$

Die Temperaturverteilung entlang des Thermometerrohrs findet man aus der allgemeinen Lösung von Gl. (2/167) zu

$$t_x = t_m - (t_m - t_w) \cosh Ex/\cosh EL. \tag{2/170}$$

Für $\alpha_s < \alpha$ überwiegt der durch Wärmeleitung von S hervorgerufene Meßfehler und man kann die vereinfachte Beziehung

$$(t_m - t_0)/(t_m - t_w) = f = 1/\cosh EL \tag{2/171}$$

anwenden. Dies ist zulässig, wenn der Strahlungsaustausch gegen den durch die erzwungene Konvektion hervorgerufenen zurücktritt, d. h. bei kleinen Werten von T_0 und a_s. Der durch Gl. (2/171) bestimmte relative Temperaturmeßfehler wird um so kleiner sein, je größer die Wärmeübergangszahl α am Schutzrohr ist und je kleiner Wärmeleitvermögen λ und Wandstärke δ des Schutzrohrs sind.

Überwiegt der durch Strahlungsaustausch hervorgerufene Meßfehler ($\alpha < \alpha_s$), was bei isoliert angebrachten Thermometern und hohen Meßtemperaturen der Fall sein kann, so vereinfacht sich Gl. (2/169a) zu

$$(t_m - t_0)/(t_m - t_w) = g = \alpha_s/(\alpha + \alpha_s). \tag{2/172}$$

Wie aus Gl. (2/169) allgemein hervorgeht, ist der Temperaturmeßfehler ($t_m - t_0$) der Differenz der Temperaturen von Medium und Rohrwand ($t_m - t_w$) proportional. Letztere hängt von den Wärmeübergangszahlen α_i und α_a an der Rohrinnen- und -außenwand ab und berechnet sich für das nichtisolierte Rohr zu

$$t_w = \frac{\alpha_i t_m + \alpha_a t_a}{\alpha_i + \alpha_a}. \tag{2/173}$$

In ruhender Luft und bei normaler Temperatur ist $\alpha_a \ll \alpha_i$ und t_w nur wenig von t_m verschieden, wenn im Rohrinnern der Wärmeübergang gut ist. Zusätzlich läßt sich durch Anbringen einer thermischen Außenisolierung die Größe α_a noch drastisch reduzieren, so daß in diesen Fällen die Differenz $(t_m - t_w)$ sehr klein wird.

In Tabelle 2.37 ist für eine Meßanordnung nach Bild 2.119 der Meßfehler $(t_m - t_0)$ entsprechend Gl. (2/169a) berechnet, wobei folgende Abmessungen und Stoffwerte angenommen sind: $L = 6{,}0$ cm, $\delta = 0{,}05$ cm, $\lambda = 0{,}21$ (0,63) W/cmK, $D = 1{,}0$ cm und sich der λ-Wert in Klammern auf ein Schutzrohr aus Eisen anstelle von Neusilber bezieht. Die Rohrleitung besitzt 20 cm Durchmesser, wird von Luft mit $t_m = 200\,°\mathrm{C}$ und Geschwindigkeiten zwischen $v = 5 \div 30$ m/s durchströmt und wahlweise mit einer 5 cm starken Isolierung ($\lambda = 0{,}15$ W/cm K) versehen. Der Einfluß von v auf die Wärmeübergangszahl α ist nach entsprechenden Formeln des Abschn. 8.2 berücksichtigt.

Tabelle 2.37. Temperaturmeßfehler $t_m - t_0$ (in K) in einer Rohrleitung

v in m/s	Ohne Isolation			Mit Isolation		
	5	10	30	5	10	30
α_i in mW/cm² K	0,84	2,14	4,94	0,84	2,14	4,94
t_w in °C	116	136	165	188	191,5	196
α in mW/cm² K	6,49	9,09	16,75	6,49	9,09	16,75
α_s in mW/cm² K	0,42	0,42	0,42	0,42	0,42	0,42
f	0,0165 (0,119)	0,0065 (0,073)	0,0012 (0,024)	0,0165 (0,119)	0,0065 (0,073)	0,0012 (0,024)
g	0,0607	0,0442	0,0243	0,0607	0,0442	0,0243
$f + g$	0,0772 (0,180)	0,0507 (0,117)	0,0255 (0,048)	0,0772 (0,180)	0,0507 (0,117)	0,0255 (0,180)
$t_m - t_0$	6,5 (15,1)	3,25 (7,5)	0,89 (1,68)	0,92 (2,16)	0,43 (1,0)	0,10 (0,19)

Aus den Zahlenwerten der Tabelle ist zu entnehmen, daß bei den gewählten Bedingungen die Wärmestrahlung gegen die Konvektion zurücktritt und mit wachsender Luftgeschwindigkeit und dem damit verbundenen besseren Wärmeübergang am Thermometerrohr und an der Rohrleitung selbst der Meßfehler und die Temperaturdifferenz $t_m - t_w$ stark abnehmen. Durch geeignete thermische Isolierung des Meßrohrs läßt sich der Meßfehler fast um eine Zehnerpotenz reduzieren.

In vielen Fällen wird der Einbaufehler des Thermometers in Rohrleitungen und Behältern von mäßig hoher Temperatur größtenteils durch die Wärmeableitung des Schutzrohrs bestimmt sein, wie aus Gl. (2/169) und Tabelle 2.37 hervorgeht. Die Verhältnisse ändern sich vollkommen bei der Messung hoher Gas- oder Flüssigkeitstemperaturen. Die hierfür meist benutzten Schutzrohre aus *Porzellan* oder keramischen Massen besitzen eine kleine Wärmeleitfähigkeit und Absorptionsgrade zwischen 0,4 und 0,7; wegen der nach Gl. (2/165) mit der Temperatur stark zunehmenden Wärmeübergangszahl α_s für die Strahlung sind merkliche Meßfehler durch diese Einflüsse zu erwarten.

Diese Temperaturmeßfehler lassen sich durch Einbau eines *Strahlungsschutzes* nach Bild 2.120 beträchtlich verringern. Zu diesem Zweck ist das abgewinkelte Thermometerschutzrohr R (große Länge!) von einem zylindrischen Schutzrohr S aus poliertem Metall umgeben, das durch wärmeisolierende Stützen W konzentrisch am Rohr R befestigt ist und von der Fluidströmung ungestört durchflossen werden soll. Das Thermometerschutzrohr tritt dann nur in Strahlungs-

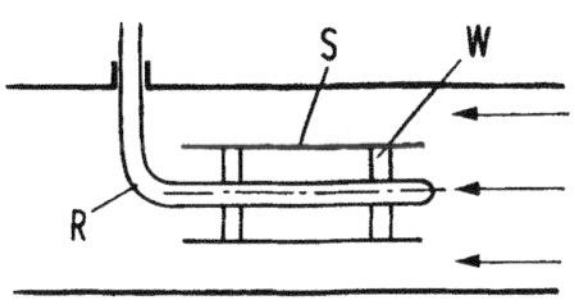

Bild 2.120. Einbauthermometer mit Strahlungsschutz

austausch mit dem Schutzmantel S, der seinerseits mit der Rohrwandung im Strahlungsgleichgewicht steht; die Temperatur von S liegt zwischen der des Thermometers und der des Rohrs. Da sich die thermischen Widerstände für den Strahlungsaustausch bei dieser Anordnung addieren, verringert sich die Wärmeabstrahlung von R beträchtlich, besonders bei Schutzrohren mit kleinem Emissionsgrad ε. Die Wirkung läßt sich mit mehreren, konzentrisch um R angebrachten Schutzrohren stark erhöhen (Abschn. 8.4).

2.9.2 Innerer Einbau der Thermometer

2.9.2.1 Allgemeines

Die in Abschn. 2.9.1 für ein besonders einfaches Beispiel abgeleiteten Einbaufehler von Thermometern sind nur in Ausnahmefällen quantitativ erfaßbar; für die meisten praktischen Anwendungen lassen sich aus den dort gewonnenen theoretischen Beziehungen die folgenden Hinweise ableiten, deren Befolgung zu minimalen Meßfehlern führt:

a) Um die Wärmeableitung durch das Thermometerrohr möglichst zu verringern, sollte die Innenwand der Rohrleitung etwa die Temperatur der Fluidströmung besitzen, was durch entsprechende Außenisolation erzielbar ist. Das Thermometerrohr kann außerdem thermisch isoliert in der Wanddurchführung befestigt werden, um die Wärmeabfuhr an der Rohrwurzel zu verringern. Wesentlich wirksamer ist eine *Wurzelheizung*, bei der die Befestigungsstelle des Thermometerrohrs an der Leitungswand elektrisch oder durch Warmluft beheizt werden kann, um die Wärmeableitung zu reduzieren.

b) Durch eine vergrößerte Eintauchtiefe L wird der Einbaufehler zunächst verkleinert, strebt aber einem Grenzwert zu, da gleichzeitig mit einem längeren Rohr die Austauschfläche für α_s zunimmt.

c) Der Einbaufehler wird um so kleiner, je größer die gesamte auf den Temperaturfühler vom Fluid übertragene Wärmemenge ist. Da die Wärmeübergangszahl α

mit abnehmendem Durchmesser D anwächst, die Wärmeleitung bei konstanter Wandstärke δ proportional zu D wird, ist ein kleiner Durchmesser des Thermometerrohrs von Vorteil. Durch geeignete Maßnahmen können Anströmgeschwindigkeit und damit α, sowie durch Berippung des Thermometerkopfes die Übertragungsfläche vergrößert werden.

d) Der Meßfehler wird um so kleiner, je geringer bei einem strahlungsdurchlässigen Fluid die Wärmeübergangszahl α_s für die Strahlung ist; d. h. das Schutzrohr sollte blank poliert, vernickelt, verchromt oder verkupfert sein. Da außerdem die abgeführte Strahlungsenergie proportional zu D ist, die durch Konvektion übergehende Wärmeleistung dagegen zunimmt, können Strahlungsverluste bei dünnen, ungeschützten Thermoelementen und Widerstandsthermometern meist vernachlässigt werden.

e) Durch Anbringen eines einfachen oder mehrfachen Strahlungsschutzes wird der auf die Abstrahlung beruhende Meßfehler stark reduziert.

f) Der Wärmekontakt zwischen Schutzrohr und dem temperaturempfindlichen Meßteil des Thermometers sollte möglichst gut sein. Das gilt vor allem für Flüssigkeitsthermometer, bei denen zweckmäßig das Schutzrohr mit Öl oder Metallpulver gefüllt wird. Für Thermoelemente und Widerstandsthermometer, die elektrisch von der Meßstelle isoliert, jedoch thermisch gut kontaktiert sein sollen, kann man nach *Schlosser* und *Munnings* [2.266] *metallisierte Keramik* verwenden, die sogar gasdicht eingelötet werden kann.

2.9.2.2 Messung in festen Körpern

Für die Messung von Temperaturen in festen Körpern eignen sich vor allem Thermoelemente wegen der kleinen Ausdehnung ihrer Lötstellen. In einigen Fällen, z. B. in einem eindimensionalen Temperaturfeld, sind Widerstandsthermometer vorzuziehen, da diese die über eine größere Fläche gemittelte Temperatur anzeigen. Zur Verringerung der Meßfehler muß die Wärmeableitung an der

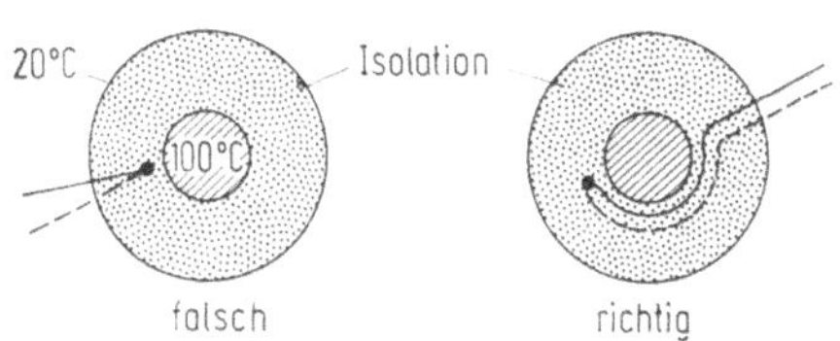

Bild 2.121. Temperaturmessung im Innern eines festen Körpers

Meßstelle durch das Schutzrohr oder Thermoelementendrähte möglichst klein sein; in *Metallen* sind wegen des geringen Temperaturgradienten die Einbaufehler selbst bei dickeren Thermometerrohren unbedeutend. Bei schlecht wärmeleitenden Materialien verkleinert man den für den Meßfehler verantwortlichen Temperaturgradienten an der Meßstelle durch Verstärkung der Lötstelle, Verwendung sehr dünner Elementendrähte und einer Drahtführung nach Bild 2.121, bei der die Drähte (oder Zuleitungen des Widerstandsthermometers) über eine längere Strecke auf einer *Isothermen* geführt sind. Die nach außen abgeführte Wärme wird bei dieser Methode Stellen entnommen, die von der eigentlichen Meßstelle weiter entfernt sind, so daß der Meßfehler stark verkleinert werden kann. Näheres, s. a. [2.300].

2.9.2.3 Temperaturmessung in Flüssigkeiten

Die Temperaturmessung in Flüssigkeiten erfordert im allgemeinen keine besonderen Vorkehrungen, da 1) die Wärmestrahlung wegen der Absorption der meisten Flüssigkeiten wegfällt; 2) bereits bei kleinen Strömungsgeschwindigkeiten die Wärmeübergangszahl relativ groß ist, und 3) aus dem gleichen Grund zwischen Rohrwand und Flüssigkeit nur ein kleiner Temperaturunterschied herrscht. Dies gilt allerdings nicht mehr, wenn die Wärmeübergangszahlen inner- und außerhalb des Rohrs vergleichbar sind, wie das bei einem konzentrischen Wärmeaustauscher (Abschn. 8.6) der Fall ist. Hier wird die Rohrwand eine Temperatur annehmen, die zwischen Innen- und Außentemperatur liegt und einen Meßfehler ergeben, der nach Gl. (2/169) abschätzbar ist.

Bei der Messung von Flüssigkeitstemperaturen in Behältern muß man entweder mit einem Rührwerk für eine Durchwirbelung sorgen oder bei kleineren Abmessungen mit einem über eine größere Fläche ausgespannten Widerstandsthermometer die Mitteltemperatur bestimmen.

2.9.2.4 Lufttemperaturmessung

Die Messung der Raumtemperatur mit Flüssigkeitsthermometern (Abschn. 2.1.3) ist meist mit einem merklichen Fehler behaftet, da die Zimmerwände wegen ihrer Strahlungseigenschaften eine von der Luft abweichende Temperatur besitzen und das Thermometergefäß seine Temperatur durch Konvektion, Wärmeleitung und -strahlung mit seiner Umgebung annimmt. Durch einen großen Wandabstand, thermisch isolierende Befestigung und polierten Strahlungsschutz bzw. Versilbern des Thermometergefäßes kann man den Meßfehler stark herabsetzen. Durch Erhöhen der Wärmeübergangszahl an diesem durch eine vergrößerte Luftgeschwindigkeit, die man z. B. mit einem kleinen Ventilator wie beim Assmannschen *Aspirationsthermometer* erzeugen kann, läßt sich der Meßfehler herabdrücken.

2.9.2.5 Gastemperaturmessung in Rohrleitungen

Bei physikalischen Messungen läßt sich der Einbau eines Thermometerschutzrohrs meist nach den theoretisch abgeleiteten Regeln durchführen; man benutzt schlecht wärmeleitende Schutzrohre geringer Wandstärke mit kleinen Durchmessern und vergrößert die Wärmeübertragung an den Thermometerkopf durch in Strömungsrichtung liegende Rippen. Außerdem kann ein Strahlungsschutz angebracht sein, der elektrisch auf die zu messende Gastemperatur erhitzt wird, um Strahlungseinflüsse zu verhindern. Benutzt man dünndrähtige Thermoelemente und Widerstandsthermometer, so kann man auf zusätzliche Maßnahmen sogar verzichten, wenn nicht eine besonders hohe Meßgenauigkeit verlangt wird.

Zur gleichzeitigen Messung von Temperatur und Geschwindigkeit eines Gasstromes werden nach *Chevray* und *Tutu* [2.49] zwei dünndrähtige Widerstandsthermometer benutzt, die wahlweise als *Hitzdrahtanemometer* geschaltet werden; mit einem Drahtdurchmesser von 10 μm sind zeitliche Temperatur- und Geschwindigkeitsänderungen bis 20 kHz nachweisbar.

Die oben erwähnten Gesichtspunkte und Meßvorschriften können bei Betriebsmessungen nur teilweise berücksichtigt werden, da die geeigneten Schutzrohre hinsichtlich ihrer mechanischen und chemischen Beanspruchung ausgewählt werden müssen. Eine besondere Rolle spielt dabei die bereits erwähnte *Wurzelheizung*, bei der die Durchführungsstelle in der Rohrwandung elektrisch beheizt und auf die mittlere Gastemperatur gebracht wird, um eine Wärmeableitung vom Thermometerkopf an die Rohrwand und die äußeren Schutzrohrteile zu verhindern. In Bild 2.122a ist die *elektrische Wurzelheizung* dargestellt, bei der das Thermometerrohr T vom Rohr R durch die zylindrische Buchse I isoliert und mit der elektrischen Heizwicklung H versehen ist. Außer der zu messenden Temperatur muß mit einem zweiten Thermometer die der beheizten Durchführung bestimmt werden. Bei der Ausführung nach Bild 2.122b wird die

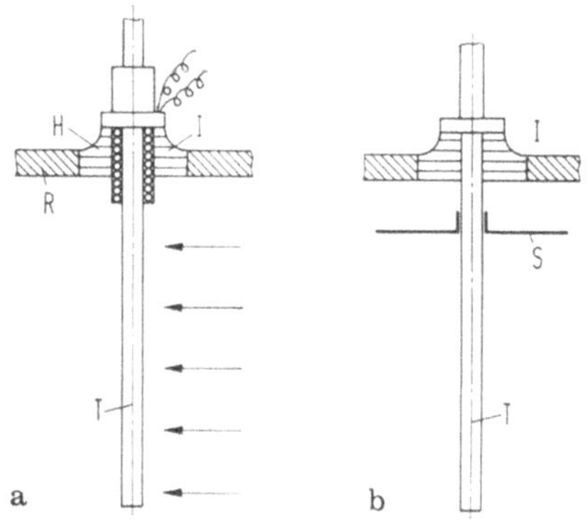

Bild 2.122. Elektrische und automatische Wurzelheizung

Schutzrohrwurzel durch die heißen Gase selbst erwärmt. Das in den Isolator I eingesetzte Schutzrohr T ist am oberen Ende mit einer oder mehreren Metallscheiben S versehen, die längs angeströmt und infolge ihrer großen Oberfläche auf die Gastemperatur aufgeheizt werden, die sich auf T überträgt. Gleichzeitig wirken diese Scheiben als Strahlungsschutz.

Bei verunreinigten Gasen, z. B. bei Rauchgasen, ist die Verwendung von Strahlungsschutzzylindern meist illusorisch, da die polierten Bleche bald geschwärzt werden und einen hohen Absorptionsgrad erhalten.

2.9.2.6 Messung hoher Gastemperaturen

Die Messung hoher Gastemperaturen bereitet in Gasen zusätzliche Schwierigkeiten, besonders wenn sie bei großen Strömungsgeschwindigkeiten erfolgen soll. Andererseits tritt dieses Meßproblem in technischen und Forschungsanlagen sehr häufig auf, wie bei Kraftmaschinen, Gasturbinen, Kühlkreisläufen in Reaktorkraftwerken u. a. Als Meßgerät spielt hierbei das *Thermoelement* die dominierende Rolle.

Der bei hohen Temperaturen auftretende Strahlungseinfluß auf die Meßgenauigkeit nimmt bekanntlich mit der Drahtdicke der Thermoelemente ab, da die Wärmeübergangszahl für die Konvektion zunimmt und die abstrahlende Oberfläche proportional dem Drahtdurchmesser ist. Ein unendlich feiner Draht würde die wahre Gastemperatur anzeigen. Mißt man daher gleichzeitig mit verschieden dicken Thermoelementen und extrapoliert die Temperaturwerte auf die Dicke Null, so läßt sich hieraus die wahre Temperatur ermitteln. In Bild 2.123 sind die Ergebnisse dieser Methode in einem Beispiel dargestellt.

Für technische Zwecke wird das *Ausblasethermometer* für Überdruckleitungen verwendet, das aus einem offenen, dünnen Ansatzrohr besteht und so bemessen ist, daß das heiße Gas mit einer Geschwindigkeit von etwa 30 m/s austreten kann. In diesem Rohr, das thermisch isoliert befestigt ist, ist ein dünndrähtiges Thermoelement quer zur Strömungsrichtung montiert, mit dem die wahre Gastemperatur gemessen wird.

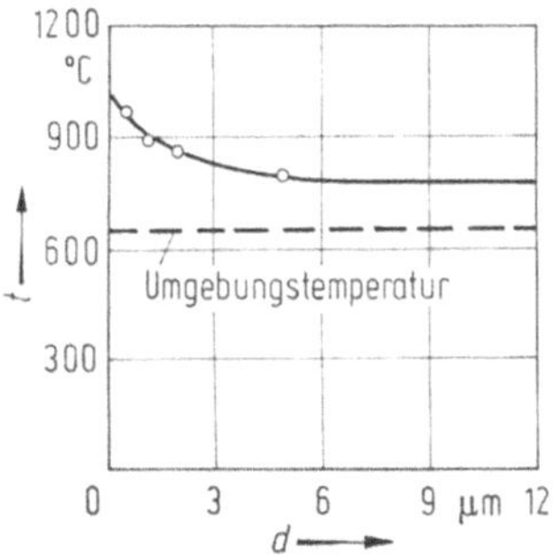

Bild 2.123. Einfluß des Drahtdurchmesser auf die Temperaturanzeige

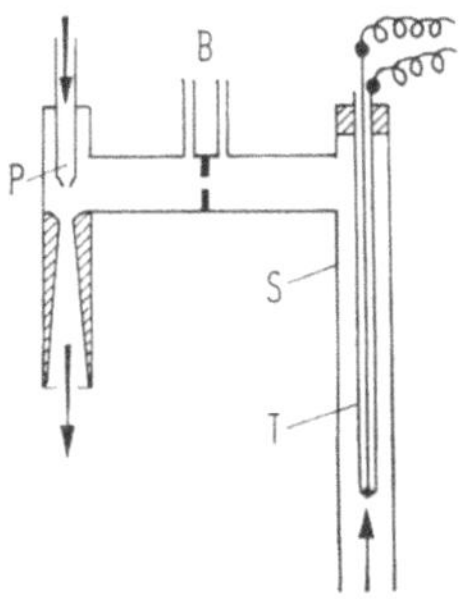

Bild 2.124. Absaugethermometer

Das *Absaugethermometer* wird in Leitungen und Behältern mit geringem Über- oder Unterdruck benutzt. Die in Bild 2.124 dargestellte Ausführung besteht aus dem eigentlichen Thermometerrohr T, das konzentrisch von einem Schutzrohr S umgeben ist, das sowohl zum Absaugen des heißen Gases als auch als Strahlungsschutz dient. Mit Hilfe einer mit Preßluft betriebenen Strahlpumpe P wird das Gas über die Leitung L mit der Meßblende B abgesaugt, wobei die Temperaturanzeige von einer bestimmten Geschwindigkeit an von dieser unabhängig wird. Durch Anbringen von Rippen und eines zusätzlichen Strahlungsschutzes am unteren Ende von T kann der Meßbereich ohne Genauigkeitsverlust bis auf 1200 °C erweitert werden.

Beim *Gaspyrometer* nach *Schmidt* (1926) wird dem Thermoelement die Leistung, die es durch Strahlung, Konvektion und Leitung abgibt, durch eine elektrische Zusatzheizung wieder zugeführt. In einiger Entfernung von der Meßlötstelle ist mit einem der Thermoelementendrähte ein Heizdraht verschweißt, dessen Heizstrom so eingeregelt wird, daß bei Änderung der Absaugegeschwindigkeit eine Temperaturänderung nicht festgestellt werden kann.

Zur Bestimmung der *mittleren Gastemperatur* mit Thermoelementen und Flüssigkeitsthermometern verteilt man die Meßstellen gleichmäßig über den Rohrquerschnitt und bildet den Mittelwert aus den Einzelmessungen. Wesentlich einfacher wird diese Aufgabe mit einem Widerstandsthermometer gelöst, das gleichmäßig im Meßquerschnitt ausgespannt wird und unmittelbar die mittlere Temperatur angibt.

2.9.2.7 Messung in schnell strömenden Gasen [2.79; 2.208]

In sehr schnell strömenden Gasen werden die Temperaturmeßfehler infolge der Wärmeableitung im Thermometer sehr klein, da hohe Wärmeübergangszahlen auftreten. Andererseits tritt ein zusätzlicher Meßfehler dadurch auf, daß die auf den *Staupunkt* treffenden Gasmoleküle auf die Geschwindigkeit Null abgebremst werden und sich dabei erwärmen. Es läßt sich theoretisch begründen, daß nicht die volle *adiabatische Temperaturerhöhung* auftritt, die einer vollkommenen Umsetzung der kinetischen in die potentielle Energie am Staupunkt entspricht und sich aus der Beziehung

$$\Delta T_{\mathrm{ad}} = c_p w^2/2 \qquad (2/174)$$

errechnet, wenn w die Gasgeschwindigkeit und c_p die spezifische Wärme des Gases bei konstantem Druck bedeutet. In Tabelle 2.38 sind für *Luft* die nach Gl. (2/174) berechneten Werte für die adiabatische Temperaturerhöhung angegeben.

Tabelle 2.38. Adiabatische Temperaturerhöhung von Luft

Geschwindigkeit in m/s	15	25	50	100	150	200
adiab. Temperaturerh. in K	0,1	0,3	1,2	5,0	11	20

Das Verhältnis der tatsächlich auftretenden zur adiabatischen Temperaturerhöhung $\Delta T/\Delta T_{\mathrm{ad}}$ ist eine Funktion der Kennziffern von *Reynolds, Prandtl* und *Mach* (Abschn. 8.1) und hängt von der Form des angeströmten Körpers ab.

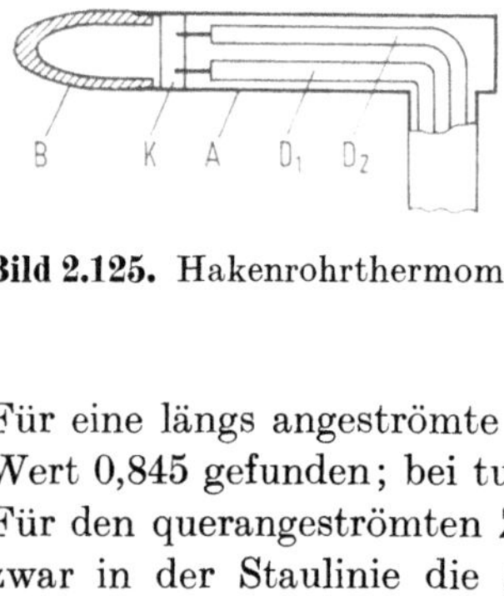

Bild 2.125. Hakenrohrthermometer

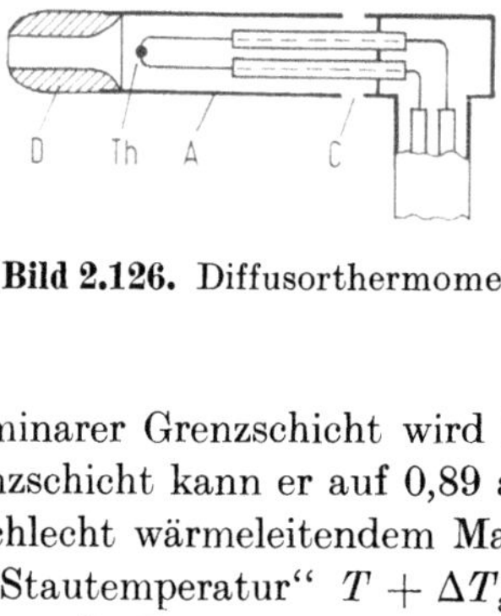

Bild 2.126. Diffusorthermometer

Für eine längs angeströmte Platte mit laminarer Grenzschicht wird hierfür der Wert 0,845 gefunden; bei turbulenter Grenzschicht kann er auf 0,89 anwachsen. Für den querangeströmten Zylinder aus schlecht wärmeleitendem Material wird zwar in der Staulinie die adiabatische „Stautemperatur" $T + \Delta T_{\mathrm{ad}}$ erreicht, doch nimmt an der Ablösestelle der Strömung die Temperatur einen Wert unterhalb von T an.

Zur Messung der *Stautemperatur* wird das von *Eckert* [2.79] angegebene *Hakenrohrthermometer* (Bild 2.125) benutzt, bei dem die Temperatur eines längs angeströmten, vernickelten Eisenzylinders A bestimmt wird. Zu diesem Zweck ist innerhalb von A das Kupferklötzchen K befestigt, in das die beiden Thermodrähte D_1 und D_2 eingelötet werden. Durch die in Anströmrichtung auf das Rohr gesetzte Kappe B aus Isolationsmaterial soll am Rohr eine möglichst laminare Strömung erreicht werden; s. a. [2.313].

In stark turbulenten Strömungen eignet sich das in Bild 2.126 gezeigte *Diffusorthermometer* nach *Franz* besser. Es besteht aus einem ähnlichen, längs angeströmten Stahlrohr A, in das jedoch wie beim Staurohr das Gas durch einen kurzen Diffusor D einströmen und den Meßraum durch die Öffnungen C am hinteren Rohrende verlassen kann. Das Thermoelement Th, das durch Isolierröhrchen gehalten wird, gibt die wahre Gastemperatur zusätzlich der durch den Stau hervorgerufenen adiabatischen Erwärmung an.

Von *Vonnegut* [2.301] wird ein Meßverfahren angegeben, das unabhängig von der Strömungsgeschwindigkeit nahezu die wahre Gastemperatur zu messen gestattet. Das Thermometer wird in die Mitte eines Luftwirbels gesetzt, der in einem senkrecht zur Anströmrichtung stehenden Rohr mit einer seitlichen Öffnung erzeugt wird, wobei die durchgesetzte Gasmenge durch eine passend bemessene Drossel geregelt wird.

2.9.3 Messung der Oberflächentemperatur

Für eine Reihe physikalischer Messungen ist die Temperatur einer an ein Fluid grenzenden Oberfläche genau zu messen, wie z. B. bei der Bestimmung von Wärmeübergangszahlen, der thermischen Leitfähigkeit von Flüssigkeiten bei tiefen Temperaturen und bei biophysikalischen Untersuchungen. Diese Aufgabe wird besonders erschwert, wenn die Wärmeleitfähigkeit der Festsubstanz klein und daher die Wärmeableitung durch das Thermometer vergleichbar mit dem der

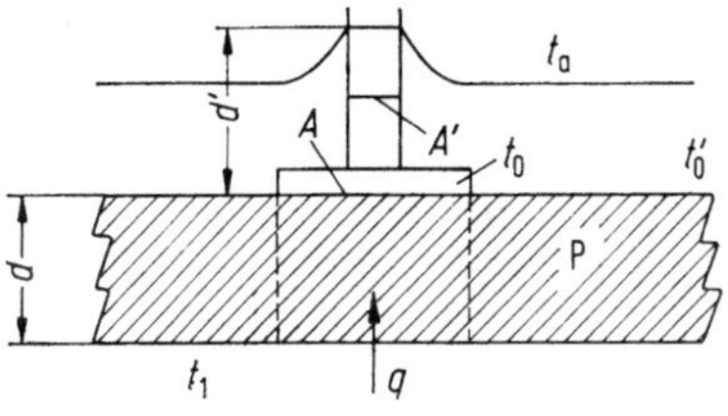

Bild 2.127. Zur Messung der Oberflächentemperatur

Meßstelle zufließenden Wärmestrom ist. Aus diesem Grunde kommen Thermometer mit räumlich ausgedehntem Meßgefäß, wie Flüssigkeits-, Dampfdruck- und Gasthermometer hierfür meist nicht in Frage. Zusätzliche Meßfehler entstehen durch isolierende Gasschichten zwischen Meßfühler und Meßort, da durch sie der Wärmeübergang verschlechtert wird.

Um den Meßfehler abschätzen zu können, der bei der Messung der Oberflächentemperatur durch das Thermometer hervorgerufen wird, soll in Bild 2.127 ein einfacher Fall betrachtet werden. Die Unterseite der Platte P von der Dicke d und der Wärmeleitfähigkeit λ, deren Oberflächentemperatur bestimmt werden soll, besitzt die konstante Temperatur t_1. Auf der Oberseite herrsche die Außentemperatur t_a und die Wärmeübergangszahl α, womit sich eine bestimmte Oberflächentemperatur

$$t_0' = \frac{t_a\alpha + t_1\lambda/d}{\alpha + \lambda/d} \qquad (2/175)$$

einstellen wird. Das Thermometer soll durch ein sehr gut wärmeleitendes Plättchen mit der Fläche A symbolisiert werden, an das z. B. die Thermodrähte gelötet sind, deren Querschnittsfläche A' und mittlere Wärmeleitfähigkeit λ' betragen soll. Vereinfachend wird ferner angenommen, daß in einem Abstand d' von der Oberfläche im Draht die Außentemperatur t_a und ein lineares Temperaturgefälle vorhanden ist. Die Wärmeübertragungsverhältnisse an der Oberfläche des Plättchens sollen sich gegenüber der ungestörten Oberfläche nicht ändern. Die sich nun einstellende Temperatur t_0'' an der Oberfläche für $A \gg A'$ ergibt sich aus der Wärmebilanz div $\dot{Q} = 0$ zu:

$$t_0'' = \frac{t_a\left(\alpha + \dfrac{\lambda' A'}{d' A}\right) + t_1 \lambda/d}{\lambda/d + \alpha + \lambda' A'/d' A}. \tag{2/176}$$

Durch Subtraktion der Gln. (2/175) und (2/176) findet man den durch das Anbringen eines Thermometers entstandenen Meßfehler

$$t_0' - t_0'' = \frac{t_1 - t_a}{\dfrac{\alpha''}{\alpha'} + \dfrac{2\alpha}{\alpha'} + \dfrac{\alpha^2}{\alpha'\alpha''} + \dfrac{A'}{A}\left(1 + \dfrac{\alpha}{\alpha''}\right)} \cdot \frac{A'}{A}, \tag{2/177}$$

worin $\alpha' = \lambda'/d'$ und $\alpha'' = \lambda/d$. In Tabelle 2.39 sind die Meßfehler $t_0' - t_0''$ als Funktion von A'/A für eine Platte angegeben, deren Unterseite auf einer konstanten Temperatur $t_1 = 120\,°C$ gehalten und deren Oberflächentemperatur bei $t_a = 20\,°C$ gemessen wird. Bei einer Plattendicke $d = 2$ cm sind zwei Materialien (Glas: $\lambda = 8{,}4$ mW/cm · K, Eisen: $\lambda = 0{,}42$ W/cmK) zugrunde gelegt und werden für freie Konvektion $\alpha = 0{,}42$ mW/cm²K und für erzwungene Konvektion $\alpha = 4{,}2$ mW/cm²K angenommen. Als Thermometer wird ein Manganin/Konstantan-Element I ($\lambda' = 0{,}21$ W/cm · K) bzw. ein Cu/Konstantan-Element II ($\lambda' = 4{,}2$ W/cmK) verwendet.

Aus der Tabelle geht hervor, daß die gemessene Oberflächentemperatur sowohl von der Thermometerkonstruktion als auch von den thermischen Eigenschaften des Meßobjekts abhängt. Der Meßfehler wächst mit abnehmender thermischer Leitfähigkeit des Meßobjekts und Wärmeübergangszahl α an der Oberfläche; er nimmt mit A'/A und Thermoelementen mit geringerer Wärmeleitfähigkeit λ' erheblich ab. Ferner spielen die durch das Thermometer selbst hervorgerufene Änderung von α und ein schlechter Wärmekontakt zwischen diesem und der Oberfläche eine für die Meßgenauigkeit schädliche Rolle. Da mit wachsendem d' die Wärmeableitung durch das Thermometer abnimmt, führt man zweckmäßig die Meßdrähte soweit wie möglich längs einer Isothermen.

Eine genaue Oberflächenmessung läßt sich durch Aufpressen oder Kleben eines dünnen Kupferplättchens erreichen, an das die Lötstelle des Thermoelements gelötet ist, wie in Bild 2.128a gezeigt wird. Mit dem schlecht wärmeleitenden Thermopaar *Manganin/Konstantan* sind bei kleinen Drahtstärken (0,05 bis 0,15 mm) sehr genaue Messungen möglich. Man kann auch, wie in Bild 2.128b gezeigt, die Enden der Thermodrähte auf 10 mm Länge dünn auswalzen, verlöten und auf die Meßstelle kleben.

Tabelle 2.39. Berechnete Meßfehler bei der Messung der Oberflächentemperatur (in K)

A'/A	Glas/Therm. I $\alpha = 0{,}42$; $d' = 10$[a]	Glas/Therm. II $\alpha = 0{,}42$; $d' = 20$	Glas/Therm. II $\alpha = 4{,}2$; $d' = 20$	Eisen/Therm. II $\alpha = 0{,}42$; $d' = 20$
0,1	28,4	74,5	35,7	9,1
0,05	16,8	63,0	27,8	4,8
0,03	10,9	52,4	21,4	2,9
0,02	7,6	43,3	16,7	1,96
0,01	3,9	28,4	10,0	0,99
0,005	2,0	20,2	5,5	0,50
0,002	0,82	8,2	2,4	0,20
0,001	0,41	4,1	1,2	0,10

[a] α in mW/cm^2 K; d' in cm.

Für Dauermessungen der Oberflächentemperatur verlegt man die Drähte des Thermoelements bzw. des Widerstandsthermometers in feine Nuten in die Oberfläche und bedeckt oder verkittet sie mit einem Material von etwa der gleichen Strahlungseigenschaft wie die der zu untersuchenden Fläche. Bei Metallflächen kann das Thermoelement durch eine senkrechte Bohrung von hinten isoliert eingeführt und mit der Oberfläche abgeschliffen werden. Ist die unmittelbare Messung an der Oberfläche nicht durchführbar oder zu ungenau, wie z. B. bei *Isoliermaterialien,* so mißt man durch zwei oder drei Thermoelemente die Temperatur in verschiedenen Tiefen und extrapoliert ihren Verlauf auf die Tiefe Null.

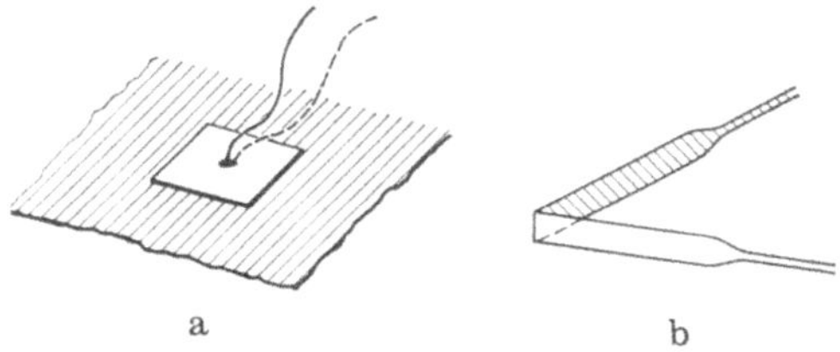

Bild 2.128. Oberflächentemperaturmessung

Zur Messung der Oberflächentemperatur an verdampfenden Flüssigkeitstropfen werden sehr dünne Thermoelemente mit unterschiedlichen Drahtstärken benutzt und es kann der Meßfehler infolge Wärmeableitung durch Extrapolieren auf die Drahtstärke Null eliminiert werden.

Güttinger und *Wallner* [2.127] bestimmen bei Wärmeübergangsmessungen die Oberflächentemperatur an Rohren mit Hilfe dünner *Nickelschichten,* die nach einem chemischen Verfahren auch auf Nichtleiter in definierter Dicke hergestellt und als Widerstandsthermometer benutzt werden. Mit diesem „Nibodur"-Verfahren lassen sich sehr harte Schichten von 0,1 bis 1 µm Dicke erzeugen, die amorph sind und etwa 7% Bor enthalten; ihr Temperaturkoeffizient des Widerstandes wächst mit zunehmender Schichtdicke und beträgt bei 1 µm $1{,}3 \cdot 10^{-3}$.

Für die Registrierung von Oberflächentemperaturen ist von *Sasaki* und *Kamada* [2.262] ein interessantes Verfahren benutzt worden, bei dem ein dünndrähtiges, also trägheitsarmes Thermoelement durch eine kleine Heizwicklung periodisch ($\nu = 0{,}03$ bis 0,1 Hz) erwärmt und während eines Heizzyklus etwa 20mal mit der zu untersuchenden Oberfläche in Kontakt gebracht wird. Anhand des Registrierstreifens läßt sich die gesuchte Oberflächentemperatur aus denjenigen Werten entnehmen, bei denen während der Berührung sich die Temperatur des Meßfühlers nicht geändert hat. Mit dieser Methode ist die von *Stamper* [2.280] angegebene vergleichbar, deren Prinzip in Bild 2.129 gezeigt wird. Durch die feinen Bohrungen eines dünnen Keramikröhrchens R sind die Cu-Drähte *1* und *3* sowie der Konstantandraht *2* gefädelt und in den Lötstellen L_x bzw. L_v (Vergleichstemperatur) so verbunden, daß die Thermospannungen U_{13} die Temperaturdifferenz zwischen der Oberfläche und dem unteren, von einer kleinen Heizwicklung H erwärmten Ende von R und U_{12} die Oberflächentemperatur angibt. Die Heizleistung von H wird so weit erhöht, daß U_{13} verschwindet, d. h. der Wärmestrom von der Meßstelle zum Thermometer kompensiert ist; der Spannung U_{12} entspricht dann die wahre Oberflächentemperatur.

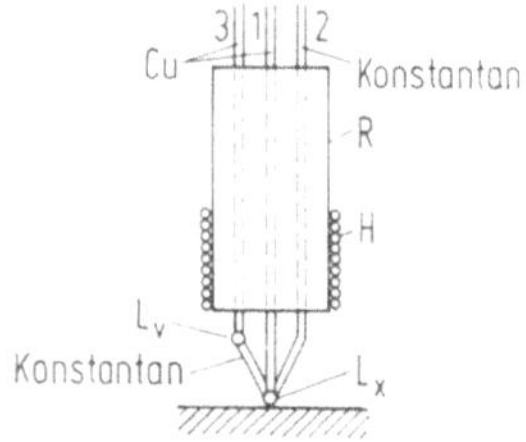

Bild 2.129. Differential-Thermoelement zur Messung der Oberflächentemperatur

In der Medizin kommt der *Hauttemperaturmessung* eine große Bedeutung zu, die sich in der neueren Entwicklung von dazu geeigneten elektrischen Instrumenten wiederspiegelt. Von *Guadagni* et al. [2.126]. wurde hierzu ein mit einem Thermistor ausgestattetes Gerät entwickelt, bei dem der Sensor nur einen Durchmesser von 0,3 mm besitzt und dessen Widerstand in einer Brückenschaltung bei 60 Hz gemessen wird. Dieser Temperaturfühler besitzt eine Meßgenauigkeit von $\pm 0{,}01$ K und eine gleich große Drift pro Woche. Der erforderliche Kontaktdruck von etwa 0,05 bar wird durch passende Federn erzeugt.

Über eine Apparatur zum Studium der Oberflächentemperatur von im Vakuum rotierenden Körpern berichtet *Vasilakis* [2.299], wobei das Meßsignal induktiv übertragen und ein Temperatur-Frequenz-Konverter angewandt wird. Eine völlig neue Methode wird von *Wieder* [2.308] vorgeschlagen: Die Oberfläche wird mit einem dünnen Film aus einem Halbleiter überdeckt und dessen optische Absorptionskante bestimmt. Die mit der Temperatur sich ändernde Lage der Absorptionskante läßt sich mit großer räumlicher und zeitlicher Auflösung ermitteln und zur Messung der Oberflächentemperatur benutzen.

Über eine Hilfseinrichtung zur Kühlung der Referenzlötstellen sehr vieler Thermoelemente, wie sie auch für die Messung der Temperaturverteilung an erhitzten Oberflächen erforderlich sind, s. *Sutton* [2.286].

2.9.4 Anzeigeträgheit des Thermometers [2.148]

Neben den Meßfehlern, die im Zusammenwirken von Thermometer und Meßobjekt für den stationären Fall entstehen, tritt bei zeitlich veränderlichen Temperaturen infolge der thermischen Trägheit des Thermometers eine zusätzliche

Fehlerquelle auf. Für die Beurteilung und experimentelle Erfassung der *Thermometerträgheit* lassen sich die drei in Bild 2.130 dargestellten Fälle unterscheiden, auf die beliebig verlaufende Vorgänge zurückgeführt werden können:

a) Plötzliche, einmalige Temperaturerhöhung, b) zeitproportionale Temperaturänderung, c) periodische Temperaturschwankungen.

2.9.4.1 Einmalige, plötzliche Temperaturänderung

Ändert sich die Umgebungstemperatur sprunghaft zum Zeitpunkt $t = 0$ um den Wert T_a, so wird sich die vom Thermometer angezeigte Temperatur T_t asymptotisch der Umgebungstemperatur angleichen, so daß der Meßfehler $(T_a - T_t)$ mit fortschreitender Zeit verschwindet. Das Verhältnis von wahrer, d. h. Umgebungstemperatur zu der gemessenen bezeichnet man als *Übergangsfunktion*

$$\eta = T_t/T_a, \qquad (2/178)$$

woraus sich der relative Anzeigefehler zu

$$f = 1 - \eta = (T_a - T_t)/T_a \qquad (2/179)$$

ergibt.

Unter der Annahme, daß die Wärmeleitfähigkeit des Thermometers unendlich groß ist und die ihm zugeführte Wärmemenge ausschließlich dessen Enthalpie vergrößert, findet man für die Übergangsfunktion folgenden Ausdruck:

$$f = \exp(-\alpha St/cV\gamma) = \exp(-t/\tau), \qquad (2/180)$$

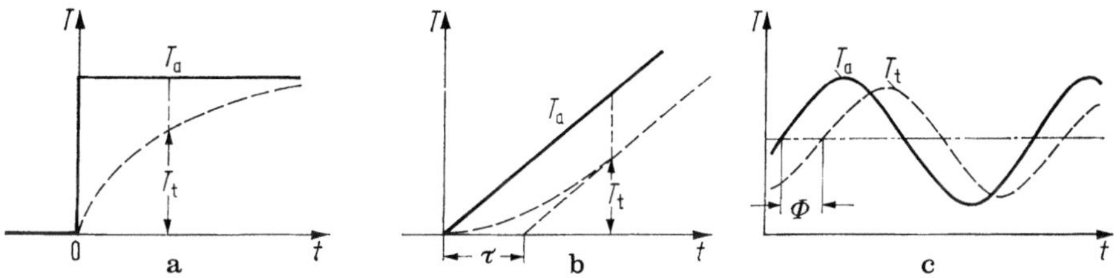

Bild 2.130. Thermometerträgheit bei plötzlicher (a), stetiger (b) und periodischer (c) Temperaturänderung

worin S die Oberfläche, V das Volumen, α die Wärmeübergangszahl c die spezifische Wärme und γ die Dichte des Thermometers darstellen. Die Größe $\tau = cV\gamma/\alpha S$ bezeichnet man als *Zeitkonstante* des Thermometers, die meist durch die *Halbwertszeit* $t_H = \tau \ln 2$ ersetzt wird. Wie aus Gl. (2/180) hervorgeht, nimmt das Thermometer nach der Zeit t_H die Temperatur $T_a/2$ an; die Größe t_H wird entweder experimentell aus Gl. (2/180) oder rechnerisch aus den Materialkonstanten bestimmt. Ein günstiges Verhältnis S/V (langgestreckter Zylinder, Kühlrippen), kleine spezifische Wärme und große Wärmeübergangszahl liefern eine kleine Zeitkonstante.

Wird die endliche Wärmeleitfähigkeit λ des Thermometers bzw. des Schutzrohrs berücksichtigt, so weicht die Übergangsfunktion von der Exponentialfunktion merklich ab. Die gemessene Temperatur muß in diesem Fall aus dem zeitlichen

Temperaturverlauf $T_t(t)$ bei einer sprunghaften Erwärmung des umgebenden Mediums durch Integration der allgemeinen Wärmeleitungsgleichung berechnet werden [2.13]. Daraus ergibt sich, daß der Anzeigefehler f lediglich eine Funktion der dimensionslosen Kenngrößen $Nu = \alpha L/\lambda$ (Nußeltsche Kennzahl) und $Fo = at/L^2$ (Fouriersche Kennzahl) wird, worin L die für den Wärmeübergang charakteristische geometrische Abmessung (z. B. Durchmesser) und $a = \lambda/c\gamma$ die *Temperaturleitfähigkeit* ist. Diese Folgerungen gelten für unendlich lange Körper, bei denen in Längsrichtung kein Temperaturgradient vorhanden ist. Bei Thermometern mit Schutzrohr ist dessen Wärmeleitfähigkeit, spezifische Wärme und Wärmeübergang an das Meßorgan für die Zeitkonstante maßgebend. In Tabelle 2.40 sind für einige Thermometer und Medien die Halbwertszeiten zusammengestellt.

Tabelle 2.40. Halbwertszeiten von Thermometern (in s)

Bauart	Wasser Schmelzen	Strömender Dampf	Ruhende Gase
Hg- oder Widerstandsthermometer ohne Schutzrohr	2···4	6···20	60···100
Thermometer mit Metallschutzrohr	2···60	10···300	100···1000
Thermometer mit Keramikschutzrohr	20···200	30···300	80···800
Widerstandsthermometer 0,1 mm ∅, ungeschützt	10^{-3}	10^{-2}	0,3

Von *Parker* [2.230] wird eine Meßmethode beschrieben, mit der die Halbwertszeit bestimmt werden kann. Der zu untersuchende Temperaturfühler und ein Vergleichsthermoelement sind an einem 0,3 mm dicken, 6 mm breiten und 14 cm langen Invarstreifen befestigt, der durch Entladen einer Kondensatorbank von 15 μF Kapazität und geringer Induktivität innerhalb von 8 μs seine Temperatur sprunghaft ändert. Die oszillographisch gemessenen Zeitkonstanten eines dünndrähtigen Chromel/Konstantan-Thermoelements ($t_H = 0{,}2$ ms) und eines aufgeklebten Widerstandsthermometers aus hochreinem Nickel ($t_H = 4{,}1$ ms) beweisen die Brauchbarkeit des Verfahrens.

Eine eingehende Analyse der Anzeige eines mit einem Meßobjekt verbundenen Thermometers mit endlicher Wärmekapazität bei einer zeitlichen Temperaturänderung geben *Erdmann* und *Jahoda* [2.84], wobei die Übergangsfunktion (2/178) für ein Einzel- und ein Differentialthermometer in Kontakt mit einer zylindrischen Meßprobe abgeleitet werden.

2.9.4.2 Periodische Temperaturänderungen

Die genaue Messung von periodisch sich ändernden Temperaturen ist bei einigen Präzisionsmeßmethoden für die spezifische Wärme, die thermische Leitfähigkeit fester Körper (Abschn. 7.6), sowie die Wärmeübergangszahl notwendig. Auch bei technischen Problemen, wie bei der Untersuchung von Kraftmaschinen oder von Kolbenexpansionsmaschinen (Abschn. 11.2) in Tieftemperaturanlagen, müssen im Frequenzbereich von 1 bis 50 Hz mit großer Genauigkeit die Temperaturen gemessen werden.

Den in Bild 2.130 in b) bzw. c) dargestellten Temperaturverlauf des Thermometers bei zeitproportionalen und periodischen Änderungen erhält man für geometrisch einfache Körper und bekannten Wärmeübertragungskoeffizienten durch Integration der Differentialgleichungen für die Wärmeleitung. Man kann mit dieser Methode nachweisen, daß der relative Anzeigefehler $f = 1 - \eta$ für die Achse oder Oberfläche eines zylindrischen Thermometers bei periodischen Temperaturschwankungen mit der Periodendauer t_0 eine Funktion der dimensionslosen *Kenngrößen* $\alpha^2 a t_0/\lambda^2$ und $a t_0/L^2$ wird. Für Temperaturänderungen, die zeitproportional verlaufen, hängt das Produkt aus relativem Fehler f und der Zeit t nur von den Kenngrößen $\alpha^2 a/\lambda^2$ und a/L^2 ab. Bei periodischen Temperaturschwankungen wird das durch Gl. (2/178) gegebene Verhältnis η *Dämpfung* genannt. Mit der in Gl. (2/180) definierten Zeitkonstanten τ des Thermometers lautet die Differentialgleichung für die periodische Temperaturänderung

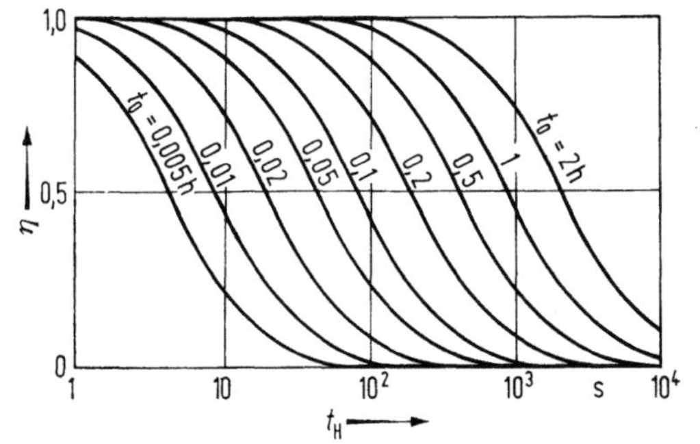

Bild 2.131. Dämpfung η eines Thermometers bei periodischer Temperaturänderung

$$\tau \frac{d\Delta T}{dt} = \Delta T + \Delta T_a \sin(2\pi\tau/t_0)$$

und deren Lösung

$$\Delta T_t = \Delta T_a \cos \Phi \left(\sin \frac{2\pi t}{t_0} - \Phi\right). \qquad (2/181)$$

Der *Nacheilwinkel* Φ in Gl. (2/181) berechnet sich zu

$$\Phi = \arctan(2\pi\tau/t_0); \qquad (2/182)$$

für die wichtigere Größe der Dämpfung ergibt sich aus Gl. (2/181) die Beziehung

$$\eta = \Delta T_t/\Delta T_a = \cos\left(\arctan \frac{2\pi\tau}{t_0}\right), \qquad (2/183)$$

die für verschiedene Schwingungsdauern t_0 und Halbwertszeiten $t_H = \tau \ln 2$ in Bild 2.131 dargestellt ist.

2.9.4.3 Nacheilen des Thermometers

Wie aus Bild 2.130 ersichtlich ist, hinkt bei zeitabhängigen Temperaturänderungen die Thermometeranzeige der wahren Temperatur um einen bestimmten Zeitwinkel nach. Bei periodischen Änderungen ist er durch Gl. (2/182), für zeitproportionale

Temperaturänderungen durch $\Phi t = \tau$ gegeben. Der Phasenwinkel Φ ist in Bild 2.132 für periodische Temperaturschwingungen als Funktion von t_0 und τ dargestellt.

Die Kenntnis des Nacheilwinkels ist vor allem für die mathematische Analyse von Temperatur-Regeleinrichtungen (Abschn. 2.7.1) von besonderer Bedeutung. Da die Thermostatenheizung im Beharrungszustand gewöhnlich periodisch ein- und ausgeschaltet wird, gelten für den Temperaturfühler die oben angegebenen Beziehungen. Die Gesamtnacheilung des Thermometers setzt sich aus der Phasenverschiebung τ und der „Totzeit" zwischen Heizer und Sensor zusammen, die der Strömungsgeschwindigkeit des Thermostatenfluids umgekehrt proportional ist. Aus der Thermometerdämpfung wird die erforderliche Verstärkung des Heizreglers berechnet.

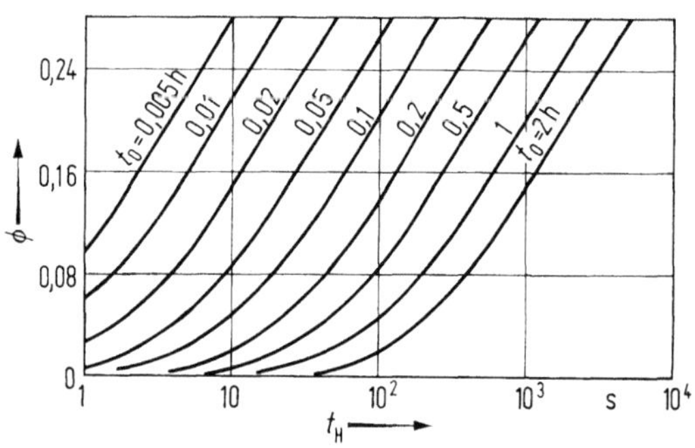

Bild 2.132. Nacheilwinkel φ bei periodischer Temperaturänderung

Durch besondere Maßnahmen kann die Zeitverzögerung von trägen Thermometern eliminiert werden [2.180]. Sehr schnell veränderliche Temperaturen lassen sich mit sehr dünnen Thermoelementen oder Widerstandsthermometern bis 5 kHz praktisch fehlerfrei registrieren. Zur Prüfung des Meßfehlers von solchen Thermometern werden nach *Schacher* et al. [2.263] in einem Gasstrom reproduzierbare, kleine Temperaturschwingungen bis zu 400 Hz erzeugt und mit sehr dünndrähtigen Widerstandsthermometern zum Vergleich mit dem zu untersuchenden Meßfühler gemessen. Den in Abschn. 2.9.4.1 diskutierten Einfluß der Wärmeübergangszahl α auf den Meßfehler kann man durch eine wahlweise eingeschaltete Zusatzheizung ermitteln.

2.9.5 Temperaturmessung an rotierenden Teilen

Für die technisch wie auch physikalisch wichtige Aufgabe, an rotierenden Meßobjekten die Temperatur zu messen, sind eine Reihe von Verfahren entwickelt worden, die sich in zwei Gruppen unterteilen lassen:

a) Übertragung der Meßgröße über Schleifringe u. ä.;
b) kontaktlose Meßwertsübertragung; pyrometrische Temperaturmeßmethoden, die in Abschn. 2.9.6 behandelt werden.

Zur Messung der Oberflächentemperatur an rotierenden Walzen wird zweckmäßig ein Thermoelement in Bandform benutzt, das zwischen zwei Haltern federnd gespannt und mit mäßigem Druck an die Meßstelle gepreßt wird. Diese Methode ist nur für verhältnismäßig kleine Umfangsgeschwindigkeiten und glatte Versuchskörper geeignet, d. h. so lange keine merkliche Reibungswärme erzeugt wird. Man kann den Reibungsfehler vermeiden, wenn das Thermoelement an ein geschwärztes Kupferplättchen gelötet ist und dieses von Luftströmungen geschützt im Abstand von einigen Millimetern dem bewegten Meßobjekt gegenübersteht. Der Wärmeableitungsfehler läßt sich automatisch mit Hilfe eines zusätzlichen Thermoelements und eines in den Thermokreis gelegten Nebenschlusses kompensieren.

Für größere Drehzahlen und erhöhte Genauigkeitsanforderungen werden Widerstandsthermometer und Thermoelemente benutzt, deren Meßsignal über Schleifringe und feststehende Abnehmerbürsten der Meßapparatur zugeführt wird. Schleifringe und Kontaktfedern sollen aus demselben Material (Kupfer, Konstantan) bestehen, um zusätzliche Thermospannungen infolge Temperaturdifferenzen im Abnehmer zu vermeiden. Mit guten Konstruktionen und einstellbarem Kontaktdruck sind die mit Thermoelementen bei Drehzahlen bis zu 3000 1/min beobachteten Meßfehler kleiner als 0,1 K.

Für Messungen an schnell umlaufenden Abgasturbinen (22000 1/min) lassen sich Kontaktzangen aus Kupferkohle benutzen, die nur während der eigentlichen Messung angepreßt werden. Bei noch höheren Drehzahlen werden die Schleifringe durch *Nadelkontakte* mit kleinen Berührungsflächen und geringer Reibungswärme ersetzt; bei Messungen an einer Ultrazentrifuge betrug der Meßfehler nur 0,1 K bei 60000 1/min, wobei als Temperaturfühler ein Thermistor von 75 kΩ bei Umgebungstemperatur benutzt wurde, dessen Temperaturkoeffizient —5 kΩ/K war. Als Kontakt diente eine mit dem Rotor umlaufende Stahlnadel, gegen die Kupferkohle als Gegenlager federnd gepreßt wurde [2.78].

2.9.6 Berührungsfreie Temperaturmessung

Von besonderer Bedeutung für viele Meßprobleme sind die verschiedenen Möglichkeiten, die Temperatur von oder an bewegten Teilen *ohne* Mitwirkung von Zuleitungen oder Schleifkontakten messen zu können. Dies gilt vor allem für sehr kleine Meßobjekte oder solche, bei denen die mechanische Rückwirkung der Meßwertübertragung zu großen Fehlern führen würde.

2.9.6.1 Oberflächentemperaturmessung durch kompensierte Wärmeübertragung

Steht dem Meßobjekt mit der gesuchten Temperatur T_a in geringem Abstand ein plattenförmiger Körper mit einem Thermometer und einem Heizwiderstand gegenüber, so findet zwischen beiden Teilen eine durch thermische Leitung, Konvektion und Strahlung verursachte Wärmeübertragung statt, wenn sich die Temperatur T_b der Meßvorrichtung von T_a unterscheidet. Der Wärmestrom ist für Temperaturen unterhalb von 500 °C etwa der Temperaturdifferenz $T_a - T_b$ proportional und von der höheren zur tieferen Temperatur gerichtet. Größe und Richtung dieses Wärmestromes lassen sich mit Hilfe eines *Wärmeflußmessers* (Abschn. 7.2) bestimmen, der aus einer Platte mit der Wärmeleitfähigkeit λ und zwei im Abstand δ (in Stromrichtung) angebrachten Thermolötstellen besteht, deren Differenzsignal $\Delta E \sim \Delta T$. Der Wärmestrom berechnet sich aus der Beziehung

$$\dot{q} = \dot{Q}/A = \lambda\,\Delta T/\delta$$

und wird dann zu Null, wenn $T_a = T_b$.

Dieses von *Hornbaker* und *Rall* [2.151] angegebene Prinzip entspricht dem in Bild 2.129 angedeuteten Meßverfahren, bei dem ebenfalls der Wärmeaustausch zwischen Thermometer und Meßobjekt durch eine Beheizung des Meßkopfes eliminiert wird. Für eine kontaktlose Temperaturmessung von ruhenden und bewegten Körpern ist die Meßvorrichtung entsprechend der beschriebenen Methode schematisch in Bild 2.133 dargestellt. Die Unterseite des Meßkopfes B ist mit dem Wärmeflußmesser F, der Heizwicklung H und dem Thermometer Th ausgerüstet und befindet sich im Abstand *d* vom Meßobjekt A entfernt. Die anderen Flächen von B sind mit der Isolierschicht I bedeckt, um alle nicht von F nachgewiesenen Wärmeströme zu unterbinden. Das Ausgangssignal ΔE des Wärmeflußmessers wird im Verstärker V zur Steuerung des zusätzlichen Heizstromes

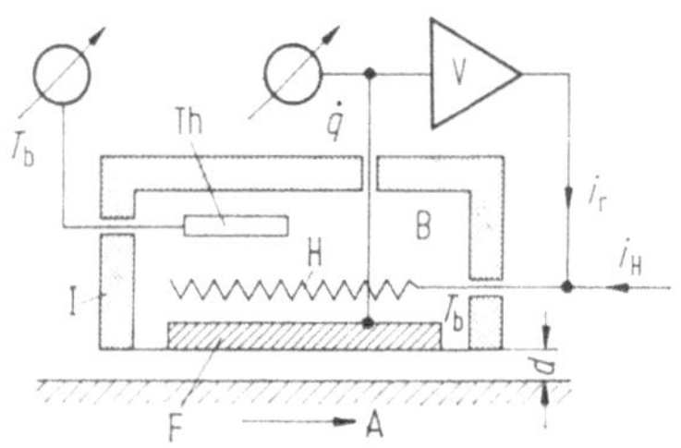

Bild 2.133. Kontaktlose Oberflächentemperaturmessung

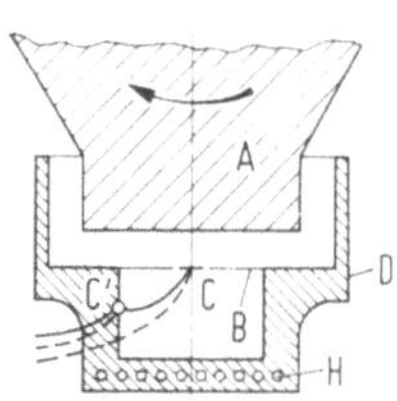

Bild 2.134. Temperaturmessung mit Strahlungsübertragung

i_r genutzt, während mit dem Strom i_H von Hand die Temperatur T_b auf die Meßtemperatur T_a eingestellt wird. Für $T_b = T_a$ wird $\Delta E = i_r = 0$ und entspricht die am Thermometer abgelesene Temperatur T_b der gesuchten. Diese für die kontinuierliche Temperaturmessung an Blechen, Papierbahnen, Fasern und Drähten geeignete Methode erreicht bei einer Meßtemperatur von 200 °C eine Genauigkeit von ± 2 K; sie ist natürlich auch bei rotierenden Teilen anwendbar.

2.9.6.2 Oberflächentemperaturmessung an Ultrazentrifugen

In vielen Experimenten mit magnetisch aufgehängten Rotoren schnellaufender Ultrazentrifugen ist die genaue Kenntnis der Temperatur ihrer Oberfläche und damit des Versuchsgutes besonders wichtig. Bei der von *Waugh* und *Yphantis* [2.304] angegebenen und in Bild 2.134 vereinfacht wiedergegebenen Methode wird die ebene Unterseite des Rotors A geschwärzt und steht zentrisch dem vergoldeten Messingblock D gegenüber. In Bild 2.129 wird mit dem Differentialthermoelement C—C′ die Temperaturdifferenz zwischen einer dünnen, mit einem Cellophanfenster B abgedeckten, geschwärzten Kupferscheibe und dem Block D bestimmt, der mit einer Widerstandswicklung H auf etwa die Rotortemperatur aufgeheizt werden kann. Befindet sich D auf der Bezugstemperatur *T*, der Rotor auf der Temperatur $T + \Delta T_r$, so nimmt die Kupferscheibe C eine Zwischentemperatur $T + \alpha\,\Delta T_r$ an, wobei $\alpha < 1$ ist und vom Emissionsgrad der Bezugsflächen abhängt. Da die Größe α für eine bestimmte Meßanordnung bekannt und konstant ist, läßt sich aus der Temperaturdifferenz ΔT_r und der mit der Lötstelle C' gemessenen Temperatur die gesuchte Rotortemperatur ermitteln. Die erreichbare Genauigkeit liegt für Umgebungstemperatur bei ± 1 K.

Über weitere Anordnungen, s. [2.95; 2.138; 2.219]

2.9.6.3 Induktive Signalübertragung von rotierenden Teilen

Die bei der oben beschriebenen pyrometrischen Meßmethode erzielbare Genauigkeit ist für viele Probleme nicht ausreichend; sie läßt sich steigern, wenn man in den Rotor einen aktiven Temperaturmeßkreis einbaut und das Meßsignal induktiv auf die Nachweisvorrichtung überträgt.

Bei der von *Fabricant* et al. [2.88] angegebenen Meßanordnung ist der in Bild 2.135 gezeigte Colpitts-Oszillator in Miniaturabmessungen zentrisch in das untere Rotorende eingebaut und wird von zwei kleinen Hg-Knopfbatterien E mit 3 V betrieben. Als Transistor T wird die Type RCA 2N709 verwendet; die Frequenz des Oszillatorkreises im Standard- FM-Band wird durch die Temperaturabhängig-

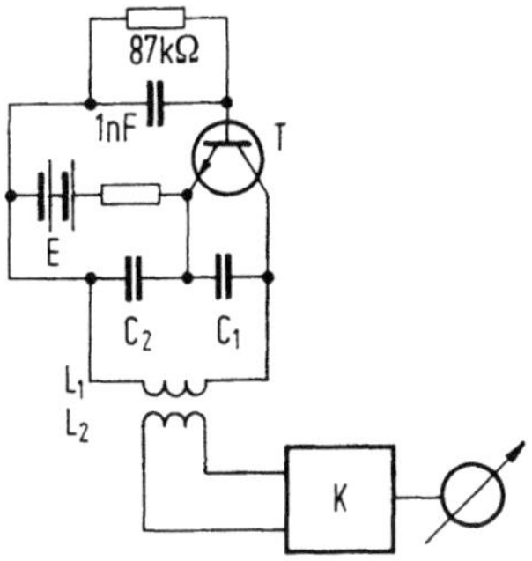

Bild 2.135. Oszillator zur Messung der Rotortemperatur

keit der Kapazitäten C_1 und C_2 (Keramikkondensatoren von 47 und 68 pF) um den Wert 60 kHz/K geändert. Das HF-Signal wird durch die zentrisch angeordnete Schwingkreisinduktivität L_1 auf eine feststehende Spule L_2 übertragen und im Konverter F in eine analoge Spannung verwandelt, die in einem kleinen Temperaturbereich eine lineare Funktion von T ist. Gleichzeitig läßt sich die Drehzahl des Rotors aus der Amplitudenmodulation des HF-Signals bestimmen; die maximal anwendbare Drehzahl liegt bei 60000 1/min.

Bei der von *Robinson* und *Beams* [2.252] benutzten Methode ist ebenfalls der batteriebetriebene Oszillator im Rotor montiert und überträgt das temperaturabhängige Meßsignal auf die feststehende Meßeinrichtung. Um Einflüsse von Betriebsspannung und mechanischen Kräften auf die Oszillatorfrequenz auszuschalten, wird ein Doppelmultivibrator (s. *Ed.* III, § 7.15) benutzt, dessen Frequenzen f_t und f_r von RC-Gliedern bestimmt werden, die einen *Thermistor* und einen Konstantwiderstand enthalten. Die Rotortemperatur ergibt sich damit aus dem Verhältnis f_t/f_r, das in einem kleinen Intervall eine lineare Funktion der Temperatur ist. Beide Frequenzen modulieren eine Trägerfrequenz von etwa 5,5 MHz in einem vorgegebenen Umschaltzyklus und werden synchron im Empfangsteil registriert. Die erzielte Meßgenauigkeit liegt bei $\pm 0{,}01$ K.

2.9.6.4 Induktive Temperaturübertragung bei Waagen

Für die Durchführung von thermogravimetrischen Messungen, z. B. bei der Oxidation von Festkörpern bei hohen Temperaturen oder mit radioaktiven Substanzen, müssen gleichzeitig Masse und Temperatur registriert werden.

Im Fall von solchen Messungen an *Plutonium*, das mit O_2 exotherm reagiert, haben *Schnitzlein* et al. [2.267] für einen Temperaturbereich bis 700 °C die Probentemperatur mit einem Chromel/Alumel-Thermoelement gemessen und eine am Waagebalken befestigte Spule mit dem Thermostrom erregt. Mit dem magnetischen Fluß dieser Spule wird ein magnetischer Verstärker gesteuert, dessen entsprechende Spulen feststehen und ein dem Thermostrom proportionales Ausgangssignal liefern (*Ed.* III, § 15.71). Die erreichte Meßgenauigkeit liegt bei 2 K in der Nähe des Al-Schmelzpunktes, der zur Eichung herangezogen wird.

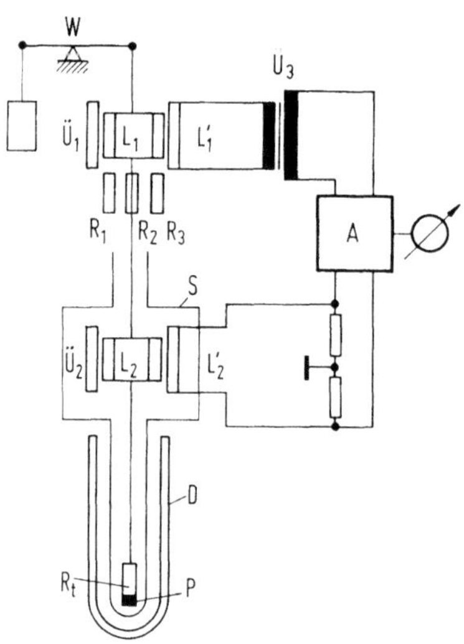

Bild 2.136. Meßwertübertragung bei einer Waage

Für die Temperaturmessung an Proben mit sehr kleiner Masse bei tiefen Temperaturen, die an einer empfindlichen Waage, z. B. bei der Suszeptibilitätsbestimmung in einem inhomogenen Magnetfeld hängen, benutzen *Dail* und *Knapp* [2.62] die in Bild 2.136 schematisch gezeigte Vorrichtung. Die Temperatur wird mit einem Kohleschicht- oder Pt-Thermometer R_t gemessen, an dem die Meßprobe P befestigt ist. Meßwiderstand R_t und die weiteren Festwiderstände R_1, R_2 und R_3 bilden eine Wheatstone-Brücke, die mit etwa 2 kHz induktiv über die Festspule L_1' betrieben wird. Das Brückensignal wird über die bewegliche Spule L_2 auf die Festspule L_2' übertragen und dem Lock-in-Verstärker A zur Messung zugeführt. Dieser liefert auch die Betriebsspannung für den Brückenkreis, wobei zur besseren Anpassung der Übertrager $Ü_3$ vorgesehen ist. Der Signalübertrager $Ü_2$ ist elektrisch und magnetisch abgeschirmt (S) und oberhalb des Dewar-Gefäßes D angeordnet. Wird für die Übertrager $Ü_1$ und $Ü_2$ eisenfreies Kupfer benutzt, so bleibt die Empfindlichkeit der Waage auch bei Messungen in starken Magnetfeldern erhalten. Zwischen 4,2 und 30 K beträgt die Meßgenauigkeit $\pm 0{,}1$ K, wenn die Anordnung bei 4,2 K geeicht wird.

2.9.6.5 Spezielle Verfahren

Das in Abschn. 2.9.6.2 beschriebene Verfahren, an rotierenden Teilen pyrometrisch die Temperatur zu messen, läßt sich für diskrete Meßstellen nicht gebrauchen. Für diesen Fall ist die in Bild 2.137 gezeigte Meßeinrichtung verwendbar, bei der ein aus Th_1 und Th_2 bestehendes Differentialthermoelement benutzt wird, dessen Signal induktiv gemessen wird. Zu diesem Zweck wird der bei einer Temperaturdifferenz zwischen Th_1 und Th_2 entstehende Thermostrom durch die mitrotierende eisenlose Induktionsspule S_1 geschickt und induziert in der feststehenden Spule S_2 eine zur Drehzahl proportionale Wechselspannung, die nach Verstärkung in A im Instrument I angezeigt wird. Die Lötstelle des Kompensationsthermoelements Th_2 liegt in der Drehachse des Rotors und kann in einem kleinen Röhrenofen O rotieren, dessen Innentemperatur durch ein drittes Element Th_3 gemessen wird. Man verändert die Ofentemperatur so lange, bis die in I angezeigte Induktionsspannung verschwindet und identifiziert die gesuchte Temperatur T_1 mit der, die von Th_3 angezeigt wird. Die vom Erdfeld herrührenden Störungen werden durch eine magnetische Abschirmung beseitigt.

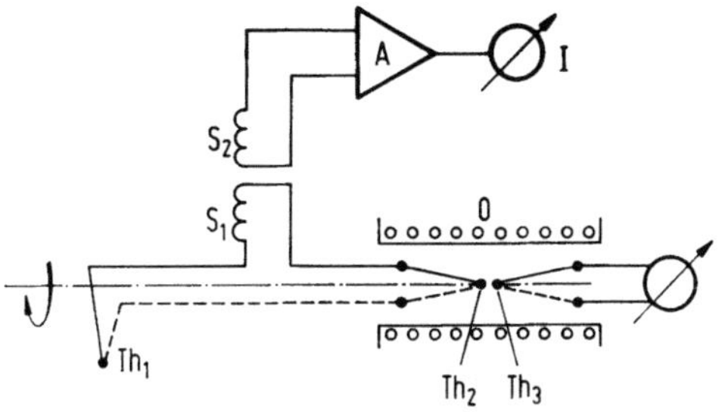

Bild 2.137. Temperaturmessung an rotierenden Teilen

Für die genaue Temperaturmessung an der Hochspannungskatode eines Emissionsmikroskops für 50 kV Betriebsspannung haben *Forgacs* et al. [2.98] eine neuartige Methode angegeben. Die gesuchte Temperatur wird mit einem Pt/Pt-Rh-Thermoelement bestimmt, dessen Spannung nach Verstärkung und Vergleich mit der Sollspannung zur genauen Regelung der Katodenheizung benutzt wird. Die Spannungsversorgung erfolgt über einen 50-kV-Trenntransformator; zur Bedienung der einzelnen Geräte werden hochisolierende Verlängerungswellen verwendet. Die Regelgenauigkeit wird mit ± 5 K angegeben.

Grundsätzlich läßt sich diese Aufgabe auch mit den bereits beschriebenen Methoden eines auf Hochspannungspotential befindlichen Temperatur-Frequenz-Konverters und induktiver Frequenzübertragung lösen.

Von *Johnson* [2.160] ist eine „berührungsfreie" Meßmethode für die Oberflächentemperatur verdampfender Wassertröpfchen entwickelt worden. Sie beruht auf der Theorie von *Fuchs*, wonach der Wärmeverlust durch Verdampfung durch die Wärmeleitung aus der umgebenden Luft zur Tropfenoberfläche ersetzt wird. Die Tropfentemperatur läßt sich aus der Umgebungstemperatur, der Dampfdruckdifferenz und den Stoffwerten für die Diffusion des Dampfes und die thermische Leitfähigkeit der Luft berechnen; durch Vergleichsmessungen mit 100 µm dicken Thermoelementen am Tropfen selbst konnte diese Vorstellung bestätigt werden.

2.9.7 Untersuchung von Temperaturfeldern

Für einige technische Fragestellungen, besonders aber in medizinischen Untersuchungen, spielt die gleichzeitige Aufnahme eines ausgedehnten Temperaturfeldes in zwei Dimensionen eine wichtige Rolle.

Hierzu kann nach *Kwap* et al. [2.182] für einen Temperaturbereich zwischen 300 und 1400 °C eine IR-Fernsehaufnahmekamera benutzt werden, deren Ausgangssignale punktweise gegen eine Referenzspannung, welche die Temperatur festlegt, diskriminiert werden. Die Detektorfläche der Aufnahmekamera ist in 600 × 800 Si-Dioden unterteilt, deren Empfindlichkeitsbereich zwischen 0,55 und 1,15 μm Wellenlänge liegt. Die zu untersuchende Oberfläche wird auf dem Diodenraster („Tivicon") abgebildet und gleichzeitig in einem Monitor betrachtet, wobei die gesamte Fläche in 1/30 s abgetastet wird. Die horizontalen und vertikalen Auslenkungen entsprechen den X, Y-Koordinaten der auszumessenden Fläche und können durch eine Markiereinrichtung für einen bestimmten Punkt festgelegt werden, wobei für jeden Punkt 33 ms Meßzeit zur Verfügung steht. Mit einem Rechner mit Speichereinrichtung kann die Strahldichte — und bei bekanntem Emissionsgrad die relevante Temperatur — für jeden beliebigen Punkt des Meßfeldes gemessen, gespeichert und entweder in Digitalwerten ausgegeben oder in zwei Dimensionen ausgedruckt werden.

Durch Eichöfen konnte die Empfindlichkeit für verschiedene Temperaturen bestimmt werden: Das Ausgangssignal weist eine Temperaturempfindlichkeit bei 350° von 12 mV/K und bei 1350 °C eine solche um 4 mV/K mit einem Si-Filter auf.

Als weitere Verfahren kommen thermographische Methoden in Betracht, sowie Gesamtstrahlungspyrometer hoher Empfindlichkeit und zeitlicher Auflösung, denen punktweise mit einem Abtastmechanismus das Strahlungsquellenbild zugeleitet wird.

Für kleine Objekte ist das IR-Mikroskop geeignet, das ein Spiegelobjektiv und als Detektor einen InSb-Kristall mit einer Größe von 0,12 × 0,04 mm² enthält, und zeilenweise das Meßobjekt abtastet. Innerhalb von 1 s können bei einem solchen Instrument 64 Zeilen abgetastet und synchron mit einem X, Y-Fotorecorder aufgezeichnet werden. Dieses Instrument eignet sich zur Prüfung von mikrominiaturisierten Schaltkreisen, zur Untersuchung von optischen Materialien hinsichtlich Risse und sonstiger Fehler, ferner für biologische Problemstellungen.

Literatur zu Kapitel 2

2.1. *Actis, A.; Cibrario, A.; Crovini, L.* in: Temperature, its Measurement and Control in Science and Industry (ed. *Plumb, H. H.*) 1972 Vol. IV, Part 1, 1972, p. 355
2.2. *Aiken, N.; Carter, J.; Philips, A.:* Rev. Sci. Instr. 17 (1946) 877
2.3. *Alon, Y.; Jonas, M.:* Rev. Sci. Instr. 40 (1969) 646
2.4. *Ambrose, D.; Collerson, R.; Ellender, J. H.:* J. Phys. E: Sci. Instr. 6 (1975) 975
2.5. *Anderson, R. L.; Guildner, L. A.:* Rev. Sci. Instr. 36 (1965) 615
2.6. *Anderson, P. T.; Pipes, P. B.:* Rev. Sci. Instr. 45 (1974) 42
2.7. *Angelo, P. M.; Palma, M. U.; Vaiana, G. S.:* Rev. Sci. Instr. 38 (1967) 415
2.8. *Apfel, J. H.:* Rev. Sci. Instr. 33 (1962) 428
2.9. *Asamoto, R. R.; Novak, P. E.:* Rev. Sci. Instr. 38 (1967) 1047

2.10. *Aslin, H. K.:* Rev. Sci. Instr. 38 (1967) 377
2.11. *Austin, V.; Herrero, J.; Goni, A. J.; Alvarez Rivas, J. L.:* J. Phys. E: Sci. Instr. 4 (1971) 289
2.12. *Bach, J. H.; Street, P. J.; Twamley, C. S.:* J. Phys. E: Sci. Instr. 3 (1970) 281
2.13. *Bachmann, H.:* Tafeln über Abkühlungsvorgänge einfacher Körper. Berlin 1938
2.14. *Balko, B.; Berger, R. L.:* Rev. Sci. Instr. 39 (1968) 498
2.15. *Barber, C. B.:* Proc. Phys. Soc. 63 (1950) 492
2.16. *Barber, C. R.; Handley, R.; Harington, E. F. G.:* Brit. J. Appl. Phys. 5 (1954) 41
2.17. *Bauer, G.:* Phys. Z. 44 (1943) 53
2.18. *Bauerle, J. E.:* Rev. Sci. Instr. 32 (1961) 313
2.19. *Baul, R.; Theron, J. J.:* J. Sci. Instr. 28 (1951) 236
2.20. *Beakley, W. R.:* J. Sci. Instr. 31 (1954) 259
2.21. *Bedford, R. E.:* Rev. Sci. Instr. 35 (1964) 1177
2.22. *Bedford, R. E.:* Rev. Sci. Instr. 36 (1965) 1571; 37 (1966) 534
2.23. *Bedford, R. E.*, et al. in: Temperature, its Measurement and Control in Science and Industry (ed. *Plumb, H. H.*) 1972 Vol. IV, Part 4 1972, p. 1585
2.24. *Bell, J. F. W.* in: Temperature, its Measurement and Control in Science and Industry (ed. *Plumb, H. H.*) 1972 Vol. IV, Part 1, 1972, p. 709
2.25. *Benjaminson, A.; Rowland, F.* in: Temperature, its Measurement and Control in Science and Industry (ed. *Plumb, H. H.*) 1972 Vol. IV, Part 1, 1972, p. 701
2.26. *Benson, B. B.; Krause, D. jr.:* Rev. Sci. Instr. 45 (1974) 1499
2.27. *Berry, R. J.* in: Temperature, its Measurement and Control in Science and Industry (ed. *Plumb, H. H.*) 1972 Vol. IV, Part 2, 1972, p. 937
2.28. *Bertin, C. L.; Rose, K.:* J. Appl. Phys. 42 (1971) 163
2.29. *Billing, K.; Cheide, L.; Bahr, L.:* Rev. Sci. Instr. 18 (1947) 429
2.30. *Bingel, J.:* Arch. Metallkd. 3 (1949) 422
2.31. *Blalock, T. V.; Borkowski, C. J.:* Rev. Sci. Instr. 49 (1968) 1046
2.32. *Blaney, I. G.:* J. Phys. E: Sci. Instr. 11 (1978) 856
2.33. *Boehm, T. J.; Bilger, H. R.:* Rev. Sci. Instr. 47 (1976) 1093
2.34. *Böel, M.; Erickson, B.:* Rev. Sci. Instr. 36 (1965) 904
2.35. *Bossun, G.; Gutmann, F.; Simmons, L. M.:* J. Appl. Phys. 21 (1950) 1267
2.36. *Brabson, G. D.; Fannin, A. A. jr.:* Rev. Sci. Instr. 44 (1973) 338
2.37. *Branca, F. P.:* Rev. Sci. Instr. 38 (1967) 1644
2.38. *Brocman, F.:* J. Opt. Soc. Am. 36 (1946) 32
2.39. *Brodhun, E.; Hoffmann, F.:* Z. Phys. 37 (1926) 137
2.40. *Brown, W. J.:* J. Sci. Instr. 31 (1954) 469
2.41. *Buckley, D. J.; Timbers, G. E.:* Rev. Sci. Instr. 43 (1972) 1018
2.42. *Busse, J.:* Temperature, its Measurement and Control in Science and Industry, Vol. I, 1941, p. 228
2.43. *Camac, M.; Feinberg, R. M.:* Rev. Sci. Instr. 33 (1962) 964
2.44. *Cannon, W. C.; Chester, M.:* Rev. Sci. Instr. 38 (1967) 318
2.45. *Caringella, P. C.; Eisenman, W. L.:* Rev. Sci. Instr. 33 (1962) 654
2.46. *Carpenter, F. D.; Sandefur, N. L.; Grend, R. J.; Steibel, J. S.* in: Temperature, its Measurement and Control in Science and Industry, Vol. IV, Part 4, 1972, p. 1927
2.47. *Carreras, R. A.* in: Temperature, its Measurement and Control in Science and Industry, Vol. IV, Part 2, 1972, p. 1291
2.48. *Cetas, T . C.:* Rev. Sci. Instr. 49 (1978) 245
2.49. *Chevray, R.; Tutu, N. K.:* Rev. Sci. Instr. 43 (1972) 1417
2.50. *Closs, R. L.; Surridge, A. D.:* J. Phys. E: Sci Instr. 7 (1974) 369
2.51. *Codd, B. J.; Neale, F. E.; Thurstans, R. R.:* J. Phys. E: Sci. Instr. 3 (1970) 937
2.52. *Cohen, B. G.; Tretola, A. R.; Lilienthal, R.:* Rev. Sci. Instr. 37 (1966) 1689
2.53. *Conrad, G.:* Rev. Sci. Instr. 39 (1968) 1682
2.54. *Cook, J. C.; Kenyon, K. E.:* Rev. Sci. Instr. 34 (1963) 496
2.55. *Cooper, J.:* Rev. Sci. Instr. 33 (1962) 92
2.56. *Cox, J. E.:* Rev. Sci. Instr. 34 (1963) 931
2.57. *Cox, C. D.; Edwards, W. D.:* Rev. Sci. Instr. 34 (1963) 704
2.58. *Craig, D. N.:* J. Res. Nat. Bur. Stand. 21 (1938) 225

2.59. *Crovini, L.; Kirby, C. G. M.:* Rev. Sci. Instr. 41 (1970) 493
2.60. *Czerlinski, G.:* Rev. Sci. Instr. 33 (1962) 1184
2.61. *Czerny, M.:* Ann. Phys. 12 (1932) 933
2.62. *Dail, H. W.; Knapp, G. S.:* Rev. Sci. Instr. 40 (1969) 1086
2.63. *Daneman, H. L.; Mergner, G. C.:* Rev. Sci. Instr. 39 (1968) 1498
2.64. *Dauphinee, T. M.* in: Temperature, its Measurement and Control in Science and Industry, Vol. III, Part 1, 1972, p. 269
2.65. *Dauphinee, T. M.; Woods, S. B.:* Rev. Sci. Instr. 26 (1955) 693
2.66. *Dedman, A. J.:* J. Sci. Instr. 21 (1944) 185
2.67. *Dekker, H.; Mosselman, C.:* Rev. Sci. Instr. 37 (1966) 1297
2.68. *Diamond, J. H.:* J. Sci. Instr. 43 (1966) 576
2.69. *Diamond, J. M.:* Rev. Sci. Instr. 40 (1969) 1477
2.70. *Diamond, J. M.:* Rev. Sci. Instr. 41 (1970) 53
2.71. *Dickerman,* et al.: Optical spectrometric Measurements of high Temperatures, Chicago 1961
2.72. *Dijk, S. van; Hall, J. A; Leaver, V. M.:* J. Sci. Instr. 35 (1958) 334
2.73. *Dike, P. H.:* Thermoelectric Thermometry. Philadelphia 1954
2.74. *Dixon-Lewis, G.; Wilson, M. J. G.:* Trans. Farad. Soc. 47 (1951) 1106
2.75. *Dratler, J. jr.:* Rev. Sci. Instr. 45 (1974) 1435
2.76. *Dusen, G. van:* J. Am. Chem. Soc. 47 (1925) 326
2.77. *Eckhardt, A.; Nitsche, K.:* Exp. Tech. Phys. 2 (1954) 1
2.78. *Ecker, P. G.; Blum, J.; Hiatt, C. W.:* Rev. Sci. Instr. 20 (1949) 799
2.79. *Eckert, E.:* Z. VDI 84 (1940) 813
2.80. *Ehrenreich, J.:* Instr. and Automation 27 (1954) 1070
2.81. *Emrik, R. M.; McDonald, D. E.:* Rev. Sci. Instr. 40 (1969) 82
2.82. *Endt, P. M.:* Physica 16 (1950) 481
2.83. *Engel, A. von; Steenbeck, M.:* Naturwiss. 19 (1931) 212; Z. Tech. Phys. 13 (1932) 577
2.84. *Erdmann, J. C.; Jahoda, J. A.:* J. Appl. Phys. 37 (1966) 3869
2.85. *Euler, K. J.:* Z. Angew. Phys. 1 (1949) 252
2.86. *Euler, J.; Ludwig, R.:* Arbeitsmethoden der optischen Pyrometrie. Verl. Braun 1960
2.87. *Ewles, J.:* J. Sci. Instr. 24 (1947) 57
2.88. *Fabricant, S. J.; Windsor, A. A.; Lindgren, F. T.:* Rev. Sci. Instr. 37 (1966) 495
2.89. *Fathimani, A. A.; Bell, J. F. W.:* J. Phys. E: Sci Instr. 11 (1978) 588
2.90. *Featherstone, J. D. B.; Dickinson, N. A.:* J. Phys. E: Sci. Instr. 10 (1977) 334
2.91. *Felimban, A. A.; Sandiford, D. J.:* J. Phys. E: Sci. Instr. 7 (1974) 341
2.92. *Fenton, A. W.* in: Temperature, its Measurement and Control in Science and Industry, Vol. IV, Part 3, 1972, p. 1973
2.93. *Ferguson, J. A.:* J. Phys. E: Sci. Instr. 3 (1970) 447
2.94. *Ferrie, R. G.:* Electronics 37 (1964) 65
2.95. *Field, J. E.; Gehman, S. D.:* J. Appl. Phys. 22 (1951) 106
2.96. *Flippen, R. B.; Frederick, C. G.:* Rev. Sci. Instr. 38 (1967) 136
2.97. *Foley, G. M.:* Rev. Sci. Instr. 41 (1970) 827
2.98. *Forgacs, R. L.; Parafin, B. A.; Eichen, E.:* Rev. Sci. Instr. 36 (1965) 1198
2.99. *Foulatier, R.; Guerin, M.; Vovelle, C.; Mellottée, H.:* J. Phys. E: Sci. Instr. 4 (1971) 29
2.100. *Fowlis, W. W.:* Rev. Sci. Instr. 41 (1970) 570
2.101. *Freeman, R. H.; Bass, J.:* Rev. Sci. Instr. 41 (1970) 1171
2.102. *Freeman, R. D.; Walker, A. D.:* Rev. Sci. Instr. 41 (1970) 1244
2.103. *Fuschilo, N.:* J. Sci. Instr. 31 (1954) 133
2.104. *Fuson, N.:* J. Opt. Soc. Am. 38 (1948) 845; J. Appl. Phys. 20 (1949) 59
2.105. *Gardon, R.:* Rev. Sci. Instr. 24 (1953) 366
2.106. *Garfunkel, J. H.* in: Temperature, its Measurement and Control in Science and Industry, Vol. IV, Part 2, 1972, p. 1299
2.107. *Garrison, J. B.; Lawson, A. W.:* Rev. Sci. Instr. 20 (1949) 785
2.108. *Garrison, J. B.; Lawson, A. W.:* Rev. Sci. Instr. 19 (1948) 574
2.109. *Geet, A. L. van:* Rev. Sci. Instr. 40 (1969) 177
2.110. *Geiling, L.:* Z. Angew. Phys. 3 (1951) 467

2.111. *Gelb, G. H.; Marcus, B. D.; Dropkin, D.:* Rev. Sci. Instr. 35 (1964) 80
2.112. *Getting, I. C.; Kennedy, G. C.:* J. Appl. Phys. 41 (1970) 4552
2.113. *Giffard, R. P.:* J. Phys. E: Sci. Instr. 6 (1973) 719
2.114. *Glawe, G. E.:* Rev. Sci. Instr. 46 (1975) 1107
2.115. *Golay, M. J. E.:* Rev. Sci. Instr. 20 (1949) 816
2.116. *Goodwin, R. D.:* Rev. Sci. Instr. 29 (1958) 497
2.117. *Goring, G. E.; Hardison, D. L.:* Rev. Sci. Instr. 40 (1969) 1069
2.118. *Greil, E.:* J. Sci. Instr. 35 (1958) 35
2.119. *Grey, J.; Jacobs, P. F.; Sherman, M. P.:* Rev. Sci. Instr. 33 (1962) 738
2.120. *Gromyshev, A. V.; Lutsenko, E. L.; Sinitskii, V. V.:* Cryogenics 11 (1971) 409
2.121. *Groot, W. de:* Physica 16 (1950) 419
2.122. *Grubič, M.; Strey, R.:* J. Phys. E: Sci. Instr. 10 (1977) 142
2.123. *Grubič, M.; Würz, U.:* J. Phys. E: Sci. Instr. 11 (1978) 692
2.124. *Grüss, H.; Haase, G.:* Siemens Z. 11 (1931) 297
2.125. *Grundmann, M.:* Die elektrische, optische und kalorimetrische Temperaturmessung. Weimar 1939
2.126. *Guadagni, D. N.; Kreith, F.; Smyth, C. J.; Bartholomew, B. A.:* J. Phys. E: Sci. Instr. 5 (1972) 869
2.127. *Güttinger, M.; Wallner, R.:* Kältetech. u. Klimat. 22 (1970) 89
2.128. *Gutmann, F.; Simmons, I. M.:* Rev. Sci. Instr. 20 (1949) 674
2.129. *Hamilton, D. R.:* Rev. Sci. Instr. 39 (1968) 1265
2.130. *Harmer, J. D.; Watts, B. N.:* J. Sci. Instr. 32 (1955) 167
2.131. *Harvey, M. E.:* Rev. Sci. Instr. 39 (1968) 13
2.132. *Haul, R.; Theron, J. J.:* J. Sci. Instr. 28 (1951) 236
2.133. *Hecke, P. van; Gerven, L. van:* Cryagenics 10 (1970) 386
2.134. *Heckelman, J. D.; Kozar, R. P.* in: Temperature, its Measurement and Control in Science and Industry, Vol. IV, Part 3, 1972, p. 1935
2.135. *Hehenkamp, T.:* Rev. Sci. Instr. 33 (1962) 229
2.136. *Henning, F.:* Wärmetechnische Richtwerte. Berlin 1938
2.137. *Henning, F.:* Temperaturmessung, (Hrsg. *Moser H.*), 3. Aufl. Berlin, Heidelberg, New York: Springer 1977
2.138. *Hiatt, C. W.:* Rev. Sci. Instr. 24 (1953) 182
2.139. *Hickey, J. R.; Daniels, D. B.:* Rev. Sci. Instr. 40 (1969) 732
2.140. *Hickman, R. S.; Liang, L. H.:* Rev. Sci. Instr. 43 (1972) 796
2.141. *Hickman, R. S.; Liang, L.:* Rev. Sci. Instr. 45 (1974) 1580
2.142. *Hill, J. J.; Miller, A. P.:* Proc. IEE 110 (1963) 453
2.143. *Hochanadel, C.:* Rev. Sci. Instr. 25 (1954) 524
2.144. *Hoffman, G.:* Rev. Sci. Instr. 42 (1971) 1643
2.145. *Hoffmann, F.; Meißner, W.:* Z. Instrkd. 39 (1919) 212
2.146. *Hoffmann, F.; Meißner, W.:* Ann. Phys. 60 (1919) 201
2.147. *Hoffmann, F.; Tingwaldt, C.:* Optische Pyrometrie. Braunschweig 1938
2.148. *Hofmann, D.:* Dynamische Temperaturmessung. Verl. Tech. 1976
2.149. *Hoge, H. J.:* Rev. Sci. Instr. 32 (1961) 1
2.150. *Hoge, H. J.:* J. Res. Nat. Bur. Stand. 44 (1950) 321
2.151. *Hornbaker, D. R.; Rall, D.* in: Temperature, its Measurement and Control in Science and Industry, Vol. IV, Part 1, 1972, p. 737
2.152. *Houghton, J. T.; Brewer, A. W.:* J. Sci. Instr. 31 (1954) 184
2.153. *Huang, H.-C. W.; Berger, A. S.:* Rev. Sci. Instr. 45 (1974) 1253
2.154. *Hübner, H.-J.:* Z. Angew. Phys. 7 (1955) 273
2.155. *Hutchinson, W. P.*, et al: J. Sci. Instr. 31 (1954) 420
2.156. *Inabe, K.:* J. Phys. E: Sci. Instr. 9 (1976) 931
2.157. *Innes, G. L.* in: Temperature, its Measurement and Control in Science and Industry, Vol. IV, Part 1, 1972, p. 689
2.158. *Jackson, P. L.:* Rev. Sci. Instr. 33 (1962) 334
2.159. *Jagersberger, A.; Lieneweg, F.:* DRP 741510 (1943); 760771 (1944)
2.160. *Johnson, J. C.:* J. Appl. Phys. 21 (1950) 22
2.161. *Johnston, W. V.; Lindberg, G. W.:* Rev. Sci. Instr. 39 (1968) 1925

2.162. *Jones, R. C.* in: Advances in Electronics, Vol. II, New York 1953, p. 2–96
2.163. *Judge, D. L.:* Thesis, Univ. South Calif. Los Angeles, Calif. 1968
2.164. *Justi, E.:* Leitfähigkeit und Leitungsmechanismus fester Stoffe, 2. Aufl. Göttingen 1966
2.165. *Kennard, R. B.:* Bur. Stand. J. Res. 8 (1932) 787
2.166. *Kennedy, B. W.:* Rev. Sci. Instr. 40 (1969) 1169
2.167. *Khrebtov, I. A.; Gopshtein, N. M.; Zaitsev, G. A.:* Cryogenics 12 (1972) 56
2.168. *Kinzie, P. A.:* Thermocouple Temperature Measurement. Chichester 1973
2.169. *Kitchens, T. A.:* Rev. Sci. Instr. 44 (1973) 1139
2.170. *Kivits, P.; Kemper, A.:* J. Phys. E: Sci. Instr. 5 (1972) 936
2.171. *Kleven, L.; Lofgren, L.; Felsenthal, P.:* Rev. Sci. Instr. 41 (1970) 541
2.172. *Klipping, G.; Schmidt, F.:* Kältetech. u. Klimat. 17 (1965) 382
2.173. *Knobler, C. M.; Honeywell, W. I.; Pings, C. J.:* Rev. Sci. Instr. 34 (1963) 1437
2.174. *Kollie, T. G.; Anderson, R. L.; Horton, J. L.; Roberts, M. J.:* Rev. Sci. Instr. 48 (1977) 501
2.175. *Konosenko, J. D.:* Exp. Tech. Phys. 2 (1954) 130
2.176. *Korneff, T.:* Rev. Sci. Instr. 42 (1971) 1561
2.177. *Kostkowski, H. J.; Lee, R. D.* in: Temperature, its Measurement and Control in Science and Industry, Vol. III, Part 1, 1962, p. 449
2.178. *Kovačs, A.; Mesler, R. B.:* Rev. Sci. Instr. 35 (1964) 485
2.179. *Kraus, K.:* Rev. Sci. Instr. 39 (1968) 216
2.180. *Krüger, H.:* Z. Angew. Phys. 4 (1952) 173
2.181. *Kutz, M.:* Temperature Control. New York 1968
2.182. *Kwap, T. W., O'Kane, D. F.; Gulitz, L.* in: Temperature, its Measurement and Control in Science and Industry, Vol. IV, Part 1, 1972, p. 541
2.183. *Ladanay, I.:* Rev. Sci. Instr. 33 (1962) 1004
2.184. *Laforce, R. C.; Ravitz, S. F.; Kendall, W. B.:* Rev. Sci. Instr. 35 (1964) 729
2.185. *Lang, S. B.; Steckel, F.:* Rev. Sci. Instr. 36 (1965) 1817
2.186. *Laporte, H.:* Messung, Erzeugung und Konstanthaltung hoher bis tiefer Temperaturen. Leipzig 1961
2.187. *Lapworth, K. C.*, et al.: J. Phys. E: Sci. Instr. 3 (1970) 116
2.188. *Larsen, N. T.:* Rev. Sci. Instr. 39 (1968) 1
2.189. *Lee, R.-H.; Gille, J. C.:* Rev. Sci. Instr. 49 (1978) 1112
2.190. *Leo, W.; Hübner, W.:* Z. Angew. Phys. 2 (1950) 454
2.191. *Lewandowski, M.; Randzio, S.:* J. Phys. E: Sci. Instr. 10 (1977) 903
2.192. *Lewis, R. N.; Loon, L. S. van; Holt, R. D.:* Rev. Sci. Instr. 40 (1969) 698
2.193. *Lieneweg, F.:* Handbuch der technischen Temperaturmessung. Wiesbaden 1976
2.194. *Lieneweg, F.:* Arch. Tech. Mess. 165 (1949) J 023-4.
2.195. *Lindorf, H.:* Technische Temperaturmessungen, 2. Aufl. Essen 1956
2.196. *Löffler, H.-J.:* Chem.-Ing. Tech. 29 (1957) 336
2.197. *Lucero, D. P.:* J. Phys. E: Sci. Instr. 6 (1973) 281
2.198. *Lynnworth, L. C.; Carnevale, E. H.* in: Temperature, its Measurement and Control in Science and Industry, Vol. IV, Part 1, 1972, p. 715
2.199. *Malmberg, P. R.; Matland, C. G.:* Rev. Sci. Instr. 27 (1956) 136
2.200. *Martin, D. H.; Bloor, D.:* Cryogenics 1 (1961) 159
2.201. *Maul, M. K.:* Thesis. MIT, Cambridge (Mass.) 1968
2.202. *McConville, G. T.* in: Temperature, its Measurement and Control in Science and Industry, Vol. IV, Part 1, 1972, p. 159
2.203. *McKeown, P. J. A.:* J. Sci. Instr. 31 (1954) 271
2.204. *McLaren, E. H.* in: Temperature, its Measurement and Control in Science and Industry, Vol. III, Part 2, 1963, p. 185
2.205. *McLaren, E. H.; Murdock, E. G.; Kirby, C. G. M.:* Rev. Sci. Instr. 43 (1972) 827
2.206. *McLean, J. A.:* J. Sci. Instr. 31 (1954) 455
2.207. *McSweeney, D.; Levy, P. W.:* Rev. Sci. Instr. 36 (1965) 1324
2.208. *Meißner, W.:* Forschg.-Arb. Ing.-Wes. 9 (1938) 213
2.209. *Melville, A. W.:* J. Sci. Instr. 35 (1958) 179
2.210. *Metzler, A. J.; Branstetter, J. R.:* Rev. Sci. Instr. 34 (1963) 1216

2.211. *Middlehurst, J.; Jones, T. P.* in: Temperature, its Measurement and Control in Science and Industry, Vol. III, Part 1, 1962, p. 517
2.212. *Miksch, E. S.:* Rev. Sci. Instr. 36 (1965) 797
2.213. *Moles, A.:* Mesures 16 (1951) 97
2.214. *Moser, H.:* Phys. Z. 37 (1936) 885
2.215. *Moser, H.:* Ann. Phys. 1 (1929) 341; 6 (1930) 332
2.216. *Müller, C.:* Naturwiss. 19 (1931) 416
2.217. *Müller, C.; Theissing, H.; Esmarch, W.:* Z. tech. Phys. 14 (1933) 107
2.218. *Murdock, E. G.; McLaren, E. H.:* Rev. Sci. Instr. 43 (1972) 787
2.219. *Murray, T. P.:* Rev. Sci. Instr. 38 (1967) 791
2.220. *Nadler, M. R.; Kempter, C. P.:* Rev. Sci. Instr. 32 (1961) 43
2.221. *Naeser, G.:* Arch. Eisenhütt. Wes. 9 (1935/36) 483; Mitt. KWI-Inst. Eisenforschg. 11 (1929) 33; 12 (1930) 299; 18 (1936) 21
2.222. *Naeser, G.; Pepperhoff, W.:* Arch. Eisenhütt. Wes. 21 (1950) 293
2.223. *Naeser, G.; Pepperhoff, W.:* Arch. Eisenhütt. Wes. 22 (1951) 9
2.224. *Northover, E. W.; Hitchcock, J. A.:* J. Phys. E: Sci. Instr. 3 (1970) 80
2.225. *Nothdorft, W.; Willenberg, H.:* Phys. Z. 43 (1942) 138
2.226. *Novinskii, N. A.; Zhilkin, V. M.; Evseev, I. I.:* Cryogenics 18 (1978) 371
2.227. *Obrowski, W.; Prinz, W.:* Arch. Eisenhütt. Wes. 33 (1962) 1
2.228. *Österlöf, J.; Olsson, St.:* Acta Chem. Scand. 5 (1951) 626
2.229. *Oliver, R. W. A.; Stott, A.:* J. Phys. E: Sci. Instr. 7 (1974) 275
2.230. *Parker, R.:* Rev. Sci. Instr. 36 (1965) 1880
2.231. *Penner, S. S.:* Am. J. Phys. 17 (1949) 422, 491
2.232. *Penzig, F.:* Z. VDI 83 (1939) 69
2.233. *Phillips, L. E.:* React. Fuel Proc. Technol. 12 (1969) 195
2.234. *Phinkelschtein, V. E.; Kandiba, V. V.:* Procés-Verbaux Com. Int. Poids et Mesures T (1959) 142
2.235. *Pichamuthu, J. P.; Hassler, J. C.; Coleman, P. D.:* J. Appl. Phys. 43 (1972) 4562
2.236. *Pierce, L.; Pace, E. L.:* J. Chem. Phys. 22 (1954) 1271
2.237. *Piliptschuk, B. I.:* Dokladi Akad. NAUK 97 (1954) 243
2.238. *Pohl, R. W.; Stöckmann, F.:* Ann. Phys. 3 (1948) 199
2.239. *Pool, R. A. H.; Shields, B. D. C.; Staveley, L. A.:* Nature 181 (1958) 831
2.240. *Pratt, J. P.; Ailion, D. C.:* Rev. Sci. Instr. 40 (1969) 1614
2.241. *Priel, Z.:* J. Phys. E: Sci. Instr. 11 (1978) 27
2.242. *Pursey, H.; Pyatt, E. C.:* Rev. Sci. Instr. 36 (1959) 260
2.243. *Pyatt, E. C.:* Brit. J. Appl. Phys. 5 (1954) 264
2.244. *Rahlfs, P.; Vieth, G.:* Glastech. Ber. 32 (1959) 9
2.245. *Rasmussen, R. A.:* Rev. Sci. Instr. 33 (1962) 38
2.246. *Rassushin, V. A.*, et al.: Instr. Exp. Tech. 16 (1973) 944
2.247. *Reiss, F. E.:* Rev. Sci. Instr. 45 (1974) 1157
2.248. *Reynolds, M. M.; Corruccini, R, J.; Burley, R. M.; Fulk, M. M.* in: Amer. Inst. Phys. Handbook, 2. Aufl., 1963
2.249. *Richards, D. B.; Edwards, L. R.; Legvold, S.:* J. Appl. Phys. 40 (1969) 3836
2.250. *Rienäcker, W.:* Schweiz. Arch. Angew. Wiss. Tech. 21 (1955) 289
2.251. *Rigney, D. A.:* Rev. Sci. Instr. 37 (1966) 1376
2.252. *Robinson, T. K.; Beams, J. W.:* Rev. Sci. Instr. 34 (1963) 63
2.253. *Robinson, H. T.; Glover, A. J.:* J. Phys. E: Sci. Instr. 7 (1974) 254
2.254. *Rössler, F.:* Z. Angew. Phys. 4 (1952) 22
2.255. *Roots, W. K.:* Fundamentals of Temperature Control. Acad. Press. 1969
2.256. *Rose, K.; Bertin, C. L.; Katz, R. M.* in: Applied Superconductivity, Vol. I (ed. *Newhouse*) Acad. Press 1975, p. 267
2.257. *Rosebury, F.:* Rev. Sci. Instr. 24 (1953) 398
2.258. *Russell, H. W.; Lucks, C. F.; Turnbull, L. G.:* Temp. Symp. N.Y. 1941, p. 1159
2.259. *Saarimaa, R.; Wallin, P.:* Rev. Sci. Instr. 47 (1976) 195
2.260. *Sachse, H. B.:* Semiconducting Temperature Sensors and their Applications· New York, London 1975
2.261. *Sarid, D.; Cannell, D. S.:* Rev. Sci. Instr. 45 (1974) 1082

2.262. *Sasaki, N.; Kamada, A.:* Rev. Sci. Instr. 23 (1952) 261
2.263. *Schacher, G. E.; Fairall, C. W.:* Rev. Sci. Instr. 49 (1978) 1432
2.264. *Schallbroch, H.; Lang, M.:* Z. VDI 87 (1953) 15
2.265. *Schlegel, E. S.:* Rev. Sci. Instr. 34 (1963) 360
2.266. *Schlosser, W. F.; Munnings, R. H.:* Rev. Sci. Instr. 43 (1972) 1548
2.267. *Schnitzlein, J. G.; Brewer, J.; Fischer, D. F.:* Rev. Sci. Instr. 36 (1965) 591
2.268. *Schulz, P.:* Ann. Phys. 3 (1948) 280
2.269. *Schulze, A.:* Metallische Werkstoffe für Thermoelemente. Berlin 1942
2.270. *Simmons, F. S.; Debell, A. G.; Anderson, Q. S.:* Rev. Sci. Instr. 32 (1961) 1265
2.271. *Sims, R. B.; Place, J. A.:* Rev. Sci. Instr. 31 (1954) 293
2.272. *Sloman, A. W.:* J. Phys. E: Sci. Instr. 11 (1978) 967
2.273. *Smith, D. T.:* J. Phys. E: Sci. Instr. 5 (1972) 528
2.274. *Smith, W. L.; Spencer, W. J.:* Rev. Sci. Instr. 34 (1963) 268
2.275. *Sobolev, N. N.; Faizullov, F. S.:* Optika i Spektrosk. 3 (1957) 162
2.276. *Sostman, H. E.:* Rev. Sci. Instr. 43 (1972) 833
2.277. *Sostman, H. E.:* Rev. Sci. Instr. 48 (1977) 127
2.278. *Sporton, T. M.:* J. Phys. E: Sci. Instr. 5 (1972) 317
2.279. *Staffin, H. K.; Rim, C.* in: Temperature, its Measurement and Control in Science and Industry, Vol. IV, Part 2, 1972, p. 1359
2.280. *Stamper, J. A.:* Rev. Sci. Instr. 34 (1963) 444
2.281. *Stanković, D. K.:* J. Phys. E: Sci. Instr. 6 (1973) 601
2.282. *Stöckle, H.:* Elektronische Thermometer. Stuttgart 1971
2.283. *Stoll, A. M.:* Rev. Sci. Instr. 25 (1954) 184
2.284. *Storm, L.:* Z. Angew. Phys. 14 (1962) 117
2.285. *Stover, C. M.:* Rev. Sci. Instr. 32 (1961) 366
2.286. *Sutton, G. R.:* J. Phys. E: Sci. Instr. 3 (1970) 410
2.287. *Sweet, M. H.:* J. Opt. Soc. Am. 30 (1940) 568
2.288. *Takami, K.; Matsuura, K.:* Rev. Sci. Instr. 37 (1966) 1505
2.289. *Tavernier, P.; Prache, P.:* J. Phys. Radium 13 (1952) 423
2.290. *Tavoularis, S.:* J. Phys. E: Sci. Instr. 11 (1978) 21
2.291. *Theising, H.; Goebert, M.:* Z. Angew. Phys. 21 (1940) 149
2.292. *Thomas, W.; Blanke, W.* in: Temperature, its Measurement and Control in Science and Industry, Vol. IV, Part 2, 1972, p. 225
2.293. *Thomas, C. L.; Egloff, G.* in: Temp. Symp. New York 1941, p. 617
2.294. *Thompson, R. D.* in: Temperature, its Measurement and Control in Science and Industry, Vol. III, Part 1, 1962, p. 201
2.295. *Thorn, R. S.; Winslow, G. H.:* Rev. Sci. Instr. 33 (1962) 961
2.296. *Tingwaldt, C.:* Phys. Z. 36 (1935) 627
2.297. *Tishchenko, E. A.:* Cryogenics 11 (1971) 404
2.298. *Urbain, G.:* Rev. Opt. (theór. Instr.) 34 (1955) 193
2.299. *Vasilakis, J. D.:* Rev. Sci. Instr. 41 (1970) 521
2.300. *Vernotte, P.:* Mesures 17 (1952) 7
2.301. *Vonnegut, B.:* Rev. Sci. Instr. 21 (1950) 136
2.302. *Wade, W. H.; Slutsky, L. J.:* Rev. Sci. Instr. 33 (1962) 212
2.303. *Walker, B. E.; Ewing, C. T.; Miller, R. R.:* Rev. Sci. Instr. 33 (1962) 1029; 36 (1965) 601, 816
2.304. *Waugh, D. F.; Yphantis, D. A.:* Rev. Sci. Instr. 23 (1952) 609
2.305. *Weaving, G. S.:* J. Sci. Instr. 44, (1967) 55; J. Phys. E: Sci. Instr. 3 (1970) 711
2.306. *Weber, S.; Schmidt, G.:* Leiden Comm. 246 C (1936)
2.307. *Wennerberg, A. L.:* Rev. Sci. Instr. 35 (1964) 1191
2.308. *Wieder, H.:* J. Appl. Phys. 43 (1972) 3213
2.309. *Wigmore, J. K.:* J. Appl. Phys. 41 (1970) 1996
2.310. *Wilkinson, R. H.* in: Temperature, its Measurement and Control in Science and Industry, Vol. IV, Part 3, 1972, p. 1969
2.311. *Wilkinson, J. D.; Calvert, L. D.:* Rev. Sci. Instr. 34 (1963) 545
2.312. *Willardson, R. K.; Beer, A. C.* (Hrsg.): Infrared Detectors II. Acad. Press. 1977
2.313. *Willbanks, C. E.:* J. Phys. E: Sci. Instr. 6 (1973) 1140

2.314. *Willens, R. H.; Buehler, E.; Nesbitt, E. A.:* Rev. Sci. Instr. 39 (1968) 194
2.315. *Wilson, A. D.; Ulsh, H. B.:* Rev. Sci. Instr. 39 (1968) 346
2.316. *Window, B.:* J. Phys. E: Sci. Instr. 2 (1969) 894
2.317. *Wise, J. A.:* Liquid-in-glass Thermometry. NBS Monogr. 150 (1976)
2.318. *Wolff, E. G.:* Rev. Sci. Instr. 40 (1969) 544
2.319. *Wüst, W.:* Arch. Tech. Mess. V 211-1 (1943)
2.320. *Zandt, J. van:* Rev. Sci. Instr. 19 (1948) 135
2.321. *Zanstra, P. E.:* J. Phys. E: Sci. Instr. 9 (1976) 526
2.322. Rev. Prat. Froid Condit. Air 31 (1978) 23
2.323. Ver. Dtsch. Ing.: Technische Temperaturmessungen. VDE/VDI-Richtlinien 3511, Berlin u. Köln 1964

3. Messung tiefer Temperaturen

[1.47; 1.45; 3.6; 3.85; 3.112; 3.141; 3.159; 3.214; 3.282; 3.332; 3.363; 3.364]

Eine Reihe von den in Kap. 2 behandelten Meßverfahren lassen sich auf den Tieftemperaturbereich ausdehnen, wie z. B. das akustische Thermometer (Abschn. 2.6.1) oder das Rauschthermometer (Abschn. 2.6.3). Mit den schon lange bekannten, speziell für den Bereich unterhalb von 20 K geeigneten Thermometern, wie Dampfdruck-, Widerstands- und Suszeptibilitätsthermometern, sind sehr genaue Messungen bis herab zu 50 mK mit guter Reproduzierbarkeit möglich.

Der in den zusammenfassenden Artikeln [3.112; 3.141; 3.159; 3.332; 3.364] beschriebene heutige Stand der Meßtechnik beinhaltet drei wesentliche Gesichtspunkte: 1) Ausdehnung des Meßbereiches bis unter 0,1 mK; 2) kleinste Meßleistungen von der Größe pW und weniger; 3) Anwendung von absoluten thermometrischen Methoden im Millikelvin-Gebiet. Die Vervollständigung der bisherigen Methoden durch grundsätzlich neue hängt mit den Fortschritten der experimentellen Technik bei der Erzeugung sehr tiefer Temperaturen zusammen. Es lassen sich heute Temperaturen von 3 mK stationär, und unter 0,1 mK in nichtstationärem Betrieb herstellen (Kap. 12), doch sind die dabei erzeugten „Kälteleistungen" sehr klein und in der Größenordnung Mikrowatt bei 10 mK.

In diesem Temperaturbereich versagen die herkömmlichen Eichverfahren und werden durch neuartige Methoden ersetzt, die sich vorzugsweise auf kernphysikalische Eigenschaften der Materie beziehen und in einigen Beispielen als *absolut* anzusehen sind, wie z. B. die Besetzungsthermometer in Abschn. 3.5. Zu den *primären* Thermometern gehören die Anwendungen des osmotischen Druckes (Abschn. 3.9.5), der ^{3}He-Schmelzkurve (Abschn. 3.9.2), des thermischen Rauschens (Abschn. 3.8) und des Mößbauer-Effekts (Abschn. 3.5.6). Bei den restlichen Tieftemperatursensoren, welche *sekundäre* Thermometer darstellen, ist eine Eichung wenigstens an einem thermometrischen Fixpunkt erforderlich.

Für die Beurteilung der bei tiefen Temperaturen angewandten thermometrischen Methoden lassen sich einige Forderungen aufstellen, die oft widersprüchlich sind:

a) Temperaturabhängige Meßgröße $E(T)$ leicht erfaßbar;
b) großer Wert von $\mathrm{d}E/\mathrm{d}T$, d. h. hohe Empfindlichkeit;
c) die Meßzeit t_m soll kurz sein;
d) geringe Meßleistung $\dot{Q}$;
e) kleine Wärmekapazität $C = mc$, also kleine Masse;
f) kleiner thermischer Übergangswiderstand R gegen Meßobjekt;

g) große Wärmeleitfähigkeit λ des Thermometers, um eine homogene Temperaturverteilung im Thermometer zu gewährleisten;
h) kleine Ansprechzeit $t_a \sim RC$, die aus e) und f) folgt.

Bei der Behandlung der einzelnen Meßmethoden werden diese Gesichtspunkte herausgestellt; in Abschn. 3.10.1 findet man eine Zusammenstellung moderner Tieftemperaturthermometer und ihre Wertung nach dem obigen Schema.

3.1 Gas-, Dampfdruck- und akustische Thermometer

Mit dem in Abschn. 2.1.2 behandelten Gasthermometer können auch Temperaturen bis unterhalb von 4 K mit großer Genauigkeit gemessen werden. Man erhält dabei unmittelbar Anschluß an die *thermodynamische Temperaturskala* (Abschn. 1.5.2), wenn die Abweichungen vom idealen Gasgesetz für das benutzte Gas, meist Helium, berücksichtigt werden.

3.1.1 Gasthermometer für tiefe Temperaturen; Theorie [3.31; 3.61]

Für Tieftemperaturmessungen kommt nur das Thermometer mit konstantem Volumen (vgl. Bild 2.2) in Betracht, bei dem der Gasdruck p_T mit einem Manometer oder direkt mit einer Druckmeßzelle gemessen wird. Die Messungen sind sehr sorgfältig und genau durchzuführen und bedingen daher eine relativ lange Meßzeit. Das Thermometergefäß selbst besitzt ein großes Volumen, das sich nur zur Messung in homogenen Temperaturfeldern eignet.

Andererseits stellt dieses Instrument ein *primäres Thermometer* dar, das nicht geeicht werden muß und in einigen Anwendungsfällen den großen Vorteil aufweist, daß seine Anzeige unabhängig von magnetischen Feldern ist.

Bezeichnet man den Inhalt des Meßvolumens beim Bezugsdruck p_r und der Temperatur T_r mit V_r, Volumen und Temperatur des Totvolumens (Verbindungskapillaren) mit V_z bzw. T_z und bringt nun das Meßgefäß auf die zu messende Temperatur T, so ändern sich V_r infolge der thermischen Ausdehnung in V_T, der Druck p_r in p_T und die Temperatur des Totvolumens in $T_{z'}$. Die gesuchte Temperatur findet man aus der Beziehung

$$T = \frac{p_T}{p_r} T_r \frac{(V_T/V_r) + (T/V_r) \cdot (V_{z'}/T_{z'})}{1 + (T_r/V_r) \cdot (V_z/T_z)}. \qquad (3/1)$$

Ist das Totvolumen V_z mehrfach aufgeteilt, so ist in Gl. (3/1) anstelle von V_z/T_z der Ausdruck $\sum(V_{zi}T_{zi})$ zu setzen. Betragen die Neigungen der pV,p-Isothermen des Füllgases B_r bzw. B bei den Temperaturen T_r und T, so wird die Korrektur infolge des Realverhaltens $(B_r - B)\,Tp_r$, worin B der zweite Virialkoeffizient der Zustandsgleichung ist und die Dimension eines Volumens hat. Für *Helium* sind in Tabelle 3.1 nach *Keesom* die Werte von B zwischen 10 und 100 K angegeben; für *Wasserstoff* sind Isothermenwerte in Tabelle 2.3 für verschiedene Drücke zusammengestellt.

Tabelle 3.1. Zweiter Virialkoeffizient von He

T in K	10	12	14	16	18	20	30	100
$B \cdot 10^3$	$-1{,}04$	$-0{,}755$	$-0{,}549$	$-0{,}395$	$-0{,}276$	$-0{,}180$	$0{,}108$	$0{,}512$

Die Volumenänderung $V_r - V_T$ berechnet sich aus dem kubischen Ausdehnungskoeffizienten γ, der in Tabelle 2.1 für verschiedene Materialien angegeben ist; die entsprechende Korrektur ist meist kleiner als 40 mK.

Für geringe Fülldrucke, wie sie für Messungen unterhalb von 5 K erforderlich sind, läßt sich die Gasgleichung in der Form der Beziehung (2/3) benutzen und kann die Neigung $\varkappa_T$ der pv-Isothermen gegen die p-Achse für *Helium* durch die empirische Beziehung

$$\varkappa_T = 84{,}78 \cdot 10^{-5} - 35{,}4 \cdot 10^{-8} T - \frac{1{,}525 \cdot 10^{-2}}{T} - \frac{2{,}10}{T^3}$$

ausgedrückt werden (bezogen auf 1,333 bar). Nach Tabelle 2.4, die für einen Fülldruck von 1,333 bar bei 0 °C gilt, liefert das He-Thermometer unterhalb des Eispunktes zu geringe Angaben; der Unterschied gegenüber der thermodynamischen Skala beträgt bei 17 K allerdings nur 42 mK. Um zu hohe Fülldrucke am Eispunkt zu vermeiden, wählt man zweckmäßig als Fixpunkt den Sauerstoffsiedepunkt bei 90,188 K und berechnet nach dem idealen Gasgesetz zunächst einen Näherungswert für den Druck bei 0 °C, und damit die Korrektur für die Fixpunkttemperatur. Für den Temperaturbereich unterhalb von 4,2 K muß der Fülldruck bei 0 °C merklich unter 1 bar liegen, damit die Kondensationstemperatur des Heliums nicht erreicht wird. Da bei 2 K der Sättigungsdruck nur noch 27,2 mbar beträgt, muß für Messungen zwischen 1 und 2 K der Gasthermometerdruck kleiner als 0,2 mbar sein und werden empfindliche Druckmeßgeräte, wie Hitzdrahtmanometer oder kapazitive Meßzellen benutzt.

3.1.2 Aufbau der Gasthermometer

In Bild 3.1 ist schematisch das NBS-Gasthermometer [3.31] dargestellt, das zwischen 10 und 90 K zur Festlegung der thermodynamischen Temperatur verwendet wird. Das Thermometergefäß A besteht aus einem dickwandigen Hohlzylinder aus Reinstkupfer, der am unteren Deckel einen abgeschlossenen Rohransatz für das Vergleichsthermometer und auf der Mantelfläche eine Heizwicklung H besitzt. Das Meßvolumen A ist durch die V2A-Kapillare K (0,4 mm Innendurchmesser) mit einem Membran-Differentialmanometer D verbunden, mit dem der Systemdruck p_T mit dem Druck am Quecksilbermanometer M verglichen wird.

Die Differentialdruckzelle D besitzt ein sehr kleines Totvolumen und enthält eine Phosphorbronze-Membran von 30 μm Dicke und 5 cm Durchmesser, der im Abstand von 0,4 mm die im Gehäuse isoliert befestigte Gegenelektrode gegenübersteht. Mit einer Kapazitätsmeßbrücke (*Ed.* III, § 10.5) wird die Änderung der Kapazität, die im Druckgleichgewicht 50 pF beträgt, abhängig von der Druckdifferenz gemessen. Die noch nachweisbare Differenz von 16 μbar entspricht bei

$p_T = 1000$ mbar bei 90 K einer Temperaturänderung von 1,4 mK. Das Meßvolumen von 144 cm³ Inhalt ändert sich zwischen 0 und 90 K quadratisch mit T um genau 10^{-3}.

Das Differentialmanometer kann über eine Umwegleitung und dem Ventil H_2 während des Füllvorganges und auch beim Grobabgleich der Druckmessung kurzgeschlossen, sowie durch die Ventile H_1 und H_3 ganz abgeschaltet werden. Die Ventile H_1 bis H_3 weisen besonders kleine Totvolumina (3 bis 50 mm³) auf, um die dadurch verursachte Korrektur nach Gl. (3/1) gering zu halten; über eine Sonderkonstruktion, s. [2.5].

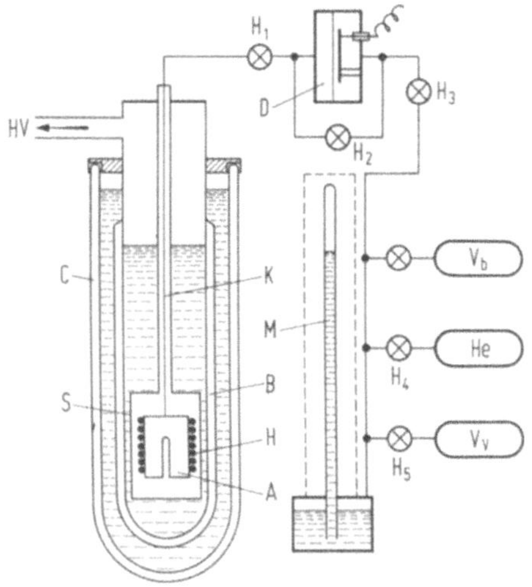

Bild 3.1. Gasthermometer konstanten Volumens

Das eigentliche Manometer M ist ein geschlossenes Quecksilberbarometer mit einem sehr großen Gefäß als zweitem Schenkel (15 cm Durchmesser), an dessen Steigrohr der Druck zwischen 50 und 1150 mbar auf ± 10 µbar genau abgelesen wird. Das Manometer ist in einem fast geschlossenen Gehäuse untergebracht und wird auf konstanter Temperatur gehalten. Für die Füllung des Gasthermometers, das zuvor sorgfältig zu evakuieren ist, wird die He-Druckflasche He über das Ventil H_4 bei kurzgeschlossenem Differentialmanometer angeschlossen; ein weiterer Behälter V_v ist evakuiert.

Mit diesem Gasthermometer, dessen Meßbereich sich zwischen 10 und 90 K erstreckt, wird eine Meßgenauigkeit von ± 2 mK bei 90 und ± 5 mK bei 20 K erreicht, wenn vom Sauerstoffsiedepunkt bei der Eichung ausgegangen wird. Die dabei berücksichtigten Korrekturterme, die von den Totvolumina der Kapillaren und der Ventile, der thermischen Ausdehnung des Meßvolumens, sowie vom Realverhalten des Heliums herrühren, sind von der Größe 25 mK.

Beim Gasthermometer des IMPR (Moskau) [3.61] wird die Zuleitungskapillare zum Differentialmanometer dadurch vermieden, daß die Manometermembran direkt in das Meßvolumen eingebaut ist und wie oben das Druckgleichgewicht kapazitiv gemessen wird. Der Vergleich mit der NBS-Skala zwischen 10 und 90 K zeigt maximale Abweichungen von 10 mK. Von *Rogers* et al. [3.275] werden Vergleichsmessungen mit dem NBS-Gasthermometer und akustischen bzw.

Pt-Widerstandsthermometern zwischen 2 und 20 K diskutiert, die auf ± 2 mK sicher sind.

In vielen Anwendungsfällen, wie z. B. bei der Messung der Wärmeleitfähigkeit von Festkörpern, muß die Meßstelle genau festgelegt sein; man benutzt hierzu die in Bild 3.2 angegebene Anordnung. Das Thermometergefäß V besitzt einen Schlitz und wird mit dem Metallstreifen S, der mit der Meßprobe verlötet ist, verschraubt. In diesem speziellen Fall werden die Meßkapillaren K direkt zu einem Differentialdruckmanometer geführt und kann die Temperaturdifferenz unmittelbar abgelesen werden.

3.1.3 Andere Bauformen der Gasthermometer

Beim NBS wurde von *Degrift* et al. [3.101] ein neuartiges Gasthermometer als Sekundärinstrument entwickelt, das in Bild 3.3 vereinfacht dargestellt ist. Das Gehäuse A besteht aus OFHC-Kupfer und enthält den Hohlraumresonator H sowie das eigentliche mit ^{3}He gefüllte Meßvolumen V, das mit einer 0,64 mm star-

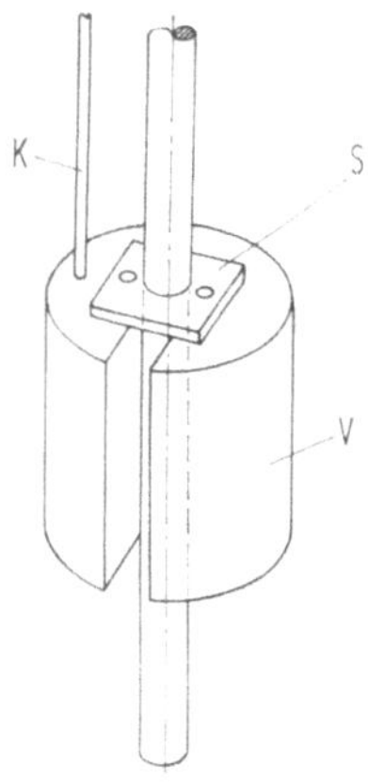

Bild 3.2. Gasthermometer

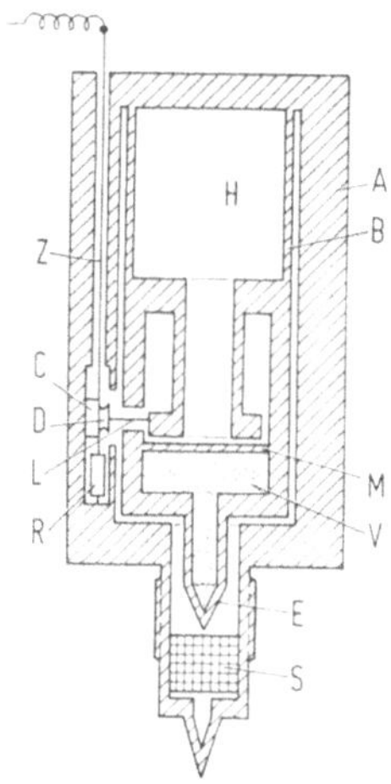

Bild 3.3. Gasthermometer. Nach *Degrift* et al.

ken Membran M abgeschlossen ist. Resonator und Volumen V hängen an einem dünnwandigen Rohrstück B am Deckel von A, um mechanische Spannungen bei Temperaturänderungen abzuhalten. Die einzelnen Teile werden zusammengepreßt, im Schutzgas verschweißt und längere Zeit bei 1000 °C in Hochvakuum spannungsfrei geglüht. Das Meßvolumen V wird mit reinstem ^{3}He bei Zimmertemperatur mit einem Druck von 800 mbar gefüllt und bei E abgeschmolzen. Die Frequenz des Resonators wird durch den Spalt zwischen M und der Gegenelektrode bestimmt, der bei Zimmertemperatur 10 μm beträgt und mit sinkender Temperatur zunimmt. Der Resonator wird mit einem Tunneldioden-Oszillator in Eigenfrequenz angeregt, der aus der Tunneldiode D (Typ BD-404), der 200 pF-Kapazität C und dem Metallfilmwiderstand R von 1000 Ω besteht und über ein dünnes Messingbändchen an H angekoppelt ist. Die stabilisierte Gleichspannung wird über ein Koaxialkabel Z zugeführt und dient gleichzeitig dazu, das bei 462 MHz liegende HF-Signal auszukoppeln. Aus den bisherigen Messungen im Vergleich zu geeichten Ge-Widerstandsthermometern ist zu entnehmen, daß zwischen 0,7 K (beginnende ^{3}He-Kondensation) und 10 K die Frequenz linear mit einer Steigung $S = 0{,}0384$ mK/Hz zunimmt. Eine Ausweitung des Meßbereichs zu höheren Temperaturen ist derzeit nicht möglich, da oberhalb von 15 K die Membran M durch mechanisches Kriechen stetig verformt wird.

Natürlich können auch andere Methoden zur elektrischen Messung der Membranauslenkung, z. B. kapazitive und induktive, angewandt werden; als Material für die Membran des Meßvolumens empfiehlt sich Tombak mit seiner auch bei tiefen Temperaturen hohen Elastizität.

Nach dem Vorschlag von *Gugan* und *Michel* [3.140] läßt sich der Gasdruck in einem Meßvolumen auch aus der mit dem Druck abhängigen Dielektrizitätskonstanten $\varepsilon(p)$ bestimmen. Die relative Änderung eines Kondensators beträgt danach

$$[C(p) - C(0)]/C(0) = \gamma = (\varepsilon - 1) + K\varepsilon p, \tag{3/2}$$

wenn K die effektive lineare Kompressibilität des Kondensators ist. Andererseits liefert das Clausius-Mosotti-Gesetz (vgl. *Ed.* III, § 10.22) eine mit dem Druck linear wachsende dielektrische Polarisation, die zu einer Zunahme von ε mit steigendem Druck führt. Experimentell ist diese Methode zwischen 4 und 27 K erprobt worden, wobei die Kapazität mit einer Nachweisgrenze $\delta C \sim 0{,}1$ aF bestimmt werden konnte. Für praktische Zwecke wird dieses Meßverfahren wohl keine Anwendung finden.

3.1.4 Gasthermometer im überkritischen Druckbereich [3.33]

Unter Verzicht auf den Anschluß an das ideale Gasgesetz können sehr empfindliche Gasthermometer für einen großen Temperaturbereich konstruiert werden, wenn das in Bild 3.4 gezeigte System mit Helium von *überkritischem* Druck gefüllt ist.

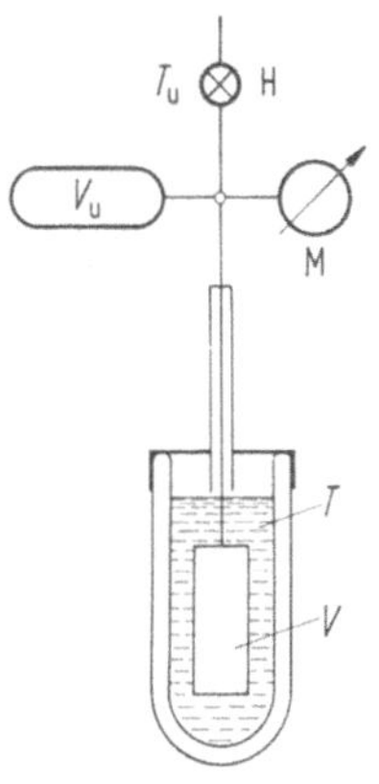

Bild 3.4. Gasthermometer im überkritischen Druckbereich

Holten [3.155] untersuchte theoretisch und experimentell eine Anordnung, die aus dem Meßvolumen V, dem Zusatzvolumen V_u bei der Umgebungstemperatur T_u und dem Drucksensor M besteht. Dieses System wird bei der Temperatur T_0 mit n_0 Mole Helium und Drücken zwischen 35 und 250 bar gefüllt, wobei insgesamt

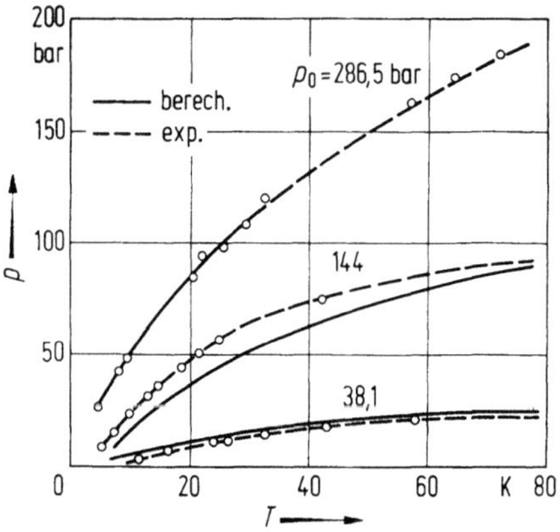

Bild 3.5. Hochdruckgasthermometer

und für die Teilvolumina gilt:

$$p_0(V + V_u) = Z_0 n_0 R T_0;$$

$$p V_u = Z_u n_u R T_u;$$

$$pV = ZnRT.$$

Da für ein geschlossenes System $n_0 = n + n_u$, findet man daraus den Systemdruck zu

$$p = \frac{p_0 T_u (V_u + V)}{(Z_0/ZZ_u)\, T_0 (V_u Z T + V Z_u T_u)}\, T. \tag{3/3}$$

Die Faktoren Z, Z_u und Z_0 bedeuten die Kompressibilitätsfaktoren der entsprechenden Volumina; ferner muß die thermische Volumenänderung beider Behälter

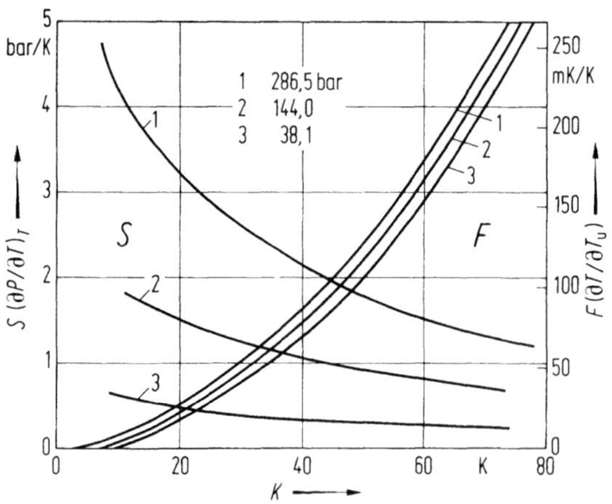

Bild 3.6. Hochdruckgasthermometer: Empfindlichkeit und Meßfehler

berücksichtigt werden. Die mit einer solchen Anordnung erzielten Ergebnisse sind in den Bildern 3.5 und 3.6 dargestellt: In Bild 3.5 ist der Systemdruck p im Temperaturbereich zwischen 4 und 78 K für verschiedene Fülldrücke p_0 und einem Verhältnis $V_u/V = 3{,}89$ angegeben. In Bild 3.6 sind für dasselbe System die Empfindlichkeit $(\partial p/\partial T)_{T_u}$ und der Meßfehler $(\partial T/\partial T_u)$ in Millikelvin pro Kelvin angegeben, wenn sich die Außentemperatur ändert. Die Meßempfindlichkeit nimmt mit wachsendem Fülldruck und sinkender Temperatur zu; bei tieferen Temperaturen wird der Einfluß äußerer Temperaturänderungen δT_u auf die Druckanzeige relativ klein. Die Einstellzeit dieses Thermometers nimmt mit höherem Fülldruck und großen Verhältnissen V_u/V ab.

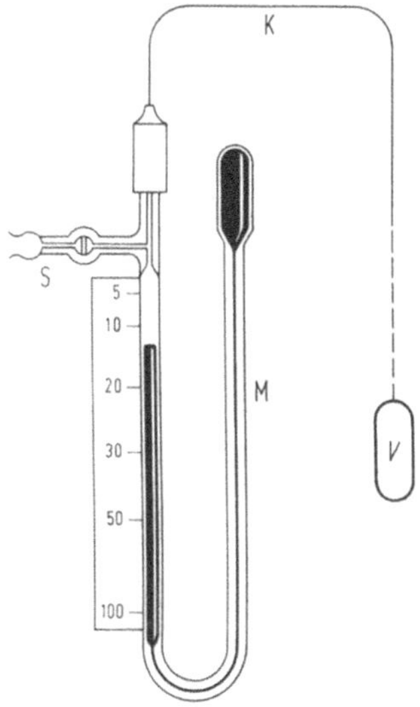

Bild 3.7. He-Gasthermometer

Für weniger genaue Messungen über einen großen Temperaturbereich eignet sich die in Bild 3.7 dargestellte einfache Konstruktion. Sie besteht aus dem Meßgefäß V, das durch die V2A-Kapillare K mit dem Manometer M verbunden ist, an dessen Skala unmittelbar die Temperatur abzulesen ist. Durch den Füllstutzen S wird das Instrument bei Zimmertemperatur gefüllt; es wird an einigen Fixpunkten geeicht. Von *Yamaguchi* [3.374] wird ein mit Wasserstoff gefülltes Gasthermometer für den Bereich zwischen 20 und 300 K zu Betriebsmessungen in einem Heliumverflüssiger verwendet.

3.1.5 Dampfdruck tiefsiedender Gase; Korrekturen

Für den Temperaturbereich zwischen 0,3 und etwa 30 K kommen bei den in Abschn. 2.2 allgemein behandelten Dampfdruckthermometern die Gase ^{3}He, ^{4}He, H_2 und Ne in Betracht. Dabei wird aus dem gemessenen Druck, der im thermodynamischen Gleichgewicht mit der siedenden Flüssigkeit steht, anhand von Gl. (2/11) die Temperatur bestimmt.

3.1.5.1 Dampfdruck von Sauerstoff

[3.342]

Der normale Siedepunkt und der Tripelpunkt von O_2 sind als Fixpunkte der IPTS-68 definiert (Abschn. 1.10.3), die mit 90,188 und 54,361 K angegeben sind. In diesem Temperaturbereich wird der Dampfdruck durch folgende Beziehung beschrieben:

$$\log (p/p_0) = A + B/T_{68} + C \log (T/T_0) + DT_{68} + ET_{68}^2,$$

worin $A = 5{,}961546$; $B = -467{,}45576\,\text{K}$; $C = -1{,}664512$; $D = -0{,}013213\,\text{K}^{-1}$; $E = 50{,}804 \cdot 10^{-6}\text{K}^{-2}$; $T_0 = 90{,}188$ K und $p_0 = 101325$ Pa (1 Pa = 1 N/m²). Für den Gebrauch einfacher ist die ebenfalls im Text der IPTS-68 enthaltene Formel

$$T_{68} = [90{,}188 + 9{,}5648\,(p/p_0 - 1) - 3{,}69 \cdot (p/p_0 - 1)^2 + 2{,}22\,(p/p_0 - 1)^3]\,\text{K}.$$

In Tabelle 3.2 ist der Dampfdruck von *Sauerstoff* zwischen 54 und 94 K in mbar (1 mbar = 100 Pa) zusammengestellt.

3.1.5.2 Dampfdruck von Neon

[3.343]

Der normale Siedepunkt von *Neon* ist ein Fixpunkt der IPTS-68 und ist mit 27,102 K angegeben. Im Text der IPTS-68 wird für den Dampfdruck zwischen dem Tripelpunkt (24,562 K) und etwa 40 K folgende Beziehung vorgeschlagen:

$$\log (p/p_0) = A + B/T + CT + DT^2,$$

worin $A = 4{,}61152$; $B = -106{,}385\,\text{K}$; $C = -0{,}036833\,\text{K}^{-1}$; $D = 4{,}2489 \cdot 10^{-4}\text{K}^{-2}$ und $p_0 = 101325$ Pa.

Tabelle 3.2. Dampfdruck p (in mbar) von Sauerstoff

T_{68}	p	T_{68}	p	T_{68}	p	T_{68}	p
54,0	1,33	64,0	18,78	74,0	124,09	84,0	503,82
54,5	1,53	64,5	20,96	74,5	134,41	84,5	535,29
55,0	1,79	65,0	23,34	75,0	145,42	85,0	568,28
55,5	2,08	65,5	25,96	75,5	157,15	85,5	602,85
56,0	2,42	66,0	28,81	76,0	169,64	86,0	639,05
56,5	2,80	66,5	31,92	76,5	182,91	86,5	676,92
57,0	3,24	67,0	35,31	77,0	197,02	87,0	716,52
57,5	3,73	67,5	39,00	77,5	211,99	87,5	757,90
58,0	4,28	68,0	43,00	78,0	227,86	88,0	803,13
58,5	4,90	68,5	47,34	78,5	244,68	88,5	846,24
59,0	5,60	69,0	52,04	79,0	262,47	89,0	893,30
59,5	6,39	69,5	57,11	79,5	281,29	89,5	942,36
60,0	7,26	70,0	62,59	80,0	301,18	90,0	993,48
60,5	8,24	70,5	68,50	80,5	322,17	90,5	1046,72
61,0	9,33	71,0	74,87	81,0	344,31	91,0	1102,13
61,5	10,54	71,5	81,71	81,5	367,64	91,5	1159,77
62,0	11,88	72,0	89,06	82,0	392,22	92,0	1219,69
62,5	13,36	72,5	96,94	82,5	418,07	92,5	1281,97
63,0	14,99	73,0	105,39	83,0	445,26	93,0	1346,66
63,5	16,80	73,5	114,43	83,5	473,83	93,5	1413,81

Eine einfacher zu handhabende Gleichung für die gesuchte Temperatur lautet:

$$T_{68} = [27{,}102 + 3{,}3144\,(p/p_0 - 1) - 1{,}24\,(p/p_0 - 1)^2 + 0{,}74 \cdot (p/p_0 - 1)^3]\ \mathrm{K}.$$

Für die angegebenen Formeln ist die normale Isotopenzusammensetzung des Neons angenommen: 0,0026 Mole von ^{21}Ne, 0,088 Mole von ^{22} Ne und 0,909 Mole von ^{20}Ne. In Tabelle 3.3 ist der Dampfdruck von *Neon* zwischen 24 und 40 K zusammengestellt.

Tabelle 3.3. Dampfdruck p (in mbar) von Neon

T_{68}	p	T_{68}	p	T_{68}	p
24,5	423,72	29,5	1968,56	34,5	5860,43
25,0	508,82	30,0	2230,88	35,0	6441,64
25,5	605,78	30,5	2517,95	35,5	7052,91
26,0	716,26	31,0	2831,09	36,0	7704,84
26,5	841,41	31,5	3171,67	36,5	8399,06
27,0	982,43	32,0	3541,05	37,0	9137,26
27,5	1140,52	32,5	3940,63	37,5	9921,19
28,0	1316,91	33,0	4371,81	38,0	10752,64
28,5	1512,87	33,5	4836,02	38,5	11633,46
29,0	1729,65	34,0	5334,73	39,0	12565,60
				39,5	13551,06
				40,0	14591,92.

3.1.5.3 Dampfdruck von Wasserstoff

Tripelpunkt ($T = 13{,}81$ K) und normaler Siedepunkt ($T = 20{,}28$ K) von *Gleichgewichtswasserstoff* sind thermometrische Fixpunkte in der IPTS-68 (s. Tabelle 1. 1). In Tabelle 3.4 ist nach der in der IPTS-68 festgelegten Beziehung

$$\log\,(p/p_0) = A + B/T_{68} + CT_{68} + DT_{68}^2$$

für den Temperaturbereich zwischen 13,8 und 23 K der Dampfdruck (mbar) für den e-H_2 (Gleichgewichtswasserstoff) zusammengestellt.

Die Dampfdruckkurve von Normal-Wasserstoff (n-H_2) mit 25% Para-Wasserstoff unterscheidet sich beträchtlich von der des Gleichgewichtsgases; der Unterschied beträgt z. B. bei 20,00 K mehr als 32 mbar (s. Näheres in Abschn. 9.7).

3.1.5.4 Dampfdruck der Helium-Isotope [1.14]

Im Anhang zum Text der IPTS-68 werden die ^{4}He-Skala 1958 und die ^{3}He-Skala 1963 zur Anwendung empfohlen. Die erstere [3.65] wird vom normalen Siedepunkt bei 4,215 K bis etwa 1,5 K angewandt, kann aber auch bis zur kritischen Temperatur bei 5,189 K benutzt werden. Durch Vergleichsmessungen mit einem akustischen Thermometer (Abschn. 3.1.6), Gasthermometern und dem magnetischen Thermometer [3.12] konnte in letzter Zeit die Genauigkeit dieser Skala beträchtlich verbessert werden. In Tabelle 3.5 ist der ^{4}He-Dampfdruck zwischen 0,5 und 5,2 K nach der Skala von 1958 angegeben.

Tabelle 3.4. Dampfdruck p (in mbar) von e-H_2

T_{68}	p	T_{68}	p	T_{68}	p	T_{68}	p
13,82	70,71	16,10	224,38	18,40	553,51	20,70	1145,07
13,90	74,06	16,20	234,45	18,50	573,11	20,80	1178,18
14,00	78,42	16,30	244,87	18,60	593,21	20,90	1211,98
14,10	82,98	16,40	255,62	18,70	613,82	21,00	1246,46
14,20	87,73	16,50	266,72	18,80	634,95	21,10	1281,65
14,30	92,70	16,60	278,18	18,90	656,60	21,20	1317,54
14,40	97,87	16,70	290,00	19,00	678,79	21,30	1354,14
14,50	103,26	16,80	302,19	19,10	701,52	21,40	1391,47
14,60	108,88	16,90	314,76	19,20	724,80	21,50	1429,53
14,70	114,73	17,00	327,72	19,30	748,63	21,60	1468,32
14,80	120,82	17,10	341,06	19,40	773,03	21,70	1507,87
14,90	127,15	17,20	354,81	19,50	797,99	21,80	1548,16
15,00	133,72	17,30	368,96	19,60	823,54	21,90	1589,22
15,10	140,56	17,40	383,52	19,70	849,68	22,00	1631,05
15,20	147,65	17,50	398,51	19,80	876,41	22,10	1673,66
15,30	155,02	17,60	413,92	19,90	903,74	22,20	1717,05
15,40	162,66	17,70	429,77	20,00	931,69	22,30	1761,24
15,50	170,58	17,80	446,06	20,10	960,25	22,40	1806,23
15,60	178,79	17,90	462,80	20,20	989,44	22,50	1852,03
15,70	187,29	18,00	479,99	20,30	1019,27	22,60	1898,66
15,80	196,09	18,10	497,66	20,40	1049,73	22,70	1946,11
15,90	205,20	18,20	515,79	20,50	1080,85	22,80	1994,39
16,00	214,63	18,30	534,41	20,60	1112,62	22,90	2043,52

Vergleichende Messungen des Dampfdrucks von ^{4}He und Berechnungen zur Dampfdruckkurve wurden zwischen 1 und 4,2 K von *Erickson* und *Roberts* [3.110] durchgeführt.

Die ^{3}He-Skala 1963 [3.306] basiert auf einer Dampfdruck-Temperatur-Beziehung, die zwischen dem normalen Siedepunkt von ^{3}He bei 3,1905 K und etwa 0,2 K benutzt werden kann. Im Überlappungsbereich dieser Skalen lassen sich

Tabelle 3.5. ^{4}He-Dampfdruck p (in mbar)

T_{58}	p	T_{58}	p	T_{58}	p
0,5	$0{,}022 \cdot 10^{-3}$	2,1	41,901	3,7	598,200
0,6	$0{,}375 \cdot 10^{-3}$	2,2	53,950	3,8	667,529
0,7	$3{,}038 \cdot 10^{-3}$	2,3	68,011	3,9	742,038
0,8	$15{,}26 \cdot 10^{-3}$	2,4	84,399	4,0	821,982
0,9	$55{,}44 \cdot 10^{-3}$	2,5	103,316	4,1	907,579
1,0	0,160	2,6	124,968	4,2	999,022
1,1	0,390	2,7	149,554	4,3	1096,458
1,2	0,833	2,8	177,255	4,4	1200,245
1,3	1,611	2,9	208,255	4,5	1310,647
1,4	2,874	3,0	242,744	4,6	1427,921
1,5	4,798	3,1	280,925	4,7	1552,324
1,6	7,586	3,2	322,995	4,8	1684,144
1,7	11,453	3,3	369,143	5,9	1823,677
1,8	16,620	3,4	419,562	5,0	1971,218
1,9	23,302	3,5	474,420	5,1	2127,074
2,0	31,687	3,6	533,918	5,2	2291,567

Tabelle 3.6. Dampfdruck p (in mbar) von ^3He

T_{62}	p	T_{62}	p	T_{62}	p
0,20	$0{,}016 \cdot 10^{-3}$	1,25	32,036	2,30	331,649
0,25	$0{,}319 \cdot 10^{-3}$	1,30	37,810	2,35	357,573
0,30	$2{,}502 \cdot 10^{-3}$	1,35	44,238	2,40	384,786
0,35	$1{,}149 \cdot 10^{-2}$	1,40	51,350	2,45	413,317
0,40	$3{,}748 \cdot 10^{-2}$	1,45	59,179	2,50	443,197
0,45	$9{,}691 \cdot 10^{-2}$	1,50	67,757	2,55	474,460
0,50	0,2830	1,55	77,114	2,60	507,136
0,55	0,4114	1,60	87,282	2,65	541,259
0,60	0,7259	1,65	98,293	2,70	576,867
0,65	1,191	1,70	110,175	2,75	613,995
0,70	1,842	1,75	122,961	2,80	652,678
0,75	2,718	1,80	136,677	2,85	692,950
0,80	3,856	1,85	151,357	2,90	734,877
0,85	5,295	1,90	167,029	2,95	778,479
0,90	7,072	1,95	183,722	3,00	823,808
0,95	9,224	2,00	201,466	3,05	870,916
1,00	11,788	2,05	220,291	3,10	919,856
1,05	14,801	2,10	240,226	3,15	970,683
1,10	18,298	2,15	261,298	3,20	1023,457
1,15	22,314	2,20	283,541	3,25	1078,245
1,20	26,882	2,25	306,981	3,30	1135,115

beide anwenden und sind auf 0,3 mK genau. Die ^{3}He-Skala wird für Temperaturen unterhalb des λ-Punktes von ^{4}He empfohlen. In Tabelle 3.6 ist der ^{3}He-Dampfdruck zwischen 0,2 und 3,3 K entsprechend der Skala 1962 zusammengestellt.

3.1.5.5 Dampfdruckkorrekturen

In Abschn. 2.2.3 ist bereits darauf hingewiesen worden, daß bei genauen Dampfdruckmessungen die thermomolekulare Druckdifferenz als Korrekturglied in Betracht gezogen wird; sie tritt immer zwischen zwei Behältern unterschiedlicher Temperatur auf, die durch ein Rohr (Radius r) verbunden sind. Von *Roberts* und *Sydoriak* [3.273] ist das thermomolekulare *Druckverhältnis* p_c/p_w für ^{3}He und ^{4}He experimentell für $T_c = 0{,}5$ bis 4 K untersucht worden, wobei p_c im Fall der Dampfdruckmessung dem Dampfdruck und p_w dem bei Umgebungstemperatur T_w gemessenen Druck entspricht. Die von *Weber* und *Schmidt* [2.306] angegebene Gl. (2/14) läßt sich für ^{4}He nach folgender Formel numerisch auswerten:

$$\log \frac{p_c}{p_w} = \frac{1}{2} \log \frac{T_c}{T_w} + 0{,}18131 \log \frac{y_c + 0{,}1878}{y_w + 0{,}1878} + 0{,}41284 \log \frac{y_c + 1{,}8311}{y_w + 1{,}8311} - 0{,}1582 \log \frac{y_c + 4{,}993}{y_w + 4{,}993}, \tag{3/4}$$

worin $y = r/\lambda = (rp/17{,}89) \cdot (273{,}15/T)^{1{,}147}$ für die beiden Temperaturen, den Rohrradius r und den entsprechenden freien Weglängen λ einzusetzen und die Drücke p in Mikrobar zu messen sind.

In Tabelle 3.7 sind nach Messungen von *Roberts* und *Sydoriak* [3.273] die thermomolekularen Druckverhältnisse für ^3He und $T_c = 2{,}15$ K, $T_w = 301{,}2$ K angegeben und mit Gl. (3/4) verglichen.

Gleichung (3/4) ist ebenfalls für ^4He-Messungen anwendbar; die verschiedenen freien Weglängen werden durch die Beziehung $\lambda_3/\lambda_4 = (M_4/M_2)^{1/2}\eta_3/\eta_4$ berücksichtigt. Nach *McConville* [2.202] hängt p_c/p_w von der Rauhigkeit des Meßrohres und der Absorption des Meßgases an der Innenfläche ab; beide Anteile können 25 bis 30% der Druckdifferenz erreichen.

Tabelle 3.7. Druckverhältnis in ^3He

rp_w cm · μbar	$(p_c/p_w)_{ber.}$	$(p_c/p_w)_{exp.}$	$(p_c/p_w)_{exp.}$ (Abs.)
6,49	0,4730	0,4783	0,4719
10,82	0,5917	0,5939	0,5857
14,58	0,6608	0,6683	0,6619
18,22	0,7096	0,7155	0,7101
25,29	0,7781	0,7834	0,7794
32,3	0,8225	0,8206	0,8174
38,6	0,8527	0,8573	0,8546
45,2	0,8756	0,8804	0,8781
58,4	0,9074	0,9079	0,9061
70,8	0,9272	0,9347	0,9332
84,0	0,9419	0,9448	0,9435
118,9	0,9648	0,9654	0,9645
153,7	0,9761	0,9758	0,9752
222,9	0,9870	0,9832	0,9828
388	0,9950	0,9944	0,9943
545	0,9973	0,9973	0,9973

Die in der letzten Spalte von Tabelle 3.7 angegebenen Werte sind hinsichtlich der Gasabsorption an der Innenwand des Meßrohres korrigiert. Für sehr kleine Werte von rp_w konvergiert das Verhältnis p_c/p_w gegen den Grenzwert $(T_c/T_w)^{1/2}$.

Nach Untersuchungen von *Sample* und *Rubin* [3.291] ändert sich in einem Magnetfeld der Induktion B infolge der magnetischen Suszeptibilität χ einer Flüssigkeit ihr Dampfdruck und bedingt die Temperaturkorrektur

$$\Delta T_{p,B} = -1/2(\delta\chi/\delta v)\,(\mathrm{d}p/\mathrm{d}T)^{-1}B^2, \tag{3/5}$$

wenn δv die Differenz der molekularen spezifischen Volumina, $\delta\chi$ die der molaren magnetischen Suszeptibilitäten in der Dampf- bzw. Flüssigphase und $\mathrm{d}p/\mathrm{d}T$ die Neigung der Dampfdruckkurve für $B = 0$ bedeutet. Für N_2, Ar und He^4 ergeben sich aus Gl. (3/5) Werte von der Größe 0,02 mK. Größere Fehler treten auf, wenn sich eine Flüssigkeitssäule im inhomogenen Magnetfeld befindet; der hierbei entstehende Druck berechnet sich zu

$$\Delta p = 1/2(B_0^2 - B_f^B)\,\chi/v, \tag{3/6}$$

wenn sich die Flüssigkeitssäule zwischen den magnetischen Induktionen B_0 und B_f befindet und $1/v$ ihre Dichte ist. Für ^4He und $B_0 = 15$ T wird $\Delta T_{p,B} = -6$ mK bei 4,2 K.

Wird der Dampfdruck z. B. von siedendem ^{4}He oberhalb des Flüssigkeitsniveaus gemessen, so liegt die Temperatur eines im He-Bad befindlichen Meßobjektes wegen des vorhandenen Temperaturgradienten um einige Millikelvin höher als die gemessene. Mißt man den Dampfdruck nicht über dem He-Spiegel, sondern mit einem separaten Dampfdruckgefäß, das in das Helium tief eintaucht, so kann sich der He-Dampf in Höhe des Flüssigkeitsspiegels kondensieren, wodurch ein zu geringer Dampfdruck vorgetäuscht wird. Nach *Campisi* und *Frankl* [3.71] läßt sich dieser Meßfehler verhindern, wenn das Meßrohr auf ein kurzes Stück in Höhe des Flüssigkeitsspiegels von einem evakuierten Mantelrohr umgeben ist.

Im Temperaturbereich unterhalb des λ-Punktes von ^{4}He ergeben sich infolge des superfluiden Filmflusses zusätzliche Probleme, auf die ebenfalls in [3.71] eingegangen wird.

3.1.6 Praktische Dampfdruckmessung

Die häufigste Anwendung finden Dampfdruckthermometer im Tieftemperaturgebiet bei der Eichung von sekundären Gebrauchsthermometern, wie Thermoelemente und Widerstandsthermometer, weil sie über einen weiten Bereich sehr genau und an die IPTS-Skalen für ^{4}He und ^{3}He angeschlossen sind.

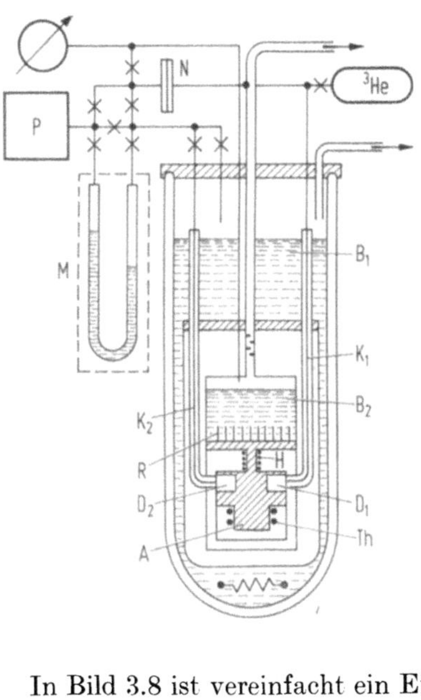

Bild 3.8. Eichkryostat für den Bereich 0,4 bis 4,2 K

In Bild 3.8 ist vereinfacht ein Eichkryostat dargestellt, der sich für Messungen zwischen 0,4 und 4,2 K eignet. Die zu eichenden Thermometer Th sind gut wärmeleitend am oder im Kupferblock A montiert, der die zwei Meßgefäße D_1, D_2 von je 1 cm^3 Inhalt für die Dampfdruckmessung mit ^{3}He bzw. ^{4}He enthält. Die genaue Temperatur des Kupferblocks A wird mit den zwei He-Bädern B_1 und B_2 konstanter Temperatur zusätzlich über eine elektrische Heizung

H erreicht, die zwischen B_2 und A angebracht ist. Die Meßkapillaren K_1 und K_2 werden durch das He-Bad B_1 in evakuierten dünnwandigen V2A-Rohren geführt, um Gaskondensation zu verhindern. Beide He-Bäder werden über einen Druckregler (Abschn. 13.5) auf konstanter Temperatur gehalten.

Der Dampfdruck in beiden Meßvolumina wird außerhalb des Kryostaten mit dem in Abschn. 2.2.2 beschriebenen Sonar-Manometer M gemessen und registriert. Der ^{3}He-Dampfdruck wird ebenfalls mit demselben Instrument bestimmt, wobei zur Trennung des ^{3}He-Teils zwischen M und D_1 ein sehr empfindliches Differentialmanometer N geschaltet wird, das als Nullinstrument dient. Das Bad B_2 kann auch mit ^{3}He gefüllt sein, wenn Temperaturen unterhalb von 1,2 K erreicht werden sollen. In diesem Temperaturbereich und auch bereits unterhalb des λ-Punktes von ^{4}He wird der Wärmeaustausch zwischen Badflüssigkeit in B_2 und A durch den Kapitza-Widerstand (Abschn. 7.7), der proportional zu T^{-3}

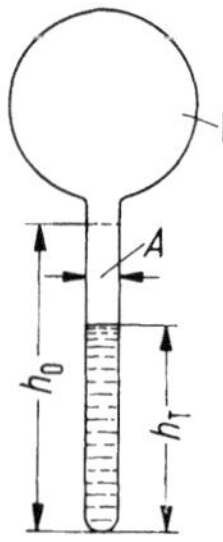

Bild 3.9. Flüssig-Heliumdampfdruckthermometer

ist, verringert und die Temperaturregelung erschwert. Durch eingelötete Rippen R oder Cu-Drahtnetze läßt sich der thermische Widerstand verkleinern. Die erzielbare Genauigkeit hängt bei dieser Methode zunächst von der Nachweisgenauigkeit des Manometers M ab, die bei 10 μbar liegt, und wird von den in Abschn. 3.1.5.5 erwähnten Korrekturen beeinflußt. Auf jeden Fall ist darauf zu achten, daß der Wärmezustrom durch die Meßleitungen für die Thermometer Th und durch Strahlung sehr klein ist. Wie aus Bild 3.8 ersichtlich, sind B_2 und A durch mehrere evakuierte Cu-Behälter gegen Wärmezustrom geschützt.

Ähnliche Kryostaten sind auch oberhalb von 4,2 K brauchbar, wenn man H_2-Dampfdruckthermometer anwendet. Bei der von *Osborne* et al. [1.33] beschriebenen Anordnung werden ^{4}He-Dampfdruck- und -gasthermometer in einem Kupferblock vereinigt; damit läßt sich der Bereich zwischen 4,2 und 14 K mit großer Genauigkeit erfassen.

Für spezielle Anwendungen, z. B. Adsorptionsmessungen von ^{3}He oder ^{4}He an Metallfilmen, kann das in Bild 3.9 schematisch dargestellte He-Flüssigkeitsthermometer angewandt werden. Bei der Temperatur T_0 wird die Glaskugel mit dem Inhalt V_0 mit He gefüllt, wobei sich der Rohransatz mit dem lichten Querschnitt A bis zur Höhe h_0 mit Flüssigkeit füllt. Steigt die Temperatur, so verdampft die Flüssigkeit, und es stellt sich die Höhe h_T ein. Bezeichnet man die Dampfdichte mit ϱ', die der Flüssigkeit mit ϱ'', so gilt für die Temperaturen T_0 und T die Massenbilanz

$$\varrho'_T[V_0 + A(h_0 - h_T)] + \varrho''_T A h_T = \varrho'_0 V_0 + \varrho''_0 A h_0 .$$

Mit den Abkürzungen $y' = (\varrho_T' - \varrho_0')/(\varrho_T'' - \varrho_T')$ und $y'' = (\varrho_0'' - \varrho_T'')/(\varrho_T'' - \varrho_T')$ findet man daraus folgende Beziehung für die Flüssigkeitshöhe:

$$h_T = h_0(1 + y'') - V_0 y'/A. \tag{3/7}$$

Mit dieser von *Bendt* [3.37] angegebenen Methode können hohe Genauigkeiten erzielt werden; für $V_0 = 2{,}3\ \text{cm}^3$, $h_0 = 6$ cm, $T_0 = 0{,}5$ K (^{3}He-Füllmenge 125 cm^3 bei Normalbedingungen) lassen sich Genauigkeiten von 0,3 bis 3 mK im Bereich 0,6 bis 2,4 K erzielen, wenn der Meniskus auf 0,02 mm genau abgelesen wird. Hierfür sind z. B. die in Abschn. 13.4 behandelten kapazitiven Methoden der Standhöhenmessung in He-Bädern geeignet.

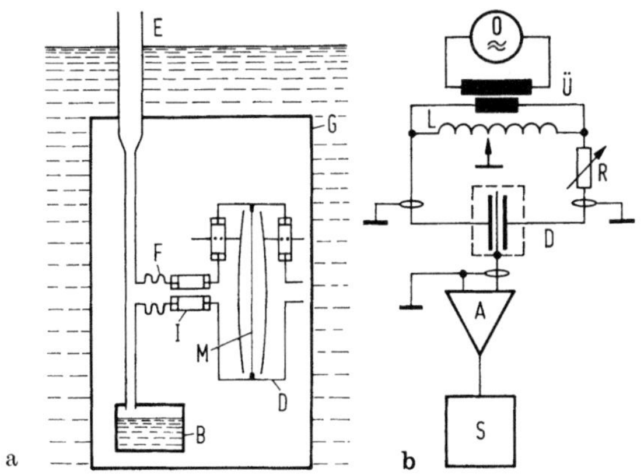

Bild 3.10. In situ-Messung des Dampfdrucks mit Differentialmanometer

Wie bereits erwähnt, wird die Dampfdruckmessung bei tiefen Temperaturen, d. h. Dampfdrücken unterhalb von 10 mbar schwierig und durch die thermomolekulare Druckkorrektur ungenau. In ^{3}He entspricht die Temperatur 0,64 K einem Dampfdruck von 1 mbar und ändert sich um etwa 1%/mK; soll eine Genauigkeit von 0,1 mK erreicht werden, muß der Druck auf ± 10 μbar gemessen werden. Diese Schwierigkeiten lassen sich überwinden, wenn der Druck *in situ*, d. h. am Ort des Meßvolumens für den Dampfdruck gemessen wird, und hierzu empfindliche kapazitive Differentialdruckmesser benutzt werden.

Eine solche, von *Gonano* und *Adams* [3.134] beschriebene Anordnung ist in Bild 3.10a gezeigt; sie gibt vereinfacht die Differentialdruckzelle D mit der V2A-Membran M (10 μm Dicke) zwischen kugelkalottenförmigen Gegenelektroden wieder. Das Dampfdruckgefäß B ist über den Faltenbalg F und der elektrischen Isolierung I auf kurzem Weg mit D verbunden und befindet sich im evakuierten Gehäuse G. Über die Rohrleitung E ist der Meßteil zu Eichzwecken mit einem Sonar-Manometer verbunden; er kann beheizt werden, um eine He-Kondensation zu vermeiden und die Druckkorrektur genau erfassen zu können. Bild 3.10b gibt den Meßverstärker für die Druckmeßzelle wieder, der von einem Tonfrequenzgenerator O mit 5 bis 10 kHz betrieben wird. Die Meßbrücke enthält einen induktiven Spannungsteiler L zur Einstellung des Brückengleichgewichts und den Lock-in-Verstärker A mit Schreiberausgang S. Die erzielbare Nachweisempfindlichkeit liegt bei 10 μbar und ändert sich nur um $\pm 0{,}2$%, wenn man bei

3, 77 und 300 K eicht. Mit einem Verbindungsrohr E von 1 cm Durchmesser entspricht $p_c/p_w = 0{,}999$ nach Gl. (3/4) einem Dampfdruck von 1,5 mbar, d. h. bis zu diesem Druck kann praktisch fehlerfrei die Differentialzelle mit dem außen liegenden Manometer geeicht werden.

Bewilogua [3.47] beschreibt ein *Kondensationsthermometer* für H_2 und Ne, mit dem in der Nähe der Kondensationstemperatur, die natürlich vom Fülldruck abhängt, eine hohe Meßempfindlichkeit erreichbar ist.

Eine weitere, von *Hamm* [3.144] vorgeschlagene Methode, den Dampfdruck *in situ* zu messen, besteht darin, die vom Meßdruck abhängige Kapazität zwischen der Membran und einer Festelektrode durch die Frequenzänderung eines Schwingungskreises zu erfassen, dessen Festinduktivität von einer Toroidspule gebildet wird. Als Oszillator läßt sich eine Backward-Diode (*Ed.* III, § 4.244) verwenden, die auch bei He-Temperaturen betrieben werden kann. Auch der MOS-FET-Oszillator nach *Slavin* [3.310], dessen Frequenz sich zwischen 300 und 4,2 K nur um etwa 1% ändert, ist hierfür geeignet.

3.1.7 Akustisches Thermometer

Für die Messung tiefer Temperaturen aus der Schallgeschwindigkeit von Helium gilt zunächst Gl. (2/104); sie muß jedoch mit dem 2. Virialkoeffizienten B erweitert werden, um die Druckabhängigkeit der Schallgeschwindigkeit u zu berücksichtigen [3.360]. Anstelle der Gl. (2/104) tritt die Beziehung

$$u = u_0(1 + Sp/RT), \tag{3/8}$$

worin die Größe S aus der Entwicklung von B abgeleitet wird:

$$S = B + \frac{RT}{C_{v0}} \cdot \frac{dB}{dT} + \frac{(RT)^2}{2C_{p0}C_{v0}} \cdot \frac{d^2B}{dT^2}. \tag{3/9}$$

Der Index „0“ bezieht sich auf den Druck Null für die Werte der spezifischen Gaswärmen. Im Bereich mäßiger Drücke bis etwa 1 bar ($=10^5$ Pa) hängt u(p) linear vom Gasdruck p ab; durch die Extrapolation $p \to 0$ läßt sich u_0 bestimmen, das sich für ^{4}He zu $58{,}85\sqrt{T}$ (m/s) ergibt.

Zur Bestimmung von u werden zwei Methoden angewandt:

a) Messung bei hohen Frequenzen unter Verwendung eines Piezogenerators;
b) niederfrequente Anregung der Gassäule.

In beiden Fällen wird mit konstanter Frequenz gearbeitet und der Resonator von außen abgestimmt.

Die von *Catalanda* et al. [3.72] entwickelte HF-Methode benutzt einen Quarzschwinger mit $f = 400$ kHz und zum Resonanznachweis einen auf diesen geklebten Dehnungsmeßstreifen. Nachteilig ist die mit hoher Präzision zu messende Länge des Gasresonators und sein Verstellmechanismus; außerdem ist bei dem benutzten Frequenzbereich das akustische Wellenfeld nicht exakt definiert. Die erzielten Ergebnisse zeigen Abweichungen von Gasthermometerwerten von etwa ± 8 mK zwischen 2 und 5 K [3.255].

Bei der von *Colclough* [3.83] benutzten NF-Methode wird mit einem elektrodynamischen Schallgeber bei festen Frequenzen zwischen 1,5 und 7,25 kHz der mit He-Gas gefüllte zylindrische Resonator in Resonanzschwingungen erregt und mit einem piezoelektrischen Kristall, der an der Schwingmembran befestigt ist, die exakte Resonanz nachgewiesen. Zu diesem Zweck muß die Resonatorlänge genau meßbar von außen verstellt werden können. Auf diese Weise wird bei verschiedenen Gasdrücken die Schallgeschwindigkeit gemessen und auf $p = 0$ extrapoliert, um daraus nach Gl. (2/104) die Temperatur zu erhalten. Die mit diesem Verfahren bestimmten Siedepunkte von He und H_2 stimmen auf $\pm 1{,}7$ bzw. 2,5 mK mit den gasthermometrischen Angaben überein.

3.2 Thermoelemente bei tiefen Temperaturen

[3.185; 2.168]

3.2.1 Grundsätzliches

[3.164]

Die in Abschn. 2.3 behandelten Thermoelemente sind im allgemeinen wegen ihrer zu geringen Thermospannung für Temperaturen unterhalb von 50 K wenig geeignet. Während der letzten 20 Jahre jedoch sind spezielle Elemente aus einigen Legierungen entwickelt worden, die eine ausreichende Empfindlichkeit ($\mathrm{d}E/\mathrm{d}T$) auch bei tiefen Temperaturen besitzen, billig und leicht anzuwenden sind. Während man früher das Thermoelement bis herab zu 4,2 K zur einfachen, wenig genauen Temperaturmessung anwandte, werden heute mit verbesserten Herstellungs- und Eichverfahren, sowie mit genauen Referenztabellen viel höhere Genauigkeiten erzielt.

Die zwischen den Temperaturen T_1 und T_2 auftretende Thermospannung E hängt von den absoluten Thermospannungen beider Leiter ab; im Idealfall sollten sie entgegengesetztes Vorzeichen haben und sich addieren. Tatsächlich besitzen jedoch die hier verwendeten Leiter bei sehr tiefen Temperaturen anomal hohe absolute Thermokräfte *gleichen* Vorzeichens. Durch eine kleine Änderung von E des zweiten Schenkels eines Thermoelements kann die Empfindlichkeit erhöht werden. In Bild 3.11 ist für einige Tieftemperatur-Elemente die differentielle Thermospannung $S = (\mathrm{d}E/\mathrm{d}T)$ abhängig von T dargestellt; daraus ist klar der Einfluß des zweiten Elementenschenkels zu ersehen. Mit wachsender Temperatur ändert sich meist das Vorzeichen der absoluten Thermospannung des „aktiven“ Schenkels, wodurch große Werte von E zustandekommen.

Wird *eine* Lötstelle auf bekannter Temperatur, z. B. 4,2 K gehalten, kann man damit die absolute Temperatur des Meßobjektes bestimmen. Der größte Vorteil jedoch besteht in der einfachen Möglichkeit, kleine *Temperaturdifferenzen* zu messen, wobei die resultierende Thermospannung

$$E = \int_{T_2}^{T_1} S \,\mathrm{d}T \simeq \bar{S}\,\Delta T \qquad (3/10)$$

über den Temperaturbereich $(T_1 - T_2)$ aus der gemittelten Empfindlichkeit $\bar{S}$ berechnet wird. Diese Größe stellt für den Vergleich verschiedener Leiterkombinationen den Bewertungsmaßstab dar.

Als „passiver“ Schenkel werden vor allem *Kupfer*, *Normalsilber*, eine Silberlegierung mit 0,37 At.-% Gold, und *Chromel* (eine *Ni*-Cr-Legierung) verwendet. Entsprechend dem 3. Hauptsatz verschwindet die Thermospannung bei Annäherung an den absoluten Temperaturnullpunkt. Für viele übliche Thermoelemente ist die Abnahme von S mit sinkender Temperatur beträchtlich: für Cu/

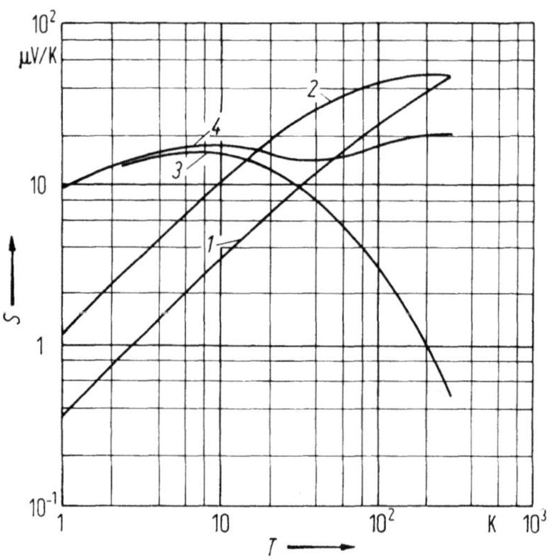

Bild 3.11. Differentielle Thermospannung S: 1 — Cu/Konstantan; 2 — Au + 2 Co/Ag + 0,37 Au; 3 — Au + 0,03 Fe/Ag + 0,37 Au; 4 — Au + 0,03 Fe/Chromel.

Konstantan ist $S \simeq 40$ μV/K bei 300 K und 1,35 μV/K bei 4,2 K. Das bis vor einiger Zeit benutzte Element mit Au + 2 At.-% Co liefert 5 μV/K bei 4,2 K und etwa 1 μV/K bei 1 K; sein Nachteil ist die Eichunsicherheit nach mechanischer Beanspruchung und wiederholtem Aufwärmen (s. a. Abschn. 3.2.2).

Eine genaue thermoelektrische Temperaturmessung läßt sich erreichen, wenn geeignete Materialien gewählt, die Thermoelemente genau geeicht und zuverlässige Meßgeräte benutzt werden.

3.2.2 Materialien für Tieftemperatur-Thermoelemente [3.92; 3.320]

Für die Auswahl bzw. Entwicklung von Thermoelementen für den Gebrauch bei tiefen Temperaturen sind neben der Empfindlichkeit $S = (\mathrm{d}E/\mathrm{d}T)$ folgende Eigenschaften von Interesse: a) elektrischer Widerstand; b) thermischer Widerstand; c) Einfluß von hohen Magnetfeldern auf die Eichkurve; d) Einfluß von Korpuskularstrahlen; e) Auswirkung mechanischer Spannungen, und f) thermische Stabilität.

3.2.2.1 Der „passive“ Schenkel [3.92]

Von *Powell* et al. [3.258] wird Cu als geeignetes Referenzmaterial für Konstantan- oder Au+Co-Thermoelemente für die Messung tiefer Temperaturen angegeben. Seine Thermospannung wird jedoch unterhalb von etwa 100 K sehr stark von Fe-Verunreinigungen beeinflußt und ändert sich auch bei Kaltverformung. Durch unterschiedlichen Gehalt an einigen ppm Fe in Cu kann sich die absolute Thermospannung bei 4 K von −2,0 auf −6,0 μV/K ändern. (Die absolute Thermospannung läßt sich am genauesten mit einem *supraleitenden* Referenzmaterial bestimmen; Supraleiter entwickeln keine Thermospannung). Gewöhnliches Cu mit einem Gehalt von 0,002 At.-% Fe in Oxidform besitzt eine Thermokraft von nur −0,05 μV/K.

Unterhalb von 40 K wird bei Cu von 99,999% Reinheit nach plastischer Verformung eine Änderung von S von 2,3 μV/K in positiver Richtung beobachtet; sie hängt vom Fe-Gehalt stark ab.

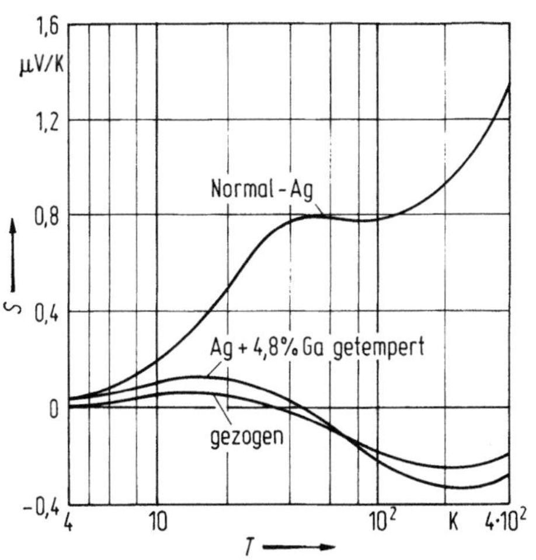

Bild 3.12. Thermospannung von Normalsilber (Ag + 0,37 Au)

Das viel benutzte *Normalsilber*, das aus 0,37 At.-% Au in Ag mit zusätzlichen anderen geringen Verunreinigungen besteht, besitzt gegenüber anderen Materialien einen kleinen Thomson-Koeffizienten μ (vgl. Abschn. 2.3.1) und eine geringe thermische Leitfähigkeit. Von Nachteil ist der Einfluß der Au-Konzentration auf den Wert S und die Empfindlichkeit gegen mechanische Beanspruchung. In Bild 3.12 ist die aus mehreren Messungen an unterschiedlichen Proben gemittelte Thermospannung von Normalsilber dargestellt. Zum Vergleich sind die Werte für eine *Ag-Legierung* mit 4,8 At.-% Ga gezeigt, die von *Crisp* et al. [3.93] vorgeschlagen und aus reinsten Komponenten erschmolzen wurde. In kaltgezogenem Zustand werden sehr kleine Thermospannungen von weniger als 0,04 μV/K zwischen 4 und 40 K erhalten, die sich auch nach einer Temperung nicht stark ändern.

Auch das mit *Alumel* als Element viel benutzte *Chromel-P* (90% Ni, 10% Cr), das sich durch kleine thermische Leitfähigkeit auszeichnet, eignet sich als passiver Schenkel zusammen mit Au-Fe-Legierungen. Schließlich können auch supraleitende Elemente, wie Nb, Pb oder Legierungen wie Nb-Ti mit ihrer kleinen Wärmeleitfähigkeit für Temperaturen unterhalb des Sprungspunktes und in schwachen Magnetfeldern verwendet werden.

3.2.2.2 Kupfer/Konstantan-Element [3.317]

Das bei mäßig tiefen Temperaturen gelegentlich für die Messung von Temperaturdifferenzen benutzte Cu/Konstantan-(45—60% Cu, Rest Ni) Element (Typ T) ist eingehend von *Powell* et al. [3.257] zwischen 1 und 290 K untersucht worden. In Tabelle 3.8 sind Thermospannung E und differentielle Thermospannung S für den Bereich 1 bis 30 K zusammengestellt.

Tabelle 3.8. Kupfer/Konstantan-Element

T K	E μV	$\mathrm{d}E/\mathrm{d}T$ μV/K	T K	E μV	$\mathrm{d}E/\mathrm{d}T$ μV/K
1	0,17	0,331	16	39,43	4,728
2	0,66	0,657	17	44,29	4,988
3	1,48	0,979	18	49,40	5,248
4	2,62	1,295	19	54,78	5,508
5	4,07	1,607	20	60,40	5,765
6	5,83	1,915	21	66,28	6,019
7	7,90	2,217	22	72,42	6,269
8	10,26	2,515	23	78,80	6,517
9	12,92	2,808	24	85,43	6,761
10	15,88	3,097	25	92,31	7,003
11	19,12	3,380	26	99,43	7,242
12	22,64	3,659	27	106,8	7,478
13	26,43	3,934	28	114,4	7,711
14	30,50	4,207	29	122,2	7,942
15	34,84	4,468	30	130,3	8,170

Für die analytische Darstellung eignet sich am besten die Reihendarstellung

$$E(T) = \sum_{\mathrm{n}=1}^{\mathrm{L}} A_{\mathrm{n}} F_{\mathrm{n}}(T) \qquad \text{mit} \qquad F_{\mathrm{n}}(T) = \sum_{\mathrm{j}=1}^{\mathrm{n}} C_{\mathrm{nj}} T^{\mathrm{j}},$$

wenn L die höchste Ordnung für den besten „Fit“ und A_{n} Konstanten sind, die sich daraus ableiten lassen.

3.2.2.3 Gold-Kobalt-Legierungen

Der Nachteil geringer Empfindlichkeit bei tieferen Temperaturen konnte durch Gold + 2,1 At.-% Kobalt-Legierungen mit Kupfer oder Normalsilber als passives Element überwunden werden; sie wurden genau von *Powell* et al. [3.257], sowie *Koeppe* [3.183; 3.184] in einem großen Temperaturbereich untersucht. Erschwerend ist bei diesem Material die große Streuung der Meßkurven sogar bei Proben, die von der gleichen Spule gewickelt wurden. Dies hängt wahrscheinlich von der Natur der Legierung ab: Das Kobalt befindet sich in übersättigter Lösung und neigt nach mechanischer und/oder thermischer Beanspruchung zur Ausscheidung. Mit Au + 2,1% Co/Chromel-Elementen werden etwas höhere Thermospannungen gefunden.
In Tabelle 3.9 werden nach [3.257] für das Au+2,1% Co/Cu-Element Thermospannung E und ihre Ableitung $S = \mathrm{d}E/\mathrm{d}T$ zwischen 1 und 30 K angegeben.

Tabelle 3.9. Au + 2,1% Kobalt/Kupfer-Element

T K	E μV	dE/dT μV/K	T K	E μV	dE/dT μV/K
1	0,53	1,047	16	119,1	13,847
2	2,09	2,070	17	132,2	14,513
3	4,66	3,069	18	148,1	15,165
4	8,22	4,044	19	163,5	15,803
5	12,74	4,994	20	179,6	16,428
6	18,20	5,920	21	196,4	17,038
7	24,57	6,822	22	213,7	17,635
8	31,83	7,700	23	231,6	18,218
9	39,96	8,554	24	250,1	18,791
10	48,93	9,383	25	269,1	19,349
11	58,72	10,188	26	288,8	19,893
12	69,30	10,969	27	308,9	20,424
13	80,65	11,726	28	329,6	20,941
14	92,75	12,459	29	350,8	21,446
15	105,6	12,167	30	372,5	21,937

Gegenüber dem Konstantan/Kupfer-Element der Tabelle 3.8 sind im betrachteten Temperaturbereich Thermospannung und ihre Ableitung S etwa um den Faktor 3 größer, doch wird dieser Vorteil durch die viel größeren Inhomogenitätsspannungen zunichte gemacht. Um diese möglichst gering zu halten, soll die Vergleichslötstelle sich in der Nähe der Meßstelle befinden und sollte der Au-Co-Draht nicht einem großen Temperaturgradienten ausgesetzt sein. Im allgemeinen reicht die Eichung jedes Elements an drei oder vier Fixpunkten aus.

3.2.2.4 Gold-Eisen-Legierungen

[3.40; 3.318]

Das bereits 1932 gleichzeitig mit dem Au-Co-Element vorgeschlagene Au-Fe-Thermoelement nach *Borelius* et al. unterscheidet sich von diesem dadurch, daß die Thermospannung von Au-Co stetig mit der Temperatur zunimmt, während das Au-Fe-Element nur bei tiefen Temperaturen eine hohe Thermokraft aufweist, die oberhalb von 20 K wieder abnimmt. Aber erst *McDonald* et al. [3.225] konnten 1962 die Eignung dieser Legierung für zuverlässige Tieftemperaturmessungen nachweisen, die aus Bild 3.11 deutlich hervorgeht. Aus Vergleichsmessungen mit Legierungen verschiedenen Fe-Gehalts wurde der Optimalwert von etwa 0,03% Fe gefunden, der sich jedoch unterhalb von 4 K nur wenig von der Au + 0,02% Fe-Legierung unterscheidet.

Das Material wird aus spektroskopisch reinen Komponenten erschmolzen, in zwei Stufen bei 550 °C getempert und zu Drähten von 0,08 bzw. 0,3 mm Durchmesser gezogen; dies erfolgt im Hochvakuum, da in oxidierender Atmosphäre der günstige Einfluß von Fe abgebaut und die Thermospannung um Größenordnungen verringert wird.

Als Vergleichselement, das eine positive Thermospannung, kleine thermische Leitfähigkeit und elektrischen Widerstand, sowie gute Reproduzierbarkeit aufweisen sollte, werden „Normalsilber“ und Chromel (90% Ni + 10% Cr) be-

Tabelle 3.10. Au + 0,02% Fe-Elemente

T in K	gegen Chromel		gegen Normalsilber	
	E in µV	dE/dT in µV/K	E in µV	dE/dT in µV/K
1	8,28	9,23	8,17	9,03
2	18,34	10,86	17,96	10,50
3	29,89	12,20	29,08	11,69
4	42,65	13,29	41,27	12,64
5	56,39	14,16	54,29	13,37
6	70,90	14,83	67,95	13,92
7	86,00	15,35	82,07	14,30
8	101,55	15,72	96,50	14,54
9	117,40	15,97	111,11	14,67
10	133,46	16,12	125,80	14,69
11	149,62	16,19	140,46	14,63
12	165,81	16,19	155,03	14,49
13	181,97	16,13	169,43	14,30
14	198,04	16,02	183,61	14,06
15	213,99	15,87	197,54	13,78
16	229,78	15,70	211,17	13,47
17	245,39	15,51	224,48	13,14
18	260,80	15,31	237,45	12,79
19	276,00	15,09	250,06	12,44
20	290,98	14,87	262,32	12,07
21	305,75	14,66	274,21	11,71
22	320,29	14,44	285,73	11,34
23	334,63	14,23	296,90	10,98
24	348,76	14,03	307,70	10,63
25	362,69	13,84	318,16	10,29
26	376,44	13,66	328,28	9,95
27	390,01	13,49	338,06	9,62
28	403,42	13,33	347,53	9,31
29	416,68	13,19	356,69	9,01
30	429,80	13,06	365,55	8,72

nutzt. Mit „Normalsilber" liegt der Anwendungsbereich zwischen 1 und 30 K; darüber fällt die Empfindlichkeit stark ab. Für Messungen in einem Magnetfeld ist diese Kombination der mit Chromel als zweitem Schenkel vorzuziehen.

Die Drähte werden meist mit *Diamel*, einem synthetischen Emailharz isoliert, das mit einer scharfen Schneide oder in Methylenchlorid entfernt werden kann. Näheres, s. [3.41].

In Tabelle 3.10 sind Thermospannung E und Empfindlichkeit $S = \mathrm{d}E/\mathrm{d}T$ für die Elemente Au + 0,02% Fe/Chromel und Au + 0,02% Fe/Normalsilber im Temperaturbereich 1 bis 30 K nach [3.318] zusammengestellt.

Für die analytische Darstellung ist die Summenformel

$$E(T) = \sum_{\mathrm{n}=1}^{\mathrm{L}} B_{\mathrm{n}} T^{\mathrm{n}}$$

geeignet, deren Koeffizienten B_{n} von n = 3 ab im Vorzeichen alternieren.

Au-Fe-Thermoelemente mit Fe-Gehalten zwischen 0,02 und 0,07 At.-% sind von vielen Autoren zwischen 1 und 300 K genau untersucht worden; s. [3.42; 3.114; 3.196; 3.227; 3.280; 3.301]. Für den Temperaturbereich 0,54 bis 2,07 K

Tabelle 3.11. Au-Fe/Chromel-Elemente

T in K	$x = 0{,}02$ E in µV	S in µV/K	$x = 0{,}07$ E in µV	S in µV/K
0,540	−44,69	8,240	−35,71	3,781
0,553	−44,57	8,319	−35,67	3,888
0,581	−44,37	8,480	−35,56	4,106
0,612	−44,02	8,651	−35,40	4,340
0,641	−43,81	8,842	−35,26	4,559
0,673	−43,52	8,952	−35,10	4,814
0,714	−43,16	9,100	−34,95	5,023
0,755	−42,78	9,270	−34,70	5,243
0,805	−42,30	9,476	−34,41	5,518
0,836	−41,99	9,611	−34,23	5,694
0,872	−41,70	9,765	−34,05	5,901
0,912	−41,30	9,936	−33,83	6,125
0,953	−40,87	10,11	−33,57	6,359
1,037	−39,98	10,44	−33,01	6,805
1,125	−39,05	10,75	−32,41	7,234
1,226	−38,02	10,90	−31,70	7,607
1,356	−36,50	11,15	−30,58	8,021
1,413	−35,80	11,24	−30,14	8,181
1,534	−34,47	11,41	−28,94	8,278
1,624	−33,43	11,50	−28,27	8,482
1,763	−31,89	11,62	−27,19	8,769
1,942	−29,91	11,65	−25,64	9,107
2,072	−28,37	11,79	−24,40	9,350

sind in Tabelle 3.11 nach Messungen von *Rosenbaum* [3.277] Thermospannung E und ihre Ableitung S der Thermoelemente Au-Fe mit 0,02 und 0,07 At.-% Fe gegen Chromel angegeben, wobei die Vergleichstemperatur bei 4,215 K liegt.

3.2.2.5 Weitere Materialien

Von *Sparks* und *Hust* [3.316] ist die Thermospannung einer Ag + 28 At.-% Au-Legierung gegen verschiedene bekannte Thermoelemente zwischen 4,2 K und dem Eispunkt angegeben worden. *Beilin* et al. [3.35] untersuchten den Einfluß von Fe auf reines Cu, das wie bei den Au-Legierungen durch Zusätze von 3d-Übergangsmetallen infolge des Kondo-Effektes hohe Thermospannungen bei tiefen Temperaturen liefern sollte. Wird sehr reines Cu mit 0,1 bis 0,15% Fe dotiert und bei 800 °C in Inertgas geglüht, so findet man gegen Chromel als Vergleichselement eine Empfindlichkeit S von 15 µV/K bei etwa 6 K, die stetig bis etwa 26 µV/K bei 0 °C ansteigt.

Für spezielle Anwendungen, wie z. B. für die Temperaturmessung an dünnen Metallfilmen, haben *Bailey* et al. [3.28] *Ag-Al-Thermoelemente* durch Aufdampfen in Hochvakuum hergestellt, die bis 4,2 K brauchbar waren.

3.2.3 Einfluß von Magnetfeldern u. a.

Die durch genaue Eichmethoden gewonnenen Thermospannungswerte in Abhängigkeit von der Temperatur unterliegen beim praktischen Gebrauch einigen Störeinflüssen, welche die Meßgenauigkeit beeinträchtigen können.

Der Einfluß von *Magnetfeldern* auf Thermokraft und elektrischen Widerstand von Thermoelementen wird eingehend in [3.40] und [3.42] von *Berman* et al. behandelt. Dabei wird längs einer zylindrischen Saphirprobe, die an einem Ende auf konstanter Temperatur (He- oder H_2-Bad) gehalten wird, durch eine Heizvorrichtung ein bekannter Temperaturgradient erzeugt und mit dem zu untersuchenden Differential-Thermoelement gemessen. Als Vergleichsthermometer dient ein Gasthermometer (Abschn. 3.1), dessen Anzeige natürlich unabhängig vom Magnetfeld ist. Dabei ist vorausgesetzt, daß die thermische Leitfähigkeit

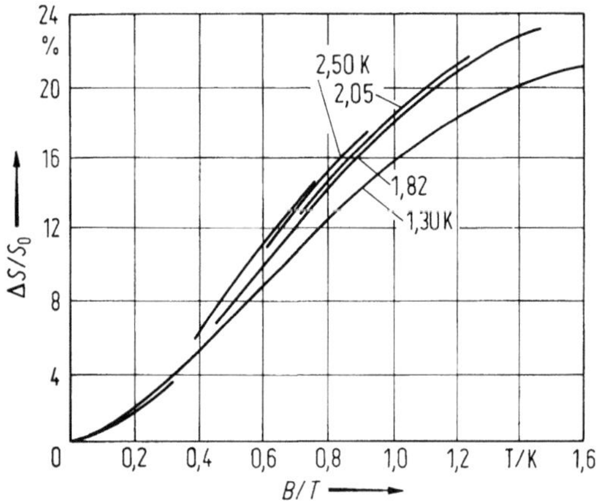

Bild 3.13. Relativänderung der Empfindlichkeit S von Au + 0,03Fe durch ein Magnetfeld

der Proben (wahlweise auch Diamant, Al_2O_3, Quarzglas und Teflon) unabhängig von der magnetischen Induktion B ist. In Bild 3.13 ist das Ergebnis von Messungen mit dem Au + 0,03% Fe-Element an einer Quarzglasprobe dargestellt, wobei die relative Änderung der Empfindlichkeit $\Delta S/S$ über B/T aufgetragen ist und nur wenig von T selbst abhängt.

Von *Sample* et al. [3.288] sind Konstantan- bzw. Au + 0,07% Fe-Elemente gegen Chromel in Feldern bis zu 15 T zwischen 4,2 und 20 K untersucht worden; das Konstantan-Element liefert bei wachsendem Magnetfeld eine geringere Thermokraft. Der Meßfehler $\Delta E/E_0$ beträgt maximal 16% für $B = 14{,}3$ T und $T = 6$ K. Für das Au + 0,07% Fe/Chromel-Element wird $\Delta E/E_0$ positiv und erreicht für $B = 14{,}3$ T und $T = 5{,}3$ K die Größe von 85%. Ähnliche Ergebnisse wurden auch von *Von Middendorff* [3.231] gefunden.

Von *Richards* et al. [2.249] ist gezeigt worden, daß man den Einfluß eines Magnetfeldes auf die Thermospannung vermeiden kann, wenn der vom Feldbereich herauskommende Abschnitt des Elements *isotherm* geführt wird. Von *Schlosser* und *Munnings* [3.297] sind übliche Cu/Konstantan-Elemente im Magnetfeld bei tiefen Temperaturen untersucht worden.

Wird ein Differential-Thermoelement zur Messung der thermischen Leitfähigkeit von Dielektrika (Abschn. 7.2) benutzt, so sollte die Änderung der *Wärmeleitung* der Elementendrähte als Funktion der Temperatur und des Magnetfeldes bekannt sein. Entsprechende Untersuchungen an Au + 0,03% Fe sind in [3.40] für $\Delta R/R_0$ enthalten; in niederohmigen Meßkreisen für die Thermospannung (Abschn. 3.2.5) ist die Widerstandsänderung u. U. zu berücksichtigen.

In einer Leiterschleife aus einem *homogenen* oder aus zwei *identischen* Drähten, die einem Temperaturgradienten ausgesetzt wird, sollte sich keine Thermospannung zeigen. In Wirklichkeit treten *Inhomogenitäten* in der chemischen Zusammensetzung, metallurgischen Struktur und im mechanischen Spannungszustand auf. Von *Sparks* und *Powell* [3.319], sowie *Hust* et al. [3.164] sind die Methoden angegeben worden, um Inhomogenitäten von Thermodrähten prüfen zu können. Hierbei werden die zu untersuchenden Drähte bifilar auf Kunststoffrohre gewickelt, wobei die Lötstelle am unteren Rohrende in das He- oder H_2-Bad getaucht und die resultierende Thermospannung beobachtet wird, wenn sich der Temperaturgradient langsam auf den Gleichgewichtswert einstellt.

3.2.4 Messung sehr kleiner Thermospannungen [3.199]

In Abschn. 2.3.5 ist bereits das Wesentliche über die genaue Messung sehr kleiner Thermospannungen gesagt worden. Befindet sich die Spannungsquelle — wie im Fall des Thermoelements — auf tiefer Temperatur, so wird das Meßproblem durch mögliche Inhomogenitätsspannungen zusätzlich erschwert.

Beim „klassischen" Meßverfahren wird die potentiometrische Methode der stromlosen Spannungsmessung mit Kompensator und Galvanometer als Nullinstrument angewandt (*Ed.* III, § 2.34). Bei großen Empfindlichkeitsansprüchen kann das Galvanometer durch ein *Fotozellengalvanometer* oder beides durch einen *Fotozellenkompensator* (*Ed.* III, § 2.28) ersetzt werden.

Häufig wird man heute ein *Digitalvoltmeter* benutzen, das an der letzten Stelle noch 0,1 μV anzeigen kann und eine so hohe Eingangsimpedanz besitzt, daß Widerstandsänderungen des Quellenkreises keine Rolle spielen. Das Instrument stellt einen Nullstromindikator dar, so daß die Anzeige nicht direkt vom Widerstand, hingegen Einstellzeit und Empfindlichkeit davon abhängen. Vorsicht ist vor allem vor ungeeigneter Abschirmung und Erdung geboten! Ist die Meßanordnung an mehreren Punkten geerdet, können Schleifenströme mit einer 50-Hz-Frequenz auftreten, die dem Meßsignal überlagert sind.

Für die Verbindungskabel sollten solche mit ferromagnetischer Außenhülle benutzt werden, da der gewöhnliche Kupferflechtschlauch den 50-Hz-Brumm wenig abschirmt. Verbindungen gleichartiger oder unterschiedlicher Leiter sind sorgfältig bei definiertem Temperaturniveau durchzuführen, um Störspannungen zu vermeiden. Für Cu-Cu-Lötungen empfiehlt sich Cd-Sn-Lot (70% Cd, 30% Sn); oft sind Punktschweißverbindungen einer Lötung vorzuziehen. *Umschalter* für mehrere Thermoelemente müssen thermokraftfrei sein und aus gleichem Kontaktmaterial, wie Cu, Ag oder Au bestehen; gelegentlich sind sie mit Paraffinöl gefüllt.

Für die automatische Ablesung und *Registrierung* der Thermospannung eignet sich ein Digital-Mikrovoltmeter, dessen Ausgangsspannung einem integrierenden Voltmeter (Spannungs-Frequenz-Konverter) zugeführt wird. Bei einer Integrationszeit von 5 bis 10 s werden die Mittelwerte der entsprechenden Anzahl von Einzelmessungen des Digitalvoltmeters gebildet, wodurch das Untergrundrauschen infolge Temperatur- und Magnetfeldschwankungen, sowie Vibrationen ausgeglichen wird.

Eine zweite, grundsätzlich verschiedene Meßmethode besteht darin, die sehr kleine Thermospannung durch periodisches Umpolen in ein entsprechendes Wechselspannungssignal zu verwandeln und konventionell nach ausreichender Verstärkung zu messen. Eine hierfür geeignete Meßvorrichtung wird von *Anderson* und *Zrudsky* [3.22] angegeben; sie benutzt spezielle MOS-FETs (Feldeffekt-Transistoren), die auch bei 4,2 K durch eine Steuerspannung ein- und ausgeschaltet werden können. Dabei hat man zwischen MOS-FETs (Metal Oxide Silicon Field Effect Transistors) und JFETs (Junction Field Effect Transistors) zu unterscheiden, von denen einige Typen nach Untersuchungen von *Wagner* et al. [3.350] auch bei 4,2 K noch eine stabile Verstärkung von Wechselspannungssignalen erlauben.

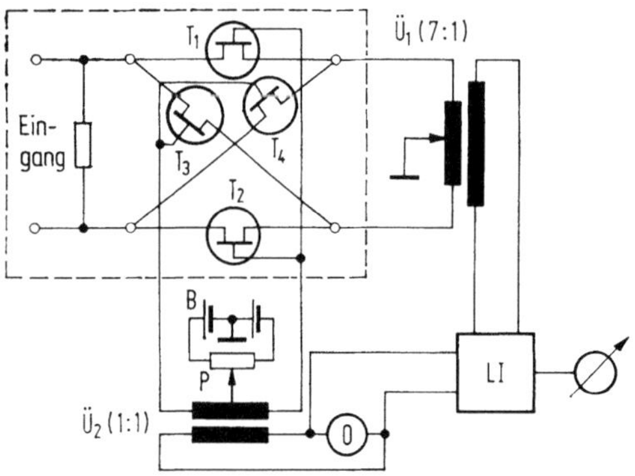

Bild 3.14. MOS-FET-Wechselrichter für sehr kleine Spannungen

Der Wechselrichter (*Ed.* III, § 15.6) nach [3.22] ist vereinfacht in Bild 3.14 dargestellt und enthält als Schaltelemente die vier MOS-FETs T_1 bis T_4 (Typ MFE 3002), die paarweise ein- und ausgeschaltet werden. Die Steuerspannungen von 10 V sind um 180° phasenverschoben und werden vom NF-Oszillator O ($f = 33{,}3$ Hz) über den Übertrager $Ü_2$ den Steuerelektroden zugeführt, wobei eine von den Batterien B gelieferte und durch das Potentiometer P regelbare Gleichspannung dem Steuersignal überlagert werden kann, um die von der Betriebstemperatur abhängige Einsatzspannung der MOS-FETs einstellen zu können. Das Ausgangssignal wird über den Ausgangstransformator $Ü_1$ mit 5 kΩ Impedanz und geerdeter Primärwicklung dem Lock-in-Verstärker LI zugeführt, der sein Referenzsignal ebenfalls vom Oszillator O erhält.

Zwischen 1 nVund 100 μV Eingangsspannung wird eine sehr gute Linearität zur Ausgangswechselspannung erreicht, wie Eichmessungen bei 300, 77 und 4,2 K Betriebstemperatur beweisen. Für die Messung sehr kleiner Thermospannungen wird man — wie in der Abbildung angedeutet — den Wechselrichter bei 4,2 K betreiben. Bei Zimmertemperatur konnte kein Einfluß eines Magnetfeldes von $B = 0{,}6$ T auf das Ausgangssignal festgestellt werden. Der Vorteil dieser Methode gegenüber einem supraleitenden „Chopper", wie er in Abschn. 3.2.5 behandelt wird, besteht darin, daß der MOS-FET-Wechselrichter bereits bei Umgebungstemperatur betrieben und geprüft werden kann.

Von *Prothero* et al. [3.262] wird ein ähnlicher Wechselrichter unter Verwendung von CMOSs (Complementary Metal Oxide Semiconductor) beschrieben, der ebenfalls auf 4,2 K gekühlt wird und Störspannungen von nur 15 bis 40 nV entwickelt.

3.2.5 Supraleitende Schalter und Wechselrichter [3.135; 3.172]

Zur Messung sehr kleiner Thermospannungen im Bereich von 4,2 K und darunter können mit Vorteil *supraleitende Schalter* und *Wechselrichter* benutzt werden, die zwischen Spannungsquelle u_e und dem Eingang u_a des Nachweisgerätes in der in Bild 3.15 gezeigten Weise geschaltet werden. Beim Beispiel a) wird u_e periodisch kurzgeschaltet und in eine Rechteckspannung verwandelt; im Falle b) werden die Elemente b und c abwechselnd ein- und ausgeschaltet. Beim Wechselrichter des Bildes 3.15c werden abwechselnd die Elementenpaare d, d′ und e, e′ ein- und ausgeschaltet, wodurch sich die Polarität ändert und u_a eine Rechteckwechselspannung wird.

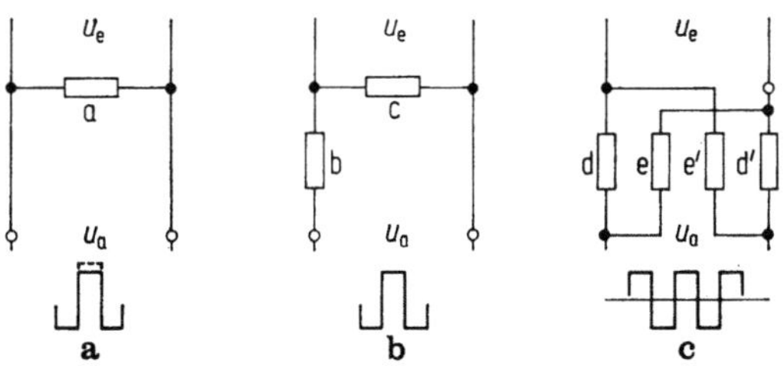

Bild 3.15. Supraleitende Schalter und Umschalter

Die *Schaltelemente* (a bis e) bestehen aus dünnen supraleitenden Drähten, Folien oder aufgedampften Filmen, deren Restwiderstand durch Anlegen eines überkritischen Magnetfeldes H_c als in Serie zum Quellenwiderstand geschaltet erscheint; der Restwiderstand von dünnen Ta-Drähten von 50 μm Durchmesser und einigen Zentimetern Länge, wie sie beim Umschalter des Bildes 3.15c benutzt werden, beträgt etwa 2 Ω. Der supraleitende Draht kann auch zu einem kleinen Spülchen bifilar gewickelt werden, wenn ein höherer Restwiderstand günstiger erscheint.

Das *magnetische Wechselfeld* läßt sich durch einen kleinen Elektromagneten mit oder ohne Vormagnetisierung durch einen Permanentmagneten erzeugen, da nur eine kleine Luftspaltinduktion von etwa 20 bis 50 mT erforderlich ist. Die Umschaltfrequenz kann zwischen 20 und einigen kHz gewählt werden und wird lediglich durch die Wärmeentwicklung im Umschalter bzw. deren Auswirkung auf die Meßstelle begrenzt.

Ausführlicher sind diese Umschalter in *Ed.* III, § 2.332 besprochen; mit einem geringen Eingangswiderstand können noch Spannungen von 0,1 nV gemessen werden. Auch *thermische Umschalter*, bei denen der Phasenübergang zur Normalleitung durch eine geringe Temperaturerhöhung erzeugt wird, lassen sich mit Erfolg anwenden.

Speziell für sehr empfindliche Thermospannungsmessungen geeignete Meßanordnungen werden von *De Vroomen* et al. [3.349] und *Walckier* et al. [3.352] beschrieben; ihre Nachweisgrenze liegt bei 10 pV bei einer Integrationszeit von 3 s im Lock-in-Verstärker.

Von *Hauschultz* et al. [3.147] sind theoretisch Verstärkungsfaktor und Eigenrauschen eines Nachweissystems mit supraleitendem Unterbrecher behandelt worden, das in Bild 3.16 schematisch dargestellt ist. Die zu messende Gleichspannung u wird periodisch durch den supraleitenden Chopper W unterbrochen, wobei in Serie zum Quellenwiderstand R_0 der Widerstand R_e des Unterbrechers im normalleitenden Zustand zu- und abgeschaltet wird. Die dadurch entstehende Stromänderung in der Primärspule des Transformators Ü_1 induziert in der Sekundärwicklung L_1 die Spannung $U = nu$, wenn n das Übersetzungsverhältnis von Ü_1 ist. Durch einen weiteren Transformator Ü_2 mit dem Übersetzungsverhältnis $1 : m$ wird die Wechselspannung nochmals heraufgesetzt und dem Lock-in-Verstärker A als Eingangssignal zugeführt.

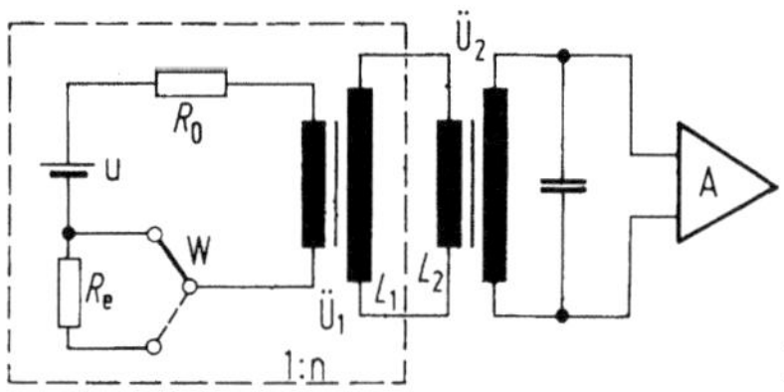

Bild 3.16. Verstärker mit supraleitendem Chopper

Mit den Abkürzungen $1/L = 1/L_1 + 1/L_2$, $C = m^2C'$, $R = n^2(R_0 + R_e)$ und $\omega_0^2 = 1/LC$ muß für ein aperiodisches Verhalten des Systems die Bedingung

$$2n^2(R_0 + R_e) < \omega_0 L$$

erfüllt sein. Das mittlere Eingangssignal $\langle U' \rangle$ am Lock-in-Verstärker A entspricht dem Spannungsabfall an der abgeleiteten Induktivität L, multipliziert mit dem Übersetzungsverhältnis m von Ü_2. Für eine gegebene Chopperfrequenz ω hängt die Transferfunktion $\langle U' \rangle / U$ von den Parametern ω_0, R_e/R_0 und $p = \omega_0 L/(R_0 + R_e)\, n^2$ ab, wobei maximale Empfindlichkeit für $R_e > 2{,}5\ R_0$ erreicht wird und $p > 5$ sein sollte. Für niedrige Frequenzen wird $\langle U' \rangle / U$ proportional zu $\omega L[1/R_0 - 1/(R_0 + R_e)]$.

Beispiel: Der Umschalter besteht aus einem In + 9% Pb-Draht von 0,4 mm Durchmesser ($T_c = 4{,}3$ K) und 5 cm Länge, der mit einem Manganindraht (0,05 mm Durchmesser) als Heizer bewickelt und durch einen Tropfen GE-Kitt isoliert ist ($R_e = 0{,}4$ mΩ). Mit einem Quellenwiderstand $R_0 = 0{,}4$ mΩ erhält man eine Spannungsübertragung $\langle U' \rangle / U = 0{,}3$. Die beiden Transformatoren mit Toroidkern besitzen die Übersetzungsverhältnisse $n = 130$ und $m = 1000$; Ü_2 erweist sich als Hauptquelle für das Rauschsignal des Meßsystems. Mit einer Umschaltfrequenz von 1 Hz lassen sich noch Spannungen von 10 pV nachweisen; durch eine Kühlung des zweiten Übertragers Ü_2 auf 4,2 K läßt sich noch eine Zehnerpotenz an Empfindlichkeit gewinnen.

3.2.6 Eichmethoden und Befestigung

Spezielle Eichverfahren für Thermoelemente im Vergleich zu Gas- und Pt-Widerstandsthermometern sind ausführlich in [3.288; 3.40; 3.42] beschrieben. Große Bedeutung kommt beim Anbringen der Thermoelemente der Führung der

Zuleitungsdrähte und deren thermisches „Abfangen" bei konstanter und bekannter Temperatur zu. Von *Powell* et al. [3.257] wird ein *Eichkryostat* beschrieben, bei dem zwischen 15 und 300 K der Vergleich mit einem Pt-Thermometer, zwischen 4 und 25 K mit einem He-Gasthermometer vorgenommen wird. Der wesentliche Teil dieses Kryostaten ist ein Cu-Block, der thermisch an ein LHe- oder LN_2-Bad gekoppelt ist und beide Vergleichsthermometer enthält; die damit erreichbare Temperaturgenauigkeit wird mit 20 mK angegeben.

Die differentielle Thermokraft $S = \mathrm{d}E/\mathrm{d}T$ wird besonders genau durch ein *Differentialelement* gemessen, das an einer Probe bekannter thermischer Leitfähigkeit (Quarzglas, Saphir, Diamant) montiert ist, in der ein bekannter Temperaturgradient aufrechterhalten wird.

Der Einfluß von *Magnetfeldern* auf die Thermospannung (Abschn. 3.2.3) wird mit supraleitenden homogenen Solenoiden bestimmt, deren magnetische Induktion B eine lineare Funktion des Erregungsstromes ist.

Probleme des thermischen *Kontakts* zwischen Thermoelement und Meßprobe treten besonders dann auf, wenn die Wärmezufuhr durch die Elementendrähte die Probentemperatur beeinflussen könnte. Eine Analyse der dabei in Frage kommenden Vorgänge und Eigenschaften stammt von *Kopp* und *Slack* [3.187] und liefert überschlägig die zu erwartenden Meßfehler. Vielfach werden die Lötstellen auf die Meßprobe gekittet und der Kitt muß für elektrische Isolation und thermischen Kontakt sorgen. Durch Zugabe von feinstem Ag, Al- oder Cu-Pulver läßt sich die thermische Leitfähigkeit solcher Kitte stark erhöhen. Nach *Schlosser* und *Munnings* [2.266] wird ein guter thermischer Kontakt bei kleiner Kapazität und hoher elektrischer Isolation mit *metallisierter Keramik* erzielt, die auf die Meßprobe gelötet werden kann. Zwischen Lötfläche und den Kontakten für das Thermoelement muß der Metallüberzug natürlich abgeschliffen werden. Die bei 4,2 und 77 K gemessene Wärmeleitfähigkeit beträgt 1,3 bzw. 15,8 mW/cm · K; die vergleichbaren Werte für Al-Oxid sind 5,5 und 1500 mW/cm · K.

Bentley und *Wooster* [3.39] finden auch die für gedruckte Schaltungen benutzten Kunststoffplatten als Temperatursenken in der Tieftemperatur-Thermometrie für geeignet.

3.3 Widerstands- und Dioden-Thermometrie

[3.159; 3.282; 3.332; 3.363]

Widerstandsthermometer haben schon seit langem im Bereich tiefer Temperaturen eine bedeutende Rolle gespielt und sind auch heute im Millikelvingebiet unentbehrlich. Sie sind bei Beachtung bestimmter Vorsichtsmaßregeln einfach zu benutzen: diese Temperaturfühler sind sehr klein, benötigen kein Magnetfeld, der Widerstand läßt sich mit Standardinstrumenten genau und schnell bestimmen, und die Meßempfindlichkeit ist sehr groß. Allerdings müssen diese Sekundärthermometer geeicht werden und geben im Magnetfeld, nach Teilchenbestrahlung und Erwärmen auf höhere Temperaturen zu Meßfehlern Anlaß.

Außer den bereits seit 40 Jahren benutzten, in letzter Zeit hinsichtlich Beständigkeit stark verbesserten *Kohle-Widerstandthermometern* (Abschn. 3.3.4) werden für Präzisionsmessungen *Germanium-Thermometer* (Abschn. 3.3.3) und seit 1972 *GaAs-Dioden* in dem sehr großen Temperaturbereich zwischen 0,5 und 300 K angewandt.

3.3.1 Allgemeines

[3.66; 3.282]

Das Standardthermometer für Temperaturen unterhalb von 0 °C ist das durch die IPTS-68 festgelegte *Platin-Thermometer* (vgl. Abschn. 2.4.3.2), dessen Eignung zu Messungen unterhalb von 13,81 K sorgfältig untersucht wurde. Dabei ist gefunden worden, daß Pt Abweichungen von der Matthiessen-Regel zeigt, die jedoch beim heutigen Stand der Reinstherstellung dieses Metalls für die Extrapolation der R,T-Kurve nach tieferen Temperaturen keine Rolle spielen. Es ist mehrfach nachgewiesen worden [3.43], daß nach sorgfältiger Eichung und Verwendung von sehr reinen und spannungsfreien Pt-Drähten mit einem Polynom 5. Grades zwischen 2 und 16 K eine Genauigkeit von ± 10 mK erreicht werden kann. Bei höherem Meßstrom und einer Nachweisempfindlichkeit von 10 nV für die Potentialdifferenz am Widerstand sind sogar noch ± 2 mK feststellbar.

Diese Werte werden mit dem in Bild 2.35 gezeigten Miniaturthermometer in gekapselter Ausführung erzielt. Auch mit anderen Konstruktionen, wie z. B. in [2.161], lassen sich unterhalb von 14 K Temperaturen auf ± 10 mK genau messen.

3.3.2 Andere Metallthermometer

[3.331]

Bei Temperaturen unterhalb von 10 K wird der elektrische Widerstand von Pt-Thermometern meist unbequem klein und auch der Temperaturkoeffizient des Widerstandes nimmt stark ab. Statt Pt eignen sich besonders *In-Thermometer*, die auch bei tiefen Temperaturen infolge der ausgeprägten Gitterschwingungen eine um den Faktor 10 größere Empfindlichkeit aufweisen. Die von *Orlova* et al. [3.241] angegebene Herstellungsmethode solcher Thermometer geht von reinstem *Indium* aus, das bei 50 bis 60 °C unter einem Druck von ca. 1800 bar aus einer feinen Düse extrudiert wird, wobei Drähte von 70 bis 100 μm Durchmesser entstehen. Der In-Draht wird zwischen 90 μm starken, isolierten Cu-Drähten bifilar auf ein isoliertes Cu-Rohr (4 mm Durchmesser) gewickelt und mit Kunstharz vergossen. Solche Thermometer besitzen bei 0 °C einen Widerstand von ca. 60 Ω und ein Widerstandsverhältnis $R_{273}/R_{4,2} = 2400$; die Größe $\mathrm{d}R/\mathrm{d}T$ ist unterhalb von 10 K im Vergleich zu Pt um mehr als eine Zehnerpotenz größer. Von Vorteil ist für die Eichung der „mitgelieferte" Fixpunkt $T_c = 3{,}412$ K für den Phasenübergang in den supraleitenden Zustand bei verschwindendem Magnetfeld.

Für die Interpolationsformel benutzt man mit Vorteil die in Abschn. 2.4.3.2 beschriebene Methode der Z-Funktion, womit bei 4 K eine Genauigkeit von 20 bis 30 mK erreicht wird.

Besonders interessant ist **α-*Mangan*,** bei dem zwischen 2 und 16 K der temperaturabhängige Anteil des elektrischen Widerstandes proportional zu T^2 ist. Es besitzt einen sehr großen Temperaturkoeffizienten $\mathrm{d}R/\mathrm{d}T$ des Widerstandes, der bei 10 K um den Faktor 2000 größer als von Pt ist; das Material läßt sich jedoch nicht zu Drähten verarbeiten.

Nach *Mikhailov* und *Govor* [3.232] läßt sich *Messing* + *2% Pb* zwischen 2 und 5 K bei einer Drahtstärke von 50 μm als Widerstandsthermometer verwenden. Ein ähnliches Verhalten wie beim α-Mn wurde bei der Legierung *Rhodium* + *0,5 At-% Eisen* gefunden, das zwischen 25 mK und 300 K von *Rusby* [3.285] näher untersucht worden ist. Von Interesse ist der relativ geringe Magnetfeldeinfluß, der bei 4,2 K in einem Feld von 2 T nur 1,4% beträgt.

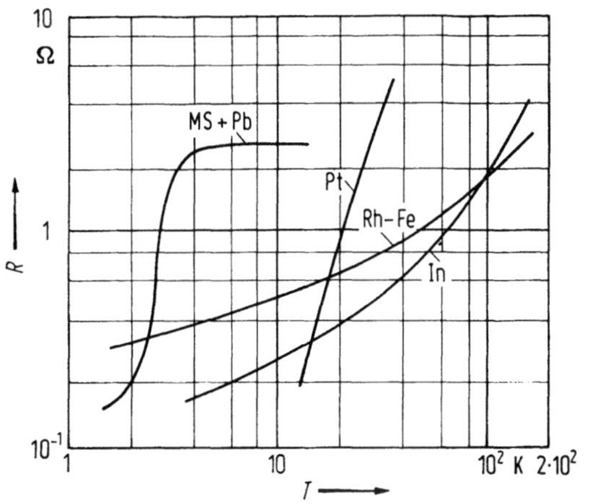

Bild 3.17. Widerstand R einiger Metall-Thermometer

In Bild 3.17 ist für Widerstandsthermometer aus Pt, MS + Pb, In und Rh-Fe der Widerstand R.

Von *Snelson* [3.311] und *Griffin* et al. [3.137] werden in Serie geschaltete, geätzte Gitterfolien aus Ni und Manganin von nur 5 μm Stärke, bzw. aufgedampfte Cr-Ni-Filme als Widerstandsthermometer zwischen Zimmertemperatur und 4 K benutzt. Der Einfluß von Magnetfeldern auf ein Au-Mn-Widerstandselement beträgt nach *Welter* und *Johnen* [3.362] für $T = 4{,}2$ K etwa 10% des Widerstandes bei $B = 0$ in einem Feld von 2 T.

3.3.3 Germaniumthermometer

[3.78; 3.143; 3.149]

3.3.3.1 Grundsätzliches

Reinstes *Germanium*, ein Halbleiter aus der IV. Gruppe des Periodischen Systems, besitzt bei Zimmertemperatur einen spezifischen Widerstand zwischen 40 und 60 Ωcm. Unterhalb von etwa 120 K ist es für thermometrische Zwecke wegen des hohen Widerstandes ungeeignet. Nach dem Bändermodell (*Ed.* III, § 4.22) berechnet sich die *Eigenleitfähigkeit* aus der Beziehung

$$\varkappa = B \exp(-\Delta E/kT), \tag{3/11}$$

in der B eine nur schwach temperaturabhängige Stoffkonstante und ΔE die Energielücke ist, die für Ge 0,72 eV = 1,15 · 10^{-19} J beträgt.

Zur Konstruktion von Tieftemperatursensoren wird Rein-Germanium mit P, Ga oder As in hoher Konzentration ($10^{19}/\mathrm{cm}^3$) verunreinigt, wodurch der spezifische Widerstand um mehrere Größenordnungen fällt und die Empfindlichkeit $\mathrm{d}R/\mathrm{d}T$ sich zwischen 2 und 100 K nur noch wenig ändert. Das *Dotieren* geschieht vor dem Ziehprozeß aus der Schmelze und nachträglichem Tempern, um eine möglichst homogene Verteilung der Zusatzkomponente zu erhalten [2.52].

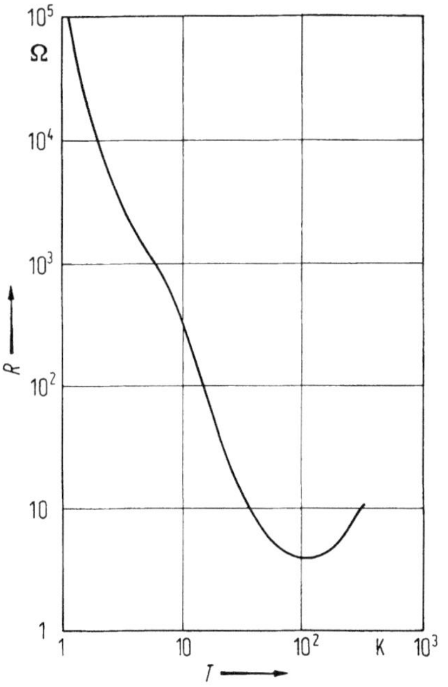

Bild 3.18. Widerstandsänderung für ein mit Ga gedoptes Ge-Thermometer

Anstelle der Gl. (3/11) läßt sich der Widerstand von stark dotiertem Germanium nach [3.78] durch die einfache Beziehung

$$R = CT^{-A} \exp(-B/T) \tag{3/12}$$

beschreiben, die auf 2% genau ist. In Bild 3.18 ist nach Messungen von *Blakemore* et al. [3.56] der elektrische Widerstand einer einkristallinen Probe von Ge dargestellt, das mit 3,8 · 10^{16} cm^{-3} Ga und 3,0 · 10^{15} cm^{-3} Sb dotiert wurde, um im He- und H_2-Bereich eine möglichst lineare R,T-Kurve zu erreichen.

3.3.3.2 Aufbau und Eigenschaften

Für die praktische Benutzung des Ge-Thermometers wird die zuerst von *Kunzler* et al. [3.193] vorgeschlagene Montage des Ge-Kristalls in ein mit He-Gas von Normaldruck (bei 290 K) gefülltes Metallröhrchen angewandt, deren Weiterentwicklung in Bild 3.19 gezeigt ist. Der dotierte Ge-Kristall A mit Strom- und

Potentialkontakten wird spannungsfrei an dünnen Golddrähten D befestigt, die an die Pt- oder Phosphorbronze-Stifte Z des Be-Oxid-Sockels C gelötet sind. Durch diese Konstruktion wird die Übertragung von Kräften auf A vermieden, wodurch sich der Widerstand ändern könnte. Der Widerstand ist von der goldplattierten Hülse B aus hochreinem Cu gasdicht umgeben, die am Sockel verlötet wird. Ohne Zuleitungen sind diese Thermometer etwa 6 bis 8 mm lang und besitzen einen Durchmesser zwischen 2,4 und 3,2 mm. Für spezielle Anwendungen in der Kalorimetrie wird das Ge-Thermometer auch ohne Kapselung benutzt, um Wärmekapazität und Einstellzeit zu verringern.

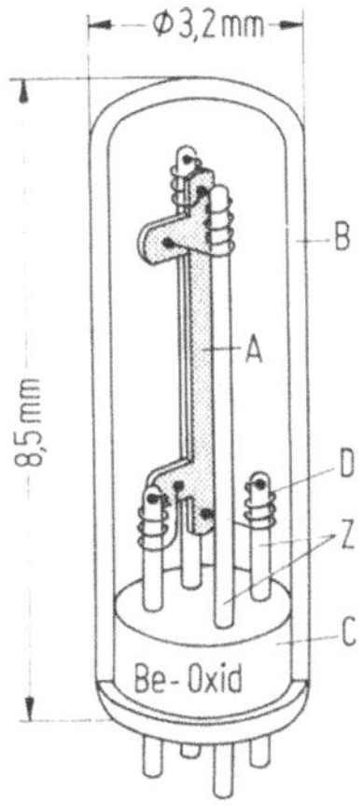

Bild 3.19. Gekapseltes Ge-Widerstandsthermometer

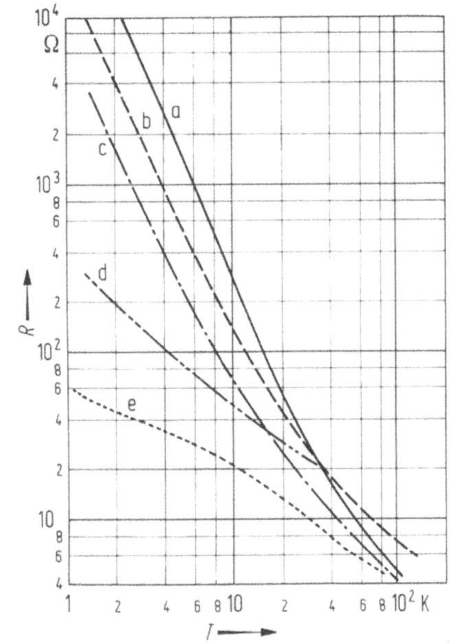

Bild 3.20. Widerstandskennlinie eines mit As gedopten Ge-Thermometers

In Bild 3.20 ist der Widerstand verschiedener mit As dotierter Ge-Widerstandsthermometer logarithmisch als Funktion von T dargestellt. Um einen zu hohen Arbeitswiderstand zu vermeiden, wählt man entsprechend dem Anwendungsbereich den Widerstand bei 4,2 K. Für Ge-Thermometer, die bis 0,3 K benutzt werden sollen, reichen 100 Ω bei 4,2 K aus; bei 50 mK wird allerdings der Widerstand unbequem hoch. Durch starkes Dotieren lassen sich Thermometer mit 10 Ω Widerstand bei 4,2 K herstellen, die eine exakte exponentielle Eichkurve bis herab zu 10 mK aufweisen. Solche Sensoren werden z. B. von CryoCal, Scientic Instruments Inc. und Solitron mit Widerständen zwischen 20 und 50 Ω bei 4,2 K geliefert.

Die großen Vorteile der Ge-Thermometer sind folgende:

a) Ausgezeichnete Reproduzierbarkeit und sehr geringe Alterungseffekte [1.33; 3.56; 3.78];

b) es existieren brauchbare analytische Beziehungen für $R(T)$, die zur Datenverarbeitung und Fehlerabschätzung geeignet sind [3.8; 3.73];

c) durch Aufdampf- und Diffusionstechniken lassen sich reproduzierbar optimal dotierte Ge-Widerstände kleiner Abmessungen mit geringer Wärmekapazität und Einstellzeit herstellen.

Magnetfeldabhängigkeit. Ge-Widerstände zeigen die erwartete B^2-Abhängigkeit unterhalb von 5 T und darüber einen linearen Zusammenhang mit B; Näheres s. Abschn. 3.3.7.

Die *Zeitkonstante* dieser Thermometer hängt von der Größe des Sensors, der Wärmeleitfähigkeit des Füllgases und natürlich von T ab. Für das in Bild 3.19 dargestellte Thermometer beträgt die Wärmekapazität 0,4 μJ/K bei 4,2 K und die daraus resultierende Zeitkonstante einige Millisekunden. Die *Einstellzeit* hängt zusätzlich von der äußeren Wärmeübertragung ab; in gasförmigem He wird sie für das obige Beispiel etwa 0,3 s. Näheres über den Einsatz und die Eigenschaften von Ge-Thermometern, s. [3.54; 3.55; 3.96; 3.211; 3.278; 3.377].

Von *Blakemore* et al. [3.56] ist eingehend der Meßfehler untersucht worden, den die im Sensor verbrauchte Meßleistung hervorruft und der von der thermischen Ankopplung an die Umkapselung abhängt. Annähernd wird der Meßfehler $\Delta T \sim i^2$, wenn i der Meßstrom ist. Die Einstellzeit nimmt mit steigender Temperatur zunächst quadratisch mit T, dann über 5 K merklich schwächer zu.

Reproduzierbarkeit. Gegenüber dem Kohlewiderstandsthermometer weist das Ge-Thermometer den großen Vorteil auf, daß sich sein Widerstand auch nach vielen Temperaturzyklen nicht merklich ändert. Sorgfältig durchgeführte Experimente ergaben nach vielen Zyklen zwischen 4,2 und 300 K *Standardabweichungen* von 0,25 bis 0,40 mK für eine größere Anzahl geprüfter Thermometer. Von *Swenson* und *Wolfendale* [3.333] wird darauf hingewiesen, daß der gemessene Widerstand von Ge-Thermometern davon abhängt, ob mit Wechselstrom (3 bis 1000 Hz) oder Gleichstrom gearbeitet wird. Die Abweichungen betragen bei 77 K etwa 0,1 K und bei Temperaturen unterhalb von 17 K nur noch 0,2 mK.

Für den *Temperaturbereich unterhalb von 1 K* benutzen *Antcliffe* et al. [3.24] stark dotierte Ge-Proben, die in schwarze, evakuierte Glaskölbchen eingeschmolzen werden und bei 4,2 K Widerstände zwischen 50 und 150 Ω zeigen. Zwischen 0,3 und 4,2 K läßt sich der Widerstand in guter Näherung durch die Gleichung (3/12) beschreiben. Für Temperaturen unterhalb von 0,1 K verwenden *Roth* et al. [3.281] niederohmige, d. h. stark dotierte Ge-Proben mit 50 μm starken Goldzuleitungen in einer mit He gefüllten Kupferhülse. Um die vom Meßstrom i abhängigen Meßfehler zu bestimmen, wird die *thermische Impedanz* $Z = \Delta T/\dot{Q}$ gemessen, wenn $\Delta T = (R - R_0)/(\mathrm{d}R_0/\mathrm{d}T)$, R_0 der Widerstand für $\dot{Q} = 0$ und $(\mathrm{d}R_0/\mathrm{d}T)$ aus der Eichkurve entnommen wird. Für das gekapselte Ge-Thermometer wird $Z = 0{,}3 \cdot 10^8$ K/W, für ein ungekapseltes Instrument etwa $20 \cdot 10^6$ K/W bei 50 mK gefunden. Näheres, s. Abschn. 3.3.8.

3.3.3.3 Si- und SiC-Widerstandsthermometer [3.179]

Nach *Bachmann* et al. [3.27] lassen sich durch Dotierung von Reinst-Si empfindliche Widerstandsthermometer und Bolometer für den Tieftemperaturbereich herstellen. Da Si eine im Verhältnis zu Ge doppelt so hohe Debye-Temperatur besitzt und seine spezifische Wärme bei tiefen Temperaturen daher um den Faktor 8 kleiner als die von Ge ist, bietet Si als Thermometer den Vorteil geringerer thermischer Trägheit, besonders für kalorimetrische Messungen.

Um für die Temperaturmessung geeignete spezifische Widerstände für dotiertes Si zu erzielen, sind wegen der im Vergleich zu Ge ($\Delta E = 0{,}66$ eV bei 300 K) größeren Energielücke ($\Delta E = 1{,}10$ eV bei 300 K) hohe Donatorkonzentrationen (meist P) erforderlich. Zur Herstellung geeigneter Thermometer wird von niederdotiertem Si ($< 2 \cdot 10^{18}$ cm^{-3}) mit n- oder p-Leitung mit meist quadratischen Abmessungen 5×5 mm^2 ausgegangen und durch Diffusion von Phosphor eine etwa 5 µm dicke Schicht mit sehr hoher (degenerierter) P-Konzentration erzeugt, deren elektrische Leitfähigkeit bei tiefen Temperaturen durch Elektron-Phonon-

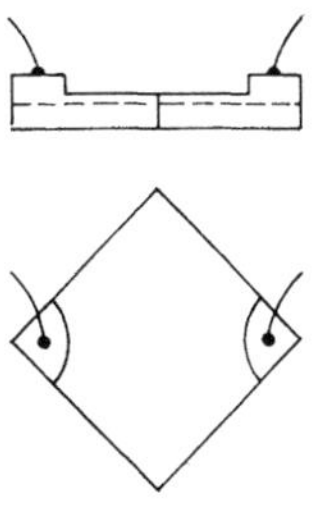

Bild 3.21. Si-Widerstandsthermometer (p-Diffusionsschicht gestrichelt)

Streuung bestimmt wird. Das in Bild 3.21 dargestellte Widerstandselement, bei dem die Kontaktstellen beim folgenden Ätzprozeß abgedeckt bleiben, wird ein zweites Mal durch P dotiert und bei 1200 °C mit einer P-Diffusionsschicht versehen. Diese kann durch stufenweises Abätzen soweit abgetragen werden, bis der gewünschte Widerstandswert zustandekommt. Die Golddrähte für die Meßleitungen werden mit In-Lot befestigt. Mit diesem Prozeß lassen sich Thermometer mit einigen Kilo-Ohm Widerstand und einer Temperaturempfindlichkeit $\alpha = (\mathrm{d}R/\mathrm{d}T)/R = -0{,}5$ K^{-1} bei 4,2 K herstellen.

Solche Thermometer zeigen im Magnetfeld eine relativ kleine Widerstandsänderung von weniger als 3% bei $B = 0{,}8$ T; sie eignen sich auch für Untersuchungen bei hohem Druck.

Durch Variation der Herstellungsbedingungen lassen sich nach *Frossati* et al. [3.122] durch Implantation von P-Ionen bei 130 keV und anschließendem Tempern bei 600 °C Si-Widerstände herstellen, die bis herab zu 10 mK verwendbar sind. Bei einem Widerstand $R_{4,2} = 100\,\Omega$ sind die Temperaturkoeffizienten α bei 4,2, 0,3 und 0,01 K etwa 0,3, 5 und 200 K^{-1}. Die Kurzzeitstabilität dieser Thermometer, die zwischen 300 und 4,2 K geprüft wurde, ist im Vergleich zu den Kohlewiderstandsthermometern (Abschn. 3.3.4) ausgezeichnet und wird mit $4 \cdot 10^{-4}$ angegeben.

Nach *Brown* et al. [3.67] lassen sich prismatische Stäbchen aus gesintertem SiC zwischen 2 und 10 K als Widerstandsthermometer verwenden; mit geeigneten Zuleitungsdrähten und -kontakten können sie bis 450 °C ausgeheizt werden. Bei einem Nominalwiderstand von 750 Ω bei 4,2 K betragen die Widerstandsverhältnisse $R(T)/R_{4,2}$ 0,82, 0,477 und 0,338 für die Temperaturen 5,10, 7,22 und 9,22 K.

3.3.3.4 Meßwertinterpolation

Die gute Reproduzierbarkeit der Ge-Thermometer, die bei ausgesuchten Sensoren 0,2 mK bei 4,2 K betragen kann, und ihre hohe Empfindlichkeit über einen großen Temperaturbereich, läßt sich nur dann optimal nutzen, wenn zwischen den Eichpunkten ein genauer funktionaler Zusammenhang hergestellt wird.

Die Methode der kleinsten quadratischen Abweichungen wird heute für die Interpolation zwischen den Eichpunkten am häufigsten angewandt [3.131; 3.136]. Dabei werden verschiedene Polynome benutzt, wie z. B.

$$\log R = \sum_{j=0}^{n-1} A_j (\log T)^j, \tag{3/13a}$$

$$\log R = \sum_{j=0}^{n-1} C_j T^{-j}, \tag{3/13b}$$

wobei die spezielle Form und die Ordnungen der Polynome zur Repräsentation der Meßkurven empirisch sind, und keineswegs mit den relevanten physikalischen Gesetzmäßigkeiten zusammenhängen müssen. Für einen Fit, bei dem für ein Ge-Thermometer zwischen 1 und 100 K etwa 60 Eichpunkte herangezogen werden, wird die relative Abweichung $\Delta T/T$ zwischen berechneten und gemessenen Temperaturen gewöhnlich bei $4 \cdot 10^{-3}$ liegen. Wird dieser Temperaturbereich in zwei Abschnitte (1,5 bis 20 K und 17 bis 110 K) aufgeteilt, so erniedrigt sie sich nach *Blakemore* et al. [3.57] um eine Größenordnung. Nachteilig ist hierbei allerdings ein größerer Fehler im Überschneidungsbereich.

Auf andere Weise läßt sich das Problem durch eine stückweise Interpolation lösen, wobei Gleichungen der Form

$$\ln R = A T^{-B} \tag{3/14}$$

nach *Penar* und *Campi* [3.254] benutzt und zwei bis vier benachbarte Eichpunkte zur Auswertung herangezogen werden. Der zwischen 1,5 und 100 K liegende Temperaturbereich läßt sich mit 57 Meßpunkten erfassen, deren Genauigkeit von 100 mK bei 100 K bis 3 mK bei 2 K ansteigt. Setzt man bei zwei Eichtemperaturen T_1 und T_2 die entsprechenden Widerstandswerte R_1 bzw. R_2 in Gl. (3/14) ein, so ergibt sich der Exponent B zu

$$B = \frac{\ln (\ln R_2/\ln R_1)}{\ln (T_1/T_2)} \tag{3/15}$$

und die zum gemessenen Widerstand R gehörige unbekannte Temperatur zu

$$T = T_1 (\ln R_1/\ln R)^{1/B}. \tag{3/16}$$

Die mit diesen einfachen Funktionen erzielbare Genauigkeit bei abschnittweiser Interpolation ist viel größer als die mit der Methode der kleinsten Quadrate erreichbare. Letztere wird dann vorgezogen, wenn eine *bekannte* Funktion mit vorliegenden Meßdaten gefittet werden soll.

Die Interpolationsmethode in Abschnitten, die auch als „Cubic Spline"-Methode bezeichnet wird, soll eine glatte, stetige Kurve liefern, welche durch alle Eichpunkte mit einem Minimum an Krümmung verläuft. Diese weit verbreitete Approximationsmethode ersetzt jedes Kurvensegment zwischen den Eichpunkten durch ein kubisches Polynom, deren Konstanten von Abschnitt zu Abschnitt verschieden sind und sorgt dafür, daß die 1. und 2. Ableitungen für den Anschluß zweier benachbarter Segmente stetig sind.

Von *Blundell* und *Ricketson* [3.59] wird für die R,T-Kennlinie von n-leitenden Ge-Thermometern für höhere Temperaturen die Beziehung

$$R = A + BT^m + CT^n \qquad (3/17)$$

vorgeschlagen, wobei $m < 0$ und $n > 0$. Für einen Temperaturbereich von 40 bis 100 K wird für ein bestimmtes Thermometer die Differenz $\Delta T = T_{\text{gemess.}} - T_{\text{berech.}}$ zu durchschnittlich 2,7 mK gefunden, wenn die Parameter in Gl. (3/17) wie folgt eingesetzt werden: $A = 1{,}25$; $B = 0{,}78 \cdot 10^{+4}$; $C = 3{,}1 \cdot 10^{-2}$; $m = -1{,}71$; $n = 0{,}8$.

Die für die Interpolation der Eichwerte von Ge- und Kohle-Widerstandsthermometern benutzten Rechentechniken werden von *Ward* [3.354] hinsichtlich ihrer Leistungsfähigkeit und des zeitlichen Rechenaufwandes miteinander verglichen. Das Ergebnis dieses Vergleichs läßt sich wie folgt zusammenfassen:

a) Die Rechenzeit für den quadratischen und kubischen Fit durch drei benachbarte Eichpunkte ist pro Interpolation mit je 400 µs etwa die gleiche;
b) vorteilhaft ist eine vorhergehende log,log-Transformation für R und T;
c) maximale Genauigkeit wird erzielt, wenn die Eichpunkte in der log,log-Darstellung gleichförmig verteilt sind;
d) für eine typische kommerzielle Eichung eines Ge-Thermometers (25 Eichpunkte zwischen 4 und 20 K) ist die erzielbare Genauigkeit vergleichbar mit der eines Polynom-Fits;
e) liegen nur wenige Meßpunkte vor, so ist die beschriebene Methode genauer als die mit dem Polynom-Fit erzielbare.

Über weitere Interpolationsmethoden, die mit Kleinrechnern möglich sind, und die damit erzielbare Genauigkeit in Abhängigkeit von der benutzten Interpolationsgleichung, z. B. Gln. (3/13), (3/14) und (3/17), s. *Catalano* et al. [3.73] und *Rindelhardt* et al. [3.272].

Von einigen Autoren sind Ge-Widerstandsthermometer mit magnetischen Thermometern (Abschn. 3.4) verglichen worden [3.20], oder wurden bei tiefen Temperaturen an den Sprungpunkten supraleitender Elemente geeicht [3.314].

Im übrigen sind die oben beschriebenen Verfahren sinngemäß auf Kohle- und Diodenthermometer übertragbar.

3.3.4 Kohle-Widerstandsthermometer

[3.15; 3.363]

Wohl die größte Verbreitung hat seit etwa 20 Jahren die Anwendung von *Kohlewiderständen* zur Messung tiefer Temperaturen zwischen 10 mK und 20 K gefunden. Diese Widerstände werden aus sehr feinen Kohle- oder Rußteilchen mit organischen Bindemitteln durch Vorsintern und Brennen hergestellt, wobei die Kupferzuleitungen im selben Arbeitsgang mitverpreßt werden. Je nach Herstellungsverfahren lassen sich zylindrische Widerstände, Kohle-Glas-Widerstände und Schichtwiderstände unterscheiden; allen gemeinsam ist eine typische Halbleiterkennlinie, die bei sehr tiefen Temperaturen zu hohen Widerstandswerten führt.

3.3.4.1 Kompakte Kohle-Widerstandsthermometer

Widerstände dieser Art werden von einigen Firmen in zylindrischer Form in Größen zwischen 0,1 und 1 W Leistungsverbrauch hergestellt, wobei unterschiedliche Herstellungsprozesse angewandt werden, welche die R,T-Kennlinie beeinflussen. Als Hersteller kommen folgende Firmen in Betracht:

a) *Allen-Bradley* Comp. Milwaukee/Wis., USA, stellte früher den Typ CB, 1/10 W mit weißer Deckschicht her [3.238]; dieser wurde ersetzt durch den Typ BB 1/8 W mit braunem Kunstharzüberzug [3.60]; identisch mit „Ohmite"-Typen;
b) *Speer* Electronics Components (übliche Werte 27 bis 200 Ω), auch für $T < 1$ K brauchbar;
c) *Ohio Carbon* Co. Cleveland/Ohio, USA, Type ACW 2, 1/4 W, vergleichbar mit b);
d) *Matsushita* Electr. Ind. Co. Ltd. Japan; stellt vorwiegend den Typ ERC-18GK oder ERC-18SG her, die ebenfalls unterhalb von 1 K benutzt werden [3.286].

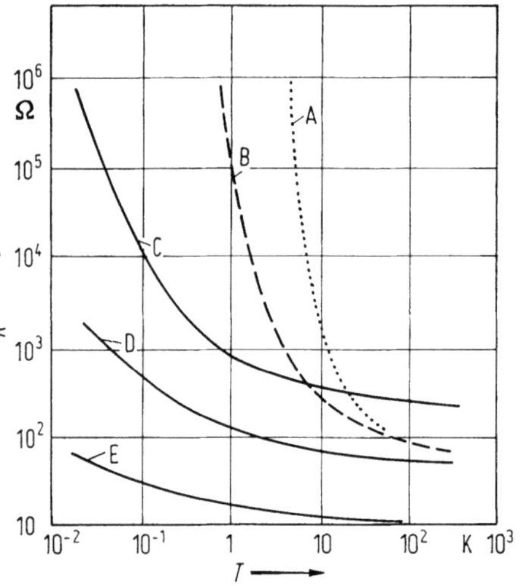

Bild 3.22. Widerstandskennlinien:
A — Thermistor; B — 68 Ω-Allen-Bradley;
C — 220 Ω-Speer; D — 51 Ω-Speer;
E — 10 Ω-Speer

Die am häufigsten oberhalb von 1 K benutzten Allen-Bradley-Widerstände werden in den Größen 0,1 bis 1 W und 10 bis 500 Ω hergestellt und nur gelegentlich für tiefere Temperaturen eingesetzt. Für Speer-Widerstände ist die Größe $(\mathrm{d}R/\mathrm{d}T)/T$ kleiner als bei den Allen-Bradley-Widerständen; sie eignen sich bis 20 mK [3.146; 3.230]. Typische Widerstandswerte für einen 1/2 W-Widerstand von 220 Ω sind 1 kΩ bei 1 K, 20 kΩ bei 0,1 K und 300 kΩ bei 15 mK, wobei die Meßleistung 0,1 pW beträgt.

In Bild 3.22 ist für einige Allen-Bradley- und Speer-Widerstände der Widerstandsverlauf mit der Temperatur doppelt-logarithmisch aufgetragen. Daraus ist zu entnehmen, daß sowohl R wie auch die Empfindlichkeit $(dR/R)/(dT/T)$ durch Wahl des Nominalwiderstandes R_{300} und des Widerstandstyps unabhängig voneinander geändert werden können. Im allgemeinen wird die Empfindlichkeit um so kleiner sein, je kleiner R_{300} gewählt wird; auch sollte die R,T-Kennlinie bei gleichem R_{300} -Wert für 1/8-, 1/4-, 1/2- und 1-W-Widerstände etwa übereinstimmen. Widerstand R_{300} und Empfindlichkeit hängen u. a. von Art und Größe der Kohlepartikel, deren Durchmesser zwischen 30 und 2000 nm liegen, dem Bindemittel und der Wärmebehandlung ab. Näheres, s. Abschn. 3.3.4.3.

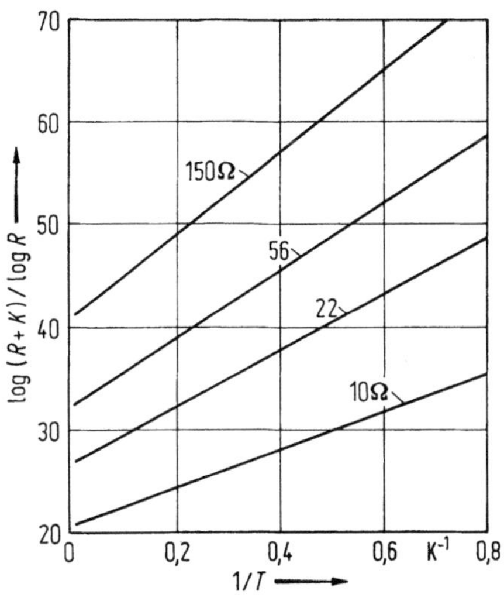

Bild 3.23. Vergleich der gemessenen Widerstände von Kohlethermometern mit Gl. (3/18)

Die ersten grundsätzlichen Untersuchungen über die Eignung der Kohle-Widerstandsthermometer sind 1951 von *Clement* und *Quinnell* [3.80] an 1 W-Allen-Bradley-Widerständen durchgeführt worden. Um Größe und Wärmekapazität dieser zylindrischen Widerstände zu verringern und gleichzeitig die thermische Ankopplung an die Meßstelle zu verbessern, wird die Isolierschicht abgeschliffen. Die mit einer Wheatstone-Brücke gemessenen Widerstände (Leistungsaufnahme bei 2 K etwa 5 μW) lassen sich — wie in Bild 3.23 gezeigt — entsprechend der empirischen Beziehung

$$\log R + K/\log R = A + B/T \tag{3/18}$$

durch Geraden darstellen. Der Einfluß der Meßleistung P auf die Temperaturanzeige hängt hauptsächlich von der Wärmeleitfähigkeit des Thermometers ab und kann durch die Beziehung $dP/dT = 0{,}25T$ mW/K ausgedrückt werden.

Die *Empfindlichkeit* dieser Thermometer läßt sich — wie in Bild 3.24 gezeigt — für die vier Widerstände des Bildes 3.23 als parallele Gerade darstellen, wenn die Größe $(dR/dT)/R$ gegen $\log T$ aufgetragen wird. Obwohl diese Kennlinien nicht ganz exakt parallel verlaufen, um daraus eine generelle Eichkurve ableiten zu können, so sind sie doch nützlich, wenn mit zwei Eichpunkten bereits angenähert die Temperatur innerhalb eines weiten Bereiches aus einer R-Messung angegeben werden kann. Aus einer Untersuchung von *Geballe* et al. [3.124] an

Kohleschichten, die aus verschiedenen Rußsorten in organischen Lösungsmitteln aufgelöst hergestellt wurden, geht hervor, daß mit abnehmender Partikelgröße (20 bis 120 nm) die Empfindlichkeit zunimmt, während R_{300} fällt. Als Beispiel für den Vergleich der CB- mit den BB-Allen-Bradley-Widerständen wird auf *Borchers* [3.60] verwiesen, der die R,T-Abhängigkeit zwischen 1,1 und 300 K durch die empirische Beziehung

$$\log R = a + b(\log R/T)^{1/2} \tag{3/19}$$

beschreibt. In Tabelle 3.12 sind für beide Widerstandstypen und -größen die Konstanten a und b aus Gl. (3/19), sowie $R_{4,2}$ und $R_{4,2}/R_{300}$ zusammengestellt.

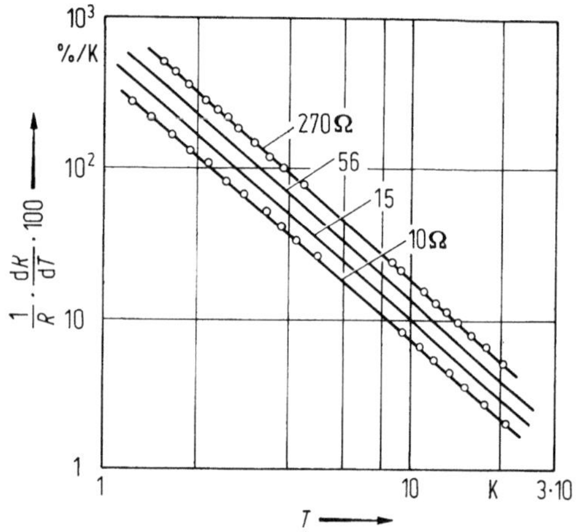

Bild 3.24. Empfindlichkeit von Kohlethermometern zwischen 1 und 30 K

Zur Übersicht sind in den Bildern 3.25 und 3.26 im doppelt-logarithmischen Maßstab R,T-Kurven für BB-Allen-Bradley- und Speer-Widerstände dargestellt; für die letzteren ist nur der Bereich $T < 2$ K von Interesse.

Für besondere Anwendungen wirkt sich die relativ große Wärmekapazität und kleine thermische Leitfähigkeit der gebräuchlichen zylindrischen Widerstände nachteilig auf die zeitliche Auflösung bzw. Meßgenauigkeit des Thermo-

Tabelle 3.12. Eigenschaften von Allen-Bradley-Widerständen

Widerstands-typ	R_{300}	Konstanten		$R_{4,2}$ in Ω	$R_{4,2}/R_{300}$
		a	b		
CB	10	1,03	1,20	65	6,5
1/10 W	56	1,63	1,64	1000	18
BB	10	0,97	1,10	47	4,7
1/8 W	27	1,35	1,29	210	7,6
	47	1,58	1,38	470	10
	100	1,88	1,48	1400	14
	220	2,16	1,57	4000	18
	330	2,33	1,64	8100	25
	1000	2,85	1,60	33000	32

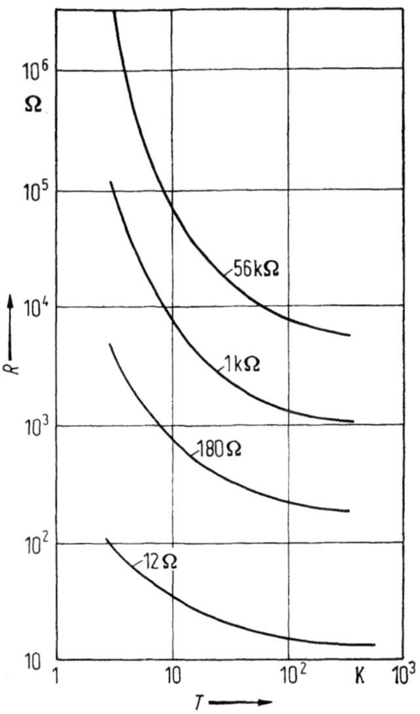

Bild 3.25. Eichkurven von vier Allen-Bradley/Ohmite-Widerständen (1/8 W)

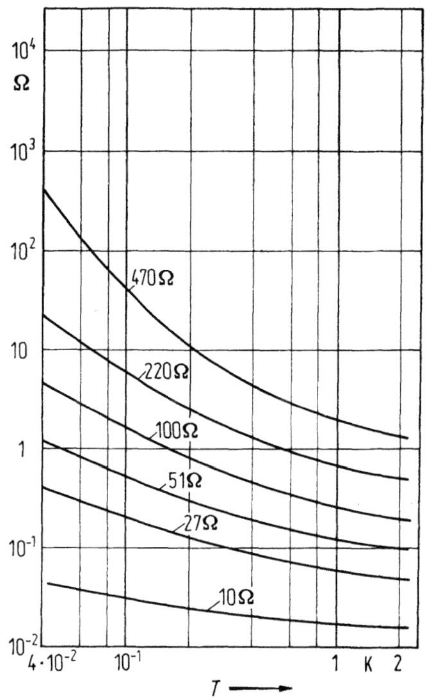

Bild 3.26. Eichkurven von Speer-Widerstandsthermometern (Type 1002, 1/2 W)

meters aus, wie z. B. bei Tieftemperatur-Kalorimetern (Abschn. 5.3). In diesen Fällen kann – wie in Bild 3.27 gezeigt – der ursprünglich zylindrische Widerstand R durch beiderseitiges Abschleifen symmetrisch zu den Zuleitungsdrähten D zu einem dünnen Plättchen reduziert werden, dessen (gleichmäßige) Dicke 0,10 bis 0,3 mm beträgt. Zur Verringerung der Masse werden die unwirksamen Ecken ebenfalls entfernt. Diese Widerstände, deren Herstellung zuerst von *Robichaux* und *Anderson* [3.274] beschrieben wurde, lassen sich mit Apiezon N-Fett auf dem Meßobjekt befestigen, nachdem die Kontaktfläche vorher mit General

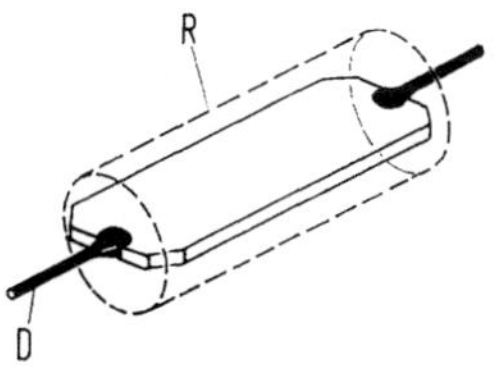

Bild 3.27. Abgeschliffener Kohlewiderstand

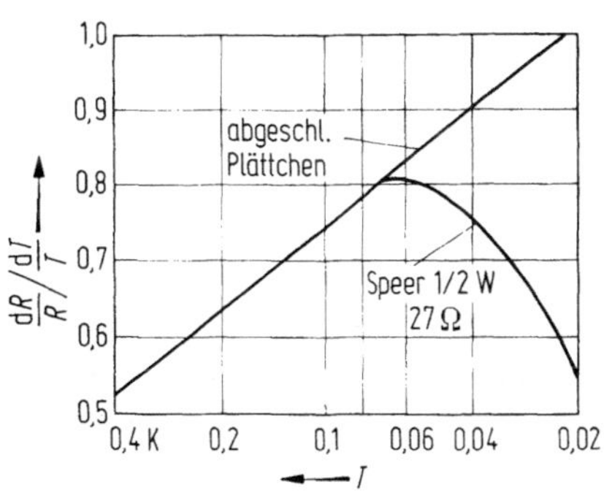

Bild 3.28. Empfindlichkeit eines 27-Ω-Speer-Widerstandes nach dem Abschleifen

Electric 7031-Lack isoliert wurde. Ausgehend von Speer-Widerständen mit 27 und 230 Ω findet man für die Plättchenform die einfache R,T-Beziehung

$$R(T) = \beta[R_0(T)]^n \qquad (50\text{ mK} < T < 300\text{ K}) \tag{3/20}$$

mit $n = 1{,}01 \pm 0{,}02$ bei einer Standardabweichung von weniger als 1%. In Bild 3.28 ist die Empfindlichkeit eines 27-Ω-Speer-Widerstandes von 1/2 W zwischen 20 mK und 0,4 K dargestellt, wobei sich der Zweig A auf den abgeschliffenen, B auf den ursprünglichen Widerstand bezieht. Neben der sehr viel besseren thermischen Ankopplung verringert sich die Wärmekapazität des Thermometers etwa um eine Größenordnung.

Empirische R,T-Beziehungen [3.293]

Für die praktische Anwendung muß die R,T-Charakteristik des benutzten Widerstandes bekannt sein; im einfachsten Fall trägt man $\log R$ als Funktion von $\log T$ in großem Maßstab auf, wie in Bild 3.22 dargestellt ist. Damit läßt sich eine Genauigkeit von besser als 1% erzielen; kleine Temperaturdifferenzen, wie sie bei kalorimetrischen und thermischen Leitfähigkeitsmessungen auftreten, können grafisch gewonnen werden, indem der Gradient n der $\log R$,$\log T$-Kurve als Funktion von R bestimmt wird. Die Temperaturdifferenz ergibt sich damit aus $\Delta T = T(\Delta R/nR)$.

Von den vielen veröffentlichten *Interpolationsformeln* liefert Gl. (3/19) für Allen-Bradley-Widerstände von 10 Ω zwischen 4 und 25 K eine Genauigkeit von 0,4% [3.60]. Gelegentlich wird diese auch in der quadrierten Form

$$\log R/T = a + b \log R + c(\log R)^2 \tag{3/21}$$

angewandt [3.80], die zwischen 2 und 20 K auf etwa 0,5% genau ist. Durch Einführen eines vierten Parameters in die Relation

$$\log R/T = a + b \log R + c(\log R)^2 + d/T \tag{3/22}$$

läßt sich für einen 56-Ω-Allen-Bradley-Widerstand zwischen 10 und 20 K eine Genauigkeit von 0,1% und zwischen 1,5 und 4,2 K eine solche von 0,3% erreichen. Kleine Änderungen von R beim Nacheichen können meist kompensiert werden, wenn man in Gl. (3/22) anstelle von R den Quotienten $\varrho = (R/R_F)$ setzt, wobei R_F der Widerstand bei einem bekannten Fixpunkt ist.

Nach *Hetzler* und *Walton* [3.150] läßt sich die Relation

$$1/T = A + BR + CR^{1/2} \tag{3/23}$$

im Temperaturbereich 0,2 bis 3 K mit einer Genauigkeit von 1% anwenden. Weitere Interpolationsformeln von *Kes* et al. [3.178], *Hornung* und *Lyon* [3.156] sowie *Gröger* und *Stangler* [3.138] führen andere Anpassungsparameter ein und können nur noch mit dem elektronischen Rechner angewandt werden.

Kann zur Auswertung des Eichprogramms ein elektronischer Rechner eingesetzt werden, so wird man unter Verzicht auf physikalische Vorstellungen und zeitsparend die Reihenentwicklung

$$1/T = \sum_i a_i (\ln R)^i \tag{3/24}$$

vorziehen [3.188]. Erfolgt die Eichung über den Dampfdruck p von ^{4}He oder ^{3}He (Abschn. 3.1.5.4), so kann mit Vorteil die Beziehung

$$\log R = A - B \log p \tag{3/25}$$

angewandt werden. Innerhalb eines kleinen Temperaturintervalls kann die effektive R,T-Kurve dadurch linearisiert werden, daß man den Meßwiderstand nach *Diamond* [2.70] in ein Netzwerk aus festen Widerständen schaltet.

Wie *Lawless* [3.203] nachgewiesen hat, indem er 25 Allen-Bradley-Widerstände (220 Ω, 1/8 W) zwischen 2 und 20 K sehr genau geeicht hat, vereinfacht sich die Interpolation nach der Formel

$$\log R = A + BT^{-p} \tag{3/26}$$

wesentlich, da die Parameter A, B und p sich linear mit dem Widerstand bei 4,2 K ändern. Die entsprechenden Werte lauten: $A = 2{,}215 + 7{,}0173 \cdot 10^{-5} R_{4,2}$; $B = 1{,}751 + 4{,}189 \cdot 10^{-4} R_{4,2}$; $p = 0{,}5533 + 5{,}799 \cdot 10^{-5} R_{4,2}$. Es genügt demnach die Nacheichung bei 4,2 K, woraus mit Gl. (3/26) die R,T-Kurve angegeben werden kann.

Stabilität der Kohlewiderstände

Ob ein Kohle-Widerstandsthermometer bei jedem Versuch vorher geeicht werden muß, hängt von der gewünschten Genauigkeit ab; trotz seiner geringen Kosten sollte man es ebenso sorgsam wie ein Ge-Thermometer behandeln. Speer- und Allen-Bradley-Widerstände bleiben über Jahre auf etwa 1% genau; über kürzere Zeitintervalle sind 0,1%, bei Vergleich mit dem Sprungpunkt von supraleitenden Elementen 0,04% zu erreichen.

Johnson und *Anderson* [3.169] haben verschiedene Kohlewiderstände bei konstanter Temperatur mehrere Stunden beobachtet und gefunden, daß der Widerstand etwa exponentiell mit der Zeit zunimmt und schneller bei höherer Temperatur einen Endwert erreicht. Die durch $\Delta T/T$ ausgedrückte Drift ist um so größer, je höher die Empfindlichkeit ist; ihre Größe liegt bei 10^{-3}.

Durch Erwärmen auf Zimmer- oder höhere Temperatur wird die R,T-Kurve nach tieferen Temperaturen hin verschoben. Die *Reproduzierbarkeit* der R,T-Charakteristik zwischen einzelnen Versuchen wird besonders gut, wenn die thermische Vorbehandlung des Widerstandes jeweils die gleiche ist. Langzeitfehler können durch Eindringen von He in das Widerstandsmaterial entstehen.

3.3.4.2 Kohleschicht-Thermometer

Für eine Reihe von interessanten Meßproblemen lassen sich *kolloidale Kohlefilme* benutzen, die direkt auf das Meßobjekt aufgebracht werden. In der Tieftemperatur-Kalorimetrie (Abschn. 5.3) und bei der Messung von Wärmeleitfähigkeiten sind Thermometer mit kleiner Wärmekapazität, geringen Abmessungen und kleiner Relaxationszeit im Vergleich zur Meßprobe erforderlich; von besonderer Bedeutung ist außerdem das Problem der Reproduzierbarkeit solcher Thermometer.

Bereits 1938 haben *Giauque* et al. [3.127] Filme aus Lampenruß, der mit einem organischen Bindemittel angerührt wird, zur Temperaturmessung bis herab zu 1 K benutzt. *Fairbank* und *Lane* [3.111] verwenden kommerziell hergestellte *Kohlewiderstandskarten*, die zwischen 25 Ω und 0,5 MΩ Flächenwiderstand aufweisen, in der in Bild 3.29 gezeigten Geometrie und mit Zuleitungskontakten aus Leitsilber. Zwischen 1 und 2 K ist der Widerstand $R(T) \sim T^{-1}$. Diese von der Int. Resistance Corp. Boone/N. C., USA, hergestellten Karten bestehen aus kolloidalen Suspensionen von Kohlepartikeln von etwa 13 µm Korngröße auf Kunstharzunterlage und einer durchschnittlichen Filmdicke von etwa 100 µm. In Bild 3.30 ist nach *Fox* et al. [3.119] für 4 verschiedene Widerstandsgrößen die Größe $S = -\text{d} \ln R/\text{d}T$, welche ein Maß für die Empfindlichkeit ist, im Temperaturbereich 0,2 bis 1,6 K dargestellt. Hiernach wächst die Größe S mit zunehmendem Widerstand; der Widerstandsverlauf läßt sich durch die Formel $\log R = A + B \log T + C/T$ darstellen. Solche Widerstandsthermometer sind vorzüglich zum Registrieren von zeitlich schnell verlaufenden Temperaturänderungen geeignet, da ihre Relaxationszeit zwischen 10 und 100 µs im angegebenen Temperaturintervall liegt. Über entsprechende Meßverfahren, s. Abschn. 3.3.4.6 und 3.3.8.

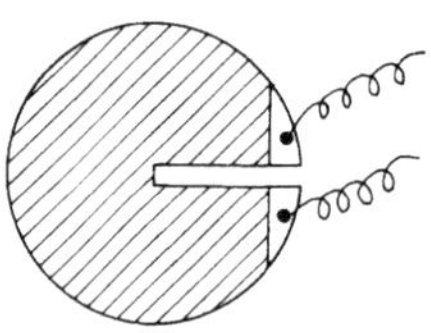

Bild 3.29. Kohleschicht-Widerstandsthermometer

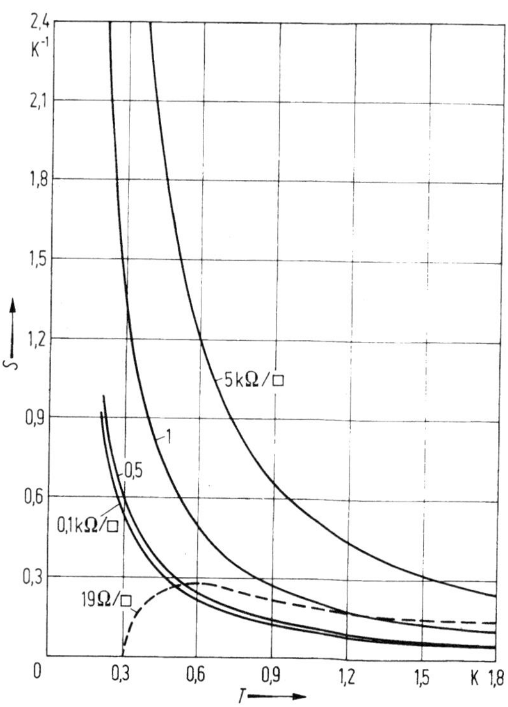

Bild 3.30. Empfindlichkeit von IRC-Kohlepapier

Auch einige für die Funkenregistrierung benutzte Kohlepapiersorten sind für thermometrische Zwecke verwendbar. *Lea* und *Dobbs* [3.206] haben das „Teledeltos"-Papier (Wiggins Teape Ltd. England), das nicht kaschiert und beim Typ SC8 einseitig mit Isolierlack und auf der anderen Seite mit einer Al-Folie beschichtet ist, zwischen 50 mK und 4,2 K untersucht. Beide Sorten sind

80 μm stark und besitzen bei Zimmertemperatur einen Widerstand zwischen 1,5 und 4 kΩ. Zur Kontaktierung werden die Enden des Kohlepapierstreifens mit einer Lösung von Ag in Methyl-Isobutyl-Keton bestrichen und die Zuleitungen vor dem Trocknen eingelegt. Ein typischer Widerstand von $0{,}5 \times 2\,\mathrm{mm}^2$ Größe besitzt bei Zimmertemperatur einen Widerstand von etwa 400 Ω; in Bild 3.31 ist seine R,T-Kurve im Vergleich zu einem 100-Ω-Speer-Widerstand dargestellt. Die entsprechende Empfindlichkeit $-(T/R)\,\mathrm{d}R/\mathrm{d}T$ ist für beide Widerstände in Tabelle 3.13 für den Bereich 50 mK bis 4,2 K zusammengestellt.

Tabelle 3.13 Empfindlichkeit von Kohlepapier-Thermometern

T in K	S Kohlepapier (260 Ω)	S Speer-Widerstand (100 Ω)
4,2	0,21	0,22
1,0	0,65	0,52
0,5	0,82	0,76
0,2	1,07	1,20
0,05	1,14	1,29

Für den thermischen Widerstand dieses Thermometers wird der Wert 10^8 K/W bei 100 mK angegeben, der um eine Größenordnung höher als der eines Speer-Widerstandes ist und die Anwendung sehr kleiner Meßleistungen von der Größe 1 pW fordert. Die Reproduzierbarkeit dieser Thermometer ist wie bei allen Kohle- und Graphit-Schichtwiderständen gering. Während ein thermischer Zyklus zwischen 4,2 und 77 K ohne Effekt ist, können zwischen Zimmertemperatur und 4,2 K Widerstandsänderungen von 10% auftreten.

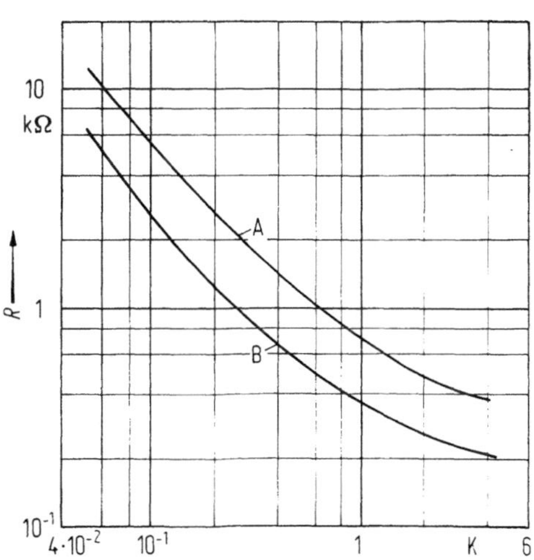

Bild 3.31. Widerstandskennlinie von SC 8-Kohlepapier im Vergleich zu einem 100-Ω-Speer-Widerstand

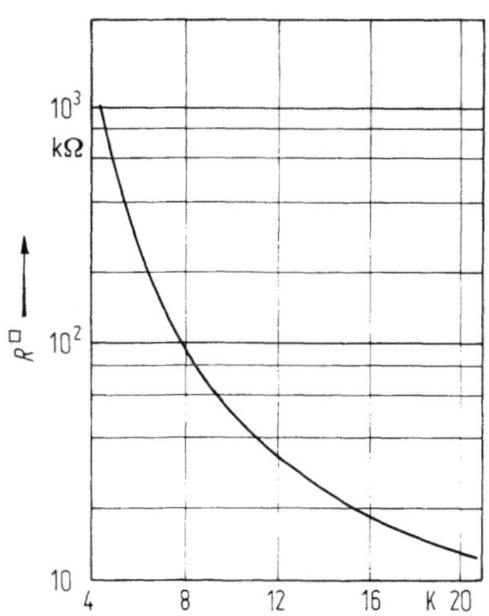

Bild 3.32. Widerstandsverlauf des P-24L-Papiers

Von *Kernohan* et al. [3.177] wird das in den USA hergestellte *Kohlepapier* P-24L (Western Electric Co.) hinsichtlich seiner Eignung als Tieftemperaturthermometer untersucht. Im Gegensatz zum Teledeltos-Papier ist das P-24L-Papier, wie aus Bild 3.32 hervorgeht, im Bereich zwischen 4 und 20 K zu gebrauchen, in dem sich sein Widerstand um 2 Größenordnungen ändert. Durch eine Kunstharzbeschichtung soll eine größere Reproduzierbarkeit zu erreichen sein.

Vielseitiger anwendbar wird diese Art von *Kohlefilm-Thermometer*, wenn sie selbst hergestellt und dem Verwendungszweck optimal angepaßt wird. Aus den Untersuchungen von *Geballe* et al. [3.124] geht hervor, daß die Kohlepartikelgröße und -art für die Größe und Empfindlichkeit des hergestellten Widerstandes verantwortlich ist. Durch Mischen zweier Korngrößen lassen sich meist die

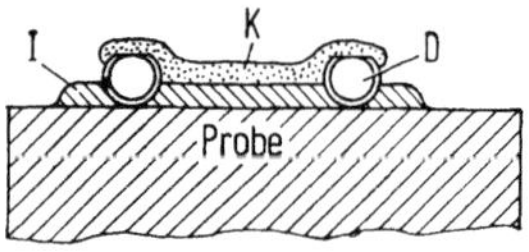

Bild 3.33. Kohleschichtthermometer

gewünschten Eigenschaften erreichen. Kommerziell erhältlich sind „Aquablak" B und M mit Korngrößen von 27 und 70 nm, sowie eine „Aquadag"-Lösung mit 2 µm Partikelgröße, die mit Wasser im Verhältnis 10 : 1 verdünnt wird. Nach *Shen* und *Heberlein* [3.305] werden die Schichtwiderstände folgendermaßen hergestellt: Wie in Bild 3.33 im Schnitt gezeigt ist, werden zunächst zwei Cu-Ni-Drähte D von 50 µm Durchmesser im Abstand von 0,5 mm auf die Unterlage oder Probe gekittet und mit einer 15 µm dicken Isolierschicht I aus GE 7031-Lack bedeckt. Nach dem Trocknen wird die Isolierung auf der Drahtoberseite entfernt und die kolloidale Kohlelösung K aufgesprüht oder mit dem Pinsel aufgetragen, so daß eine effektive Fläche von $0{,}5 \times 5\ \mathrm{mm}^2$ entsteht. Das fertige Thermometer wird bei etwa 150 °C im Vakuum getempert; Wasserdampf sollte unbedingt vermieden werden.

Auch bei diesen Thermometern wird die früher bereits erwähnte Erfahrung bestätigt, daß Widerstand und Empfindlichkeit mit abnehmender Partikelgröße anwachsen; die bei den angegebenen Abmessungen erreichten Widerstände bei 4,2 K liegen zwischen 30 kΩ und 10 MΩ. Über vergleichbare Untersuchungen wird von *Terry* [3.340] und *Star* [3.321] berichtet. *Dodson* et al. [3.104] beschreiben die Herstellung eines Kohlefilm-Thermometers, bei dem zwischen zwei vorher im Vakuum aufgedampften Ag-Streifen eine kolloidale Suspension von Graphitteilchen (0,5 µm Teilchengröße) in Isopropyl-Alkohol aufgesprüht wird. Nach dem Trocknen bei Zimmertemperatur (24 h) erhält man Widerstände von 70 bis 130 kΩ und eine Temperaturabhängigkeit nach Gl. (3/20) mit $\beta = 0{,}2$ und $n = 1{,}3$. Bei einer aktiven Schichtdicke von 1,3 µm wird die Wärmekapazität dieser Thermometer bei 3 K auf 2,5 µJ/Kcm^2 geschätzt. Auf einem Glassubstrat beträgt die spezifische Heizleistung, bei der ein Meßstromeinfluß noch nicht bemerkbar ist, etwa 70 nW/cm^2.

Kohleschicht-Thermometer ändern Widerstand und Empfindlichkeit, wenn sie bei höherer Temperatur, d. h. zwischen 77 und 300 K He- oder H_2-Gas ausgesetzt werden, da diese Gase in der Schicht absorbiert werden. Durch Ausheizen im Vakuum können diese Gase wieder ausgetrieben werden.

Von *Brown* und *Matthews* [3.68] werden die Probleme der thermischen Ankopplung isoliert aufgebrachter Kohleschicht-Thermometer und der dadurch bei endlicher Meßleistung hervorgerufenen Temperaturfehler behandelt.

3.3.4.3 Kohle-Glasthermometer

Dieses 1972 von *Lawless* [3.201] angegebene Thermometer besteht aus einem Borsilikatglas, das eine alkali-borreiche und eine silikatreiche getrennte Phase bildet. Durch Säurebehandlung wird erstere entfernt und ergibt ein poriges Material, das man sich als ungeordnet zusammengepackte SiO_2-Kügelchen von 0,03 µm Durchmesser vorzustellen hat. In den entstandenen Poren von etwa 3 bis 4 nm läßt sich sehr reiner Kohlenstoff dadurch deponieren, daß bestimmte organische Flüssigkeiten (wie Acetophenone) bei Erwärmung zersetzt werden, wobei der Kohlenstoff diese teilweise in sich zusammenhängend füllt.

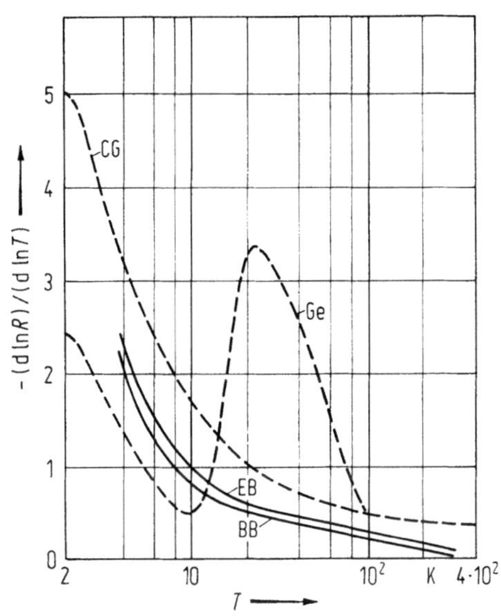

Bild 3.34. Relative Empfindlichkeit des Kohle-Glasthermometers im Vergleich zum Ge-Thermometer und Kohlethermometern

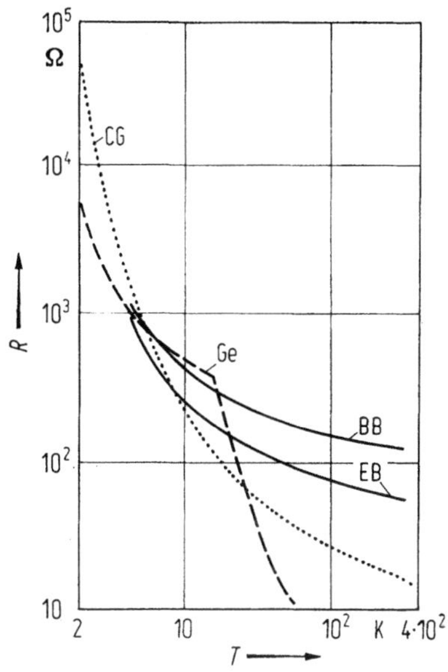

Bild 3.35. Widerstandskennlinie des Kohle-Glasthermometers im Vergleich zum Ge- und zwei Kohlethermometern

Schneidet man aus diesem Material prismatische Proben von $5 \times 1{,}6 \times 1$ mm³, dampft an den Stirnflächen Chromnickel-Gold-Elektroden auf und verbindet sie mit Cu-Drähtchen von 0,13 mm Stärke, so erhält man nach einer Wärmebehandlung bei 100 °C nach 24 h einen temperaturabhängigen Widerstand mit einmaligen Eigenschaften. Zur praktischen Anwendung wird der Widerstand in ein Pt-Röhrchen mit He-Füllung vakuumdicht eingeschlossen. Der spezifische Widerstand dieses Materials liegt bei 0,7 Ωcm bei 300 K; die entsprechenden Widerstände der fertigen Thermometer betragen zwischen 10 und 20 Ω.

Der Verlauf des Widerstandes mit der Temperatur ist zwischen 2 und 400 K stetig; gleiches gilt auch von der Ableitung $\mathrm{d}R/\mathrm{d}T$, was die Interpolation im

Vergleich zum Ge-Thermometer wesentlich erleichtert. Schließlich ist das Material „Kohle-Glas" amorph (kein Einkristall wie Ge!), zeigt keinen Piezo-Effekt und braucht nicht spannungsfrei montiert zu werden. Damit läßt sich eine sehr viel kleinere thermische Relaxationszeit des gekapselten Thermometers erreichen. In Bild 3.34 ist die R,T-Eichkurve und in Bild 3.35 die Empfindlichkeit $S = -(\mathrm{dln}\, R)/(\mathrm{dln}\, T)$ im Vergleich zum Ge- und Allen-Bradley-Thermometer dargestellt; erstere läßt sich durch die einfache Interpolationsformel (3/26) beschreiben. Überraschend ist die Feststellung, daß die Widerstandsverhältnisse $R_{4,2}/R_{300}$ und R_{77}/R_{300} viel größer als die entsprechenden der Kohle- und Kohleschicht-Widerstände sind. Dieser Effekt kann nach *Templeton* und *MacDonald* [3.339] damit erklärt werden, daß sich der Widerstand des Kohlenstoff-Kolloids aus niederohmigen Anteilen der Partikel selbst und hohen Kontaktwiderständen zusammensetzt.

Nach bisherigen Untersuchungen scheinen die Kohle-Glas-Thermometer keinem Alterungseffekt zu unterliegen. Der durch ein äußeres Magnetfeld B hervorgerufene Meßfehler $\Delta R/R$ ist etwa zu B^2 proportional und beträgt z. B. bei 4,2 K für $B = 7$ T ca. 1,5%, was einem Temperaturfehler von 20 mK entspricht. Zwei Thermometer verschiedenen Widerstandes R_1 und R_2 gehorchen innerhalb des erfaßten Meßbereiches der Beziehung $R_1 = bR_2^m$ für jede Temperatur, wobei m sehr nahe bei Eins liegt. Das bedeutet, daß ihre Eichkurven ähnlich sind und zwei Eichmessungen genügen, um die Konstanten b und m zu ermitteln.

3.3.4.4 Kohlethermometer bei sehr tiefen Temperaturen [3.222; 3.253]

Über die Eignung von Kohlewiderständen als sekundäre Thermometer für Temperaturen unterhalb von 1 K existieren viele experimentelle Untersuchungen, wobei zum Vergleich meist das Cer-Magnesium-Nitrat-(CMN-) Thermometer herangezogen wird. Das Kohlethermometer wird hierbei über eine „coil foil" (Abschn. 3.4), d. h. einem aus isolierten, in axialer Richtung verklebten Cu-Drähten bestehenden Röhrchen, an die CMN-Pille thermisch gekoppelt und über die magnetische Suszeptibilität χ entsprechend der Gl. (1/61) geeicht. In Bild 3.26 ist das Ergebnis für sechs verschiedene Widerstandswerte von Speer-Widerständen 1002, 1/2 W dargestellt, das von *Black* et al. [3.50] gefunden wurde. Die Empfindlichkeit nimmt mit wachsendem Widerstand zu und ist auch bei 40 mK beachtlich.

Neuere Untersuchungen von *Beduz* et al. [3.34] wurden mit einem Thermometer im Vergleich mit einem CMN-Thermometer ausgeführt, das nach Bild 3.27 als Scheibe von $4 \times 2 \times 0{,}4$ mm³ aus einem 1002-Speer-Widerstand (1/2 W) geschliffen wurde. Die Stirnflächen sind auf einer Breite von 0,8 mm elektrolytisch versilbert und mit Manganin-oder Cu-Zuleitungen versehen. Das Kohlescheibchen wird mit einer dünnen Araldit-Schicht bedeckt und bei 70 °C einige Stunden getempert. Die mit diesem Thermometer erhaltene R,T-Kurve unterhalb von 1 K ist in Bild 3.36 wiedergegeben und stellt das Ergebnis von Versuchen mit unterschiedlicher thermischer Ankopplung des Thermometers an das CMN-Salz dar.

Ähnliche Eichmessungen mit Speer- und Matsushita-Widerständen von 1/8 W sind von *Kobayasi* et al. [3.181] und *Radebaugh* et al. [3.263] ausgeführt worden.

Mit den letztgenannten Thermometern von 100 Ω Nominalwiderstand reicht die untere Meßgrenze bis etwa 10 mK; zwischen 10 mK und 1 K lassen sich die Meßkurven durch die Formel $\log R = A (\log T)^2 + B \log T + C$ approximieren. Zwischen 50 mK und 150 mK ist die T-Abhängigkeit von R in der log,log-Darstellung weitgehend linear.

Zinoveva und *Karstens* [3.382] stellen zylindrische Kohlethermometer nach eigenen Rezepten her, wobei von einer Pechkohlemischung ausgegangen wird, die zuerst verpreßt, dann bei etwa 850 °C erhitzt wird. Diese niederohmigen Widerstände eignen sich für den Temperaturbereich 10 mK bis 1 K und sollten nicht mit höherer Meßleistung als 0,1 pW (bei 10 mK) belastet werden.

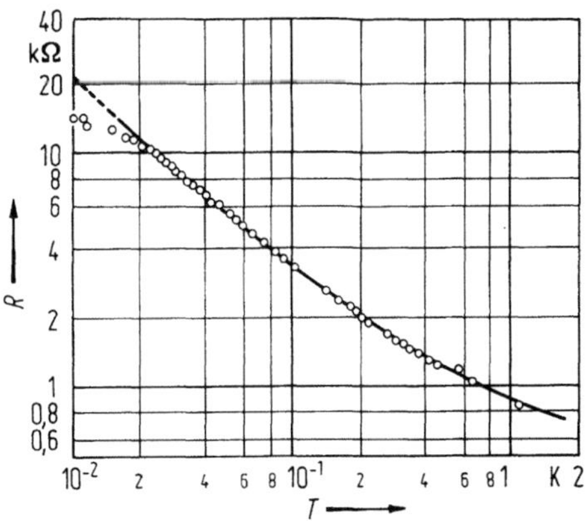

Bild 3.36. Eichkurve eines abgeschliffenen Kohlethermometers im Vergleich zu einem CMN-Thermometer

Vielfach werden Kohlewiderstände als Sekundärthermometer für die Überwachung der Betriebszustände von $^3He/^4He$-Entmischer-Kryostaten (Abschn. 12.2) benutzt, wobei nicht die höchste Genauigkeit gefordert wird. *Alvesalo* et al. [3.11] verwenden zu dünnen Scheibchen abgeschliffene Speer-Widerstände von 100 Ω Nominalwiderstand für den Temperaturvergleich mit einer Pomeranchuk-Zelle (Abschn. 12.3) und finden sie bis herab zu 3 mK brauchbar; das mit einer Wechselspannungsbrücke gemessene Thermometer verbraucht bei 10 mK etwa 10 pW. Besonders große Reproduzierbarkeit wird den Matsushita-Widerständen [3.181] bescheinigt, deren R,T-Kurven für zwei verschiedene Chargen in Bild 3.37 wiedergegeben sind.

3.3.4.5 Zur Widerstandsmessung

Ausführlich werden in Abschn. 3.3.6 die Meßverfahren für Widerstandsthermometer im Tieftemperaturbereich behandelt; für die *Kohlethermometer* sind spezielle Methoden entwickelt worden, die nachfolgend besprochen werden sollen.

Zur Widerstandsmessung der Kohlethermometer, deren Tieftemperaturwiderstände zwischen einigen kΩ und 100 kΩ liegen, kann entweder der Spannungsabfall des von einem Konstantstrom durchflossenen Thermometers gemessen oder eine mit Wechselstrom betriebene Brücke benutzt werden (*Ed.* III, § 9.6). Die Aufgabe wird dadurch erschwert, daß im Thermometer abhängig von der Temperatur die *Meßleistung* zwischen 10 nW und 10 fW liegt und in den meist langen Meßleitungen Störspannungen induziert werden, die sich der Meßspannung überlagern.

Die Problematik exakter Temperaturmessung mit Kohle- und auch Ge-Thermometern wird durch folgende Einflüsse bestimmt:

a) Wärmezufluß zum Thermometer durch die Meßzuleitungen; sie sollen geringe Wärmeleitfähigkeit besitzen und zur Größe des Meßwiderstandes nicht beitragen. Hierzu werden Konstantan, Manganin u. a. verwendet; für spezielle Fälle lassen sich dünne Nb-Ti-Filamente von 5 bis 10 μm Durchmesser benutzen, die bis etwa 7 K supraleitend sind und eine sehr kleine thermische Leitfähigkeit besitzen.

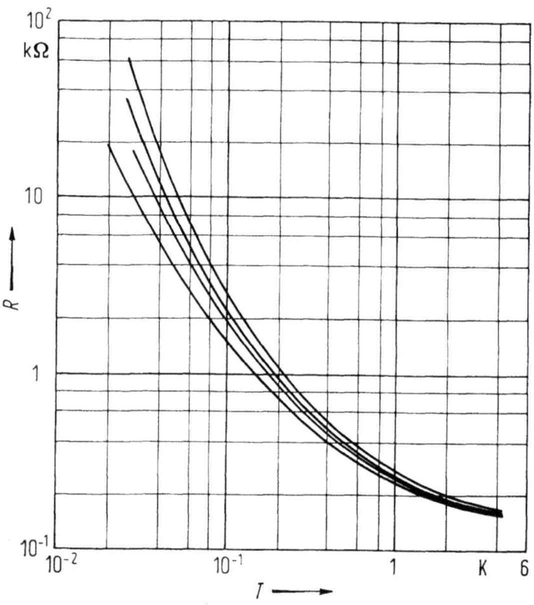

Bild 3.37. Widerstandskennlinien von Matsushita-Kohlethermometern

b) Induzierte Wechselspannungen von Netzfrequenz durch ungeeignete Erdung von Brücke und Verstärker; bei einer Meßleistung von 10 fW beträgt der Spannungsabfall an einem 1-MΩ-Widerstand nur 100 μV. Gewöhnlich werden die Meßleitungen paarweise verdrillt vom Kryostaten in zwei konzentrischen Rohren nach außen geführt, von denen das innere (s. Bild 3.38a) am Thermometer R, das äußere an R und an der Meßbrücke geerdet wird. Vorteilhafter ist es, die Meßbrücke gemeinsam mit den beiden Rohren außen zu erden und das Potential von R nicht festzulegen, wie in Bild 3.38b angedeutet ist.

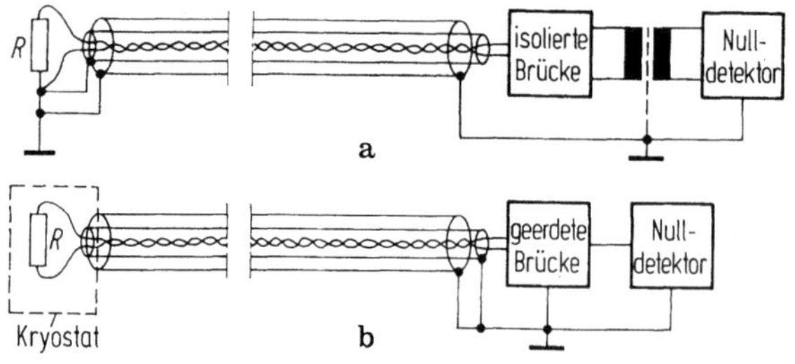

Bild 3.38. Möglichkeiten der Erdung von Kryobrücken

c) *HF-Abschirmung* des Meßwiderstandes ist am schwierigsten zu lösen, da Leitungen außerhalb des Metallkryostaten HF-Spannungen (von Rundfunksendern u. a.) aufnehmen und das Thermometer als Wirkwiderstand von meist günstiger Anpassung einen Teil der HF-Leistung in Joulesche Wärme umsetzt und damit die zu messende Temperatur verfälscht. Der dadurch verursachte Meßfehler kann bei 300 mK eine Verdoppelung von $\Delta R/R$ zur Folge haben.

Zur effektiven Verringerung der HF-Aufheizung wird nach Bild 3.39 dem Thermometer R ein Filter vorgeschaltet, das aus den Ferrit-Drosseln L (je 200 μH) und den Kondensatoren C (je 270 pF) besteht, womit eine Abschneidefrequenz von etwa 0,5 MHz entsteht. Es wird empfohlen, bei Anwendung dieser Filter die Meßbrücke mit niedrigen Frequenzen (15 bis 35 Hz) zu betreiben. In Bild 3.39 stellt C_0 die Streukapazität zwischen Thermometer und Meßprobe dar, die sich erhöht, wenn man den thermischen Kontakt verbessern möchte.

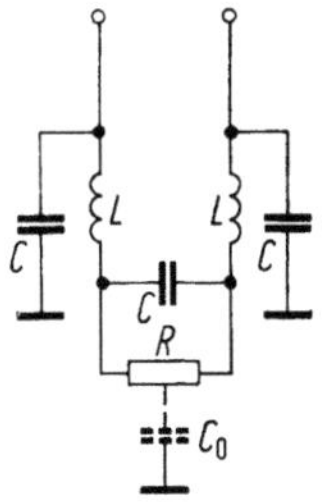

Bild 3.39. Tiefpaßfilter zur Vermeidung der HF-Aufheizung

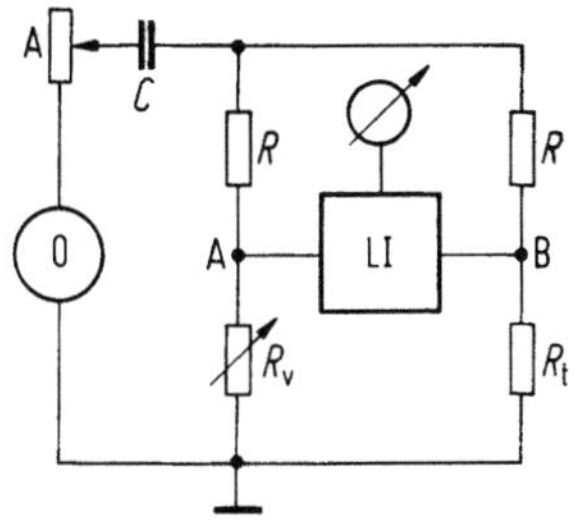

Bild 3.40. Schema einer Wechselstrommeßbrücke für Kohlethermometer

Bezüglich der im einzelnen benutzten Meßverfahren, die ausführlich in Abschn. 3.3.6 besprochen werden, sind folgende Gesichtspunkte zu beachten: Die erreichbare *Genauigkeit* ist für Temperaturen oberhalb von 0,3 K recht hoch, da die Meßleistung sie in diesem Fall nicht begrenzt. Befindet sich der Vergleichswiderstand bei 300 K, so läßt sich selbst bei einer im Thermometer verbrauchten Leistung von 10 fW eine Signalauflösung von 10^{-3} bei einer Bandbreite des Detektors von 1 Hz erreichen. Mit geringerer Bandbreite ist die Empfindlichkeit noch um eine Größenordnung zu steigern, allerdings auf Kosten der Zeitauflösung. Ebenso bringt es Vorteile, wenn der Vergleichswiderstand sich kontrolliert auf 4,2 K befindet.

Die hierfür benutzten Wechselspannungsbrücken werden meist zwischen 30 bis 40 Hz oder bei 400 bis 1000 Hz betrieben, wobei bei kleineren Frequenzen der Einfluß der Blindwiderstände auf die Genauigkeit des Brückenabgleichs geringer ist. Bei höheren Frequenzen sind dagegen die notwendigen Übertrager kleiner und das Herausfiltern der Netzfrequenz wird erleichtert.

In Bild 3.40 ist das Prinzip einer häufig angewandten Wechselspannungsbrücke dargestellt, bei der wegen des meist hohen Thermometerwiderstandes nur zwei Zuleitungen (konstanten Widerstandes) benutzt werden. Der Wechselspannungsoszillator O ist über den Abschwächer A kapazitiv an die Brücke gekoppelt, die aus den Festwiderständen R (1 MΩ), dem Abgleichwiderstand R_v

(5 Dekaden, induktionsarm) und dem Thermometer R_t besteht. Zum Nullabgleich der Potentialdifferenz U_{AB} dient der phasenempfindliche Detektor LI, dessen Integrationskonstante der thermischen Ansprechzeit des Thermometers (Abschn. 3.3.4.6) angeglichen werden kann. Mit dieser einfachen Brücke lassen sich Kohlethermometer mit einer Meßleistung zwischen 1 nW und 1 pW betreiben und messen, wobei an diesen der Spannungsabfall etwa 50 μV beträgt. Bei noch geringeren Meßleistungen wird die Nachweisempfindlichkeit der Brücken generell von den Rauscheigenschaften der Verstärker begrenzt, wenn nicht die Rauschspannung der Vergleichswiderstände bei 300 K dominiert. Die heute verfügbaren Feldeffekt-Transistoren zeigen bis zu kleinen Frequenzen eine äquivalente Eingangsrauschspannung von $10\,nV/\sqrt{Hz}$ und Eingangsimpedanzen weit oberhalb von 1 MΩ. Da andrerseits ein 1-MΩ-Vergleichswiderstand bei Umgebungstemperatur eine Rauschspannung von etwa $70\,nV/\sqrt{Hz}$ erzeugt, sollte man diesen bei kleinen Meßleistungen auf 4,2 K kühlen und zum Nullabgleich einen Transformator mit variablem Übersetzungsverhältnis benutzen. Hierbei wird die Betriebsfrequenz von etwa 400 Hz in die Nähe der Resonanzfrequenz des Übertragers gelegt, um zusätzlich seine Nebenschlußimpedanz zu vergrößern.

Vielfach werden auch selbstabgleichende Brücken für die Messung und Registrierung von Kohlethermometern oder auch RC-Oszillatoren angewandt, die sich auf der Temperatur des siedenden He befinden; Näheres, s. Abschn. 3.3.6.

3.3.4.6 Trägheit der Kohlethermometer; thermische Ankopplung

Die Probleme der thermischen Ankopplung des Halbleiterthermometers an das Meßobjekt und seiner thermischen Trägheit, abhängig von den geometrischen Abmessungen und der Meßleistung, treten bei allen in Abschn. 3.3 behandelten Sensoren auf und werden ausführlicher in Abschn. 3.3.8 besprochen. Hier sollen nur die bei Kohlethermometern speziell vorkommenden Besonderheiten näher erläutert werden.

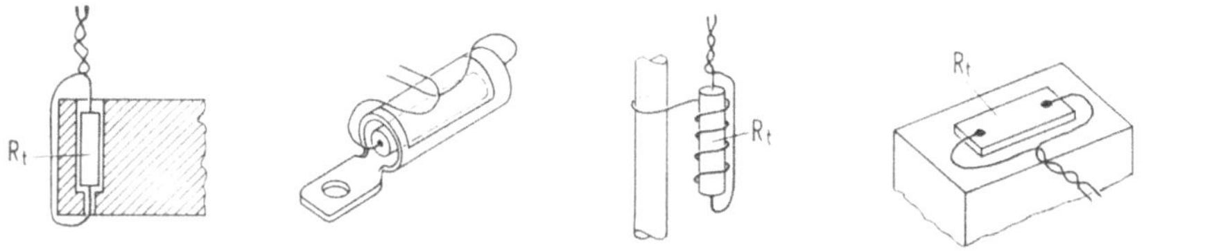

a b c d

Bild 3.41. Thermometermontage

In Bild 3.41 sind einige Beispiele für die mechanische Befestigung und thermische Ankopplung von Kohlewiderständen an das Meßobjekt gezeigt. In vielen Fällen werden die Thermometerwiderstände von 1/8 bis 1/2 W im angelieferten Zustand benutzt, d. h. als zylindrische Widerstände, die in zylindrische Bohrungen von Meßeinsätzen (Bild 3.41a) oder Anschraubschellen (Bild 3.41b) eingeklebt werden. Dabei ist es nützlich, die äußere Isolationsschicht größtenteils abzuschleifen, um einen besseren Wärmeübergang zu erzielen. Für eine punktuelle Temperaturmessung ist die in Bild 3.41c gezeigte Methode geeignet, bei der zur Verbesserung der Wärmeübertragung der Widerstand mit einem dünnen Cu-Draht umwickelt und verkittet wird; eine dünnwandige Cu-Hülse mit eingeklebtem Widerstand tut gleiche Dienste. Für spezielle Zwecke, bei denen es auf sehr kurze Ansprechzeiten und guten thermischen Kontakt ankommt, ist die in Bild 3.41d dargestellte Methode, die bereits in Abschn. 3.3.4.1 erwähnt wurde, vorzuziehen, bei der ein auf eine Dicke von 0,1 bis 0,2 mm abgeschliffener Allen-Bradley- oder Speer-Widerstand auf die Meßstelle geklebt wird.

Bei allen in Bild 3.41 gezeigten Montagemöglichkeiten sollten die Zuleitungsdrähte „thermisch abgefangen", d. h. elektrisch isoliert in Kontakt mit der Meßstelle gebracht werden, wie das in Bild 3.41b gezeigt wird.

Polturak et al. [3.256] haben das Problem des thermischen Kontakts zylindrischer Speer-Widerstände im Bereich unterhalb von 100 mK dadurch gelöst, daß der Widerstand in eine Cu-Buchse eingeklebt wird (Apiezon-Fett) und die Zuleitungen elektrisch isoliert in eine Nut im Mantel der Cu-Buchse eingelegt und verkittet werden.

Die Analyse der Wärmemengenbilanz bei der thermischen Ankopplung des Thermometers ist bereits für den stationären Zustand recht kompliziert. Auf jeden Fall muß die dem Thermometer zugeführte Meßleistung $P_t = i^2R(T)$ über die Thermometeroberfläche und z. T. durch die Zuleitungsdrähte sowie über die Isolationsschicht des Befestigungskittes an das Meßobjekt abgeführt werden, ohne einen größeren Meßfehler $\Delta T = 10^{-4}T$ zu erzeugen, wenn T die zu messende Temperatur bedeutet. Die Wärmeleitfähigkeit des Materials für die Allen-Bradley-Widerstände wird nach Messungen von *Pandorf* et al. [3.244] zu $\lambda = 10^{-3}T^{2,3}$ W/m·K bei 4,2 bis 20 K angegeben; aus indirekten Messungen von *Rafalowicz* [3.264] wird für Speer-Widerstände der Wert $\lambda = 3{,}4 \cdot 10^{-4}T^{2,7}$ W/m·K gefunden, der etwa dem von Graphit entspricht. Für die äußere Isolationsschicht des Widerstandes kann $\lambda = 10^{-2}T^2$ W/m·K und für den Kapitza-Widerstand zwischen Thermometer und Meßobjekt $R_K = 10T^{-3}$ (W/K) für eine Fläche von 1 cm² angesetzt werden. Daraus läßt sich ersehen, daß oberhalb von 10 mK der thermische Widerstand des Materials selbst dominierend ist und daher die Ankopplung wenig verbessert, wenn die äußere Isolationsschicht entfernt wird. Hingegen sollte die Farbschicht entfernt werden, da sie sich nach einigen thermischen Zyklen ablösen kann.

Für Temperaturen unterhalb von 0,1 K liegen von *Oda* et al. [3.240] Messungen des thermischen Widerstandes von Speer-Widerständen vor, der zwischen 18 mK und 0,5 K für einen 220-Ω-Widerstand von 1/2 W durch die Beziehung $R_{th} = 10^4T^{-3}$ K/W beschreiben läßt.

Die *thermische Trägheit* des Kohlethermometers selbst ist nur eine Funktion von Volumen und spezifischer Wärme des Widerstandes, sowie der Kontakthülse o. ä. Von *Steinback* et al. [3.322] ist die Wärmekapazität von Matsushita-Kohlewiderständen mit der von Speer- und Allen-Bradley-Widerständen zwischen 30 mK und 4,2 K verglichen worden; das Ergebnis ist in Bild 3.42 für allerdings unterschiedliche Thermometermassen dargestellt. Der Speer-Widerstand (220 Ω, 1/4 W) hat die Abmessungen $9 \times 3{,}5 \times 0{,}6$ mm³ [3.200] und der Allen-Bradley-Widerstand (116 Ω) bzw. der Matsushita-Widerstand (100 Ω) sind durch Abschleifen auf 14 mg Masse bzw. auf die Abmessungen $4 \times 1 \times 1$ mm³ reduziert. Bei allen Widerständen sind die Zuleitungsdrähte auf 0,5 mm gekürzt. Im Vergleich weist der Matsushita-Widerstand eine sehr kleine Wärmekapazität auf, die sich merklich verringern läßt, wenn die Cu-Drähte durch supraleitende Kontaktflächen an den Stirnseiten ersetzt werden.

Von *Miller* und *Ulbrich* [3.234] ist experimentell und theoretisch die *Relaxationszeit* zylindrischer Allen-Bradley-Widerstände von 0,1 W in einem He-Bad ermittelt worden. Hierzu wird dem im thermischen Gleichgewicht befindlichen Widerstand eine Wärmemenge über seine Oberfläche in Form einer Stufenfunktion

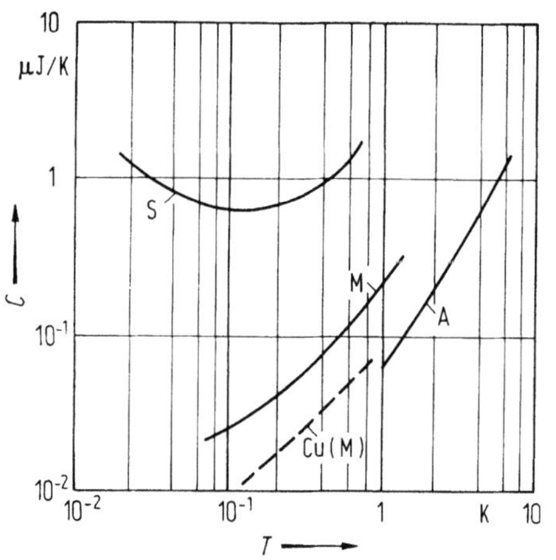

Bild 3.42. Wärmekapazität von abgeschliffenen Kohlethermometern: A — Allen-Bradley 116 Ω; M — Matsushita 100 Ω; S — Speer 220 Ω; die gestrichelte Kurve gilt für die Cu-Zuleitungen von M.

mit Hilfe eines Lichtstrahls zugeführt und die zeitliche Widerstandsänderung registriert. Nach Erreichen des neuen Gleichgewichts wird die Wärmezufuhr unstetig abgeschaltet und die Abklingkurve beobachtet. Die theoretische Behandlung des Problems geht von der zeitabhängigen Fourier-Gleichung

$$\nabla^2\theta = (\partial^2\theta/\partial t^2)/a \tag{3/27}$$

aus, in der $\theta = T - T_s$ (T_s ist die Gleichgewichtstemperatur) und $a = \lambda/c_p\gamma$ (λ Wärmeleitfähigkeit, γ Dichte) die *Temperaturleitfähigkeit* bedeuten. Im Fall des zylindrischen Kohlewiderstandes ist θ nur eine Funktion des Radius r, und man erhält mit den Randbedingungen:

a) für alle Zeiten $t > 0$: $\theta = 0$ bei $r = s$,

b) zur Zeit $t = 0$: $\theta = \theta_0 = T - T_s$ für alle r,

als Lösung der Gl. (3/27) die Beziehung

$$\theta = \theta_0 \sum_{\nu=1}^{\infty} \frac{2J_0(\beta_\nu r/s)}{\beta_\nu J_1(\beta_\nu)} \exp\left[-\beta_\nu^2(a/s^2)\,t\right], \tag{3/28}$$

in der J_0 und J_1 Bessel-Funktionen 1. Art und β_ν die ν-te Nullstelle von J_0 sind.

Die zeitliche Widerstandsänderung erhält man aus der bekannten Beziehung für den zylindrischen Widerstand

$$R^{-1} = \int_0^s \varrho(T)^{-1}\,(2\pi r/L)\,\mathrm{d}r, \tag{3/29}$$

in der im einfachsten Fall der spezifische elektrische Widerstand durch $\varrho(T) = A \exp(B/T)$ beschrieben wird und L die Länge des Widerstandes bedeutet. Setzt man diesen Ausdruck und Gl. (3/29) in Gl. (3/28) ein, so findet man in guter Näherung und Beschränkung auf $\nu = 1$ in der Reihenentwicklung den Ausdruck

$$R = \frac{R_s}{1 + [(R_s/R_0) - 1] \exp(-t/\tau)}, \tag{3/30}$$

in dem R_s und R_0 den Widerstand bei den Temperaturen T_s und T_0 angeben und die Zeitkonstante sich aus

$$\tau = s^2/\beta_1^2 a = s^2/5{,}76a \tag{3/31}$$

berechnen läßt. Da $T_s - T_0$ höchstens einige Millikelvin beträgt, vereinfacht sich Gl. (3/30) zu dem Ausdruck

$$R = R_s + (R_0 - R_s) \exp(-t/\tau), \tag{3/30a}$$

der bei halblogarithmischer Auftragung die experimentelle Bestimmung der Zeitkonstanten τ erlaubt.

In Tabelle 3.14 ist für einen zylindrischen Widerstand mit $s = 0{,}08$ cm und experimentell bestimmte Werte für λ und c_p die Zeitkonstante als Funktion von T berechnet worden.

Tabelle 3.14. Berechnete Werte für einen Kohlewiderstand

T in K	C_p in µJ/Mol K	λ in µW/cm K	a in cm²/s	τ in ms
1,0	115,7	10,32	0,389	2,85
1,5	291,5	22,30	0,334	3,33
2,0	566,0	38,52	0,297	3,74
2,5	927,0	58,85	0,277	4,01
3,0	1385	83,22	0,262	4,24
3,5	1965	111,5	0,248	4,49
4,0	2630	143,7	0,238	4,66

Zum Vergleich hierzu sind in Bild 3.43 aus den Messungen nach [3.234] für Widerstände gleicher Abmessungen, jedoch unterschiedlicher Nominalwerte, die experimentell gefundenen Zeitkonstanten zusammen mit den theoretisch ermittelten dargestellt. Die dabei zu beobachtende Diskrepanz läßt sich dadurch erklären, daß in der theoretischen Behandlung die im Meßwiderstand verbrauchte Meßleistung und die Wärmeübertragung an das He-Bad nicht berücksichtigt wurden.

Zur Messung der Zeitkonstanten haben *Fox* et al. [3.119] die in Bild 3.44 gezeigte Meßanordnung benutzt und im speziellen Fall auf die Temperaturmessung an festem ^{4}He mit Kohleschichten angewandt. Meßwiderstand R_k und thermische Trägheit C_k werden durch die einstellbaren Vergleichsgrößen R_v und C_v bei Umgebungstemperatur simuliert und gleichzeitig über die Hochohmwiderstände r (1 MΩ) mit Rechteckimpulsen des Generators O belastet. Wird der Meßwiderstand zuerst durch das „Dummy“ vollkommen kompensiert, so gibt das ver-

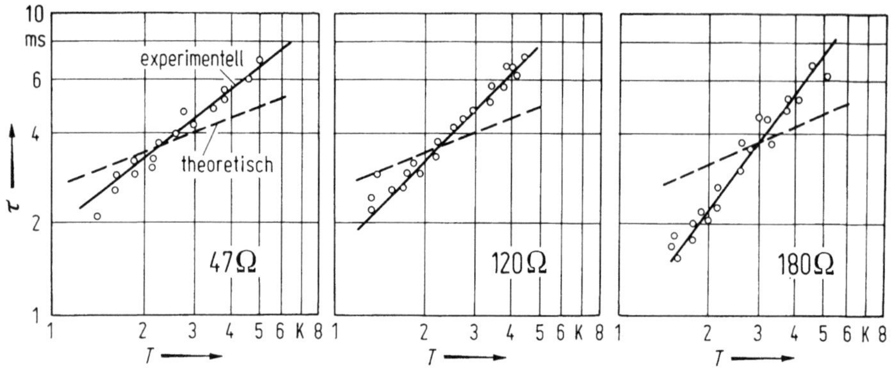

Bild 3.43. Zeitkonstanten von Kohlethermometern

bleibende Differenzsignal am Eingang des Vorverstärkers A den Einfluß der thermischen Trägheit von R_k wieder. Die Einstellung des Gleichgewichts wird am Oszillografen S verfolgt und fotografisch registriert.

Die mit 500 Ω/m^2-Filmwiderständen gefundenen Relaxationszeiten hängen stark von T ab und nehmen von etwa 10 μs bei 10 mK auf 100 μs bei 100 mK zu.

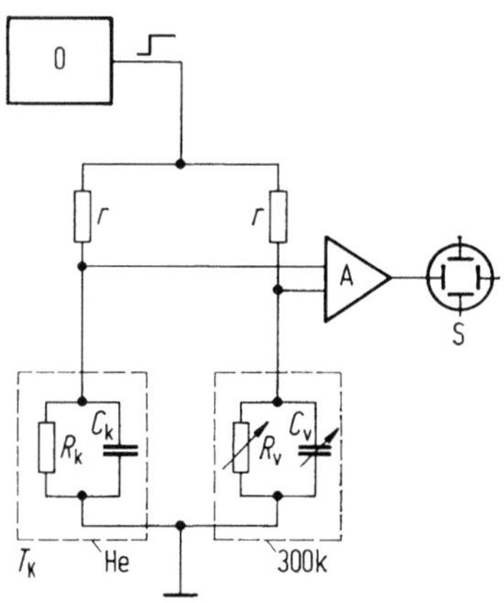

Bild 3.44. Messung der Zeitkonstanten von Kohlethermometern

3.3.4.7 Einfluß äußerer Parameter

Bei der praktischen Anwendung von Kohlethermometern ist zu berücksichtigen, daß der gemessene Widerstand von äußeren Magnetfeldern, vom Druck und der Bestrahlung durch Elementarteilchen abhängt, d. h. Meßfehler auftreten. Im allgemeinen können diese Effekte für die verschiedenen Thermometertypen nur qualitativ beschrieben werden, da sie von den Herstellungsbedingungen abhängen; die in der Literatur angegebenen Meßfehler sind nur als Richtwerte anzusehen.

Die *Magnetfeldabhängigkeit* des Widerstandes von Allen-Bradley-Thermometern ist sorgfältig von *Neuringer* et al. [3.238] zwischen 1,8 und 15 K in Flußdichten bis maximal 15 T untersucht worden. In Bild 3.45 ist die relative Widerstandsänderung $\Delta R/R_0$ (R_0 bezieht sich auf $B = 0$) für drei verschiedene Widerstände als Funktion von B aufgetragen; mit sinkender Temperatur steigt der Einfluß des Magnetfeldes. Auch ist nachgewiesen, daß die durch das Magnetfeld verursachten Meßfehler unabhängig von der gegenseitigen Orientierung von Thermometer und B sind.

Für die Approximierung der gemessenen Daten wurde der Ausdruck

$$\Delta R/R_0 = C_1 B^2 T^{-3/2}/(1 + C_2 B^2)$$

vorgeschlagen, in dem C_1 und C_2 durch Eichung bestimmt werden müssen, und der nur abschnittweise ausreichend genau ist.

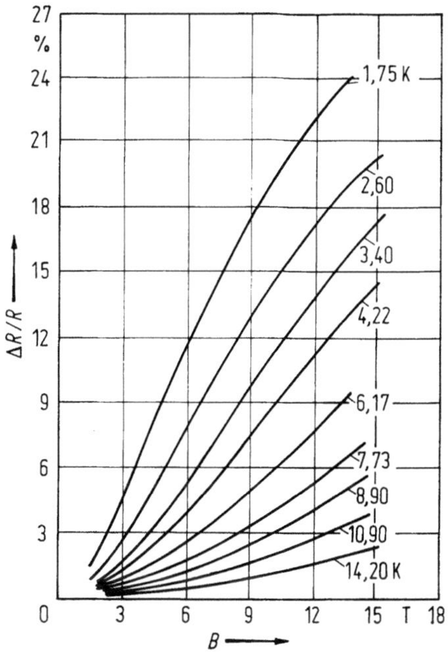

Bild 3.45. Prozentuale Widerstandsänderung von Allen-Bradley-Thermometern im Magnetfeld

Um aus dem Widerstandswert $R(B, T)$ die gesuchte Temperatur zu finden, können zwei Verfahren angewandt werden:

a) Man geht von der bekannten $R_0(T)$-Kennlinie aus und berechnet mit Hilfe der $\Delta R/R_0$-Kurven, wie sie als Beispiel in Bild 3.45 gezeigt sind, eine stetige Kurve, in der $R(B_1, T)$ gegen T aufgetragen ist. Dieses Verfahren kann man für verschiedene Flußdichten B wiederholen und erhält eine Kurvenschar, aus der der Magnetfeldeinfluß für jede Temperatur entnommen werden kann.

b) Die zweite Methode zur T-Bestimmung geht davon aus, die Größe

$$\Delta R = R(B, T) - R(0, T) = R(B, T) - R_0(T)$$

zu bestimmen, indem man $\Delta R/R_0$ als Funktion von T für verschiedene Flußdichten B aufträgt und daraus eine $R_0(T)$-Kurve konstruiert. Der Widerstand $R_0(T)$ hängt mit dem gemessenen Widerstand $R(B, T)$ und $\Delta R/R_0$ über die Beziehung

$$R_0(T) = R(B, T)\,[1 + \Delta R(B, T)/R_0(T)]^{-1} \qquad (3/32)$$

zusammen. Bei dieser Iterationsmethode geht man zunächst von $\Delta R(B, T) = 0$ aus und erhält aus Gl. (3/32) den Wert $R_0^0(T) = R(B, T)$ entsprechend einer Temperatur $T^0 = T$. Im nächsten Schritt wird für $T = T^0$ aus der $\Delta R/R,T$-Kurve die Größe ΔR entnommen und aus Gl. (3/32) die nächste Näherung für $R_0(T)$ berechnet; im allgemeinen wird bereits nach drei Näherungsschritten die richtige Temperatur gefunden.

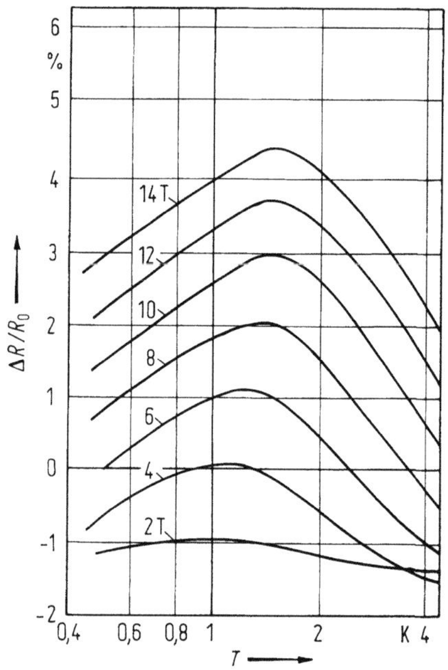

Bild 3.46. Temperaturabhängigkeit von $\Delta R/R_0$ für ein 100 Ω-Allen-Bradley-Thermometer im Magnetfeld

Im Vergleich zu den Allen-Bradley-Widerständen ist nach Messungen von *Sample* et al. [3.288] der Magnetfeldeinfluß auf *Speer-Widerstände* viel geringer und $\Delta R/R_0$ weist ein anderes Vorzeichen auf; aus Bild 3.46 geht hervor, daß der Unterschied eine Größenordnung beträgt. Der durch ein Magnetfeld verursachte Temperaturmeßfehler ΔT läßt sich aus der Beziehung

$$\frac{\Delta T}{T_0} = -\frac{\Delta R/R_0}{[\mathrm{d}(\ln R_0)/\mathrm{d}(\ln T)]_{T_0}} \qquad (3/33)$$

abschätzen. Trotz des sehr viel größeren Magnetfeldeinflusses wird der für Allen-Bradley-Widerstände aus Gl. (3/33) errechnete Wert $\Delta T/T_0$ im Bereich 1,5 bis 4,2 K vergleichbar mit den Temperaturfehlern der Speer-Widerstände, da diese einen sehr viel größeren differentiellen Widerstandsfaktor $\mathrm{d}(\ln R_0)/\mathrm{d}(\ln T)$ aufweisen. In Tabelle 3.15 sind für Allen-Bradley- und Speer-Widerstände zwischen 0,5 und 4,2 K die durch magnetische Flußdichten bis zu 14 T hervorgerufenen Temperaturfehler nach Gl. (3/33) berechnet.

Allen-Bradley-Widerstandsthermometer sind oberhalb von 1,5 K den Speer-Typen vorzuziehen, wenn in starken Magnetfeldern gemessen werden muß; sie sind auch bis 0,5 K empfehlenswert trotz ihres hohen Widerstandes von 19 kΩ bei 0,5 K.

Bei den von *Saito* und *Sato* [3.286] zwischen 1,5 und 4,2 K in Feldern bis zu 8 T untersuchten *Matsushita*-Widerständen sind die durch das Magnetfeld verursachten relativen Widerstandsänderungen etwas *größer* als die der Speer-Widerstände.

Über den Einfluß von *hydrostatischem Druck* auf den Widerstand von Kohle- und Ge-Thermometern liegen Messungen von *Dean* und *Richards* [3.100] vor. Der Druckkoeffizient

$$\varkappa_R = \frac{1}{R_0} \cdot \frac{R - R_0}{p - p_0}$$

hängt nur wenig von der Temperatur ab und beträgt für einen 1000 Ω-Ohmite-Widerstand bei 4 K etwa $-2 \cdot 10^{-9}$ 1/Pa = $-2 \cdot 10^{-4}$ 1/bar.

Tabelle 3.15. Eigenschaften von Allen-Bradley- und Speer-Widerständen

Widerstand	T K	R_0 Ω	$-\frac{d(\ln R_0)}{d(\ln T)}$	$-\Delta T/T_0$ in % bei $B =$ 2	4	6	8	10	14T
Allen-Bradley									
CRT-L2	4,2	63,3	1,2	+0,4	+1,5	+3,0	+4,8	+6,8	+10,0
10 Ω	2,5	127	1,6	+0,8	+2,5	+4,6	+6,4	+8,2	+11,4
	1,5	379	2,4	+1,1	+3,2	+5,1	+6,4	+7,8	+9,9
	1,0	1140	3,2	+1,3	+3,2	+4,7	+5,9	+7,0	+8,8
	0,5	19100	4,8	+1,1	+2,5	+3,6	+4,6	+5,6	+7,3
Speer CRT-L3	4,2	159	0,16	−8,5	−9,5	−6,9	−2,6	+2,7	+12,9
100 Ω	2,5	178	0,26	−5,0	−3,6	0	+4,0	+8,1	+14,2
	1,5	209	0,37	−2,9	−0,4	+2,7	+5,4	+8,0	+12,0
	1,0	246	0,44	−2,2	+0,2	+2,3	+4,2	+5,9	+9,0
	0,5	340	0,51	−2,3	−1,4	0	+1,6	+2,9	+5,7
Speer CRT-L4	4,2	394	0,27	−5,2	−6,1	−4,8	−2,4	+0,3	+5,2
220 Ω	2,5	463	0,34	−3,9	−2,9	−0,3	+2,6	+5,2	+9,2
	1,5	570	0,49	−2,2	−0,4	+1,8	+3,8	+5,2	+7,6
	1,0	712	0,59	−1,5	0	+1,4	+2,4	+3,4	+4,8
	0,5	1110	0,69	−2,0	−1,5	−1,0	−0,3	+0,5	+2,1

Bestrahlung mit Elementarteilchen gegenüber sind Kohlethermometer relativ unempfindlich. Testversuche mit Ohmite-Widerständen bei 1 K mit einer Neutronendosis von $2 \cdot 10^{10}$ n/cm² ergaben keine Veränderung des Widerstandes. Vermutlich tritt nach sehr hohen Neutronendosen eine teilweise Verkohlung des Bindemittels ein, wodurch der Widerstand abnehmen würde.

Werden Kohlewiderstände z. B. beim Ausheizen einer UHV-Apparatur auf *höhere Temperaturen* gebracht, so wird man beim Nacheichen feststellen, daß Widerstand und Meßempfindlichkeit abgenommen haben, ohne dabei ihre charakteristische Kennlinie zu verändern. Nach Tempern bei 375 °C und 1 h Dauer beträgt bei einem Speer-Widerstand von 220 Ω die Widerstandsabnahme bei 1 K fast eine Größenordnung.

3.3.5 Halbleiter-Diodenthermometer [3.252; 3.330]

Anfang der 60er Jahre sind erstmals GaAs-Dioden bezüglich ihrer Eignung als Tieftemperatur-Thermometer untersucht worden; 1972 folgte die Si-Diode. Der Vorteil beider Thermometer liegt in einem großen Temperaturbereich (1 bis 400 K), der geringen Magnetfeldabhängigkeit und der hohen erreichbaren Genauigkeit.

3.3.5.1 Theorie des Diodenthermometers

GaAs ist ein $A^{III}B^{V}$-Halbleiter mit einer Energielücke zwischen Valenz- und Leitungsband ($\Delta E = 1{,}522$ eV) und einer relativ kurzen Lebensdauer der Ladungsträger, so daß man für die *Durchlaßrichtung* den Strom aus der Beziehung

$$i_d = i_s \exp\,(qU/nkT) \qquad (3/34)$$

berechnen kann. Darin bedeuten i_s den Sättigungsstrom, q die elektrische Ladung der Träger und n die Rekombinationskonstante, die man normal zu 2 annimmt. Der Sättigungsstrom wird durch die Formel

$$i_s = J_s A \exp\,(-q\Delta E/2kT) \qquad (3/35)$$

beschrieben, in der A den stromführenden Querschnitt und J_s die Sättigungsstromdichte angibt. Die Gln. (3/34) und (3/35) sind bis herab zu 77 K gültig; bei tieferen Temperaturen überwiegen Tunnelprozesse an den Potentialbarrieren und führen zur Beziehung für den Diodenstrom in Durchlaßrichtung

$$i_d = i_s(T) \exp\,(qU/3kT). \qquad (3/36)$$

Bereits von *Cohen* et al. [3.82] wurde darauf hingewiesen, daß dieser Effekt für die Temperaturmessung in einem großen Meßbereich mit Vorteil genutzt werden kann, da nach Gl. (3/36) die Diodenspannung U zu ln T proportional wird und i_s annähernd temperaturunabhängig ist. Zum Beweis hierfür sind in Bild 3.47 für GaAs die Spannungskennlinien $U_d = f(T)_{i_d}$ im Tieftemperaturgebiet dargestellt.

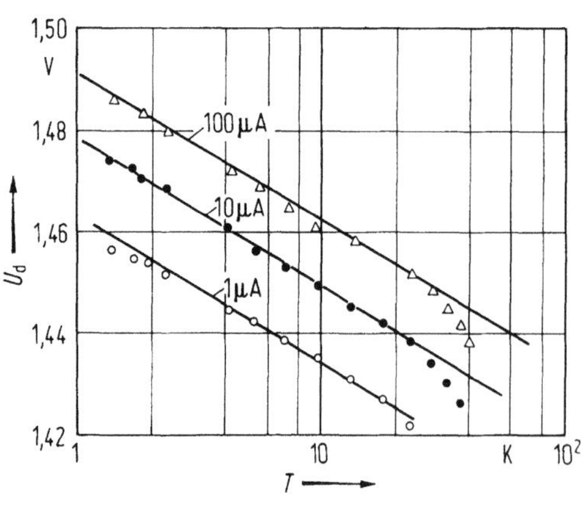

Bild 3.47. Durchlaßspannung U_d einer GaAs-Diode bei verschiedenen Betriebsströmen in Abhängigkeit von der Temperatur

3.3.5.2 GaAs-Dioden

Die ersten GaAs-Thermometer wurden nach [3.82] ausgehend von Te-dotiertem GaAs (0,01 Ω/cm) durch Diffusion von Zn bei 850 °C hergestellt, wobei sich der pn-Übergang etwa 10 μm unterhalb der Oberfläche bildet. Das Halbleiterplättchen wird einseitig auf 0,1 mm Dicke geläppt und auf der n-Typseite mit einem Kontakt aus reinem Sn versehen. Die andere Seite wird mit Ni bedampft, bei 600 °C für 10 min im Vakuum gesintert und mit der positiven Zuleitung verbunden.

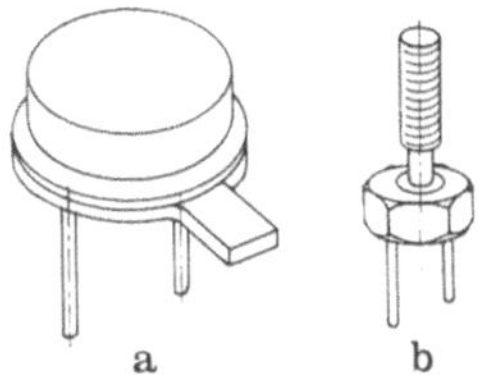

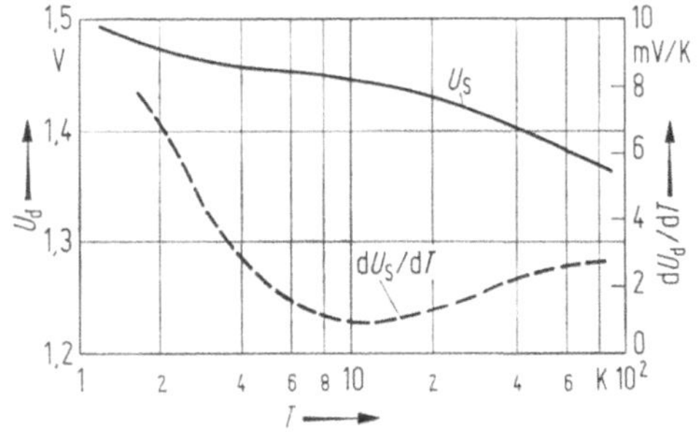

Bild 3.48. Bauformen von GaAs-Thermometern

Bild 3.49. Durchlaßspannung U_d und Empfindlichkeit dU_d/dT einer GaAs-Diode für $i_d = 10\ \mu A$

GaAs-Thermometer werden heute kommerziell vertrieben und in gekapselter Form oder auch ungeschützt hergestellt; in Bild 3.48 sind zwei Ausführungsformen gezeigt. Bei konstantem Durchlaßstrom i_d wird nach Gl. (3/36) der Spannungsabfall an der Diode als Meßgröße für die Temperatur benutzt oder mit bekannten Methoden der Widerstand gemessen. In Bild 3.49 sind U_d und die Empfindlichkeit $(dU_d/dT)_{i_d}$ für eine Diode des Typs TG-100 dargestellt.

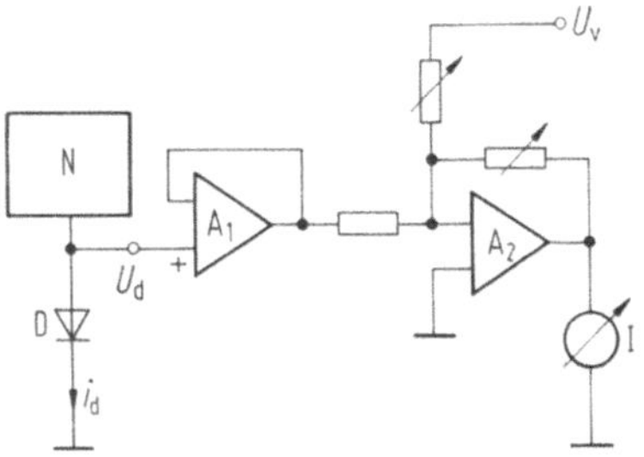

Bild 3.50. Messung der Diodenspannung des GaAs-Thermometers

Zur genauen Messung der Durchlaßspannung wird nach *Huen* [3.161] entsprechend dem Blockschaltbild des Bildes 3.50 die Konstantstromquelle N an die Meßdiode D gelegt und der erzeugte Spannungsabfall entweder direkt mit einem Digitalvoltmeter gemessen oder mit dem Analogkonverter A_1, A_2 in eine zu T proportionale Spannung umgesetzt. Der Meßstrom kann in Stufen zwischen 10 μA und 1 mA variiert werden. Diese speziell für den Meßbereich 1 bis 300 K entworfene Meßanordnung bietet keine große Genauigkeit und ist mit einem Meßfehler von ±0,2 K behaftet.

Die mit GaAs-Thermometern erzielbare Genauigkeit wird bei sorgfältigen Messungen zwischen 30 und 300 K mit ± 2 mK und unterhalb von 15 K mit ± 5 mK angegeben, wobei als unterste Meßgrenze 4,2 K zu gelten hat. Die erzielbare Meßgenauigkeit wird von der Rauschspannung der Konstantstromquelle beeinträchtigt; von Nachteil ist speziell für Tieftemperaturanwendungen die Lage des Empfindlichkeitsminimums zwischen 10 und 20 K.

Der Einfluß eines Magnetfeldes auf die Temperaturangabe bleibt zwischen 4,2 und 30 K etwa konstant und beträgt ca. 1 K für eine magnetische Flußdichte von 5 T.

Interpolationsformeln für die U_d/T-Kennlinie werden für einen größeren Temperaturbereich von *Pavese* [3.249] und *Praddaude* [3.260] angegeben.

3.3.5.3 Ge- und Si-Dioden

Von *Ray* und *Chandra* [3.265] sind kommerziell verfügbare Ge- und Si-Dioden hinsichtlich ihrer Eignung als Thermometer untersucht worden. Sie sind im allgemeinen nur bei etwa 40 K und darüber zu gebrauchen und zeigen bei einem Meßstrom in Durchlaßrichtung von 10 μA eine Empfindlichkeit von 2 bis 5 mV/K, die allerdings im unteren Meßbereich um eine Größenordnung zunehmen kann [3.125].

Auch *Transistoren* lassen sich in Einzelfällen für die Thermometrie anwenden; ihr Anwendungsbereich ist auf Temperaturen zwischen 20 und 300 K beschränkt. Über ihre Eignung als absolutes Thermometer, s. a. Abschn. 2.4.4 und *Felimban* [2.91]. Von *Janik* et al. [3.167] wird der temperaturabhängige Basiswiderstand bestimmter Transistoren als Meßgröße zwischen 20 und 300 K vorgeschlagen.

3.3.5.4 GaAs-Widerstandsthermometer [3.13; 3.168]

Durch eine starke Dotierung mit Mn oder anderen Metallen lassen sich aus GaAs Widerstandsthermometer konstruieren, deren Eigenschaften mit denen von dotiertem Ge vergleichbar, die jedoch billiger sind. Nach *Logvinenko* et al. [3.213] erhöht sich ihr Widerstand von 300 bis 600 Ω bei Zimmertemperatur auf einige Kiloohm bei 4,2 K und läßt sich genügend genau durch eine Interpolationsformel nach Gl. (3/26) darstellen. Der Magnetfeldeinfluß ist außergewöhnlich gering und führt bei 4,2 K und $B = 4$ T zu einem Meßfehler von nur 100 mK.

Ein oft schwer zu lösendes Meßproblem, am gleichen Ort magnetische Flußdichte und Temperatur zu messen, läßt sich nach *Kordoš* et al. [3.189] mit einer epitaktisch erzeugten GaAs-Schicht erledigen. Auf einem GaAs-Chip wird auf einer Fläche eine gekreuzte Hall-Sonde, auf der anderen das Widerstandselement aufgebracht, das aus einer p-leitenden Schicht von 1,1 kΩ bei 4,2 K besteht.

3.3.6 Widerstandsmeßverfahren [3.290]

Die Widerstände der in den Abschn. 3.3.3 bis 3.3.5 besprochenen Halbleiterthermometer lassen sich grundsätzlich mittels der Methoden von Abschn. 2.4.6 bestimmen, wobei allerdings die bei Tieftemperatur-Thermometern tolerablen sehr kleinen Meßleistungen zu berücksichtigen sind. Diese hängen sowohl von der „Kälteleistung“ des Kryostaten als auch von der Größe des thermischen Kontaktwiderstandes ab, der in vielen Beispielen mit T^{-3} bei sinkender Temperatur zunimmt. Bei den häufig angewandten Meßbrücken wird die erreichbare Meßempfindlichkeit oft durch die Rauschspannung des auf Umgebungstemperatur befindlichen Vergleichswiderstandes begrenzt, oder ist durch das Rauschen der Operationsverstärker gegeben. Meist werden die Meßbrücken mit Wechselstrom betrieben, um Meßfehler durch Thermospannungen im Meßkreis auszuschalten.

Die Vielfalt der Meßmethoden läßt sich einteilen in Gleichspannungsverfahren sowie Wechselstrombrücken unter Verwendung spezieller aktiver und Übertragungselemente, mit denen der Einfluß des thermischen Rauschens auf die Meßempfindlichkeit verringert werden kann.

3.3.6.1 Gleichspannungsverfahren

In einigen Fällen, wie z. B. in Tieftemperatur-Kalorimetern, muß neben dem Thermometerwiderstand auch die Meßleistung gemessen werden können. Hierzu schickt man durch das Thermometer und einen bekannten Konstantwiderstand in Serie einen bekannten, konstanten Strom und mißt die Spannungsabfälle an beiden Widerständen. Um rasche Stromschwankungen im Hilfsstromkreis zu verhindern, kann nach *Freeman* und *Walker* [2.102] eine *Konstantstromquelle* benutzt werden, die als Vergleichsnormal ein Weston-Normalelement oder eine Zener-Diode enthält. Schwierigkeiten, die durch Streuspannungen oder durch Erdung entstehen können, werden dadurch vermieden, daß der für die Stromstabilisierung benutzte Operationsverstärker (Philbrick P18QU) durch zwei Hg-Batterien gespeist wird.

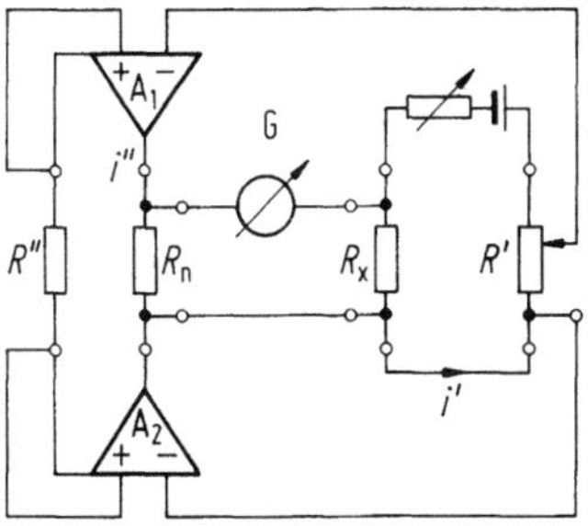

Bild 3.51. Kompensator mit getrennten, isolierten Stromkreisen

Die bekannte *Kompensationsmethode* hat bei der Anwendung auf Tieftemperatur-Thermometer den Nachteil, daß Meßkreis und Vergleichsspannung galvanisch gekoppelt sind und Störspannungen induziert werden können. Diesen Nachteil vermeidet der von *Crovini* und *Kirby* [2.59] weiter entwickelte Kompensator mit isolierten Vergleichsstromkreisen. Die Schaltung, deren Prinzip in Bild 3.51 dargestellt ist, enthält zwei getrennte Stromkreise mit festem Stromverhältnis, die durch zwei Operationsverstärker A_1 und A_2 gebildet werden. Im Primärkreis wird beim eingestellten Strom i' am Widerstand R' ein Spannungsabfall erzeugt, der den invertierenden Eingängen von A_1 und A_2 zugeführt wird. Beide Verstärker (mit getrennter und isolierter Spannungsversorgung) halten die

Potentialklemmen des Vergleichswiderstandes R'' und von R' auf gleichem Potential und erzeugen einen Sekundärstrom i'', der durch R'' fließt und sich aus $i''/i' = R'/R''$ berechnet.

Wegen der isolierten Stromversorgungen muß i'' auch zwischen den Ausgängen von A_1 und A_2 fließen und kann zwischen beiden Kreisen eine beliebige Spannung U angelegt werden, ohne i' und i'' zu beeinflussen. Verbindet man die Enden der zu vergleichenden Widerstände miteinander und die restlichen über ein Galvanometer G, so läßt sich wie bei der üblichen Kompensationsmethode im abgeglichenen Zustand der Thermometerwiderstand R_x aus

$$R_x = (i''/i')\, R_n = (R'/R'')\, R_n$$

bestimmen, wenn R_n der Vergleichswiderstand ist. Durch Umpolen können Thermospannungen eliminiert werden. Um ein großes Signal/Rausch-Verhältnis zu erhalten, wählt man R' und R'' so groß, das in A_1 und A_2 die volle Ausgangsspannung entsteht.

Dieses Verfahren ist besonders für niederohmige Widerstände geeignet, die sich auf 10^{-7} genau und mit einer Empfindlichkeit von 1 nV vergleichen lassen. Der Kompensator ist auch mit niederfrequentem Wechselstrom zu betreiben und dann von Meßfehlern durch Thermokräfte frei.

Eine speziell im Hinblick auf Metall- und Halbleiterthermometer von *Goodwin* [2.116] durchgeführte Analyse der üblichen Gleichspannungsmeßbrücke enthüllt den Einfluß von Impedanz und Zeitkonstanten des Nulldetektors auf die bei einer bestimmten Meßleistung erzielbare Genauigkeit. Für Kohlewiderstände wird eine stark unsymmetrische Brückenanordnung empfohlen, bei der die Vergleichswiderstände etwa halb so groß wie der Minimalwert des Thermometers sein sollen.

Das von *McWane* et al. [3.226] vorgeschlagene Kompensationsverfahren, bei dem als Nullindikator Josephson-Dioden mit einer Nachweisgrenze von 10^{-15} V angewandt werden, ist nur für sehr kleine Quellenwiderstände brauchbar.

3.3.6.2 Wechselstrombrücken

Die mit Gleichstromverfahren verknüpften Meßfehler infolge unkontrollierbarer Thermospannungen lassen sich grundsätzlich durch Wechselstrombrücken vermeiden. Wie *Swenson* und *Wolfendale* [3.333] allerdings bei Eichmessungen an Ge-Widerständen nachweisen konnten, treten systematische Meßfehler zwischen den mit Gleich- und Wechselstrommethoden gemessenen Temperaturen auf, die zwischen 10 und 500 Hz fast frequenzunabhängig sind und 0,1 bis 1 mK betragen. Dabei ist der Gleichstromwiderstand immer größer als der mit Wechselspannung gemessene. Als Ursache wird der Einfluß des kapazitiven Blindwiderstandes, der parallel zum Wirkwiderstand liegt, angenommen.

Eine der ersten zur Widerstandsmessung von Kohlethermometern bestimmte Wechselstrombrücke wird von *Blake* et al. [3.52] angegeben. Sie besteht aus einer gleicharmigen 10 kΩ-Anordnung und einem einstellbaren Dekadenwiderstand von maximal 100 kΩ, dem zum Phasenausgleich ein Drehkondensator von 250 pF parallel geschaltet ist. Die Brücke wird von einem 33-Hz-Oszillator betrieben; das Brückensignal wird über einen Transformator (1:40), dessen Sekundärwicklung mit einem Drehkondensator auf die 33 Hz-Resonanzfrequenz abgestimmt werden kann, dem Detektor zugeführt. Bei einer Meßleistung von 20 nW lassen sich mit dieser Meßbrücke Temperaturänderungen von 4 μK bei 2 K nachweisen.

Die Fortentwicklung dieser Technik führt zur Benutzung eines *phasenempfindlichen Detektors* als Nullinstrument, der ausführlicher in Abschn. 3.3.6.3 besprochen wird. Das Prinzip solcher Meßbrücken ist in Bild 3.52 dargestellt; es enthält die Brückenzweige R_s, $(1 - n)R$, nR und den Meßwiderstand R_t. Die Brücke wird vom NF-Oszillator O direkt gespeist und enthält in der Detektordiagonalen den Transformator Ü (Übersetzungsverhältnis $1:m$) mit dem phasenempfindlichen Detektor D, dessen Referenzsignal vom Oszillator O geliefert wird [3.373].

Die *Nachweisempfindlichkeit* dieser Brücken wird durch das Rauschen der auf Zimmertemperatur befindlichen Vergleichs- und Abgleichwiderstände und des Detektors begrenzt.

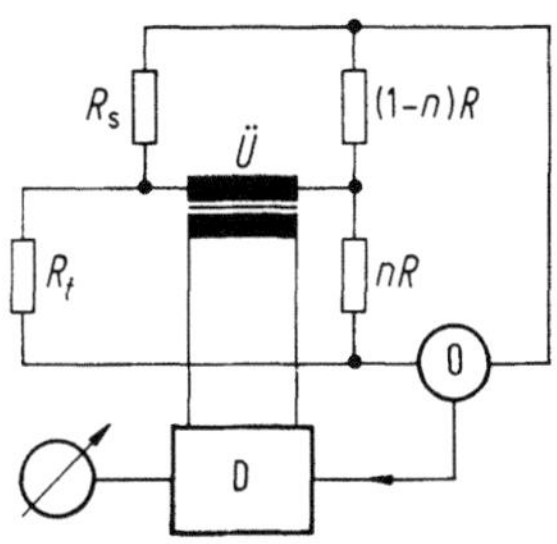

Bild 3.52. Wechselstrombrücke

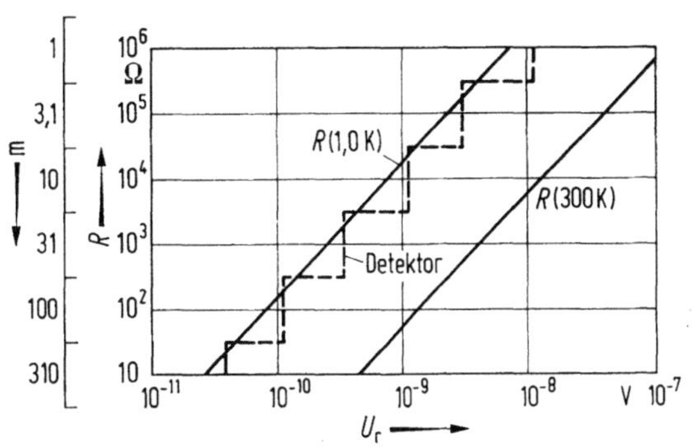

Bild 3.53. Rauschspannung als Funktion des Quellenwiderstandes und der Temperatur

Letzteres wird durch das Rauschsignal des Eingangsverstärkers bestimmt, dessen Rauschspannungsäquivalent (*Ed.* III, § 5.27) einem Widerstand von 200 bis 10000 Ω bei 300 K entspricht. Mit einem rauscharmen Vorverstärker wird die Nachweisgrenze einer Brücke stets durch die Rauschspannung der Brückenzweige begrenzt sein, sofern diese nicht auf 4,2 K gekühlt werden. In Bild 3.53 ist die vom Quellenwiderstand hervorgerufene Rauschspannung für ein Frequenzband von 1 Hz mit der des Detektors, der durch den Transformator Ü mit dem Übersetzungsverhältnis m an die Brücke gekoppelt ist, verglichen. Der auf 1 K gekühlte Widerstand erzeugt ein Rauschsignal, das mit dem eines guten Vorverstärkers vergleichbar ist.

Zur Widerstandsmessung an Ge-Thermometern, die zweckmäßig wegen Änderung des Übergangswiderstandes an den Stromzuleitungen mit einer Kelvin-Brücke (*Ed.* III, § 9.54) durchgeführt wird, hat sich die von *Ekin* und *Wagner* [3.109] angegebene Meßanordnung nach Bild 3.54 bewährt. Ge-Thermometer R_t (mit eingezeichneten Zuleitungswiderständen) und Vergleichswiderstandsdekade R_n liegen in Serie und werden vom 33 Hz-Oszillator O gespeist. Die Spannungsfolger A_1, A_2 und A_3 stellen einen sehr großen Eingangswiderstand und eine phasenreine Spannungsübertragung zur eigentlichen Meßbrücke dar, die aus vier Festwiderständen besteht. Auf der Primärwicklung des Transformators Ü entsteht die Spannung $(U_t/R_t)(R_t - R_n)/2$ bei einer Impedanz von 5,5 kΩ. Ist ΔU die kleinste im phasenempfindlichen Detektor D nachweisbare Spannung, so wird die noch feststellbare Widerstandsänderung

$$\Delta R_t/R_t = 2\Delta U/U_t.$$

Für $\Delta U = 1$ µV beträgt bei $U_t = 10$ mV die Auflösung 0,02%. Soll mit dieser Anordnung der mit einem Ge-Thermometer meßbare große Temperaturbereich erfaßt werden, müssen die Spannungsfolger A eine Eingangsimpedanz besitzen, die um den Faktor 10^4 größer als der maximale Thermometerwiderstand (100 kΩ) ist und einen Verstärkungsfaktor aufweisen, der sich höchstens um 10^{-4} von 1 unterscheidet. Dies ist durch Benutzung von Feldeffekt-Transistoren (FET) möglich. Bei einer Meßleistung von 5 nW bei 2 K läßt sich mit dieser Methode eine Meßgenauigkeit von $2 \cdot 10^{-4}$ erzielen.

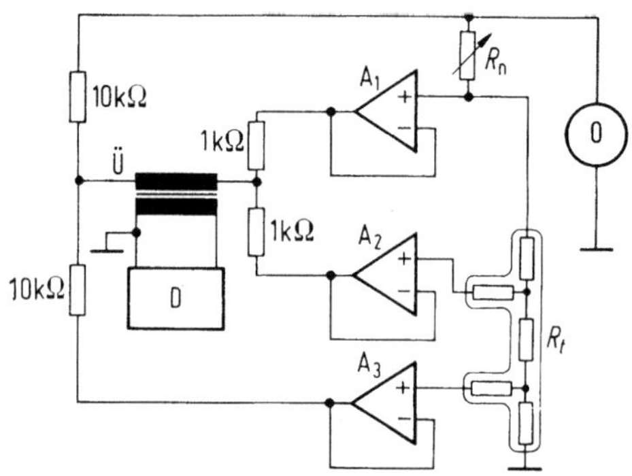

Bild 3.54. Widerstandsmeßbrücke für Ge-Thermometer

Eine Verbesserung dieser Meßbrücke wird von *Rubin* und *Golahny* [3.283] angegeben, wobei als Spannungsfolger batteriebetriebene Operationsverstärker (Analog Devices Model 153J) benutzt werden, die ausgezeichnete Rauscheigenschaften aufweisen. Mit einem Ge-Thermometer von 100 bis 400 Ω Nominalwiderstand können Temperaturänderungen von 0,5 mK bei 4,2 K und 1 mV Meßspannung mit einer Bandbreite von 1 Hz des Detektors festgestellt werden.

Von *Fletcher* und *Stinson* [3.116] wird eine Wechselspannungsbrücke beschrieben, die sich für die Widerstandsmessung von niederohmigen Thermometern im He-Bereich eignet, und einen supraleitenden *Chopper* mit Rückkopplung anwendet.

Grundsätzlich ist bei allen Wechselstrombrücken darauf zu achten, daß auf die Zuleitungen zum Thermometer durch magnetische Streufelder oder aus dem Netz keine Spannungen übertragen werden. Die Transformatoren sollten mehrfach magnetisch abgeschirmt sein und einen toroidalen Eisenkern besitzen. Um die relativ geringen Rauschspannungen von der Größe 10 nV/Hz, wie sie FETs bei niedrigen Frequenzen erzeugen, voll für die Empfindlichkeitssteigerung einer Brücke nutzen zu können, sollten die Vergleichswiderstände auf 4,2 K gekühlt werden. Über weitere Ausführungsbeispiele s. [3.363]. Eine viel verbreitete Brückenschaltung, die mit relativ geringen Kosten realisiert werden kann, ist vereinfacht in Bild 3.55 dargestellt. Sie besteht aus 50-Ω-Widerständen, um das

Signal/Rausch-Verhältnis groß zu halten und einem aus 6 Dekaden bestehenden Abgleichswiderstand R_n von maximal 100 kΩ. Die Spannungsversorgung erfolgt durch den Stimmgabeloszillator O von 33 Hz, der über den Transformator $Ü_1$ angekoppelt wird. Die Signalspannung wird über den Kopplungstransformator $Ü_2$ mit veränderbarem Übersetzungsverhältnis an den FET-Vorverstärker A_1 gelegt und nachfolgend verstärkt. Zur automatischen Steuerung des Verstärkungsfaktors des Vorverstärkers für den phasenempfindlichen Detektors D ist A_3 mit einem Fotowiderstand in der Rückkopplungsleitung versehen, der über eine kleine W-Lampe durch das Ausgangssignal gesteuert wird. Mit dieser Brücke lassen sich bei einer Meßleistung von 10 fW Widerstandsänderungen von 0,1 bis 0,3% feststellen.

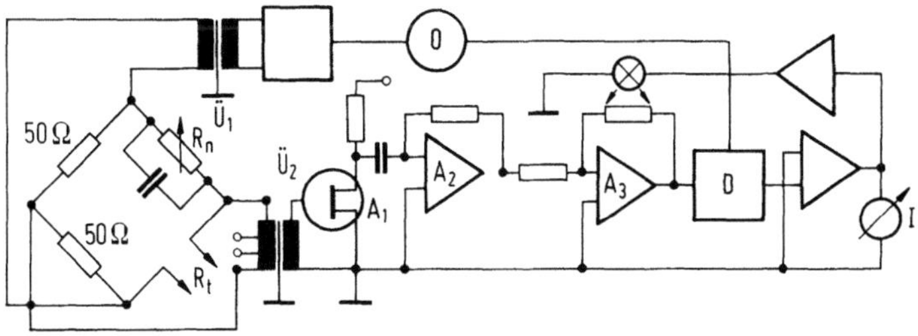

Bild 3.55. Wechselstrommeßbrücke für Kohlethermometer

3.3.6.3 Phasenempfindlicher Detektor

Die im letzten Jahrzehnt erzielten Fortschritte in Bezug auf Nachweisempfindlichkeit von Meßbrücken für Kohlethermometer bei kleinsten Meßleistungen sind zu einem guten Teil auf die Verfügbarkeit leistungsfähiger phasenempfindlicher Verstärker oder *Lock-in-Verstärker* zurückzuführen. Dieses schon über 30 Jahre bekannte und erfolgreich für den Nachweis sehr kleiner Wechselspannungssignale in einem starken Rauschuntergrund angewandte Verfahren beruht

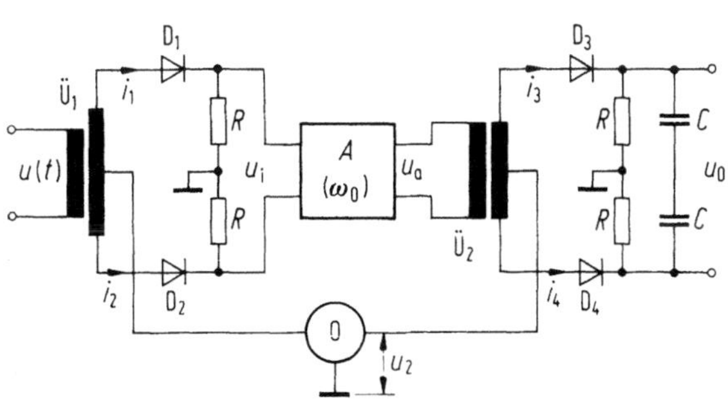

Bild 3.56. Phasenempfindlicher Detektor

auf dem folgenden Prinzip. Im Schaltschema des Bildes 3.56 wird ein *Diodenmodulator* benutzt, um die zu messende Spannung $u(t)$ an der Primärwicklung des Eingangsübertragers $Ü_1$ in ein leicht zu verstärkendes Signal umzuformen, und mittels eines Dioden-*Demodulators* das verstärkte Eingangssignal zu erhalten.

Nimmt man für die Dioden D_1, D_2 eine quadratische Strom-Spannungs-Kennlinie an, so fließt durch die Diode D_1 und den Widerstand R der Strom

$$i_1 = a_1 u(t) + a_1 U_2 \sin \omega_0 t + a_2 u^2(t) + a_2 U_2^2 \sin^2 \omega_0 t + 2 a_2 u(t)\, U_2 \sin \omega_0 t, \tag{3/37}$$

wenn a_1 und a_2 von der Diodenkennlinie abhängige Konstanten, $u_2 = U_2 \sin \omega_0 t$ die vom Oszillator O eingespeiste Wechselspannung und $u(t)$ das Eingangssignal sind. Analog läßt sich der Strom durch die Diode D_2 berechnen, wenn man die Polarität von $u(t)$ ändert. Die Eingangsspannung u_i zum Verstärker A ergibt sich zu

$$u_i = R(i_1 - i_2). \tag{3/38}$$

Durch Einsetzen der entsprechenden Ausdrücke für i_1 und i_2 ergibt sich für die Eingangsspannung die Größe

$$u_i = 2 R a_1 u(t) + 4 R a_2 u(t)\, U_2 \sin \omega_0 t. \tag{3/39}$$

Da die Oszillatorfrequenz ω_0 als viel höher gegenüber den zeitlichen Änderungen von $u(t)$ angenommen wird, und der Verstärker A auf die Resonanzfrequenz ω_0 abgestimmt ist, wird aus Gl. (3/39) der zweite Term verstärkt. Bezeichnet man mit K den Verstärkungsfaktor, so wird das verstärkte Signal

$$u_a = 4 K R a_2 u(t)\, U_2 \sin \omega_0 t$$

als Eingangsspannung am Demodulator auftreten, der aus den Dioden D_3, D_4, den Widerständen R und den Glättungskapazitäten C besteht. Für den Strom i_3 erhält man analog zu Gl. (3/37) den Ausdruck

$$i_3 = a_1 u_a + a_1 \omega_2 \sin \omega_0 t + a_2 u_a^2 + a_2 U_2^2 \sin{}^2 \omega_0 t + 2 a_2 u_a U_2 \sin \omega_0 t. \tag{3/40}$$

Der Diodenstrom i_4 entspricht bis auf das Vorzeichen von u_a der obigen Beziehung, so daß mit $u_0 = R(i_3 - i_4)$ die Ausgangsspannung u_0 sich zu

$$\begin{aligned} u_0 &= 2 a_1 R u_a + 4 a_2 R u_a U_2 \sin \omega_0 t, \\ &= 2 a_1 R u_a + 16 a_2^2 K R^2 u(t)\, U_2^2 \sin^2 \omega_0 t, \\ &= 2 a_1 R u_a + 8 a_2^2 K R^2 U_2^2 u(t)\, (1 - \cos 2 \omega_0 t) \end{aligned} \tag{3/41}$$

berechnet. Die beiden Kapazitäten C filtern die Wechselspannungsanteile mit den Frequenzen ω_0 und $2\omega_0$ heraus; man findet daher ein Ausgangssignal

$$u_0 = 8 a_2^2 K R^2 U_2^2 \cdot u(t), \tag{3/42}$$

das phasenrein die Eingangsspannung $u(t)$ verstärkt wiedergibt.

Tatsächlich wird durch die RC-Kombination im Ausgangsfilter die effektive *Bandbreite* des Verstärkers ähnlich wie beim Chopper-Verstärker bestimmt und ermöglicht ein sehr großes Signal/Rausch-Verhältnis. Die minimal anwendbare Bandbreite hängt von der Änderungsgeschwindigkeit von $u(t)$ ab.

Bei der Anwendung dieser Verstärkungsmethode wird man die Modulationsfrequenz ω_0 jeweils der zu messenden physikalischen Größe anpassen; bei einem IR-Detektor entspricht sie der Frequenz, mit der durch eine rotierende Blende der auffallende Lichtstrahl unterbrochen wird. In einer Meßbrücke zum Nachweis sehr kleiner Temperaturänderungen wird diese mit der extern erzeugten Modulationsfrequenz betrieben.

Bei den von vielen Herstellern angebotenen Lock-in-Verstärkern liegt die Modulationsfrequenz meist zwischen 0,5 Hz und 20 kHz, und wird durch einen rauscharmen Vorverstärker die noch nachweisbare Eingangsspannung auf die Nanovoltgrenze gesenkt. Die Integrationszeit, d. h. die reziproke Bandbreite kann meist zwischen 3 ms und 100 s eingestellt werden. In vielen Geräten läßt sich die Ausgangsspannung unmittelbar an einem mV-Meter ablesen; vielfach wird an den Ausgang direkt ein X, Y-Schreiber gelegt.

3.3.6.4 Meßbrücken mit induktiven Spannungsteilern

Ersetzt man in Bild 3.52 den ohmschen Spannungsteiler mit den Abschnitten nR und $(1 - n)R$ durch einen induktiven — wie in Bild 3.57 dargestellt — so ergeben sich daraus für die Anwendung auf die Widerstandsthermometrie eine Reihe von Vorteilen [3.373]. Ihre Verwendung in Wechselstrombrücken, insbesondere als Mueller-Brücke ist in Abschn. 2.4.6.2 besprochen worden [2.142].

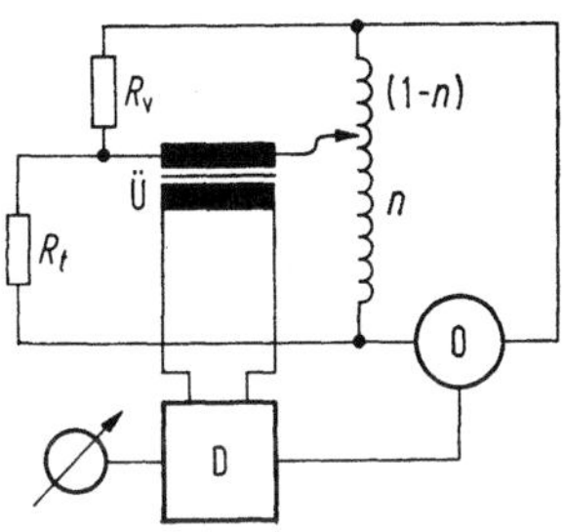

Bild 3.57. Brücke mit induktivem Spannungsteiler

Durch den Ersatz des ohmschen Widerstandsabgleichs werden sowohl die Genauigkeit, Stabilität und Auflösung als auch die Rauscheigenschaften merklich verbessert. Wie bei der ohmschen Meßbrücke wird der Spannungsabfall an den in Serie liegenden Widerständen R_t, R_v mit den Teilspannungen $U(1 - n)$, nU verglichen, wenn U die Spannung des Oszillators O ist. Das Abgleichsignal wird über den Transformator Ü dem Lock-in-Verstärker D zugeführt. Im Gegensatz zu Bild 3.52 beträgt der Widerstand des induktiven Spannungsteilers nur wenige Ohm und liefert daher einen extrem kleinen Beitrag zum Ausgangsrauschen. Das Brückengleichgewicht wird durch die Bedingung

$$R_t/R_v = n/(1 - n) \tag{3/43}$$

beschrieben, woraus man die Nachweisempfindlichkeit zu

$$dR_t/R_t = dn/n(1 - n) = \Delta u/(1 - n)\,(PR_t)^{1/2} \tag{3/44}$$

erhält, wenn Δu die Nachweisgrenze des Detektors und P die im Thermometer verbrauchte Meßleistung bezeichnet.

In Bild 3.58 ist die Größe $\Delta R_t/R_t$ für zwei verschiedene Meßleistungen als Funktion der Temperatur des Vergleichswiderstandes R_v berechnet und mit den Werten einer Wheatstone-Brücke verglichen worden, wobei für R_t der Wert 1 kΩ bei 1 K angenommen ist. Befindet sich R_v auf Zimmertemperatur, beträgt die Verbesserung der Auflösung etwa 1,7; wird R_v unterhalb von 10 K abgekühlt, läßt sich fast eine Größenordnung an Meßgenauigkeit gewinnen. Wie in Abschn. 3.3.6.5 gezeigt wird, eignet sich diese Meßanordnung besonders zur selbsttätigen Kompensationsmessung für Halbleiter- und Kohlethermometer, indem das Ausgangssignal nach Verstärkung zum Abgleich des Spannungsteilers benutzt wird.

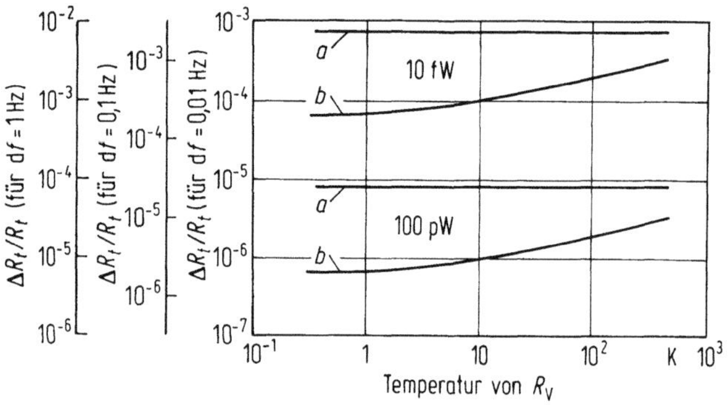

Bild 3.58. Auflösungsvermögen von Wheatstone- (**a**) und induktiver Meßbrücke (**b**) bei verschiedener Meßleistung und Bandbreite

Von *Gearhart* et al. [3.123] sind einige Brückenschaltungen mit induktivem Spannungsteiler beschrieben worden, die sich durch hohe Stabilität und große Meßgenauigkeit auszeichnen. Um den Einfluß der Strom- und Spannungszuleitungen eliminieren zu können, werden mit einem Umschalter die in Bild 3.59 eingetragenen Zuleitungs- und Meßwiderstände mit der eigentlichen Meßbrücke verbunden. In vielen Fällen reicht es aus, anstelle des Meßwiderstandes R_x den Gesamtwiderstand $R_y = R_{i1} + R_x + R_{i2}$ zur Temperaturbestimmung zu messen, vor allem, wenn $R_x \gg R_i$. Für genaue Messungen und Nacheichungen sind Änderungen der Zuleitungswiderstände zu berücksichtigen und ist die Vierpol-Messung vorzuziehen.

Die in Bild 3.60 schematisch dargestellte passive Spannungsteilerbrücke mit einem Teilungsverhältnis 1:1 besitzt einen Dekadenwiderstand R_s bei Zimmertemperatur und zum exakten Phasenabgleich die variable Kapazität C_s, um den zu messenden Widerstand R_y abgleichen zu können. Als Nullinstrument I dient ein Breitbandverstärker mit hoher Eingangsimpedanz und nachgeschaltetem Resonanzverstärker mit Lock-in-Anzeige. Die Brücke wird von einem 400 Hz-Oszillator O mit sehr konstanter Ausgangsspannung betrieben; der induktive Spannungsteiler T mit geerdetem Mittelabgriff (U_c) ist an die Sekundärwicklung des Isoliertransformators Ü gelegt. Der Umschalter S dient dazu, über die Kontakte A bis F die dort anstehenden Spannungen mit der an R_s liegenden vergleichen zu können; dabei bezeichnet das Spannungsteilerverhältnis z. B. bei der Messung am Kontakt B die Größe $N_B = (U_c - U_1)/(U_2 - U_1)$.

Soll R_y gemessen werden, so wird der Umschalter auf „D" gestellt, der Spannungsteiler auf $N_D = 1/2$ eingestellt und die Brücke mit R_s abgeglichen. Bei festgehaltenem Vergleichswiderstand R_s wird für die Zuleitungen A und E das entsprechende Teilungsverhältnis N_A bzw. N_B ermittelt. Den gesuchten Widerstand erhält man aus der Beziehung

$$R_y = R_s \frac{1/2 - N_A}{1 - N_E} = R_s + R_s \frac{N_E - 1/2 - N_A}{1 - N_E}, \tag{3/45}$$

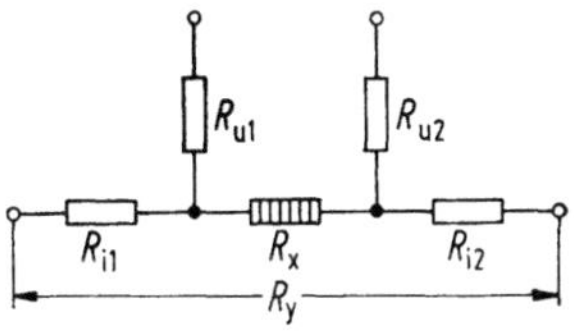

Bild 3.59. Widerstandsthermometer mit Spannungs- und Stromzuleitungen

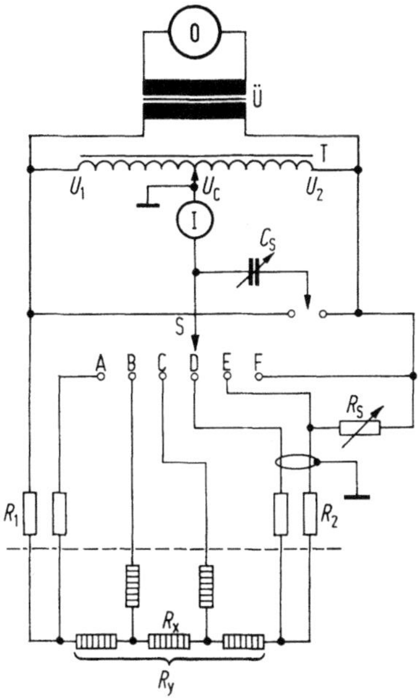

Bild 3.60. Passive Spannungsteiler-Meßbrücke für Widerstandsthermometer

d. h. es sind drei Messungen zur exakten Bestimmung von R_y erforderlich. Im allgemeinen wird man die Zuleitungswiderstände R_1 und R_2 im Kryostaten relativ klein und etwa gleich wählen. Da im Brückengleichgewicht

$$R_y = R_s + R_2 - R_1,$$

und $R_y - R_s$ gewöhnlich sehr klein ist, muß $R_2 - R_1$ nur selten nachgemessen werden; diese Differenz ergibt sich aus Gl. (3/45) zu $R_s(N_E - 1/2 - N_A)/(1 - N_E)$. Diese Meßbrücke vereint Einfachheit mit relativ hoher Stabilität; ihre Genauigkeit wird von der Temperaturabhängigkeit des Abgleichwiderstandes R_s begrenzt. Zur Messung von R_x werden die Potentialleitungen B und C benutzt und die Einstellungen N_B und N_C bei festgehaltenem R_s entsprechend dem Abgleich N_E bestimmt; der gesuchte Widerstand ergibt sich aus der Beziehung

$$R_x = R_s \frac{N_C - N_B}{1 - N_E}. \tag{3/46}$$

Die in Bild 3.60 eingezeichnete Erdung verringert den Einfluß der Streukapazitäten der Zuleitungen zum Temperaturfühler im Kryostaten. Bei Fortfall der Zuleitungen B, C und Abschirmung der Leitungen D, E ergeben sich besonders günstige Verhältnisse, da die Erdkapazitäten der Zuleitung A und des linken Spannungsteilerendes an der niederohmigen Ausgangsimpedanz von T liegen und die von D und E am Detektor I erscheinen und ohne Einfluß auf das Brückengleichgewicht sind.

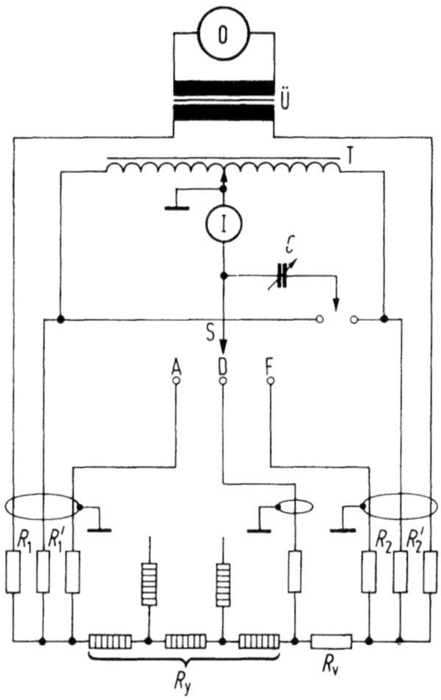

Bild 3.61. Passive Spannungsteiler-Meßbrücke mit Vergleichswiderstand bei tiefer Temperatur

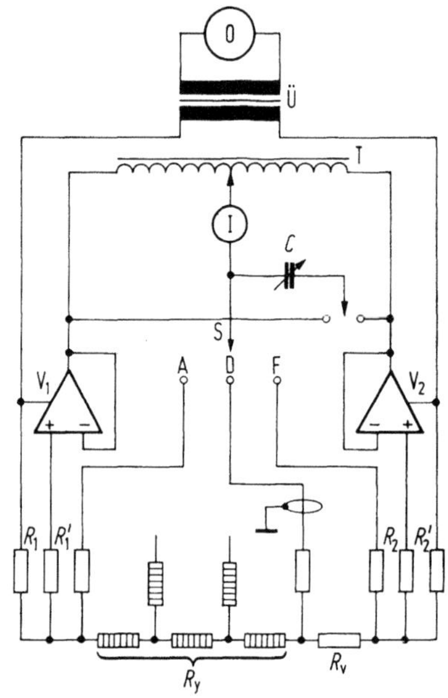

Bild 3.62. Aktive Spannungsteiler-Meßbrücke

Eine im Hinblick auf die Rauscheigenschaften verbesserte Brückenschaltung ist in Bild 3.61 gezeigt; sie unterscheidet sich gegenüber der von Bild 3.60 vor allem dadurch, daß der Vergleichswiderstand R_v auf der gleichen Temperatur wie das Halbleiterthermometer R_y liegt und einen konstanten Wert besitzt. Zur Einstellung des Brückengleichgewichts wird der Abgriff am Spannungsteiler T soweit verschoben, bis am Nulldetektor I das Spannungsminimum angezeigt wird. Das für die Temperaturbestimmung maßgebliche Verhältnis $R_y/(R_y + R_v)$ wird mit drei Einstellungen des Umschalters S gewonnen und berechnet sich aus

$$R_y/(R_y + R_v) = (N_D - N_A)/(N_F - N_A), \qquad (3/47)$$

wenn N die einzustellenden Teilungsverhältnisse bedeuten. Da die Zuleitungswiderstände R_1, R_1', R_2 und R_2' meist viel kleiner als der Meßwiderstand R_y sind, wird N_A etwa bei Null und N_F nahe bei Eins liegen.

Analog läßt sich der Einfluß der Streukapazitäten durch einen günstigen Erdungspunkt und Abschirmung der Meßzuleitungen stark verringern. Wesentlich jedoch sind die getrennten Brückenzuleitungen vom Isoliertransformator Ü und dem Spannungsteiler T über die Widerstände R_1 bis R_2'. Der Vorteil dieser Schaltung liegt darin, daß ihre Genauigkeit nur von der des Spannungsteilers abhängt, die Rauschspannungen wegen der niedrigen Arbeitstemperatur stark reduziert sind und das in Gl. (3/47) angegebene Verhältnis z. B. für ein Ge-Thermometer weniger nichtlinear ist als R_y selbst. Ist R_v nicht temperaturunabhängig, muß sein Wert durch eine zusätzliche Vergleichsmessung mit einem Widerstand R_v' bestimmt werden. Da diese Brücke eine unsymmetrische ist, fallen im Gegensatz zur Schaltung nach Bild 3.60 die Zuleitungswiderstände in erster Ordnung *nicht* beim Abgleich heraus. Als Vergleichswiderstände sind nach *March* und *Thurley* [3.221] Pd-reiche Pd-Pt- und Pd-Au-Legierungen geeignet, deren $R(T)/T$-Kurve je nach Pd-Gehalt zwischen 1 und 4 K ein flaches Minimum aufweist.

In einer dritten Ausführung, die in Bild 3.62 dargestellt wird, ist die vorige Schaltung durch die Einführung zweier Spannungsfolger-Verstärker V_1 und V_2 modifiziert, die als Impedanzwandler fungieren und den Einfluß der Zuleitungswiderstände noch weiter reduzieren. Die Arbeitsweise dieser Brückenschaltung entspricht der von Bild 3.61 mit der Ausnahme, daß sich die Teilungsverhältnisse N_A bzw. N_F kaum mehr von Null bzw. Eins unterscheiden. Das bedeutet, daß das gesuchte Widerstandsverhältnis $R_y/(R_y + R_v)$ sehr genau durch *eine* Messung in der Stellung „D" des Umschalters S bestimmt werden kann.

Es existieren mehrere ähnliche Meßbrücken mit Spannungsfolger-Verstärkern zur Verringerung des Einflusses der Thermometerzuleitungen; bei vielen wird jedoch die volle Signalspannung an R_y verstärkt und das Brückengleichgewicht hängt davon ab, ob die Verstärkungsfaktoren tatsächlich Eins betragen.

Schätzt man die Empfindlichkeit und Rauscheigenschaften dieser Brücke z. B. für 1 K ab, und nimmt $R_y = R_v = 25$ kΩ an, so entspricht bei einer Meßleistung von 1 nW einer noch nachweisbaren Spannung von 10 nV eine Temperaturänderung von 1 μK.

Von *Ries* und *Moore* [3.270] wird eine mit der in Bild 3.60 dargestellten vergleichbare Meßbrücke für Kohle- und Ge-Thermometer beschrieben, die sich für den Temperaturbereich zwischen 30 mK und 15 K eignet und gleichzeitig zur Temperaturregelung benutzt werden kann. Ihre Genauigkeit nimmt mit kleiner werdenden Meßwiderständen zu und beträgt für $R_y = 200$ bis 600 Ω etwa 10^{-5}. Meß- und Vergleichswiderstände sind über abgeschirmte Koaxialleitungen mit der eigentlichen Meßbrücke verbunden und ermöglichen die Benutzung höherer Frequenzen von 0,5 bis 10 kHz. Der Brückentransformator besitzt einen toroidalen Kern aus Ferroxcube-Material mit zusätzlichen elektrostatischen und magnetischen Abschirmschildern, und eine Sekundärwicklung, die mit einem Kondensator zu einem Resonanzkreis für 500 Hz abgestimmt ist.

Von *Anderson* [3.16] wird ein *Wechselspannungs-Doppelkompensator* mit großem Signal/Rausch-Faktor angegeben, bei dem der Strom durch den Vergleichswiderstand mit einem Operationsverstärker konstant gehalten und der Thermometerwiderstand über einen Spannungsteiler bestimmt wird. Die Genauigkeit dieser Meßbrücke wird für Widerstände zwischen 1 bis 10^5 Ω zu $2 \cdot 10^{-4}$ angegeben; sie ist unabhängig von Änderungen der Zuleitungswiderstände. *Roth* et al. [3.281] haben mit dieser Brückenanordnung Messungen der *thermischen Impedanz* von Ge-Thermometern unterhalb von 100 mK ausgeführt, die definiert ist als Temperaturmeßfehler ΔT bei Anwendung der Meßleistung $\dot{Q}$, d. h.

$$Z = \Delta T/\dot{Q}. \quad (3/48)$$

Die Größe Z hängt von der thermischen Ankopplung des Thermometers an das Meßobjekt und bei gekapselten Thermometern von ihrem thermischen Innenwiderstand ab.

Weitere Ausführungsbeispiele von Wechselspannungsbrücken zur Widerstandsmessung von Tieftemperatur-Thermometern, s. [2.68; 2.142; 3.373].

3.3.6.5 Selbstabgleichende Widerstandsbrücken

Meßbrücken mit induktiven Spannungsteilern eignen sich sehr gut für den automatischen Abgleich; damit erübrigt sich die meist zeitraubende Einstellung des Brückengleichgewichts durch den Beobachter.

Von *Wolfendale* [3.371] ist hierfür die schematisch in Bild 3.63 dargestellte Wechselspannungsbrücke entwickelt worden, welche die folgenden Forderungen weitgehend erfüllt:

a) Optimale Abgleichzeit bei kleinem Signal/Rausch-Verhältnis;
b) minimale Meßleistung im Temperaturfühler;
c) ausreichende Genauigkeit für die Tieftemperatur-Thermometrie.

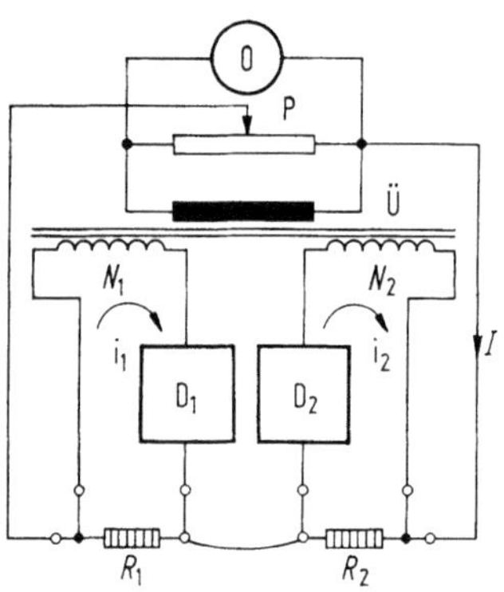

Bild 3.63. Selbsttätiger Wechselspannungskompensator

Die Brücke, die vom NF-Oszillator O betrieben wird, besteht aus einem Wechselspannungskompensator mit dem Transformator Ü, dessen Sekundärwicklungen symmetrisch auf dem toroidalen Kern angebracht sind. Der am Potentiometer P im Primärkreis von Ü einstellbare Strom I durchfließt die beiden zu vergleichenden Widerstände R_1 und R_2 in Serie. Durch Abgleichen mit P wird I derart verändert, daß IR_1 der in den N_1 Windungen der einen Sekundärwicklung induzierten Wechselspannung entspricht und am Detektor D_1 der Strom $i_1 = 0$ festgestellt wird. Zur Messung des Spannungsabfalls IR_2 muß die Windungszahl N_2 der zweiten Sekundärwicklung von Ü variiert werden, bis am Nullinstrument die Gleichgewichtsbedingung $i_2 = 0$ herrscht. Aus beiden Einstellbedingungen ergibt sich die Beziehung

$$R_1/R_2 = N_1/N_2\,;$$

bei bekanntem Vergleichswiderstand R_2 und festem N_2 wird die gesuchte Spannung proportional zu N_1.

Die Abgleichbedingungen dieses automatischen Kompensators setzen voraus, daß vier Größen gleichzeitig verglichen werden, von denen drei als Analoggrößen auftreten und die vierte digital z. B. durch Anzapfungen der Sekundärwicklung N_2 abgegriffen und dargestellt werden kann. Durch Aufteilung von N_2 in mehrere Dekaden ist eine Meßempfindlichkeit von 10^{-6} möglich, wozu als Einstellzeit etwa das 2 1/2 fache der reziproken Bandbreite des Detektors erforderlich ist.

Die durch das Rauschen begrenzte Nachweisgrenze hängt von den Widerständen R_1, R_2, den Induktivitäten N_1, N_2 und von den Rauscheigenschaften der Detektoren D_1, D_2 ab. Befindet sich auch der Vergleichswiderstand R_2 auf tiefer Temperatur, so wird die Nachweisempfindlichkeit lediglich durch die Detektoren bestimmt. Hierfür werden integrierende Lock-in-Verstärker (Abschn. 3.3.6.3) benutzt, deren Bandbreite sich mit der Integrationszeit ändert, und deren Eingangsimpedanz sehr hoch ist, so daß im unabgeglichenen Kreis nur sehr kleine Ströme fließen. Von großem Vorteil ist bei dieser Brücke die Möglichkeit, durch geeignete Wahl der Sekundärwindungen von Ü die Quellenimpedanz optimal anpassen zu können. Die Trägerfrequenz entspricht genau der halben Oszillatorfrequenz, so daß die auf $\nu/2$ abgestimmten Detektoren nicht auf die geraden Harmonischen der Oszillatorfrequenz ansprechen.

Diese als „Cryobridge" [3.372] bezeichnete Meßbrücke zeigt folgende Merkmale: a) Die erreichte Genauigkeit von 10^{-5} ist von äußeren Temperaturschwankungen, Thermospannungen und Driften unbeeinflußt; b) die Nachweisempfindlichkeit entspricht etwa der theoretisch möglichen, ist bis 4 K durch das Widerstandsrauschen und bei noch tieferen Temperaturen vom Detektor begrenzt; c) die selbsttätige Kompensation ist besonders für Registriermessungen geeignet, entlastet den Beobachter und reduziert Fehler bei der Datenübertragung.

Über weitere Ausführungsbeispiele solcher Meßbrücken, s. [2.113; 3.3; 3.76; 3.217].

3.3.6.6 Gepulste Wechselspannungsbrücken

Wird eine Widerstandsbrücke nicht mit Wechselspannung sondern mit periodischen Rechteckimpulsen betrieben, so läßt sich damit entsprechend dem Tastverhältnis die mittlere Meßleistung des Thermometers stark reduzieren. Bei dem von *MacDonald* und *Kornreich* [3.216] benutzten Verfahren, dessen Ausführung schematisch in Bild 3.64 dargestellt ist, wird der Widerstand R_t des Thermometers mit der Wheatstone-Brücke B gemessen, deren Blindwiderstände für Impulslängen von 10 µs noch zu vernachlässigen sind. Die Meßbrücke wird von einem Impulsgenerator I gespeist, welcher Rechteckimpulse von 0,05 µs bis 10 ms Dauer mit Wiederholungsfrequenzen zwischen 10 Hz und 1 MHz liefern kann. Zum Brückenabgleich dient ein Katodenstrahl-Oszillograph O mit Breitbandvorverstärker und einer Empfindlichkeit von 1 mV/cm.

Mit dieser Methode läßt sich eine relativ hohe Empfindlichkeit mit geringer Belastung des Temperaturfühlers verbinden, die sich zu

$$P_m = \frac{1}{\tau} \int_0^\tau u(t)\, i(t)\, dt = u^2 t_0 / \tau R \qquad (3/49)$$

berechnet, wenn t_0 die Impulsdauer, τ die Repetitionsperiode, R der Thermometerwiderstand und $u(t)$ die an ihm liegende Spannung bedeuten. Bei $R = 1$ kΩ, $t_0 = 10$ µs und $\tau^{-1} = 8{,}33$ Hz wird $P_m \simeq 10$ pW, wenn die Impulsspannung an R mit 10 mV angenommen wird. Zur Verbesserung des Nullabgleichs verbindet man die Thermometerzuleitungen mit einem 25 pF-Trimmerkondensator.

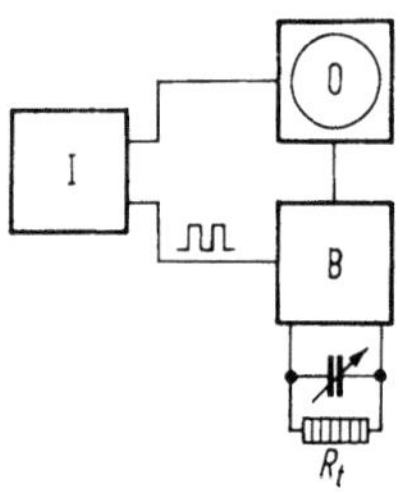

Bild 3.64. Gepulste Wechselspannungsbrücke zur Widerstandsmessung

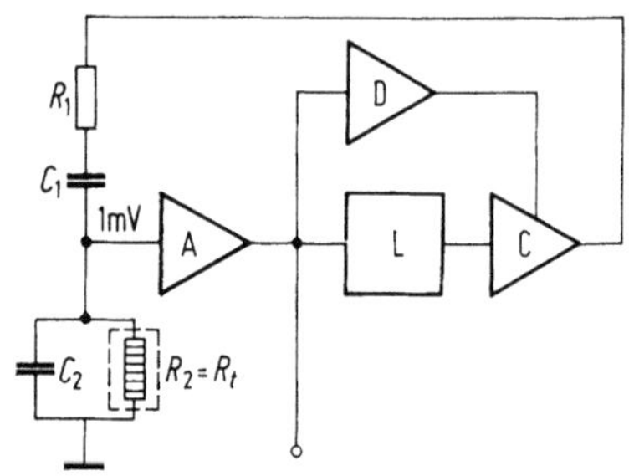

Bild 3.65. Wien-Brückenoszillator für Tieftemperaturthermometer

3.3.6.7 Widerstands-Frequenz-Konverter

Unter Verzicht auf hohe Genauigkeit bei der Widerstandsmessung an Kohle- oder Ge-Thermometern bietet der RC-Oszillator (*Ed.* III, § 5.43) eine einfache Möglichkeit, den Widerstand aus der Oszillatorfrequenz zu ermitteln.

Bei der hierfür von *Lebeau* und *Pinel* [3.207] vorgeschlagenen Schaltung wird ein Operationsverstärker mit einem Verstärkungsfaktor von 40000 im Leerlauf und hoher Eingangsimpedanz benutzt. Mit einem Allen-Bradley-Widerstand von nominal 100 Ω wird zwischen 1,6 und 4,2 K eine Frequenzänderung von etwa 1 bis 7 kHz erzielt, und es läßt sich eine Genauigkeit von besser als 0,05% erreichen. Bei einer Meßleistung von 0,1 µW liegt die gelieferte Ausgangsspannung für den Frequenzzähler bei 1 V.

Höhere Genauigkeit liefert der Wien-Brücken-Oszillator nach dem Vorschlag von *Sambrook* et al. [3.287], der vereinfacht in Bild 3.65 dargestellt ist. In diesem Fall wird die Frequenz $\nu \sim 1/R$ und mit bekannten Methoden (*Ed.* III, § 6.223) gemessen. Der Oszillator besteht aus der Serien- und Parallelschaltung der Blind- und Wirkwiderstände R_1, C_1 bzw. R_2, C_2; im Brückengleichgewicht verschwindet die Phasendifferenz zwischen beiden Impedanzen und wenn der Brückenausgang verstärkt und an den Eingang gelegt wird, schwingt dieser Oszillator mit der Eigenfrequenz

$$\nu_0 = \frac{1}{2\pi} (R_1 R_2 C_1 C_2)^{-1/2}. \tag{3/50}$$

Für $R_1 = R_2$ und $C_1 = C_2$ beträgt die Bedämpfung des Kreises 1/3 und muß der Verstärker A mindestens den Verstärkungsfaktor 3 aufweisen, um Selbsterregung zu gewährleisten. Durch passende Wahl von $R_1 > R_2$ und $C_1 < C_2$ wird die Stabilität des Oszillators erhöht, wobei von A ein höherer Verstärkungsfaktor gefordert wird. Das Brückensignal wird nach Verstärkung ($A = 250$) in eine Gleichspannung verwandelt (D), mit der mit Hilfe eines zweiten Verstärkers C, dessen Verstärkungsfaktor veränderbar ist, eine konstante Brückenspannung erzeugt wird. Die Begrenzungsstufe L besteht aus zwei gegeneinander geschalteten Transistoren und sorgt für konstante Ausgangsspannung bei sehr kleinen Signalspannungen. Durch Umschalten der festen Komponenten C_1, C_2 und R_1 läßt sich eine optimale Anpassung an den Widerstand $R_2 = R_t$ des Thermometers erreichen. Die am Thermometer liegende Spannung beträgt etwa 1 mV, was bei $R_t = 1$ kΩ einer Meßleistung von 1 nW entspricht. Dieses Nachweisverfahren, das durch einen zusätzlichen Frequenz-Spannungs-Konverter auch zur Registrierung benutzt werden kann, wurde bis 25 mK herab erprobt.

Grundsätzlich kann durch Verwendung von *Backward-Dioden* ein zur Widerstandsmessung an Halbleiterthermometern geeigneter RC-Generator aufgebaut werden, der bei 4,2 K arbeitet und lediglich zwei Koaxialleitungen zwischen Oszillator und Umgebung für die Betriebsspannung bzw. zur Frequenzmessung benötigt.

3.3.6.8 Messung der thermischen Impedanz

Als *thermische Impedanz* wird der durch die im Thermometer verbrauchte Meßleistung $\dot{Q}$ verursachte Meßfehler ΔT verstanden; sie ist durch die Beziehung (3/48) definiert. Die Temperaturerhöhung des Thermometers erhält man für $\Delta T \ll T$ aus $\Delta T = (R - R_0)/(\mathrm{d}R_0/\mathrm{d}T)$, wenn R_0 der Thermometerwiderstand für $\dot{Q} = 0$ ist und $(\mathrm{d}R/\mathrm{d}T)$ aus der Eichkurve entnommen wird.

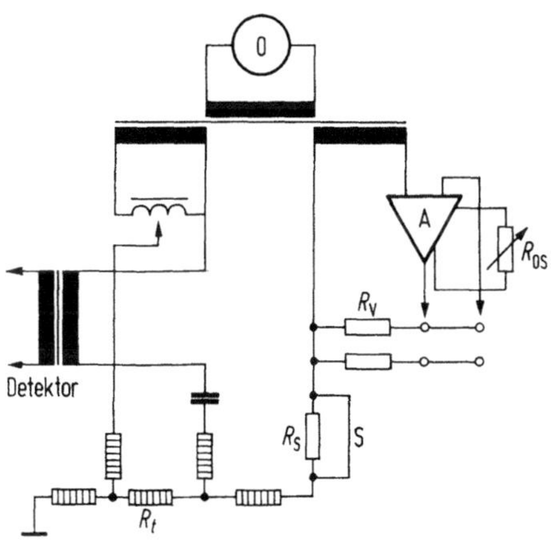

Bild 3.66. Wechselspannungsbrücke zur Messung der thermischen Impedanz von Thermometern

Für thermische Impedanzmessungen an Ge-Thermometern verwenden *Roth* et al. [3.281] die in Bild 3.66 dargestellte Spannungsteilerschaltung, die der von *Anderson* [3.16] beschriebenen entspricht, und im Vergleichskreis mit dem Referenzwiderstand R_v einen Operationsverstärker A enthält, dessen Offsetstrom durch den variablen Widerstand R_{0s} eingestellt und nach Entfernen des Kurzschlußbügels S am Widerstand R_s gemessen werden kann. Damit läßt sich der Gleichstromanteil des Meßstroms durch das Thermometer R_t verändern; der durch R_t fließende Wechselstrom wird durch die Spannung des Brückenoszillators O eingestellt.

Bei Meßleistungen $\dot{Q} < 0{,}1$ pW bei 50 mK liefern Gleichstrom und Wechselstrommethoden die gleichen Ergebnisse; für höhere Wechselstrombelastungen wird ein zusätzlicher induktiver Blindwiderstand gefunden und ΔT nicht mehr proportional zu $\dot{Q}$. Die thermische Impedanz setzt sich aus der *inneren* Impedanz Z_i, die vom Thermometeraufbau, der Gasfüllung und der Kapselung abhängt, und der *äußeren* Impedanz Z_a zusammen, welche die mechanische Verbindung mit dem Meßobjekt bewirkt. Bei sehr tiefen Temperaturen wird besonders Z_a stark vom Kapitza-Widerstand beeinflußt, der proportional zu T^{-3} mit sinkender Temperatur anwächst. Für *Ge-Widerstandsthermometer* liegt $Z_i + Z_a$ in der Größenordnung 10^5 K/W bei 65 mK, woran Z_i den größeren Anteil hat.

Von *Radebaugh* et al. [3.263] sind Kohlewiderstände im Millikelvin-Bereich hinsichtlich ihrer thermischen Impedanz untersucht worden, die sich bei zylindrischen Widerständen zu

$$Z = \Delta T/\dot{Q} = 1/(4\pi L\lambda) \qquad (3/51)$$

berechnet, wenn L die Länge und λ die Wärmeleitfähigkeit des Thermometers angibt. Für Kohleschicht-Thermometer, die von *Fox* et al. [3.119], sowie *Zinoveva* und *Karstens* [3.382] untersucht wurden, werden Z-Werte von der Größenordnung 10^5 K/W bei 50 mK und 10^6 K/W bei 20 mK gefunden.

Aus Untersuchungen von *Halverson* und *Johns* [3.143] mit gekapselten Ge-Thermometern im Bereich von 2,5 bis 4,2 K geht hervor, daß die thermische Impedanz wenig von der Meßleistung abhängt, jedoch in He-Dampf etwa um den Faktor 4 bis 6 größer als im Flüssigkeitsbad ist.

3.3.7 Einfluß äußerer Parameter

Beim Gebrauch von Tieftemperatur-Widerstandsthermometern tritt zusätzlich der Einfluß äußerer Parameter zum eigentlichen temperaturabhängigen Widerstand hinzu, von denen hydrostatischer Druck, Magnetfeld, Teilchenbestrahlung und Alterung die wichtigsten sind.

3.3.7.1 Hydrostatischer Druck

Der Einfluß von hydrostatischem Druck auf die Anzeige von Kohle- und Ge-Thermometern ist bereits in Abschn. 3.3.4.7 erwähnt worden; er hängt nur wenig von der Temperatur ab und beträgt bei 1 kΩ-Ohmite-Widerständen und 4 K etwa $-2 \cdot 10^{-4}$ 1/bar. Für ungekapselte Ge-Thermometer werden $-0{,}9 \cdot 10^{-4}$ (20 K) bzw. $-1{,}6 \cdot 10^{-4}$ 1/bar (4 K) angegeben.

Abgeschliffene Speer-Widerstände, die *Anderson* et al. [3.17] bis herab zu 60 mK bei Experimenten über die Wärmeleitfähigkeit von ^{3}He und Drücken bis 26 bar benutzten, zeigen keinen nachweisbaren Druckeffekt.

3.3.7.2 Einfluß von Magnetfeldern

[3.237]

In Abschn. 3.3.4.7 ist die Widerstandsänderung und damit der verursachte Meßfehler bei Kohlethermometern in äußeren Magnetfeldern behandelt worden. Eingehend sind alle Arten von Kohlewiderständen von *Neuringer* et al. [3.238],

Sample und *Neuringer* [3.289], *Belanger* [3.36], sowie *Abilov* und *Alshin* [3.5] im Temperaturbereich zwischen 50 mK und 15 K und Feldern bis 15 T untersucht worden. Wie aus Messungen von *Neuringer* et al. [3.236] in Magnetfeldern bis zu 14 T senkrecht und parallel zum Meßstrom hervorgeht, ist bei Ge-Thermometern der Feldeinfluß besonders groß und auch stark von der Feldorientierung abhängig; sie scheiden praktisch für Temperaturmessungen in einem Magnetfeld aus.

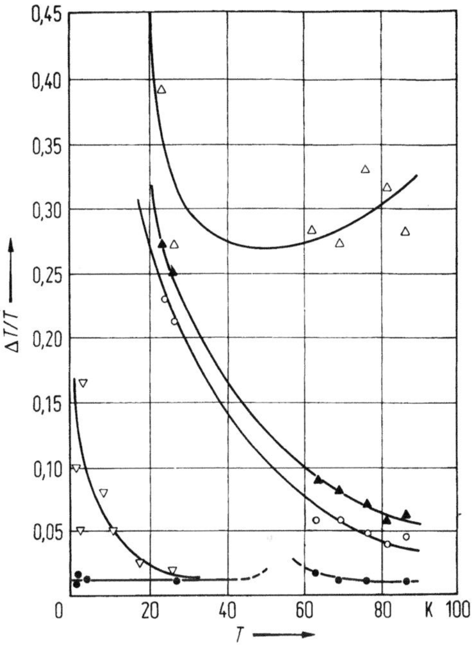

Bild 3.67. Temperaturfehler $\Delta T/T$ bei $B = 18{,}4$ T
△ Ge-Thermom. (||);
▲ Pt-Thermom. (||);
○ Pt-Thermom. (⊥);
▽ Kohlethermom.
• kapazit.-Thermom.

Bei Kohlethermometern dagegen erhöht sich der Widerstand in einem Magnetfeld von 10 T etwa um 10% oder je nach Art des Widerstandes um etwas mehr. Die Matsushita-Widerstände von 1/8 W, die von *Saito* und *Sato* [3.286] in Feldern bis 8 T untersucht wurden, haben gegenüber anderen Kohlewiderständen den Vorteil, daß sie a) in kleinen Nominalwerten von 10 Ω aufwärts hergestellt werden, b) der Einfluß von Magnetfeldern kleiner als der bei Vergleichsthermometern ist, und c) die durch das Magnetfeld verursachte Widerstandsänderung in guter Näherung durch die Beziehung

$$\Delta R/R = C_1 B^2 T^{-1,5}/(1 + C_2 B^2)$$

dargestellt werden kann, in der C_1, C_2 aus experimentellen Daten bestimmt werden.

Vergleichende Untersuchungen von *Alms* et al. [3.10] über den Magnetfeldeinfluß auf Kohle-, Ge-, Pt- und kapazitive Thermometer zwischen 2 und 78 K und Feldern bis 18,4 T bestätigen die Überlegenheit der Kohlewiderstände und zeigen, daß die kapazitiven Thermometer (Abschn. 3.6) einen magnetfeldabhängigen Fehler von kleiner als 1 mK bei 14 T und 4 K aufweisen. In Bild 3.67 ist nach diesen Untersuchungen der relative Temperaturfehler $\Delta T/T$ für verschiedene Thermometer und $B = 18{,}4$ T als Funktion der Meßtemperatur dargestellt.

Weitere experimentelle Untersuchungen mit Allen-Bradley- und Speer-Widerständen in hohen Magnetfeldern, s. [3.157; 3.186; 2.292; 3.341]; analoge Messungen mit Thermistoren und Pt-Widerständen stammen von *Vevai* et al. [3.348].

Nach einem Vorschlag von *Schlosser* und *Munnings* [3.296] lassen sich die Einflüsse der Temperatur $(\partial R/\partial T)/T$ und des Magnetfeldes $\Delta R/R$ auf den Widerstand dadurch z. T. eliminieren, daß das Verhältnis $(\Delta R/R)/(\partial R/R\partial T)$ gebildet wird, das einer Temperaturdifferenz ΔT entspricht. Diese Methode eignet sich auch für hohe Feldstärken und ermöglicht trotz einer kleineren Temperaturempfindlichkeit eine Auflösung von 0,1 mK.

3.3.7.3 Bestrahlungseinflüsse

Wie in Abschn. 3.3.4.7 bereits erwähnt, ändert sich der Widerstand von Kohlethermometern bei Bestrahlung mit schnellen Neutronen nur wenig; von *Guenther* et al. [3.139] sind Untersuchungen mit Neutronen und γ-Strahlung bei Dosen von $2 \cdot 10^{10}$ n/cm² durchgeführt worden. Ausführliche Experimente im He-

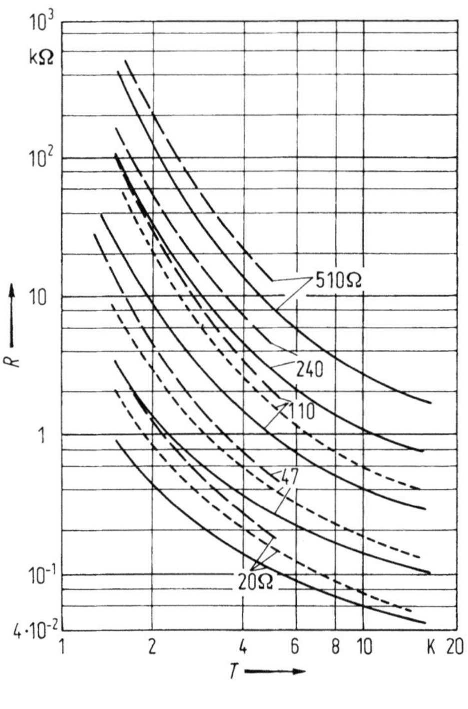

Bild 3.68. Einfluß einer Reaktorbestrahlung bei 4,6 K u. anschließendem Tempern bei 240 K auf die Widerstandskennlinie von Allen-Bradley-BB-Widerständen (1/8 W): ——— vor Bestrahlung; — — — 40 h Bestrahlung; ----- getempert.

Bereich mit Allen-Bradley-Widerständen im Forschungsreaktor München wurden von *Wehr* et al. [3.361] durchgeführt. Gleichzeitig sind fünf Widerstände verschiedenen Nominalwertes bei 4,6 K 40 h bestrahlt worden; die maximale γ-Dosis betrug $3 \cdot 10^9$ r und die der thermischen und schnellen Neutronen ($E_n = 0{,}1$ MeV) 2,5 bzw. $2{,}0 \cdot 10^{18}$ cm^{-2}. In Bild 3.68 ist die Temperaturabhängigkeit der

Thermometer vor und nach der Bestrahlung sowie nach dem Tempern bei den angegebenen Temperaturen dargestellt. Im Gegensatz zu dem bislang Bekannten ändert sich der Widerstand der benutzten Allen-Bradley-Thermometer stark bei der Tieftemperaturbestrahlung; sie sind daher nach jeder Bestrahlung und anschließendem Tempern erneut zu eichen.

3.3.7.4 Alterung von Widerstandsthermometern

Johnson et al. [3.169] haben Speer- und Ohmite-Widerstände bei 375 °C eine Stunde getempert und gefunden, daß bei Thermometern mit kleiner Empfindlichkeit die Drift $\Delta T/T$ für höherempfindliche Widerstände kleiner wird, d. h. eine bessere zeitliche *Stabilität* aufweisen. Durch Tempern bei 300 bis 400 °C erniedrigt sich der Nominalwert der Widerstände um den Faktor 2 bis 3, doch entspricht die R,T-Kurve des getemperten der eines ungetemperten Widerstandes mit gleichem R_0. Diese Feststellung ist für den Experimentator wichtig, da er beim Anlöten der Zuleitungsdrähte wenigstens örtlich den Widerstand auf 150 °C erhitzt.

Werden Kohlethermometer exakt auf konstanter Temperatur gehalten, so läßt sich eine zeitlich exponentielle Temperaturdrift beobachten, die unmittelbar nach dem Abkühlen auf 4,2 K einige Millikelvin beträgt und einen etwas höheren Widerstand vortäuscht. Dieser Meßfehler ist von der Widerstandssorte abhängig, jedoch fast der gleiche für gleichartige Widerstände. Bei Temperaturen um 0,5 K und darunter dauert das Erreichen des Gleichgewichtszustandes merklich länger. Die komplexe Natur dieser Widerstandsdrift macht eine quantitative Beschreibung unmöglich; man findet, daß die Drift um so größer ist, je höher die Temperaturempfindlichkeit des Thermometers ist.

Die Stabilität von Ge-Thermometern bei 20 K ist eingehend von *Besley* und *Plumb* [3.45] und *Besley* [3.44] untersucht worden, indem 30 Ge-Thermometer 100 mal zwischen 20 und 300 K erwärmt und abgekühlt wurden. Die dabei bei 20 K ermittelten Meßfehler liegen zwischen 0,1 und 20 mK und zeigen in vielen Fällen eine stetige Abhängigkeit von der Zyklenzahl; für Thermometer mit höherem Nominalwert scheinen auch die Meßfehler die größeren zu sein.

3.3.8 Spezielle Eichverfahren

Die für Tieftemperatur-Thermometer angewandten Eichmethoden sind Inhalt von Abschn. 3.10; hier werden spezielle Verfahren aufgeführt, die bei Ge-, besonders aber bei Kohle-Thermometern und sehr tiefen Temperaturen hohe Genauigkeit garantieren.

Als Beispiel für einen *Eichkryostaten* im Temperaturbereich zwischen 0,8 und 4,2 K wird der von *Osborne* et al. [3.242] zur Eichung von Ge-Thermometern benutzte in Bild 3.69 vereinfacht dargestellt. In einem zylindrischen Behälter A, der über den mit Strahlungsbaffles S versehenen Rohrstutzen B evakuiert oder mit He-Austauschgas gefüllt werden kann, befinden sich der Cu-Ring C, der mit einer Heizwicklung und Kohlethermometer ausgerüstet ist, und an diesen mit drei dünnwandigen Kapillaren K angehängt der eigentliche Eichblock E aus OFHC-Kupfer. Dieser ist für den Vergleich mit den Dampfdruckkurven von ^{3}He und

^{4}He mit dem Meßvolumen $V_d = 1{,}8$ cm^3, sowie mit einem größeren $V_g = 26$ cm^3 ausgerüstet, das für den Anschluß an die gasthermometrische Temperaturskala (Abschn. 3.1.2) dient; drei weitere zylindrische Bohrungen sind für den Einbau der zu eichenden Thermometer Th vorgesehen. Der Eichkryostat befindet sich in einem doppelten Dewar-Gefäß mit abgepumptem flüssigen He. Der thermische Kontakt zwischen dem Deckelflansch D und E wird über Austauschgas oder mechanisch mit dem Kontaktkonus G aus Reinst-Kupfer hergestellt.

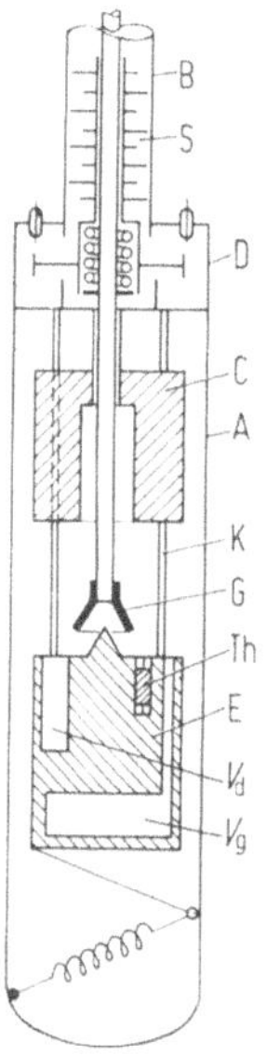

Bild 3.69. Eichkryostat für den Bereich 0,8 bis 4,2 K

An jedem Eichpunkt werden Dampf- bzw. Gasdruck und Widerstand der Thermometer gleichzeitig als Funktion der Zeit registriert und das thermische Gleichgewicht abgewartet. Mit abnehmender Temperatur sind auch die Meßleistungen zu verringern, um Meßfehler durch Selbstaufheizung zu verhindern.

Eine ähnliche Eicheinrichtung wird auch von *Hamm* [3.144] benutzt, wobei anstelle der subjektiven Ablesung von Gas- bzw. Dampfdruck ein automatisches Manometer mit Datenausgabe verwendet wird.

Über das Anpassen der Meßdaten an die bekannten empirischen Beziehungen der Art $T = f(R)$, s. Abschn. 3.3.4.1; zusätzliche Vorschläge stammen von *Powell* et al. [3.259], sowie *Whitehead* et al. [3.368] für Kohlethermometer im äußeren Magnetfeld.

Zur Eichung von Kohlewiderständen, die sich bis herab zu 20 mK eignen, kommt in erster Linie der Vergleich mit den paramagnetischen Suszeptibilitätsthermometern (Abschn. 3.4) in Betracht, die mit besonderer Sorgfalt auszuführen sind, da die thermischen Grenzflächenwiderstände eine exakte Gleichgewichtseinstellung erschweren. Ausführlicher werden diese Methoden in Abschn. 3.10 besprochen. Ausgehend von einer Vorkühltemperatur zwischen 600 und 200 mK wird die Eichtemperatur durch adiabatische Entmagnetisierung eines paramagnetischen Salzes erreicht (Abschn. 12.4) und das zu eichende Thermometer zusammen mit einem Cer-Magnesium-Nitrat (CMN)-Thermometer über ein Bündel isolierter, dünner Cu-Drähte auf die Endtemperatur des Salzes abgekühlt. Die zu eichenden Kohlewiderstände werden mit sehr dünnen Manganinzuleitungen aus Gründen der geringen Wärmezufuhr versehen; zwischen diesen und dem CMN-Thermometer liegen 10 cm Abstand, um Meßfehler durch das magnetische Meßfeld am CMN-Salz zu verhindern. Mit dieser von *Black* et al. [3.50] erprobten Meßanordnung wird bei einer Meßleistung von 1 pW eine Eichgenauigkeit von 10 μK erreicht.

Für den Temperaturbereich $T < 0{,}6$ K, in dem Ge- und Kohle-Widerstandsthermometer mit Hilfe des Dampfdruckes von ^{3}He mit nur beschränkter Genauigkeit geeicht werden können, lassen sich als thermometrische *Fixpunkte* die *Sprungtemperaturen* von supraleitenden Elementen und Verbindungen anwenden. Hierfür kommen hauptsächlich die in Tabelle 3.16 zusammengestellten Substanzen in Betracht, für die der Sprungpunkt T_c und die Breite ΔT_c des Phasenüberganges angegeben sind.

Tabelle 3.16. Supraleiter-Fixpunkte

Supraleiter	Sprungpunkt T_c mK	Übergang ΔT mK
Al	1179	1,5–3,5
Zn	851	1,5–6
Cd	519	1–3
$AuIn_2$	204	0,1
$AuAl_2$	159	0,8
Ir	97,5	0,4
Be	23,4	0,06
W	15,3	0,2

Beim Eichen wird der meist in Drahtform vorliegende Supraleiter von einem konstanten Meßstrom durchflossen und der Zusammenbruch des Spannungsabfalls bei T_c beobachtet.

Nach dem Vorschlag von *Soulen* [3.313] werden in *einem* Meßeinsatz Proben der fünf Supraleiter mit den tiefsten T_c-Werten der Tabelle 3.16 in einem gemeinsamen magnetischen Feld bei verschiedener Temperatur untersucht und die induktiv nachgewiesenen Sprungpunkte der Reihe nach mit den Angaben der zu eichenden Thermometer verglichen. *Schooley* [3.298] hat die Eignung von Supraleitern mit $T_c > 0{,}5$ K für thermometrische Fixpunkte experimentell untersucht und Übergangsintervalle von der Größe Millikelvin für reine Proben von Pb, In, Al, Zn und Cd gefunden; Näheres s. Abschn. 3.10.5.

3.3.9 Montage der Widerstandsthermometer

Für die meisten Anwendungen von Ge- und Kohlewiderständen genügt es, die zylindrischen Widerstände in passende Bohrungen des Meßobjektes lösbar einzukitten, wobei bei Kohlewiderständen die äußere Schicht vorher abgeschliffen werden kann, um den thermischen Widerstand zu verkleinern. Geeignete Montageverfahren sind in Bild 3.41 angegeben; sie verfolgen den Zweck, eine möglichst kleine thermische Impedanz des Thermometers zu gewährleisten. Hinzu kommt die Wärmezufuhr über die Meßleitungen, die aufgrund eines Temperaturgradienten und der Aufnahme von HF-Strahlung entsteht.

Geht man vom Ausdruck der Gl. (3/48) für die thermische Impedanz Z und von der Größe des Gradienten

$$G = \frac{\mathrm{d} \log R}{\mathrm{d} \log T} = T \,\mathrm{d}R/R\mathrm{d}T \qquad (3/52)$$

eines Thermometers aus, so entspricht einer Widerstandsänderung $\Delta R/R = 10^{-2}$ eine Temperaturdifferenz

$$\Delta T = 0{,}01\ T/G. \qquad (3/53)$$

Durch Einsetzen in Gl. (3/48) findet man den Ausdruck für die thermische Impedanz

$$Z = 0{,}01\ T/G\dot{Q}, \qquad (3/54)$$

aus dem man mit $\dot{Q} = i^2R(T)$ die Impedanz für verschiedene Temperaturen berechnen kann, wenn mindestens für *eine* Temperatur der Widerstand für zwei verschiedene Meßströme bekannt ist. *Oda* et al. [3.240] konnten für Speer-Widerstände nachweisen, daß $Z \sim T^{-3}$, d. h. die Impedanz bei $T < 0{,}4$ K durch den Kapitza-Widerstand bestimmt wird; für einen 1/2-W-Widerstand erreicht Z Werte von 10^8 K/W bei 100 mK.

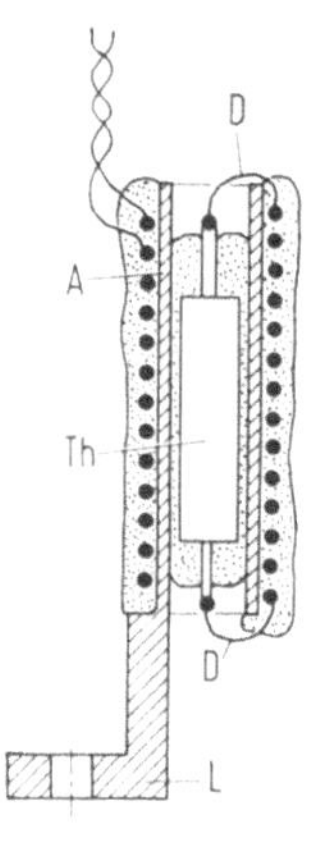

Bild 3.70. Montage von Kohlethermometern

Für noch tiefere Temperaturen von 20 mK kann man den Kohlewiderstand nach dem Vorschlag von *Kobayasi* et al. [3.181] mit Epoxidharz in ein passendes Kupferröhrchen A (s. Bild 3.70) kitten, an die Zuleitungsdrähte dünne Kupferdrähte D von 0,1 bis 0,2 mm Durchmesser löten, sowie etwa 10 mal um das außen isolierte Röhrchen A wickeln und mit Stycast verkitten. Mit einer Kupferlasche L wird das Thermometer am Meßobjekt durch Schrauben befestigt.

Den Wärmezustrom durch die Meßleitungen zum Thermometer kann man stark dadurch reduzieren, daß man neben dem Meßwiderstand einen „thermischen

Anker“ am Meßobjekt befestigt, der aus einem Kupferstift, ähnlich wie in Bild 3.70 das Röhrchen A, besteht und ihn mit den Widerstandszuleitungen umwickelt. Besonders vorteilhaft sind feine Filamente aus Nb-Ti mit Durchmessern von 5 bis 10 μm, wie sie durch Abätzen von supraleitenden Multifilamentdrähten gewonnen werden. Diese als Meßzuleitungen verwendeten Drähte sind für $T < 6$ K supraleitend, besitzen aber einen hohen thermischen Widerstand. Besondere Probleme treten auf, wenn ein CMN-Thermometer an ein Widerstandsthermometer thermisch angekoppelt werden muß; meist geschieht dies durch eine Vielzahl dünner isolierter Cu-Drähte, in denen bei magnetischen Flußänderungen nur sehr geringe Wirbelstromverluste auftreten [3.34].

Bei Untersuchungen von ^{3}He zwischen 1 und 15 mK haben *Alvesalo* et al. [3.11] als Sekundärthermometer Speer-Widerstände benutzt und diese nach dem Abschleifen direkt in die Pomerantschuk-Zelle (Abschn. 12.3) eingebaut; bis etwa 5 mK konnte ein guter thermischer Kontakt beobachtet werden, der sich allerdings mit abnehmender Temperatur verschlechterte. Auf jeden Fall empfiehlt sich besonders unterhalb von 30 mK den Widerstand bei mindestens zwei verschiedenen Meßleistungen zu bestimmen.

3.4 Magnetische Thermometrie I: Elektronischer Paramagnetismus
[3.363; 3.6; 3.158; 3.366]

3.4.1 Allgemeines

In Abschn. 1.6.1 sind die grundlegenden Beziehungen der Thermometrie mit paramagnetischen Substanzen angegeben worden; aufgrund des idealen Curie-Gesetzes (1/61) dient die gemessene magnetische Suszeptibilität $\chi = M/H$ eines geeigneten paramagnetischen Salzes als thermometrische Meßgröße. Die relative Empfindlichkeit dieser Art von Thermometern nimmt mit sinkender Temperatur stark zu; allerdings ist für reale Paramagnetika die Curie-Konstante Λ nicht vom Material unabhängig und wird die Größe χ durch temperaturunabhängige Beiträge erhöht. Im Vergleich zu den Abweichungen vom idealen Gasgesetz lassen sich die entsprechenden Korrekturen des Curie-Gesetzes nicht ähnlich einfach anbringen.

Wie in Abschn. 3.4.2 näher beschrieben, wird der Paramagnetismus durch magnetische Ionen erzeugt, deren Konzentration n und magnetisches Moment μ_e die Suszeptibilität maßgeblich beeinflussen. Die magnetischen Ionen finden ein *örtliches Magnetfeld* $\boldsymbol{B}_ö$ vor, das sich aus folgenden Komponenten zusammensetzt:

1. Angelegtes äußeres Feld $\boldsymbol{B}_a$;

2. Entmagnetisierungsfeld $\boldsymbol{B}_d$, das für Rotationsellipsoide, die in Achsrichtung magnetisiert werden, innerhalb der Probe gleichförmig und proportional zu $\boldsymbol{M}$ ist. Für die Größe $\boldsymbol{B}_d$ gilt die Beziehung $\boldsymbol{B}_d = -N\mu_0\boldsymbol{M}/V$, in der $\boldsymbol{M}/V$ die Magnetisierung pro cm^3 und N der *Entmagnetisierungsfaktor* ist, dessen Zahlenwert für verschiedene Länge/Durchmesser-Verhältnisse L/d in Tabelle 3.17 angegeben ist (*Ed.* III, Gl. 12/60).

Tabelle 3.17. Entmagnetisierungsfaktor für Rotationsellipsoide

L/d	N	L/d	N	L/d	N
1,0	0,333	2,5	0,135	7,0	0,035
1,25	0,276	3,0	0,109	8,0	0,028
1,5	0,233	4,0	0,075	10	0,020
1,75	0,200	5,0	0,056	∞	0
2,0	0,174	6,0	0,043		

3. Weiss-Feld $\boldsymbol{B}_\mathrm{w}$, das durch die benachbarten magnetischen Dipole am Ort des Ions erzeugt und durch die Beziehung $\boldsymbol{B}_\mathrm{w} = \alpha\mu_0\boldsymbol{M}/V$ ausgedrückt wird. Die Konstante α erhält den Wert 1/3 für einen Kristall, in dem die magnetischen Ionen kubische Symmetrie besitzen. Da beide Felder $\boldsymbol{B}_\mathrm{d}$ und $\boldsymbol{B}_\mathrm{w}$ in Richtung des äußeren Feldes $\boldsymbol{B}_\mathrm{a}$ zeigen, gilt:

$$\boldsymbol{B}_\mathrm{ö} = \boldsymbol{B}_\mathrm{a} + \boldsymbol{B}_\mathrm{d} + \boldsymbol{B}_\mathrm{w} = \boldsymbol{B}_\mathrm{a} - N\mu_0\boldsymbol{M}/V + \alpha\mu_0\boldsymbol{M}/V. \quad (3/55)$$

Oberhalb einer für ein paramagnetisches Salz charakteristischen Temperatur gehorcht die *lokale* Suszeptibilität dem Curie-Gesetz, d. h. $\chi_\mathrm{ö} = \mu_0\boldsymbol{M}/\boldsymbol{B}_\mathrm{ö} = \Lambda/T$. Die extern gemessene Suszeptibilität dagegen ist durch $\chi_\mathrm{a} = \mu_0\boldsymbol{M}/\boldsymbol{B}_\mathrm{a}$ gegeben und ergibt sich mit Gl. (3/55) zu

$$\chi_\mathrm{a} = \chi_0 + \frac{\Lambda}{T - (\alpha - N)\,\Lambda/V} = \chi_0 + \frac{\Lambda}{T - \Delta}. \quad (3/56)$$

Diese Beziehung wird Curie-Weiss-Gesetz genannt und enthält χ_0 als konstanten Suszeptibilitätsbeitrag, der von der Meßanordnung abhängt. Die Weiss-Konstante $\Delta = (\alpha - N)\,\Lambda/V$ ist für verdünnte Salze klein und hängt durch N von der Probenform ab. In der Praxis wird die Curie-Konstante Λ durch Eichung gegen den ^{3}He-Dampfdruck (Abschn. 3.1.5.4) im Temperaturbereich zwischen 0,6 und 2 K bestimmt. Aus theoretischen Gründen ist anzunehmen, daß Gl. (3/56) bis herab zu etwa 5θ gültig ist, wenn mit θ die magnetische Ordnungstemperatur bezeichnet wird, die für CMN etwa 1,9 mK beträgt.

Üblicherweise wird die mit dem magnetischen Thermometer gemessene Temperatur $T^* = \Lambda/(\chi_\mathrm{a} - \chi_0)$ als *magnetische Temperatur* bezeichnet, woraus sich die *wahre* Temperatur T mit Hilfe der Gl. (3/56) zu

$$T = T^* + \Delta \quad (3/57)$$

berechnet. Um Angaben des magnetischen Thermometers verschiedener Autoren oder Laboratorien miteinander vergleichen zu können, müssen T^* und Δ unabhängig von der Probenform bekannt sein, weshalb man diese Größen zweckmäßig auf kugelförmige Proben mit $N = 1/3$ bezieht, für die auch $\alpha \simeq 1/3$. Man bezeichnet die entsprechenden Größen mit T° bzw. Δ° und findet die wahre Temperatur analog zu Gl. (3/57) aus der Beziehung

$$T = T^\circ + \Delta^\circ, \quad (3/58)$$

in der wegen $\Delta^\circ = (\alpha - 1/3)\,\Lambda/V$ die Weiss-Konstante Δ° sehr klein ist und in einem kubischen Kristall verschwindet. Für $T > 5\theta$ ist Δ° eine Temperaturfunktion, die für alle wichtigen zur Temperaturmessung herangezogenen paramagnetischen Salze bekannt ist. Nähere Angaben hierüber in Abschn. 3.4.2.

Anstelle kugelförmiger Salzproben sind von *Wheatley* [3.365] Proben in Form kurzer Zylinder mit Durchmesser gleich Höhe benutzt und damit Weiss-Konstanten $\Delta^{\square}$ von der Größe 1 bis 2 mK für CMN (Abschn. 3.4.2) bestimmt worden. Wird die Thermometersubstanz in Pulverform zur besseren thermischen Ankopplung an flüssiges ^{3}He benutzt, so muß Δ mit dem Füllfaktor k und einem magnetischen Anisotropiekoeffizienten ($n = 2/3$ für CMN) multipliziert werden. Bei $T = 3$ mK stimmen T° und $T^{\square}$ auf etwa 0,05 mK überein.

3.4.2 Eigenschaften der paramagnetischen Substanzen [3.158; 3.267; 3.159; 3.86]

Im Gegensatz zur Erzeugung sehr tiefer Temperaturen mit Hilfe der adiabatischen Entmagnetisierung von paramagnetischen Salzen (Abschn. 12.4), wobei deren spezifische Wärme und Entropiedifferenz beim Anlegen eines starken äußeren Magnetfeldes die dominierende Rolle spielen, sind nur einige wenige paramagnetische Salze zur genauen Temperaturmessung geeignet.

3.4.2.1 Cer-Magnesium-Nitrat (CMN) [3.160]

Über das für Temperaturmeßzwecke am häufigsten eingesetzte Salz $2\,Ce(NO_3) \cdot 3\,Mg(NO_3)_2 \cdot 24\,H_2O$ liegen von *Giauque* et al. [3.126] kalorimetrische Messungen der Suszeptibilität vor, bei denen die Temperatur aus der Beziehung

$$T = (\partial\chi/\partial S)_B$$

abgeleitet wird. Die Meßprobe in Form einer einkristallinen Kugel von 4,0 cm Durchmesser wurde in Feldern bis zu 2,5*T* und herab bis zu 13 mK untersucht, wobei χ aus dem magnetischen Moment und die Entropiedifferenz durch eine γ-Bestrahlung der Kugel ermittelt wurden. Die Meßergebnisse stimmen mit den von *Hudson* und *Pfeiffer* [3.160] erhaltenen überein, die sich bis 1,6 mK erstreckten und die γ-Absorption einer ^{137}Cs-Probe ausnutzten. Weitere Untersuchungen an CMN liegen von *Mess* et al. [3.229] für die Suszeptibilität und Entropie zwischen 1 und 14 mK vor. Ihre Ergebnisse sind in Bild 3.71 dargestellt, wobei die Differenz zwischen der magnetischen Temperatur $T^{\circledast}$ und der absoluten Temperatur über T aufgetragen ist.

Aus theoretischen Überlegungen sollte für CMN senkrecht zur trigonalen Achse für die Weiss-Konstante der Wert $\Delta^{\circ} = -0{,}273$ mK resultieren. Aus den experimentellen Meßergebnissen haben *Hudson* und *Pfeiffer* [3.160] für die Beziehung (3/58) die empirische Gleichung

$$T = T^{\circ} - 0{,}273\ \mathrm{mK} - 0{,}0042/T\ (\mathrm{mK})^2$$

abgeleitet, die für $T > 10$ mK gute Übereinstimmung gewährleistet.

Einkristalline CMN-Proben sind als magnetische Thermometer nur oberhalb von 50 mK geeignet, da bei noch tieferen Temperaturen ein einwandfreier thermischer Kontakt kaum herstellbar ist. Stattdessen wird CMN-Pulver entweder zusammen mit einem Bündel aus dünnen, isolierten Cu- oder Ag-Drähten verpreßt, über die der thermische Kontakt hergestellt wird, oder die Wärmeübertragung wird durch flüssiges ^3He bewirkt, welches in das Pulver eindringt. Bei dieser von *Wheatley* et al. [3.365; 3.192; 3.357] angewandten Technik wird als Probenform ein kurzer Zylinder mit einem Verhältnis $h/d = 1$ verwendet (vgl. Abschn. 3.4.1) und hierfür die Weiss-Konstante bestimmt.

Zur Verbesserung des thermischen Kontakts und der Temperaturhomogenität innerhalb der Meßprobe verwenden *Giffard* et al. [3.128] zu gleichen Teilen fein

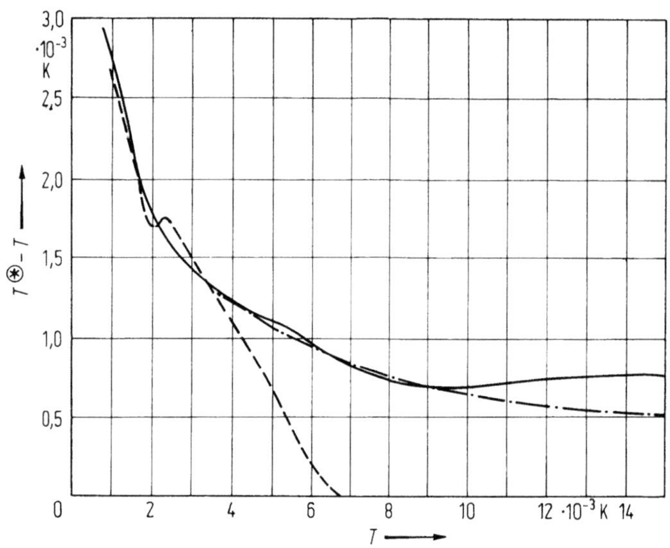

Bild 3.71. Magnetische Temperatur $T^{\circledast}$ für CMN-Einkristallkugeln im Vergleich mit der absoluten Temperatur T. Nach *Mess* et al. (— — —); *Fisher* et al. (———) und *Hudson* und *Pfeiffer* (— · — · —)

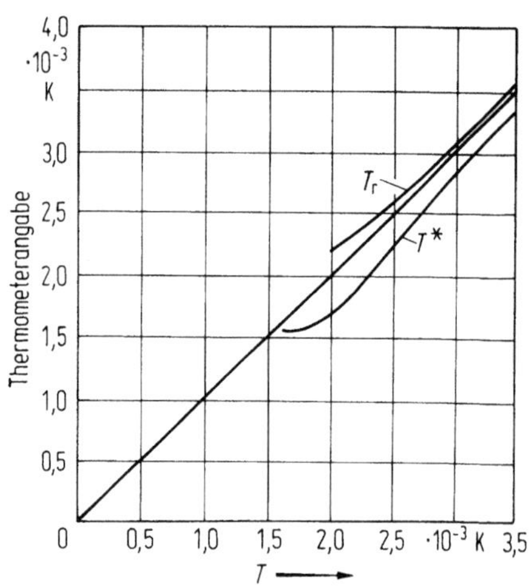

Bild 3.72. Vergleich von CMN-Temperatur T^* mit gemessener Rauschtemperatur T_r

gemahlenes CMN-Pulver und Au-Pulver, die unter mäßigem Druck verpreßt werden; bei 13 mK wird eine Zeitkonstante von 50 s erreicht.

Abweichungen der magnetischen Temperatur vom Curie-Weiss-Gesetz lassen sich experimentell durch Vergleich mit anderen Temperaturmeßmethoden bestimmen. Als solche kommen die Schmelzkurve von festem ^{3}He (s. 3.9) und die Rauschthermometrie (Abschn. 3.8) in Betracht. Eine Übersicht gibt Bild 3.72, in dem im Bereich bis 3 mK die mit dem Rauschthermometer gemessene Temperatur T_r mit der CMN-Temperatur T^* verglichen wird; oberhalb von 3 mK betragen die Fehler gegen die thermodynamische Temperatur höchstens 0,2 mK. Bei dieser Temperatur lassen sich die Phasenübergänge des flüssigen ^{3}He in die *superfluiden Phasen* A und B als Fixpunkte benutzen, womit die Meßunsicherheit sich auf 10 bis 20 μK reduziert.

3.4.2.2 Chrom-Kalium-Alaun (CPA)

Dieses früher weit verbreitete Standardsalz bei der adiabatischen Entmagnetisierung ist eingehend von *Daniels* und *Kurti* [3.97] untersucht worden. Gegenüber CMN besitzt es den Vorteil der höheren Curie-Konstanten und spezifischen Wärme. Die früher für dieses Salz unsicher geltende Temperaturskala ist durch Vergleichsmessungen gegen CMN durch *Kobayasi* et al. [3.182] im Bereich zwischen 30 und 600 mK festgelegt worden. Mit den Bezeichnungen aus Abschn. 3.4.1 gilt hierfür die empirische Gleichung

$$T = 1{,}01 T + 1{,}01(1/3 - N)\, k\Delta - 47{,}0\,\mathrm{mK},$$

die auf ±1,5% genau ist. Die damit erhaltenen Temperaturangaben stimmen gut mit Vergleichsmessungen des ^{4}He-Dampfdruckes überein und sind auch für unterschiedliche Probenabmessungen konsistent.

3.4.2.3 Cer-Dipocolinat (CDP)

Dieses paramagnetische Salz mit der chemischen Formel $Na_3Ce(C_7H_3NO_4)_3 \cdot 15\,H_2O$ ist in die Tieftemperatur-Thermometrie von *Doran* et al. [3.106] eingeführt worden. Seine dipolare Wechselwirkung beträgt nur ein Drittel von der des CMN, da es im Vergleich zu den anderen auf diesem Sektor benutzten Substanzen die am meisten „verdünnte" ist und etwa den halben Wert der Curie-Konstanten von CMN besitzt. Aus Vergleichsmessungen mit einem Rauschthermometer von *Webb* et al. [3.357] läßt sich ein ähnliches quantitatives Verhalten wie beim CMN entnehmen; die Sättigung der Suszeptibilität für eine Zylinderprobe $d/h = 1$ setzt bei etwa 2 mK ein. Da die magnetische Anisotropie dieser Substanz komplizierter und ihre chemische Stabilität geringer als die von CMN ist, kann sie kaum für die Temperaturmessung empfohlen werden.

3.4.2.4 Lanthan-Cer-Magnesiumnitrat (CLMN)

Von *Abraham* et al. [3.7] sind erstmals Messungen der spezifischen Wärme von CMN durchgeführt worden, das mit dem isomorphen unmagnetischen La-Mg-Nitrat in einer Konzentration von 8,9% Ce verdünnt war. Das Ergebnis war eine merklich reduzierte spezifische Wärme und die Aussicht, mit diesem Salz bei der adiabatischen Entmagnetisierung die Temperatur von etwa 0,7 mK erreichen zu können. Von *Švec* et al. [3.329] sind mit diesem Salz in gepulverter Form wirkliche Entmagnetisierungsexperimente durchgeführt worden, die zu einer Endtemperatur von 0,67 ± 0,03 mK für $Ce_{0,05}La_{0,95}MN$ führten.

Paulson et al. [3.248] benutzten dieses Salz in Zylinderform (Durchmesser gleich Höhe) für die Bestimmung des Phasendiagramms von ^3He in der superfluiden Phase, wobei als niedrigste Temperatur 0,41 mK gemessen werden konnte. Zur Eichung wurde die Schmelzkurve von ^3He (Abschn. 3.4.6 und 3.9.3) herangezogen, die im Bereich des superfluiden ^3He mit guter Genauigkeit festliegt.

CLMN wird in der Weise hergestellt, daß zunächst Mg-, Ce- und La-Nitrat-Lösungen in der gewünschten Konzentration gemischt, mit einigen Tropfen konz. HNO_3 angesäuert und anschließend im Wasserbad eingedampft werden. Die dabei entstehenden feinen Kristalle werden mit einer Glasfritte abgeschöpft, getrocknet und im Mörser fein gepulvert.

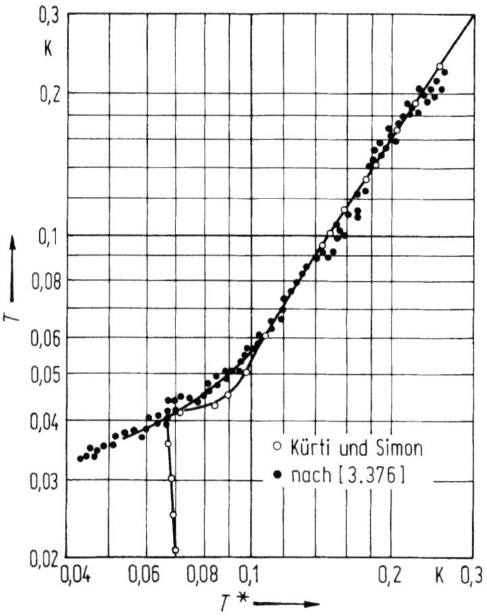

Bild 3.73. Magnetische Temperatur T^* von Fe-Ammonium-Sulfat

3.4.2.5 Eisen-Ammonium-Alaun (FAS)

Dieses Salz mit der chemischen Formel $FeNH_4(SO_4)_2 \cdot 12\,H_2O$ (vgl. Tabelle 3.18) wird häufig als Arbeitssubstanz für die adiabatische Entmagnetisierung verwendet. Das Grundzustand-Spinsextett des Fe^{3+}-Ions ist durch das Kristallfeld kubischer Symmetrie in ein Dublett und ein Quadruplett aufgespalten; in einem Feld trigonaler Symmetrie treten drei Dubletts auf.

Erst aus den Vergleichsmessungen von *Yee* und *Zimmerman* [3.376] mit einem CMN-Thermometer bis herab zu 33 mK ist eine verläßliche T,T^*-Relation bekannt geworden. Hierbei wurde das FAS-Salz in Form eines Zylinders mit 25 mm Durchmesser und 80 mm Höhe benutzt, der 2000 dünne, isolierte Cu-Drähte zur Wärmeübertragung an das CMN-Thermometer enthielt. In Bild 3.73 sind die Meßergebnisse im Vergleich zu den früheren Messungen von *Kürti* und *Simon* [3.195] dargestellt.

3.4.2.6 Weitere Substanzen

s. a. [3.294]

Für eine Reihe von paramagnetischen Salzen existieren genaue Angaben über magnetische Suszeptibilität und Entropie bis herab zur Néel-Temperatur. In einigen Fällen, wie z. B. beim Mangan-Ammonium-Alaun $Mn(NH_4)_2(SO_4)_2 \cdot 6\,H_2O$, das von *Fritz* et al. [3.121] untersucht wurde, sind die Abweichungen vom Curie-Gesetz bereits bei 200 mK relativ groß und können nach der Entmagnetisierung nur Näherungswerte für die erreichte Temperatur gegeben werden. *Mangum* und *Bowers* [3.219] haben $Gd(PO_3)_3$ (GP) und $Nd(C_2H_5SO_4)_3 \cdot 9\,H_2O$ (NES) zwischen 2 und 27 K sehr genau untersucht und mit dem akustischen Thermometer (Abschn. 3.1.7) verglichen. Im angegebenen Temperaturbereich ist mit diesen Salzen eine Genauigkeit von ± 2 mK erreichbar. Ähnliche Untersuchungen von *Cetas* [3.74] an *Gadolinium-Sulfat* $Gd(SO_4)_3 \cdot 8\,H_2O$ und *Mangan-Ammonium-Sulfat* $Mn(SO_4)_2(NH_4)_2 \cdot 6\,H_2O$ zwischen 1 und 83 K brachten das Ergebnis, daß bis 50 K der Meßfehler $\pm 0{,}5$ mK und darüber doppelt so groß ist. *Cooke* et al. [3.87] haben zwischen 1 und 20 K Suszeptibilität und spezifische Wärme von $Y(C_2H_5SO_4)_3 \cdot 9\,H_2O$ bestimmt.

Es fehlt nicht an Versuchen, nach paramagnetischen Substanzen zu suchen, deren Dipol-Dipol-Wechselwirkung noch schwächer als die beim CMN ist, um bei noch tieferen Temperaturen erst Abweichungen vom Curie-Gesetz zu erhalten.

Die durch Zufall von *Hirschkoff* et al. [3.152] entdeckten paramagnetischen Eigenschaften des *Isolationslackes* um einen dünnen Nb-Draht scheinen dem Curie-Gesetz bis in den Millikelvinbereich zu gehorchen; für die Suszeptibilität wurde der Wert

$$(\chi/\varrho) = 3{,}83 \cdot 10^{-5}/T \quad (\mathrm{Kcm^3/g})$$

gefunden. Dabei scheint der Anteil von 0,2 bis 0,5 Gew.-% an Mn- oder Cr-Naphthanaten im Einbrennlack die Ursache des paramagnetischen Verhaltens zu sein.

Auch *Kohleruß* ist als Sekundärthermometer bis herab zu 8 mK geeignet, wie genaue Untersuchungen von *Bastuschek* et al. [3.32] an ,,Carbolac I'' im Vergleich zu einem CMN-Thermometer ergaben. Allerdings beträgt die Suszeptibilität mit $\chi = 2{,}6 \cdot 10^{-6}/T$ nur etwa 1% gegenüber der von CMN und entspricht einem Paramagnetikum mit dem Spin 1 und einem Landé-Faktor $g = 2$.

Von *Blair* et al. [3.51] wird die temperaturabhängige magnetische Suszeptibilität einiger *Fe-Mn-Ferrite* untersucht, wobei die Eigenfrequenz eines Tieftemperatur-MOS-FET-Oszillators gemessen wird, dessen Resonanzkreis die Induktivität mit dem zu untersuchenden Ferritkern enthält. Im Frequenzbereich 0,5 bis 2 MHz lassen sich hiermit sehr genau Temperaturen zwischen 1 bis 5 K messen, wozu allerdings eine Meßleistung von 10 bis 100 μW aufzuwenden ist.

In Tabelle 3.18 sind folgende Eigenschaften der gebräuchlichen paramagnetischen Substanzen für die Erzeugung und Messung tiefer Temperaturen zusammengestellt: Molekulargewicht M, Dichte ϱ bei Raumtemperatur, Curie-Konstante Λ', Neél-Temperatur T_N, sowie die Konstante der spezifischen Wärme $b = cT^2/R$.

Tabelle 3.18. Eigenschaften paramagnetischer Substanzen

Substanz	M g	ϱ g/cm³	Λ' m³/g-Ion	T_N mK	b K²
$Co(NH)_2(SO_4)_2 \cdot 6H_2O$	395,2	1,902	$3{,}71 \cdot 10^{-5}$	84	$4{,}2 \cdot 10^{-3}$
$CoSiF_6 \cdot 6H_2O$	309,1	2,113	$4{,}0 \cdot 10^{-5}$ ∥	200	$1{,}8 \cdot 10^{-2}$
			$1{,}4 \cdot 10^{-5}$ ⊥		
$CuK_2(SO_4)_2 \cdot 6H_2O$	442,0	2,22	$0{,}56 \cdot 10^{-5}$	50	$5{,}7 \cdot 10^{-4}$
$CuSO_4 \cdot 5H_2O$	249,7	2,284	$0{,}60 \cdot 10^{-5}$	34	—
$NiSiF_6 \cdot 6H_2O$	308,9	2,134	$1{,}65 \cdot 10^{-5}$	150	0,013
$Cr(CH_3NH_3)(SO_4)_2 \cdot 12H_2O$	492,4	1,645	$2{,}20 \cdot 10^{-5}$	16	0,018
$CrK(SO_4)_2 \cdot 12H_2O$	499,4	1,826	$2{,}30 \cdot 10^{-5}$	9	0,017
$Mn(NH_4)_2(SO_4)_2 \cdot 6H_2O$	391,2	1,83	$5{,}50 \cdot 10^{-5}$	173	0,032
$Fe(NH_4)(SO_4)_2 \cdot 12H_2O$	482,2	1,712	$5{,}50 \cdot 10^{-5}$	26	0,013
$Fe(CH_3NH_3)(SO_4)_2 \cdot 12H_2O$	496,2	1,659	$5{,}50 \cdot 10^{-5}$	—	0,45
$Ce(C_2H_5SO_4)_3 \cdot 9H_2O$	677,6	1,839	$1{,}69 \cdot 10^{-5}$ ∥	53	$1{,}12 \cdot 10^{-3}$
$CeMg_{1,5}(NO_3)_6 \cdot 12H_2O$	764,8	2,086	$0{,}40 \cdot 10^{-5}$ ⊥	1,5	$6{,}6 \cdot 10^{-6}$
$NdMg_{1,5}(NO_3)_6 \cdot 12H_2O$	768,9	2,020	$0{,}87 \cdot 10^{-5}$ ⊥	—	$8{,}7 \cdot 10^{-4}$
$Nd(C_2H_5SO_4)_3 \cdot 9H_2O$	681,8	1,872	$1{,}47 \cdot 10^{-5}$ ∥	16	$1{,}1 \cdot 10^{-3}$
$Gd(SO_4)_{1,5} \cdot 4H_2O$	373,4	3,010	$9{,}79 \cdot 10^{-5}$	182	0,35

3.4.2.7 Verdünnte Legierungen

Durch magnetische Verunreinigungen in ppm-Konzentration wird bereits bei statischen Messungen die Kernsuszeptibilität merklich beeinflußt. Umgekehrt kann man nach dem Vorschlag von *Hirschkoff* et al. [3.153] die magnetischen Eigenschaften von metallischen Legierungen, z. B. von *Cu*Mn zur Temperaturmessung bis zu einigen Millikelvin herab ausnutzen. Hierbei werden die lokalen magnetischen Momente des Mn und Leitungselektronen des Cu in thermischem Gleichgewicht mit dem Gitter angenommen. Der Kernmagnetismus des Cu läßt sich durch Vergleich mit einer unlegierten Cu-Probe kompensieren; sogar eine Mn-Konzentration von nur 1 ppm trägt mehr zur Suszeptibilität als der Kernmagnetismus des Cu bei.

Aus den Messungen von *Hirschkoff* geht hervor, daß die Curie-Konstante etwa proportional zur stöchiometrischen Mn-Konzentration anwächst, für $c_{Mn} = 30$ ppm den Wert $\Lambda' = 10{,}2 \cdot 10^{-6}$ erhält und gleichzeitig der Restwiderstand zunimmt. Wird als Nachweissystem ein SQUID-Magnetometer benutzt, läßt sich bei 5 mK mit einem Meßfeld von 1 A/cm eine Nachweisempfindlichkeit von 1% erzielen. Der Vorteil dieser Methode liegt im guten thermischen Leitvermögen der Meßprobe; nachteilig sind die Schwierigkeiten bei der Präparation homogener Proben und die Verhinderung unerwünschter magnetischer Verunreinigungen.

3.4.2.8 Hyperfeinstruktur-Resonanz-Thermometer

Die Anwendung von Resonanzmethoden zur Messung der paramagnetischen Suszeptibilität verdünnter Ionen, die in einem Wirtsgitter eingebaut sind, verspricht große Empfindlichkeit und Störfreiheit, erfordert allerdings ein konstantes magnetisches Gleichfeld. Die von *Szofran* et al. [3.336] zuerst vorgeschlagene Idee eines solchen Tieftemperatur-Thermometers geht davon aus, daß ein paramagnetisches Ion eine Hyperfein-Wechselwirkung besitzt und bei einem effektiven Spin von 1/2 in einem Magnetfeld die Energieniveaus entsprechend der Breit-Rabi-Formel aufspalten. In einem Magnetfeld von 10 mT (100 A/cm) entspricht der Aufspaltungsenergie eine Temperatur von etwa 10 mK. Da die Energieniveaus unterschiedlichen Abstand voneinander haben, lassen sich aus der relativen Intensität der gemessenen Absorptionslinien, die aus den verschiedenen Übergängen stammen, die Niveaubesetzung und daraus die gesuchte Temperatur ermitteln.

Szofran et al. haben zuerst Ho^{2+}-Ionen in $SrCl_2$ und Er^{3+}-Ionen in ZnSe näher untersucht. Diese Wirtsgitter liefern das erforderliche kubische Kristallfeld und die Seltenen Erdionen besitzen tiefliegende Kristallfeldniveaus und damit kurze Relaxationszeiten. Die Ho^{2+}-Spektra wurden im Frequenzbereich zwischen 0,4 und 1,8 GHz ($B = 20$ bis 200 mT) untersucht. Entsprechende Messungen am Er^{3+}-System, bei dem der Hyperfein-Aufspaltungsparameter merklich kleiner als für Ho^{2+}-Ionen ist, wurden von *Szofran* und *Seidel* [3.337] mit ThO_2 als Wirtssubstanz durchgeführt. Bei 190 MHz konnten die Resonanzen im Bereich von 10 bis 35 mT registriert und aus den Intensitäten von acht beobachteten Linien die Temperatur im Vergleich zu einem CMN-Thermometer innerhalb von 5 mK genau bestimmt werden.

3.4.3 Meßverfahren

Die zur Suszeptibilitätsmessung benutzten Meßmethoden, wie sie für eine genaue und universell anwendbare Temperaturbestimmung geeignet sind, werden in *Ed.* III, § 12.1 beschrieben. Für den praktischen Gebrauch werden fluxmetrische Verfahren und Brückenmethoden hauptsächlich angewandt; sind nur sehr kleine Meßfehler tolerierbar, lassen sich supraleitende Flußdetektoren (SQUID) benutzen, die in Abschn. 3.4.3.5 eingehend behandelt werden.

3.4.3.1 Allgemeines

Die Temperaturmessung unter Benutzung des Curie-Weiss-Gesetzes beruht auf der Anwendung der Gl. (3/56), wobei der Weiss-Parameter Δ von der Curie-Konstanten Λ, der Kristallstruktur und dem Entmagnetisierungsfaktor N abhängt. Besteht die *Meßprobe* aus gepulvertem Material und ist dieses magnetisch anisotrop, so muß die Weiss-Konstante hinsichtlich des Füllfaktors und der Anisotropie der Suszeptibilitätswerte korrigiert werden.

Als *Meßprobenform* wurde früher die *Kugel* vorgezogen, für die bei einem isotropen Paramagnetikum und kubischer Kristallstruktur das Entmagnetisierungsfeld kompensiert wird und das vom magnetischen Ion „gesehene“ Feld dem Außenfeld entspricht. In diesem Fall verschwindet die Weiss-Konstante Δ und ist die Temperatur aus Gl. (1/61) zu entnehmen. Heute werden kompliziertere Systeme (z. B. anisotrope Salze und hexagonale Kristallsymmetrie) in der magnetischen Thermometrie benutzt, für die Gl. (3/56) ausgewertet und für bestimmte Probenabmessungen berechnet werden muß. Häufig wird daher die Probe in Form eines kurzen Zylinders angewandt, dessen Durchmesser der Höhe entspricht.

Die paramagnetische Substanz wird als *Einkristall* oder in *Pulverform* benutzt und in die gewünschte Probenform verdichtet. Einkristalline Proben werden zur Errichtung magnetischer Temperaturskalen (Abschn. 3.4.4) vorgezogen, während bei praktischen Anwendungen fast ausschließlich Pulverproben benutzt werden. Ihnen gebührt der Vorzug der universellen Anpassung an das Meßproblem, der einfachen Herstellung und eines ausgezeichneten thermischen Kontakts, indem dünne Cu-Drähte in der Probe eingepreßt sind (Abschn. 3.4.5). Bei einem Vergleich von CMN-Thermometern, die aus einer Einkristallkugel, einer Kugel und einem Zylinder aus gepreßtem CMN-Pulver bestanden, stimmten $T^{\bigcirc}$ und $T^{\square}$ bei $T = 3$ mK innerhalb von 50 μK überein, während die Kugelprobe mit CMN-Pulver eine um 0,50 mK zu hohe Temperatur anzeigte [3.380].

Bei der fluxmetrischen Meßmethode wird, wie bei den meisten Verfahren der *statische* Wert der magnetischen, d. h. thermodynamischen, isothermen Suszeptibilität χ_{T} bestimmt. Bei hohen Frequenzen $\omega = \tau_1^{-1}$, worin τ_1 die Spin-Gitter-Relaxationszeit bedeutet, und das Spinsystem mit dem Gitter nicht mehr im Gleichgewicht ist, wird die *adiabatische* Suszeptibilität χ_S gemessen. Beide Werte verhalten sich wie

$$\chi_S/\chi_{\mathrm{T}} = C_M/C_H, \tag{3/59}$$

wenn C_M und C_H die spezifischen Wärmen bei konstanter Magnetisierung bzw. Feldstärke sind. Die komplexe Suszeptibilität $\chi = \chi' - \mathrm{i}\chi''$ ergibt sich mit den beiden Extremwerten aus folgenden Beziehungen:

$$\chi' = \chi_S + \frac{\chi_T - \chi_S}{1 + \omega^2\tau_1^2} \xrightarrow{\omega\to\infty} \chi_T, \tag{3/60}$$

$$\chi'' = \frac{\chi_T - \chi_S}{1 + \omega^2\tau_1^2}\,\omega\tau_1 \xrightarrow{\omega\to\infty} 0. \tag{3/61}$$

Die bei Wechselspannungsmessungen im Kubikzentimeter der Meßprobe absorbierte Leistung berechnet sich aus der Beziehung

$$P_{\mathrm{v}} = \frac{1}{2}\,\omega\mu_0\chi'' H^2, \tag{3/62}$$

mit $H(t) = H \sin \omega t$; bei $\omega\tau_1 = 1$ wird maximale Absorption erreicht. Bei sehr tiefen Temperaturen und geringen Kälteleistungen im Meßkryostaten wird man daher statischen Messungen den Vorzug geben müssen.

3.4.3.2 Fluxmetrische Methoden

Bei diesem seltener angewandten Meßverfahren, das in *Ed.* III, § 12.16 behandelt ist, wird der magnetische Fluß in der Thermometersubstanz ballistisch oder mit dem Fluxmeter gemessen. Dabei werden die in Bild 3.74 dargestellten zwei Versuchsanordnungen benutzt, die sich nur in der Anordnung der Sekundärspule S_2 unterscheiden. In beiden Fällen ist die rotationselliptische oder zylindrische

Salzprobe P vom Querschnitt A_p von einer dünndrähtigen Induktionsspule S_1 mit dem Wicklungsquerschnitt A_1 umgeben. In einiger Entfernung von S_1 ist eine identische Induktionsspule S_2 koaxial zu dieser angebracht, die elektrisch der ersten entgegengeschaltet und leer ist. Bei der Anordnung des Bildes 3.74b umgibt die Sekundärspule S_2 mit dem Wicklungsquerschnitt A_2 die Spule S_1 konzentrisch, und es werden die entsprechenden Windungszahlen derart abgestimmt, daß *ohne* paramagnetische Probe das Gesamtsignal verschwindet.

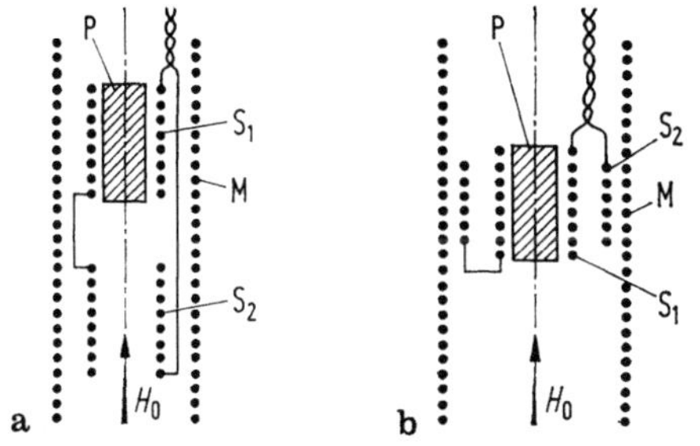

Bild 3.74. Fluxmetrische Suszeptibilitätsmessung

Das äußere Magnetfeld muß homogen sein und wird durch die Spule M erzeugt. Im Fall des Bildes 3.74a berechnet sich der Fluß durch die Probe zu

$$\Phi_p = \mu_0 H_0[A_1 + (\mu_p - 1) A_p] = \mu_0 H_0(A_1 + \chi_p A_p), \tag{3/63}$$

wenn μ_p und χ_p relative Permeabilität bzw. Suszeptibilität der Probensubstanz sind. Da der Fluß durch die Spule S_2 durch $\Phi_0 = \mu_0 H_0 A_2$ gegeben ist, erhält man beim Ab- oder Einschalten des Außenfeldes H_0 die Induktionsspannung

$$u_s = \mathrm{d}/\mathrm{d}t\,(\Phi_p - \Phi_0)\,N = \mathrm{d}/\mathrm{d}t\,(\mu_0 \chi_p H_0 A_p N), \tag{3/64}$$

wenn beide Spulen je N Windungen besitzen. Mit einem Fluxmeter oder einem elektronischen Integrator läßt sich die Größe $\int u_s\,\mathrm{d}t$ direkt messen und erhält ein Signal proportional zu $M = \chi_p H_0$.

Bei der Meßanordnung nach Bild 3.74b wird die Induktionsspule S_1 um die Probe P in gleicher axialer Höhe von einer zweiten Spule S_2 mit N_2 Windungen und dem Windungsquerschnitt A_2 umgeben. Der von den Spulen umfaßte verkettete Fluß beträgt

$$\psi_1 = \mu_0 H_0(A_1 N_1 + \chi A_p N_1)$$

bzw. $$\psi_2 = \mu_0 H_0(A_2 N_2 + \chi A_p N_2).$$

Gleicht man die Windungszahlen N_1 und N_2 so ab, daß *ohne* Probe das Signal der entgegengeschalteten Spulen verschwindet, d. h. $N_2 = A_1 N_1 / A_2$, so findet man eine Induktionsspannung der Größe

$$u_s = \mathrm{d}/\mathrm{d}t\,(\psi_1 - \psi_2) = \mathrm{d}/\mathrm{d}t\,[\mu_0 \chi H_0 A_p(N_1 - N_2)]. \tag{3/65}$$

Diese Schaltung stellt etwas geringere Ansprüche an die Homogenität des Magnetfeldes H_0 als die des Bildes 3.74a.

Beispiel. Mit einer CMN-Pulverprobe mit dem Füllfaktor $k = 0{,}5$ und einem Querschnitt $A_p = 0{,}4\ \mathrm{cm}^2$ wird in einer Spule mit $N_1 = 10^4$ eine Temperatur von 10 mK gemessen. Nach Tabelle 3.18 erhält man mit $\Lambda' = 0{,}4 \cdot 10^{-5} \mathrm{m}^3/\mathrm{g}$-Ion, $M = 765$ und $\varrho = 2{,}086\ \mathrm{g/cm}^3$ für die Suszeptibilität den Wert $\chi_p = 5{,}5 \cdot 10^{-3}\ 1/T$ und mit $\mu_0 = 4\pi \cdot 10^{-9}$ Vs/Acm einen Fluß von 2,7 mVs, wenn man ein Außenfeld von 100 A/cm anlegt. Dieses Signal ist mit empfindlichen Fluxmetern, wie sie in § 11.4 von *Ed.* III behandelt werden, mit großer Genauigkeit meßbar.

Als empfindliche Fluxmeter kommen auch elektronische *Integratoren* mit kompensierter Drift und kleiner Eingangsimpedanz in Betracht; die in *Ed.* III, § 11.45 besprochenen *supraleitenden Fluxmeter* sind im Prinzip driftfrei und für die magnetische Temperaturmessung geeignet.

3.4.3.3 Dynamische Verfahren

Als dynamische Meßmethode wird hier eine Anordnung verstanden, bei der die Meßprobe den Kern einer Induktivität bildet und durch ihre Suszeptibilitätsänderung entsprechend dem Curie-Gesetz die Resonanzfrequenz eines selbsterregten Oszillators verändert, dessen Resonanzkreis die Meßinduktivität enthält. Bei relativ niedrigen Frequenzen bis etwa 50 kHz ist der Frequenzeinfluß nach Gl. (3/60) zu vernachlässigen und die Meßleistung nach Gl. (3/62) sehr klein.

Bezeichnet man mit A_s bzw. A_p den Wicklungsquerschnitt der Meßinduktivität und der Probe und mit $\chi(T)$ die zu messende Suszeptibilität, aus der die gesuchte Temperatur berechnet wird, so verhalten sich die Induktivitäten mit und ohne Meßprobe wie

$$L_p/L_0 = 1 + (A_p/A_s)\,\chi(T). \tag{3/66}$$

Die entsprechende Frequenzänderung $\Delta f = f_0 - f_p$ berechnet sich hieraus zu

$$\Delta f/f_0 = 1/2(A_p/A_s)\,\chi(T), \tag{3/67}$$

ist also nach Gl. (1/61) zur absoluten Temperatur umgekehrt proportional.

Diese Methode wurde von *Eder* [3.108] erstmals zur magnetischen Temperaturmessung angewandt, wobei aus Gründen der kleinen Meßleistung eine Frequenz $f_0 = 3$ kHz gewählt wurde. Zwei Colpits-Oszillatoren mit der Vergleichsinduktivität bzw. der Meßspule wurden bei konstanten Außenbedingungen in einem speziellen Mischkreis verglichen, wobei Schwebungsfrequenzen von noch 0,05 Hz nachgewiesen werden konnten.

Betts et al. [3.46] haben dieses Meßverfahren im Einzelnen analysiert und festgestellt, daß Gl. (3/67) gültig ist, wenn $1/(2\pi f_0)$ viel kleiner als die Spin-Gitter-Relaxationszeit τ_1 des Salzes ist (vgl. Gl. 3/60). Man kann Gl. (3/67) dann in der Form

$$\Delta f/f_0 = K\eta/T \tag{3/68}$$

schreiben, in der die Größe K von der Curie-Konstanten des Salzes abhängt, und $\eta = A_p/A_s$ den Füllfaktor der Probe bedeutet. Für CMN gilt diese Beziehung unterhalb von 4 K und 1 MHz; für einen Einkristall ergibt sich nach *Betts* et al. die Größe $K = 5{,}09 \cdot 10^{-3}$ K und für eine gepulverte CMN-Probe 2/3 dieses Wertes.

Von *Harley* et al. [3.145] wird der in Bild 3.75 dargestellte Meßkreis benutzt, um die relative Suszeptibilität bei 700 bis 800 kHz bestimmen zu können. Der

Oszillator besteht aus der Backward-Diode D (Typ GE BD6), den eingezeichneten Kapazitäten und der Induktivität L_p mit dem CMN-Pulver, die sich auf der zu messenden Temperatur befindet. Der Oszillatorteil wird auf konstanter Temperatur (abgepumptes He-Bad bei 1,0 K) gehalten, um eine hohe Frequenzkonstanz zu erreichen. Der auf Umgebungstemperatur befindliche Batterieteil wird von einer Hg-Zelle B (1,35 V) betrieben; die für den Oszillator optimale Betriebsspannung wird am 60 kΩ-Potentiometer P eingestellt. Zur Spannungsglättung dient die Drosselspule L von 1 mH und der 0,1 μF-Kondensator C, über den die Meßfrequenz dem Vorverstärker und Frequenzzähler zugeleitet wird.

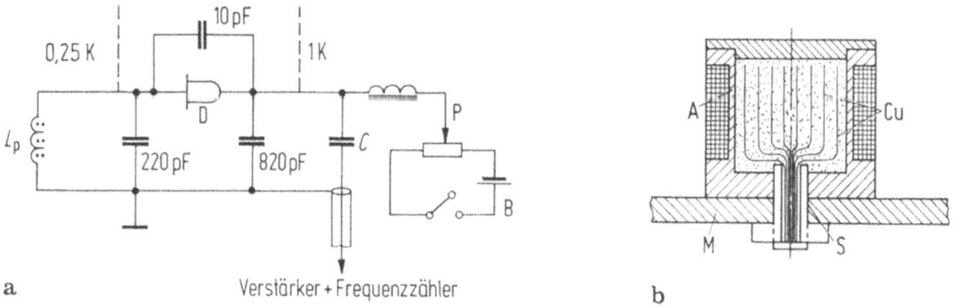

Bild 3.75. Magnetische Temperatur durch Frequenzmessung

Die Meßinduktivität (Bild 3.75b) besteht aus dem Spulenkörper A aus Nylon von 7 mm Innendurchmesser und 20 mm Höhe, der mit 150 Windungen aus 0,11 mm Cu-Draht bewickelt ist. Zur thermischen Ankopplung des im Innern von A mit Glycerin angerührten CMN-Pulvers an die Meßstelle M sind 100 blanke Cu-Drähte Cu von 0,1 mm Durchmesser mit verpreßt und in die hohle Befestigungsschraube S aus Kupfer mit Epoxidharz vergossen worden.

Der Oszillator liefert eine Signalspannung von etwa 2 mV, die um 40 dB verstärkt und dem elektronischen Zähler zugeführt wird, dessen Genauigkeit $\pm$ 1 Hz bei 760 kHz beträgt. Bei einem Füllfaktor $\eta = 0{,}5$ beträgt die Empfindlichkeit eines ausgeführten Thermometers bei den Temperaturen 1 bzw. 0,25 K 1,23 und 19,7 kHz/K; die Ansprechzeit bei 0,25 K wird mit weniger als 1 s angegeben. In Bild 3.76 ist für ein solches Thermometer die Eichkurve dargestellt, die im Vergleich zum Dampfdruck von ^{3}He und ^{4}He erhalten wurde.

Eine ähnliche Meßvorrichtung bei höheren Frequenzen unter Verwendung einer Forward-Diode als Oszillator ist von *Clover* und *Wolf* [3.81] angegeben worden, die eine merklich höhere Signalspannung liefert. Besondere Beachtung verdienen bei der Konstruktion der Meßspule die vollkommene Freiheit von Fe-Verunreinigungen in Draht und Spulenkörper, sowie die unveränderliche Fixierung der Windungen, die durch Eingießen mit Gußharz (GE 7031) erreicht werden kann.

3.4.3.4 Meßbrücken

Im praktischen Gebrauch verbreiteter sind Induktivitätsmeßbrücken, die bei relativ niedrigen Frequenzen betrieben werden (s. a. *Ed.* III, § 12.19). Besonders geeignet sind die Hartshorn-Brücke und deren Abkömmlinge, mit der die

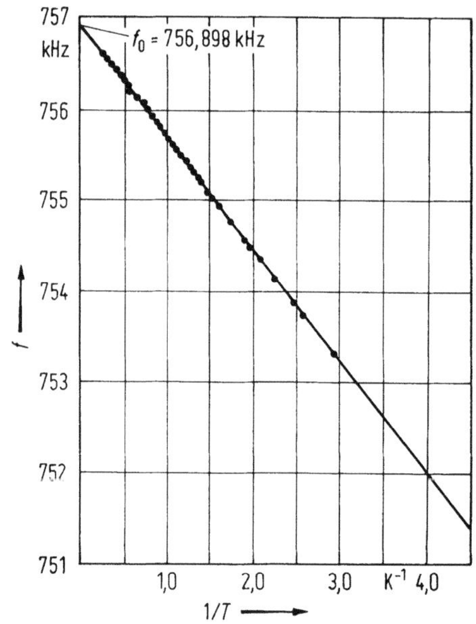

Bild 3.76. Eichung des Thermometers nach Bild 3.75 durch die Dampfdrücke von ^{3}He und ^{4}He

Gegeninduktivität zweier konzentrischer Spulen gemessen wird, welche die paramagnetische Salzprobe enthalten.

In Bild 3.77 ist das Prinzip-Schaltbild dieser Anordnung dargestellt, mit der in einem magnetischen Wechselfeld die komplexe Suszeptibilität $\chi = \chi' - i\chi''$ gemessen wird. Die zylindrische CMN-Probe P befindet sich im homogenen Meßfeld der Primärspule S_1 und wird von der Sekundärspule S_2 ($N_2 = 1000$ bis 3000 Windungen) umgeben; die symmetrisch zu P angeordneten Kompensationswicklungen S_2' und S_2'' mit entgegengesetztem Wicklungssinn bringen das resultierende Ausgangssignal zum Verschwinden, wenn sich P auf Raumtemperatur befindet. Die bei der Messung tiefer Temperaturen im Sekundärkreis induzierte, zu χ' proportionale induktive Spannungskomponente wird durch die variable Gegeninduktivität M kompensiert, deren Primärwicklung in Serie zu S_1 vom

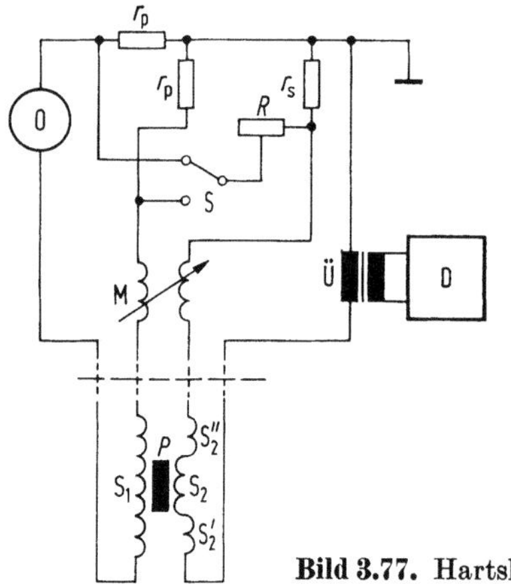

Bild 3.77. Hartshorn-Brücke

Strom eines NF-Oszillators O durchflossen wird. Die dabei angewandten Frequenzen liegen im Bereich 16 bis 250 Hz. Die Wirkkomponente des Ausgangssignals, die proportional zu χ'' ist, sowie die dazu phasenrichtigen Streuspannungen werden mit dem aus den Widerständen r_p, r_s sowie aus dem Potentiometer R bestehenden Netzwerk kompensiert, wobei der Schalter S wahlweise umgelegt wird. Der Detektor D, einem Elektronenstrahl-Oszillographen oder einem Lock-in-Verstärker (Abschn. 3.3.6.3), wird durch den Transformator Ü an den Sekundärkreis gekoppelt.

Die Primärspule S_1 erzeugt gewöhnlich ein Meßfeld von maximal 50 A/cm und mit der variablen Gegeninduktivität M sollten bei 160 Hz Änderungen von einigen Nanohenry einzustellen sein; die Widerstände $r_p = r_s$ betragen 0,1 bis 0,5 Ω, während R von der Größenordnung 10 kΩ sein sollte. Die Meßspulen müssen geerdete Abschirmungen enthalten, um den Brückenabgleich für beide Phasen unabhängig voneinander durchführen zu können. Bei der praktischen Anwendung muß zwischen 1 und 4 K die Spulenkonstante ermittelt werden, die außer Füllfaktor und Curie-Konstante des benutzten Salzes die Spulenabmessungen enthält.

Abel et al. [3.4] verwenden hierfür eine kommerzielle Ausführung einer Meßbrücke (Cryotronics Inc.), die einen 17 Hz-Oszillator, der etwa 2 V liefert, und ein Widerstandsnetzwerk im Primärkreis besitzt. Eine Teilspannung aus dieser Widerstandskombination wird verstärkt und induktiv über eine 5 mH-Gegeninduktivität in den Sekundärkreis eingekoppelt, so daß über den Widerstandsabgriff das Brückengleichgewicht eingestellt werden kann. Durch eine zweite, um 90° phasenverschobene Hilfsspannung läßt sich die Wirkspannungskomponente abgleichen. Die Empfindlichkeit dieser Brücke wird mit 4 nH angegeben, wobei im Primärkreis etwa 12 mA fließen. Für 1 g CMN wird eine Volumensuszeptibilität $\chi V = 4{,}15 \cdot 10^{-4}$ cm³K/T angenommen und können Temperaturen bis 15 mK auf $\pm 1\%$ genau gemessen werden.

Die mit dieser Art von Brücken auftretenden Meßfehler und Instabilitäten hängen vor allem mit den Streukapazitäten zusammen, die in Primär- und Sekundärkreis, sowohl in der Brücke selbst als auch im Meßkryostaten vorhanden und oft veränderlich sind. So kann bei exakt abgeglichener Brückeneinstellung eine geringe Änderung der Oszillatorfrequenz oder der Zuleitungswiderstände eine Nulldrift verursachen. Eine weitere Fehlerquelle stellt die veränderliche Gegeninduktivität dar, da deren effektive Kapazität von ihrer Einstellung abhängt.

Von *Anderson* et al. [3.19] sind eine Reihe von Abänderungen durchgeführt worden, deren Ergebnis die in Bild 3.78 dargestellte Schaltung ist. Die größte Verbesserung bezüglich der Streukapazitäten stellt der induktive Spannungsteiler T dar, der auch bei den in Abschn. 3.3.6.4 besprochenen Widerstandsbrücken mit Vorteil eingeführt wurde. Ferner wird das Widerstandsnetzwerk N mit dem Umschalter U vom Primärkreis durch eine hohe Impedanz, dem abgeschirmten Übertrager $Ü_3$ isoliert, und kann die gemeinsame Erdung innerhalb des Kryostaten an den Induktionsspulen angebracht werden. Zwischen Primär- und Sekundärwicklungen wird eine elektrostatische Abschirmung vorgeschlagen, die jedoch nicht zu erden ist. Die Schaltung enthält außerdem die Transformatoren $Ü_1$ für die Stromversorgung durch den Oszillator O (mit nachgeschaltetem Schmalbandverstärker A), sowie $Ü_2$ für den Lock-in-Detektor. Die Sekundärwicklungen S_2 und S_2' sind zusätzlich mit Kompensationsspulen S_3 und S_3' versehen, die über die Widerstände r am Spannungsteiler T liegen. Zur Brückeneinstellung wird das 5 kΩ-Potentiometer R benutzt, das magnetisch abgeschirmt ist.

Von größter Bedeutung für die erzielbare Meßgenauigkeit ist die Konstruktion der Spulenanordnung, sowie die dabei getroffene Materialauswahl. Im vorliegenden Fall sind die Spulenkörper aus nichtmagnetischem Epoxidharz gefertigt und werden die Wicklungen mit dem GE 7031-Lack befestigt. Bei einer Gesamtlänge der Primärspule von 10 cm ($N_1 = 2400$) sind die beiden Sekundärspulen bei 5 cm Durchmesser je 3 cm lang und mit je $N_2 = 3800$ Windungen bewickelt. Die Nachweisempfindlichkeit dieser Brücke beträgt 1 nH, und hängt linear vom Primärstrom ab. Bei einer Oszillatorfrequenz von 17 Hz ändert sich die Einstellung des Brückengleichgewichts um 3 nH bei einer Frequenzänderung von 10%.

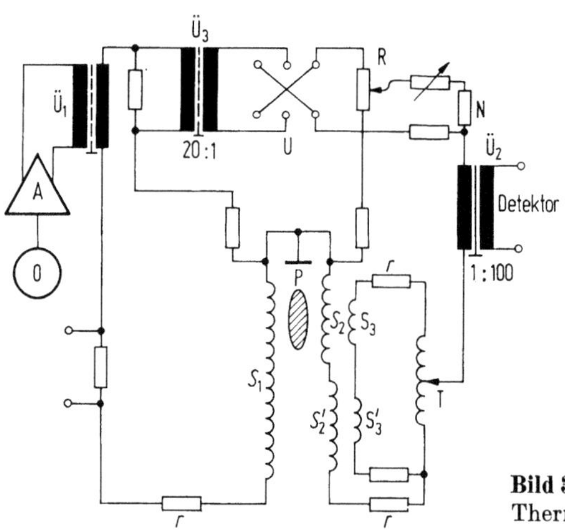

Bild 3.78. Meßbrücke für paramagnetische Thermometrie

Der Nachteil der Hartshorn-Brücke, die eine sehr genau einstellbare Gegeninduktivität erfordert, läßt sich mit der von *Whitmore* et al. [3.369] entwickelten Meßanordnung umgehen. Wie aus Bild 3.77 zu entnehmen ist, wird mit Hilfe der veränderlichen Gegeninduktivität M der Realteil der Probensuszeptibilität kompensiert und ist der Wirkwiderstand R proportional zur Leistungsaufnahme durch die Probe, die nach Gl. (3/62) zu berechnen ist. Bei der von *Whitmore* et al. verbesserten Meßbrücke wird die variable Gegeninduktivität durch die in Bild 3.79 gezeigte Schaltung ersetzt, wobei ein Operationsverstärker als einstellbare Stromquelle geschaltet ist, die eine *feste* Gegeninduktivität M betreibt. Wird am Potentiometer R_p die Spannung $i_p a R_p$ abgegriffen, so erfordert eine negative Rückkopplung die Bedingung $i_p a R_p = i_0 R_m$, wenn i_p bzw. i_0 Primärstrom und den durch die Primärwicklung von M fließenden Strom bedeuten. Die in den Sekundärkreis zur Kompensation des Meßsignals einzuspeisende Spannung U_s ergibt sich aus der Beziehung $U_s = aM(R_p/R_m)(\mathrm{d}i_p/\mathrm{d}t)$; die zur Primärwicklung von M parallelgeschaltete Kapazität C hat bei den niedrigen benutzten Frequenzen einen sehr hohen Blindwiderstand und soll nur HF-

Schwingungen verhindern. Linearität und Stabilität dieses Kreises sind nur durch die passiven Komponenten R_m, R_p und M bestimmt, sofern der Verstärkungsfaktor von A groß genug ist. Als Potentiometer wird ein induktionsfreier Spannungsteiler mit 4 1/2 Dekaden benutzt; der Widerstand R_m läßt sich in Stufen verändern. In ähnlicher Weise läßt sich die um 90° verschobene Komponente des Kompensationssignals mit einem Operationsverstärker erzeugen.

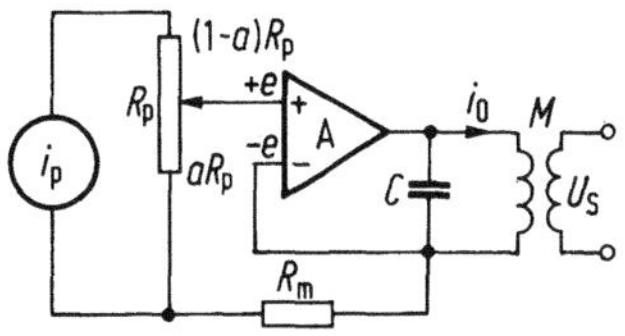

Bild 3.79. Simulation einer veränderlichen Gegeninduktivität

Die Empfindlichkeit der Brücke hängt vom Widerstand im Sekundärkreis sowie vom Verstärkerrauschen ab und wird zu $55/i_p$ nH bei einer Zeitkonstanten von 1 s angegeben, wenn der Primärstrom in Milliampere eingesetzt wird. In einer vorgegebenen Spulenkombination wird bei 1 K durch eine CMN-Probe von 1 g eine Brückenverstimmung von 5 μH erzeugt, was in einem Meßfeld von 20 A/cm einer Meßgenauigkeit von 0,1% entspricht. Dieselbe Auflösung erhält man bei 10 mK mit einem Meßfeld von 0,05 A/cm.

3.4.3.5 Magnetische Quanteninterferenz [3.214; 3.307]

Supraleitende geschlossene Kreise besitzen die Eigenschaft, daß der induzierte Ringstrom nur diskrete Werte annimmt und in besonderer Weise vom äußeren Magnetfeld abhängt. Dies wird damit erklärt, daß die Träger des Suprastroms, Elektronenpaare mit gleichem aber entgegengesetztem Impuls und Spin, die sogenannten *Cooper*-Paare durch eine Elektronenpaarwelle

$$\psi_p = \exp\,[i(\boldsymbol{P}\cdot\boldsymbol{r})/h] = \sin 2\pi\left(\frac{x}{\lambda} - \nu t\right)$$

beschrieben wird, worin $h\nu = E$ die Gesamtenergie, $\lambda P = h$, und P der für alle Cooper-Paare gleiche Gesamtimpuls bedeuten. Für eine Konzentration n_s der Cooper-Paare ergibt sich die Suprastromdichte $j_s = n_s v e$ (v Driftgeschwindigkeit) und daraus die Wellenlänge λ der Elektronenpaarwelle zu

$$\lambda = h/P = h/2mv = hn_s e/2mj_s. \qquad (3/69)$$

Die beiden Punkte X und Y im Ring des Bildes 3.80 weisen daher einen Phasenunterschied von

$$(\Delta\theta)_{xy} = \theta_x - \theta_y = 2\pi \int_{\mathrm{X}}^{\mathrm{Y}} \frac{\boldsymbol{x}}{\lambda}\,\mathrm{d}\boldsymbol{l}$$

auf, der sich durch Einsetzen von Gl. (3/69) zu

$$(\Delta\theta)_{xy} = \frac{4\pi m}{h n_s e} \int_x^y \boldsymbol{j}_s \mathrm{d}\boldsymbol{l} \tag{3/70}$$

ergibt.

Steht senkrecht zur Ebene des supraleitenden Ringes von Bild 3.80 ein magnetisches Feld mit der Induktion B, so berechnet sich der kanonische Impuls aus $\boldsymbol{P} = 2m\boldsymbol{v} + 2e\boldsymbol{A}$, wenn $\boldsymbol{A}$ das magnetische Vektorpotential ist und rot $\boldsymbol{A} = \boldsymbol{B}$. Für diesen allgemeinen Fall gilt anstelle von Gl. (3/70) die Beziehung

$$(\Delta\theta)_{xy} = \frac{4\pi m}{h n_s e} \int_x^y \boldsymbol{j}_s \mathrm{d}l + \frac{4\pi e}{h} \int_x^r \boldsymbol{A} \mathrm{d}\boldsymbol{l}, \tag{3/71}$$

die über den geschlossenen Ring, mit Anwendung des Stokesschen Satzes integriert, folgende Quantenbedingung liefert:

$$\frac{4\pi m}{h n_s e} \oint \boldsymbol{j}_s \mathrm{d}\boldsymbol{l} + \frac{4\pi e}{h} \iint_S \boldsymbol{B} \mathrm{d}\boldsymbol{S} = 2\pi n. \tag{3/72}$$

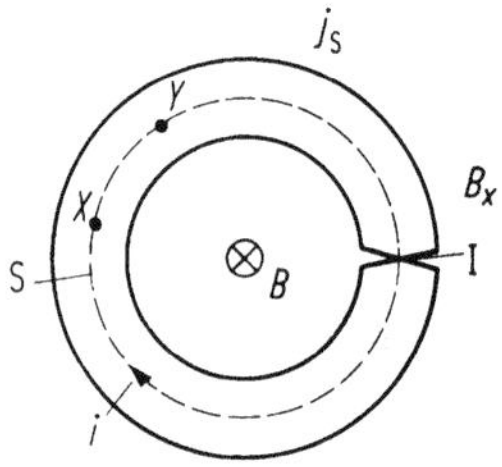

Bild 3.80. Supraleitender Ring mit Schwachstelle

Die linke Seite der Gl. (3/72) muß ein ganzzahliges Vielfaches von 2π sein; wird sie mit $h/4\pi e$ multipliziert, ergibt sich die bekannte Gleichung

$$m/(n_s e^2) \oint \boldsymbol{j}_s \mathrm{d}\boldsymbol{l} + \iint_S \boldsymbol{B} \mathrm{d}\boldsymbol{S} = n \frac{h}{2e} = \Phi' = n\Phi_0, \tag{3/73}$$

in der die Größe Φ' als *Fluxoid* bezeichnet wird und $\Phi_0 = h/2e = 2{,}068 \cdot 10^{-15}$ Wb $= 1{,}068 \cdot 10^{-7}$ Gcm² das *magnetische Flußquant* oder *Fluxon* ist.

Der supraleitende Ring in Bild 3.80 ist bei I durch eine Kontaktstelle unterbrochen, die aus einer nur 1 bis 2 nm dicken Isolationsschicht oder einer Kontaktspitze mit dem Leitungsquerschnitt σ und der Länge l_0 bestehen kann, jedoch unterhalb einer kritischen Stromdichte j_c *nicht* grundsätzlich unterbricht. Durch Multiplikation von Gl. (3/73) mit $2\pi/\Phi_0$ und Einsetzen des mit der Fläche S verketteten magnetischen Flusses $\iint \boldsymbol{B}\mathrm{d}\boldsymbol{S} = \Phi$ erhält man den Ausdruck

$$\frac{2\pi}{\Phi_0} \oint \frac{m}{n_s e^2} \boldsymbol{j}_s \mathrm{d}\boldsymbol{l} + \frac{2\pi\Phi}{\Phi_0} = 2\pi n = \theta + \frac{2\pi\Phi}{\Phi_0}, \tag{3/74}$$

aus dem die anteiligen Phasenwinkel hervorgehen, die ein Vielfaches von 2π ergeben müssen. Unter der Annahme, daß $j_s = 0$ mit Ausnahme der Kontaktstelle ist, stellt die Größe θ in Gl. (3/74) die an der Kontaktstelle auftretende Phasendifferenz dar. Ihr Wert ist unmittelbar aus Gl. (3/74) mit $j_s = i_s/\sigma$ zu entnehmen und beträgt

$$\theta = \frac{2\pi}{\Phi_0} \cdot \frac{m}{n_s e^2} \cdot \frac{l_0}{\sigma} i_s. \tag{3/75}$$

Führt man die Induktivität L des supraleitenden Kreises und die Abkürzung

$$\gamma = \frac{m}{n_s e^2} \cdot \frac{l_0}{\sigma L} \tag{3/76}$$

ein, so ergibt sich aus Gl. (3/74) die Beziehung

$$2\pi\gamma \frac{L i_s}{\Phi_0} + 2\pi \frac{\Phi}{\Phi_0} = 2\pi n. \tag{3/77}$$

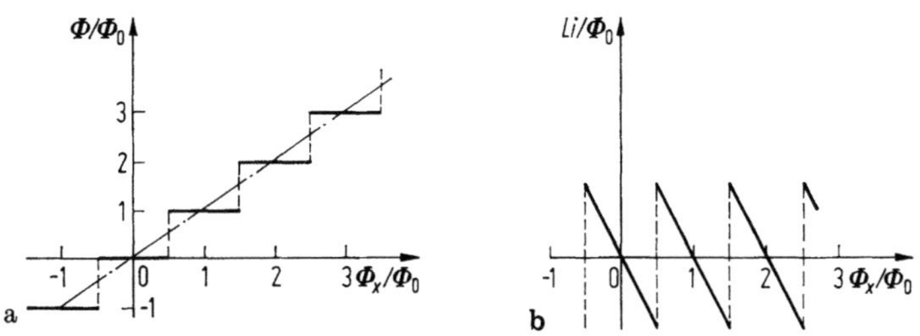

Bild 3.81. Magnetischer Fluß und Strom im supraleitenden Ring

Legt man ein äußeres Magnetfeld B_x an, so wird mit dem Ring der Fluß

$$\Phi = \Phi_x + Li \tag{3/78}$$

verkettet sein, und berechnen sich mit Gl. (3/77) die Größen Li und Φ für $i \leqq i_c$ aus folgenden Beziehungen:

$$Li = -(\Phi_x - n\Phi_0)/(1 + \gamma), \tag{3/79}$$

$$\Phi = (n\Phi_0 + \gamma\Phi_x)/(1 + \gamma). \tag{3/80}$$

In Bild 3.81 sind für kleine Werte von γ die auf Φ_0 bezogenen Werte des mit dem Ring verketteten Flusses Φ und der Anteil Li als Funktion des außen angelegten Feldes B_x dargestellt; der Ringstrom $i \leqq i_c$ ist immer eine lineare Funktion des Außenfeldes.

Josephson-Effekt

Aufgrund von quantenmechanischen Überlegungen kam Josephson 1962 zur Feststellung, daß der durch eine dünne Tunnelstrecke oder über einen punktförmigen Kontakt fließende Strom von der Phasendifferenz über der Kontaktstrecke abhängt, d. h.

$$i = i_c \sin\theta\,. \tag{3/81}$$

Damit läßt sich die Größe γ in Gl. (3/76) durch die Beziehung

$$\gamma = \frac{\Phi_0}{2\pi L i} \arcsin(i/i_c) \tag{3/82}$$

ausdrücken; sie stellt also ein vom Strom i abhängiges, stark nichtlineares Element dar. Man erhält damit die Zustandsgleichung des supraleitenden Ringes aus Gl. (3/77) zu

$$\arcsin(i/i_c) + 2\pi \frac{\Phi}{\Phi_0} = 2\pi n\,, \tag{3/83}$$

woraus sich analog zu den Gln. (3/79) und (3/80) die Beziehungen

$$\Phi + L i_c \sin[(2\pi/\Phi_0)(\Phi - n\Phi_0)] = \Phi_x\,; \tag{3/84}$$

$$L i = -L i_c \sin[(2\pi/\Phi_0)(L i + \Phi_x - n\Phi_0)] \tag{3/85}$$

ergeben. In Bild 3.82 sind für $2\pi L i_c = \Phi_0$ abhängig vom Außenfeld der mit dem Ring verkettete Fluß Φ/Φ_0 und die Größe Li/Φ_0 dargestellt. Für einen größeren kritischen Strom $i_c > \Phi_0/2L$ findet man die gestrichelt eingezeichnete Treppenkurve mit irreversiblen Quantenübergängen.

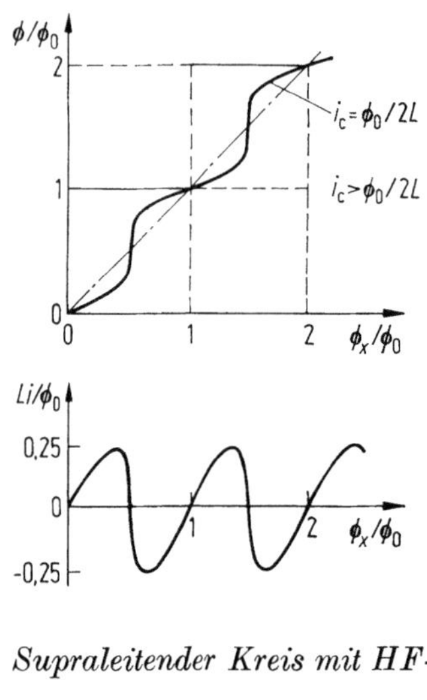

Bild 3.82. Supraleitender Ring mit Josephson-Kontakt

Supraleitender Kreis mit HF-Erregung

Später wird gezeigt werden, daß man die statischen Eigenschaften des supraleitenden Kreises, der einen Josephson-Kontakt enthält, zur magnetischen Fluß- und damit Suszeptibilitätsmessung nutzen kann. Die empfindlicheren HF-Methoden gehen davon aus, daß der supraleitende Ring gleichzeitig dem zu messenden Fluß Φ_x^0 und einem magnetischen Wechselfeld $\Phi_x^1 \sin\omega t$ ausgesetzt wird. Sein Verhalten wird anstelle von Gl. (3/84) durch die einfacheren linearen

Beziehungen der Gln. (3/79) und (3/80) beschrieben, wonach die Übergänge zwischen den Quantenzuständen nach Bild 3.81a durch die Auswahlregel $\Delta n = \pm 1$ erfolgen.

Im entsprechenden Prinzipschaltbild des Bildes 3.83 ist der Suprakreis mit dem Josephson-Kontakt J über die Gegeninduktivität M lose an den Schwingungskreis L_1C_1 gekoppelt, der über die variable Kapazität C_0 vom HF-Oszillator O in der Resonanzfrequenz angeregt wird. Schwingkreisverluste und Eingangswiderstand des Verstärkers sind im Parallelwiderstand R_L zusammengefaßt. Die

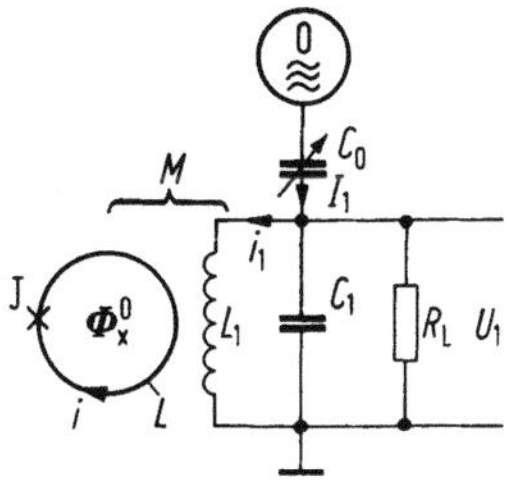

Bild 3.83

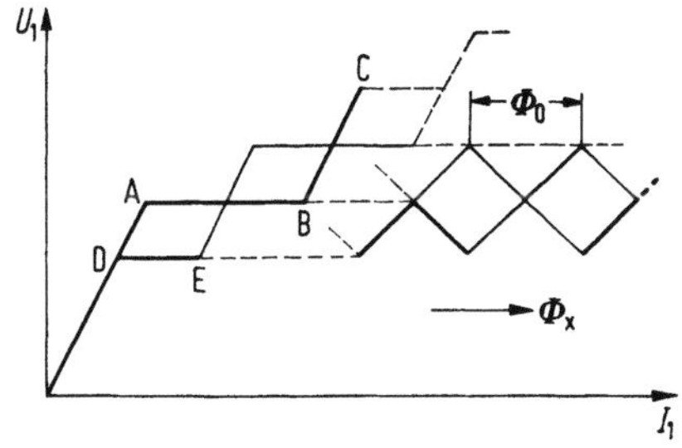

Bild 3.84

Bild 3.83. Suprakreis mit HF-Anregung

Bild 3.84. Spannungsamplitude U_1 als Funktion des SF-Stroms I_1 und des statischen Magnetfeldes Φ_x^0 im Kreis nach Bild 3.83

Ausgangsspannung U_1 wird verstärkt, gleichgerichtet und am Elektronenstrahl-Oszillographen als Funktion des Erregerstroms I_1 oder des Außenfeldes Φ_x^0 dargestellt. Wichtig ist der praktische Fall, wo i_c größer als $\Phi_0/2L(1 + \gamma)$ und die Frequenz ω_0 des Pump-Oszillators auf die Resonanzfrequenz des Suprakreises abgestimmt ist. Bei niedriger Anregungsspannung verhält sich dieser wie eine parametrische Induktivität

$$L_{\text{eff}} = -\mathrm{d}\Phi_x/\mathrm{d}i, \tag{3/86}$$

d. h. in diesem Fall als Kurzschlußwindung innerhalb von L_1, wodurch $\omega_0 > (L_1C_1)^{-1/2}$. Die HF-Spannung U_1 am Schwingungskreis ist zunächst eine lineare Funktion des Pumpstroms I_1, solange der Gesamtstrom in L den kritischen Strom i_c nicht übersteigt. Für $\Phi_x^0 = 0$ (oder $n\Phi_0$) wird $\Phi_c = Li_c$. Die eingekoppelte HF-Flußamplitude berechnet sich aus

$$\Phi_1 = Mi_1 = U_1M/\omega_0L_1,$$

worin i_1 der durch L_1 fließende Strom ist. Der kritische Zustand im Suprakreis wird daher erreicht, wenn

$$\Phi_1 = \Phi_c, \qquad \text{d. h.} \qquad U_1M/\omega_0L_1 = Li_c.$$

Die zugehörige kritische Spannung U_{1c} findet man daraus zu

$$U_{1c} = \omega_0L_1Li_c/M = I_{1c}/R_L. \tag{3/87}$$

Bei dieser HF-Anregung (s. Bild 3.84, Punkt A) sind zwei benachbarte Zustände möglich und findet ein abrupter Übergang statt, bei dem die Energie

$$\Delta E = 2\Phi_0 i_c - \Phi_0^2/L \tag{3/88}$$

dissipiert wird. Dabei wird das System zu niederfrequenten Schwingungen angestoßen, deren Hüllkurve Sägezahnform besitzt. Die Amplitude der Sägezahnmodulationskurve berechnet sich aus

$$\Delta U_1 = [2\Phi_0 i_c - (\Phi_0^2/L)]\, M/\omega L_1 L i_c C_1\,; \tag{3/89}$$

für $i_c > \Phi_0/L$ vereinfacht sich dieser Ausdruck und ergibt

$$\Delta U_1 = \Phi_0 \omega M/L.$$

Beträgt der vom Außenfeld erzeugte magnetische Fluß $\Phi_x^0 = (n + 1/2)\,\Phi_0$, so wird das erste Plateau für die HF-Spannung,

$$U_{1c} = (L i_c - \Phi_0/2)\, \omega L_1/M\,, \tag{3/90}$$

das in Bild 3.84 durch D-E gekennzeichnet ist, in bezug auf den HF-Strom I_1 halb so lang wie die folgenden. Ferner kann gezeigt werden, daß U_1 linear in den Bereichen $n < \Phi_x^0/\Phi_0 < (n + 1/2)$ abnimmt und linear anwächst für $(n - 1/2) < \Phi_x^0/\Phi_0 < n$. Das bedeutet, daß U_1 als Funktion des Meßfeldes eine Dreieckswelle darstellt, wie sie in Bild 3.84 angedeutet ist.

Der gegenseitige Abstand der einzelnen Plateaus für U_1, d. h. die auf das Außenfeld Φ_x^0 bezogene Änderung der HF-Spannung, ergibt sich aus der Differenz der Gln. (3/90) und (3/87) zu

$$\delta U_1 = \frac{1}{2}\,(\omega \Phi_0 L_1/M)\,. \tag{3/91}$$

Suprakreis mit Doppelkontakt

Die 1964 von einigen Autoren erstmals vorgeschlagene Anordnung mit zwei getrennten Josephson-Kontakten in einem supraleitenden Kreis, wie sie in Bild 3.85 angegeben ist, eignet sich zur unmittelbaren Messung von magnetischen Gleichfeldern. Die beiden, durch entsprechende kritische Ströme gekennzeichneten Kontaktstellen J_A und J_B (Josephson-Tunnelstrecken, Schwachstellen) werden von den Strömen i_A bzw. i_B durchflossen, wenn der Gesamtstrom $I = i_A + i_B$ beträgt. Bei zwei identischen Kontaktstellen gilt analog zu Gl. (3/74) die Phasenbeziehung

$$\theta_A - \theta_B + 2\pi(\Phi/\Phi_0) = 2\pi n\,; \qquad n = 0, \pm 1, \pm 2 \ldots,$$

wenn θ_A und θ_B die an J_A und J_B auftretenden Phasenwinkel sind. Andererseits muß die Beziehung

$$\frac{1}{2}\,(i_A - i_B) = (\Phi - \Phi_x)/L$$

gelten, die den Zirkulationsstrom $i = (i_A - i_B)/2$ als Funktion des Flusses Φ_x darstellt, welcher mit dem Suprakreis verkettet ist. Da nach Gl. (3/81) $i = i_c \sin\theta$ findet man für identische Kontaktstellen mit $i_{A,B} = i_c \sin\theta_{A,B}$ die wichtige Beziehung

$$I_c = 2i_c|\cos(\pi\Phi/\Phi_0)|, \tag{3/92}$$

wonach abhängig vom Außenfeld eine Modulation von I_{max} zwischen Null und $2i_c$ mit der Periode Φ_0 auftreten sollte, wie dies in Bild 3.86 gezeigt ist. Ist in Gl. (3/78) bei großer Systeminduktivität L der Term Li_s nicht mehr gegen Φ_x vernachlässigbar, wird zwar die Periodizität von I_c erhalten, doch reduziert sich die Modulationsamplitude mit wachsendem Φ_x.

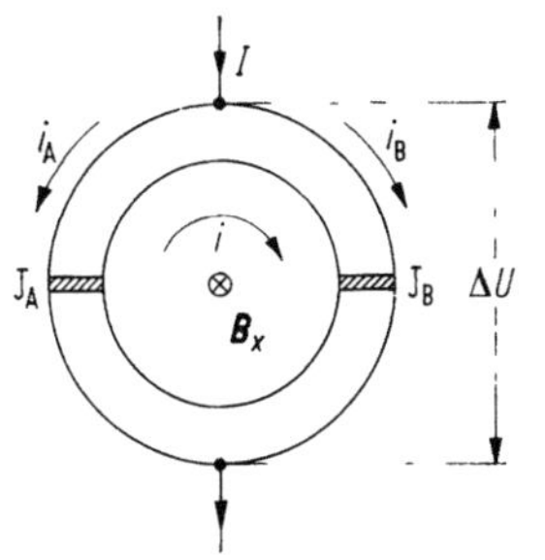

Bild 3.85. Magnetisches Quanteninterferometer (SQUID)

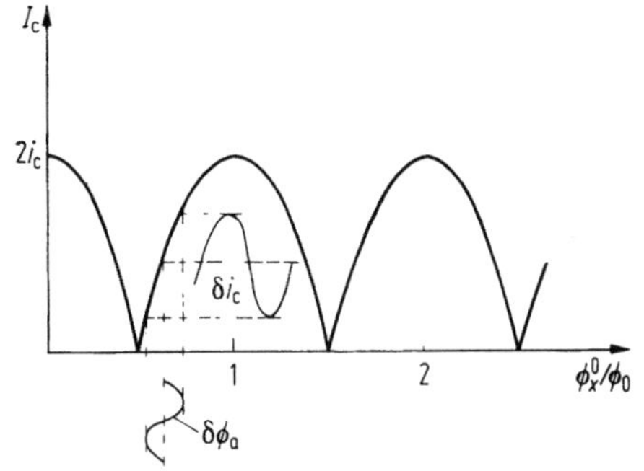

Bild 3.86. Kritischer Strom I_c in einem SQUID als Funktion des Außenfeldes

Die an den Zuleitungen dieses SQUID (Superconducting Quantum Interference Device) abgegriffene Spannung beträgt

$$\Delta U = \Phi_0 R/2L, \tag{3/93}$$

wenn R den Ohmschen Widerstand jeder Kontaktstelle bedeutet. Mit den Werten $R = 10\ \Omega$, $L = 1$ nH und $\Phi_0 = 2{,}07 \cdot 10^{-15}$ Wb ergibt sich für die Spannungsdifferenz der Wert 10 µV.

3.4.3.6 Aufbau von Kontakten und Schwachstellen

[3.381]

Die mechanische Stabilität der äußerst kleinen Kontaktstellen hängt vor allem von der Konstruktion der Meßanordnung, der Wahl der Werkstoffe (thermische Ausdehnung!), dem Widerstand gegen chemische Einwirkung und der sicheren Kontaktgabe ab. *Tunneldioden* und Schwachstellen (*weak links*) können durch aufgedampfte Isolierschichten gegen Feuchtigkeit geschützt werden; SQUIDs mit Kontaktstellen sollten gekapselt werden.

Als Beispiel eines Systems mit *einem* Punktkontakt, das eine gute Langzeitstabilität aufweist, ist in Bild 3.87 eine Nb-Konstruktion in C-Form dargestellt. Der Kontakt wird zwischen den kegelig zugespitzen Enden der Nb-Schrauben von 1,0 mm Durchmesser, die mit Kontermuttern gesichert sind, hergestellt; die zylindrische Meßbohrung von 1,5 mm Öffnung besitzt eine Quantenperiodizität von etwa 10^{-5} A/cm. Bei Zimmertemperatur wird der Kontaktwiderstand auf 10 bis 100 Ω eingestellt.

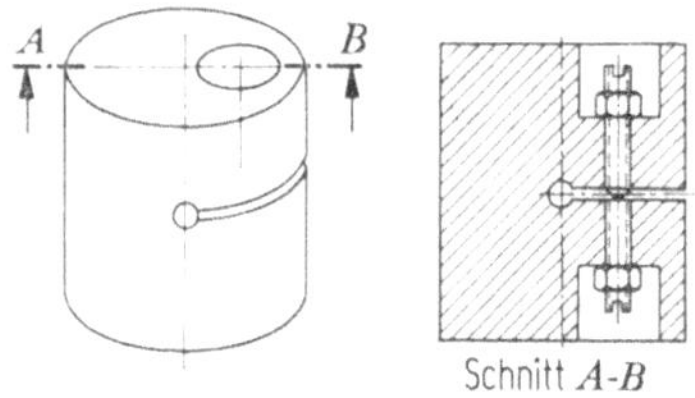

Bild 3.87. SQUID mit Punktkontakt

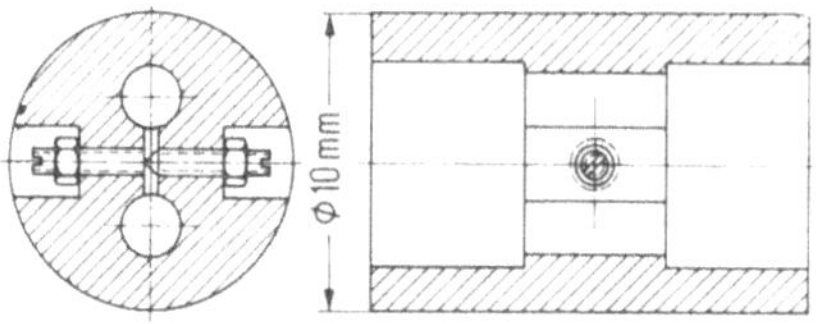

Bild 3.88. Symmetrischer SQUID

Wesentlich günstiger ist die in Bild 3.88 dargestellte symmetrische Konstruktion nach *Zimmerman* et al. [3.381], die ebenfalls aus reinem Niob besteht und zwei zylindrische Bohrungen von 2 mm Durchmesser und 10 mm Länge enthält. Beide Bohrungen sind mit einem Schlitz von 0,1 mm Weite verbunden; von den Nb-Kontaktschrauben ist die feststehende eben und bei 300 °C 10 bis 20 min oxidiert, die einstellbare von 0,8 mm Durchmesser mit einer 90°-Kegelspitze versehen. Der gesamte Fluß innerhalb beider Bohrungen ist zeitlich konstant

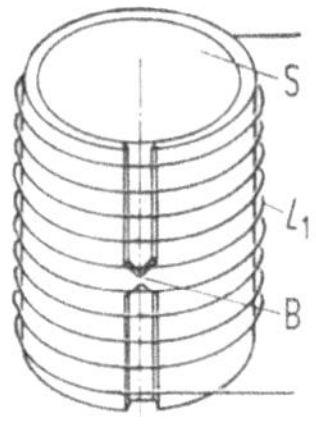

Bild 3.89. Dayem-Brücke

und nicht vom angelegten Feld abhängig. Die Quanteninterferenz läßt sich dadurch beobachten, daß in *eine* Bohrung die Spule eines *Flußtransformators* gebracht und in der anderen z. B. durch HF-Verfahren der magnetische Fluß gemessen wird. Durch den symmetrischen Aufbau werden äußere Magnetfelder automatisch kompensiert.

SQUIDs mit Doppelkontakten können aus den Hälften eines zylindrischen Nb-Hohlraumes hergestellt werden, zwischen denen eine Mylarfolie von 10 µm Dicke für die Isolation der Kontaktspitzen sorgt.

Dünnfilm-Tunneldioden werden durch aufeinanderfolgendes Aufdampfen im Hochvakuum auf einem Substrat aus Glas oder Quarz von Pb, Sn, In oder Al hergestellt, wobei als Isolation für Pb die natürliche Oxidschicht dient, deren Dicke 1 bis 2 nm nicht übersteigen soll.

Für Meßzwecke geeigneter sind *Dünnfilmbrücken* aus den gleichen supraleitenden Metallen, die nach Bild 3.89 meist als dünnwandige Hohlzylinder auf ein Quarzstäbchen S in einer Dicke von 20 bis 60 nm aufgedampft werden. An einer Stelle wird die Filmschicht längs der Mantellinie bis auf eine schmale Brücke B von 1 bis 10 µm Breite unterbrochen. Diese von *Dayem* und *Wiegand* [3.99] angegebene Konstruktion ergibt z. B. bei einem Pb-Film von 50 nm Dicke und 1,0 μm Weite der Engstelle eine kritische Stromdichte $j_c = 5{,}3 \cdot 10^7$ A/cm², was einem kritischen Strom $i_c = 28$ mA entspricht. Die HF-Spule L_1 ist dicht auf das mit Lack isolierte, bedampfte Quarzstäbchen gewickelt (Pyrex-Glas ist wegen seiner magnetischen Verunreinigungen nicht geeignet!).

3.4.3.7 Supraleitender Flußtransformator

Da es im allgemeinen nicht möglich und zweckmäßig ist, die paramagnetische Meßsubstanz in das supraleitende Quanteninterferometer einzubringen, wird die von ihr verursachte Änderung des magnetischen Flusses mit Hilfe des schematisch in Bild 3.90a dargestellten *Flußtransformators* auf die Meßvorrichtung übertragen, wobei sich durch passende Wahl der Windungszahlen die Nachweisempfindlichkeit vergrößern läßt.

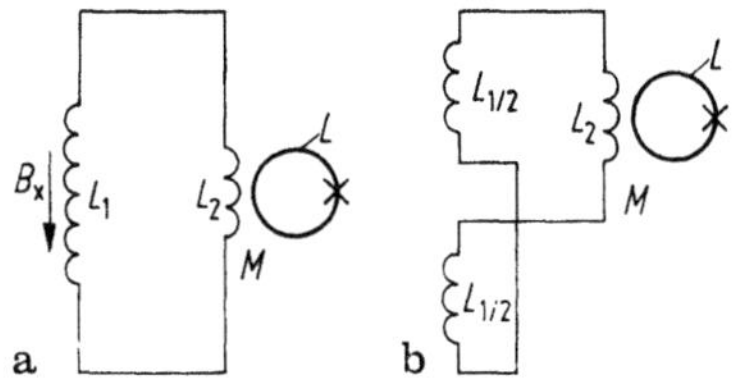

Bild 3.90. Flußtransformator

Der Transformator besteht aus einer topographisch geschlossenen, supraleitenden Schleife, in die über die Spule L_1 das Außenfeld B_x eingekoppelt und auf die zweite Spule L_2 übertragen wird, die induktiv auf den SQUID wirkt. Infolge der engen Kopplung beträgt die Gegeninduktivität $M \simeq \sqrt{L_2 L}$. In der Ausführung nach Bild 3.90b ist L_1 in zwei gleiche, aber im Gegensinn verbundene Spulen $L_1/2$ aufgeteilt, so daß in einem homogenen Magnetfeld kein Abschirmstrom induziert wird. Diese Anordnung eignet sich besonders für Suszeptibilitätsmessungen (vgl. Bild 3.74), da nur die durch das Meßsalz hervorgerufene Flußänderung zur Temperaturmessung dient.

Eine maximale Übertragung des zu messenden Flusses B_x auf den SQUID findet man für $L_2 = L_1$, wobei sich L_2 auf den „offenen" Suprakreis bezieht. Das bedeutet, daß unter dieser Bedingung die magnetische Feldenergie im Suprakreis ein Viertel von der in L_1 enthaltenen ist, wenn diese kurzgeschlossen wird. Es gilt daher die Beziehung

$$1/2(\Phi^2/L) \leqq 1/4[1/2(\Phi_x^2 N_1^2/L_1)],$$

aus der sich die Ausdrücke für den im SQUID vorhandenen Gesamtfluß Φ, das Meßfeld B_x und den magnetischen Fluß Φ_x berechnen lassen:

$$\Phi \leq 1/2(\Phi_x N_1 L_1^{1/2})/L^{1/2} = 1/2[N_1 B_x A_1/(L_1/L)^{1/2}]; \tag{3/94}$$

$$B_x \geqq 2\Phi(L_1/L)^{1/2}/A_1 N_1 \simeq 2B(V/V_1)^{1/2}; \tag{3/95}$$

$$\Phi_x \simeq 2\Phi(A_1 l/l_1 A)^{1/2}. \tag{3/96}$$

Darin bedeuten N_1 die Windungszahl von L_1, sowie A_1, l_1 und V_1 deren Wicklungsquerschnitt, Länge und Volumen; V, A und l beziehen sich auf die Bohrung im SQUID, wobei $L \simeq \mu_0 A/l$ und $B = \Phi/A$. Besteht L_1 aus einer einlagigen Wicklung der Länge l_1 und vom Querschnitt A_1, so ist $L_1 \sim N_1^2$ und wird der maximal übertragbare Fluß Φ_{max} von N_1 unabhängig und zu $\sqrt{V_1}$ proprotional.

Als Beispiel einer Meßanordnung zur magnetischen Temperaturmessung ist in Bild 3.91 die Spulenanordnung nach Bild 3.90b dargestellt, bei der L_1' die Salzprobe in Form einer Kugel enthält und L_1'' zur Kompensation des Vakuumfeldes dient. Beide Spulen sind konzentrisch zu einem Nb-Röhrchen R montiert, in dem ein Magnetfeld dadurch eingefroren wird, daß oberhalb des Sprungpunktes von Nb (9,2 K) ein Feld angelegt und dieses nach Unterschreiten von T_c abgeschaltet wird. Der Vorteil dieser Methode besteht darin, daß das Meßfeld konstant und unabhängig von äußeren Störungen ist.

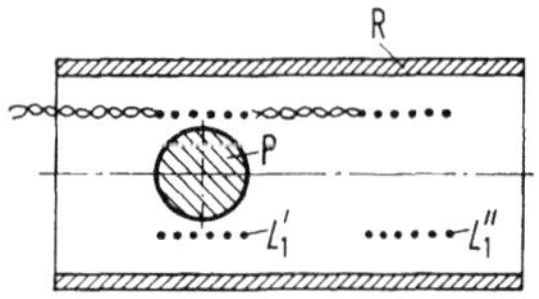

Bild 3.91. Astatische Signalspulen zur Suszeptibilitätsmessung

3.4.3.8 SQUID-Magnetometer

Mit Hilfe des Flußtransformators können die bei der paramagnetischen Temperaturmessung auftretenden Flußänderungen auf den SQUID übertragen und mit ihm nachgewiesen werden. *Clarke* [3.79] hat hierfür einige Beispiele beschrieben und die durch das Rauschen begrenzte Nachweisempfindlichkeit angegeben.

Das in Abschn. 3.4.3.6 beschriebene Doppelkontakt-Interferometer (s. Bild 3.85) läßt sich zur *digitalen* Flußmessung benutzen, wobei nach *Forgacs* und *Warnick* [3.117] Zählraten von 2000 Quanten pro Sekunde, d. h. Flußänderungen von $4 \cdot 10^{-12}$ Wb/s nachgewiesen werden können.

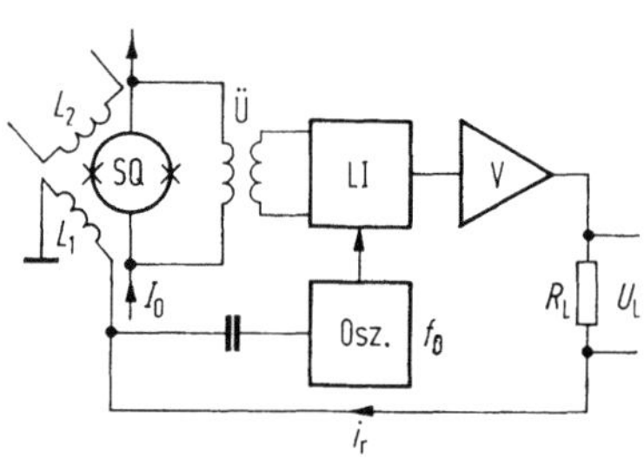

Bild 3.92. Gleichspannungs-SQUID zur Flußmessung

Für die meisten Zwecke ist bei Verwendung des Doppelkontakt-SQUIDs eine negative Rückkopplung vorteilhafter, durch welche die Änderungen des kritischen Stromes I_c nach Gl. (3/92) infolge kleiner Flußänderungen $\delta\Phi_a$ ($\ll\Phi_0$) dazu benutzt werden, um durch eine Kompensationsspule den Fluß Φ im SQUID konstant zu halten. Bei dieser zuerst von *Forgacs* und *Warnick* [3.117] angegebenen Methode, deren Schaltung vereinfacht in Bild 3.92 dargestellt ist, wird der SQUID SQ mit konstantem Strom I_0 beschickt und ein magnetisches Wechselfeld von $f_0 = 10$ kHz und einer Maximalamplitude $\leqq\Phi_0/2$ durch die Feldspule L_1 überlagert. Eine zweite *supraleitende* Spule L_2 ist Teil eines Flußtransformators, mit dem die temperaturabhängige Suszeptibilität eines paramagnetischen Salzes gemessen werden soll. Das an den Josephson-Kontakten dadurch hervorgerufene Wechselspannungssignal hängt nach Bild 3.86 von der Lage des Arbeitspunktes ab; für $\Phi = n\Phi_0/2$ tritt ein Signal mit der Frequenz $2f_0$ auf, das am Ausgang des Lock-in Verstärkers LI die Spannung Null ergibt. Für $\Phi = (n + 1/4)\,\Phi_0$ oder $(n + 3/4)\,\Phi_0$ wird die Ausgangsspannung an LI maximal bzw. minimal; sie ist eine oszillierende Funktion von Φ mit der Periode Φ_0. In der angegebenen Rückkopplungsschaltung wird der SQUID durch passende Einstellung von I_0 im Zustand $(n + 1/2)\,\Phi_0$ gehalten; die durch eine Flußänderung $\delta\Phi_a$ erzeugte Spannung δU_m ist dieser proportional, wobei die Empfindlichkeit durch $\partial U_m/\partial\Phi_0 = R/L$ gegeben ist, wenn L die Systeminduktivität und R der Widerstand des Einzel-

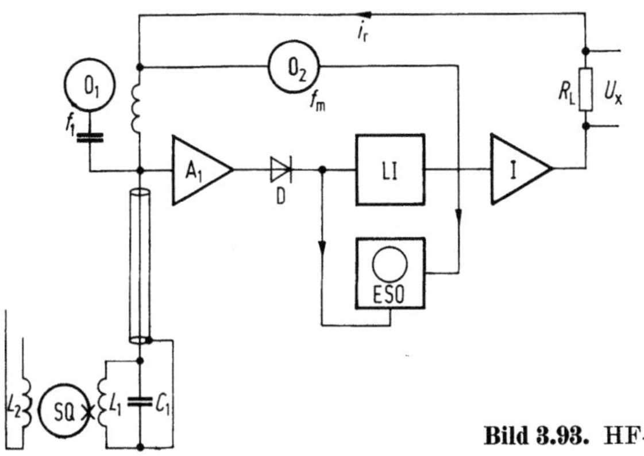

Bild 3.93. HF-SQUID-Magnetometer

kontakts ist. Das Ausgangssignal des Lock-in-Verstärkers wird gleichgerichtet und in V weiterverstärkt; der Rückkopplungsstrom i_r erzeugt in L_1 das gewünschte Magnetfeld zur Kompensation der von L_2 erzeugten Flußänderung. Die am Ausgangswiderstand R_L abgegriffene Spannung U_L ist der zu messenden Flußänderung proportional. Die im SQUID verbrauchte Leistung beträgt $\delta P \simeq (\delta\Phi_a)^2\,R/2L^2$.

Die Meßgenauigkeit dieser Methode wird durch folgende zu $1/f$ proportionalen Rauschspannungen begrenzt:

a) Änderung von i_c infolge Temperaturänderungen; b) Änderung des Ruhestromes I_0; c) Thermospannungen in den Kryostatenzuleitungen; d) Rauschen im Vorverstärker von LI. Meist wird mit einer Zeitauflösung von 1 s (Bandbreite $\Delta f = 0{,}25$ Hz) gearbeitet, doch sind auch Frequenzen bis 1 kHz (bei kleinerer Empfindlichkeit) aufzulösen. Die *Nachweisempfindlichkeit* beträgt typisch 10^{-4} bis 10^{-3} $\Phi_0/\sqrt{\text{Hz}}$ für eine Induktivität L der SQUID-Bohrung von 1 nH, d. h. mit einem SQUID-Querschnitt $A = 10^{-2}$ cm² lassen sich magnetische Induktionsänderungen von $2 \cdot 10^{-13}$ bis $2 \cdot 10^{-12}$ $\text{T}/\sqrt{\text{Hz}}$ nachweisen, was einer Spannungsänderung an den Kontakten von 1 bis 10 nV/Hz entspricht.

Große Verbreitung hat der HF-SQUID nach Bild 3.88, der nur *einen* Kontakt erfordert, mechanisch stabil und gegen Störfelder abgeschirmt ist, in der Messung von magnetischem Fluß und Suszeptibilität gefunden. In Bild 3.93 ist die von *Zimmerman* [3.379] zuerst vorgeschlagene Meßanordnung vereinfacht dargestellt. Die vom HF-Oszillator O_1 (10 bis 30 MHz) in den Resonanzkreis

L_1C_1 eingekoppelte HF-Spannung ist so eingestellt, daß in Bild 3.84 für alle externen Flüsse Φ_a das erste Spannungsplateau erreicht wird. Gleichzeitig wird im Doppelloch-SQUID SQ ein vom NF-Generator O_2 erzeugter kleiner magnetischer Fluß $\leqq \Phi_0/2$ induziert, dessen Frequenz bei $f_m = 1$ kHz liegt. Der zu messende Fluß Φ_a wird auf den SQUID über die Induktivität L_2 als Teil eines Flußtransformators induziert, so daß sich der Gesamtfluß im SQUID aus den Komponenten

$$\Phi_x = \Phi_a + \Phi_m + \Phi_r + \Phi_x^1$$

zusammensetzt, wenn Φ_m, Φ_r und Φ_x^1 die von der Modulation, der Rückkopplung und dem HF-Feld erzeugten Flüsse bedeuten, die alle über L_1 auf den SQUID übertragen werden. Mit der Annahme, daß $f_m \ll f_1$ und Φ_m etwa von der Größe $\Phi_0/2$ ist, ergibt sich für die Signalform am Ausgang des Lock-in-Verstärkers LI die in Bild 3.84 gezeigte Dreieckskurve mit automatisch unterdrückter Offsetspannung, wenn die modulierte HF-Spannung des L_1C_1-Kreises in einem FET-Verstärker A_1 verstärkt, im Detektor D demoduliert und LI zugeführt wird. Verschwindende Ausgangsspannung an LI entspricht den Extrema von $U_1(\Phi_x)$, d. h. $\Phi_x = n\Phi_0$ oder $\Phi_x = (n + 1/2)\,\Phi_0$. Mit dem Integrationskreis I mit hoher Verstärkung und Rückkopplung auf den Schwingkreis L_1C_1 läßt sich das ganze System auf einem konstanten Wert

$$\langle \Phi_x \rangle = \Phi_a + \Phi_r = n\Phi_0 \qquad \text{oder} \qquad (n + 1/2)\,\Phi_0$$

halten und der zu messende Fluß Φ_a am Spannungsabfall $i_r R_L$ ablesen.

Durch eine kleine Flußänderung $\delta\Phi_a$ entsteht die Signalamplitude δU_m am Schwingkreis mit der Frequenz f_m; der Zusammenhang mit der Spannung δU_1 (s. Bild 3.84) wurde von *Giffard* et al. [3.128] berechnet. Es ergibt sich die Beziehung

$$\partial U_m/\partial\Phi_a = (4/\pi)\,|\partial U_1/\partial\Phi_a| = 8\Delta U_1/\pi\Phi_0.$$

Durch die benutzte Lock-in-Technik lassen sich einige Ursachen für das Rauschen und für langsame Änderungen von i_c, Frequenz und Amplitude der HF-Spannung unterdrücken. Meist wird der Meßbereich bei $\pm 1000\ \Phi_0$ liegen und ist die Zeitkonstante durch die Bandbreite der Integrationsstufe bestimmt. Mit den Parametern des SQUIDs nach *Zimmerman* et al. [3.381]: $L = 0{,}4$ nH, $L_1 = 0{,}14$ µH, $f_1 = 30$ MHz, $Q = 100$ findet man für $\Delta U_1 = 14$ µV und eine Auflösung von 10^{-4} bis 10^{-3} $\Phi_0/\sqrt{\text{Hz}}$, was einer Nachweisgrenze von $2 \cdot 10^{-13}$ bis $2 \cdot 10^{-12}$ $\text{T}/\sqrt{\text{Hz}}$ bei einer SQUID-Fläche von 10^{-2} cm² entspricht.

Für höhere Oszillatorfrequenzen f_1 von 300 MHz und mehr wird eine um eine Größenordnung höhere Empfindlichkeit und ein günstigeres Signal/Rausch-Verhältnis gefunden. Die Rauschtemperatur eines SQUID-Meßsystems liegt bei 1 µK und ist durch das Johnson-Rauschen in den Kontaktwiderständen begrenzt.

Ein Beispiel für die praktische Anwendung dieser Meßtechnik ist in Bild 3.94 dargestellt. Der SQUID SQ befindet sich am unteren Dewar-Ende zwischen dem Schwingkreis L_1C_1 und der Feldspule L_2, die zusammen mit den Pick-up-Spulen S_1 und S_2 einen Flußtransformator zur Messung der vom paramagnetischen Salz P verursachten Flußänderung bildet und aus dünnem Nb-Draht besteht.

Die Feldspule H ist außerhalb des schlanken Glasansatzes angebracht. Die sehr hohe Nachweisempfindlichkeit solcher Systeme gestattet mit geringen Salzmengen eine Temperaturmessung im Millikelvinbereich. Mit einer CMN-Probe von 1 mg in einem Feld von 0,9 mT (9 A/cm) wird eine Empfindlichkeit von $\Phi_x/\Phi_0 = 20/T$ (K) gefunden, was bei einer Auflösung von $10^{-3}\ \Phi_0$ bei 10 mK einer Nachweisgrenze von 5 nK entspricht!

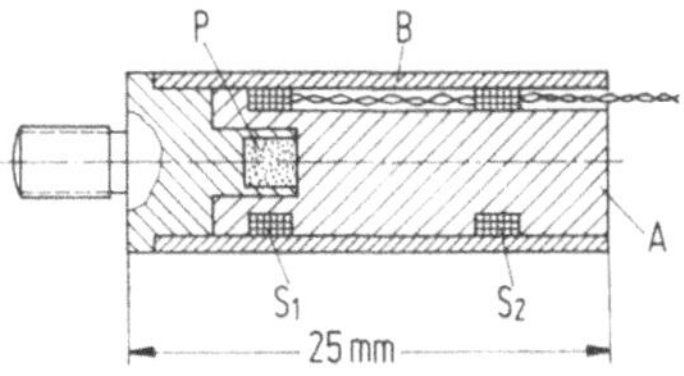

Bild 3.95. CMN-Meßelement

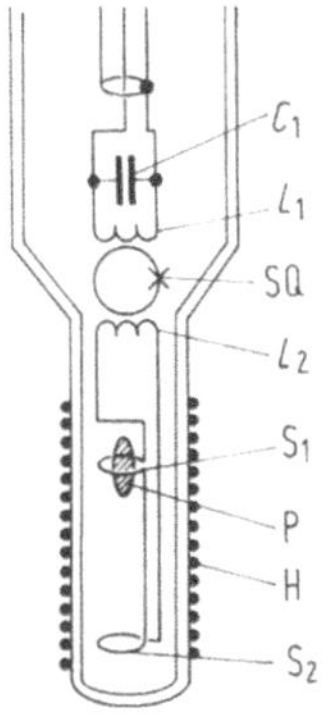

Bild 3.94. Temperaturmessung mit einem SQUID-System

Die Konstruktion eines CMN-Meßelements nach *Giffard* et al. [3.128] ist in Bild 3.95 dargestellt. Sie besteht aus einem Spulenkörper A aus Cu, der zur Aufnahme der CMN + Au-Pulverfüllung P geteilt ist, und zwei Nuten zur Aufnahme der Pick-up-Spulen S_1 und S_2 (24 Windungen aus 86 µm starkem Nb-Draht) besitzt. Die Ankopplungsspule am SQUID besitzt 89 Windungen desselben Drahtes auf einem Durchmesser von 1,5 mm in zwei Lagen und eine Induktivität von 3,1 µH. Das Außenfeld wird von einem Röhrchen B aus Nb von 5,1 mm Innendurchmesser und 0,63 mm Wandstärke erzeugt, in dem ein magnetischer Fluß, einer Feldstärke von etwa 9 A/cm entsprechend, eingefroren wird.

Von *Ahola* et al. [3.9] werden als Vorverstärker für SQUIDs GaAs-FET-Verstärker für Frequenzen zwischen 50 und 500 MHz benutzt, die bei 4,2 K arbeiten und eine Nachweisgrenze von $5 \cdot 10^{-30}$ J/Hz bei 500 MHz besitzen.

Eine auch für thermometrische Messungen verwendbare Anordnung mit einem Weak-link-Sensor nach Bild 3.89, die mit 30 MHz betrieben wird, beschreiben *Cukauskas* et al. [3.94]. Mit ihr lassen sich Suszeptibilitätsänderungen von 10^{-10} in einem Feld von 100 A/cm bei 1 s Meßdauer feststellen.

3.4.4 Spezielle Eichverfahren

Einige der in Abschn. 3.4.3 besprochenen Meßmethoden für die paramagnetische Suszeptibilität weisen eine ausreichende Genauigkeit auf, um den Anschluß an die Dampfdruckkurve der beiden He-Isotope bei 300 bis 800 mK zu gewinnen (s. Tabellen 3.5 und 3.6). Eine weitere Methode bietet der Vergleich mit dem Rauschthermometer (Abschn. 3.8), das ein absolutes Instrument darstellt, dessen Meßbereich bis herab zu 40 mK reicht. Schließlich existieren einige sehr genaue Sprungpunkte ausgewählter Supraleiter, die als thermometrische Fixpunkte benutzt werden können.

3.4.4.1 Eichung nach dem 2. Hauptsatz

Eine absolute Eichmethode für paramagnetische Substanzen läßt sich durch Anwendung des 2. Hauptsatzes aus dem Entropieverlauf bei verschiedenen magnetischen Induktionen angeben. Ausgehend von der Beziehung

$$T = \Delta Q/\Delta S = (\partial U/\partial S)_{V,M} = (\partial G/\partial S)_{p,B}, \tag{3/97}$$

in der ΔQ die reversibel zugeführte Wärmemenge für einen Entropiezuwachs ΔS bedeutet und $G = U + pV - TS$, läßt sich aus dem in Bild 3.96 dargestellten Kreisprozeß die Temperatur ermitteln. Das Diagramm bezieht sich auf eine zur Temperaturmessung geeignete paramagnetische Substanz, die ausgehend vom Punkt 1 von $B = 0$ isotherm bei $T = T_i$ magnetisiert wird und bei $B = B_1$ den Zustand 2 erreicht. Man kann davon ausgehen, daß T_i in der absoluten Temperaturskala bekannt ist. Nach thermischer Isolation der Meßsubstanz wird das Magnetfeld langsam abgeschaltet und diese adiabatisch bei $dS = 0$ auf die Ausgangsinduktion $B = 0$ entmagnetisiert, wobei sie die Temperatur T_f^* annimmt. Die Größe T_f^* ist die aus dem Curie-Gesetz (1/61) abgeleitete Temperatur, deren Zusammenhang mit der wahren, thermodynamischen Temperatur erst gefunden werden muß.

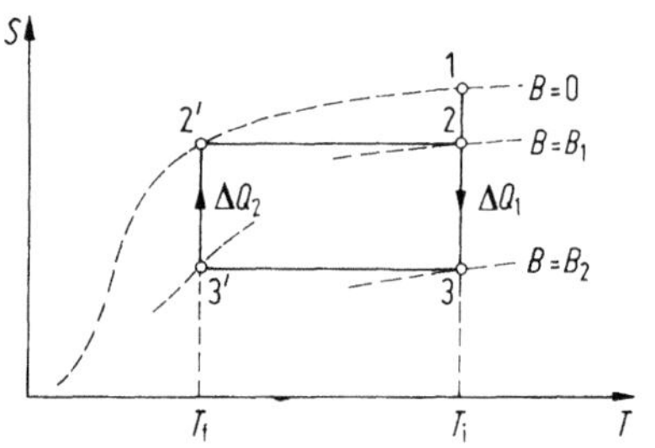

Bild 3.96. Zur Eichung von Suszeptibilitätsthermometern

Durch Magnetisieren auf den Ausgangswert B_1 wird wieder T_i und der Zustand 2 erreicht. Nun erhöht man die magnetische Induktion auf den Wert $B = B_2$ und mißt die dabei an die Umgebung, z. B. an das He-Bad abgegebene Magnetisierungswärme ΔQ_1, indem das Normalvolumen des verdampfenden He bestimmt wird. Damit läßt sich nach Gl. (3/97) die dieser Zustandsänderung entsprechende Entropieänderung $\Delta S_1 = -\Delta Q_1/T_i$ berechnen und in Bild 3.96 eintragen. Ausgehend vom Zustand 3 erfolgt wieder nach thermischer Isolierung des Systems eine isentropische Entmagnetisierung zum Punkt 3′, der lediglich durch die der Temperatur T_f^* entsprechende Suszeptibilitätsmessung festgelegt ist und für den die Größe der magnetischen Induktion nicht bekannt zu sein braucht. Anschließend wird das Feld langsam auf $B = 0$ reduziert und gleichzeitig eine Wärmemenge ΔQ_2 so dosiert dem System zugeführt, daß T_f^* konstant bleibt. Da die Entropie S eine (vom Weg unabhängige) Zustandsgröße ist, wird wieder der Punkt 2′ erreicht und kann dafür die Entropieänderung $\Delta S_2 = \Delta Q_2/T_f$ angesetzt werden, wenn T_f die wahre thermodynamische Temperatur bedeutet. Da $\Delta S_1 = -\Delta S_2$, findet man T_f aus der Beziehung

$$T_f = (\Delta Q_2/\Delta Q_1)\, T_i. \tag{3/98}$$

Aus einer Reihe von Entmagnetisierungsprozessen, die von unterschiedlichen magnetischen Induktionen B ausgehen, kann eine $T = f(T^*)$-Kurve gewonnen werden.

Die beschriebene Methode ist zwar im Prinzip einfach, erweist sich jedoch in der praktischen Handhabung als schwierig, da die Bestimmung von ΔQ_2, der durch Absorption von α- oder γ-Strahlen in der Meßprobe hervorgerufenen Aufwärmung, wenig genau ist, und eine wirkliche isentropische Entmagnetisierung kaum realisierbar ist. Beispiele für Eichmessungen an $PrTl_3$, s. [3.23] und an CMN, s. [3.160]. In letzterem Fall wird zur Wärmezufuhr am Punkt 3' des Bildes 3.96 eine ^{137}Cs-Quelle in einem Abstand von 90 cm von der CMN-Probe benutzt, deren γ-Strahlung mit einem Bleirohr auf eine Apertur von etwa 4° reduziert wurde. Das zwischen 50 und 5 mK gültige Ergebnis läßt sich durch

$$T^* - T = (0{,}23 + 0{,}0042\ T^{-1})\ \mathrm{mK}$$

wiedergeben.

Bei der von *Giauque* [1.18] vorgeschlagenen Methode wird von der Beziehung $T = (\partial G/\partial S)_B$ ausgegangen und die reversibel zugeführte Wärmemenge durch die Beziehung

$$T\,\mathrm{d}S = \mathrm{d}G + \boldsymbol{M}\,\mathrm{d}\boldsymbol{H} \qquad (3/99)$$

ausgedrückt, in der $\boldsymbol{M}$ und $\boldsymbol{H}$ Magnetisierung und Feldstärke in der Probe bedeuten. *Cooke* et al. [3.88] benutzen die starke magnetische Anisotropie von CMN, um die Suszeptibilität anderer paramagnetischer Salze unterhalb von 1 K zu messen. Dabei wird die zu messende Substanz in Form einer Kugelschale benutzt, die eine einkristalline CMN-Kugel im Innern umschließt. Durch Messungen an dieser komplexen Probe in Feldrichtungen, die senkrecht und parallel zur magnetischen Achse des CMN-Kristalls orientiert sind, lassen sich die Suszeptibilitäten beider Komponenten separieren, wobei die Temperatur aus den bekannten Eigenschaften des CMN ermittelt wird.

3.4.4.2 Vergleich mit dem Rauschthermometer

Die mit einer Josephson-Tunneldiode nachgewiesene Rauschspannung eines konstanten Widerstandes liefert nach den Arbeiten von *Kamper* et al. [1.29] und *Giffard* et al. [3.128] die absolute Temperatur bis herab zu 12 mK. Eingehend wird diese Methode in Abschn. 3.8 behandelt

Bei den von *Webb* et al. [3.358] mit CMN durchgeführten Eichmessungen bis herab zu 5 mK wurde als Rauschwiderstand eine Cu-Folie und das CMN als kurzer Zylinder aus 16 mg Pulver benutzt, die in das eigentliche Arbeitssalz (11 g CMN-Pulver) eingebettet und durch reines flüssiges ^3He in thermischen Kontakt gebracht wurden. Für die mit einem SQUID durchgeführten Rauschspannungsmessung war eine Integrationszeit von 2000 s erforderlich, um eine Genauigkeit von $\pm 1\%$ für die Temperaturangabe erreichen zu können. In Bild 3.97 ist die aus diesen Messungen resultierende Rauschtemperatur T_r über der magnetischen Temperatur T^* dargestellt. Im Bereich 8 bis 20 mK gilt $T_r = T^* + \Delta$ mit $\Delta = 0 \pm 0{,}12$ mK.

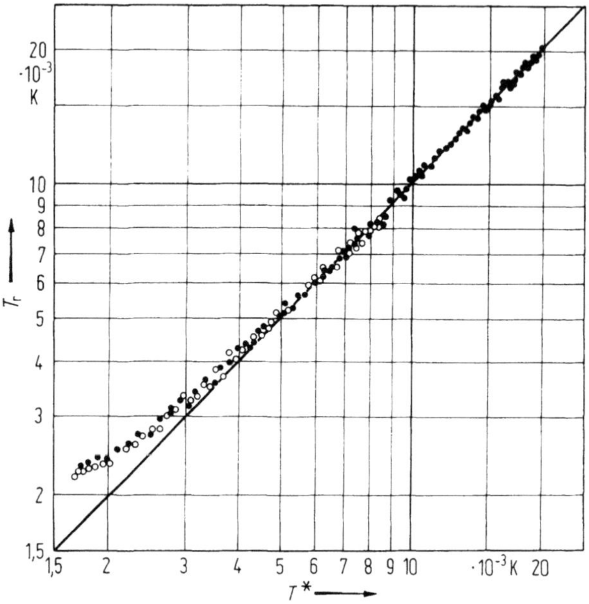

Bild 3.97. Rauschtemperatur als Funktion der mit CMN gemessenen magnetischen Temperatur

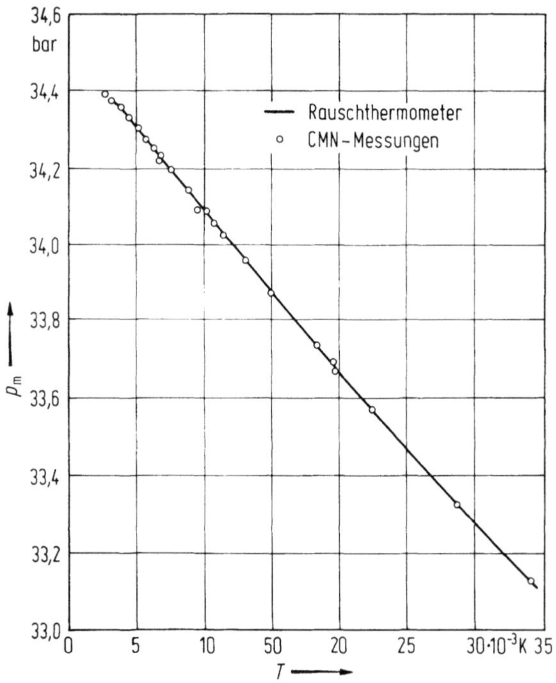

Bild 3.98. Schmelzdruckkurve von ^3He mit CMN und Rauschthermometer gemessen

3.4.4.3 Eichung durch die Schmelzkurve von festem ^{3}He

Der Schmelzdruck von festem ^{3}He ist bis herab zu 1,5 mK durch Vergleichsmessungen mit CMN-, Rausch- und Kern-Thermometern relativ genau bekannt und wird zur Eichung magnetischer Thermometer bei ^{3}He-Experimenten herangezogen; Näheres s. Abschn. 3.9. Die thermische Ankopplung erfolgt direkt über die flüssige ^{3}He-Phase, wobei die Schmelzkurvenneigung $\Delta p/\Delta T$ wegen der schnelleren Gleichgewichtseinstellung bei steigender Temperatur bestimmt wird. Für die Anwendung der Clausius-Clapeyron-Gleichung geht man nach *Johnson* et al. [3.170] von Meßwerten für die Entropie in der flüssigen ^{3}He-Phase und der molaren Volumendifferenz aus und kann die berechneten $\mathrm{d}p/\mathrm{d}T$-Werte mit den durch eine CMN-Probe gemessenen vergleichen. Das Ergebnis solcher Messungen ist in Bild 3.98 für den Bereich unterhalb von 35 mK dargestellt.

Die in flüssigem ^{3}He oberhalb von 20 bar und Temperaturen unterhalb von 2,7 mK auftretende Phasenumwandlung zur *Superfluidität* kann bei Vergleichsmessungen mit CMN-Thermometern als Fixpunkt benutzt werden.

Wie aus [3.267] und den Messungen von *Webb* et al. [3.359] zu entnehmen ist, kann mit einem CMN-Thermometer der Phasenübergang im flüssigen ^{3}He mit einer Relativgenauigkeit von einigen Promille bestimmt werden.

3.4.4.4 Eichung durch die Sprungpunkte von Supraleitern

Wie bereits in Abschn. 3.3.8 besprochen wurde, können unterhalb von 0,6 K die Sprungpunkte von supraleitenden Elementen als thermometrische Fixpunkte bei der Eichung von paramagnetischen Thermometern benutzt werden. In Tabelle 3.16 sind die in Betracht kommenden Supraleiter zusammengestellt.

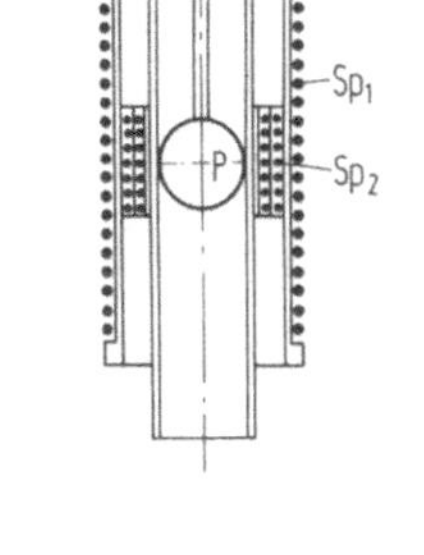

Bild 3.99. Eichung durch Sprungpunkt von Supraleitern

Von *Soulen* [3.312] wird die in Bild 3.99 dargestellte Anordnung für die Eichung des CMN-Thermometers P benutzt, wobei die kugelförmige Probe, der Ge-Widerstand R und die aus den Supraleitern Al, Zn und Cd bestehende Vergleichszelle E am Flansch A des ^{3}He/^{4}He-Entmischers befestigt sind. Primärspule Sp_1 und die Sekundärspulen Sp_2 sind konzentrisch um P auf Spulenkörpern aus

Kunststoff montiert; die CMN-Kugel ist mit einem 3 mm-Ag-Stäbchen B gut wärmeleitend an A befestigt. Die mit dieser Methode gefundenen Sprungpunkte liegen bei 1175, 844 und 515 mK und sind auf ±1 mK genau.

Weitere Einzelheiten, s. Abschn. 3.10.5.

3.4.5 Thermische Ankopplung der paramagnetischen Thermometer

Für die Angabe der Meßgenauigkeit, die mit diesen Thermometern erreichbar ist, spielt der thermische Widerstand zwischen Meßobjekt und dem Salzvolumen eine wichtige Rolle. Über das Probenvolumen kann ein Temperaturgradient entstehen, wenn ein Wärmestrom über seine Oberfläche zu- oder abfließt und infolge der magnetischen Hysteresisverluste bei der Suszeptibilitätsmessung in einer Wechselspannungsbrücke eine Wärmemenge produziert wird. Besonderheiten stellen der Kapitza-Widerstand bei sehr tiefen Temperaturen (Abschn. 7.9), der proportional zu T^{-3} ist, und der relativ gute Wärmeübergang zwischen CMN-Pulver und flüssigem ^{3}He dar. Da der Kapitza-Widerstand mit $1/S$ abnimmt, wenn S die Kontaktfläche zwischen Salz und thermischer Zuleitung ist, werden allgemein für die Ankopplung der Salzprobe sehr viele (bis 1000) dünne Cu- oder Ag-Drähte benutzt, die mit dem Salz verpreßt werden.

Für *Metalle* kann man für die Wärmeleitfähigkeit die Beziehung

$$\lambda = \lambda_e + \lambda_p = aT + bT^2 \tag{3/100}$$

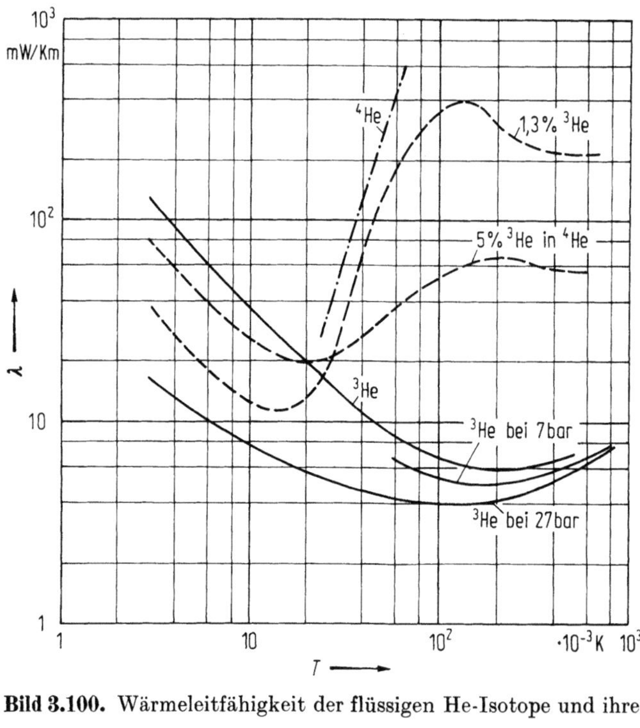

Bild 3.100. Wärmeleitfähigkeit der flüssigen He-Isotope und ihrer Mischungen

annehmen, die sich bei reinen Substanzen aus dem überwiegend elektronischen Anteil λ_e und dem meist kleineren Phononenterm λ_p zusammensetzt und nur im Bereich sehr tiefer Temperatur gültig ist. Die Leitfähigkeit von *paramagnetischen Substanzen* unterhalb von 1 K ist proportional zu T^n, mit n zwischen 2,8 und 3,0, und beträgt bei 200 mK etwa 4 mW/Kcm für CMN.

Mit flüssigem ^{3}He oder ^{4}He und seinen Mischungen als wärmeübertragendem Medium ist mit größeren Temperaturgradienten zu rechnen, wie aus Bild 3.100 hervorgeht, in dem die entsprechenden Wärmeleitfähigkeiten zwischen 1 und 1000 mK aufgetragen sind.

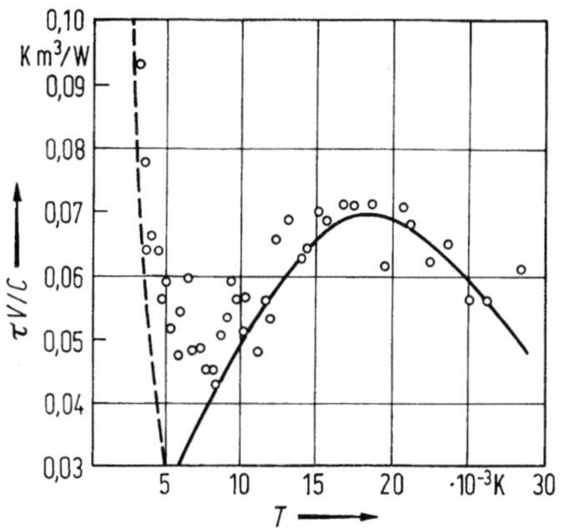

Bild 3.101. Thermische Zeitkonstante zwischen CMN-Pulver (55 µm) und flüssigem ^{3}He

Die bei tiefen Temperaturen geltenden Gesetzmäßigkeiten der Wärmeübertragung zwischen einem paramagnetischen Salz und flüssigem ^{3}He sind quantitativ von *Bishop* et al. [3.48] angegeben worden. Aus Messungen der Zeitkonstanten $\tau = R_T C$ zwischen dem CMN-Salz mit der Wärmekapazität C und flüssigem ^{3}He läßt sich der thermische Widerstand R_T in seine Komponenten zerlegen. Es gilt nämlich die Beziehung

$$\tau = R_p + \left[\frac{R_K R_m}{R_K + R_m}\right] C, \qquad (3/101)$$

in welcher der Phononenwiderstand $R_p \sim T^{-2}$ und der Kapitza-Widerstand $R_K \sim T^{-3}$ parallel geschaltet mit dem magnetischen Anteil $R_m \sim T$ auftritt. Da die spezifische Wärme von ^{3}He sehr viel kleiner als die von CMN ist, wenn es während der adiabatischen Entmagnetisierung durch CMN abgekühlt wird, kommt das ^{3}He zuerst mit den Oberflächen der einzelnen CMN-Körner in thermisches Gleichgewicht und kann R_p gegen den zweiten Term in Gl. (3/101), dem *Grenzflächenwiderstand* R_B vernachlässigt werden. In Bild 3.101 ist die thermische Zeitkonstante für CMN-Pulver in flüssigem ^{3}He zwischen 0 und 30 mK dargestellt; die gestrichelte Linie entspricht dem zu $1/T^2$ proportionalen Phononenanteil. Der Grenzflächenwiderstand R_B läßt sich durch Anlegen eines schwachen Magnetfeldes ($B = 2$ mT) um etwa 16% verringern.

In flüssigem ^{4}He gibt es unterhalb des λ-Punktes infolge der sehr hohen thermischen Leitfähigkeit keine Schwierigkeiten, das paramagnetische Salz in das thermische Gleichgewicht mit dem Flüssigkeitsbad zu bringen.

3.4.6 Temperaturskalen für paramagnetische Salze

Die magnetischen Eigenschaften von paramagnetischen Salzen, wie CMN, CPA, CDP und CLMN, die speziell als Thermometersubstanz bei sehr tiefen Temperaturen angewandt werden, sind in diesem Bereich in Abschn. 3.4.2 behandelt worden. Darüber hinaus wird der Temperaturbereich zwischen 1 und 30 K, der nur bis etwa 5,2 K durch die Dampfdruckkurve von ^{4}He (Abschn. 3.1.5.4) festgelegt ist, durch *magnetische Temperaturskalen* festgelegt, die mit *Chrom-Methylammonium-Alaun* (CMA), $Cr(CH_3NH_3)(SO_4)_2 \cdot 12\,H_2O$ und *Mangan-Ammonium-Sulfat* (MAS), $Mn\,(NH_4)_2(SO_4)_2 \cdot 6\,H_2O$ aufgestellt werden.

Die Verwendung von CMN ist auf Temperaturen unterhalb von 2,6 K beschränkt, da bei höheren Temperaturen Abweichungen vom Curie-Gesetz auftreten, die mit der Besetzung angeregter Zustände zusammenhängen.

Die Hochtemperatur-Suszeptibilität von kubischen paramagnetischen Salzen läßt sich nach *Durieux* in der Form

$$\chi = \frac{c}{T - (1/3 - \varepsilon)\,c - \theta + \delta/T + \cdots} = \frac{c}{T + \Delta + \delta/T + \cdots} \tag{3/102}$$

darstellen, worin der Term $(1/3 - \varepsilon)\,c$ die Dipol-Dipol-Wechselwirkung, vom lokalen Dipolfeld herrührend, beschreibt, und ε der Entmagnetisierungsfaktor ist. Die Austauschkopplung wird durch die Größe θ beschrieben und δ/T ist die Stark-Aufspaltung des ionischen Grundzustandes. Wird χ mit einer Wechselspannungsbrücke nach Abschn. 3.3.6 gemessen, so läßt sich für die Brückeneinstellung X analog zu Gl. (3/102) die Beziehung

$$X = \frac{B}{T + \Delta + \delta/T + \cdots} + A \tag{3/103}$$

ansetzen, in der $A \simeq 0$ von der Spulengeometrie und der temperaturunabhängigen Salzsuszeptibilität abhängt. Die Größe B ist eine Funktion der Curie-Konstanten und Spulengeometrie; Δ hängt vom Salz und seiner Form, δ vom Salz allein ab.

Das Hauptproblem beim Aufstellen einer magnetischen Temperaturskala für ein bestimmtes Salz besteht in der genauen Festlegung der vier in Gl. (3/103) enthaltenen Parameter. Von *Cetas* und *Swenson* [3.75] sind mit CMA und MAS zwischen 0,9 und 18 K Messungen mit Anschluß an He- und H_2-Dampfdruckthermometer sowie an ein Pt-Thermometer durchgeführt worden. Die gewonnenen Daten wurden entsprechend der Gl. (3/103) mit der Reihenentwicklung

$$X = A + \frac{B}{T}\left[1 - \frac{\Delta}{T} + \frac{\Delta^2 - \delta}{T^2} - \frac{2\Delta\delta}{T^3} + \cdots\right] \tag{3/103a}$$

verglichen und ergaben die in Tabelle 3.19 zusammengefaßten Parameter.

Tabelle 3.19. Parameter für CMA und MAS

CMA	A	0,027149	MAS	A	0,031990
	B in K^{-1}	0,202039		B in K^{-1}	0,64897
	Δ in K	+0,0019		Δ in K	−0,0359
	δ in K^2	0,0028		δ in K^2	+0,0083

Als weiteres Vergleichsinstrument kann das akustische Thermometer (Abschn. 3.1.7) herangezogen werden, dessen Meßgenauigkeit mit ± 1 mK angegeben wird. Die mit diesen magnetischen Thermometern gewonnenen Meßdaten sind bis 34 K mit der IPTS-68 mit Abweichungen von einigen Millikelvin bei 20 K konsistent.

Auf ähnliche Weise haben *van Rijn* und *Durieux* [3.271] mit Gd-Sulfat und MAS zwischen 1,5 und 30 K Vergleichsmessungen durchgeführt und an die ^{4}He-Dampfdruckskala, das Pt-Thermometer und die H_2-Dampfdruckskala angeschlossen. Im Bereich von 1 bis 20 K kann man nach *Finegold* und *Lowndes* [3.113] die spezifische Wärme reiner Metalle, z. B. von Cu, dazu benutzen, die Steigung $\Delta T_m/\Delta T_s$ (T_m magnetische Temperatur, T_s Temperatur nach der IPTS) zu „glätten". Dabei wird C/T über T^2 mit den Meßwerten aufgetragen, die das magnetische Thermometer liefert und die Abweichungen werden von der zu erwartenden Geraden zur Eichkorrektur herangezogen.

Für CMN liegen sehr genaue Angaben von *Hudson* und *Pfeiffer* [3.160] im Temperaturbereich 3,6 bis 50 mK vor, die mit der in Bild 3.96 beschriebenen Methode gewonnen sind.

3.5 Magnetische Thermometrie II: Kernphysikalische Thermometer

[3.214; 3.158; 3.267; 3.246]

Bei Temperaturen unterhalb von etwa 5 mK treten bei der Temperaturbestimmung mit paramagnetischen Substanzen nach Abschn. 3.4 Abweichungen vom Curie-Gesetz auf, die auf die Wechselwirkung der magnetischen Spins untereinander und mit dem Kristallgitter zurückzuführen sind, und erfordern, daß für jede Meßsubstanz eine empirische T,T^*-Beziehung experimentell aufgestellt wird. Im Bereich um 3 mK sind daher nur verdünnte paramagnetische Salze mit kleiner Wechselwirkungskonstanten und zwangsläufig geringer Magnetisierung, wie CMN, geeignet. Da diese ferner nur bei kleinen Meßfeldern wegen der möglichen magnetischen Sättigung anwendbar sind, müssen sie gegen magnetische Streufelder abgeschirmt werden, um Fehlmessungen zu verhindern.

Unterhalb von 5 mK sind deshalb solche magnetischen Dipolsysteme vorzuziehen, die wegen ihrer kleinen Wechselwirkungsenergie dem Curie-Gesetz bis zu sehr tiefen Temperaturen gehorchen, wie das in einem *Kernspinsystem* der Fall ist. Da die kernmagnetischen Momente μ_n um den Faktor 1000 kleiner als die der Elektronenhülle sind, entspricht im Meßfeld B_0 der potentiellen magnetischen Energie eine *Spintemperatur* $T_s = \mu_n B_0/k$, die im µK-Bereich liegt. Für metallisches Cu liegt z. B. die magnetische Ordnungstemperatur bei etwa 0,1 µK.

3.5.1 Kernparamagnetismus

[3.335]

Das kernparamagnetische System ist durch die Konzentration N von Kernen mit dem Spin I und dem magnetischen Moment $\mu_n = \gamma h I$ gekennzeichnet und befindet sich in einem Magnetfeld B_0. Sind die Spins unter sich bei der Spintemperatur T_s im thermischen Gleichgewicht, so kann ihre Besetzung durch eine Boltzmann-

Verteilung mit diskreten Energieniveaus ausgedrückt werden. Die sich daraus ergebende *Kernmagnetisierung* ist proportional zur Besetzungsdifferenz der möglichen Energieniveaus (s. a. Abschn. 1.6.2) und berechnet sich für $\mu B_0 \ll kT_s$ aus der Beziehung

$$M = \chi_n B_0/\mu_0 \tag{3/104}$$

mit

$$\chi_n = \frac{\mu_0 N \gamma^2 \hbar^2 I(I+1)}{3kT_s}, \tag{3/105}$$

worin χ_0 die *statische* Kernsuszeptibilität bedeutet und die Größe

$$\gamma = g_n \mu_n / \hbar \tag{3/106}$$

als *gyromagnetisches Verhältnis* bezeichnet wird. Die lineare Abhängigkeit von χ_n von der reziproken Spintemperatur T_s stellt das Curiesche Gesetz dar, das bis 0,1 μK als gesichert gelten kann. Die direkte Messung der Kernsuszeptibilität, die proportional zu μ_n^2 und mindestens um den Faktor 10^6 kleiner als die entsprechende paramagnetische Größe ist, wird durch die elektronische Suszeptibilität χ_e oft überdeckt. In metallischem Cu können geringste Konzentrationen der von Übergangsmetallen herrührenden lokalen magnetischen Momente auf χ_n einen vergleichbaren Störeffekt ausüben. Mit den in den Abschn. 3.5.3 und 3.5.4 beschriebenen Resonanzmethoden lassen sich beide Einflüsse separieren.

Die in Gl. (3/105) auftretende Spintemperatur stellt sich im thermodynamischen Gleichgewicht mit der *Spin-Spin-Relaxationzeit* τ_2 ein; die Wechselwirkungsenergie $E \sim \mu_n^2 r^{-3}$ liefert die Spintemperatur $E/k = T_s$. Die Kernspins kommen über die Leitungselektronen der Temperatur T auch mit dem Gitter in das thermische Gleichgewicht; die entsprechende *Spin-Gitter-Relaxationszeit* τ_1 wird durch die folgende Beziehung definiert:

$$\frac{d}{dt}\left(\frac{1}{T_s}\right) = \frac{1}{\tau_1}\left(\frac{1}{T} - \frac{1}{T_s}\right). \tag{3/107}$$

Um eine kurze Ansprechzeit eines Kernthermometers zu erzielen, werden Kernspinsysteme mit kleinen Werten von τ_1, d. h. ausschließlich Metalle, bevorzugt.

Die Temperaturabhängigkeit der Relaxationszeit zwischen Kernspins und Leitungselektronen läßt sich quantitativ gut durch die Korringa-Relation

$$\tau_1 T = K \tag{3/108}$$

beschreiben, wenn T die Temperatur der Leitungselektronen ist. Für Cu beträgt die Korringa-Konstante $K = 1{,}3$ s·K, d. h. bei $T = 1$ mK kommen die Kernspins erst nach 1300 s mit den Elektronen ins Gleichgewicht. Tatsächlich hängt τ_1 vom Magnetfeld B ab und es gilt

$$\tau_1(B) = \left(\frac{B^2 + b^2}{B^2 + 2b^2}\right)\tau_1. \tag{3/109}$$

Die Größe b entspricht der Induktion, die durch ein effektives inneres, durch Dipol- oder Austauschwechselwirkung verursachtes Feld hervorgerufen wird;

für Cu wird $b = 0{,}3$ mT. Nach Gl. (3/109) läßt sich für sehr kleine äußere Felder B die Relaxationszeit um den Faktor 2 verringern. Natürlich werden für thermometrische Zwecke Metalle mit kleiner Korringa-Konstanten bevorzugt.

3.5.2 Messung der statischen Kernsuszeptibilität

Nach Gl. (3/105) ist die Kernspin-Temperatur am einfachsten aus der Magnetisierung M durch Messung der Induktivität einer die Meßsubstanz enthaltenden Spule zu bestimmen. Diese Spule wird von einer zweiten umgeben; die Gegeninduktivität M berechnet sich für ein Probevolumen V zu

$$M = M_0 (1 + \chi V)\,\eta, \tag{3/110}$$

wenn M_0 die Gegeninduktivität der leeren Spulen und η der Füllfaktor der inneren Spule ist.

Die Größe M läßt sich mit den in *Ed.* III, § 14.8 beschriebenen Verfahren mit dem ballistischen Galvanometer oder in einer Wechselstrombrücke messen. Im ersteren Fall findet man für den Instrumentenausschlag α die Beziehung

$$\alpha = A/T_s + \text{const},$$

wenn A eine Apparatekonstante ist. Diese zuerst von *Kurti* et al. [3.194] bei ihren Kernentmagnetisierungsexperimenten an Cu erprobte Methode liefert erst unterhalb von 0,1 mK ein ausreichendes Signal; ein Anschluß an Temperaturen um 10 mK, die durch CMN-Thermometer gesichert sind, ist nicht möglich.

Mit Wechselstrombrücken läßt sich eine größere Empfindlichkeit erreichen, doch verbleibt der unbekannte elektronische Beitrag zur gemessenen Suszeptibilität, der aus Verunreinigungen resultiert. Trotzdem ist die erzielbare, relativ geringe Empfindlichkeit dieser Methode ihr schwerwiegendster Nachteil. Von Vorteil ist im Vergleich zu allen Resonanzmethoden die Tatsache, daß der Meßvorgang selbst keine Joulesche Wärme in der Probe produziert.

Durch Anwendung der in Abschn. 3.4.3.8 besprochenen SQUID-Magnetometer lassen sich die oben erwähnten Nachteile umgehen und kann die statische Kernsuszeptibilität sehr genau gemessen werden. Für eine zylindrische Probe vom Durchmesser d und dem Volumen V berechnet sich der in einem Feld B erzeugte zusätzliche Fluß infolge der Kernspins zu

$$\Delta\Phi/\Phi_0 = \pi d^2 \chi_n V B / 4\Phi_0,$$

wenn $\Phi_0 = 2 \cdot 10^{-15}$ Vs das magnetische Flußquant ist. Mit $d = 2{,}5$ mm und einem Feld von 0,5 mT wird $\Delta\Phi/\Phi_0 = 0{,}67/T$, d. h. für 1 mK wird $\Delta\Phi = 670\,\Phi_0$ und kann die Temperatur auf 10^{-4} genau gemessen werden.

In Bild 3.102 ist die von *Hirschkoff* et al. [3.151] zur Messung der statischen Kernsuszeptibilität benutzte Schaltung vereinfacht wiedergegeben. Zur Magnetisierungsmessung an der Cu-Probe P dient der in Abschn. 3.4.3.7 (vgl. Bild 3.91) besprochene Flußtransformator F, dessen Signal in *eine* Bohrung des SQUIDs SQ eingekoppelt wird, während die in der zweiten Bohrung befindliche Spule L zusammen mit der Kapazität C den vom HF-Oszillator O (19 MHz) in Resonanz erregten Schwingungskreis bildet. Zur Verbesserung des Signal/Rausch-Verhältnisses wird die HF-Spannung mit 1 kHz moduliert und nach Vorverstärkung in A_1 und A_2 im Lock-in-Verstärker LI gemessen. Die resultierende Gleichspannung, die am Digitalvoltmeter M angezeigt wird, erzeugt in der Spule L_2 einen magnetischen Fluß, der den in F erzeugten gerade kompensiert, und den „Arbeitspunkt" des SQUID in die Extrema der aus Bild 3.84 ersichtlichen Dreieckskennlinie für U_1 legt. Eine solche Schaltung liefert ein zu χ_n proportionales Ausgangssignal und besitzt infolge der Rückkopplung eine relativ kurze Ansprechzeit von etwa 0,2 s.

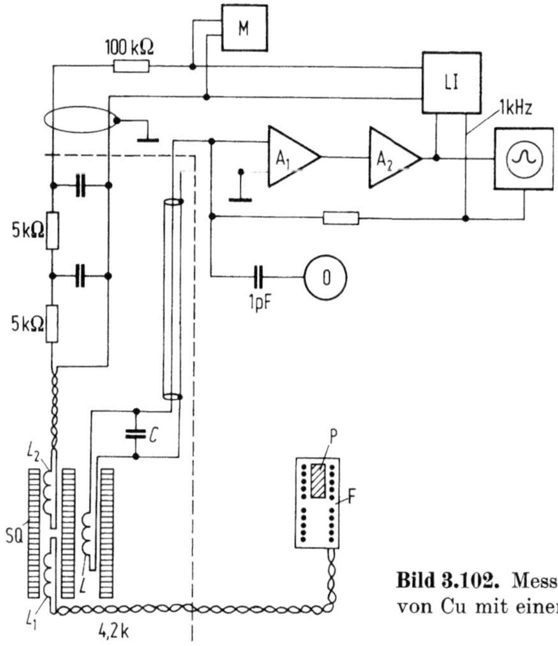

Bild 3.102. Messung der statischen Suszeptibilität von Cu mit einem SQUID

Die Meßprobe P mit 2,4 mm Durchmesser und 6,3 mm Länge besteht aus sehr dünnen Cu-Drähten, um eine ausreichende Wärmeübertragung von der Meßstelle zu haben; sie befindet sich in einem konstanten Meßfeld von 0,58 mT. Der SQUID selbst wird auf einer konstanten Temperatur von 4,2 K gehalten, da der kritische Strom des Nb-Kontakts temperaturabhängig ist. Das Resultat dieser Messungen ist in Bild 3.103 wiedergegeben; gegen die mit einem CMN-Thermometer gemessene reziproke Temperatur T^* ist die Rückkopplungsspannung aufgetragen und zeigt die Gültigkeit des Curie-Gesetzes. Die berechnete Curie-Konstante von Cu beträgt $4{,}5 \cdot 10^{-8}$ K; die entsprechenden Werte aus Messungen von *Bishop* et al. [3.49] für Al und Tl betragen $6{,}9 \cdot 10^{-8}$ und $1{,}7 \cdot 10^{-8}$ K.

Mit einer ähnlichen Meßanordnung haben *Buhrman* et al. [3.70] eine direkt an einer Pomerantschuk-Zelle (s. Abschn. 3.9.3) befestigte, hochreine, massive Cu-Probe untersucht. Bei einer SQUID-Empfindlichkeit von $\Delta\Phi/\Phi_0 = 10^{-3}$ beträgt bei $B_0 = 1$ mT und $T = 10$ mK die Temperaturauflösung 50 μK. Als einzige Störquellen treten elektromagnetische Einstrahlungen (über die Zuleitungen) und mechanische Vibrationen auf. Bei sehr tiefen Temperaturen werden bereits kleine Änderungen ΔT mit der Flußänderung um *ein* Flußquant Φ_0 vergleichbar und kann die Temperatur durch Zählen der Flußquanten mit einem reversiblen Impulszähler gemessen werden. Von *Stolfa* und *Goodkind* [3.325] werden die speziellen Anforderungen an den Flußtransformator bei dieser Meßmethode behandelt. Über die Eichung eines Cu-Kernthermometers mit Hilfe des Mößbauer-Effekts (Abschn. 3.5.6), s. [3.166].

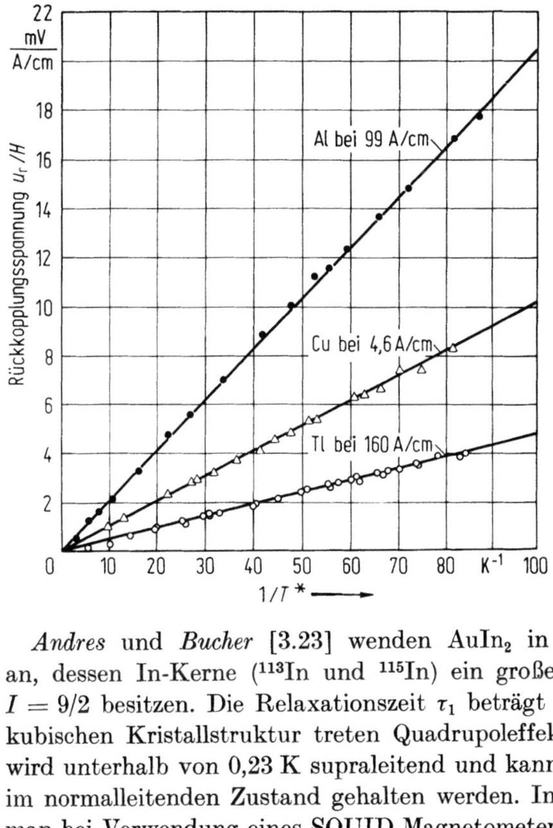

Bild 3.103. Statische Suszeptibilität von Cu, Al und Tl

Andres und *Bucher* [3.23] wenden $AuIn_2$ in der Millikelvin-Thermometrie an, dessen In-Kerne (^{113}In und ^{115}In) ein großes Kernmoment und den Spin $I = 9/2$ besitzen. Die Relaxationszeit τ_1 beträgt bei 4 mK nur 22 s; wegen der kubischen Kristallstruktur treten Quadrupoleffekte nicht auf. Die Verbindung wird unterhalb von 0,23 K supraleitend und kann durch schwache Magnetfelder im normalleitenden Zustand gehalten werden. In einem Feld von 10 mT erhält man bei Verwendung eines SQUID-Magnetometers ein Signal/Rausch-Verhältnis von 15 bei 10 mK und 150 bei 1 mK. Oberhalb von 50 mK tritt ein durch Verunreinigungen hervorgerufener elektronischer Beitrag zu M auf, der bei 200 mT in die Sättigung übergeht.

Von *Babcock* et al. [3.26] wird die Kernsuszeptibilität von auf 84,5% angereichertem ^{119}Sn als Thermometer zwischen 2 und 15 mK genutzt, wobei ähnlich wie in den Bildern 3.91 und 3.95 die kompakte Sn-Probe in einem Flußtransformator aus Nb in einem konstanten Feld von 40 mT gehalten wurde. Natürliches Sn besteht zu 83,5% aus geradzahligen Isotopen ohne magnetischen Kernspin, und würde daher im Gegensatz zu Cu oder Al nur ein schwaches magnetisches Moment liefern. Die mit einem S.H.E.-SQUID-Magnetometer gemessene und mit zwei NO-Thermometern geeichte Suszeptibilität ist zwischen 2 und 15 mK sehr genau zu T^{-1} proportional. Die Relaxationszeit dieses Thermometers beträgt bei 2,5 mK etwa 90 s.

3.5.3 Gepulstes NMR-Thermometer
[3.141; 3.335; 3.212]

Trotz der bei statischen Messungen von χ_n erzielbaren Nachweisempfindlichkeit bleibt diese Methode störanfällig und die Meßgenauigkeit hängt von der Probenreinheit ab. Die *Kernresonanzmethode* (NMR) ist frei von diesen Nachteilen, da das Meßsignal nur in einem sehr schmalen Frequenzband gemessen wird und die Resonanzfrequenzen für freie Elektronen um den Faktor 1000 höher als die von Atomkernen liegen.

Die Kerne mit dem Spin I und dem gyromagnetischen Verhältnis γ (vgl. Gl. 3/106) präzedieren in einem magnetischen Feld B_0 um die Feldrichtung mit der Larmor-Frequenz

$$\omega_0 = \gamma B_0. \tag{3/111}$$

Diese für alle Kernresonanzmethoden fundamentale Beziehung liefert die Möglichkeit, durch Einstrahlen eines HF-Feldes von der Frequenz ω_0 das Kernspinsystem zu polarisieren und die Einstellung des thermischen Gleichgewichts zu verfolgen, d. h. die Spin-Gitter-Relaxationszeit τ_1, und daraus mit Hilfe der Gl. (3/108) die gesuchte Temperatur zu bestimmen. Als Meßproben werden reinste Metalle und Legierungen in Form von Pulver oder dünnsten Drähten angewandt, um eine zu den Abmessungen große Skin-Eindringtiefe zu erzielen bzw. die durch Wirbelstromverluste gegebene Meßleistung zu reduzieren.

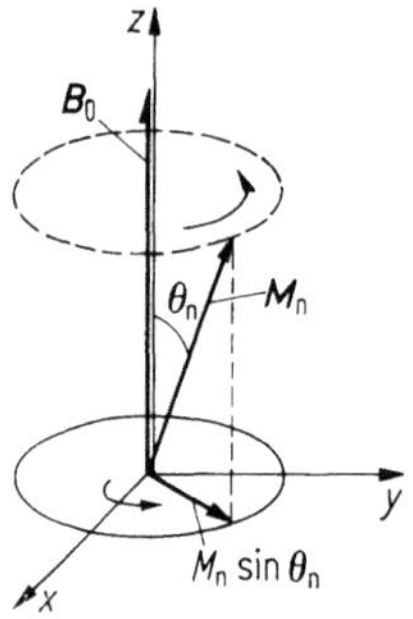

Bild 3.104. Prinzip des gepulsten NMR-Thermometers

Bei der kontinuierlichen NMR-Messung, die in Abschn. 3.5.4 behandelt wird, ermittelt man aus dem Imaginärteil χ_n'' der Kernsuszeptibilität die entsprechende statische Größe χ_n und damit die gesuchte Temperatur. Die Technik der gepulsten NMR-Messung wird anhand von Bild 3.104 erläutert, in der die Kernmagnetisierung $\boldsymbol{M}_n$ zunächst in Richtung des äußeren stationären Feldes $\boldsymbol{B}_0$ und der Z-Achse angenommen wird.

In Richtung der Y-Achse wird für die Dauer eines vollen Umlaufs ein schwaches sinusförmiges HF-Feld $B_y = B_1 \sin \omega t$ angelegt, durch das der Magnetisierungsvektor $\boldsymbol{M}_n$ um den Winkel θ_n aus der Z-Achse ausgelenkt wird. Nach Beendigung des Impulses wird $\boldsymbol{M}_n$ weiter um $\boldsymbol{B}_0$ präzedieren und besitzt in der X,Y-Ebene die Komponente $M_n \sin \theta_n$, die mit der Larmor-Frequenz ω_n nach Gl. (3/111) im Magnetfeld $\boldsymbol{B}_0$ umläuft. Diese Komponente ist wegen Gl. (3/105) zu $1/T_s$ proportional und zerfällt in einer Zeit, die durch die Spin-Spin-Relaxationszeit τ_2 und die Feldinhomogenität bestimmt ist. In einer Spule, deren Achse parallel zur X-Achse gerichtet ist, wird dadurch die Spannung $U = \alpha\omega_n M_n \sin\theta_n$ induziert, wenn α eine Spulenkonstante ist. Das bei zwei verschiedenen Temperaturen beobachtete Signalverhältnis ergibt sich zu

$$\frac{U(T_1)}{U(T_2)} = \frac{M_n(T_1)}{M_n(T_2)} = \frac{T_2}{T_1}. \tag{3/112}$$

Um die Auslenkung $\sin\theta_n$ nach einem HF-Impuls zu berechnen, geht man mit $B_x = 0$, $B_y = B_1 \sin\omega t$ und $B_z = B_0$ von den Bewegungsgleichungen $d\boldsymbol{M}_n/dt = \gamma(\boldsymbol{M}_n \times \boldsymbol{B})$ aus und erhält für die einzelnen Komponenten von $\boldsymbol{M}_n$ (ohne Index „n") die Relationen

$$\left.\begin{aligned} \dot{M}_x &= \omega_n M_y - \omega_1 M_z \sin\omega t \\ \dot{M}_y &= -\omega_n M_x \\ \dot{M}_z &= \omega_1 M_x \sin\omega t, \end{aligned}\right\} \tag{3/113}$$

in denen $\omega_n = \gamma_n B_0$, $\omega_1 = \gamma_n B_1$ und $\gamma_n = \mu_n g_n/\hbar$. Differenziert man die erste der Gln. (3/113) und setzt $\dot{M}_y$ und $\dot{M}_z$ aus den beiden anderen in diese ein, so findet man die Beziehung

$$\ddot{M}_x + (\omega_n^2 + \omega_1^2 \sin^2\omega t)\, M_x = -\omega\omega_1 M_z \cos\omega t.$$

Für kleine Auslenkungen, d. h. für $B_1 \ll B_0$ und daher $\omega_1 \ll \omega_n$, wird $M_z \simeq M_0$, und es ergibt sich die Gleichung

$$\ddot{M}_x + \omega_n^2 M_x = -\omega\omega_1 M_0 \cos\omega t, \tag{3/114}$$

die der eines erzwungenen, ungedämpften harmonischen Oszillators entspricht.

Man findet aus der zweiten Gl. (3/113) für die Anfangsbedingungen $M_x(0) = \dot{M}_x(0) = 0$ und aus der Beziehung $\sin\theta_n = |M_x^2(t) + M_y^2(t)|^{1/2}/M_0$ den zeitlichen Verlauf von $M_x(t)$. Für einen Impuls von der Dauer $t = 2\pi/\omega$ ergibt sich der Wert

$$\sin\theta_n = \frac{2\omega\omega_1}{\omega^2 - \omega_n^2} \sin\left[\pi\left(1 - \frac{\omega_n}{\omega}\right)\right]. \tag{3/115}$$

Im Resonanzfall ($\omega = \omega_n$) erhält man den Auslenkwinkel aus Gl. (3/115) zu

$$\sin\theta_n = \pi\omega_1/\omega_n = \pi B_1/B_0.$$

In einer Spule mit dem Wicklungsquerschnitt A, der Windungszahl N und dem Füllfaktor η wird durch die mit ω_n umlaufende M_x-Komponente die Spannung

$$U = 4\pi Q A N \omega_n M_0 \sin\theta_n \tag{3/116}$$

induziert, wenn Q die Güte des die Signalspule enthaltenden Schwingkreises ist. Für einen bekannten Auslenkwinkel θ_n wird die Signalspannung proportional zu $1/T_s$.

Als *Meßsubstanz* kommen die in Tabelle 3.20 zusammengestellten Isotope in Betracht, deren Korringa-Konstante K, sowie die Spin-Spin-Relaxationszeit τ_2 und die auf Pt bezogene Kernsuszeptibilität angegeben sind.

Tabelle 3.20. Isotope für gepulste NMR-Thermometrie

Kern	Häufigkeit %	B_c (bei Supraleitern) mT	K s·K	τ_2 µs	χ/χ_{Pt} (ω = const)
^{63}Cu	69,1	—	1,24	80	30
^{65}Cu	30,9		1,08		
^{117}Sn	7,6	30	0,035	100	0,8
^{119}Sn	8,6				
^{133}Cs	100	—	0,13	1500	3
^{195}Pt	33,8		0,03	1000	1
^{203}Tl	29,5	20	0,006	30	11
^{205}Tl	70,5				

Als Hauptursache für die in der Meßprobe verbrauchte Wirkleistung zählen die *Wirbelstromverluste,* die sich für einen zylindrischen Leiter vom Radius r, dem Volumen V und dem spezifischen Widerstand ϱ zu

$$P = r^2 V \dot{B}^2 / 8\varrho$$

berechnen, wenn $\dot{B}$ die Feldänderung in der Probenachse ist. Die mit dieser Methode gemessene Temperatur T_s entspricht der Kernspin-Temperatur *vor* dem Start des Auslenkimpulses; ist die Spin-Gitter-Relaxationszeit τ_1 genügend kurz, entspricht ihr zugleich die Gleichgewichtstemperatur der Probe.

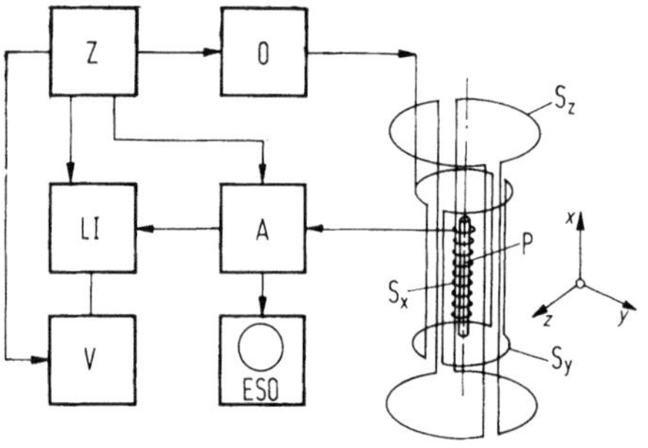

Bild 3.105. Gepulstes NMR-Thermometer (Blockschaltbild)

Abgesehen von einigen vorläufigen Versuchen, die NMR-Technik zur Temperaturmessung zu nutzen [3.38], ist diese Meßmethode parallel zur Erzeugung tiefster Temperaturen entwickelt worden. Als Beispiel für die Ausführung eines solchen gepulsten NMR-Thermometers ist in Bild 3.105 das von *Aalto* et al. [3.1] angegebene Blockschaltbild dargestellt. Die zylindrische Probe P besteht aus 5600 isolierten Cu-Drähten von 50 µm Durchmesser und ist in X-Richtung von der Spule S_x umgeben. Das homogene B_0-Feld, das etwa 80 A/cm beträgt, wird von der Sattelspule S_z erzeugt und besitzt über das Probenvolumen eine Inhomogenität, die kleiner als 1% ist. Die HF-Spule S_y mit insgesamt 6 Windungen ist ebenfalls in Sattelform um das Vakuumgefäß gewickelt und wird vom Transmitter O betrieben. Die Spule S_x ist aus 60 µm dickem Manganindraht gewickelt und besitzt einen Widerstand von 30 kΩ bei einer Induktivität von 50 mH. Der Transmitter besteht aus zwei Serien-LC-Kreisen, die *eine* Periode einer Sinuswelle mit einer maximalen Ausgangsspannung von 300 V erzeugen. Der Signalempfänger A besitzt geringes Eigenrauschen, eine minimale Bandbreite von etwa $1/\tau_2$, hohen und konstanten Verstärkungsfaktor und einen großen Frequenzbereich von etwa 200 kHz. Das in A verstärkte Signal wird im Lock-in-Verstärker LI phasenrein nachverstärkt und gleichgerichtet; durch einen Zeitgeber Z werden die Folgefrequenz für den Transmitter, die Öffnungszeiten von A und LI, sowie das Integrationsintervall für das Digitalvoltmeter V erzeugt. Im Speicheroszillographen ESO wird die Signalform selbst oder die mit der Halbwertzeit τ_1 exponentiell abklingende Amplitude dargestellt, aus der nach Gl. (3/108) die Temperatur bestimmt werden kann.

Von *Aalto* et al. [3.2] wird als Thermometersubstanz Pt verwendet, dessen Spin-Gitter-Relaxationszeit τ_1 nach Tabelle 3.20 nur 0,030 sK beträgt, während die Spin-Spin-Relaxationszeit, in der die freie Kernpräzession abfällt, mit $\tau_2 = 1$ ms relativ lang ist.

Auch bei der von *Hensel* und *Smith* [3.148] benutzten Meßanordnung wird ein phasenempfindlicher Integrator angewandt, der automatisch das Kerninduktionssignal in eine Gleichspannung verwandelt. Über weitere Ausführungsbeispiele, s. [3.25; 3.58]. Von *Wambach* und *Sullivan* [3.353] wird das NMR-Signal in einem abgestimmten rauscharmen Verstärker verarbeitet, mit dem bei 4,2 K das Signal/Rausch-Verhältnis um den Faktor 7 verbessert wird.

Für den Temperaturbereich 4,2 K bis 30 mK haben *Constable* und *Gaines* [3.84] ein Hochfeld-NMR-Thermometer entwickelt, bei dem die Suszeptibilitäten von H und D in festem HD, welche streng dem Curie-Gesetz gehorchen, als Meßgröße dienen. Außerdem hängt für beide Isotope unterhalb von 1 K die Spin-Gitter-Relaxationszeit von der Temperatur wie $\tau_1 = \tau_{10} \exp(\Delta/T)$ ab, worin die Größe $\Delta = 28$ mK.

Zur *Eichung* des gepulsten NMR-Thermometers werden seine Meßwerte mit den Angaben des Kernorientierungs-Thermometers (NO-Thermometer, s. Abschn. 3.5.5) und der Schmelzkurve von festem ^{3}He (Abschn. 3.9.3) verglichen. Wegen der endlichen elektronischen Wärmeleitung sollten bei einem konstanten Wärmeleck die Eichpunkte auf einer Geraden liegen, wenn T_{NO}^2 über U_{NMR}^{-2} aufgetragen wird, und U_{NMR} die gemessene Signalspannung ist. Die Eichkonstante ergibt sich aus der Steigung in Bild 3.106; ohne Wärmeleck geht die Gerade durch den Nullpunkt. Da $U_{\mathrm{NMR}}^2 \sim T_{\mathrm{NMR}}^{-2}$, lassen sich die nach beiden Verfahren gemessenen Temperaturen unmittelbar vergleichen.

Die bereits erwähnte *Selbsteichung* durch Benutzung der Korringa-Relation (3/108) wird mit einem 90°-Transmitter-Impuls eingeleitet, durch den die statische Komponente von M_n zerstört wird. Die sich anschließende exponentielle Gleichgewichtseinstellung kann entweder aus in gleichen Zeitabständen durchgeführten Spintemperaturmessungen, die in einen elektronischen Speicher eingegeben und als Temperaturangabe verarbeitet werden, oder unmittelbar auf dem Schirmbild des Oszillographen verfolgt werden. Als Beispiel ist in Bild 3.107 der Abfall des Präzessionssignals einer Pt-Probe bei 25 mK in dem Feld $B_0 = 45$ mT dargestellt.

Bei relativ niedrigen Resonanzfrequenzen kann es vorteilhafter sein, anstelle des zu $\mathrm{d}M/\mathrm{d}t$ proportionalen NMR-Signals die Änderungen ΔM der statischen Kernmagnetisierung zu messen. Bei dieser zuerst von *Meredith* et al. [3.228] vorgeschlagenen Methode wird ein SQUID-Magnetometer, wie es von *Hirschkoff* et al. [3.151] zu statischen Kernsuszeptibilitätsmessungen (Abschn. 3.5.2) benutzt wurde, über einen Flußtransformator mit der Meßprobe induktiv gekoppelt.

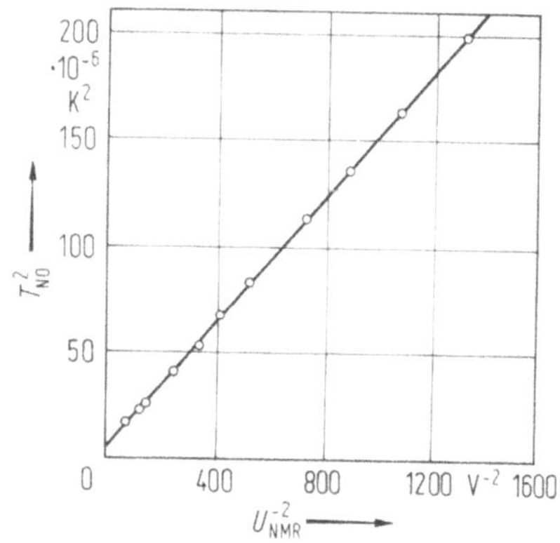

Bild 3.106. Eichgerade für NMR- und NO-Thermometer

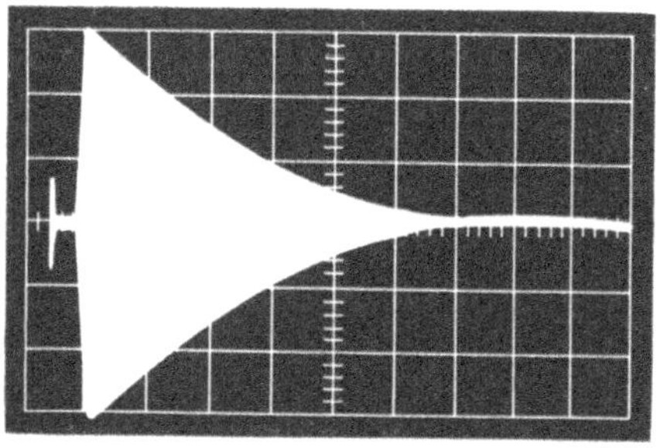

Bild 3.107. Abklingkurve eines Pt-Signals bei 25 mK (Zeitskala 0,2 ms/Teilstrich)

Diese ist in Bild 3.108 dargestellt und besteht aus etwa 1000 isolierten Cu-Drähtchen P von 50 µm Durchmesser, die mit Araldit zu einem Gesamtdurchmesser von 2 mm verkittet sind. Die astatischen Induktionsspulen S′ und S″ dienen zur Flußmessung; die HF-Spule S_y besteht aus zwei kleinen Sattelspulen mit je 8 Windungen in Höhe von S′ und erzeugt in einem Volumen von 6 mm³ das homogene HF-Feld B_1. Diese Anordnung befindet sich in einem supraleitenden Röhrchen R von 4 cm Länge, in dem das konstante Meßfeld B_0 von maximal 0,15 T eingefroren wird.

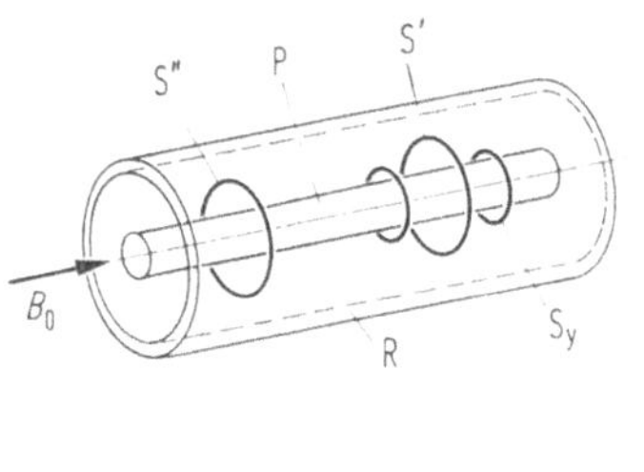

Bild 3.108. Meßprobe für SQUID-NMR-Thermometer

Das SQUID-Magnetometer arbeitet als Kompensationsgerät, bei dem der rückgekoppelte Strom der zu messenden Magnetisierung direkt proportional ist. Im stationären Zustand beträgt der magnetische Fluß durch die Spule S′

$$\Phi_0 = M_0 A_p ,$$

wenn A_p der Probenquerschnitt ist. Unter der Wirkung des mit der Larmor-Frequenz oszillierenden HF-Feldes B_1 wird die Magnetisierung

$$M_1 = M_0/(1 + W\tau_1\tau_2) \tag{3/117}$$

gemessen, wobei $W \sim B_1^2$. Im Resonanzfall ergibt sich die Amplitude I der beobachteten Cu-Resonanzen aus der Beziehung

$$I \sim M_0 W\tau_2/(1 + W\tau_1\tau_2), \tag{3/118}$$

aus der mittels der Korringa-Relation für eine temperaturunabhängige Relaxationszeit τ_2 die gesuchte Temperatur gefunden wird. Für ein konstantes Meßfeld B_0 ändert sich das Meßsignal wie T^{-2} bei kleiner und mit T^{-1} für große eingestrahlte HF-Leistung.

Weitere Beispiele dieser Meßtechnik, s. [3.69; 3.355]. Von *Gill* et al. [3.129] wird ein NMR-Thermometer verwendet, das auf der temperaturabhängigen Quadrupol-Wechselwirkung des ^{19}F-Moments mit dem elektrischen Feldgradienten im antiferromagnetischen MnF_2 beruht. Dieses System eignet sich vor allem im Bereich 10 bis 40 K, wo eine Genauigkeit von $\pm 0{,}1$ mK erzielt wird; s. a. [3.347].

3.5.4 Kontinuierlich betriebenes NMR-Thermometer (CW-NMR)

Beim kontinuierlich betriebenen NMR-Thermometer (Continuous Wave-NMR) wird die bei Resonanz in der Probe absorbierte HF-Leistung gemessen. Diese ist proportional zum Imaginärteil der dynamischen Kernsuszeptibilität $\chi(\omega) = \chi' - i\chi''$, wenn in einem magnetischen Gleichfeld B_0 ein sehr viel kleineres HF-Feld $B_y = B_1 \sin \omega t$ senkrecht zu $\boldsymbol{B}_0$ eingestrahlt wird. Die daraus resultierende Magnetisierung M_z und die Größe χ'' berechnen sich aus den Beziehungen:

$$M_z = \chi \frac{B_0}{\mu_0} \cdot \frac{1 + (\omega_n - \omega)^2 \tau_2^2}{1 + (\omega_n - \omega)^2 \tau_2^2 + \gamma_n^2 (B_1/2)^2 \tau_1\tau_2}; \tag{3/119}$$

$$\chi'' = \frac{\chi_n \omega \tau_2/2}{1 + (\omega_n - \omega)^2 \tau_2^2 + \gamma_n^2 (B_1/2)^2 \tau_1\tau_2}. \tag{3/120}$$

Die von der Meßprobe aus dem HF-Feld absorbierte Leistung $P_n = \omega\chi'' B_1^2 \mu_0/2$ stellt die Meßgröße dar.

Werden zunächst die Größen B_1, τ_1 und τ_2 als klein angenommen, so daß der dritte Term im Nenner der Gln. (3/119) und (3/120) vernachlässigt werden kann, so erhält man für diesen Fall $M_z = \chi(B_0/\mu_0)$, d. h. den statischen Gleichgewichtswert nach Gl. (3/104). Das bedeutet, daß die Spin-Gitter-Relaxation schnell genug erfolgt, um die verschiedenen Energieniveaus stationär zu besetzen. Im Resonanzfall findet man das maximale Signal für

$$\chi''_{\max} = \chi\omega_n\tau_2 = \frac{1}{2}(\chi\gamma_n B_0 \tau_2), \tag{3/121}$$

und die *Halbwertsbreite* für $\chi'' = \chi''_{\max}/2$ bei den Frequenzen $(\omega_n - \omega)\,\tau_2 = \pm 1$. Der Frequenzunterschied $\omega_n - \omega$ entspricht der Größe $\Delta B_0 = 2/(\gamma_n\tau_2)$, d. h.

der vollen *Linienbreite* für die halbe Signalamplitude. Damit läßt sich Gl. (3/121) auch durch die Beziehung

$$\chi''_{\max} = \chi(B_0/\Delta B_0) \tag{3/122}$$

ausdrücken.

Der Vorteil der Resonanzmethode besteht demnach darin, daß die beobachtete Suszeptibilität χ'', die proportional zu T^{-1} ist, gegenüber dem statischen Wert χ_n um den von der Probe abhängigen Faktor $B_0/\Delta B_0$ verstärkt erscheint. Die Linienbreiten für ^{63}Cu und ^{195}Pt betragen 0,5 mT bzw. 18 μT, weshalb Pt für diese Methode vorgezogen wird, jedoch eine hohe Feldhomogenität voraussetzt. Da außerdem für Pt die Korringa-Konstante (s. Tabelle 3.20) sehr viel kleiner als die von Cu ist, kann ein Sättigungseffekt vermieden und die Elektronentemperatur leichter als mit Cu gemessen werden.

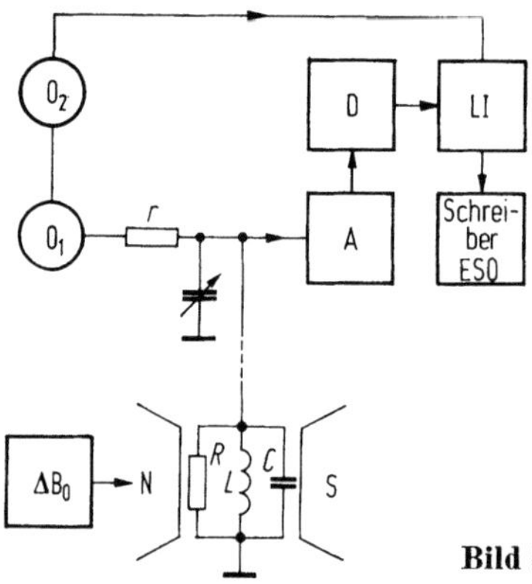

Bild 3.109. CW-NMR-Thermometer

Ist in den Gln. (3/119) und (3/120) die Größe $\gamma_n^2(B_1/2)^2\,\tau_1\tau_2$ nicht mehr vernachlässigbar, wird M_z kleiner als der statische Wert und auch χ'' reduziert. In diesem Fall tritt eine Sättigung des Spinsystems und damit eine Zunahme der Spintemperatur über die des Gitters ein; eine exakte Temperaturmessung ist nicht mehr möglich.

Eine für die Beobachtung dieser Effekte geeignete Meßanordnung, die von *Osheroff* et al. [3.91] angegeben wurde, ist als Blockschema in Bild 3.109 dargestellt. Die Meßprobe befindet sich in der HF-Spule mit der Induktivität L und dem Widerstand R, die mit der Kapazität C einen Parallelschwingungskreis bildet, und in der das HF-Feld $B_y = B_1 \sin \omega t$ erzeugt wird. Durch die Meßprobe wird die Induktivität um den Faktor $1 + (\chi/V)$ (effektives Volumen V) und der Widerstand um $\Delta R/R = \chi''\omega L/RV$ vergrößert. Bei Resonanz verringert sich infolge der Absorption das Ausgangssignal des HF-Oszillators O_1, das nach Verstärkung in A, Gleichrichtung in D und phasenrichtiger Verstärkung im Lock-in-Detektor LI durch den Schreiber oder Elektronenstrahl-Oszillographen aufgezeichnet wird. Der Oszillator O_1 wird mit 100 Hz durch einen zweiten Oszillator O_2 frequenzmoduliert; das vom Magneten N-S erzeugte homogene Magnetfeld wird langsam durch die Resonanzlinie gefahren. Das daraus entstehende Signal ist proportional zu $\partial\chi''/\partial\omega$ und wegen Gl. (3/120) umgekehrt proportional zu T_n.

Für dieses Experiment wurde ein Eisenmagnet mit 38 cm Polschuhdurchmesser und 9 cm Luftspaltbreite benutzt; die Thermometerprobe bestand aus einem 3 mm starken Bündel aus isolierten, sehr dünnen Cu-Drähten innerhalb einer 10 mm langen Spule mit $L \simeq 1\ \mu$H.

Die Signalspannungen liegen bei 20 μV und geben unterhalb von 20 mK ein Signal/Rausch-Verhältnis von etwa 50 in schwachen und 100 in stärkeren Feldern. Weitere CW-NMR-Thermometer werden von *Osgood* und *Goodkind* [3.243] und *Richards* et al. [3.268] angegeben; letzteres benutzt Pt als Meßsubstanz und liefert bereits bei 1 K ein Signal/Rausch-Verhältnis von 30 bei einer Integrationszeit von 100 s. Die *Meßleistung* dieser Thermometer liegt zwischen 1 und 10 nW.

Diese Instrumente werden vielfach bei 0,4 K gegen den Dampfdruck von ^{3}He oder bei tieferen Temperaturen mit Hilfe der Schmelzkurve von festem ^{3}He geeicht. Ihre Genauigkeit im Millikelvin-Bereich wird mit $\pm 1\%$ angegeben. Über die Probleme des thermischen Kontakts zwischen Meßprobe und Meßobjekt, s. Abschn. 3.5.7.

3.5.5 Kernorientierungsthermometrie (NO-Thermometer) [3.324; 3.338]

Beim Zerfall eines radioaktiven Kerns unter Aussendung eines γ-Quants ist für die Emissionswahrscheinlichkeit eine bestimmte räumliche Anisotropie zu beobachten, die von der ursprünglichen Kernspinorientierung und dem Zerfallsprozeß abhängt. Bei teilweiser Polarisation eines Kernspinsystems durch ein starkes äußeres Magnetfeld hängt der zu beobachtende Polarisationsgrad vom Quotienten B_0/T ab.

Aus der umfassenden Theorie über die Anisotropie der γ-Emission radioaktiver Kerne [3.276] genügt es, sich auf das Wesentliche und besonders auf Kernspinsysteme mit axialer Symmetrie zu beschränken. Die normierte Richtungsverteilung von γ-Strahlen aus orientierten Kernen ist durch die über alle geraden K-Werte zu summierende Beziehung

$$W(\theta) = \sum_{\mathrm{K}} B_{\mathrm{K}}(T)\, U_{\mathrm{K}} R_{\mathrm{K}} P_{\mathrm{K}}(\cos\theta) \qquad (3/123)$$

gegeben, wenn θ der Winkel zwischen Emissionsrichtung der γ-Strahlung und der Orientierungsachse ist. Die Größen $B_{\mathrm{K}}(T)$ sind die statistischen Tensoren, welche die Temperaturabhängigkeit enthalten; U_{K} sind die Drehimpulsparameter, R_{K} die Winkel-Korrelationskoeffizienten und $P_{\mathrm{K}}(\cos\theta)$ Légendre-Polynome. Die Summation erstreckt sich auf die geraden K-Werte von Null bis zum kleineren der Werte 2L oder 2I. Die Gl. (3/123) gilt exakt nur für eine punktförmige Quelle, was für die meisten experimentellen Meßanordnungen zutrifft.

Für das ^{60}Co-Isotop, das eingehend untersucht und vielfach in der NO-Thermometrie angewandt wird, ist in Bild 3.110 das Zerfallsschema dargestellt. Alle Übergänge haben reinen E2-Charakter, d. h. die 4+ und 2+-Niveaus zerfallen durch Elektron-Quadrupolstrahlung mit $\Delta I = 2$ schließlich in den Grundzustand mit dem Spin Null. Die in Gl. (3/123) auftretenden Größen sind für ^{60}Co und ^{54}Mn sehr genau berechnet worden; für ^{60}Co ergibt sich in der $\theta = 0$-Richtung die Zählrate aus der Beziehung

$$W(T, 0) = 1{,}1905 + 0{,}0516 \sum m^2 P(m) - 0{,}00397 \sum m^4 P(m),$$

wenn $P(m)$ die Besetzung des m-ten Niveaus ist, die sich aus

$$P(m) = nN_0 \exp(-\varepsilon_m/kT) / \sum_m \exp(-\varepsilon_m/kT) \quad (3/124)$$

mit $\varepsilon_m = \mu_n g_n B_{eff}$ berechnet, und nN_0 die Kernspinkonzentration bedeutet. In Bild 3.111 ist die Winkelverteilung der γ-Strahlung für ^{60}Co für verschiedene Werte von $kT/\Delta\varepsilon_m$ aufgetragen, wenn $\Delta\varepsilon_m$ die Energiedifferenz zwischen zwei benachbarten Hyperfeinniveaus ist.

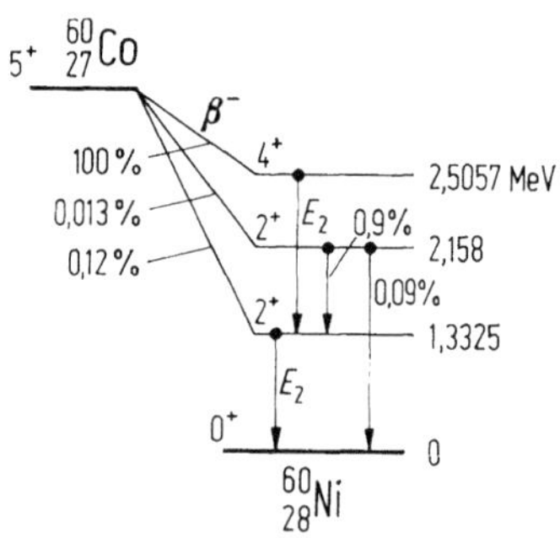

Bild 3.110. Zerfallsschema von ^{60}Co

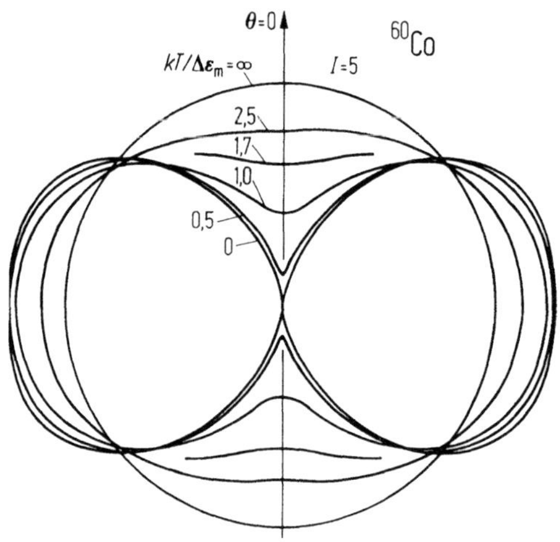

Bild 3.111. Richtungspolarisation von ^{60}Co für verschiedene $kT/\Delta\varepsilon_m$

In der Praxis werden die ^{60}Co- oder ^{54}Mn-Kerne magnetisch dadurch orientiert, daß sie in ein ferromagnetisches Wirtsgitter eingebettet und durch ein effektives magnetisches Feld am Kernort polarisiert werden. Das effektive Feld B_{eff} ist in den Gittern der Eisengruppe von der Größe 10 bis 30 T, wofür ein äußeres Feld von nur 0,1 bis 1 T erforderlich ist. Das bedeutet, daß bereits bei 30 mK eine beträchtliche Polarisation auftritt.

Das NO-Thermometer ist ein *primäres* Instrument, da die Größe $\Delta\varepsilon_{eff}$ die Thermometersubstanz charakterisiert und sehr genau mit Hilfe der NMR-Technik gemessen werden kann. Nach *Sites* et al. [3.309] beträgt $\Delta\varepsilon_{eff}/k = 9{,}11 \pm 0{,}01$ mK für ^{54}Mn und $7{,}945 \pm 0{,}003$ mK für ^{60}Co in Fe.

Der statistische Fehler, mit dem $W(T, \theta)$ behaftet ist, hängt vom Zählintervall, der Apertur und Quantenausbeute des Zählers, sowie von der Meßzeit ab. Für thermometrische Zwecke genügt es, n_0 z. B. bei 4 K zu messen und nur in der Richtung $\theta = \pi/2$ die Zählrate zu registrieren. Die von ^{60}Co emittierte β-Strahlung von 110 keV wird in einer nur 0,1 mm dicken Co-Quelle vollkommen absorbiert. Eine ^{60}Co-Quelle von 1 μCi Aktivität ergibt eine *Selbstaufheizung* von 650 pW, während eine gleich starke ^{54}Mn-Quelle, die durch Elektroneneinfang zerfällt, nur 30 pW erzeugt. Das macht bei Messungen unterhalb von 20 mK und mit kritischer thermischer Ankopplung das ^{54}Mn-Thermometer dem anderen überlegen.

In Bild 3.112 sind für ^{60}Co und ^{54}Mn die auf höhere Temperaturen normierten γ-Zählraten für W (90°) und W(0°) als Funktion der Temperatur dargestellt. Die Werte Q_2 und Q_4 sind Korrekturfaktoren, die aus der endlichen Apertur der Zähler resultieren. Die *Strahlungsquelle* besteht meist aus einer Folie von 0,1 mm Stärke und weniger als 1 cm² Fläche mit einer Strahlungsintensität von 3 bis 5 μCi, die an das Meßobjekt gelötet oder gepreßt wird. Durch ein kleines supraleitendes Solenoid wird das Polarisationsfeld von maximal 0,5 T erzeugt. Mit einem Tl-aktivierten NaI-Zähler in $\theta = 0$-Richtung, d. h. in Feldrichtung, wird in einem meist durch die apparativen Beschränkungen bedingten Abstand die γ-Emission gemessen. Die Zählimpulse des Detektors werden einem Einkanal-Analysator zugeführt; ihre Zählrate wird mit einem Schreiber registriert.

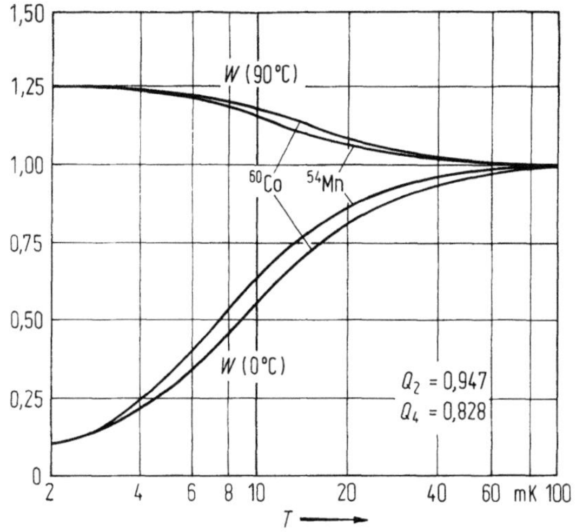

Bild 3.112. Berechnete γ-Zählraten für ^{60}Co und ^{54}Mn des NO-Thermometers

Wie aus Bild 3.112 zu entnehmen ist, liegt für beide Thermometersubstanzen die maximale Empfindlichkeit bei 10 mK; die absolute Genauigkeit wird mit 2% angegeben. Von *Sites* et al. [3.309], die mit einer ^{54}Mn-Quelle von 0,02 μCi arbeiten, wird die radioaktive Selbstaufheizung zu nur 1 pW geschätzt und die Meßgenauigkeit bei Verwendung eines 7,5 × 7,5 cm²-NaI (Tl)-Zählers und 1000 Impulsen/min zwischen 4 und 30 mK mit 2% angegeben. Weitere Einzelheiten, s. [3.64; 3.6; 1.35]; von *Marshak* und *Soulen* [3.223; 3.224] wird die Eichung von NO-Thermometern mit dem Rauschthermometer (s. Abschn. 3.8) beschrieben.

3.5.6 Thermometrie mit Hilfe des Mößbauer-Effekts [1.27]

Der Mößbauer-Effekt beruht auf der rückstoßfreien Emission und Absorption von γ-Strahlung bestimmter radioaktiver Kerne, die in einem geeigneten Gitter eingelagert sind. Wie bereits in Abschn. 1.6.2 gezeigt wurde, können mit dem

Mößbauer-Effekt unmittelbar die Besetzung der Kern-Hyperfeinniveaus und ihr energetischer Abstand gemessen werden, im Gegensatz zur NO-Thermometrie, bei der die relative Niveaubesetzung aus der räumlichen Verteilung der γ-Strahlung bestimmt wird. Ein zweiter Vorteil der Mößbauer-Effekt-Thermometrie (ME-Thermometrie) besteht darin, daß man mit „kalter" Absorberfolie die Hyperfeinaufspaltung der Zeeman-Niveaus aus der Separation der Resonanzlinien selbst messen kann. Wird eine „kalte" Quelle benutzt, muß wie beim NO-Thermometer die Hyperfeinaufspaltung bekannt sein. Über die Anwendungen des ME im Tieftemperaturgebiet, s. *Williams* [3.370].

Das ME-Thermometer ist im Prinzip ein absolutes Instrument; werden Abstände und Intensitäten der Linien gemessen, so ist das Verhältnis der Zählraten für zwei Linien durch den Boltzmann-Faktor $\exp(-2m_g E/kT)$ gegeben, wenn m_g der Spin des Grundzustandes und E der energetische Linienabstand ist. Der Logarithmus dieses Quotienten führt unmittelbar zur absoluten Temperatur. In Tabelle 3.21 sind die Eigenschaften einiger Isotope zusammengestellt, die als Absorber in Betracht kommen. Wie aus dieser Tabelle zu entnehmen ist, sind für die Messung sehr tiefer Temperaturen nur die beiden letzten Isotope geeignet.

Tabelle 3.21. Isotope für Mößbauer-Absorber-Thermometer

Isotop	γ-Energie keV	Magn. Moment i. Grundzustand	Absorber-material	Hyperfein-feld (in T)	$2g_n\mu_n I_n B_i/k$ mK
^{237}Np	59,6	+2,70	$NpAl_2$	315	621
^{161}Dy	25,7	−0,472	Dy-Metall	710	240
^{171}Yb	66,7	+0,493	$YbCl_3 \cdot 6\,H_2O$	298	107
^{121}Sb	37,2	+3,359	MnSb	35,3	87
^{151}Eu	21,6	+3,463	EuS	33,2	84
^{193}Ir	73,0	+0,159	1% Ir in Fe	149,5	17
^{119}Sn	23,9	−1,046	Sn-Ferrit	21,0	16
^{197}Au	77,3	+0,146	1% Au in Fe	128,0	13
^{57}Fe	14,4	+0,090	FeF_3	62,0	4

Beim Absorberthermometer mit verdünntem ^{197}Au in einer Fe-Matrix, „sieht" der Au-Kern mit dem Spin $I_g = 3/2$ im Grundzustand das in Tabelle 3.21 aufgeführte hohe lokale Feld von −128 T, wobei I_g in die vier Hyperfeinniveaus $m_g = -3/2$, $-1/2$, $1/2$ und $3/2$ aufspaltet. Die Gesamtaufspaltung des Grundzustandes $2g_n\mu_n I_n B_i/k$ beträgt 13 mK; die relative Besetzung der einzelnen Niveaus $P(m_g)$ kann nach Gl. (3/124] berechnet werden und ist in Bild 3.113a für eine Temperatur von 60 mK eingetragen.

Bei der Absorption wird das γ-Quant in Resonanz den Absorberkern vom Grundzustand I_g in den ersten angeregten Zustand I_e bringen, was zwischen den Subniveaus m_g und m_e zu acht Übergängen führt. Die relative Absorption für einen solchen Übergang, wie er im Mössbauer-Spektrum beobachtet wird, berechnet sich aus

$$A(m_g \to m_e) = \alpha P(m_g)\, C(m_g, m_e), \tag{3/125}$$

wenn α eine Apparatekonstante und $C(m_g, m_e)$ der Übergangskoeffizient ist. Tritt im Magnetfeld Kernpolarisation auf, werden die Linienintensitäten im

Spektrum nur durch den Boltzmann-Faktor $\exp(-\varepsilon_m/kT)$ beeinflußt und kann aus der beobachteten Absorption A direkt auf die Temperatur geschlossen werden. Für die Absorption der in Bild 113a dick eingezeichneten Übergänge des ^{197}Au ergibt sich wegen $C(m_g, m_e) = C(-m_g, -m_e)$ das Verhältnis der Linienintensitäten zu

$$\varrho = \frac{A(+3/2 \rightarrow +1/2)}{A(-3/2 \rightarrow -1/2)} = \frac{P(+3/2)}{P(-3/2)}$$

$$= \exp(-3\Delta\varepsilon_m/kT) = \exp(0{,}013\ \mathrm{K}/T).$$

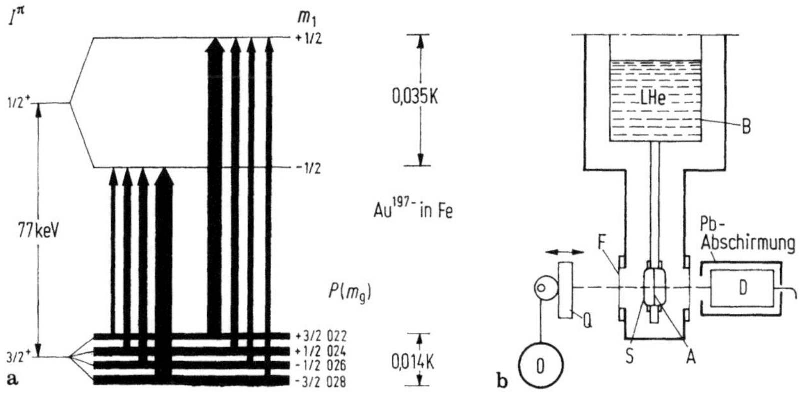

Bild 3.113. Mößbauer-Effekt-Thermometrie: **a** Energieschema von ^{197}Au; **b** schematische Meßapparatur mit kaltem Absorber.

Die Hyperfeinenergie $\Delta\varepsilon_m$ läßt sich recht genau aus dem Linienabstand bestimmen. Für ^{57}Fe sind die Kernmomente klein und betragen die höchsten inneren Felder in Fe-Verbindungen etwa 60 T; die sich daraus ergebende Aufspaltung des Grundzustandes von nur 4 mK erfordert sehr tiefe Temperaturen, um eine merkliche Polarisation zu erreichen. Für ^{57}Fe in Fe_2O_3 beträgt der Polarisationsgrad bei 43 mK nur 8%.

Obwohl die ME-Thermometrie theoretisch einfach ist und keiner zusätzlichen Eichung bedarf, ist ihre praktische Anwendung durch lange Meßzeiten (um ausreichende Genauigkeit zu erhalten), komplizierten Versuchsaufbau und auch dadurch eingeschränkt, daß der Absorber auf die zu messende Temperatur gebracht werden muß und die Strahlung der bewegten Quelle ohne Fenster auf ihn treffen sollte. Die wohl wichtigste Anwendung des ME-Thermometers liegt darin, daß es in speziellen Fällen zur Eichung von sekundären Thermometern genutzt werden kann.

In Bild 3.113b ist schematisch eine Versuchsanordnung zum Nachweis des Mößbauer-Effekts bzw. zur Messung der Absorbertemperatur dargestellt. Die γ-Strahlungsquelle muß nur dann ebenfalls auf tiefe Temperaturen abgekühlt werden, wenn der für die rückstoßfreie Emission verantwortliche Faktor f erst bei tiefer Temperatur ausreichend groß ist. Der Absorber A in Form einer sehr dünnen Folie ist gut wärmeleitend an einem Kühlfinger des mit LN_2, LH_2 oder LHe gefüllten Kryostaten B befestigt und wird beidseitig durch Strahlungsschirme

S gegen Wärmezufuhr von außen geschützt. Sie bestehen aus dünnen organischen Folien, wie *Mylar* oder *Kapton* mit aufgedampftem Al, das die benutzte γ-Strahlung nur wenig absorbiert. Die Quelle Q, ein künstlich radioaktives Präparat, befindet sich außerhalb des Meßkryostaten und wird sinusförmig in Strahlrichtung durch einen elektrodynamischen Antrieb bewegt. Die im feststehenden Detektor D, einem γ-Zählrohr mit Vor-, Hauptverstärker und Einkanalanalysator, aufgenommenen Zählimpulse werden in einem Vielkanal-Analysator abgespeichert, der vom Antriebsgenerator O für die Quelle „adressiert" wird. Die Fenster F für den Eintritt der Quellenstrahlung bzw. Austritt der Resonanzstrahlung bestehen aus dünnen Be- oder bedampften Mylarfolien.

Müssen Quelle *und* Absorber auf tiefe Temperatur abgekühlt werden, bringt man den Absorber am unteren Ende eines Kryostatenfortsatzes und darunter das Zählfenster an und befestigt die Quelle oberhalb des Absorbers über ein dünnwandiges V2A-Röhrchen mit dem Mössbauer-Antrieb außerhalb des Kryostaten. Durch den Einsatz von ^{3}He/^{4}He-Entmischer-Kryostaten läßt sich diese Technik auf Temperaturen bis 20 mK herab ausdehnen. Durch Vergleich mit Ge- oder Kohlewiderständen können diese mit Hilfe der ME-Thermometers *absolut* geeicht werden.

Über weitere experimentelle Einzelheiten, s. [3.218; 3.247].

3.5.7 Thermische Ankopplung der Kernthermometer [3.295]

Mit sinkender Temperatur wird es zunehmend schwieriger, das thermische Gleichgewicht zwischen Meßobjekt und Kernthermometer zu erreichen, da — wie ausführlicher in Abschn. 3.10 erläutert wird — die *Wärmeleitfähigkeit* der festen und flüssigen Substanzen stark abnimmt und zusätzliche Kontaktwiderstände zwischen Thermometer und Objekt auftreten.

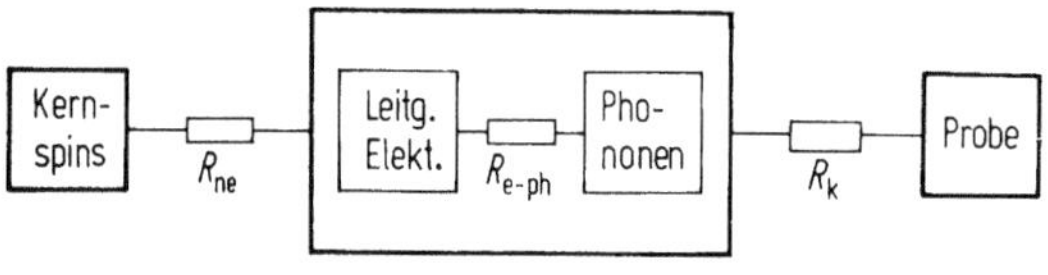

Bild 3.114. Thermischer Widerstand zwischen Kernthermometer und Probe

Sollen im Millikelvinbereich Temperaturen mit einem Kernthermometer gemessen werden, spielt deshalb die thermische Ankopplung der Thermometersubstanz, d. h. meist Metallpulver oder -drähte, an paramagnetische Salze und flüssiges oder festes ^{3}He eine besondere Rolle. Ein wichtiger Parameter ist dabei die *Ansprechzeit* des Thermometers, die durch die Zeitkonstante RC beschrieben wird, wenn R der thermische Widerstand zwischen Thermometer und Meßobjekt, sowie C seine Wärmekapazität bedeuten. Bei den Kernthermometern wird die zu messende Temperatur durch die Gleichgewichtseinstellung der *Kernspins* gegeben; für die Ansprechzeit des Thermometers ist daher der thermische Kontakt zwischen den Kernspins und Meßobjekt maßgebend. Die sich dabei ergebende komplexe Situation wird aus Bild 3.114 ersichtlich: Die in einem Metall vorhandenen Kernspins sind an die Leitungselektronen über das lokale magnetische Feld, das durch diese erzeugt wird, gekoppelt, d. h. es findet eine Hyperfein-Wechselwirkung statt. Diese Kopplung ist durch die Spin-Gitter-Relaxationszeit τ_1 entsprechend den Gln. (3/107) und (3/108) gekennzeichnet. Wie in Bild 3.114 angedeutet ist, wird eine kurze Ansprechzeit mit einem kleinen Wert von τ_1, d. h. kleiner Korringa-Konstanten K, erreicht. Die Kernspin-Elektronen-Kopplung hängt von der Elektronenwellen-Funktion am Kernort und daher von der Substanz ab. Elemente mit großem Atomgewicht scheinen sich hierfür besonders gut zu eignen. In Tabelle 3.22 sind für eine Reihe von Metallen Korringa-Konstante K, Curie-Konstante Λ_n und kritisches Magnetfeld H_c angegeben, bei dem die Supraleitfähigkeit des betreffenden Elements zerstört wird.

Tabelle 3.22. Eigenschaften von Metallen für Kernthermometer

Metall	Korringa-Konstante K s · K	Curie-Konstante 10^{-7} m^{-3} K	H_c Am^{-1}
Al	1,80	8,28	788
Cd	0,49	0,084	239
Cs	0,13	0,52	—
Cu	1,27	5,62	—
Ga	1,01	11,6	406
In	0,086	10,73	2229
Ir	2,8	0,045	—
Pt	0,030	0,14	—
Sn	0,034	0,13	2388
Tl	0 006	2,05	1274

Für ein bestimmtes Metall kann die Relaxationszeit des Thermometers nur noch reduziert werden, wenn nach Gl. (3/109) bei schwachen Feldern gearbeitet wird. Über den thermischen Kontakt zwischen Leitungselektronen und Gitter gibt es ausreichende experimentelle Daten; im theoretischen Verständnis dieses Vorganges bestehen noch Schwierigkeiten. Andererseits kann der thermische Widerstand des Elektronensystems, der zu $1/T$ proportional ist, bei sehr tiefen Temperaturen eine merkliche Rolle spielen.

Zwischen Gitter und Probe ist für die Wärmeübertragung der Kapitza-Widerstand R_K maßgeblich, der die Ankopplung über die Phononen beschreibt und dessen Größe durch die Beziehung

$$R_K = \frac{\Gamma}{A T^n} \tag{3/126}$$

gegeben ist. Dabei ist Γ eine von den wärmeaustauschenden Partnern abhängige Größe (Abschn. § 7.7) und A die Kontaktfläche. Der Exponent n liegt zwischen 2,6 und 4,3, wird aber in vielen Fällen zu $n = 3$ angenommen. Für ein Thermometer in Kontakt mit flüssigem He, dessen Temperatur zu messen ist, läßt sich Gl. (3/126) mit großer Zuverlässigkeit anwenden. Um zwischen Thermometersubstanz und Meßobjekt einen kleinen Meßfehler, d. h. geringe Temperaturdifferenz zu erhalten, muß die Oberfläche A relativ groß gewählt werden, wozu fein verteiltes Metallpulver geeignet ist. In massivem Material ist der von der Elektron-Phonon-Kopplung herrührende thermische Widerstand zu T^{-4} und umgekehrt dem Materialvolumen proportional; er überwiegt meist unterhalb von 10 mK.

Ausführlich wird von *Bishop* et al. [3.49] der thermische Kontakt der Metalle Cu, Al, Tl und Pt mit flüssigem ^{3}He behandelt und werden für die einzelnen Übertragungsvorgänge die Relaxationszeiten und ihre Temperaturabhängigkeit berechnet.

Die Wärmeabfuhr für die Kernspinenergie E_n bei einer Temperaturdifferenz ΔT läßt sich mit Hilfe von Gl. (3/108) durch die Beziehung

$$\frac{dQ}{dt} = \frac{E_n}{K} \Delta T$$

ausdrücken, aus der sich für den effektiven thermischen Widerstand R_{ne} der Ausdruck

$$R_{ne} = K/TC_n V \tag{3/127}$$

ableiten läßt, wenn C_n die spezifische Kernwärme/cm^3 und V das Probenvolumen ist. Drückt man die Kernspinenergie durch die Curie-Konstante Λ_n und die Magnetinduktion B aus, so findet man für das Verhältnis

$$\frac{R_{ne}}{R_K} = \frac{\mu_0 KAT^4}{\Gamma V C_n B^2}. \tag{3/128}$$

Für eine zylindrische Cu-Probe zum Beispiel wird bei einem Durchmesser von 2,5 mm in einem Feld von 0,5 mT für Temperaturen oberhalb von 0,9 mK $R_{ne} > R_K$; eine fein pulverisierte Thermometerprobe bringt daher keinen Vorteil. In diesem Bereich ist auch die elektronische Wärmekapazität C_e in einem Feld $B = 0{,}5$ mT größer als die Kernwärmekapazität C_n, so daß für die Einstellung der Kernspins die Relaxationszeit $\tau_1 = R_{ne}C_n$ maßgeblich ist.

Für $C_n \gg C_e$ wird die entsprechende Einstellzeit durch die Beziehung

$$\tau = (R_{ne} + R_K)\, C_n \tag{3/129}$$

gegeben und ist in jedem Fall größer als τ_1, der überhaupt kürzesten Relaxationszeit. Bei sehr tiefen Temperaturen überwiegt R_K; nach Gl. (3/126) muß eine große Kontaktfläche geschaffen und bei kleinen Magnetfeldern gemessen werden. Für Cu beträgt bei $T = 1$ mK und $B = 0{,}5$ mT die Relaxationszeit $\tau_1 = 700$ s, während für Pt nur 30 s gefunden werden, wie aus Tabelle 3.22 zu entnehmen ist. Supraleitende Substanzen müssen in ein überkritisches Feld $H > H_c$ gebracht werden, wodurch sich nach Gl. (3/109) die Größe τ_1 erhöht. Bei In, das zwar eine kleine Korringa-Konstante, jedoch ein großes Quadrupolmoment besitzt, resultiert daraus eine relativ große Kernquadrupol-Wechselwirkung und ein effektives inneres Feld b (vgl. Gl. (3/109)) von etwa 0,25 T; im Millikelvinbereich treten daher Abweichungen vom Curie-Gesetz auf.

In Bild 3.115 sind nach *Gylling* [3.141] für eine Pt-Probe von 3 µm Korngröße in flüssigem ^{3}He die für die einzelnen Übertragungsprozesse berechneten thermischen *Zeitkonstanten* als Funktion der Temperatur dargestellt.

Der durch die begrenzte Wärmeleitung des Übertragungsmediums zwischen Thermometer und Meßobjekt hervorgerufene Meßfehler ist — wenn man von weiteren Wärmequellen absieht — der Meßleistung im Thermometer proportional.

Für ein NMR-Thermometer (Abschn. 3.5.3), dessen Proben aus Drähten vom Radius r bestehen und den spezifischen Widerstand ϱ besitzen, beträgt die Meßleistung pro Kubikzentimeter

$$P = \pi^2 r^2 f^2 B^2 / 16\varrho, \tag{3/130}$$

wenn die Wirbelstrom-Eindringtiefe $\delta > r$.

Wird die Kernmagnetisierung mit dem sehr empfindlichen SQUID (vgl. Abschn. 3.4.3.8) gemessen, wozu kleine Meßfelder B ausreichen, so verringert sich die entsprechende Meßleistung beträchtlich; für eine Cu-Probe von 2,5 mm Durchmesser und 6 mm Länge beträgt sie nur 10^{-17} W. Bei den Resonanzmethoden

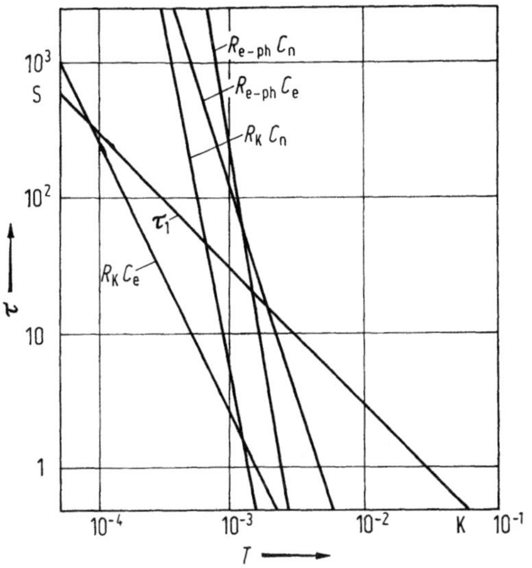

Bild 3.115. Berechnete thermische Zeitkonstante für Pt-Pulver in LHe ($B = 10$ mT)

muß die Thermometerprobe aus sehr dünnen Drähten oder Metallpulver bestehen. Um die Meßleistung klein zu halten, werden das Impulsfeld B_y oder das HF-Feld B_1 stark reduziert, so daß pro Messung nur 10^{-8} J dissipiert werden. Bei den Resonanzmethoden kommt noch die HF-Absorption durch die Kernspins hinzu, wodurch nach Gl. (3/117) sich die Magnetisierung in Z-Achse verringert. Dieser Anteil an der gesamten Meßleistung ist im allgemeinen viel kleiner als der durch die Wirbelströme hervorgerufene.

Beim NO-Thermometer wird durch die Eigenabsorption der γ-Quanten Wärme produziert; als Strahlungsquellen werden daher nur dünne Folien verwendet.

3.5.8 Eich- und Vergleichsmethoden
[3.267]

Bei den in diesem Abschnitt behandelten Methoden stellen die Mößbauer- und Kernorientierungsthermometer Instrumente dar, welche die *absolute* thermodynamische Temperatur prinzipiell angeben. Auch bei der statischen Messung der Kernsuszeptibilität, die bis zu sehr tiefen Temperaturen proportional zu T^{-1}

ist und dem Curie-Gesetz gehorcht, ist *eine* Eichung bei höherer Temperatur ausreichend.

Vielfach werden absolute Meßmethoden, wie z. B. NO- und ME-Thermometer miteinander verglichen [3.338]; die Schwierigkeit liegt in vielen Fällen darin, die beiden Thermometersubstanzen auf gleicher Temperatur zu halten. Beim Vergleich der Mößbauer-Effekt-Messungen an ^{57}Co in Fe mit γ-Anisotropiemessungen von ^{57}Co, ^{60}Co und ^{54}Mn in Fe im Temperaturbereich zwischen 2 mK und 100 mK werden zwar unsystematische Meßfehler von einigen Prozent festgestellt, doch scheinen beide Meßmethoden theoretisch sichergestellt zu sein.

Als grundsätzlich unterschiedliche Methode wird im Vergleich zu den kernthermometrischen Verfahren das ebenfalls absolute *Rauschthermometer* (Abschn. 3.7) herangezogen, bei dem — wie in Abschn. 1.7 und in Gl. (1/72) nachgewiesen wird — das mittlere Rauschspannungsquadrat $\langle u^2 \rangle$ der absoluten Temperatur proportional ist. Von *Marshak* et al. [3.223] und *Soulen* et al. [3.315] sind Messungen der γ-Anisotropie von ^{60}Co in einem ^{59}Co-Einkristall im Vergleich zum Rauschthermometer ausgeführt und analysiert worden, um eine absolute Temperaturskala einzuführen. Zwischen 40 und 2 mK wurde ein relativer Fehler von durchschnittlich 2,5% erhalten, der bei den tiefsten Temperaturen auf 7,5% ansteigt.

Zum Vergleich und zur Eichung bei sehr tiefen Temperaturen bietet sich der Phasenübergang von ^{3}He in die *superfluide Phase*, der beim Schmelzdruck für die A-Phase bei 2,75, für die B-Phase bei 2,15 mK liegt, als idealer thermometrischer Fixpunkt an. Im flüssigen ^{3}He können keine Verunreinigungen gelöst sein oder kristalline Spannungen auftreten; die Übergänge sind sehr scharf und von zweiter Ordnung. Auch ist der Einfluß starker magnetischer Felder zu vernachlässigen. Die einzige Schwierigkeit ergibt sich aus der schlechten thermischen Ankopplung an das He-Bad, wodurch die Meßleistung des zu eichenden Thermometers beschränkt wird. Die in Tabelle 3.23 erkennbaren Unterschiede sind auf diesen Einfluß zurückzuführen; in ihr sind die von verschiedenen Forschergruppen mit unterschiedlichen Methoden gefundenen Fixpunkte zusammengestellt.

Tabelle 3.23. Gemessene ^{3}He-Übergänge an der Schmelzkurve

Gruppe	T_A in mK	T_B in mK	T_s in mK	Methoden
La Jolla	2,60 ± 0,1	2,06 ± 0,08	—	Dampfdruck + Rauschtherm. CMN-Therm.
Helsinki	2,83 ± 0,1	—	—	NO- und Pt-NMR
Cornell	2,75 ± 0,11	2,18 ± 0,10	1,10 ± 0,06	Latente Sm-Wärme
Florida	2,68 ± 0,21	2,10 ± 0,17	1,03 ± 0,08	Latente Sm-Wärme
Orsay	2,75 ± 0,05	2,20 ± 0,03	1,08 ± 0,1	Dampfdruck + Pt-NMR

Der Phasenübergang zwischen den Phasen A und B zeigt thermische Hysteresis, jedoch keinen Überhitzungseffekt an der Schmelzkurve, an der diese Phase auch mit B′ bezeichnet wird. Bei niedrigeren Drücken tritt Überhitzung und Unterkühlung auf, so daß diese Übergänge sich nicht als Fixpunkte eignen.

3.6 Dielektrische Thermometer

[3.246; 3.202]

Seit einigen Jahren sind für die Messung tiefer Temperaturen *kapazitive Thermometer* kommerziell verfügbar, deren Meßbereich gewöhnlich zwischen 30 mK und 70 K durch eine recht einfache Interpolationsgleichung für die zu messende Kapazität beschrieben werden kann und die sich durch völlige Unempfindlichkeit gegen magnetische Felder auszeichnen. Es handelt sich dabei um ferroelektrische Substanzen, von denen nach den grundlegenden Arbeiten von *Lawless* et al. [3.205] eine $SrTiO_3$-Glaskeramik als Thermometersubstanz die größte Verbreitung gefunden hat. Auch das mit Li^+-Ionen gedopte KCl ist für thermometrische Zwecke geeignet.

Zu diesen Substanzen, deren temperaturabhängige Dielektrizitätskonstante als Meßgröße benutzt wird, kommen für die genaue Messung sehr kleiner Temperaturunterschiede die sogenannten *pyroelektrischen Thermometer* (Abschn. 2.6.6), die aus ebenfalls ferroelektrischen, keramischen Massen bestehen und an den Elektroden bei einer Temperaturänderung freie elektrische Ladungen erzeugen.

3.6.1 Temperaturabhängigkeit der Dielektrizitätskonstanten

Es ist bekannt, daß durch polare Verunreinigungen, wie OH^- und CN^-, in bestimmten Alkalihalogeniden eine T^{-1}-Abhängigkeit des für die Dielektrizitätskonstante ε maßgeblichen Ausdrucks von Clausius-Mossotti im Bereich tiefer Temperaturen hervorgerufen wird. Dabei gilt die Beziehung

$$\frac{\varepsilon - 1}{\varepsilon + 2} = \frac{\varepsilon_0 - 1}{\varepsilon_0 + 2} + \frac{4\pi}{3} \frac{N\mu^2}{3kT}, \tag{3/131}$$

in der N die Konzentration der Verunreinigungen, μ das Dipolmoment des Verunreinigungsions und ε_0 die Dielektrizitätskonstante (DK) für $N \to 0$ ist. Die infolge der Verunreinigungen um den Betrag $\Delta = \varepsilon - \varepsilon_0$ erhöhte DK des Materials ergibt sich nach Gl. (3/131) für $\Delta \ll \varepsilon_0$ zu

$$\Delta = 4\pi N\mu^2(\varepsilon_0 + 2)^2/27\,kT. \tag{3/132}$$

Von *Brand* et al. [3.63] ist tatsächlich diese T^{-1}-Abhängigkeit der DK von KCl, das mit Li^+-Ionen verunreinigt war, zwischen 30 und 1 K experimentell bestätigt worden, wie aus Bild 3.116 hervorgeht.

Wendet man Gl. (3/131) auf $SrTiO_3$-Glaskeramik mit Hydroxyl-Verunreinigungen (OH^-) an, so findet man aus den experimentellen Daten extrem geringe OH^--Konzentrationen, die den temperaturabhängigen Verlauf der DK nach Bild 3.117 nicht erklären können. Von *Lawless* et al. [3.205] wird daher angenommen, daß das bei etwa 72 K liegende DK-Maximum auf einen polaren Phasenübergang im kristallisierten $SrTiO_3$ (paraelektrisch $\to$ antiferroelektrisch) beruht, da der ebenfalls in Bild 3.117 eingetragene Verlustfaktor $\tan\delta$ bei dieser Temperatur keinen Höchstwert zeigt. Oberhalb von 100 K ändert sich die Kapazität eines $SrTiO_3$-Thermometers wie $C \sim (T - T_0)^{-1}$ bis etwa 500 K, wo dann die Wechselstromleitfähigkeit merklich wird.

3.6.2 $SrTiO_3$-Glaskeramik-Thermometer

Im Gegensatz zu den mit OH^-- oder CN^--Ionen gedopten KCl-Thermometern, deren DK $\varepsilon_0 \simeq 4{,}5$ beträgt, entspricht dem DK-Maximum des Bildes 3.117 ein Wert von 240. Durch gesteuerte Kristallisation von abgeschrecktem, SrO und TiO_2 enthaltenden Silikatglas läßt sich eine $SrTiO_3$-Glaskeramik herstellen, die sich vorzüglich zur Temperaturmessung eignet. Ähnlich wie bei einem herkömmlichen Kondensator werden z. B. 51 dünne Schichten dieser Substanz zwischen Au-Pt-Elektroden für ein Thermometer parallel geschaltet, dessen

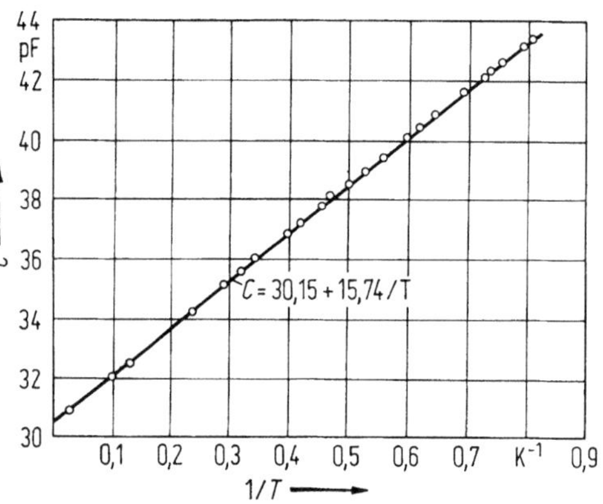

Bild 3.116. Kapazität eines KCl + Li^+-Kondensators als Funktion von $1/T$

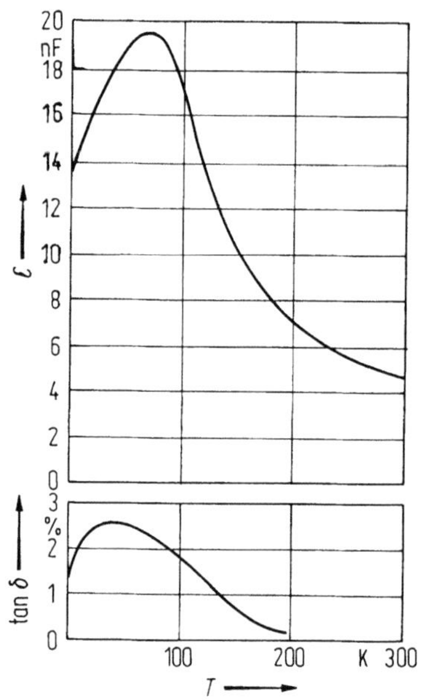

Bild 3.117. Kapazität von $SrTiO_3$-Glaskeramik zwischen 1,7 und 300 K

Abmessungen $1 \times 2 \times 5$ mm³ ohne Kapselung betragen. In Bild 3.118 sind zwei kommerziell erhältliche Typen (CS-400GR und CS-400FP der Fa. Lake Shore Cryotronics, Inc.) solcher Thermometer abgebildet, die sich zum Einbau in passende Bohrungen bzw. als Flächenthermometer eignen. Die entsprechenden Kapazitäten und Empfindlichkeiten sind folgende:

	C (4,2 K)	C (300 K)	dC/dT bei 4,2 K
CS-400 GR	21 nF	6,8 nF	350 pF/K
CS-400 FP	9,1 nF	2,8 nF	145 pF/K

In Bild 3.119 sind für ein solches Thermometer unterhalb des Maximums bei 72 K und besonders im Bereich von 1,7 bis 7 K die entsprechenden Kennlinien für $C(T)$ dargestellt. Zwischen 1,7 und etwa 5,2 K ist die Empfindlichkeit konstant und beträgt je nach Bauart des Thermometers $dC/dT = 180$ bis 300 pF/K.

Für den Gebrauch bei sehr tiefen Temperaturen ist die bei der Kapazitätsmessung, die meist mit einer Spannungsteilerbrücke (Abschn. 3.3.6.4) bei Frequenzen um 5 kHz und Meßspannungen um 10 mV durchgeführt wird, aufzuwendende ***Meßleistung*** P_C **ausschlaggebend. Diese beträgt bekanntlich**

$$P_C = \omega C U^2 \tan \delta, \tag{3/133}$$

wenn U die Meßspannung und δ der in Bild 3.117 dargestellte temperaturabhängige Verlustwinkel ist. Für $U = 7{,}5$ mV und $f = 5$ kHz wird P_C von der Größe 50 pW.

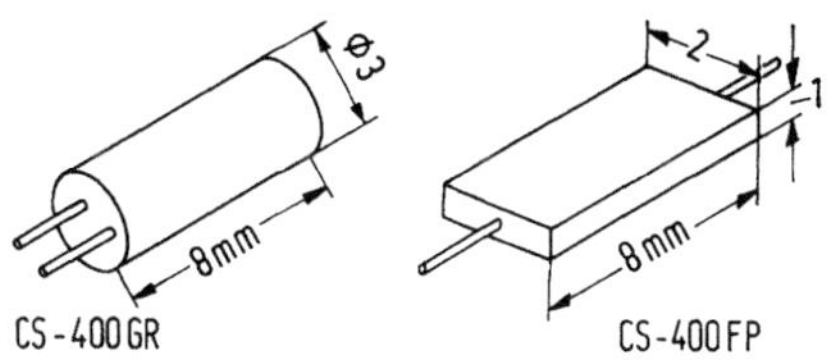

Bild 3.118. Bauformen kapazitiver Thermometer

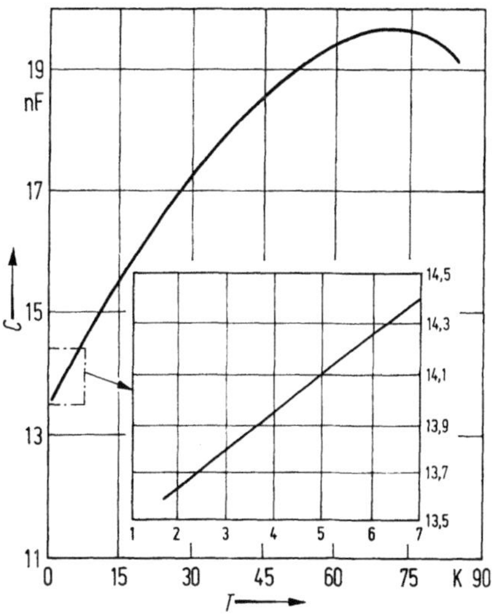

Bild 3.119. Eichkurve eines $SrTiO_3$-Glaskeramik-Thermometers

Von *Lawless* und *Panchyk* [3.204] sind für beide Typen kapazitiver Thermometer zwischen 1,7 bis 20 K aufgrund der experimentellen Daten analytische Gleichungen aufgestellt worden, wobei die besten Ergebnisse mit Reihenentwicklungen der Art

$$T = \sum_{0}^{N} a_n (C - C')^n$$

erzielt werden; C' bedeutet die Kapazität bei 4,2 K.

3.6.3 Andere dielektrische Thermometer

Die bereits erwähnten, ausführlich von *Brand* et al. [3.63] untersuchten KCl-Thermometer, die mit Li^+-Ionen gedopt sind, zeigen nach Bild 3.116 eine lineare T^{-1}-Abhängigkeit der Kapazität. Ihre Dielektrizitätskonstante läßt sich analog zu Gl. (3.131) durch die Gleichung

$$\varepsilon = \varepsilon_0 + [1 + \gamma(\varepsilon_0 - 1)]^2 \, (8\pi/3) \, N(\mu_0^2/2kT) \tag{3/134}$$

ausdrücken, wenn N wieder die Ionenkonzentration und γ ein Faktor für das innere elektrische Feld ist. Die gesuchte Temperatur kann aus der gemessenen Kapazität C_m mit Hilfe der Beziehung

$$C_m = [\varepsilon_0(0) + A/T]\, C_0 + C_s$$

berechnet werden, in der $\varepsilon_0(0) = 4{,}49$, C_0 die geometrische Kapazität für $\varepsilon = 1$ und C_s die Zuleitungskapazität bedeuten. Aus den experimentellen Daten errechnet sich eine Ionenkonzentration $N = 3 \cdot 10^{18}$ cm^{-3}.

Der große Vorteil der dielektrischen Thermometer besteht in ihrer Unempfindlichkeit gegenüber starken magnetischen Feldern [3.284]; für $KCl + Li^+$ beträgt die für ein Magnetfeld von 10 T beobachtete Temperaturänderung weniger als 0,2% bei 4,2 K. Die im Thermometer verbrauchte Meßleistung ist von der Größe Nanowatt. Eine bei dieser Substanz auftretende Alterung ist auf die Ausscheidung oder Neuorientierung der Li^+-Ionen zurückzuführen.

Das von *Fiory* [3.115] untersuchte KCl-Thermometer, das mit OH- und CN-Ionen dotiert ist, zeigt ebenfalls keinen meßbaren Temperaturfehler in Feldern bis 5 T bei 4,2 K. Für die mit OH-Ionen dotierte Substanz ändert sich die DK fast linear mit T^{-1} zwischen 0,5 und 20 K; ihr Wert wächst von 4,5 bei 20 K auf etwa 6,5 bei 0,5 K. Für eine Meßfrequenz von 1 kHz und $U = 100$ mV bei 0,05 K wird die Meßleistung mit 50 pW angegeben.

Von *Holste* et al. [3.154] sind die dielektrischen Eigenschaften von KH_2PO_4, $BaTiO_3$, $PbZr_{0,65}Ti_{0,35}O_3$ und TlCl zwischen 15 mK und 10 K als Funktion der Temperatur untersucht worden. Zwischen 15 mK und etwa 7 K wird in guter Näherung die temperaturabhängige DK durch die lineare Beziehung $\varepsilon(T) = \varepsilon_0(1 + \alpha T)$ wiedergegeben, mit Ausnahme von TlCl, dessen DK fast konstant ist. In Tabelle 3.24 sind für die drei übrigen Substanzen die Größen ε_0 und α zusammengestellt.

Tabelle 3.24. Daten dielektrischer Substanzen

Material	ε_0	$\alpha \cdot 10^3$ (K^{-1})
$BaTiO_3$	63,600 ± 0,0003	0,94 ± 0,01
KH_2PO_4	4,9 ± 0,5	0,94 ± 0,15
$PbZr_{0,65}Ti_{0,35}O_3$	162,1 ± 0,2	1,81 ± 0,03

Der Verlustfaktor $\tan\delta$ ist für diese drei Substanzen von der Größe 10^{-3} und fällt mit abnehmender Temperatur; für spezielle Anwendungen sind sie als Thermometer geeignet.

3.6.4 Verhalten bei sehr tiefen Temperaturen

Dielektrische Glaskeramik-Thermometer sind von *Lawless* et al. [3.205] bis herab zu 25 mK, von *Bakalyar* et al. [3.29] sogar bis 4 mK näher untersucht worden. Abhängig von den Herstellungsbedingungen, insbesondere der Kristallisationstemperatur, die zwischen 1100 und 1200 °C liegt, wird unterhalb von etwa 100 mK ein Anstieg der DK gefunden, der sich zur Temperaturmessung eignet, jedoch etwas von der Meßspannung abhängt.

3.6.5 Meßverfahren

Die kapazitiven Meßsonden werden über ein abgeschirmtes, flexibles Zweileiterkabel mit dem eigentlichen Meßgerät verbunden. Zur Kapazitätsmessung eignen sich alle Meßbrücken für relativ kleine Kapazitäten, vor allem solche mit induktivem Spannungsteiler und einem Lock-in-Verstärker als Nulldetektor.

Als Meßfrequenz werden 0,5 bis 10 kHz und Meßspannungen im Millivoltbereich angewandt.

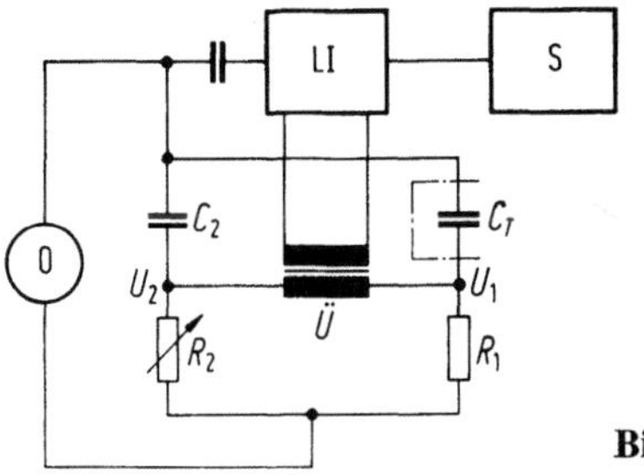

Bild 3.120. Meßkreis für ein kapazitives Thermometer

Von *Prober* [3.261] ist die in Bild 3.120 vereinfacht dargestellte Kapazitätsmeßbrücke speziell zur Temperaturmessung mit dielektrischen Thermometern entwickelt worden. Es handelt sich um eine symmetrische Brückenschaltung, bei der das Thermometer C_T und die Festkapazität $C_2 = 20$ nF die kapazitiven Zweige, der Festwiderstand $R_1 = 200\ \Omega$, sowie der Dekadenwiderstand R_2 die restlichen Zweige bilden, und die von einem Oszillator O mit 1 kHz betrieben wird. Der Lock-in-Detektor LI mit angeschlossenem Schreiber S mißt die Diagonalspannung $U_1 - U_2$, die über den Transformator Ü (1:14) von der Brücke ausgekoppelt wird. Die Brücke ist bei der Bedingung $C_T = C_2(R_2/R_1)$ im Gleichgewicht; im nicht abgeglichenen Zustand beträgt die Detektorspannung

$$U_\mathrm{D} = U_1 - U_2 = U_0 \left[\frac{R_1}{R_1 + (\mathrm{j}\omega C_T)^{-1}} - \frac{R_2}{R_2 + (\mathrm{j}\omega C_2)^{-1}} \right], \tag{3/135}$$

wenn der Detektor eine hohe Eingangsimpedanz besitzt und U_0 die Oszillatorspannung ist. Da die Blindwiderstände in dieser Brücke sehr viel größer als R_1 bzw. R_2 sind, reduziert sich Gl. (3/135) zu

$$U_\mathrm{D} = \mathrm{j}\omega U_0 R_1 (C_T - R_2 C_2/R_1)\,;$$

U_D ist um 90° gegen U_0 phasenverschoben und eine lineare Änderung von R_2 entspricht einer solchen des Thermometers C_T. Die Nachweisempfindlichkeit dieser Meßbrücke beträgt etwa 1 mK, was auch ihrer Kurzzeitstabilität entspricht; Änderungen der Eichparameter beeinflussen sie nicht.

3.6.6 Pyroelektrische Thermometer

Für spezielle Anwendungen, bei denen sehr empfindlich kleine Temperaturdifferenzen oder ihre zeitliche Änderung $\mathrm{d}T/\mathrm{d}t$ gemessen werden sollen, läßt sich mit Vorteil der *pyroelektrische* Effekt benutzen. Dieser äußert sich in bestimmten ferroelektrischen und nicht-ferroelektrischen Substanzen, deren Kristalle kein Symmetriezentrum und nur *eine* rotationssymmetrische Achse besitzen dürfen, darin, daß auf bevorzugten Kristallflächen bei Temperaturänderungen ΔT eine elektrische Ladung

$$\Delta Q = pA\,\Delta T \tag{3/136}$$

auf einer Fläche A auftritt, die dem *pyroelektrischen Koeffizienten* p proportional ist. Liegt der Temperaturfühler — wie das die Regel ist — in Form eines Plättchens von der Dicke δ vor, so entsteht zwischen den Elektroden die Spannungsänderung

$$\Delta U = \frac{\Delta Q}{C} = \frac{p\delta}{\varepsilon_0 \varepsilon}\,\Delta T, \tag{3/137}$$

wenn $\varepsilon_0 = 8{,}854 \cdot 10^{-12}$ F/m die elektrische Feldkonstante und ε die relative Dielektrizitätskonstante des Materials bedeuten. Bei dem ferroelektrischen Keramikmaterial PZT-4 der Zusammensetzung $Pb(Zr, Ti)O_3$ mit $\varepsilon \simeq 400$, $p = 1{,}2 \cdot 10^{-8}$ C/cm²K bei 50 K findet man nach Gl. (3/137) eine Nachweisempfindlichkeit $\Delta U/\Delta T = 34$ V/K bei einem elektrischen Widerstand von der Größe TΩ.

Von den vielen pyroelektrischen Substanzen kommen für thermometrische Zwecke nur wenige in Betracht; einige davon, die auch bei tiefen Temperaturen näher untersucht wurden, sind in Tabelle 3.25 zusammengestellt.

Tabelle 3.25. Pyroelektrische Substanzen

Nr.	Substanz	Temperatur	p μC/m²K	Bereich	DK
1	$(NH_4)_2C_4H_4O_6$	293	9,3	23···352	
2	$BaTiO_3$-Keramik	298	200	4,2···396	1600
3	$CsNO_3$	298	3,3	20···380	
4	$Li_2SO_4 \cdot H_2O$	290	80	4,2···363	
5	$K_2C_4H_4O_6 \cdot 1/2\,H_2O$	293	18	23···380	
6	$Pb(Zr, Ti)O_3$ (PZT-4)	298	400	4,2···350	1400
7	$Pb(Zr, Ti)O_3$ (PZT-5)	298	450	4,2···523	1800
8	$Sr(HC_4H_4O_6)_2 \cdot 4\,H_2O$	293	2,4	23···352	
9	Turmalin	293	2,3···4,4	20···648	
10	ZnO	298	9,4	9,7···420	

Für den praktischen Gebrauch haben sich die Substanzen Nr. 2, 4, 6 und 7 bewährt; das nicht-ferroelektrische Li-Sulfat-Monohydrat (Nr. 4) ist wasserlöslich und wechselt bei 105 K das Vorzeichen von p. Die ferroelektrischen Materialien weisen einen hohen pyroelektrischen Koeffizienten auf, der bei Nr. 6 und 7 monoton mit sinkender Temperatur abnimmt (vgl. Bild 3.121), und für Ba-Titanat (Nr. 2) beim Phasenübergang zwischen 150 und 170 K außerordentlich hohe Werte annimmt. Für die PZT-4-Keramik ist in Bild 3.121 der Verlauf von p in Richtung der tetragonalen c-Achse von 0 bis 300 K dargestellt. Ausführlich werden in der zusammenfassenden Arbeit von *Lang* [3.197] die Eigenschaften pyroelektrischer Stoffe behandelt.

3.6.7 Eigenschaften pyroelektrischer Thermometer

Von *Lang* et al. [3.198] ist die Anwendung der pyroelektrischen Materialien als Temperatursensor und Meßkreiselement eingehend analysiert worden. Der Ersatzkreis (Bild 3.122) enthält den durch Gl. (3/136) charakterisierten Ladungsgenerator P, dessen Kapazität C_p und Innenwiderstand R_p, sowie die Kapazität C_E des Elektrometers, mit dem die erzeugte Spannung gemessen wird, und einen Nebenschlußwiderstand R_s, der — wie unten nachgewiesen wird — die Zeitkonstante des Meßkreises maßgeblich beeinflußt. Für eine zeitliche Tempe-

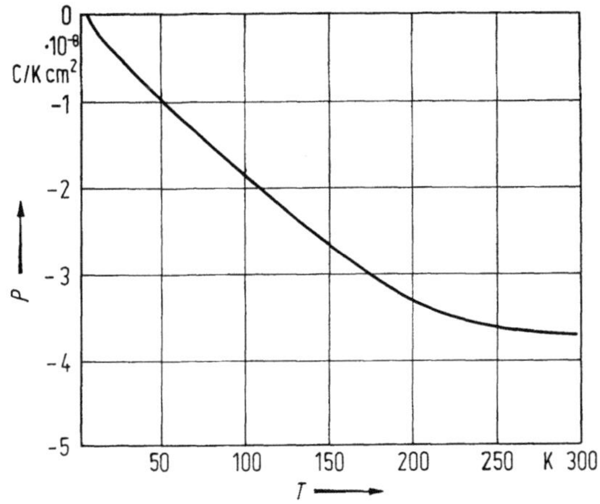

Bild 3.121. Pyroelektrischer Koeffizient von PZT-4-Keramik

raturänderung $\mathrm{d}T/\mathrm{d}t$ leitet sich daraus die Differentialgleichung ab

$$\frac{pA}{C_g} \cdot \frac{\mathrm{d}T}{\mathrm{d}t} = \frac{\mathrm{d}U}{\mathrm{d}t} + \frac{U}{R_g C_g}, \qquad (3/138)$$

wenn $C_g = C_p + C_E$ und der Ersatzwiderstand $R_g^{-1} = R_p^{-1} + R_s^{-1}$.

Für die Anwendung dieser Beziehung werden zwei Grenzfälle unterschieden:

a) Zeitkonstante $\tau = R_g C_g \ll 1$; d. h. der 1. Term in Gl. (3.138) kann vernachlässigt werden. In diesem Fall wird

$$\mathrm{d}T/\mathrm{d}t = U/pAR_g, \qquad (3/139)$$

und wird am Spannungsmeßgerät die *zeitliche Ableitung* der Temperatur gemessen.

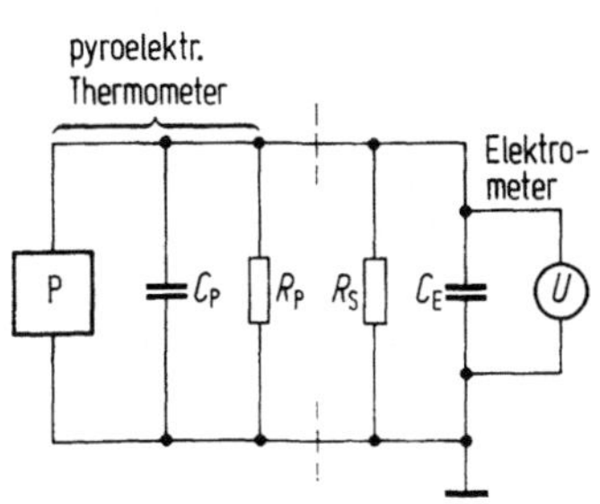

Bild 3.122. Ersatzkreis des pyroelektrischen Thermometers

b) Für $\tau \gg 1$ wird der 2. Term in Gl. (3/138) gegenüber dU/dt vernachlässigbar; durch Integration findet man die Temperatur aus der Beziehung

$$T = T_0 + (U - U_0)\, C_g/pA\,, \tag{3/140}$$

d. h. das Instrument zeigt unmittelbar die gesuchte Temperaturdifferenz an.

Zur Charakterisierung des Thermometers werden generell die *Nachweisempfindlichkeit* $S_T = U/(T - T_0)$ und die *äquivalente Rauschtemperatur* benutzt (*Ed.* III, § 4.6), die durch das Rauschspannungsquadrat $\langle u_r^2 \rangle$ ausgedrückt wird. Aus der Integration von Gl. (3/138) ergibt sich mit $U(0) = 0$ und $T(0) = T_0$ die Nachweisempfindlichkeit zu

$$S_T = U/(T - T_0) = (pAR_g/t)\,[1 - \exp(-t/R_gC_g)]. \tag{3/141}$$

Die äquivalente Rauschspannungstemperatur $T_{är}$ hängt formal wie $T_{är} = u_r/S_T$ von der Empfindlichkeit S_T ab, wobei u_r ausschließlich vom pyroelektrischen Detektor stammt; es gilt die Beziehung für das Johnson-Rauschen

$$\langle u_r^2 \rangle = 4kTR_g\, \Delta f/[1 + (2\pi f R_g C_g)^2],$$

wenn Δf die Bandbreite der Nachweisinstrumente bedeutet. Durch Modulation der Meßspannung, z. B. durch periodisches Kurzschließen der Meßelektroden kann die äquivalente Rauschtemperatur herabgesetzt werden; es wird der Ausdruck

$$T_{är} = (kT\Delta f/p^2R_g)^{1/2}/\pi f A \tag{3/142}$$

gefunden, wenn man als Bandbreite die Frequenz f wählt. Durch ein passendes Verhältnis von Dicke δ zu Fläche A läßt sich die Empfindlichkeit S_T optimieren.

3.6.8 Anwendung pyroelektrischer Thermometer

Für die Verwendung bei tiefen Temperaturen wird man die pyroelektrischen Thermometer nach folgenden Gesichtspunkten beurteilen:

a) Oberhalb von 10 K ist das pyroelektrische Thermometer an Empfindlichkeit jedem anderen Thermometer überlegen, da es eine äußerst geringe äquivalente Rauschtemperatur besitzt. Die Empfindlichkeit S_T ist bei den wichtigsten Substanzen bei tiefen Temperaturen etwa konstant, so daß sie leicht geeicht werden können.

b) Unterhalb von 10 K ist ihre Nachweisgrenze mit der von Kohle- oder Ge-Thermometern vergleichbar, hinsichtlich der Meßleistung ist das pyroelektrische Instrument den anderen weit überlegen. Zur genauen Messung von 1 mK Temperaturänderung erfordert das Ge-Thermometer bei einem Widerstand von 10 Ω einen Meßstrom von 1 μA, d. h. eine Meßleistung von 10 pW; das pyroelektrische Thermometer, bei dem 10 mV an einem Widerstand von 10^{12} Ω entwickelt werden, verbraucht nur 10^{-16} W. Diese Eigenschaft wird besonders in der Mikrokalorimetrie geschätzt und hat dort einige Anwendungen gefunden (Abschn. 5.6).

c) Durch zyklisches Abkühlen und Wiedererwärmen, sowie durch Polarisieren mit Spannungen von einigen Kilovolt, ändert sich der pyroelektrische Koeffizient p um einige Prozent; die keramischen Sensoren PZT-4 und PZT-5 sind für solche Einflüsse wenig empfindlich.

d) Mit einem Nachweisinstrument von hohem Eingangswiderstand kann die zeitliche Temperaturänderung unmittelbar abgelesen und registriert werden, was für den Nachweis sehr kleiner Wärmetönungen von großem Vorteil ist.

Die in Frage kommenden keramischen Plättchen können in fast beliebigen Dicken und Abmessungen aus dem Material geschnitten werden und sind zum Gebrauch nur mit zwei Elektroden zu versehen, die im Hochvakuum aufgedampft, oder auch durch Leitsilberüberzüge hergestellt werden. Besonders wichtig ist beim Befestigen am Meßobjekt, daß *keine mechanischen Kräfte* auf das Meßelement ausgeübt werden, d. h. auch das Einkitten in eine Metallhülse oder die dynamische Belastung durch mechanische Schwingungen verursachen Meßfehler. Zur Messung der Polarisationsspannung sind empfindliche Transistorverstärker mit MOS-FET-Eingängen, aber auch selbstabgleichende hochohmige Millivoltmeter geeignet. Die typischen Nachweisgrenzen für PZT-Keramik-Sensoren liegen für die Temperaturen 5 bzw. 300 K bei 125 bzw. 6 mK/V; die entsprechenden, durch thermisches Rauschen hervorgerufenen Temperaturschwankungen betragen 2,5 bzw. 0,12 μK.

Zusätzliche Anwendungen liegen in der Messung des sehr kleinen Temperaturgradienten beim Wärmeübergang in siedenden Medien sowie der Temperaturleitzahl $a = \lambda/c\varrho$ mit Hilfe dynamischer Methoden, bei denen die sehr kleine Relaxationszeit der pyroelektrischen Thermometer genutzt wird. Die Umkehrung des pyroelektrischen Effekts, den man *elektrokalorischen Effekt* nennt, liefert in den hier aufgeführten Substanzen eine Temperaturänderung, die der angelegten Spannung proportional ist; seine Messung kann zum Eichen des pyroelektrischen Sensors benutzt werden.

3.7 Supraleitungsthermometer

Die supraleitenden Eigenschaften von metallischen Elementen und Legierungen (s. a. *Ed.* III, § 4.5) lassen sich in zweifacher Weise zur Temperaturmessung anwenden:

a) Die kritische magnetische Induktion B_c an der Phasengrenze zwischen Normalleitung und Supraleitung ist für einen gegebenen Supraleiter eine bekannte Funktion der Temperatur.

b) Bei konstantem Magnetfeld und Meßstrom läßt sich der elektrische Widerstand beim reversiblen Übergang von $R = 0$ nach $R = R_0$, dem Restwiderstand, zur Temperaturmessung heranziehen.

Beide Effekte werden für praktische Meßzwecke und genaue Temperaturregelung angewandt. [3.269].

3.7.1 Magnetische Thermometrie mit einem Supraleiter

Für alle Typ I-Supraleiter hängt das kritische Magnetfeld von der Temperatur entsprechend der Beziehung

$$B_c(T) = B_{c0}[1 - (T/T_c)^2] \qquad (3/143)$$

ab, worin B_{c0} das kritische Feld bei $T = 0$ und T_c die Sprungtemperatur des Supraleiters ist. Gleichung (3/143) beschreibt die Phasengrenze zwischen dem normalleitenden und supraleitenden Zustand und gilt in guter Näherung für die meisten in Betracht kommenden Supraleiter. Die *Empfindlichkeit* dieser Meßmethode, bei der lediglich die für den Phasenübergang erforderliche magnetische Induktion zu bestimmen ist, läßt sich durch Differenzieren von Gl. (3/143) gewinnen und beträgt

$$S(T) = \mathrm{d}B_c/\mathrm{d}T = -(2B_{c0}/T_c^2)\,T. \qquad (3/144)$$

Diese Größe wird Null für $T \to 0$ und nimmt mit wachsender Temperatur zu. Bei gegebener Temperatur T_1 hängt die noch nachweisbare Temperaturänderung $\delta T(T_1)$ sowohl von der Steigung $(\mathrm{d}B_c/\mathrm{d}T)_{T_1}$ der kritischen Induktionskurve (Schwellenwertkurve) als auch von der Nachweisempfindlichkeit δB der Meßvorrichtung ab; beide Größen hängen wie

$$\delta T(T_1) = \delta B[(\mathrm{d}B_c/\mathrm{d}T)_{T_1}]^{-1} \qquad (3/145)$$

zusammen und können in zweierlei Weise in der Praxis genutzt werden: a) Wählt man z. B. $T_1 = 300$ mK, so kann aus der Neigung $(\mathrm{d}B_c/\mathrm{d}T)$ die Nachweisgrenze δT für die in Frage kommenden Supraleiter bestimmt werden (s. 6. Spalte in Tabelle 3.26);
b) legt man $\delta T = 1$ mK fest, kann die Minimaltemperatur $T_{\min}$ aus Gl. (3/145) entnommen werden, die den Meßbereich nach unten begrenzt.

Tabelle 3.26. Parameter einiger Supraleiter

Supraleiter	T_c K	B_{c0} mT	$2B_{c0}/T_c^2$ mT/K²	$-(\mathrm{d}B_c/\mathrm{d}T)_{0,3}$ mT/K	δT mK	$T_{\min}$ mK
Pb	7,201	80,3	3,10	0,93	1,08	320
Hg	4,15	41,1	4,77	1,43	0,70	210
Sn	3,72	30,6	4,42	1,33	0,75	230
In	3,416	28,3	4,85	1,46	0,69	210
Al	1,176	10,5	15,18	4,56	0,22	66
Zn	0,844	5,3	14,88	4,46	0,22	67
Cd	0,515	3,0	22,62	6,79	0,15	44

Aus Tabelle 3.26 geht hervor, daß trotz der mit sinkender Temperatur linear mit T abnehmenden Empfindlichkeit einige der aufgeführten supraleitenden Elemente sich sehr gut zur Temperaturmessung unterhalb von 1 K eignen. Diese bieten vor allem den großen Vorteil hoher Stabilität und Reproduzierbarkeit und brauchen im allgemeinen nicht geeicht zu werden.

3.7.2 Praktische Ausführung

In Bild 3.123 ist die von *Ries* und *Mapother* [3.269] verwendete Meßprobe dargestellt; sie besteht aus dem Al-Draht A von 0,5 oder 1 mm Durchmesser als Sensor, der von einem mit NbTi-Draht (1400 Windungen, 13 μm Stärke) bewickeltem langgestrecktem Solenoid B von 6 mm Außendurchmesser und 5 cm

Länge umgeben ist. Der Spulenkörper C besteht aus einer Be-Cu-Legierung. Zum Nachweis des Phasenüberganges ist die auf einem dünnwandigen Cu-Ni-Rohr von 1,6 mm Durchmesser gewickelte Pick-up-Spule D vorgesehen, deren Drahtenden sorgfältig gegeneinander verdrillt zur Meßvorrichtung geführt werden. Die Gesamtlänge des Thermometers beträgt 7,5 cm, kann jedoch wesentlich kürzer ausgeführt werden.

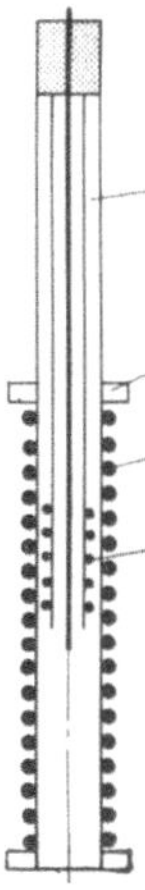

Bild 3.123. Supraleiter-Meßprobe

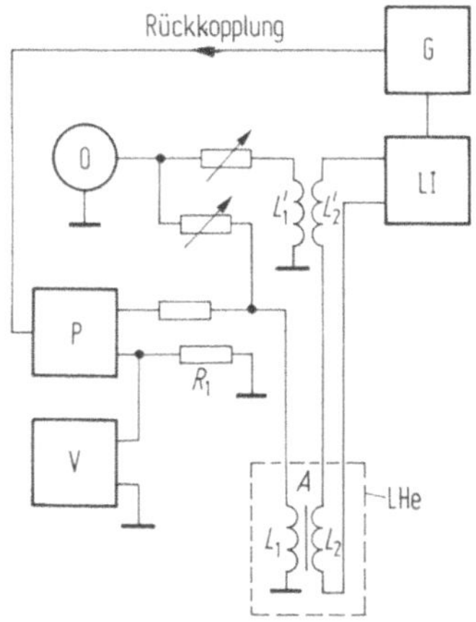

Bild 3.124. Magnetisches Supraleitungsthermometer

Der Meßkreis, der in Bild 3.124 schematisch dargestellt ist, besteht aus einer Gegeninduktivitätsbrücke, die vom Oszillator O (100 bis 500 Hz) betrieben wird, und Magnetspule L_1, Pick-up-Spule L_2 sowie die symmetrischen Spulen L_1', L_2' enthält. Sie ist abgeglichen, d. h. das am Lock-in-Verstärker LI anstehende Meßsignal ist Null, wenn die Meßprobe A sich im normalleitenden Zustand befindet. Der von der programmierbaren Stromquelle P gelieferte Strom für die Magnetspule L_1 wird mit dem Digitalvoltmeter V gemessen und kann durch den Sägezahngenerator G mit variabler Frequenz und Amplitude moduliert werden. Die zu messende Temperatur wird aus dem Spulenstrom, der proportional zu B_c ist, mit Hilfe der Gl. (3/143) bestimmt. Zu diesem Zweck wird an den Meßwiderstand R_1 ein Zweikanalschreiber angeschlossen, mit dem gleichzeitig der Ausgang von LI registriert wird.

Kan und *Rakhubovskii* [3.175] benutzen zur Temperaturmessung ein *Kryo tron* (*Ed.* III, § 4.53), bei dem der zum Meßfeld proportionale Steuerstrom zeitlich linear zunimmt, bis das supraleitende Meßelement zum Phasenübergang in den Normalzustand getrieben wird und den weiteren Stromanstieg abbricht. Auf dieser Basis läßt sich ein *Relaxationsoszillator* konstruieren, dessen Eigenfrequenz bei konstantem Sägezahngradienten eine Funktion der Temperatur ist.

3.7.3 Supraleitendes Widerstandsthermometer

Die zweite Möglichkeit, mit supraleitenden Sensoren tiefe Temperaturen zu messen, beruht auf der endlichen Steigung der Widerstands-Temperaturkurve bei T_c. Dieses auch bei den in Abschn. 2.5.2.2 besprochenen supraleitenden

Bolometern angewandte Prinzip geht von der in Bild 2.63 gezeigten Übergangskurve z. B. eines supraleitenden Films aus, die den mehr oder weniger steilen Anstieg des elektrischen Widerstandes bis zum Restwiderstand R_0 beschreibt. Durch Anlegen eines homogenen magnetischen Feldes wird der Phasenübergang zu tieferen Temperaturen verschoben.

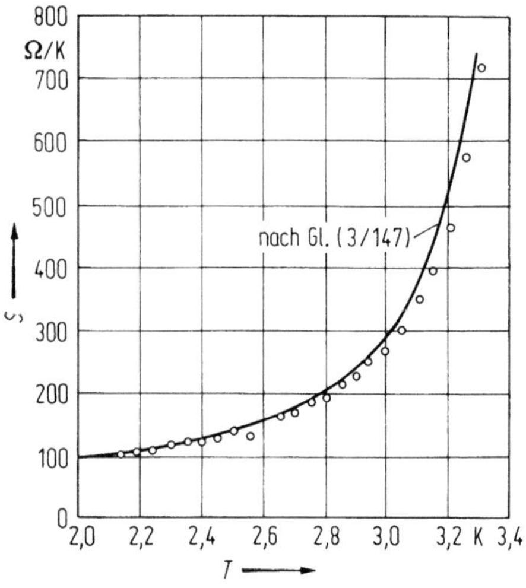

Bild 3.125. Empfindlichkeit eines supraleitenden In-Thermometers

Trefny et al. [3.345] haben die Empfindlichkeit dieser supraleitenden Thermometer als Funktion der Temperatur und des Magnetfeldes näher untersucht, wobei als Sprungpunkt die Temperatur angenommen wird, bei der sich der halbe Restwiderstand einstellt. Als Empfindlichkeit des Thermometers wird die Größe

$$S(T) = (\delta R/\delta T)_{B,T} \tag{3/146}$$

für konstantes B und T sowie $R = R_0/2$ definiert, die mit Annäherung an den Sprungpunkt steil anwächst. Sie kann noch anschaulicher durch die Beziehung

$$S(T) = -\left(\frac{\delta R}{\delta b}\right)_T \frac{\mathrm{d} \ln B(T)}{\mathrm{d}T} \tag{3/147}$$

ausgedrückt werden, wenn $b = B/B(T)$ und $(\delta R/\delta b)_T$ für $R = R_0/2$ angenommen werden. Die Größe $S(T)$ kann damit wesentlich einfacher aus den beiden Ableitungen bestimmt werden; in Bild 3.125 sind für einen auf kristallines Silizium aufgedampften In-Film die direkten Meßpunkte von $S(T)$ mit der nach Gl. (3/147) abgeleiteten Empfindlichkeitskurve wiedergegeben.

Von *Liebenberg* und *Allen* [3.209; 3.210] sind dünne Al-Filme mit Empfindlichkeiten zwischen 10^2 und 10^5 Ω/K eingehend untersucht worden, die durch Aufdampfen von reinstem Al in einer O_2-Atmosphäre von $5 \cdot 10^{-5}$ mbar auf einem Pyrex-Rohr gewonnen wurden. Diese *granularen* Filme von etwa 200 nm Dicke bestehen aus Al-Körnern von 30 bis 120 nm Durchmesser; ihr Sprungpunkt hängt von der Filmdicke ab und kann zwischen 1,1 und 2,1 K variiert werden. Durch geeignete Präparation läßt sich das Übergangsintervall zwischen

5 und 50 mK bei reinen Al-Filmen und 0,1 bis 0,3 K bei granularen Al-Filmen verändern. Durch einen stufenförmigen Verlauf der Filmdicke kann man den Meßbereich ohne Empfindlichkeitsverlust zwischen 1,0 und 1,44 K ausdehnen; die Reproduzierbarkeit liegt bei ± 3 mK und die Nachweisempfindlichkeit ist besser als 10 μK. Diese Thermometer besitzen eine kleine Wärmekapazität und benötigen weniger als 10 nW Meßleistung. Ihre Rauscheigenschaften sind von *Pankratov* et al. [3.245] eingehend diskutiert worden.

Golovashkin et al. [3.133] haben supraleitende Thermometer durch gleichzeitiges Aufdampfen von Pb und Cu aus getrennten Quellen konstruiert, deren Übergangskurve bei passender Zusammensetzung von 2,6 bis 4,2 K reichen kann. Sie zeichnen sich durch sehr geringe thermische Trägheit und kleine Magnetfeldabhängigkeit aus. Derartige Meßelemente können mit Vorteil bei der Messung von zeitlich schnell verlaufenden Prozessen, z. B. bei Verdampfungsvorgängen im flüssigen He ingesetzt werden. Über die Verwendung dünner supraleitender Filme für Bolometer s. [3.162].

3.7.4 Supraleitungstemperaturregler

Der relativ enge Temperaturbereich, den supraleitende Temperaturfühler im allgemeinen überdecken, ist wegen der erzielbaren Empfindlichkeit für einige Anwendungen von Vorteil.

So kann bei Kryostaten eine sehr empfindliche Temperaturregelung mit Hilfe supraleitender Schalt- und Regelelemente erreicht werden. Nach *Lutes* [3.215] läßt sich für ein solches Regelelement die Ansprechzeit durch die Beziehung

$$\Delta t = \frac{VTB_c}{4\pi \dot{Q}} (\mathrm{d}B_c/\mathrm{d}T) \tag{3/148}$$

ausdrücken, wenn V das Volumen des Supraleiters und $\dot{Q}$ die Wärmezufuhr ist. Die erzielte Temperaturänderung findet man daraus zu

$$\mathrm{d}T/\mathrm{d}t = 4\pi\alpha\dot{Q}/VT(\mathrm{d}B_c/\mathrm{d}T)^2, \tag{3/149}$$

wenn α der Entmagnetisierungsfaktor der Meßprobe ist. Durch die beim Phasenübergang 1. Ordnung erzeugte latente Wärme läßt sich die Temperatur einer an den Supraleiter thermisch gekoppelten Meßanordnung schnell und genau regeln. In Tabelle 3.27 sind für verschiedene supraleitende Materialien für $\dot{Q} = 1$ μW, $V = 1$ cm³ und $\alpha = 10^{-3}$ die Werte von Δt und $\dot{T}$ nach den Gln. (3/148) und (3/149) berechnet.

Tabelle 3.27. Temperaturregelung durch Supraleiter

Supraleiter	T K	Δt μs/cm³	$\dot{T}$ cm³K/μs	$\dot{T}$(Cu) cm³K/μs
Nb	7,2	$9 \cdot 10^3$	$1 \cdot 10^{-7}$	$2 \cdot 10^{-4}$
Nb	5,0	$15 \cdot 10^3$	$4 \cdot 10^{-7}$	$1 \cdot 10^{-3}$
Al	0,8	45	$1 \cdot 10^{-5}$	$1 \cdot 10^{-2}$
Al	0,4	20	$1 \cdot 10^{-4}$	$3 \cdot 10^{-2}$
Zr	0,4	9	$2 \cdot 10^{-5}$	$3 \cdot 10^{-2}$
Zr	0,2	4	$2 \cdot 10^{-4}$	$5 \cdot 10^{-2}$

Es geht daraus hervor, daß auch bei Temperaturen unterhalb von 1 K dieser Regelprozeß funktioniert. Für einen Wärmezustrom von $\dot{Q} = 0{,}1$ µW beträgt bei *Zirkon* und $T = 0{,}4$ K innerhalb von 90 s die Temperaturdrift nur 0,2 mK; ein gleich großer Cu-Block würde sich um den Faktor 1500 schneller erwärmen!

Für eine konventionelle Temperaturregelung eignen sich die in Bild 3.123 dargestellten Meßfühler, bei denen sich der Regelbereich durch das eingestellte konstante Magnetfeld in weiten Grenzen ändern läßt.

3.7.5 Messung von Temperaturgradienten

Nach dem Vorschlag von *Yarmchuk* et al. [3.375] lassen sich mit Hilfe von supraleitenden Temperatursensoren, die zu einer Brücke geschaltet sind, sehr empfindlich Temperaturgradienten messen, auch wenn sich die Umgebungstemperatur stark ändert. Als Nulldetektor in dieser Brücke wird ein SQUID (Abschn. 3.4.3.8) benutzt, dessen Ausgangssignal zur Kompensation und Anzeige der Temperaturdifferenz dient. Als Meßfühler sind granulare Al-Filme besonders geeignet, deren Sprungtemperatur T_c bei etwa 1,3 K liegt. Bei einer Meßleistung von etwa 0,5 nW pro Fühler sind Temperaturänderungen von 40 $\mathrm{nK}/\sqrt{\mathrm{Hz}}$ noch nachweisbar.

Dieses *Gradiometer* läßt sich zum Nachweis äußerst kleiner Temperaturänderungen in rotierendem superfluidem ^{4}He oder bei der Bewegung von Flußlinien in Typ II-Supraleitern unter dem Einfluß chemischer Potentialgradienten benutzen.

3.8 Rauschthermometrie

[3.159; 3.124]

Wie bereits in Abschn. 1.7 dargestellt, läßt sich ein *absolutes* Thermometer konstruieren, bei dem als Meßgröße die willkürlichen Spannungsschwankungen benutzt werden, die auf der Brownschen Bewegung der Leitungselektronen in einem elektrischen Widerstand R beruhen. Dieses als Nyquist-Theorem (1928) bekannte *thermische Rauschen* läßt sich durch die einfache Beziehung

$$\langle u^2 \rangle = 4kRT\Delta f \qquad (1/72)$$

beschreiben, in der $\langle u^2 \rangle$ das zeitlich gemittelte Rauschspannungsquadrat darstellt, das bei bekannter Bandbreite Δf der zu messenden Temperatur proportional ist.

Bei der Anwendung von Gl. (1/72) auf die Messung sehr tiefer Temperaturen werden drei unterschiedliche Wege beschritten:

a) Die sehr kleinen Rauschspannungen werden mit rauscharmen herkömmlichen Transistorverstärkern verstärkt, deren Eigenrauschen mittels einer Korrelationsmethode unterdrückt wird.
b) Es wird die in Abschn. 3.4.3.8 behandelte Nachweismethode für extrem kleine Ströme mit Hilfe des SQUID auf die Messung der Rauschspannungen angewandt.

c) Mit Hilfe des Josephson-Wechselspannungseffekts an supraleitenden Kontaktstellen, der einer Spannungs-Frequenz-Konversion entspricht, lassen sich die Rauschspannungen in proportionale Frequenzen umwandeln, deren Weiterverarbeitung die Messung sehr tiefer Temperaturen ermöglicht.

Die erste Methode, die ausführlicher bereits in Abschn. 2.6.3 besprochen ist, eignet sich sehr gut für Temperaturen zwischen 20 und 300 K, bei denen eine Meßgenauigkeit von 0,1% bei Meßzeiten zwischen 0,5 und 5 s erreicht wird. Die beiden anderen Verfahren sind speziell für den Tieftemperaturbereich konzipiert, wo extrem kleine Spannungsfluktuationen gemessen und integriert werden müssen; sie werden in den Abschn. 3.8.3 und 3.8.5 eingehender besprochen.

3.8.1 Grundlagen

Die nach den experimentellen Untersuchungen von *Johnson* (1927) und theoretischen Studien von Nyquist entstandene Formel (1/72), welche die Grundlage der Rauschthermometrie darstellt, läßt sich in allgemeinster Form durch den Ausdruck

$$\langle u_{\mathrm{r}}^2(t)\rangle = \int_0^\infty 4kRT\,\mathrm{d}f \tag{3/150}$$

wiedergeben, der über das ganze Frequenzspektrum zu integrieren ist. In der noch vollständigeren Beschreibung des Rauschphänomens unter Berücksichtigung von Nullpunktsfluktuationen erhält man die Beziehung

$$\langle u_{\mathrm{r}}^2(t)\rangle = \int_0^\infty 4hfZ(f)\left[\frac{1}{2} + \frac{1}{\exp\,(hf/kT) - 1}\right]\mathrm{d}f, \tag{3/151}$$

in der anstelle des Widerstandes die allgemeinere Kreisimpedanz $Z(f)$ auftritt; für $hf/kT \to 0$ geht Gl. (3/151) in Gl. (3/150) über. Sollen sehr tiefe Temperaturen aus der Rauschspannung abgeleitet werden, kann man hf/kT nicht mehr vernachlässigen und benutzt anstelle einer Integration von Gl. (3/151) die Reihenentwicklung bis zu einer maximalen Frequenz f_{m}:

$$\langle u_{\mathrm{r}}^2(t)\rangle = 4kRTf_{\mathrm{m}}[1 + (hf_{\mathrm{m}}/6kT)^2 + \ldots]. \tag{3/152}$$

Dabei ist der Einfachheit halber $Z(f)$ durch den Widerstand R ersetzt. Gegenüber Gl. (3/150) ergibt sich durch diese Frequenzbegrenzung ein relativer Temperaturfehler

$$\Delta T/T = (hf_{\mathrm{m}}/6kT)^2 = 6{,}4 \cdot 10^{-23} f_{\mathrm{m}}^2/T^2, \tag{3/153}$$

der für Frequenzen unterhalb von 12,5 MHz und einer zu messenden Temperatur $T = 1$ mK höchstens 1% ausmacht.

Erst seit Einführen der MOS-FET-Technik und ihrer Anwendung auf rauscharme Verstärker, in denen extrem schwache Rauschsignale verarbeitet werden können, ist diese Meßmethode auch praktisch anwendbar. Die in einem Verstärker erzeugte Rauschspannung addiert sich linear zum Rauschsignal und muß zur Berechnung der Temperatur aus Gl. (3/150) vorher abgezogen werden. Auch der beste Verstärker besitzt bei Umgebungstemperatur eine äquivalente Rauschspannung von 10 bis 20 K (*Ed.* III, § 5.27), was eine Temperaturmessung unterhalb von 20 K fast unmöglich macht. Wie *Wagner* und *Bertman* [3.351] nachgewiesen haben, bleibt auch bei Anwendung der Kreuzkorrelationstechnik mit zwei identischen Verstärkern und Multiplikator (s. Abschn. 3.8.2) ein Restfehler von 100 mK übrig, der nicht erklärbar ist. Erst mit Hilfe des SQUID-Magnetometers, dessen äquivalente Rauschtemperatur mit 50 μK angegeben wird, und des Josephson-Spannungs-Frequenz-Konverters ist eine empfindliche Rauschspannungsmessung möglich geworden.

3.8.2 Rauschthermometer mit Verstärker

Diese für sehr tiefe Temperaturen wenig empfehlenswerte Meßmethode läßt sich auf dreierlei Weise realisieren:

a) Verwendung eines gekühlten Verstärkers mit Feldeffekt-Transistoren nach *Ananev* et al. [3.14], dessen Schaltung in Bild 3.126 wiedergegeben ist, und der auf 78 K (LN_2) abgekühlt werden kann. Der zweistufige Verstärker überstreicht

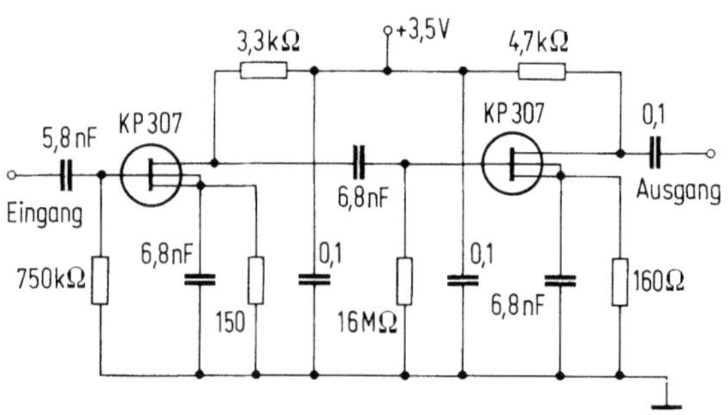

Bild 3.126. Gekühlter rauscharmer Verstärker

einen Frequenzbereich von 0,1 bis 2 MHz und erreicht bei einem Rauschquellenwiderstand von etwa 6 kΩ eine minimale äquivalente Rauschtemperatur von 1 K. Die Steilheit der angewandten Transistoren vom Typ KP307 beträgt 6 mA/V bei 293 K und 11 mA/V bei 78 K. Als weiteres Ausführungsbeispiel wird auf den rauscharmen Verstärker nach *Anderson* et al. [2.6] hingewiesen, der in Bild 2.83 dargestellt ist. Eine entsprechende Meßanordnung zur Temperaturmessung ist in Bild 2.84 gezeigt; ihr Meßbereich umfaßt 4 bis 300 K bei einer Meßzeit zwischen 0,5 und 5 s.

b) Bei der von *Brodskii* et al. [1.8] vorgeschlagenen Methode wird anstelle der mittleren Rauschleistung die Zählrate von Fluktuationsimpulsen gemessen, welche eine vorgegebene Spannungsschwelle U überschreiten; ihr Zusammenhang mit der zu messenden Temperatur ist durch Gl. (1/74) gegeben.

c) Am besten ist im Tieftemperaturbereich die *Korrelationsmethode* geeignet, deren Prinzip in Bild 1.10 wiedergegeben ist. Dieses zuerst von *Fink* [1.16] im Jahre 1959 vorgeschlagene Verfahren (s. a. *Kamper* [1.28]) geht davon aus, daß das vom Meßwiderstand erzeugte Rauschsignal in zwei identischen Verstärkern verarbeitet und das durch einen Multiplikator erzeugte quadratische Zeitmittel $\langle u_r^2 \rangle$ *nicht* durch die unkorrelierten Rauschspannungen der Einzelverstärker verdeckt wird.

Storm [3.326] konnte theoretisch nachweisen, daß bei Temperaturen oberhalb von 1 K mit einer Meßunsicherheit von 10 mK zu rechnen ist. Für einen Meßwiderstand von 6,5 kΩ beträgt die Rauschspannung in einem Frequenzband von 40 kHz nur 12 nV, so daß auch die durch Streufelder induzierten Spannungen sorgfältig abgeschirmt werden müssen. In Bild 2.85 ist der von *Brophy* et al. [1.10] untersuchte Korrelationsverstärker dargestellt, dessen Eingangsrauschpegel im Frequenzband 0,01 bis 10 kHz zwischen $5 \cdot 10^{-15}$ und 10^{-19} V²/Hz liegt.

3.8.3 SQUID-Rauschthermometer

Bei dieser Methode, die ausführlich von *Giffard* et al. [3.128] beschrieben und deren Grundlagen bereits in Abschn. 3.4.3 behandelt wurden, wird der von einem temperaturunabhängigen Widerstand nach Gl. (3/150) erzeugte Rauschstrom $i_r(t)$ durch eine Induktivität geleitet und die damit verbundene Flußänderung durch ein SQUID-Magnetometer nach Abschn. 3.4.3.8 gemessen. Diese Flußänderung berechnet sich zu

$$\Phi(t) = Li_r(t) = Lu_r(t)/R,$$

wenn R der Meßwiderstand und L die Eingangsinduktivität der primären SQUID-Spule ist. Durch einen Rückkopplungskreis wird ein gleich großer, aber entgegengesetzt gerichteter Fluß im SQUID-Detektor erzeugt, der als Nullinstrument mit äußerst kleinem Rauschwiderstand wirkt. In Bild 3.127 ist das Prinzipschema dieser Meßmethode dargestellt.

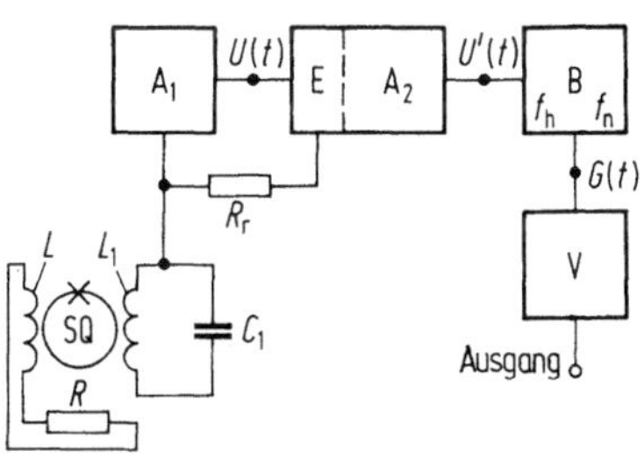

Bild 3.127. Blockschaltbild des Rauschthermometers mit einem SQUID

Der Meßwiderstand R befindet sich am Meßobjekt und ist durch supraleitende Drähte mit der Induktivität L des SQUID SQ verbunden, dessen Temperatur konstant 4,2 K beträgt. Die infolge der an R auftretenden Rauschspannung hervorgerufenen Stromschwankungen berechnen sich zu

$$\langle i_r^2(f) \rangle = \frac{\langle u_r^2(f) \rangle}{R^2 + \omega^2 L^2} \Delta f = \frac{4kT}{R} \frac{\Delta f}{1 + \omega^2 \tau^2}, \tag{3/154}$$

wenn $\omega = 2\pi f$, $\tau = L/R$ und Δf die Bandbreite des Rückkopplungsverstärkers A_1 ist, der als Eingangsimpedanz den Schwingungskreis L_1C_1 enthält und bei einer Frequenz f zwischen 10 und 20 MHz arbeitet. Für $u_r = 0$ kann das verstärkte Ausgangssignal $U(t)$ Werte annehmen, die nach Bild 3.84 Flußdifferenzen von der Größe Φ_0 entsprechen. In der Praxis wird die Vorspannung mit Hilfe der regelbaren Spannungsquelle E in die Nähe von Null eingestellt, um den nachfolgenden Gleichspannungsverstärker A_2 nicht zu übersteuern. Eingangskreis von SQ, Konstantflußregelung und nachfolgende Verstärker lassen sich durch eine Übergangsfunktion G beschreiben, welche als Quotient der Ausgangsspannung $U'(t)$ zum Eingangsstrom $i(t)$ definiert ist. Dieser direkt meßbare Parameter ist in dem interessierenden Frequenzbereich unabhängig von f. Das aktive Bandfilter B läßt nur Signale im Frequenzbereich $f_h - f_n$ passieren, die in einem integrierenden und Mittelwertspannungsmesser V verstärkt und ausgegeben werden. Von *Webb* et al. [3.358] sind die entsprechenden Beziehungen hierfür abgeleitet worden; als Ausgangsspannung $\langle U_a^2(t) \rangle$ wird der Ausdruck

$$U_a^2(t) = \int_0^\infty \frac{4kTR}{R^2 + \omega^2 L^2} G^2 F \, df + B \tag{3/155}$$

erhalten, dessen erster Term der Gl. (3/150) entspricht, die durch die Impedanz des RL-Kreises dividiert und durch die Übergangsfunktion G und die Frequenzkurve F des Filters modifiziert wird. Die Größe B stellt das Eigenrauschen des SQUIDs dar; sie kann durch passende Wahl der Parameter R, L und R_r auf z. B. 50 μK reduziert werden.

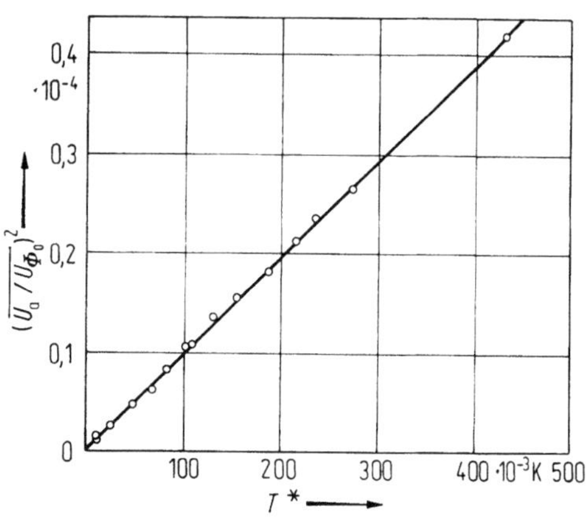

Bild 3.128. Quadrierte Rauschspannung für $R = 3$ μΩ im Vergleich zur magnetischen Temperatur eines CMN-Thermometers

Soll diese Methode als *absolutes* Thermometer benutzt werden, müssen alle in Gl. (3/155) enthaltenen Parameter experimentell bestimmt oder berechnet werden. Eine vollständige Beschreibung dieser Prozedur wird von *Webb* et al. [3.357] geliefert. Der zweite Weg besteht in der Benutzung eines thermometrischen Fixpunktes, um das Instrument als *sekundäres* Thermometer anzuwenden. In beiden Fällen dürfen sich R und andere Parameter nicht mit der Temperatur ändern. Für eine vorgegebene Integrationszeit gibt es für jede Meßanordnung eine durch die statistische Unsicherheit bestimmte *untere Meßgrenze* T_{min}, welche auch die Meßgenauigkeit bestimmt.

Bei der praktischen Anwendung dieses Meßprinzips wird von *Giffard* et al. [3.128] als Meßwiderstand R ein Streifen Manganinblech von etwa 3 $\mu\Omega$ Widerstand benutzt, der Nb-Zuleitungen zur Eingangsspule L des SQUIDs besitzt und als Wickel in ein Cu-Ni-Röhrchen eingekittet wird. Bei einer Zeitkonstanten $\tau = 1$ s ($L = 3$ μH), einem Verstärkungsfaktor von A_2 von etwa 2000 und einer Integrationszeit von 10 s für das integrierende Voltmeter V in Bild 3.127 wird das in Bild 3.128 dargestellte Ergebnis erhalten. Auf der Ordinate ist das auf eine Flußänderung Φ_0 bezogene Ausgangssignal als Funktion der mit einem CMN-Thermometer (vgl. Abschn. 3.4.4.2) gemessenen Temperatur dargestellt. Als untere Meßgrenze $T_{\min}$ wird hierfür $+0{,}8 \pm 1{,}3$ mK, als Meßunsicherheit $\pm 3\%$ angegeben. Mit einem zweiten Thermometer mit $T_{\min} = 0{,}05$ mK wird ein CMN-Thermometer von *Webb* et al. [3.356] bis herab auf 1,7 mK verglichen; die entsprechende Eichkurve ist in Bild 3.97 dargestellt.

Solche Vergleiche zeigen, daß mit dem SQUID-Rauschthermometer eine Meßgenauigkeit von 1% zwischen einigen Millikelvin und 20 K erreichbar ist, wobei das Eigenrauschen kleiner als 0,1 mK angenommen werden kann. Absolute Temperaturen lassen sich etwas weniger genau bestimmen, da die Ermittlung der Eichparameter schwierig ist.

3.8.4 Josephson-Effekt und Rauschthermometrie

Die durch sehr dünne Isolationsschichten getrennten supraleitenden Kreise zeigen neben dem in Abschn. 3.4.3.5 besprochenen Interferenzphänomen eine zweite, von *Josephson* 1962 vorausgesagte Eigenschaft [3.171], bei Anlegen einer Gleichspannung U eine HF-Spannung mit der Frequenz

$$f = 2eU/h = U/\Phi_0 \tag{3/156}$$

zu erzeugen. Dabei stellt $\Phi_0 = h/2e = 2 \cdot 10^{-15}$ Vs das magnetische Flußquantum (Abschn. 3.4.3.5) dar. Solche Josephson-Dioden lassen sich nach *Kamper* et al. [3.173] durch Aufdampfen von Nb- und Pb-Filmen im Ultrahochvakuum auf ein Saphirsubstrat bei 400 °C herstellen, wobei die Isolationsschicht aus Nb-Oxid gebildet wird und zwischen 1 und 2 nm dick sein soll. In Bild 3.129 ist die Strom-

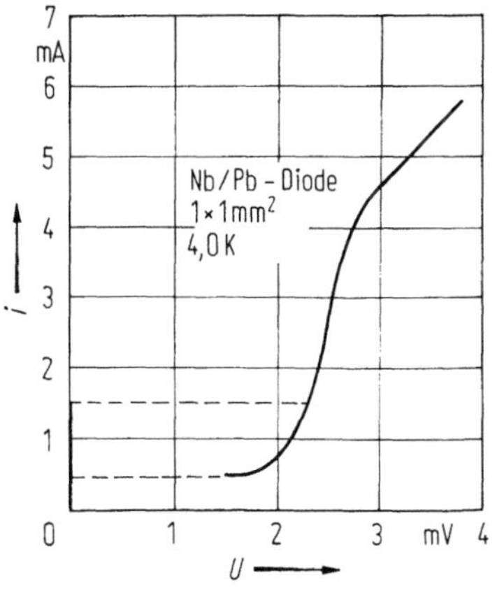

Bild 3.129. i,U-Kennlinie einer Josephson-Tunneldiode

Spannungskennlinie einer Pb/Nb-Tunneldiode bei $T = 4$ K dargestellt. Der bei $U = 0$ fließende Strom hängt stark von der Orientierung gegenüber dem magnetischen Erdfeld ab, d. h. von der durch Gl. (3/92) ausgedrückten Differenz der Teilchenwellenphasen. Dies ist der Beweis, daß es sich um den Josephson-Effekt handelt, bei dem Cooper-Paare durch die Isolierschicht tunneln. Die Dicke dieser Schicht sollte etwa 1 bis 3 nm betragen, was einem Diodenwiderstand von 1 Ω oder weniger für eine Tunnelfläche von 1 mm² bei 4 K entspricht.

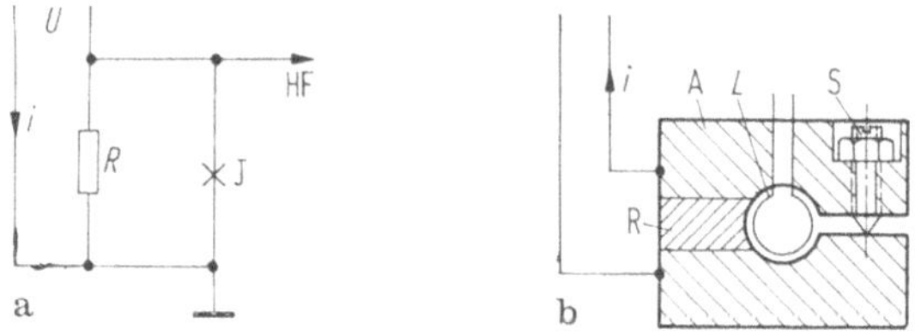

Bild 3.130. Prinzip des Rauschthermometers mit Josephson-Tunneldiode

Im gestrichelten Spannungsbereich von Bild 3.129 lassen sich nach Gl. (3/156) Wechselspannungen der Frequenz f durch eine angelegte Spannung U anregen; für $U = 0{,}1$ μV ergibt sich eine Frequenz von $f = 50$ MHz. Mit der in Bild 3.130a dargestellten Prinzipschaltung kann man diesen Effekt zur Messung der äußerst kleinen Rauschspannungen ausnutzen. Die Josephson-Diode J ist über induktionsarme Zuleitungen ($L < 10^{-9}$ H) mit dem Widerstand $R = 10$ μΩ verbunden, der von einem Gleichstrom i durchflossen wird und eine Wechselspannung der Frequenz $f = iR/\Phi_0$ erzeugt. Zusätzlich entsteht in R nach Gl. (3/150) infolge des thermischen Rauschens die Spannung u_r, die sich zur angelegten Spannung addiert und neben der Grundfrequenz iR/Φ_0 ein Frequenzband

$$\Delta f = 4\pi kTR/\Phi_0^2 = 4 \cdot 10^7 RT \qquad (3/157)$$

erzeugt. In Bild 3.130b ist die praktische Ausführung dieses Meßkreises in einem Beispiel dargestellt. Die Tunneldiode besteht aus den Blöckchen A aus Niob, dem temperaturunabhängigen Widerstand R aus Si-Bronze und dem Josephson-Kontakt, der durch die oxidierte Nb-Schraube S und dem Unterteil von A gebildet wird. In der Bohrung dieses supraleitenden Kreises befindet sich die Induktionsschleife L zur Auskopplung der erzeugten Wechselspannung. Durch den Gleichstrom i wird die Grundfrequenz f festgesetzt. Anstelle der Scheibe aus Si-Bronze ist auch eine Schicht aus Pb-Sn-Lot brauchbar.

Das durch die Josephson-Diode erzeugte Wechselspannungssignal muß verstärkt werden; seine Frequenz wird mit einem elektronischen Zähler innerhalb eines festen Zeitintervalls τ gemessen. Die gesuchte Rauschspannung erscheint direkt als Schwankung der Zählrate, deren mittlere quadratische Abweichung durch die Beziehung

$$\sigma^2 = \overline{(f - \bar{f})^2} = 2kRT/\tau\Phi_0^2 = 6{,}4 \cdot 10^6 RT/\tau \qquad (3/158)$$

gegeben ist, wenn $\bar{f}$ die momentane, durch das Rauschen beeinflußte Josephson-Frequenz bedeutet.

3.8.5 Rauschthermometer mit Josephson-Diode [3.246]

Bei dieser ausführlich von *Kamper* und *Zimmerman* [1.29] diskutierten Methode wird Gl. (3/158) als Meßvorschrift benutzt, die erstmals 1967 von *Silver* et al. [3.308] experimentell bewiesen werden konnte. In Bild 3.131 ist das Prinzipschema der hierfür geeigneten Meßanordnung dargestellt. Die im Diodenkreis, der aus dem Meßwiderstand R und der Josephson-Tunneldiode J besteht, durch den Spannungsabfall iR erzeugte HF-Spannung wird über die Koppelschleife L auf den Schwingkreis L_1C_1 übertragen, dessen Resonanzfrequenz z. B. 30 MHz beträgt. Hierzu wird der Strom i, der einer Batterie E entnommen wird, über den Regelwiderstand R_1 auf den entsprechenden Wert eingestellt, so daß die Diode bei einer Schwebungsfrequenz von etwa 5 kHz oszilliert. Der Resonanzkreis wird durch den HF-Oszillator O mit 30 MHz erregt. Das resultierende amplitudenmodulierte HF-Signal wird in A_1 verstärkt und durch die Diode D demoduliert. Die daraus entstehende NF-Spannung wird in A_2 nochmals verstärkt und dem Frequenzzähler Z zugeführt, dessen Zählrate im Schreiber S registriert und

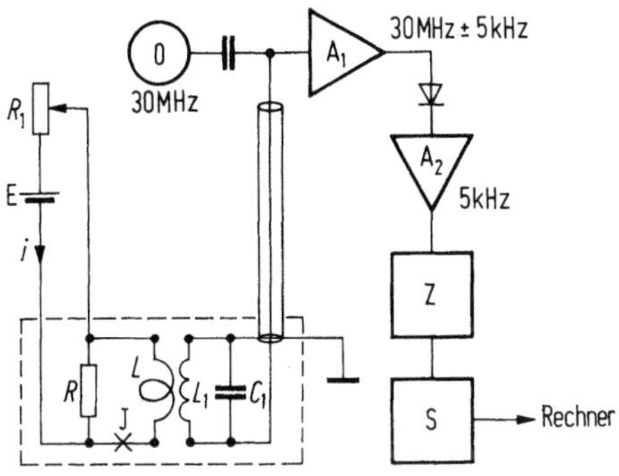

Bild 3.131. Rauschthermometer mit Josephson-Tunneldiode

zum Rechner geleitet wird. Mit einem einfachen Computerprogramm wird aus der quadrierten Abweichung der Zählrate von der Resonanzfrequenz die Rauschtemperatur berechnet.

Die bei dieser Meßmethode auftretenden *Meßfehler* hängen einmal von der Integrationszeit τ des Frequenzzählers Z, zum andern von magnetischen Streuflüssen ab, welche vom Josephson-Kreis aufgenommen werden. Ersterer liefert eine quadratische Abweichung der Größe

$$\sigma_z^2 = 1/6\tau^2, \tag{3/159}$$

die sich zu σ^2 nach Gl. (3/158) addiert und einem Temperaturfehler

$$\delta T = T(\sigma_z^2/\sigma^2) = \Phi_0^2/(12kR\tau) \tag{3/160}$$

entspricht. Dieser Fehler läßt sich leicht abschätzen und bei der Ermittlung der wahren Temperatur berücksichtigen.

Zur Unterdrückung äußerer Störfelder ist die von *Kamper* [1.28] angegebene und in Bild 3.132 dargestellte Konstruktion der Josephson-Sonde besonders geeignet, da der torusförmige Hohlraum, in dem sich die toroidale Induktivität L befindet, magnetisch vollkommen durch die Blöckchen A und B aus Niob abgeschirmt ist. Der aktive Meßwiderstand R besitzt die Form eines kleinen Bechers und besteht aus Si-Bronze; nach dem Schema des Bildes 3.131a wird zwischen dem Nb-Innenkern C und dem (geerdeten) Außenteil B die Vorspannung U angelegt, welche die Trägerfrequenz f bestimmt. Der Josephson-Kontakt J wird — wie in Bild 3.131b — von der Niobschraube S (0,6 mm Durchmesser), deren Spitze oxidiert ist, gebildet. Das ungeerdete Ende von L wird als Nb-Draht D mit Teflon-Isolation und einer Schutzhülle aus Blei (H) nach außen geführt. Die Meßzelle selbst muß sich als Ganzes auf der zu messenden Temperatur befinden und ist auf der Unterlage aus Cu (E) befestigt.

Nach einer einfachen Berechnung [3.173] ergibt sich der Temperaturmeßfehler ΔT, der bei der hier beschriebenen Methode der Frequenzzählung auftritt, zu

$$\Delta T = T\sqrt{2/n}, \tag{3/161}$$

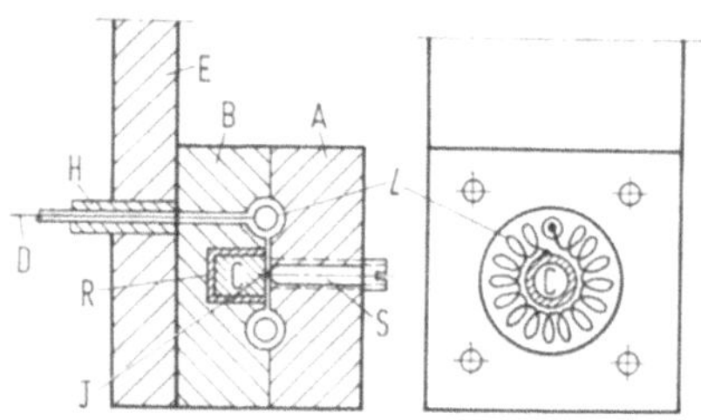

Bild 3.132. Rauschmeßzelle. Nach *Kamper* [1.28]

wenn n die Anzahl der Meßvorgänge bedeutet, aus denen die Größe σ^2 nach Gl. (3/158) berechnet wird. Darin liegt der größte Nachteil dieses Thermometers: für $\Delta T/T = 0{,}01$ findet man aus Gl. (3/161) die erforderliche Zahl der Einzelmessungen zu $n = 2(T/\Delta T)^2 = 2 \cdot 10^4$. Bei einer Meßzeit $\tau = 1$ s für die einzelne Frequenzmessung wird die Gesamtmeßzeit $t = n\tau = 6$ h! Soll eine Temperatur $T = 10$ mK gemessen werden, so wird $\delta T = 0{,}1$ mK und es ergibt sich aus Gl. (3/160) die Größe des Widerstandes R zu 2,58 $\mu\Omega$.

Mit dem Rauschthermometer nach Bild 3.132 sind Temperaturen bis herab zu 20 mK gemessen worden, die auf $\pm 10\%$ mit den Werten eines CMN-Thermometers übereinstimmten. Über weitere Vergleichsmessungen, s. Abschn. 3.8.6.

Donaldson und *Band* [3.105] benutzen die U,i-Kennlinie einer supraleitenden Tunneldiode mit dünner (2 nm) Isolationsschicht zur Temperaturmessung, wobei die Gegenelektrode normalleitend ist und als Meßgröße der Gradient $(\delta i/\delta U)_U$ dient. Der Meßbereich hängt vom Sprungpunkt des Supraleiters ab und erstreckt sich für eine Pb-Tunneldiode zwischen 1 und 3 K.

3.8.6 Vergleich mit Kernthermometern

Das Rauschthermometer ist im Prinzip ein *absolutes* Instrument, dessen Eichkonstante durch einfache Messungen ermittelt werden kann. Trotzdem wird es oft zusätzlich mit magnetischen Thermometern, insbesondere CMN-Thermometern und NO-Thermometern verglichen oder innerhalb eines bestimmten Temperaturbereiches geeicht.

Von *Webb* et al. [3.357] werden experimentelle Anordnungen beschrieben, mit denen das SQUID-Rauschthermometer (Abschn. 3.8.3) mit einem CMN-Thermometer unterhalb von 20 mK verglichen werden kann. Ergebnisse solcher Vergleichsmessungen sind in Bild 3.97 wiedergegeben. Von *Kamper* et al. [3.174] ist ein Rauschthermometer mit $R = 7\,\mu\Omega$ und $\tau = 1$ s mit einem CMN-Thermometer bis herab zu 23 mK verglichen worden. Neuere Vergleichsmessungen mit einem Co-Orientierungsthermometer (Abschn. 3.5.5) stammen von *Marshak* et al. [3.223; 3.224] und *Soulen jr.* et al. [3.315] und erstrecken sich zwischen 15 und 50 mK. Als Rauschthermometer wurde die Anordnung nach Bild 3.132 benutzt und großer Wert auf eine sehr geringe Temperaturabhängigkeit des Meßwiderstandes ($dR/dT = 8 \cdot 10^{-11}\,\Omega$/mK) sowie guten thermischen Kontakt mit dem Vergleichsinstrument gelegt. Dieses bestand aus ^{60}Co in einem ^{59}Co-Einkristall und 10 μCi Aktivität, dessen γ-Strahlen-Anisotropie sorgfältig gemessen wurde. In Bild 3.133 ist die Differenz $T_\gamma - T_r$, der mit dem NO- und Rauschthermometer gemessenen Temperaturen über der Mitteltemperatur aufgetragen. Im Mittel beträgt die Abweichung höchstens 1%; etwa 2/3 aller Meßwerte liegen in einem Fehlerbereich von $\pm 0{,}5\%$. Diese Übereinstimmung wird besonders oberhalb von 35 mK als befriedigend angesehen, wo das NO-Thermometer zunehmend unempfindlicher wird.

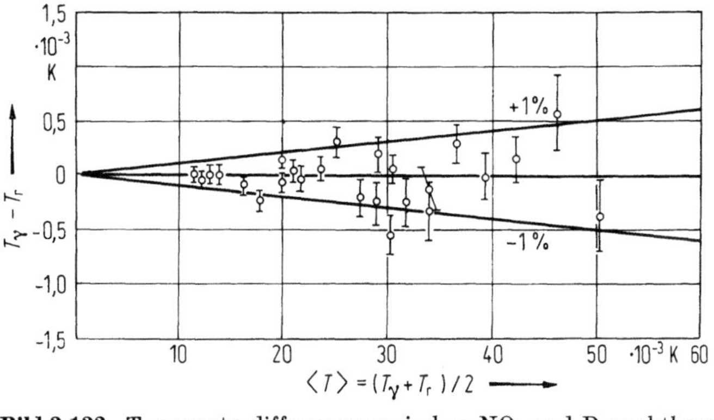

Bild 3.133. Temperaturdifferenzen zwischen NO- und Rauschthermometer

Die gegenwärtige untere Meßgrenze der Rauschthermometer liegt im Millikelvinbereich, wenngleich sie — wenigstens im Prinzip — noch weiter gesenkt werden kann. Dem stehen weniger Probleme der Empfindlichkeit oder Meßzeit, sondern solche des etwa mit T^{-3} wachsenden thermischen Widerstandes zwischen dem Meßwiderstand und dem Meßobjekt, z. B. dem CMN-Salz für den Temperaturvergleich oder für die adiabatische Abkühlung, entgegen.

3.9 Schmelzkurve und osmotischer Druck von ^{3}He

[3.159; 3.246]

Es wurde bereits in den Abschn. 1.6.4 und 3.4.4.3 darauf hingewiesen, daß die Schmelzdruckkurve von ^{3}He zwischen 319 und einigen Millikelvin als Eichkurve für Thermometer benutzt werden kann. Wie in Bild 1.9 dargestellt, bildet sie vom Minimumsdruck bei 0,319 K ausgehend eine parabelförmige, stetige Kurve, welche die Phasengrenze zwischen festem und flüssigem Zustand darstellt. Durch genaue Druckmessungen läßt sich der Phasenübergang zu thermometrischen Messungen heranziehen.

Bei der in Abschn. 1.6.3 kurz erwähnten Temperaturmeßmethode mit Hilfe des osmotischen Druckes wird die durch Gl. (1/70) definierte osmotische Druckdifferenz, die sich zwischen $^4He/^3He$-Lösungen unterschiedlicher ^3He-Konzentration einstellt, als Meßgröße für die Temperatur benutzt. Beide Verfahren eignen sich besonders für solche Systeme, in denen die Temperatur in ^3He oder $^3He/^4He$-Lösungen selbst bestimmt werden sollen.

3.9.1 Eigenschaften von festem und flüssigem ^3He [3.366]

Helium-3 existiert entweder als Flüssigkeit oder in der festen Phase bis herab zu $T = 0$; im *festen* Zustand mit dem Kernspin $I = 1/2$ besteht infolge der relativ großen Nullpunktsschwingungen eine Spin-Spin-Wechselwirkung mit einer charakteristischen Energie um etwa 0,7 mK. Die Entropie des festen ^3He ist daher zwischen 10 und 500 mK ziemlich hoch ($S = R \ln 2$) und temperaturunabhängig,

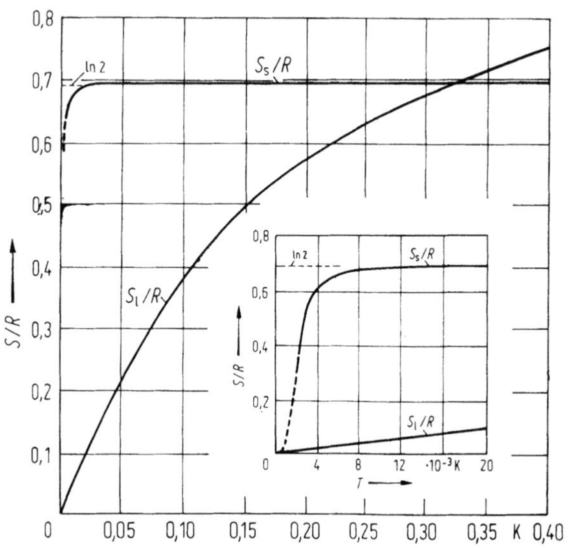

Bild 3.134. Entropie von festem (s) und flüssigem (l) ^3He

während sie mit sinkender Temperatur abnimmt. Im *flüssigen* Zustand ist ^3He infolge der größeren Beweglichkeit der Atome bereits bei höheren Temperaturen entartet, d. h. geordnet und sinkt die Entropie unterhalb von 0,3 K schnell. Wie aus dem S,T-Diagramm des Bildes 3.134 hervorgeht, ist unterhalb von etwa 0,32 K die Entropie S_s der festen Phase immer größer als die Entropie S_l der Flüssigkeit.

Wird ^{3}He in eine Druckkammer mit flexiblen Wänden eingeschlossen, kann durch Druckanwendung *eine* Phase vollständig in die andere isentropisch umgewandelt werden. Wird auf dieses System die Clausius-Clapeyron-Gleichung angewandt, so gilt

$$\mathrm{d}p_\mathrm{m}/\mathrm{d}T = (S_\mathrm{l} - S_\mathrm{s})/(V_\mathrm{l} - V_\mathrm{s}) = \Delta S/\Delta V_\mathrm{m}, \tag{3/162}$$

wenn V_l und V_s die Molvolumina der flüssigen und festen Phase und ΔV_m ihre Differenz beim Schmelzvorgang sind. Durch Integration der Gl. (3/162) läßt sich prinzipiell die Schmelzkurve $p_\mathrm{m}(T)$ gewinnen, die — wie aus Bild 1.9 hervorgeht — bei $T_\mu = 319$ mK ein Minimum für den Gleichgewichtsdruck $p_\mathrm{m}(T_\mu) = 29{,}3$ bar besitzt. *Scribner* und *Adams* [3.303] haben den Vorschlag eingehend diskutiert, die ^{3}He-Schmelzkurve zwischen 2 und 300 mK als Temperaturskala zu benutzen.

In Tabelle 3.28 sind neuere Messungen von $p_\mathrm{m}(T_\mu)$ und T_μ zusammengestellt; als genaueste Werte gelten $T_\mu = 318 \pm 3$ mK sowie $p_\mathrm{m}(T_\mu) = 29{,}31$ bar.

Tabelle 3.28. Daten des Schmelzdruckminimums von ^{3}He

Autoren	Datum	$p_\mathrm{m}(T_\mu)$ in bar	T_μ in mK
Mills et al.	1961	29,29 ± 0,02	323 ± 5
Anderson et al.	1963	29,33 ± 0,07	319 ± 5
Zeisse	1968	29,5 ± 0,3	299 ± 21
Scribner et al.	1969	29,32 ± 0,03	318 ± 6
Grilly et al.	1971	29,32 ± 0,003	319 ± 3

In mehreren Arbeiten ist versucht worden, aus theoretischen Ansätzen für die Molvolumina V_l und V_s in Gl. (3/162) den Nenner quantitativ zu erfassen. *Johnson* et al. [3.170] haben mit Hilfe der thermischen Ausdehnung α_l bei konstantem Druck und dem Molvolumen V_l der flüssigen Phase mit Hilfe der Beziehung

$$(\partial S_\mathrm{l}/\partial p)_T = -V_\mathrm{l}\alpha_\mathrm{l}$$

die entsprechende Entropie S_l zu berechnen versucht. Für den Wert ΔV_m in Gl. (3/162) wird von *Grilly* [1.21] der Wert 1,30 cm^3/mol ,von *Halperin* 1,314 ± 1% cm^3/mol bei 20 mK angegeben. Aus diesen Daten und neueren Berechnungen der Entropien S_l und S_s läßt sich die noch bestehende Unsicherheit für $\mathrm{d}p_\mathrm{m}/\mathrm{d}T$ angeben; die genauesten Angaben sind zwischen 10 und 40 mK zu erwarten, wo $S_\mathrm{s} \gg S_\mathrm{l}$ ist, wie aus Bild 3.134 hervorgeht.

3.9.2 Neuere Bestimmungen der ^{3}He-Schmelzkurve

Die von *Mills* et al. [3.235] und *Anderson* et al. [3.21] erzielten Meßresultate für $p_\mathrm{m}(T_\mu)$ und T_μ sind in Tabelle 3.28 enthalten; sie sind auf noch tiefere Temperaturen ausgedehnt worden, wobei zur Druckmessung Dehnungsmeßstreifen angewandt wurden. Mit kapazitiven Druckmeßdosen nach *Zeisse* [3.378] können *in situ* Druckmessungen mit sehr viel höherer Empfindlichkeit durchgeführt werden; ihr Meßfehler beträgt zwischen 12 und 600 mK etwa 60 mbar. Vergleichbare Messungen wurden von *Scribner* et al. [3.304] ausgeführt; ihre Ergebnisse stimmen gut mit der theoretisch berechneten Schmelzkurve überein. Mit einer Empfindlichkeit der kapazitiven Druckmessung von 0,02 mbar ist eine Absolutgenauigkeit von 30 mbar erreichbar.

Der Temperaturbereich zwischen 3 und 40 mK wurde von *Johnson* et al. [3.170] erforscht, wobei zur Eichung ein CMN-Thermometer zwischen 20 und 38 mK diente und Gl. (3/162) zur Interpolation herangezogen wurde. Schließlich sind in Tabelle 3.28 die von *Grilly* [1.21] erhaltenen Daten aufgeführt, die eine sehr hohe Genauigkeit beanspruchen dürfen. Die von ihm durchgeführte Integration der Clausius-Clapeyron-Gleichung beruht auf korrigierten ΔV_m-Messungen von *Scribner* et al. sowie auf dem Wert $S_s = R \ln 2$ und den S_l-Messungen von *Anderson* et al.

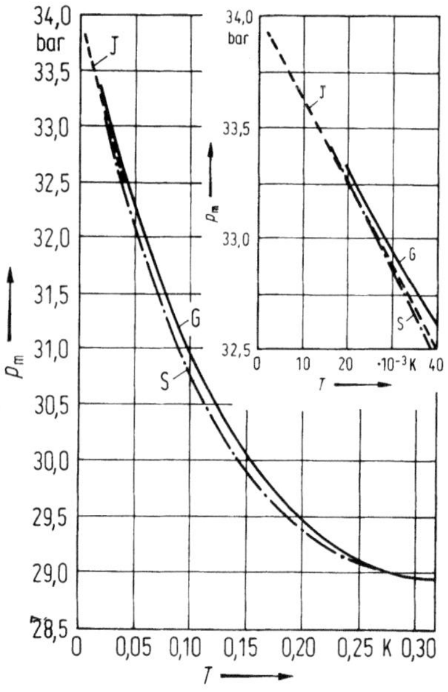

Bild 3.135. Schmelzkurve von ^{3}He. Nach Messungen von *Grilly* (G), *Scribner* et al. (S) und *Johnson* et al. (J)

In Bild 3.135 sind die experimentellen Daten von $p_m(T)$, die von *Scribner* et al. [3.304] erhalten wurden, die von *Grilly* konstruierte Kurve und die bei sehr tiefen Temperaturen erhaltenen Werte von *Johnson* et al. [3.170] aufgenommen. Der heutige Stand befriedigt noch nicht höhere Genauigkeitsanforderungen; die Differenzen zwischen den verschiedenen Kurven liegen für 40 mK Meßtemperatur bei etwa 5 mK.

Der von einigen Autoren theoretisch und experimentell behandelte Einfluß starker magnetischer Felder auf den Verlauf der Schmelzkurve ist gering und beträgt z. B. bei 20 mK in einem Feld von 6T 0,03 ± 0,006 bar.

3.9.3 Messung des Schmelzdruckes

Bei bekannter Schmelzdruckkurve ist die erzielbare Meßgenauigkeit für die Temperaturbestimmung lediglich von der Genauigkeit der Druckmessung abhängig. Als erster wird dieser Vorschlag von *Scribner* und *Adams* [3.302] verfolgt, deren kapazitive Meßzelle in Bild 3.136 dargestellt ist. Die mit ^3He gefüllte Probenkammer wird vom zylindrischen Fortsatz B des Kryostaten (z. B. Entmischer) und der Bohrung der aus Be-Cu hergestellten Meßzelle A gebildet. Der Boden dieser Zelle besteht aus der 1,1 mm starken Membran M von 13 mm Durchmesser, die sich unter dem Meßdruck elastisch durchwölbt. Am zylindrischen Fortsatz von M ist isoliert die bewegliche Elektrode E_1 befestigt, der im Abstand von nur 0,01 mm, der durch die Isolierfolie I gewährleistet ist, die feste Elektrode E_2 gegenübersteht, die ebenfalls gegen A isoliert ist. Die beiden Elektroden und das elektrisch geerdete Meßzellengehäuse bilden einen abgeschirmten Differentialkondensator, wobei E_1 und E_2 durch koaxiale Leitungen mit der Kapazitätsmeßbrücke verbunden sind. Dieses Meßverfahren hat den großen Vorteil, daß die Streukapazitäten zwischen den Leitungen ohne Einfluß sind; kleine Änderungen $\Delta C/C = 10^{-8}$ sind noch nachweisbar.

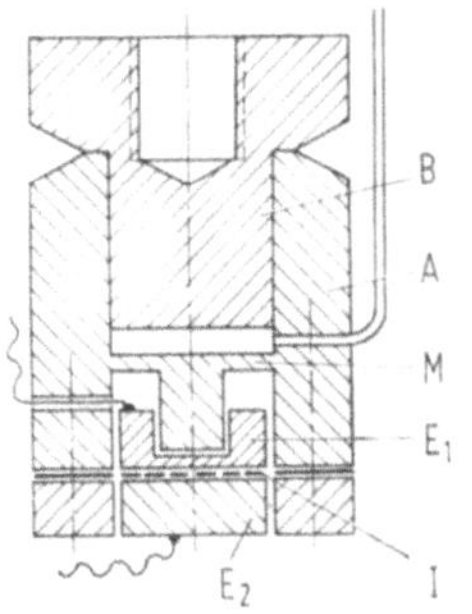

Bild 3.136. Kapazitive Druckmeßzelle für ^3He-Schmelzdruckmessung

Die Meßzellen werden bei 4 K z. B. mit überkritischem ^4He geeicht; bei sehr tiefen Temperaturen unterhalb von 10 mK sind hierzu auch die Phasenübergänge des superfluiden ^3He als Fixpunkte ausnutzbar. Für die A-Phase sind die entsprechenden Werte $T_A = 2{,}752$ mK und $p_A = 34{,}342$ bar.

Eine Mischung von festem und flüssigem ^3He mit der mittleren Dichte 0,12 g/cm^3, die in das konstante Meßvolumen eingeschlossen ist, eignet sich zwischen 0,8 K und der tiefsten erreichbaren Temperatur zu deren Messung. Das Meßvolumen wird entweder durch ein Nadelventil geschlossen oder man bringt die Füllkapillare L auf tiefere Temperatur und verschließt sie durch den sich bildenden Pfropfen aus festem ^3He. Der sich einstellende Druck bei Änderung der Temperatur entspricht immer dem Schmelzdruck p_m, dessen Änderung mit der Meßzelle gemessen wird. Die noch nachweisbaren geringsten Druckänderungen betragen 2 μbar, was einer Temperaturauflösung von 0,1 μK entspricht.

Neben der hohen Nachweisempfindlichkeit besitzt dieses Thermometer die Vorteile verschwindender Hysteresis und Meßleistung, der schnellen Anzeige und kleinen Wärmekapazität, die ausschließlich durch die wenigen Kubikmillimeter von ^3He bestimmt ist. Aus Messungen von *Halperin* et al. [3.142] läßt sich die Schmelzdruckkurve zwischen 3 mK und 0,1 K durch die Beziehung

$$p_m(T) = p_A + 0{,}6359 \cdot 10^{-7}T^{-2} - 0{,}1044 \cdot 10^{-3}T^{-1} + 0{,}1492 - 43{,}86T + 137{,}0T^2 - 65{,}38T^3 - 1590T^4 + 6395{,}0T^5 \text{ (bar)}$$

ausdrücken, worin $p_A = 34{,}342$ bar.

Grilly [1.21] benutzt für seine p, V, T-Messungen an festem und flüssigem ^{3}He eine aus Be-Cu (Berylco-25) hergestellte Meßzelle, bei der die Membran 3,8 cm Durchmesser hat und 1,90 mm dick ist. Das Problem der thermischen Ankopplung der Meßzelle an das Meßobjekt läßt sich im allgemeinen mit der Anordnung nach Bild 3.136 befriedigend lösen. Vielfach wird das Schmelzdruckthermometer (vgl. *Straty* und *Adams* [3.327]) bei Messungen an flüssigen oder festen ^{3}He oder ^{3}He/^{4}He-Mischungen integriert, sofern das thermische Gleichgewicht gesichert ist.

Von *Corruccini* et al. [3.90] wird eine zerlegbare Meßzelle für den ^{3}He-Schmelzdruck beschrieben, die ebenfalls auf der kapazitiven Messung von p_m beruht und alternativ an das Meßobjekt, z. B. einen Entmischerkryostaten, angeflanscht werden kann. Besondere Sorgfalt wird auf die thermische Ankopplung der eigentlichen Meßkammer verwendet, die durch einen Sinterkörper aus Reinsilberkügelchen verbessert wird, der mit flüssigem He gefüllt ist. Die Temperaturauflösung dieser Meßanordnung beträgt unterhalb von 100 mK etwa 10 μK.

3.9.4 Schmelzdruckkurven

Für eine Mischung aus festem und flüssigem ^{3}He an der Phasengrenze bewirkt die Zufuhr einer Wärmemenge ΔQ Änderungen Δp, ΔV und ΔT des Meßvolumens entsprechend den Beziehungen

$$\Delta Q = \Delta T(n_l c_l + n_s c_s) + \Delta n_l(s_l - s_s)\, T; \tag{3/163a}$$

$$\Delta V = \Delta n_l(v_l - v_s) - \Delta p(\varkappa_l V_l + \varkappa_s V_s). \tag{3/163b}$$

Darin beziehen sich die Indizes „l" und „s" auf die flüssige bzw. feste Phase sowie die Stoffwerte c und $\varkappa$ auf die spezifische Wärme und Kompressibilität der einzelnen Phasen; mit Δn_l sind die in den festen Zustand übergehenden Molzahlen bezeichnet. Außerdem muß Gl. (3/162) gelten, d. h.

$$\Delta p/\Delta T = (\mathrm{d}p/\mathrm{d}T)_m = (s_l - s_s)/(v_l - v_s).$$

Die effektive Wärmekapazität berechnet sich zu

$$C_{\text{eff}} = \frac{\Delta Q}{\Delta T} = n_s c_s + n_l c_l + T\frac{\mathrm{d}p}{\mathrm{d}T}\left[\frac{\Delta V}{\Delta T} + \frac{\mathrm{d}p}{\mathrm{d}T}(\varkappa_l V_l + \varkappa_s V_s)\right]. \tag{3/164}$$

Im ungünstigsten Fall, wenn $n_s = V_s = 0$, d. h. nur Flüssigkeit vorliegt, ergibt sich für $\Delta V = 0$ die spezifische Wärme zu

$$c_{\text{eff}} = C_{\text{eff}}/n_l = c_l + T(\mathrm{d}p/\mathrm{d}T)_m \varkappa_l v_l,$$

woraus mit dem Kapitza-Widerstand R_K die Relaxationszeit $\tau = R_K C_{\text{eff}}$, d. h. die Einstellzeit des Thermometers berechnet werden kann. Diese liegt bei Meßzellen nach Bild 3.136 in der Größenordnung 5 min bei 10 mK und nimmt mit wachsender Temperatur mit T^{-2} ab.

Eine weitere Möglichkeit, längs der Schmelzkurve von ^{3}He die Temperatur zu bestimmen, folgt aus der Relation

$$T = (\mathrm{d}Q/\mathrm{d}p_m)/(\mathrm{d}S/\mathrm{d}p_m) \tag{3/165}$$

in Analogie zum paramagnetischen Salz in Gl. (3/97), wenn der Schmelzdruck p_m durch die magnetische Temperatur T^* ersetzt wird.

In Tabelle 3.29 ist der Schmelzdruck von ^3He nach den heute wohl genauesten Messungen von *Scribner* und *Adams* [3.303] zwischen 10 und 600 mK als Druckdifferenz $p_m - p_m(\text{min})$ angegeben, wobei $p_m(\text{min}) = 29{,}31$ bar.

Tabelle 3.29. Schmelzdruck von ^3He

T mK	$p_m - p_m(\text{min})$ bar	dp_m/dT kbar/K	T mK	$p_m - p_m(\text{min})$ bar	T mK	$p_m - p_m(\text{min})$ bar
10	4,67	−41,62	60	2,90	200	0,431
15	4,47	−40,45	70	2,61	220	0,293
20	4,28	−39,11	80	2,35	240	0,178
25	4,07	−37,72	90	2,11	318	0
30	3,89	−36,34	100	1,887	350	0,030
35	3,72	−35,00	120	1,487	400	0,201
40	3,55	−33,69	140	1,145	450	0,491
45	3,37		160	0,856	500	0,926
50	3,21		180	0,620	600	2,160

Unterhalb von 20 mK ist das Schmelzdruckminimum zu weit entfernt, um als genauer Fixpunkt dienen zu können; der Phasenumwandlungspunkt $T_A = 2{,}73$ mK bei $p_A = 34{,}3$ bar für die superfluide Phase des ^3He ist weit besser geeignet.

3.9.5 Temperaturmessung mit Hilfe des osmotischen Druckes [3.246]

In verdünnten Lösungen von ^3He in flüssigem ^4He und reinem flüssigem ^4He, die durch ein *Superleck*, das nur von superfluidem ^4He durchströmt werden kann, verbunden sind, entwickelt sich die durch Gl. (1/70) beschriebene Druckdifferenz Π. Diese kann nach *Landau* et al. [1.31; 1.32] mit Hilfe eines geeigneten Differential-Manometers gemessen werden; in Bild 3.137 sind einige experimentelle Ergebnisse für verschiedene Konzentrationen der verdünnten Phase x_d dargestellt. Es ist daraus erkennbar, daß für sehr kleine Werte von x_d ein fast linearer Zu-

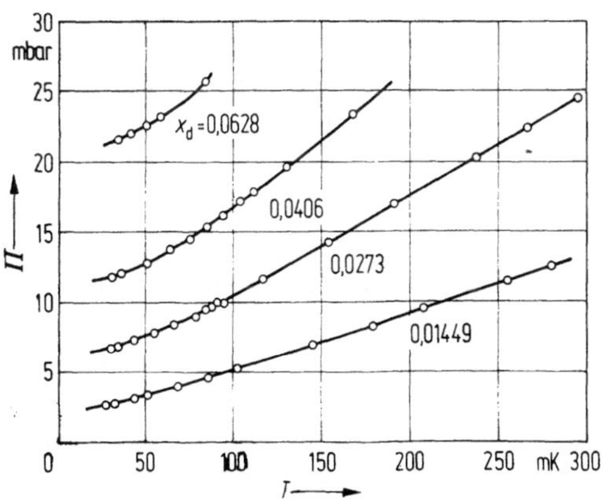

Bild 3.137. Osmotische Druckdifferenz verdünnter $^3He/^4He$-Lösungen in reinem ^4He bei $p = 25$ mbar

sammenhang von Π und der Temperatur existiert. Dieses Thermometer ist besonders nützlich, wenn die Eigenschaften verdünnter $^3He/^4He$-Lösungen in flüssigem ^4He untersucht werden sollen; der Effekt hängt nicht von äußeren Magnetfeldern ab.

Der Verlauf der osmotischen Druckdifferenz in Bild 3.137 hängt von der Meßtemperatur in bezug auf die Fermi-Temperatur T_F der Lösung ab; ihr Zusammenhang mit x_d ist durch die Beziehung

$$kT_F(x_d) = \frac{h^2}{8\pi^2 m_3^*} [3\pi^2 x_d/v]^{2/3} \tag{3/166}$$

gegeben, wenn v das mittlere Volumen pro He-Atom und m_3^* die effektive Masse der ^3He-Atome ist. Von beiden Größen hängt T_F nur schwach ab, so daß $kT_F \sim x_d^{2/3}$. Für die Gleichgewichtskonzentration bei $T = 0$, die $x_d = 0{,}064$ beträgt und für die Wirkungsweise der $^3He/^4He$-Entmischer (Abschn. 12.2) von besonderer Bedeutung ist, wird $T_F = 0{,}38$ K. Für $T \gg T_F$ ist der osmotische Druck Π durch Gl. (1/70) gegeben; für $T < T_F$ nähert er sich einem konstanten Wert $\Pi(0, x_d)$, wie aus Bild 3.137 ersichtlich ist. Für eine Konzentration $x_d = 10^{-3}$ wird $T_F = 18$ mK und $\Pi(T)$ eine lineare Funktion der Temperatur.

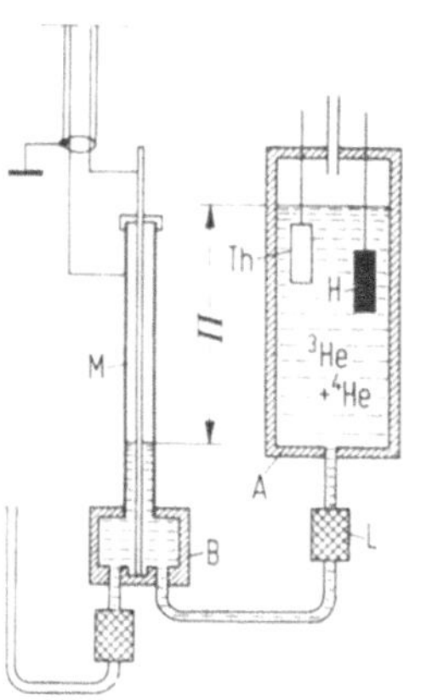

Bild 3.138. Thermometer mit Hilfe des osmotischen Drucks von $^3He/^4He$-Lösungen

Von *Rosenbaum* et al. [3.279] ist ein Thermometer angegeben worden, das auf der oben beschriebenen Meßmethode beruht. Es mißt den osmotischen Druck sehr verdünnter $^3He/^4He$-Lösungen ($x_d = 0{,}6$ bis $6 \cdot 10^{-3}$), für die der Grenzdruck $\Pi(0, x_d)$ sich zwischen 13 und 570 µbar ändert. Oberhalb von 200 mK ist $\Pi(T)$ proportional zu T und x_d, und ist mit Hilfe der ^3He-Dampfdruckskala eine Eichung möglich. Die in Bild 3.138 gezeigte Apparatur besteht aus der größeren, die $^3He/^4He$-Lösung enthaltenden Zelle A mit dem Heizer H und einem Vergleichsthermometer Th, die mit einer kleineren Zelle B mit reinem ^4He über das Superleck L aus Vycor-Glas verbunden ist. Die sich einstellende osmotische Druckdifferenz wird mit einem ^4He-Flüssigkeitsmanometer M gemessen, das als Zylinderkondensator ausgebildet ist und über die Dielektrizitätskonstante von ^4He elektrisch eine sehr genaue Messung des Flüssigkeitsstandes erlaubt (s. a. Flüssigkeitsstandmessung in Abschn. 13.4). Mit einer empfindlichen Kapazitätsmeßbrücke lassen sich noch Höhenänderungen von 1 μm nachweisen. Bei einer Länge von 10 cm kann mit dem Manometer ein maximaler Druck von 1 mbar gemessen werden; die Querschnitte von A und dem Manometerschenkel verhalten sich wie 100 : 1, so daß das Flüssigkeitsniveau in A nicht abgelesen werden muß und x_d konstant bleibt. Die Meßapparatur wird über die Fülleitung von A gefüllt; die zweite über ein Superleck aus gesintertem Cu an B angeschlossene Leitung dient zum Entleeren des Manometers.

Die maximal anwendbare Konzentration x_d beträgt etwa 0,6% für die angegebene Manometerrohrlänge; die Konzentration selbst wird aus dem Grenzdruck $\Pi(0, x_d)$ bestimmt. Das Thermometer ist besonders für Wärmeleitungsmessungen von ^{3}He-^{4}He-Lösungen und verwandte Probleme geeignet, da im Gegensatz zum CMN-Thermometer die thermische Ankopplung unproblematisch ist.

3.10 Vergleich, Einbau und Eichung der Tieftemperatur-Thermometer

[3.6; 3.295]

3.10.1 Vergleich der Tieftemperatur-Thermometer

Zu Beginn dieses Kapitels sind bereits die acht wichtigsten Forderungen, die an Tieftemperatur-Thermometer zu stellen sind, aufgeführt worden, unter denen eine ausreichende Empfindlichkeit $\mathrm{d}E/\mathrm{d}T$ in dem gewünschten Temperaturbereich, die aufzubringende Meßleistung $\dot{Q}$, sowie bei dynamischen Messungen eine kurze Einstellzeit t_a die bedeutendsten sind. Die einzelnen Meßmethoden unterscheiden sich hinsichtlich der noch meßbaren tiefsten Temperatur, dem erforderlichen Meßvolumen und — was für umfangreiche Experimente eine Rolle spielen kann — im Kostenaufwand pro Meßstelle.

Ein zweiter wesentlicher Punkt betrifft die Thermometereichung: Man unterscheidet *primäre* Instrumente oder *absolute* Thermometer, deren Anzeige nur von den unveränderlichen und reproduzierbaren Eigenschaften der Meßsubstanz auf einfache Weise ableitbar ist, wie z. B. der Schmelzdruck des ^{3}He oder das NO-Thermometer. *Sekundäre* Thermometer müssen mindestens an *einem* Fixpunkt an die IPTS-68 angeschlossen werden. In Tabelle 3.30 sind für die wichtigsten Tieftemperaturinstrumente Meßbereich bzw. untere Meßgrenze, Meßleistung und mittlere Meßzeit (von T abhängig!) zusammengestellt. Innerhalb der letzten Jahre konnte allgemein eine zunehmende Genauigkeit der meisten Verfahren erreicht werden, die bei 5 mK mit $\pm 1\%$ angegeben wird. Die in der zweiten Reihe der Tabelle aufgeführte Meßleistung ist natürlich im Zusammenhang mit der Meßtemperatur, der thermischen Ankopplung an das Meßobjekt und der durch die Meßleitungen zugeführten Wärmeleistung zu sehen.

Die Anwendung eines bestimmten Thermometertyps auf ein Meßproblem bzw. die Auswahl des geeignetsten Meßverfahrens hängt nicht zuletzt von der thermischen Impedanz $Z = \Delta T/\dot{Q}$, d. h. von dem durch die Meßleistung erzeugten Temperaturmeßfehler ΔT ab. Mit sinkender Temperatur nimmt generell die Wärmeleitfähigkeit der Isolier- und Kunststoffe ab, die meist als *Kleber* oder

Umhüllungen bei einigen Sensoren benutzt werden. Bei den Kernorientierungsthermometern (NO-Thermometer) ist die durch Absorption der emittierten γ-Quanten hervorgerufene Selbstaufheizung zu beachten, die ebenfalls das Meßergebnis fälscht.

Tabelle 3.30. Eigenschaften der Tieftemperatur-Thermometer

Thermometertyp	Meßbereich	Meßleistung $\dot{Q}$	Meßzeit t_m
Gasthermometer	1···300 K	—	10 s
Dampfdruckthermometer ^{4}He	>0,8 K	—	10 s
Dampfdruckthermometer ^{3}He	>0,3 K	—	10 s
kapazitive Thermometer	>20 mK	50 pW	20 s
Thermoelement	>0,5 K	—	5 s
Kohle-Widerstandsthermometer	>10 mK	10 fW	10 s
Ge-Widerstandsthermometer	>50 mK	10 pW	10 s
CMN-Thermometer	>3 mK	10 pW	20 s
NM-SQUID-Thermometer	>0,1 mK	0,1 fW	1,5 min
NMR-Thermometer, gepulst	>1 mK	—	10 s
CW-NMR-Thermometer	>1 mK	1 nW	1,5 min
NO-Thermometer	1,5···30 mK	30 pW	5 min
M-E-Thermometer	>20 mK	—	10 min···2 h
Rauschthermometer (SQUID)	>3 mK	—	5 h (2,5 mK)
Schmelzkurve ^{3}He	>15 mK		100 s
osmotischer Druck ^{4}He/^{3}He	>40 mK	—	50 s

3.10.2 Einbau, thermische Ankopplung

Analog zu den in Abschn. 2.9.1 angestellten Betrachtungen über die beim Thermometereinbau auftretenden Meßfehler, bilden die Herstellung eines ausreichenden Kontakts zwischen Meßobjekt und Thermometer sowie die Vermeidung von unerwünschtem Wärmezustrom auf dieses die wichtigsten Voraussetzungen für

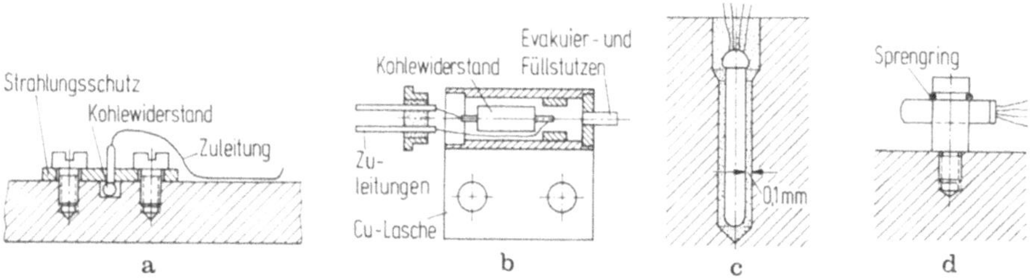

Bild 3.139. Befestigung von zylindrischen Tieftemperatur-Thermometern

eine exakte Thermometrie bei tiefen Temperaturen. Verallgemeinert läßt sich dieses Problem wegen der sehr unterschiedlichen Thermometerformen und Meßmethoden nicht behandeln. In den Abschn. 3.3.4.6, 3.5.7 und 3.4.5 wird im speziellen auf die thermische Ankopplung verschiedener Thermometer eingegangen; s. a. [3.332]. Gewöhnlich wachsen mit abnehmender Meßtemperatur die Schwierigkeiten, eine ausreichende, thermisch gut leitende Befestigung des Thermometers zu erzielen, da die Wärmeleitfähigkeit der Kleber und Kitte stark abnimmt.

Für die *Befestigung* von Kohleschicht-, Halbleiter-, Dioden- und kapazitiven Thermometern lassen sich die in Bild 3.139 dargestellten Methoden anwenden, wenn es sich um zylindrische Formen handelt. Da ihre Eichung meist getrennt in speziell hierfür geeigneten Kryostaten (Abschn. 3.10.5) vorgenommen wird, sollen die Thermometer leicht demontiert werden können. Im Fall a) wird das Thermometer durch ein elastisches Abdeckblech in eine passende Nut im Meßobjekt gedrückt, in die etwas Vakuumfett gegeben wird. Damit über die Meßzuleitungen keine Wärme zugeführt werden kann, werden sie elektrisch isoliert einige Zentimeter auf die Unterlage geklebt. In Beispiel b) wird der Widerstand in eine gasdichte Hülse aus Cu geschoben, die nach dem Verlöten der elektrischen Durchführung mit He-Gas gefüllt werden kann. Bei der verbreiteteren Methode c) wird das Thermometer in eine passende Bohrung mit Kitt eingegossen und kann nach dem Aufwärmen leicht herausgezogen werden. Bei der Montage nach Bild 3.139d wird die Metallhülse des Ge- oder Diodenthermometers durch einen Sprengring in der Bohrung des Einschraubnippels gehalten.

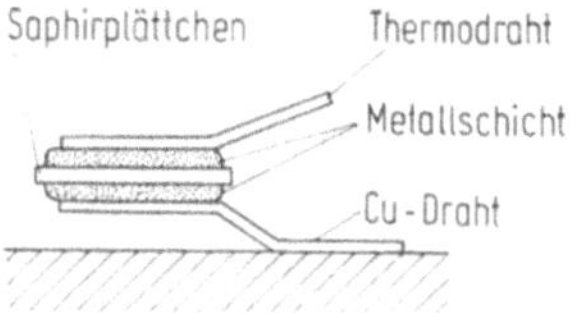

Bild 3.140. Elektrisch isolierte Ankopplung eines Thermoelements

Geeignete *Kleber* und *Kitte* hierfür sind die folgenden: Silikonfett, Apiezon N, Apiezon L, Eccotherm und Cry-Con-Kitt. Angaben über ihre Wärmeleitfähigkeit bei tiefen Temperaturen finden sich bei *Connolly* et al. [3.89], *Kreitman* [3.190], *Kreitman* et al. [3.191]; von *Rechowicz* et al. [3.266] werden Angaben über den thermischen Widerstand mechanischer *Kontakte* gemacht. Der Cry-Con-Kitt ist mit feinstem Cu-Pulver gefüllt, isoliert elektrisch und besitzt von allen vergleichbaren Substanzen die größte Wärmeleitfähigkeit, die auch bei 1 K noch ausreichend ist. Für nicht lösbare *Klebungen* sind verschiedene Zweikomponentenkleber, die bei Temperaturen um 100 °C ausgehärtet werden, geeignet. Von *Denner* [3.102] ist die Wärmeleitfähigkeit von „*Fortafix*" und „*Delta Bond 152*" bis herab zu 4 K gemessen worden; bei 10 K liegen die Werte bei 10 mW/cm · K bzw. 3 mW/cm · K.

Bessere Ankopplung wird mit niedrig schmelzendem Lot, wie Wood-Metall oder besser mit einem bei 103 °C schmelzenden Lot der Zusammensetzung 26% Sn, 54% Bi, 20% Cd erzielt, das bei 3,7 K supraleitend wird. Besonders sorgfältig sind die Meßlötstellen von *Thermoelementen* auszuführen; ein Beispiel ist in Bild 3.140 dargestellt. Die thermische Ankopplung an das Meßobjekt erfolgt durch ein metallisiertes Saphirplättchen, das bekanntlich im Bereich tiefer Temperaturen ein sehr guter Wärmeleiter ist und elektrisch isoliert. Vorsicht ist bei Elementen mit einem Co-Au-Schenkel oder Thermometern mit Au-Zuleitungen am Platze, da sich Au im Lötzinn leicht löst. Zweckmäßig verzinnt man die zu verbindende Leitung, legt den Au-Draht herum und erwärmt nur vorsichtig mit dem Kolben. Auch reines In-Lot ist hierfür geeignet. Außerdem ist bei gekapselten Thermometern darauf zu achten, daß beim Ausgasen von Epoxidharz oder GE-7031-Lack das eigentliche Meßelement nicht chemisch angegriffen wird.

Zur besseren thermischen Ankopplung werden die zylindrischen Kohleschichtwiderstände auf Dicken von 0,2 mm abgeschliffen. Die Wärmeleitfähigkeit von Speer-Widerständen läßt sich zwischen 1 und 4 K durch die Beziehung $\lambda = 3{,}4 \cdot 10^{-4} T^{2,7}$ (W/cm · K) beschreiben. Diese Thermometer weisen eine mit abnehmender Temperatur stetig steigende Empfindlichkeit auf und können — nach Kontaktierung mit Apiezon N — bis 10 mK benutzt werden. Ihre thermische Impedanz läßt sich nach *Symko* [3.334] durch die Beziehung

$$\dot{Q} = 4\alpha A T^4 (\Delta T/T)$$

für kleine Temperaturdifferenzen ausdrücken, wenn A die Kontaktfläche und $\alpha = 7 \div 10\ \mathrm{mW/cm^2K^4}$ ist.

Wesentlich ist die Verringerung des durch die *Meßzuleitungen* verursachten Wärmelecks. Sie sollen eine kleine Wärmeleitfähigkeit besitzen, wie Evanohm, Konstantan und Manganin, auf der anderen Seite einen relativ kleinen elektrischen Widerstand, um die Joulesche Wärme in Grenzen zu halten. Hierfür kann man diese Drähte mit einem dünnen, supraleitenden Zinnüberzug versehen oder überhaupt sehr dünne Drähte aus Nb-Zr oder Nn-Ti benutzen, die man durch Abätzen von Multifilament-Leitern erhält, wie sie für kleinere supraleitende Solenoide (s. *Ed.* III, § 13.3) verwendet werden. Die in den Zuleitungen entwickelte Joulesche Wärme und der in ihnen fließende Wärmestrom werden durch eine wirksame thermische Verankerung unschädlich gemacht. Hierzu werden die dünnen Drähte — elektrisch isoliert — auf das Meßobjekt geklebt oder um ein zylindrisches Cu-Stäbchen, das mit einem Gewinde versehen ist, gewickelt und einlackiert. Die mit der elektrischen Abschirmung der Zuleitungen von Widerstandsbrücken verknüpften Probleme sind bereits in Abschn. 3.3.4.5 besprochen worden. Eine sehr wirkungsvolle Methode zur thermischen Verankerung der Zuleitungen eines Widerstandsthermometers wird von *Polturak* et al. [3.256] angegeben.

Kapazitive Thermometer werden aus dem Kryostaten durch zwei nichtabgeschirmte, isolierte Drähte oder besser durch dünne Koaxialkabel zur Meßbrücke geführt, deren Länge (bis zu 25 m) nicht kritisch ist. Große Fehler können durch Eisbildung an den Thermometerzuleitungen auftreten.

Von *Anderson* und *Peterson* [3.18] sind unterhalb von 1 K die thermischen Kontaktwiderstände von Apiezon N, Cry-Con, GE 7031-Lack, Epibond 121, RTV 102 (Silikon-Produkt) und In gemessen und durch empirische Ausdrücke beschrieben worden. Für ein Thermometer der Fläche A, das mit dem Meßobjekt durch eine Lack- oder Fettschicht der Dicke δ verbunden ist, berechnet sich der gesamte thermische Ankopplungswiderstand zu

$$R_{\mathrm{a}} = 2R_{\mathrm{K}} + \delta/\lambda A, \qquad (3/167)$$

wenn R_{K} der Kapitza-Widerstand ist, der ausführlicher in Kap. 7. besprochen wird und proportional zu T^{-3} ist, sowie λ die Wärmeleitfähigkeit des Lackes bzw. Klebers bedeuten. In Bild 3.141 sind die thermischen Widerstände der untersuchten Substanzen dargestellt.

Von *Oda* et al. [3.240] werden Angaben über den thermischen Widerstand von Speer-Widerstandsthermometern unterhalb von 1 K gemacht; *Bentley* und *Wooster* [3.39] beschreiben die Eignung von kupferplattierten Isolationsschichten als thermische Senken für die Thermometerzuleitungen. Die ähnlich wie gedruckte Schaltungen aus einer 0,1 mm Mylar-Unterlage mit 30 µm dicker Cu-Auflage hergestellten Platten eignen sich für die Befestigung mehrerer Thermometer und das Abfangen ihrer Zuleitungen bei gleicher Temperatur. Näheres, s. Abschn. 3.10.3.

Kohleschicht-Thermometer sind bei tiefen Temperaturen gut geeignet, auch schnell veränderliche Temperaturen zu erfassen; von *Miller* und *Ulbrich* [3.234] sind entsprechende Untersuchungen durchgeführt worden.

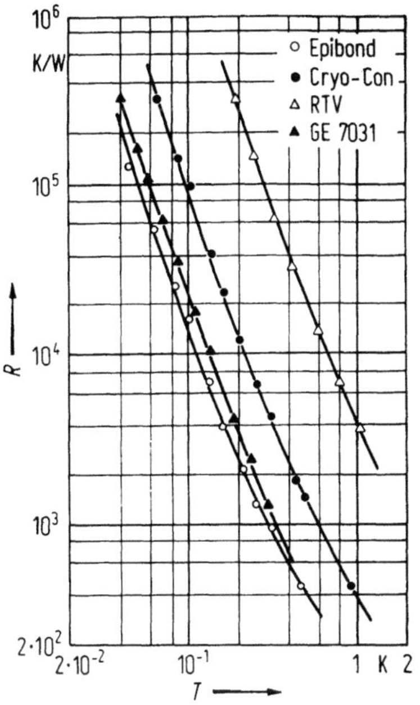

Bild 3.141. Thermischer Widerstand verschiedener Kleber und Lacke

In Anwendungsfällen, wo von rotierenden oder linear bewegten Teilen mittels Halbleiterthermometer die Temperatur zu messen ist, wird man die in Abschn. 3.3.6.4 behandelten Wechselspannungsbrücken anwenden. Ein Beispiel, in dem an einer Mikrowaage zwischen 4,2 und 30 K die Probentemperatur gemessen werden soll, wird in [2.62] beschrieben.

Für die magnetischen Thermometer, deren Meßbereich unterhalb von 100 mK liegt, sind die durch unzureichende thermische Ankopplung zu erwartenden Meßfehler besonders gravierend; in Abschn. 3.10.4 wird näher auf sie eingegangen.

3.10.3 Theorie der thermischen Ankopplung

In Bild 3.142a ist die prinzipielle Meßanordnung für ein Widerstands-, Dioden- oder kapazitives Tieftemperatur-Thermometer dargestellt, mit der die gesuchte Temperatur T des Meßobjekts O bestimmt werden soll: Das Thermometer Th wird in eine passende Bohrung eingeklebt oder vergossen und seine Zuleitungen sind durch die Lötöse A, die elektrisch isoliert auf O befestigt ist, thermisch „abgefangen“. Als Strahlungsschutz überdeckt der polierte Blechschirm S aus Ag oder Cu die Meßstelle. Die hierbei auftretenden Meßfehler sind äußerst klein; von *Roth* et al. [3.281] sind sie an Ge-Thermometern mit der in Bild 3.66 gezeigten Meßanordnung näher untersucht worden.

In Bild 3.142b, in dem das Schema der Anordnung nach Bild 3.142a angegeben ist, wird der Ge-Widerstand R über die thermische Impedanz $Z_a = \Delta T/\dot{Q}$ an das Meßobjekt O gekoppelt. Die im Elektronensystem verbrauchte Meßleistung $\dot{Q}$ wird über eine zusätzliche Impedanz Z_{ep} (Elektron-Phononen-Kopplung) auf das Gitter von R übertragen. Ist das Thermometer — wie in der Abbildung

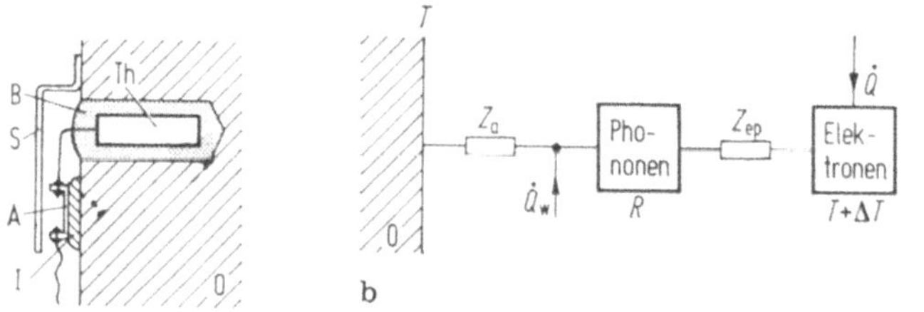

Bild 3.142. Thermische Ankopplung beim Widerstandsthermometer

gezeigt — mit einer isolierenden Lackschicht B in der Meßbohrung montiert oder von einer mit He-Gas gefüllten Metallhülse umgeben, so addiert sich zu Z_a noch der Serienwiderstand Z_i. Damit ergibt sich ein Meßfehler von der Größe

$$\Delta T = \frac{\dot{Q}}{Z_a + Z_{ep} + Z_i}. \tag{3/168}$$

Am Beispiel des Ge-Thermometers nach [3.281] sind bei $T = 65$ mK folgende Werte gefunden worden: $Z_a = 7 \cdot 10^6$; $Z_i = 30 \cdot 10^6$ und $Z_{ep} = 60 \cdot 10^6$ K/W, wobei $Z_a \sim T^{-3}$ und $Z_{ep} \sim T^{-3,5}$. Sind die Zuleitungsdrähte nicht thermisch verankert, wird die Temperatur von R noch durch das Wärmeleck $\dot{Q}_W$ verfälscht.

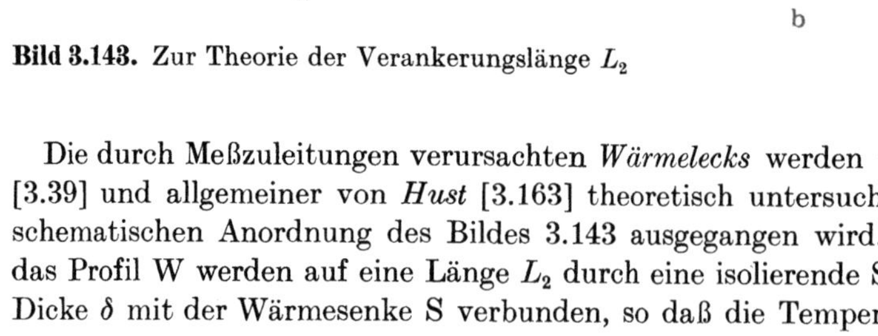

Bild 3.143. Zur Theorie der Verankerungslänge L_2

Die durch Meßzuleitungen verursachten *Wärmelecks* werden von *Bentley* et al. [3.39] und allgemeiner von *Hust* [3.163] theoretisch untersucht, wobei von der schematischen Anordnung des Bildes 3.143 ausgegangen wird. Der Draht oder das Profil W werden auf eine Länge L_2 durch eine isolierende Schicht C von der Dicke δ mit der Wärmesenke S verbunden, so daß die Temperatur des Drahtes von T_1 (im Abstand L_1) längs der Verankerungsstrecke über T_2 auf T_3 abnimmt, wobei $\theta_3 = T_3 - T_s$ der tolerierbare Meßfehler für die Bestimmung der Temperatur T_s ist. Mit den Bezeichnungen des Bildes 3.143b ergibt sich die Gleichung für thermisches Gleichgewicht zu

$$\dot{q}_x = \dot{q}_{x+\mathrm{d}x} + \mathrm{d}\dot{q}, \tag{3/169}$$

mit den Komponenten der Wärmeflüsse

$$\mathrm{d}\dot{q} = -d_e[\lambda_c(T_s - T)\,\mathrm{d}x]/\delta;$$

$$\dot{q}_x = -\lambda_w A_w(\mathrm{d}T/\mathrm{d}x);$$

$$\dot{q}_{x+\mathrm{d}x} = -\lambda_w A_w(\mathrm{d}/\mathrm{d}x)\,(T + \mathrm{d}T) = -\lambda_w A_w[\mathrm{d}T/\mathrm{d}x + (\mathrm{d}^2T/\mathrm{d}x^2)\,\mathrm{d}x],$$

worin A_w der Querschnitt von W, λ_c und λ_w die Wärmeleitfähigkeit des Klebers C bzw. des Drahtes W und d_e die effektive Breite des Kontaktes bedeuten.

Aus der Lösung der Differentialgleichung (3/169) findet man mit der Abkürzung

$$m = (\lambda_c d_e/\lambda_w A_w \delta)^{1/2}$$

längs des Drahtes den Temperaturverlauf

$$\theta = T - T_s = (\theta_3/2)\,\{\exp[m(x - L_2)] + \exp[-m(x - L_2)]\},$$

sowie den Wärmefluß im Draht bei $x = 0$ zu

$$\dot{q}_{x=0} = \lambda_w A_w(T_1 - T_2 L_1. \tag{3/170}$$

Aus der Bedingung, daß für $x = 0$ der durch Gl. (3/170) gegebene Wärmefluß stetig sein muß, erhält man schließlich die gesuchte Verankerungslänge L_2 aus folgender Beziehung:

$$\exp(mL_2) - \exp(-mL_2) = 2\bar{\lambda}_w(T_1 - T_2)/L_1\lambda_w(T_2)\,\theta_3 m = B. \tag{3/171}$$

Darin gilt der Mittelwert $\bar{\lambda}_w$ zwischen T_1 und T_2 und bedeutet die Wärmeleitfähigkeit des Drahtes bei T_2 und θ_3 den zulässigen Meßfehler. In Bild 3.144 ist L_2 als Funktion der Größe m für verschiedene Werte von B aufgetragen: die Verankerungslänge L_2 nimmt mit kleinerem λ_w und A_w stark ab. In Tabelle 3.31 sind für Cu- und Konstantandrähte verschiedenen Durchmessers und einem vorgegebenen Meßfehler von $\theta_3 = 1$ mK die aus Gl. (3/171) berechneten Verankerungslängen L_2 zusammengestellt, wobei $d_e = \delta$, $L_1 = 0{,}25$ m, $\lambda_c = 10$ mW/m · K bei 4 K, 20 mW/m · K bei 20 K und 50 mW/m · K bei 78 K angenommen werden. Da $\lambda_w(T_2)$ beim ersten Berechnungsschritt nur geschätzt werden kann, wird man iterativ von $T_2 = T_s$ ausgehend den richtigen Wert finden. Für große Werte von B kann man näherungsweise $T_2 - T_s = \theta_3 B/2$ ansetzen.

Eine analoge Untersuchung des Kontaktierungsproblems für *Thermoelemente* ist von *Kopp* und *Slack* [3.187] veröffentlicht worden. Die Lötstelle 1—2 des Elements (vgl. Bild 3.145) ist auf das Meßobjekt der Temperatur T_0 gekittet und weist gegenüber diesem eine Temperaturdifferenz ΔT auf. Die Verankerungslänge

Tabelle 3.31. Thermische Verankerung von Zuleitungen

T_s/T_1 in K	Drahtdurchmesser d in mm			
	0,08	0,14	0,26	0,50
Kupfer				
	m = 74,8	41,6	23,2	11,4
4/20	B = 2083	3390	5267	7942
	L_2 = 0,09	0,18	0,35	0,82
	m = 55,1	31,5	18,3	9,7
20/78	B = 2954	5094	8576	15410
	L_2 = 0,15	0,25	0,45	0,95
	m = 136	76,4	43,4	22,2
78/273	B = 4654	8196	14250	27050
	L_2 = 0,06	0,11	0,22	0,44
Konstantan				
	m = 1556	870	487	242
4/20	B = 170	298	512	955
	L_2 = 0,00	0,01	0,01	0,03
	m = 672	376	211	105
20/78	B = 583	1036	1828	3573
	L_2 = 0,01	0,02	0,04	0,07
	m = 724	405	227	114
78/273	B = 1130	2012	3566	7045
	L_2 = 0,01	0,02	0,04	0,08

L_2 in m, m in 1/m.

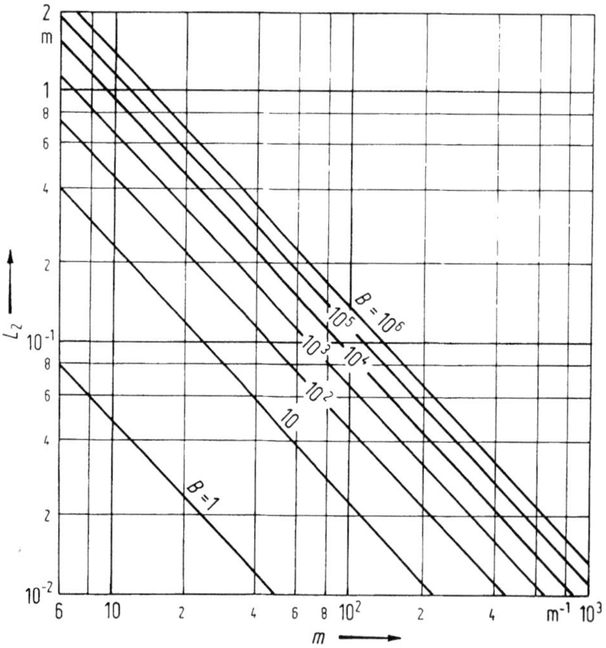

Bild 3.144. Verankerungslänge L_2 als Funktion der Größen m und B

beträgt $2L$ und die beiden Zuleitungen der Länge Z befinden sich auf der Temperatur $T_r < T_0$, so daß von der Lötstelle die Wärmemenge

$$\dot{Q}_w(x) = -\lambda_w A \frac{dT(x)}{dx}$$

durch den Draht vom Querschnitt A und der Wärmeleitfähigkeit λ_w abfließt. Andrerseits wird durch die Kittschicht der Dicke δ die Wärmemenge

$$d\dot{Q}_w(x)/dx = \lambda_c d_c \, \Delta T(x)/\delta$$

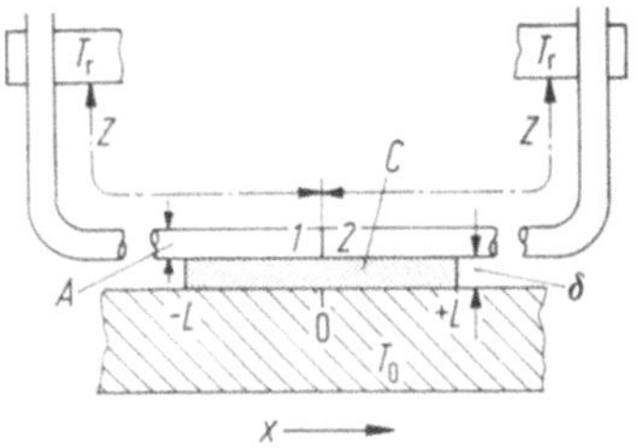

Bild 3.145. Wärmeankopplung von Thermoelementen

an das Meßobjekt abgeführt, wenn λ_c und d_c Wärmeleitfähigkeit bzw. Breite der Isolierschicht bedeuten. Mit der Abkürzung

$$\alpha = (\lambda_w A \delta / \lambda_c d_c)^{1/2}$$

liefert die Lösung des Problems im thermischen Gleichgewicht den Ausdruck

$$\Delta T(x) = \Delta T_1 \frac{\cosh (x/\alpha)}{\cosh (L/\alpha)} \tag{3/172}$$

für die Temperatur längs der Verankerungsstrecke $2L$, der für die Lötstelle $x = 0$ übergeht in

$$\Delta T(0) = \Delta T_1 F(L/\alpha) = \Delta T_1 \operatorname{sech} (L/\alpha). \tag{3/172a}$$

Für $L \gg \alpha$ wird $F(L/\alpha) \simeq 2 \exp(-L/\alpha)$. Für einen typischen Fall, in dem zwischen 1 und 10 K die Temperatur mit dem Thermoelement Au + 0,03% Fe/Ag + 0,37% Au gemessen werden soll, findet man für einen Drahtdurchmesser $d = 0{,}08$ mm, sowie $\delta = 0{,}1$ mm für die Größe α den Wert 0,25 cm und für eine Verankerungslänge $L = 1{,}3$ cm nach Gl. (3/172) das Verhältnis $\Delta T(0)/\Delta T_1$ zu 0,01. Anstelle von Isolationsschichten sind dünne Plättchen aus Saphir oder Quarz besser geeignet, die beiderseits mit In metallisiert und mit dem Objekt sowie dem Thermoelement auf der anderen Seite verlötet werden (vgl. Bild 3.140).

Nur vereinzelt taucht bei Tieftemperaturexperimenten die Frage nach einer hohen *zeitlichen Auflösung* veränderlicher Temperaturen auf. Soll z. B. die Temperatur in einem Flüssigkeitsbad gemessen werden, so ist von der bekannten Beziehung

$$mc_p(dT/dt) = -\varkappa A_s(T - T_m) \tag{3/173}$$

auszugehen, in der m, c_p und A_s Masse, spezifische Wärme und Oberfläche des Temperaturfühlers bedeuten und α die Wärmeübergangszahl für Flüssigkeiten und Gase angibt; in Kontakt mit einem Festkörper ist sie durch λ/δ zu ersetzen (vgl. Ableitungen oben). Die Temperatur des Thermometers T wird sich exponentiell der des Mediums T_m annähern, d. h.

$$(T - T_m)/(T_0 - T_m) = \exp(-t/\tau), \tag{3/174}$$

worin die *Zeitkonstante* des Thermometers sich zu

$$\tau = mc_p/A\alpha = mcR \tag{3/175}$$

ergibt. Der thermische Widerstand R ist identisch mit der bereits benutzten Impedanz Z (Abschn. 3.10.2) und wird bei sehr tiefen Temperaturen größtenteils durch den Kapitza-Widerstand R_K bestimmt. Ausführlich wird von *Miller* und *Flynn* [3.233] auf die Anwendung solcher Überlegungen bei der Messung veränderlicher Temperatur in kryogenen Flüssigkeiten eingegangen.

3.10.4 Kontaktprobleme bei sehr tiefen Temperaturen [3.367]

Für die thermische Ankopplung der unterhalb von einigen Millikelvin verwendeten magnetischen und kernphysikalischen Thermometer an das Meßobjekt kommen vor allem drei Methoden in Betracht:

a) Unmittelbare metallische Verbindung bei Mößbauer- und NO-Thermometer;
b) Einpressen von dünnen Cu- oder Ag-Drähten oder -Folien in das paramagnetische Salz, z. B. CMN-Thermometer;
c) Ankopplung über flüssiges ^4He, ^3He und $^3He/^4He$-Mischungen.

Wie bereits in Abschn. 3.4.5 erwähnt wird, nimmt die Wärmeleitfähigkeit der *Metalle* entsprechend Gl. (3/100) mit sinkender Temperatur ab; sie beträgt z. B. für reines Cu bei 40 mK etwa 4 W/m · K. Bei *supraleitenden* Elementen, wie In, Sn, Pb u. a. ist die Wärmeleitfähigkeit im normalleitenden Zustand, d. h. bei angelegtem überkritischem Magnetfeld immer, im Fall von Sn bei 100 mK um den Faktor 10^4 höher als in der supraleitenden Phase (Verwendung als thermische Schalter s. Abschn. 7.8).

Bei der Verbindung von Thermometer und Meßobjekt tritt der bereits in Abschn. 3.4.5 und 3.10.2 erwähnte Kapitza-Widerstand auf, der als zusätzlicher thermischer Widerstand zu sehen ist und etwa wie T^{-3} mit sinkender Temperatur zunimmt. Direkte metallische Kontakte Cu-Cu weisen nach *Suomi* et al. [3.328] sehr kleine thermische Widerstände auf; gleiches gilt auch beim Verlöten von Cu-Cu mit In-Lot.

Bei den CMN-Thermometern wird der thermische Kontakt oft durch eingepreßte Cu- oder Ag-Drähte hergestellt, wie aus dem Beispiel des Bildes 3.75b ersichtlich ist. Die Wärmeleitfähigkeit von CMN-Kristallen, welche hexagonale Scheiben von 1 bis 3 cm Durchmesser und 1 bis 3 mm Dicke bilden, beträgt bei 100 mK etwa 0,8 W/m · K und nimmt wie T^{-3} mit sinkender Temperatur ab. Dabei ist die Leitfähigkeit senkrecht zur trigonalen Achse um eine Größenordnung höher als parallel zu dieser. Zwischen den eingepreßten Drähten und dem CMN-Pulver tritt der Kontaktwiderstand $R_K \sim T^{-3}$ auf, der umgekehrt proportional zur Berührungsfläche A ist. Es werden daher meist viele Tausende dünnster Drähte in das Salz eingepreßt.

Bei der Ankopplung an *flüssiges He* ist die Austauschfläche, die thermische Leitfähigkeit der Flüssigkeit selbst und der Kapitza-Widerstand maßgebend. In Bild 3.100 ist die Wärmeleitfähigkeit von ^{4}He, ^{3}He und ihrer Gemische zwischen 3 und 500 mK wiedergegeben; unterhalb von 10 mK liegt sie zwischen 17 und 100 mW/m · K. Wird das CMN-Pulver direkt von ^{3}He umspült, so kann nach Abschn. 3.4.5 der Gesamtwiderstand aus den Anteilen R_p (Phononen), R_M (magnetischer Widerstand) und R_K, dem Kapitza-Widerstand, zusammengesetzt werden. In Bild 3.101 ist die Zeitkonstante $\tau = R_T C$ (C Wärmekapazität) für CMN-Pulver in flüssigem ^{3}He als Funktion der Temperatur dargestellt. Wie in Abschn. 7.8 eingehender behandelt wird, hängt $R_K T^3$ von den Austauschpartnern stark ab: für poliertes Cu-^{4}He wird ein Wert von 0,015 ($K^4 m^2/W$), für getempertes Cu-^{3}He 0,05 und poliertes Cu-^{3}He 0,005 gefunden.

Eine zusätzliche Komplikation ergibt sich analog zu dem in Bild 3.143b dargestellten Fall des Halbleiterthermometers bei den *Kernthermometern*. Wie in Bild 3.114 gezeigt und in Abschn. 3.5.7 erläutert wird, sind zwischen der thermometrischen Meßgröße, den Kernspins, und der Meßprobe drei thermische Widerstände R_{ne}, R_{ep} und R_K geschaltet, die unterschiedlich von der Temperatur abhängen und zu einem komplexen Relaxationsverhalten führen. Der resultierende Meßfehler hängt hiervon und natürlich von der Meßleistung sowie den Wärmelecks ab.

3.10.5 Eichmethoden, Fixpunkte

Die zur Eichung von Tieftemperatur-Thermometern angewandten Methoden sind zu einem Teil bereits in den Abschn. 3.1.6, 3.2.6, 3.3.8, 3.4.4, 3.5.8, 3.8.6 und 3.9.2 besprochen worden. Es handelt sich im wesentlichen um den Anschluß an die international empfohlenen Dampfdruckkurven von ^{3}He und ^{4}He (s. a. Abschn. 3.10.6), um die Eichung an sekundären Fixpunkten und um den Vergleich von Thermometern unterschiedlicher Wirkungsweise untereinander.

3.10.5.1 Spezielle Eichmethoden

Von *Culbert* und *Sungaila* [3.95] lassen sich Widerstandsthermometer unterhalb von 0,4 K mit Hilfe einer unmagnetischen Metallprobe eichen, deren spezifische Wärme bekanntlich durch den Ausdruck

$$C_p = \gamma T + \alpha T^3$$

gegeben ist, wenn $T < \theta_D/100$ und kein Beitrag von den Kernspins geliefert wird. Wird die Wärmemenge ΔQ diesem thermisch isolierten System (einschließlich des zu eichenden Thermometers) bei der Temperatur T_i zugeführt, so kommt es bei der Endtemperatur T_f ins thermische Gleichgewicht. Die Größe T_i berechnet sich aus der Beziehung

$$\Delta Q = \int_{T_i}^{T_f} C_p \, dT = \gamma/2(T_f^2 - T_i^2) + \alpha/4(T_f^4 - T_i^4), \qquad (3/176)$$

wenn außer ΔQ und T_f die Parameter γ und α bekannt sind. Sie lassen sich aus Messungen der spezifischen Wärme oberhalb von 0,75 K bestimmen, wo das Thermometer an die Dampfdrücke von ^4He und ^3He angeschlossen werden kann. Als Meßprobe wird ein Pt-Zylinder (99,999% Reinheit) von 2,5 cm Durchmesser und 7,6 cm Länge wegen seiner relativ großen Wärmekapazität benutzt. Mit dem zu eichenden Ge-Thermometer (133 Ω bei 4,2 K) ergeben sich Streuungen der Eichpunkte von weniger als ± 1 mK im Bereich 0,3 bis 1 K.

Von *Goer* et al. [3.132] wird bei einem ähnlichen Verfahren anstelle von Pt reines *Holmium* verwendet, das eine hohe spezifische Wärme infolge einer bei 0,4 K liegenden Schottky-Anomalie von etwa 7 J/mol · K aufweist und mit sinkender Temperatur noch ansteigt.

3.10.5.2 Vergleich mit He-Dampfdruck-Thermometern [3.144]

Dieses mit ^3He bis 0,3 K anwendbare Eichverfahren setzt einen geeigneten Kryostaten mit einem Metalleinsatz voraus (vgl. Bild 3.69), der die Meßvolumina für die ^3He- und ^4He-Dampfdruck-Thermometer enthält. Die zu eichenden Widerstandsthermometer werden in passende Bohrungen des Cu-Blockes eingekittet. Von *Frieser* und *Gladun* [3.120] wird ein solcher Eicheinsatz näher beschrieben.

3.10.5.3 Thermometrische Fixpunkte

Als thermometrische Fixpunkte werden neben den durch die IPTS-68 festgelegten — der H_2-Siedepunkt bei 20,28 K und der H_2-Tripelpunkt bei 13,81 K — in den empfohlenen He-Skalen die Siedepunkte des ^4He bei 4,215 K und des ^3He bei 3,19 K benutzt. Für die Darstellung des Tripelpunktes von *Neon,* s. [2.96] und [3.176] und des Siedepunktes von H_2, s. [3.62].

Neuerdings sind sehr genaue Messungen des Tripelpunktes von Neon durch *Pavese* und *Barbero* [3.251] ausgeführt worden. Die Meßzelle besteht aus einem V2A-Gefäß von 13 cm Länge und 23 mm Durchmesser und einem berippten Cu-Ansatz mit Bohrungen für das zu eichende Thermometer; es wird bei Umgebungstemperatur mit einem möglichst reinen ^{20}Ne-Isotop von 100 bis 150 bar gefüllt und anschließend verschlossen. Die Füllmenge wird durch Wägen der Meßzelle bestimmt. Aus gemittelten Meßdaten mit fünf verschiedenen Zellen wird als Tripelpunktstemperatur der Wert $T_{tr} = 24{,}562$ K $\pm$ 0,2 mK angegeben.

Ein ebenfalls sehr genau reproduzierbarer thermometrischer Fixpunkt ist der Lambda-Punkt von ^4He bei 2,19 K, dessen Gleichgewichtsdruck neuerdings noch einmal zu 50,362 mbar bestimmt wurde [3.165].

Wie bereits in Abschn. 3.3.8 erwähnt, werden unterhalb von etwa 1 K als Fixpunkte die Sprungpunkte *supraleitender Elemente* benutzt, die in Tabelle 3.16 nach neuesten Messungen zusammengestellt sind [3.313; 3.298; 3.158]. Zusammenfassend geben hierüber *Schooley* und *Soulen* jr. [3.299, 3.300], sowie *Manuszkiewicz* und *Lipinski* [3.220] nähere Einzelheiten bekannt. Nach vergleichenden Messungen beträgt die Unsicherheit bei der Angabe von T_c nach *Pavese* [3.250] höchstens 0,3 mK, sofern reinste Metalle verwendet werden. In Bild 3.146a ist ein Schnitt durch die Meßzelle dargestellt, bei der die supraleitenden Drähte

SL (Pb, In, Cd, Al, Zn und Sn) in entsprechenden Bohrungen des Cu-Blöckchens A befestigt sind. Durch eine zylindrische Primärspule P_1 wird ein magnetisches Wechselfeld in Drahtrichtung erzeugt, während in der Sekundärspule S_1 die Änderung der Magnetisierung beim Übergang *eines* Drähtchens in die supraleitende Phase nachgewiesen werden kann. Das zu eichende Widerstandsthermometer Th wird in einer passenden Bohrung in A montiert. Das Schema des Nachweisgerätes ist in Bild 3.146b wiedergegeben: es stellt eine Induktionsbrücke dar, in der mit einer gleichen Spulenanordnung P_2, S_2 das Differenzsignal im Sekundärkreis im normalleitenden Zustand der Meßproben auf Null abgeglichen wird. Beim Unterschreiten von T_c tritt am Ausgang des Differentialverstärkers V ein Signal auf, das vor der Beobachtung des nächst tiefer springenden Supraleiters am Potentiometer P kompensiert wird. Eine von *Soulen* jr. [3.312] zur Eichung eines CMN-Thermometers angewandte Meßanordnung ist in Abschn. 3.4.4.4 beschrieben und in Bild 3.99 dargestellt.

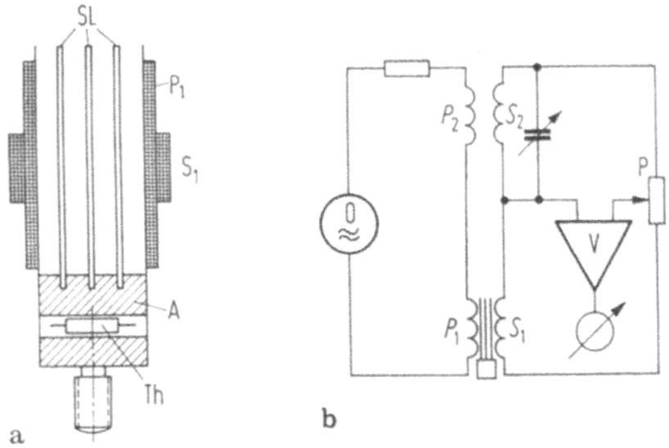

Bild 3.146. Eichung mit Supraleiter-Sprungpunkten

Den Aufbau einer kompakten Eicheinheit nach *Soulen* jr. [3.313] zeigt Bild 3.147a: sie besteht aus dem OHFC-Cu-Blöckchen A, in das zwei Löcher gebohrt sind, welche zur Befestigung der Kunststoff-Spulenkörper der Primärspulen S_p dienen. In beide Bohrungen sind ferner je 300 dünnste, blanke Cu-Drähtchen eingeschweißt, die längs S_p geführt und in die mit GE 7031-Lack die einzelnen supraleitenden Proben SL (W, Be, Ir, $AuIn_2$ und $AuAl_2$) gekittet und mit Baumwollfäden fixiert werden. Jede der Primärspulen, die aus zwei Lagen Cu-Draht bestehen, ist von den Sekundärspulen S_s mit je 6000 Windungen umgeben. Die gesamte Eicheinheit ist etwa 90 mm lang und wird mittels Gewindezapfen mit dem Meßteil verschraubt.

Bei dem von *Steinback* et al. [3.323] konstruierten Eicheinsatz nach Bild 3.147b sind Primärspule S_p und die beiden gleichartigen Sekundärspulen S_{s1} und S_{s2} in Epoxidharz eingegossen und innerhalb der zylindrischen Abschirmung A (aus Co-netic) befestigt. Als Eichsubstanz dient ein 99,96% reiner Be-Einkristall von 2 mm Durchmesser und 1,0 cm Länge, der abgeätzt und teilweise mit In-Lot bedeckt ist. Das In dient als zweiter sekundärer thermometrischer Fixpunkt und verringert magnetische Unterkühlung infolge des Proximity-Effekts. Die Probe wird thermisch mit Apiezon-N an 18 isolierte Cu-Drähte D verankert, die mit Ag-Lot in eine Bohrung des Befestigungsblöckchens B gelötet sind.

Die Fixpunkte werden bei 400 Hz in einer Gegeninduktivitätsbrücke gemessen; die Induktivität beträgt 12,0 μH, wenn beide Metalle normalleitend sind und nimmt um 3,5 μH beim Phasenübergang von In, sowie um 1,9 μH beim Be-Übergang zu.

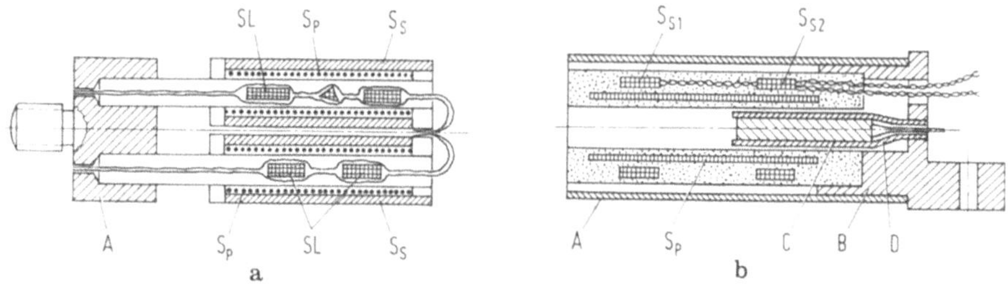

Bild 3.147. Eichzellen für Supraleiter-Sprungpunkte

3.10.5.4 Fitting der Eichdaten

In vielen Fällen bestehen zwischen den thermometrischen Eigenschaften des Thermometers und der Temperatur grundlegende Zusammenhänge, wie z. B. bei den Halbleiterthermometern. Wie bereits in Abschn. 3.3.4.1 ausführlich für die Kohle-Widerstandsthermometer ausgeführt wurde, lassen sich emprische R, T-Beziehungen aufstellen, welche eine Reihe von Parametern enthalten, die aus den Meßdaten berechnet werden.

Balcombe et al. [3.30] weist darauf hin, daß die üblichen Interpolationsformeln zwar leicht zu handhaben, doch für sehr genaue Meßprobleme zu ungenau sind. Für die Beschreibung der R, T-Kennlinie von Speer-Widerständen wird statt dessen die Formel

$$T = A/(\log R - B)^{\mathrm{p}}$$

vorgeschlagen, welche drei anpaßbare Parameter enthält, die durch Eichung bei 0,75, 1,6 und 3,0 K bestimmt werden. Über einen Bereich von 0,6 bis 4,2 K ist eine Genauigkeit von 0,3% erreichbar.

Für die Eichung gleichartiger Widerstandsthermometer lassen sich die korrespondierenden R- und T-Werte in einem Rechner abspeichern und mit Hilfe einer der bekannten Interpolationsformeln nach der Methode der kleinsten Quadrate berechnen. Diese Technik der Datenverwertung ist bereits ausführlicher in Abschn. 3.3.3.4 behandelt und kann auch auf andere Tieftemperatur-Thermometer übertragen werden.

Für die magnetischen Thermometer, denen als *primäre* Instrumente das Curie-Gesetz zugrunde liegt, werden Korrekturgrößen in dieses, z. B. wie in Gl. (3/102) eingeführt, die durch Eichmessungen bei entsprechenden Fixpunkten bestimmt werden müssen; Näheres, s. Abschn. 3.4.6.

Kernphysikalische und Rausch-Thermometer benötigen im Prinzip keine Eichung, werden aber meist an einem thermometrischen Fixpunkt an die absolute Temperaturskala angeschlossen.

3.10.6 Vergleich der Temperaturskalen

Durch Vergleich von sorgfältig durchgeführten Eichmessungen im Bereich der He-Dampfdruckskalen mit dem unteren Ende der IPTS-68 treten merkliche Abweichungen von der thermodynamischen Temperatur zutage. Um die Eichung von Thermometern unterhalb von 4 K zu erleichtern, ist durch Zusammenarbeit einiger staatlicher Institute die vorläufige Temperaturskala EPT-76 aufgestellt worden. Sie soll stetig bei 27,1 K in die IPTS-68 einmünden und wird durch die in Tabelle 3.32 angegebenen Fixpunkte definiert. Zum Unterschied zur IPTS-68 sind mehrere Interpolationsformeln zwischen den Fixpunkten und auch der Anschluß an existierende Laborskalen erlaubt.

Tabelle 3.32. Vorläufige Temperaturskala EPT-76

Referenzpunkt	Temperatur T_{76} in K
supraleitender Übergang von Cd	0,519
supraleitender Übergang von Zn	0,851
supraleitender Übergang von Al	1,1796
supraleitender Übergang von In	3,4145
Siedepunkt von He-4[a]	4,2221
supraleitender Übergang von Pb	7,1999
Tripelpunkt von Wasserstoff[b]	13,8044
Siedepunkt von H_2 bei 33,33 kPa[b]	17,0373
Siedepunkt von Gleichgew.-Wasserstoff[a,b]	20,2735
Tripelpunkt von Neon[c]	24,5591
Siedepunkt von Neon[a,b,c]	27,102

[a]Siedepunkt beim Druck $p_0 = 1{,}01325$ bar
[b]Fixpunkte der IPTS-68 (s. Tabelle 1.1)
[c]Neon-Fixpunkte mit natürlicher Neon-Zusammensetzung

Die Differenzen zwischen EPT-76 und IPTS-68 hängen von der Temperatur ab; sie betragen bei 13,81 K 5,6 mK und verschwinden oberhalb von 27 K. Die von einer Reihe von Staatsinstituten aufgestellten *magnetischen Skalen* sind mit der EPT-76 und der NPL-75-Gasthermometerskala verglichen worden, wobei als zusätzliche Interpolationsinstrumente Ge-Thermometer benutzt wurden. Für die Suszeptibilitätsmessung wird die Interpolationsformel

$$\chi = A + \frac{B}{T_{76} + \Delta + \gamma/T_{76}} = A + B/T_{76} + C/T_{76}^2 + D/T_{76}^3$$

vorgeschlagen; für CMN genügen zwei Eichpunkte, und es verschwinden die Parameter Δ und γ.

Von *Utton* et al. [3.346] sind die auch in Tabelle 3.16 aufgeführten Supraleiter mit Sprungpunkten unterhalb von 0,5 K auf ihre Eignung als Fixpunkt näher untersucht worden. Zusätzlich wird $Ir_{80}Rh_{20}$ mit $T_c = 34{,}8 \pm 0{,}3$ mK einbezogen, dessen Übergangsbreite beim Phasenübergang 1 mK beträgt. Die Übereinstimmung der aus gepulsten NMR-Messungen erhaltenen Temperaturen, sowie von Meßwerten, die mit Rausch- und NO-Thermometern gewonnen wurden, mit supraleitenden Sprungpunkten ist auf etwa 1 mK genau.

Als weiterer Fixpunkt wird beim Vergleich verschiedener Thermometer der Übergang zur *Superfluidität* in ^{3}He benutzt, der nach Bild 3.148 im Gleichgewicht mit der festen ^{3}He-Phase auftritt und sehr genau beobachtet werden kann. In Ergänzung zu Bild 1.9 wird beim Gleichgewichtsdruck von etwa 33 bar bei der Temperatur T_A der Phasenübergang zur *superfluiden* Phase A, bei der Temperatur T_B ein weiterer in die Phase B beobachtet. Bei der Temperatur T_S und bei verschwindendem Druck geht die normale Fermi-Flüssigkeit direkt in die Superflüssigkeit B über. Es ist ein Triumph der experimentellen Kunst, daß unabhängig voneinander in fünf verschiedenen Instituten die zuerst beobachtbare Übergangstemperatur T_A, die mit ganz verschiedenen Methoden bestimmt wurde,

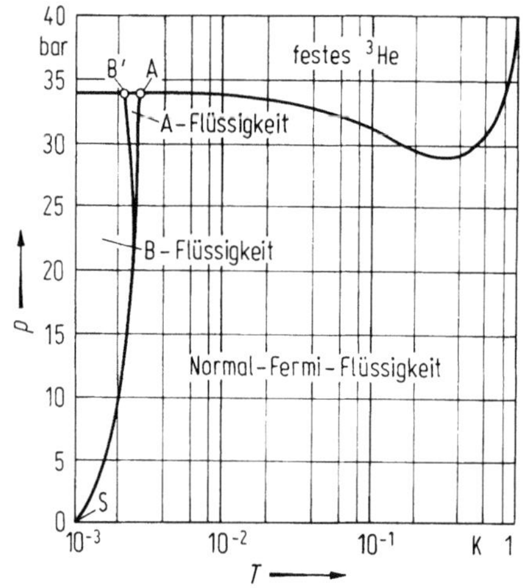

Bild 3.148. Superfluide Phasen im ^{3}He

auf etwa 5% übereinstimmt. In Tabelle 3.23 ist nach *Richardson* [3.267] das Ergebnis dieser Untersuchungen zusammengestellt und sind die dabei angewandten Meßverfahren angegeben. Die mit den verschiedenen Methoden gewonnene Meßgenauigkeit liegt im Mittel bei 5%; zur Interpolation zwischen den Meßpunkten und Glättung der Temperaturskala ist das CMN-Thermometer als sekundäres Instrument besser als das Pt-Kern-Thermometer geeignet. Auch das ^{3}He selbst ist als Sekundärthermometer geeignet: Schmelzdruck, superfluide Dichte und NMR-Frequenzverschiebung ändern sich mit der Temperatur schnell genug, um mit ausreichender Genauigkeit gemessen zu werden.

3.10.7 Eichkryostaten und Temperaturregler

Bei Durchführung von Eichmessungen ist neben dem Temperaturbereich zu unterscheiden, ob sie bei gleitender Temperatur im Vergleich mit einem Primär- oder geeichtem sekundärem Thermometer oder an mehreren Fixpunkten der ETP-76-Skala erfolgen sollen. Im ersten Fall ist die thermische Relaxationszeit beider Instrumente zu berücksichtigen und muß die zeitliche Temperaturänderung des Kryostaten dem trägeren Thermometer angepaßt werden.

Praktische Hinweise zur Konstruktion geeigneter Eichkryostaten finden sich in diesem Kapitel an einigen Stellen: In Bild 3.8 ist ein Kryostat für den Temperaturbereich 0,4 bis 4,2 K gezeigt, der zwei Dampfdruckthermometer für ^{3}He und ^{4}He enthält. Bei dem in Bild 3.69 für Widerstandsthermometer entworfenen Kryostaten nach *Osborne* et al. [3.242] sind ebenfalls Dampfdruckthermometer und zusätzlich ein Gasthermometer vorgesehen, um die hohe Eichgenauigkeit von etwa 10 μK erzielen zu können. Zur Eichung von CMN-Thermometern mit Hilfe von Sprungpunkten supraleitender Metalle (Abschn. 3.4.4.4) dient der in Bild 3.99 gezeigte Aufbau. NO-, Rausch- und Mößbauer-Thermometer werden meist am Versuchsaufbau selbst geeicht.

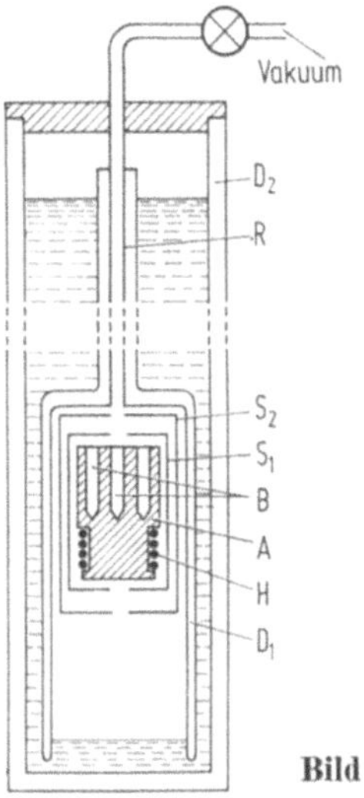

Bild 3.149. Eichkryostat für den Bereich 10 bis 300 K

Von *Duda* [3.107] wird für den Bereich 10 bis 300 K zum Zwecke der Eichung von Widerstandsthermometern der in Bild 3.149 gezeigte Aufbau benutzt, bei dem der Eichblock A aus OFHC-Kupfer mit Bohrungen B für die zu eichenden Thermometer von zwei Strahlungsschilden S_1 und S_2 umgeben und von einem umgekehrten Metall-Dewar-Gefäß D_1 umschlossen wird. Das äußere Dewar-Gefäß D_2 enthält LHe bzw. für den oberen Temperaturbereich LN_2 und faßt 10 l. Es ist oben geschlossen, so daß die an der unteren Öffnung von D_1 verdampfende Flüssigkeit nur über das thermisch isolierte V2A-Rohr R abgeleitet werden kann. Mit Hilfe der an A angebrachten Heizwicklung H von 20 W maximaler Leistung läßt sich jede gewünschte Zwischentemperatur einstellen und durch ein Regelsystem auf etwa 5 mK genau konstant halten. Die Temperaturdrift läßt sich leicht auf 30 μK/min im ganzen Temperaturbereich halten.

Eine grundsätzlich verschiedene Methode, zu Eichzwecken eine reproduzierbare Temperatur in einem größeren Bereich einzustellen, wird von *Davey* und *Bailey* [3.98] angewandt. Bei ihr wird ein stetiger LHe-Strom in Cu-Röhrchen, die als Kühlwendeln dienen, verdampft und eine Gleichgewichtstemperatur erzielt, die sich aus der Verdampfungsenthalpie, den Wärmelecks infolge thermischer und Strahlungsableitung und einer geregelten Wärmezufuhr durch eine Heizwicklung berechnet. Dieses bei den *Verdampferkryostaten* nach *Klipping* benutzte Prinzip eignet sich vorzüglich auch zu Eichzwecken; unterhalb von 10 K betragen die Temperaturschwankungen etwa 1 mK und darüber bis 100 K ist eine relative Genauigkeit von 10^{-4} erzielbar.

In Bild 3.150 ist das Prinzip eines von *Brochier* und *Goodman* (Grenoble) konstruierten Eichkryostaten dargestellt, mit dem zwischen 4 und 14 K eine Temperaturkonstanz von 10 μK erreicht werden kann. Das Gasthermometer G von 100 cm^3 Inhalt mit dem zu eichenden Thermometer Th und einer Heizwicklung H befindet sich im evakuierten Behälter A und ist von LHe umgeben. Der Gasdruck in G wird über die thermisch isolierte Kapillare K außerhalb mit einem empfindlichen Differentialmanometer (Abschn. 3.12) gemessen. Die Temperaturkonstanz wird mittels einer elektrischen Regelschaltung erreicht, die eine mit Wechselspannung betriebene Brücke und ein Kohlethermometer als Sensor enthält.

Die meisten Kryostaten, mit denen Thermometer bei gleitender Temperatur geeicht werden können, gehen auf das in Bild 3.151 dargestellte Schema zurück. Im Vakuumkryostaten K, der ein Kühlbad B mit flüssigem He oder H_2 enthält,

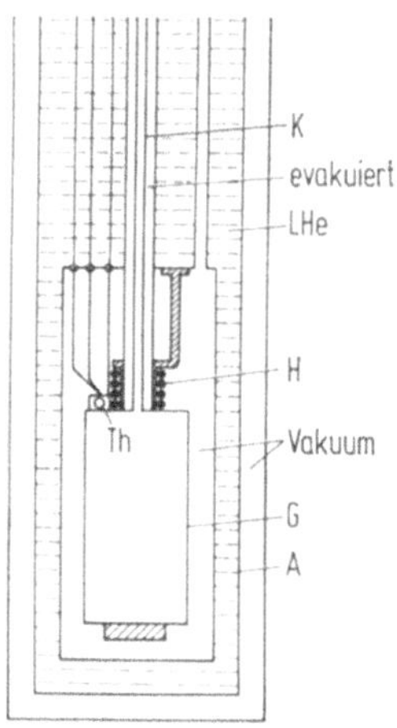

Bild 3.150. Eichkryostat für 4 bis 14 K

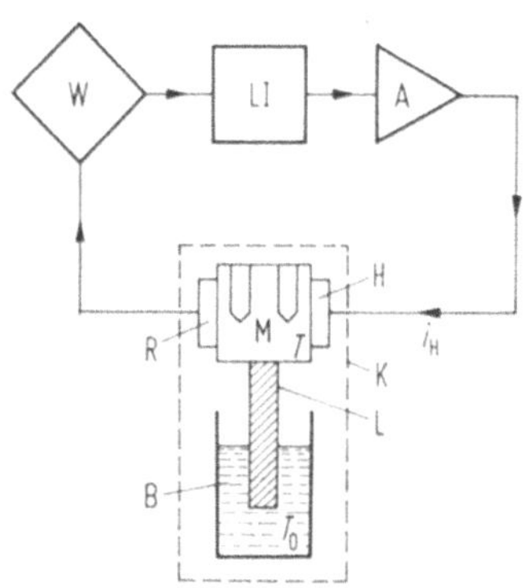

Bild 3.151. Blockdiagramm eines Temperaturreglers

befindet sich der meist aus Cu oder Ag bestehende Metallblock M mit Bohrungen für die zu eichenden Thermometer, dem Regelthermometer R, einem Widerstandsheizelement H, sowie einer thermischen Verbindung L mit dem Flüssigkeitsbad. Die Komponente L kann aus einem in die Flüssigkeit tauchenden Cu-Stab bestehen oder auch die Wärmeübertragung von B nach M durch He-Dampf symbolisieren. Der Regelkreis besteht aus der Widerstandsbrücke W, dem Lock-in-Verstärker LI als Nulldetektor und einem Gleichspannungsverstärker A, der den Heizer betreibt. Liegt die an W einstellbare Solltemperatur T des Metallblocks oberhalb der Badtemperatur T_0, wird durch den Regler der Heizstrom i_H soweit erhöht, daß ein thermisches Gleichgewicht zwischen zugeführter und an das Bad sowie Kryostaten abgegebener Wärmeleistung sich einstellt.

Mathematische Analyse des Temperaturreglers

Von *Forgan* [3.118] wird eine solche, speziell für Tieftemperatur-Kryostaten geeignete Regelstrecke mathematisch behandelt, wobei von kleinen Abweichungen vom thermischen Gleichgewicht ausgegangen wird. Der *Frequenzgang* (Response-Funktion) jeder Regelkreiskomponente bezüglich eines elektrischen oder Temperatur-Signals wird als komplexe Funktion der Frequenz ω dargestellt (s. a. *Ed.* I, § 11.7); so wird z. B. das Verhältnis von Ein- und Ausgangsspannung eines Tiefpaßfilters RC durch $u_a/u_e = (1 + j\omega RC)^{-1}$ dargestellt. In Bild 3.152a sind für das Schema des Bildes 3.151 die einzelnen Signalgrößen eingetragen: $g(\omega)$ stellt Verstärkungsfaktor und Frequenzgang von Meßbrücke, Lock-in- und Endverstärker A dar, $h(\omega)$ beschreibt die thermische Trägheit des Heizers $b(\omega)$ die des Metallblocks und $\theta(\omega)$ die des Thermometers in bezug auf die Block-

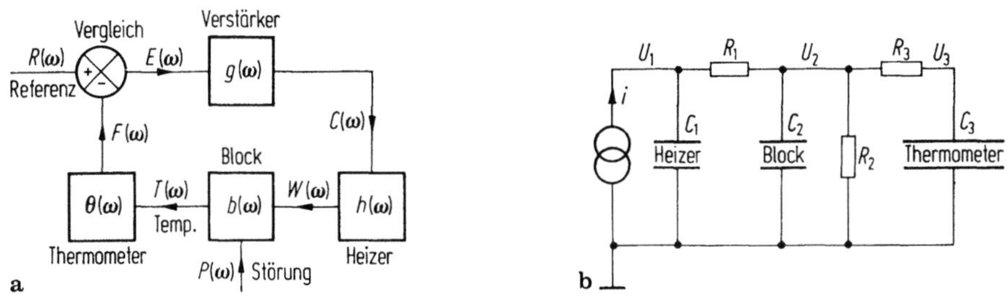

Bild 3.152. Zur mathematischen Analyse eines Temperaturreglers:
a Regelkreis und Frequenzgang der Regelkomponenten; **b** Elektrisches Ersatzschaltbild.

temperatur T. Das Thermometersignal $F(\omega)$ wird mit dem Referenzsignal $R(\omega)$, das der Solltemperatur entspricht, verglichen und liefert die Differenzspannung $E(\omega)$. Dieses Signal wird verstärkt und ergibt das Korrektursignal $C(\omega)$ für die Steuerung des Heizers. Äußere Störungen der Wärmebilanz des Blockes M, wie z. B. bei der Wärmeabfuhr durch das Kühlbad, werden durch die Größe $P(\omega)$ ausgedrückt. Die theoretische Behandlung des Problems wird einfacher, wenn man alle auftretenden Signale in die adäquaten Temperaturänderungen des Blockes umrechnet.

Die auf tiefer Temperatur befindlichen Teile des Reglers werden durch die Wärmekapazitäten C_1, C_2 und C_3 von Heizer, Block und Thermometer, sowie durch die thermischen Widerstände R_1 (zwischen H und M), R_2 (zwischen M und B) und R_3 (zwischen M und R) ausgedrückt. Aus dem Ersatzschaltbild 3.152b für den Regelkreis, in dem Block- und Thermometer-Temperatur T bzw. T_R durch die Spannungen U_2 und U_3 ausgedrückt sind, folgt unmittelbar

$$h(\omega) = (1 + j\omega\tau_1)\,(1 + j\omega\tau_2)^{-1}\,; \qquad \theta(\omega) = (1 + j\omega\tau_3)^{-1}, \tag{3/177}$$

worin

$$\tau_i = C_i R_i \quad (i = 1, 2, 3)$$

und C_1 und C_3 gegen die Wärmekapazität des Blockes vernachlässigbar sind. Die in Bild 3.152a durch die Störgröße $P(\omega)$ beschriebenen Temperaturschwankungen im Kühlbad lassen sich in Bild 3.152b durch eine Spannungsquelle zwischen R_2 und Erde ersetzen; es gilt dann die Beziehung

$$T(\omega) = b(\omega)\,P(\omega) = \frac{P(\omega)}{1 + \mathrm{j}\omega\tau_2}.$$

Liegt am Heizer die Gleichspannung U, so erzeugt eine kleine Spannung $C(\omega)$ bei der Frequenz ω im Heizwiderstand R_{H} die Leistung

$$W(\omega) = 2\,U C(\omega)/R_{\mathrm{H}},$$

d. h. bei der durch die Vorspannung U bestimmten Blocktemperatur T übersetzt der Heizer eine Spannungsschwankung in eine Änderung der Heizleistung mit dem Verstärkungsfaktor U. Die Größe $C(\omega)$ läßt sich bei bekannten Eigenschaften der Meßbrücke und von LI aus den Widerstandsänderungen $F(\omega)$ des Thermometers berechnen. Zwischen den Größen $C(\omega)$ und $F(\omega)$ besteht ein durch den Verstärkungsfaktor γ (open-loop gain) der Elektronik und der Thermometerempfindlichkeit $(\mathrm{d}R_{\mathrm{T}}/\mathrm{d}T)$ definierter Zusammenhang, der zusätzlich vom temperaturabhängigen thermischen Widerstand R_2 (zwischen Block und Bad) beeinflußt wird.

Für $\omega \neq 0$ reduziert sich der Verstärkungsfaktor γ wegen des Tiefpaßfilters am LI-Ausgang; der Leistungsverstärker A in Bild 3.151 schränkt den Frequenzgang nicht zusätzlich ein. Damit erhält man für den Frequenzgang der Verstärker-Heizer-Kombination den Ausdruck

$$g(\omega) = \frac{\gamma}{1 + \mathrm{j}\omega\tau_4},$$

in dem τ_4 die meist veränderbare Zeitkonstante des Lock-in-Verstärkers ist.

Mit den oben definierten Größen lassen sich optimale Bedingungen des Kryostatenbetriebs hinsichtlich Lang- und Kurzzeit-Stabilität, d. h. für die erreichbare Eichgenauigkeit, angeben. Die Analyse liefert ferner Hinweise über den Einfluß des Verstärkerrauschens, der verteilten thermischen Kapazitäten und nichtlinearer Effekte auf das Systemverhalten. Die zu stellenden Forderungen, die sich daraus ableiten lassen, sind folgende:

a) Verwendung von Thermometern mit sehr kleiner Zeitkonstante; abgeschliffene und an den Block gekittete Kohlewiderstände mit $\tau_3 = 1 \cdots 10$ ms bei 4,2 K sind gut geeignet;
b) Zeitkonstante des Blockes, von dem die vom Bad aufgenommene Kühlleistung abhängt, soll so groß als möglich und nicht kleiner als 10 s sein;
c) Anbringen des Heizers in Thermometernähe, so daß die Zeit, in der sich die Wärme zum Thermometer ausbreitet, kleiner als alle anderen Zeitkonstanten wird;
d) das elektronische Steuersystem sollte neben der Proportionalregelung auch die 1. Ableitung und das Integral des Signals verarbeiten und nach dem Schema des Bildes 3.152b aufgebaut sein. Die Zeitkonstante für die Differentialregelung soll klein und mit der des LI vergleichbar sein; für die Integralregelung sollte die Zeitkonstante mit der des Blockes übereinstimmen.

Unter diesen Bedingungen lassen sich Regelsysteme mit sehr hohem Verstärkungsgrad und ausgezeichneter Stabilität realisieren, die lediglich durch nichtlineare Effekte begrenzt sind.

Newrock et al. [3.239] haben eine analoge Betrachtung für Temperaturregler zwischen 1 und 20 K angestellt, wobei sowohl Widerstands- als auch kapazitive Thermometer angewandt werden. Über den Aufbau der einzelnen Komponenten, wie 150-Hz-Oszillator, Meßbrücke, Resonanzverstärker, phasenempfindlicher Detektor, Gleichspannungsverstärker und Treiberstufe werden detaillierte Angaben gemacht. Mit Kohlethermometern läßt sich eine Langzeitstabilität von 1 mK und für kurze Zeit von 0,1 mK erreichen; bei kapazitiven Thermometern mit ihrer größeren Zeitkonstante sind die entsprechenden Werte 3 bis 5 bzw. 1 mK.

Weitere Ausführungsbeispiele werden von *Gluyas* et al. [3.130] für einen Temperaturbereich zwischen 4,2 und 300 K, ferner von *Blake* und *Chase* [3.53] für den He-Bereich 1,6 bis 4,2 K beschrieben. Im letzteren beträgt die Temperaturdrift ± 10 μK für wenige Minuten und ist kleiner als 40 μK/h. *Tominaga* [3.344] benutzt für einen genauer beschriebenen Temperaturregler ebenfalls Kohle- oder Ge-Thermometer im Bereich 0,3 bis 6 K und wendet als Meßbrücke eine Konstruktion mit induktivem Spannungsteiler nach Abschn. 3.3.6.4 an. Unterhalb des λ-Punkts von LHe (2,19 K) läßt sich damit die Temperatur genauer als auf 3 μK für einige Stunden einstellen, wobei die Meßleistung am Thermometer unterhalb von 1 pW liegt. Für eine neue Sollwerteinstellung wird die neue Gleichgewichtstemperatur bereits nach 20 s erreicht. Ein spezieller, für magnetische Messungen zwischen 4,2 und 7,5 K geeigneter Thermostat wird von *Lebeau* und *Pinel* [3.208] beschrieben; die Einstellgenauigkeit über längere Zeit beträgt 1 mK.

Der von *Klipping* et al. [3.180] konstruierte *Durchflußkryostat* ist nicht speziell für Eichzwecke bestimmt und erreicht auch nicht die hohe Temperaturkonstanz der Badkryostaten. Er besitzt jedoch den Vorteil, daß mit LHe der gesamte Bereich zwischen 2,5 und 300 K erfaßt werden kann. Sein Prinzip besteht darin, den LHe-Durchsatz im Verdampfer, der thermisch schwach an den Kryostatenflansch gekoppelt ist, durch ein elektromagnetisches Schaltventil so zu dosieren, daß sich die gewünschte Temperatur im Gleichgewicht von verdampfter LHe-Menge mit dem Wärmeleck einstellt. Hierzu wird das Ausgangssignal einer Meßbrücke, in welcher der Widerstand des Kohle- oder Ge-Thermometers mit dem Sollwert verglichen wird, nach Verstärkung dazu benutzt, das Öffnungsverhältnis des periodisch arbeitenden Dosierventils so zu steuern, daß die gewünschte Temperatur erreicht wird. Im angegebenen Arbeitsbereich beträgt die Temperaturkonstanz etwa $2 \cdot 10^{-4}$; ausgehend von 300 K werden 4,2 K nach 10 min erreicht, wozu 450 cm³ LHe verdampft werden.

Mit einfacheren Eichkryostaten läßt sich zwischen 2,5 und 5,0 K mit LHe, 14,2 und 23 K mit LH_2 und 24,6 und 30 K mit LNe eine exakte Temperatureinstellung über den entsprechenden *Dampfdruck* (s. Tabellen 3.2 bis 3.6) erzielen. Hierzu werden spezielle Manostaten, d. h. Druckkonstanthalter angewandt, die ausführlicher in Abschn. 13.5 beschrieben werden. Sie beruhen darauf, daß zwischen Vakuumpumpe und Flüssigkeitsbad ein regelbarer Strömungswiderstand geschaltet wird, dessen Größe den sich einstellenden Dampfdruck oberhalb des Flüssigkeitsspiegels bestimmt. Die Steuerung des Ventils geschieht entweder über ein Differentialmanometer mit Solldruckvergleich oder mit einem Verstellmotor, der z. B. die axiale Länge eines zylindrischen Spaltes verändert, bis die gewünschte Temperatur erreicht ist.

Als Beispiel hierfür ist der von *Dharmadurai* et al. [3.103] konstruierte Druckregler genannt, mit dem im Bereich zwischen 1,6 und 3,0 K eine Temperaturkonstanz von $\pm 0{,}08\%$ erzielt wird. Für höhere Temperaturen ist der von *Chiu* et al. [3.77] beschriebene Regler bei geringeren Genauigkeitsansprüchen geeignet; trockener N_2-Dampf von etwa 80 K wird durch ein vakuumisoliertes Rohr geleitet und von einem drahtförmigen Heizelement auf die mit einem Thermoelement gemessene und geregelte Temperatur erwärmt. Ausführlich wird in Abschn. 13.5 das Problem der Druckregelung tiefsiedender Flüssigkeitsbäder behandelt und werden weitere, auch für Eichzwecke geeignete Kryostaten, besprochen.

Literatur zu Kapitel 3

3.1. *Aalto, M. I.; Berglund, P. M.; Collan, H. K.; Ehnholm, G. J.; Gylling, R. G.;Krusius, M.; Pickett, G. R.*: Cryogenics 12 (1972) 184
3.2. *Aalto, M. I.; Collan, H. K.; Gylling, R. G.; Nores, K. O.*: Rev. Sci. Instr. 44 (1973) 1075
3.3. *Aalto, M. I.; Ehnholm, G. J.*: J. Phys. E: Sci. Instr. 6 (1973) 614
3.4. *Abel, W. R.; Anderson, A. C.; Wheatley, J. C.*: Rev. Sci. Instr. 35 (1964) 444
3.5. *Abilov, G. S.; Alshin, B. I.*: Izmeritel. Tehn. (SU), 39 (1977) Nr. 4
3.6. *Abraham, B. M.*: Proc. Ultralow Temp. Symp. Washington, 1970, p. 37
3.7. *Abraham, B. M.*, et al.: Phys. Rev. 187 (1969) 273
3.8. *Ahlers, G.; Macre, J. F.*: Rev. Sci. Instr. 37 (1966) 962
3.9. *Ahola, H.; Ehnholm, G. J.; Östman, P.; Rantala, B.*: J. Low Temp. Phys. 35 (1979) 313
3.10. *Alms, H.; Tillmanns, R.; Roth, S.*: J. Phys. E: Sci. Instr. 12 (1979) 62
3.11. *Alvesalo, T. A.; Anufriyev, Y. D.; Buchlund, P.; Collan, H. K.; Loponen, M. T.*: Cryogenics 14 (1974) 384
3.12. *Ambler, E.; Hudson, R. P.*: J. Res. Nat. Bur. Stand. 56 (1956) 99
3.13. *Amirkhanova, D. Kh.*: Cryogenics 12 (1972) 229
3.14. *Ananev, L.; Pozharov, A. M.; Egorov, N. V.*: Cryogenics 18 (1978) 308
3.15. *Anderson, A. C.* in: Temperature, its Measurement and Control in Science and Industry, Vol. IV, Part 2, 1972, p. 773
3.16. *Anderson, A. C.*: Rev. Sci. Instr. 44 (1973) 1475
3.17. *Anderson, A. C.; Connolly, J. I.; Vilches, O. E.; Wheatley, J. C.*: Phys. Rev. 147 (1966) 86
3.18. *Anderson, A. C.; Peterson, R. E.*: Cryogenics 10 (1970) 430
3.19. *Anderson, A. C.; Peterson, R. E.; Robichaux, J. E.*: Rev. Sci. Instr. 41 (1970) 528
3.20. *Anderson, M. S.; Swenson, C. A.*: Rev. Sci. Instr. 49 (1978) 1027
3.21. *Anderson, A. C.; Reese, W.; Wheatley, J. C.*: Phys. Rev. 130 (1963) 1644
3.22. *Anderson, J. R.; Zrudsky, D. R.*: Rev. Sci. Instr. 44 (1973) 316
3.23. *Andres, K.; Bucher, E.*: J. Low. Temp. Phys. 9 (1972) 267
3.24. *Antcliffe, G· A.; Einspruch, N. G.; Pinatti, D. G.; Rorschach, H. E.* jr.: Rev. Sci. Instr. 39 (1968) 254
3.25. *Avenel, O.*, et. al.: Low Temp. Phys.-LT 14: 4 (1975) 64
3.26. *Babcock, J.; Kiely, J.; Manley, T.; Weymann, W.*: Rev. Sci. Instr. 50 (1979) 1310
3.27. *Bachmann, R.; Kirsch, H. C.; Geballe, T. H.*: Rev. Sci. Instr. 41 (1970) 547
3.28. *Bailey, S. B.; Richard, R. T.; Mitchell, E. N.*: Rev. Sci. Instr. 40 (1969) 1237
3.29. *Bakalyar, D.; Swinehart, R.; Weymann, W.*: Low Temp. Phys. LT-13, 4 (1974) 646

3.30. *Balcombe, R. J.*, et al.: J. Phys. E: Sci. Instr. 3 (1970) 43
3.31. *Barber, C. R.* in: Temperature, its Measurement and Control in Science and Industry, Vol. III, Part 1, 1962, p. 103.
3.32. *Bastuschek, C. M.*, et al.: J. Phys. LT-15, 2 (1978) C6–1164
3.33. *Bedin, E.; Combarieu, A. de; Doulat, J.*: Bull. BNM (1974) No. 2
3.34. *Beduz, C.; Meijer, H. C.; Bots, G. J. C.*: Cryogenics 14 (1974) 323
3.35. *Beilin, V. M.*, et al.: Cryogenics 13 (1973) 612
3.36. *Belanger, B. C.*: Rev. Sci. Instr. 40 (1969) 1082
3.37. *Bendt, P. J.*: Rev. Sci. Instr. 33 (1962) 759
3.38. *Benedek, G. B.; Kushida, T.*: Rev. Sci. Instr. 28 (1957) 92
3.39. *Bentley, P. D.; Wooster, W. G.*: Cryogenics 17 (1977) 331
3.40. *Berman, R.; Brock, J. C.F .; Huntley, D. J.*: Cryogenics 4 (1964) 233
3.41. *Berman, R.; Brock, J. C. F.; Huntley, D. J.*: Adv. Cryog. Eng. 10 (1964) 233
3.42. *Berman, R.; Huntley, D. J.*: Cryogenics 3 (1963) 70
3.43. *Berry, R. J.*: Can. J. Phys. 45 1963 (1967); Metrologia 3 (1967) 53
3.44. *Besley, L. M.*: Rev. Sci. Instr. 49 (1978) 1041
3.45. *Besley, L. M.; Plumb, H. H.;* Rev. Sci. Instr. 49 (1978) 68
3.46. *Betts, D. S.; Edmonds, D. T.; Keen, B. E.; Matthews, P. W.*: J. Sci. Instr. 41 (1964) 515
3.47. *Bewilogua, L.*: Proc. II. ICEC, Brighton 1968, p. 222
3.48. *Bishop, J. H.; Cutter, D. W.; Mota, A. C.; Wheatley, J. C.*: J. Low Temp. Phys. 10 (1973) 379
3.49. *Bishop, J. H.; Hirschkoff, E. C.; Wheatley, J. C.*: J. Low Temp. Phys. 5 (1971) 607
3.50. *Black, W. C.* jr.; *Roach, W. R.; Wheatley, J. C.*: Rev. Sci. Instr. 35 (1964) 587
3.51. *Blair, D. G.; Matheson, C. C.; Saunders, B. J.*: Cryogenics 13 (1973) 561
3.52. *Blake, C.; Chase, C. E.; Maxwell, E.*: Rev. Sci. Instr. 29 (1958) 715
3.53. *Blake, C.; Chase, C. E.*: Rev. Sci. Instr. 34 (1963) 984
3.54. *Blakemore, J. S.* in: Temperature, its Measurement and Control in Science and Industry, Vol. IV, Part 2, 1972, p. 827
3.55. *Blakemore, J. S.*: Rev. Sci. Instr. 33 (1962) 106
3.56. *Blakemore, J. S.; Schultz, J. W.; Myers, J. G.*: Rev. Sci. Instr. 33 (1962) 545
3.57. *Blakemore, J. S.; Winstel, J.; Edwards, R. V.*: Rev. Sci. Instr. 41 (1970) 835
3.58. *Bloyet, D.*, et al.: Low Temp. Phys. LT-13, 4 (1974) 503
3.59. *Blundell, D. J.; Ricketson, B. W.*: Cryogenics 16 (1976) 687
3.60. *Borchers, P. H.*: Cryogenics 9 (1969) 138
3.61. *Borovick-Romanov, A. C.*, et al. in: Temperature, its Measurement and Control in Science and Industry, Vol. III, Part 1, 1962, p. 113
3.62. *Borowik-Romanov, A. S.; Orlowa, M. P.; Strelkow, P. G.*: Exp. Tech. Phys. 3 (1955) 139
3.63. *Brand, R. A.; Letzring, S. A.; Sack, H. S.; Webb, W. W.*: Rev. Sci. Instr. 42 (1971) 927
3.64. *Brewer, W. D.*, et al.: Proc. ICEC-4, Eindhoven 1972, p. 115
3.65. *Brickwedde, F. G.*, et al.: J. Res. NBS 64 A (1960) 1
3.66. *Brodskij, A. D.*: Izmeritel. Tekn., USSR (1968) 21. Nr. 4
3.67. *Brown, R. E.; Hubbard, W. M.; Haben, J. F.*: Rev. Sci. Instr. 33 (1962) 1282
3.68. *Brown, C. R.; Matthews, P. W.*: Rev. Sci. Instr. 39 (1968) 616
3.69. *Buchal, C.; Hanssen, J.; Mueller, R. M.; Pobell, F.*: Rev. Sci. Instr. 49 (1978) 1360
3.70. *Buhrman, R. A.; Halperin, W. P.; Schwenterly, S. W.; Reppy, J.; Richardson, R. C.; Webb, W. W.*: Proc. Low Temp. Phys. LT-12, 1971, p. 831
3.71. *Campisi, G. J.; Frankl, D. R.*: Rev. Sci. Instr. 41 (1970) 144
3.72. *Cataland, G.; Edlow, M.; Plumb, H, H.* in: Temperature, its Measurement and Control in Science and Industry, Vol. III, Part 1, 1962, p. 129
3.73. *Catalano, E.; Shroyer, B. L.; English, J. C.*: Rev. Sci. Instr. 41 (1970) 1663
3.74. *Cetas, T. C.*: Metrologia 12 (1976) 27
3.75. *Cetas, T. C.; Swenson, C. A.*: Metrologia 8 (1972) 46
3.76. *Chase, R. L.*: Rev. Sci. Instr. 42 (1971) 319
3.77. *Chiu, V. J. H.; Griller, D.; Ingold, K,; Knittel, P.*: J. Phys. E: Sci. Instr. 12 (1979) 274

3.78. *Claiborne, L. T.; Hardin, W. R.; Einspruch, N. G.:* Rev. Sci. Instr. 37 (1966) 1422
3.79. *Clarke, J.:* Proc. IEEE 61 (1973) 8
3.80. *Clement, J. R.; Quinnell, E. H.:* Rev. Sci. Instr. 23 (1952) 213
3.81. *Clover, R. B.; Wolf, W. P.:* Rev. Sci. Instr. 41 (1970) 617
3.82. *Cohen, B. G.; Snow, W. B.; Tretola, A. R.:* Rev. Sci. Instr. 34 (1963) 1091
3.83. *Colclough, A. R.* in: Temperature, its Measurement and Contro lin Science and Industry, Vol. IV, Part 1, 1972, p. 365
3.84. *Constable, J. H.; Gaines, J. R.:* in: Temperature, its Measurement and Control in Science and Industry, Vol. IV, Part 2, 1972, p. 1225
3.85. *Conte, R. R.:* Elements de Cryogénie, Paris: Masson 1970
3.86. *Cooke, A. H.:* Prog. Low Temp. Phys. I (1955) 224
3.87. *Cooke, A. H.; McKim, F. R.; Meyer, H.; Wolf, W. P.:* Phil. Mag. 2 (1957) 928
3.88. *Cooke, A. H.; Meyer, H.; Wolf, W. P.:* Proc. Roy. Soc. A 233 (1956) 536
3.89. *Connolly, J. I.; Roach, W. R.; Sarwinski, R. J.:* Rev. Sci. Instr. 36 (1965) 1370
3.90. *Corruccini, L. R.; Mountfield, K. R.; Sprenger, W. O.:* Rev. Sci. Instr. 49 (1978) 314
3.91. *Corruccini, L. R.; Osheroff, D. O.; Lee, D. M.; Richardson, R. C.:* J. Low Temp. Phys. 8 (1972) 229
3.92. *Crisp, R. S.; Henry, W. G.:* Cryogenics 4 (1964) 361
3.93. *Crisp, R. S.; Henry, W. G.; Schroeder, P. A.:* Phil. Mag. 10 (1964) 553
3.94. *Cukauskas, E. J.; Vincent, D. A.; Deaver, B. S.* jr.: Rev. Sci. Instr. 45 (1974) 1
3.95. *Culbert, H. V.; Sungaila, Z.:* Cryogenics 8 (1968) 386
3.96. *Cunsolo, S.; Santini, M.; Vicenti-Missoni, M.:* Cryogenics 5 (1965) 168
3.97. *Daniels, M.; Kurti, N.:* Proc. Roy. Soc. A 221 (1954) 243
3.98. *Davey, G.; Bailey, C. A.:* Proc. ICEC-3, Berlin 1970, p. 197
3.99. *Dayem, A. H.; Wiegand, J. J.:* Phys. Rev. 155 (1967) 419
3.100. *Dean, J. W.; Richards, R. J.:* Adv. Cryog. Eng. 13 (1968) 505
3.101. *Degrift, C. T.; Bowers, W. J.; Wildes, D. G.; Pipes, P. B.:* J. Phys. LT-15, 2 (1978) C6-1173
3.102. *Denner, H.:* Cryogenics 9 (1969) 282
3.103. *Dharmadurai, G.; Ratnam, B. A.:* Cryogenics 18 (1978) 617
3.104. *Dodson, B.; Low, T.; Mochel, J.:* Rev. Sci. Instr. 48 (1977) 290
3.105. *Donaldson, G. B.; Band, W. T.:* Bull. IIF, Annex 1970-2, Tokyo 1970, p. 27
3.106. *Doran, J. C.; Erich, U.; Wolf, W. P.:* Phys. Rev. Lett. 28 (1973) 103
3.107. *Duda, C. R.:* Rev. Sci. Instr. 39 (1968) 1484
3.108. *Eder, F. X.:* Exp. Tech. Phys. 6 (1957) 74
3.109. *Ekin, J. W.; Wagner, D. K.:* Rev. Sci. Instr. 41 (1970) 1109
3.110. *Erickson, R. A.; Roberts, L. D.:* Phys. Rev. 93 (1954) 957
3.111. *Fairbank, H. A.; Lane, C. T.:* Rev. Sci. Instr. 18 (1947) 525
3.112. *Faure, J.-P.:* Thesis, Grenoble 1974.
3.113. *Finegold, L.; Lowndes, D. H.* in: Temperature, its Measurement and Control in Science and Industry. Vol. IV, Part 1, 1972, p. 49
3.114. *Finnemore, D. K.; Ostenson, J. E.; Stromberg, T. F.:* Rev. Sci. Instr. 36 (1965) 1369
3.115. *Fiory, A. T.:* Rev. Sci. Instr. 42 (1971) 930
3.116. *Fletcher, R.; Stinson, M. R.:* J. Phys. E: Sci. Instr. 12 (1979) 92
3.117. *Forgacs, R. L.; Warnick, A.:* Rev. Sci. Instr. 38 (1967) 214
3.118. *Forgan, E. M.:* Cryogenics 14 (1974) 207
3.119. *Fox, J. N.; Trefny, J. U.; Buchanan, J.:* Cryogenics 12 (1972) 438
3.120. *Frieser, A.; Gladun, C.:* Exp. Tech. Phys. 22 (1974) 249
3.121. *Fritz, J. J.; Cesarano, J. M.; Clark, J. T.:* J. Low Temp. Phys. 2 (1970) 87
3.122. *Frossati, G.*, et al.: Low Temp. Phys. LT-14, 4 (1975) 80
3.123. *Gearhart, C. A.; McLinn, J. A.; Zimmermann, W.* jr.: Rev. Sci. Instr. 46 (1975) 1493
3.124. *Geballe, T. H.; Lyon, D. N.; Whelan, J. M.; Giauque, W. F.:* Rev. Sci. Instr. 23 (1952) 489
3.125. *Gerber, J. A.; Sellmyer, D. J.:* Cryogenics 18 (1978) 619
3.126. *Giauque, W. F.; Fisher, R. A.; Hornung, E. W.; Brodale, G. E,:* J. Chem. Phys. 58 (1973) 2621
3.127. *Giauque, W. F.; Stout, J. W.; Clark, C. W.:* J. Am. Chem. Soc. 60 (1938) 1053

3.128. *Giffard, R. P.; Webb, R. A.; Wheatley, J. C.:* J. Low Temp. Phys. 6 (1972) 533
3.129. *Gill, D.; Kaplan, N.; Thompson, R.; Jaccarino, V.; Guggenheim, H. J.:* Rev. Sci. Instr. 40 (1969) 109
3.130. *Gluyas, M.; Huges, F. D.; James, B. W.:* J. Sci. Instr. 3 (1970) 132
3.131. *Godratt, E.; Greenfield, A. J.; Schlesinger, Y.:* Cryogenics 17 (1977) 81
3.132. *Goer, D. A.; Starr, E. F.; Little, G. R.; Erickson, R. A.:* Cryogenics 14 (1974) 15
3.133. *Golovashkin, A. N.; Motulevich, G. P.:* Cryogenics 3 (1963) 167
3.134. *Gonano, R.; Adams, E. D.:* Rev. Sci. Instr. 41 (1970) 716
3.135. *Goree, W. S.; Hesterman, V. W.* in *Newhouse, V. L.:* Applied Superconductivity, Vol. I, 1975, p. 113
3.136. *Greenfield, A. J.; Lieberman, D. E.; Zair,; Greenwald, S.:* Rev. Sci. Instr. 45 (1974) 1417
3.137. *Griffin, E. L.; Mochel, J. M.:* Rev. Sci. Instr. 45 (1974) 1265
3.138. *Gröger, V.; Stangler, F.:* Cryogenics 14 (1974) 340
3.139. *Guenther, R.; Weinstock, H.; Schleicher, R. W.:* Cryog. Tech. 6 (1970) 13
3.140. *Gugan, D.; Michel, G. W.:* J. Phys. LT-15, 2 (1978) SC6-1171
3.141. *Gylling, R. G.:* Low Temp. Phys. LT-13, 4 (1974) 487
3.142. *Halperin, W. P.;* et al.: Phys. Rev. Lett. 34 (1975) 718
3.143. *Halverson, G.; Johns, D. A.* in: Temperature, its Measurement and Control in Science and Industry, Vol. IV, Part 2, 1972, p. 803
3.144. *Hamm, G.:* DKV-Tagungsber. 4 (1977)
3.145. *Harley, R. T.*, et al.: Cryogenics 10 (1970) 510
3.146. *Harrison, J. P.:* Rev. Sci. Instr. 39 (1968) 145
3.147. *Hauschultz, M.; Andersen, N. H.; Rasmussen, F. B.:* J. Phys. E: Sci. Instr. 12 (1979) 15
3.148. *Hensel, P.; Smith, D. T.:* Cryogenics 14 (1974) 12
3.149. *Herder, T. H.; Olsson, R. O.; Blakemore, J. S.:* Rev. Sci. Instr. 37 (1966) 1301
3.150. *Hetzler, M. C.; Walton, D.:* Rev. Sci. Instr. 39 (1968) 1656
3.151. *Hirschkoff, E. C.; Symko, O. G.; Vant-Hull, L. L.; Wheatley, J. C.:* J. Low Temp. Phys. 2 (1970) 653
3.152. *Hirschkoff, E. C.; Symko, O. G.; Wheatley, J. C.:* J. Low Temp. Phys. 4 (1971) 111
3.153. *Hirschkoff, E. C.; Symko, O. G.; Wheatley, J. C.:* J. Low Temp. Phys. 5 (1971) 155
3.154. *Holste, J. C.; Lawless, W. N.; Samara, G. A.:* Ferroelectrics 11 (1976) 337
3.155. *Holten, D. C.:* Adv. Cryog. Eng. 9 (1963) 406
3.156. *Hornung, E. W.; Lyon, D. N.:* Rev. Sci. Instr. 32 (1961) 684
3.157. *Hudson, W. R.:* Rev. Sci. Instr. 39 (1968) 253
3.158. *Hudson, R. P.:* Principles and Application of Magnetic Cooling. North-Holland 1972.
3.159. *Hudson, R. P.; Marshak, H.; Soulen, R. J.* jr.; *Utton, D. B.:* J. Low Temp. Phys. 20 (1975) 1
3.160. *Hudson, R. P.; Pfeiffer, E. R.* in: Temperature, its Measurement and Control in Science and Industry, Vol. IV, Part 2, 1972, p. 1279
3.161. *Huen, T.:* Rev. Sci. Instr. 41 (1970) 1368
3.162. *Hulbert, J. A.; Jones, G. O.:* Proc. Phys. Soc. (London) B 68 (1955) 801
3.163. *Hust, J. G.:* Rev. Sci. Instr. 41 (1970) 622
3.164. *Hust, J. G.; Powell, R. L.; Sparks, L. L.* in: Temperature, its Measurement and Control in Science and Industry, Vol. IV, Part 3, 1972, p. 1525.
3.165. *Hwang, K. F.; Khorana, B. M.:* Low Temp. Phys. LT-14, 4 (1975) 72
3.166. *Islander, S. T.; Östman, P.:* Cryogenics 18 (1978) 614
3.167. *Janik, R.; Lechevet, J. N.; Gregory, W. D.:* Rev. Sci. Instr. 45 (1974) 1456
3.168. *Janšák, L.; Kordoš, P.:* Cryogenics 14 (1974) 467
3.169. *Johnson, W. L.; Anderson, A. C.:* Rev. Sci. Instr. 42 (1971) 1296
3.170. *Johnson, R. T.*, et al.: J. Low Temp. Phys. 2 (1970) 403
3.171. *Josephson, B. D.:* Phys. Lett. 1 (1962) 251; Adv. Phys. 14 (1965) 419
3.172. *Kachinskii, V. N.:* Prib. i Tekh. Eksp. 5 (1963) 207
3.173. *Kamper, R. A.; Mullen, L. O.; Sullivan, D. B.:* NBS Tech. Rep. No. 381 (1969)
3.174. *Kamper, R. A.; Siegwarth, J. D.; Radebaugh, R.; Zimmerman, J. E.:* Proc. IEEE 59 (1971) 1368
3.175. *Kan, Y. S.; Rakhubovskii, V. A.:* Cryogenics 7 (1967) 241

3.176. *Kemp, R. C.; Kemp, W. R. G.*: Metrologia 14 (1978) 9
3.177. *Kernohan, R. H.*, et al.: Cryogenics 17 (1977) 247
3.178. *Kes, P. H.; Van d. Klein, C. A. M.; DeKlerk, D.*: Cryogenics 14 (1974) 168
3.179. *Kirsch, H. C.; Bachmann, R.; Geballe, T. H.* in: Temperature, its Measurement and Control in Science and Industry, Vol. IV, Part 2, 1972, p. 843
3.180. *Klipping, G.; Vetterkind, D.; Walentowitz, G.*: Cryogenics 5 (1965) 76
3.181. *Kobayasi, S.; Shinohara, M.; Ôno, K.*: Cryogenics 16 (1976) 597
3.182. *Kobayasi, S.; Shinohara, M.; Ôno, K.*: J. Low Temp. Phys. 13 (1973) 39
3.183. *Koeppe, W.*: Cryogenics 7 (1967) 172
3.184. *Koeppe, W.*: Proc. ICEC-2, Brighton 1968, p. 213
3.185. *Koeppe, W.*: Kältetech.-Klimat. 22 (1970) 14
3.186. *Kollias, N.; Dreesen, J.; Giles, M.; Terry, C.*; Cryogenics 11 (1971) 61
3.187. *Kopp, J.; Slack, G. A.*: Cryogenics 11 (1971) 22
3.188. *Kopylov, V. N.; Mezhov-Deglin, L. P.*: Cryogenics 14 (1974) 625
3.189. *Kordoš, P.; Janšak, L.; Benč, V.*: Cryogenics 13 (1973) 312
3.190. *Kreitman, M. M.*: Rev. Sci. Instr. 40 (1969) 1562
3.191. *Kreitman, M. M.; Gallahan, J. T.*: Cryogenics 10 (1970) 155
3.192. *Krusius, M.; Paulson, D. N.; Wheatley, J. C.*: J. Low Temp. Phys. 33 (1978) 255
3.193. *Kunzler, J. E.; Geballe, T. H.; Hull, G. W.*: Rev. Sci. Instr. 28 (1957) 96
3.194. *Kurti, N.; Robinson, F. N. H.; Simon, F.; Spohr, D. A.*: Nature 178 (1956) 450
3.195. *Kurti, N.; Simon, F.*: Proc. Roy. Soc. A152 (1935) 1
3.196. *Kutzner, K.*: Cryogenics 8 (1968) 325
3.197. *Lang, S. B.* in: Temperature, its Measurement and Control in Science and Industry, Vol. IV, Part 2, 1972, p. 1153
3.198. *Lang, S. B.; Shaw, S. A.; Rice, L. H.; Timmerhaus, K. D.*: Rev. Sci. Instr. 40 (1969) 274
3.199. *Larson, E. V.; Mayer, R.*: Rev. Sci. Instr. 23 (1952) 692
3.200. *Lasjaunias, J. C.; Picot, B.; Ravex, A.; Thoulouze, D.; Vandorpe, M.*: Cryogenics 17 (1977) 111
3.201. *Lawless, W. N.*: Rev. Sci. Instr. 43 (1972) 1743
3.202. *Lawless, W. N.* in: Temperature, its Measurement and Control in Science and Industry, Vol. IV, Part 2, 1972, p. 1143
3.203. *Lawless, W. N.*: Rev. Sci. Instr. 48 (1977) 361
3.204. *Lawless, W. N.; Panchyk, E. A.*: Cryogenics 12 (1972) 196
3.205. *Lawless, W. N.; Radebaugh, R.; Soulen, R. J.*: Rev. Sci. Instr. 42 (1971) 567
3.206. *Lea, M. J.; Dobbs, E. R.*: Cryogenics 13 (1973) 114
3.207. *Lebeau, C.; Pinel, J.*: J. Phys. E: Sci. Instr. 4 (1971) 256
3.208. *Lebeau, C.; Pinel, J.*: J. Phys. E: Sci. Instr. 6 (1973) 631
3.209. *Liebenberg, D. H.; Allen, L. D. F.*: J. Appl. Phys. 41 (1970) 4050
3.210. *Liebenberg, D. H.; Allen, L. D. F.* in: Temperature, its Measurement and Control in Science and Industry, Vol. IV, Part 2, 1972, p. 875
3.211. *Lindenfeld, P.*: Rev. Sci. Instr. 32 (1961) 9
3.212. *Lösche, A.*: Kerninduktion. Berlin: Dtsch. Verl. d. Wiss. 1957
3.213. *Logvinenko, S. P.*, et al.: Cryogenics 15 (1975) 150
3.214. *Lounasma, O. V.*: Experimental Principles and Methods below 1 K. Acad. Press. 1974
3.215. *Lutes, O. S.*: Rev. Sci. Instr. 33 (1962) 1008
3.216. *MacDonald, D. B.; Kornreich, P. G.*: Rev. Sci. Instr. 41 (1970) 450
3.217. *Magerlein, J. H.; Sanders, T. M.* jr.: Rev. Sci. Instr. 46 (1975) 1653
3.218. *Maletta, H.; Shenoy, G. K.*: Low Temp. Phys. LT-14, 4 (1975) 68
3.219. *Mangum, B. W.; Bowers, W. J.*: J. Phys. LT-15, II (1978) C6-1175
3.220. *Manuszkiewicz, H.; Lipinski, L.*: Chlodnictwo (Pol.) 13 (1978) 16
3.221. *March, J. F.; Thurley, F.*: Rev. Sci. Instr. 50 (1979) 616
3.222. *Markham, A. H.; Netzel, R. G.; Dillinger, J. R.*: Rev. Sci. Instr. 28 (1957) 382
3.223. *Marshak, H.; Soulen, R. J.* jr.: Low Temp. Phys. LT-13,4 (1974) 498
3.224. *Marshak, H.; Soulen, R. J.* jr.: J. Phys. LT-15, II (1978) C6-1162
3.225. *MacDonald, D. K. C.; Pearson, W. B.; Templeton, I. M.*: Proc. Roy. Soc. (London) A266 (1962) 161

3.226. *McWane, J. W.; Neighbor, J. E.; Newbower, R. S.:* Rev. Sci. Instr. 37 (1966) 1602
3.227. *Medvedeva, L. A.*, et al.: Cryogenics 11 (1971) 316
3.228. *Meredith, D. J.; Pickett, G. R.; Symko, O. G.:* J. Low Temp. Phys. 13 (1973) 607
3.229. *Mess, K. W.; Lubbers, J.; Niesen, L.; Huiskamp, W. J.:* Physica 41 (1969) 260
3.230. *Mezhov-Deglin, L. P.; Shalnikov, A. I.:* Inst. Exp. Tech. 5 (1965) 1288
3.231. *Middendorf, A. von:* Cryogenics 11 (1971) 318
3.232. *Mikhailov, N. N.; Govor, A. Y.:* Cryogenics 3 (1963) 205
3.233. *Miller, C. E.; Flynn, T. M.:* ISA Trans. 6 (1967) 133
3.234. *Miller, R. I.; Ulbrich, C. W.:* Cryogenics 12 (1972) 173
3.235. *Mills, R. L.; Grilly, E. R.; Sydoriak, S. G.:* Ann. Phys. (N.Y.) 12 (1961) 41
3.236. *Neuringer, L. J.*, et al.: Rev. Sci. Instr. 42 (1971) 9
3.237. *Neuringer, L. J.; Rubin, L. G.* in: Temperature, its Measurement and Control in Science and Industry, Vol. IV, Part 2, 1972, p. 1085
3.238. *Neuringer, L. J.; Shapira, Y.:* Rev. Sci. Instr. 40 (1969) 1314
3.239. *Newrock, R. S.; Wagner, D. K.; Rosenthal, M. D.:* J. Phys. E: Sci. Instr. 10 (1977) 935
3.240. *Oda, Y.; Fujii, G.; Nagano, H.:* Cryogenics 14 (1974) 84
3.241. *Orlova, M. P.; Astrov, D. N.; Medvedeva, L. A.:* Cryogenics 4 (1964) 95
3.242. *Osborne, D. W.; Flotow, H. E.; Schreiner, F.:* Rev. Sci. Instr. 38 (1967) 159
3.243. *Osgood, E. B.; Goodkind, J. M.:* Phys. Rev. Lett. 18 (1967) 894
3.244. *Pandorf, R. C.; Chen, C. T.; Daunt, J. G.:* Cryogenics 2 (1962) 239
3.245. *Pankratov, N. A.; Zaytsev, G. A.; Khrebtov, I. A.:* Rad. Eng. Electron. Phys. 15 (1970) 1652
3.246. *Parkner, D. S.; Corruccini, L. R.:* Cryogenics 15 (1975) 499
3.247. *Parshin, A. Y.; Peshkov, V. P.:* J. Low Temp. Phys. 15 (1974) 417
3.248. *Paulson, D. N.*, et al.: J. Low Temp. Phys. 34 (1979) 63
3.249. *Pavese, F.:* Cryogenics 14 (1974) 425
3.250. *Pavese, F.:* Proc. XV. Int. Conf. IIF, Venedig 1979, A1/2-47
3.251. *Pavese, F.; Barbero, C.:* Proc. XV. Int. Conf. IIF, Venedig 1979, B1-67
3.252. *Pavese, F.; Limbarinu, S.* in: Temperature, its Measurement and Control in Science and Industry, Vol. IV, Part 2, 1972, p. 1103
3.253. *Pearce, D. C.; Markham, A. H.; Dillinger, J. R.:* Rev. Sci. Instr. 27 (1956) 240
3.254. *Penar, J. D.; Campi, M.:* Rev. Sci. Instr. 42 (1971) 528
3.255. *Plumb, H.; Cataland, G.:* Metrologia 2 (1966) 4
3.256. *Polturak, E.; Rappaport, M.; Rosenbaum, R.:* Cryogenics 18 (1978) 27
3.257. *Powell, R. L.; Bunch, M. D.; Corruccini, R. J.:* Cryogenics 1 (1961) 139
3.258. *Powell, R. L.; Bunch, M. D.:* Bull. IIF, Suppl. Annex 1958-1, p. 129
3.259. *Powell, R. L.; Hall, W. J.; Hust, J. G.* in: Temperature, its Measurement and Control in Science and Industry, Vol. IV, Part 2, 1972, p. 1423
3.260. *Praddaude, H. C.:* Rev. Sci. Instr. 40 (1969) 599
3.261. *Prober, D. E.:* Rev. Sci. Instr. 50 (1979) 387
3.262. *Prothero, N. P. S.; Swinbourne, A. C.; Martin, D. J.:* Cryogenics 18 (1978) 623
3.263. *Radebaugh, R.; Holste, J. C.; Siegwarth, J. D.:* Proc. ICEC—5 Kyoto 1974, p. 253
3.264. *Rafalowicz, J.:* Acta Phys. Polon. 25 (1964) 427; 29 (1966) 631; 30 (1966) 205
3.265. *Ray, J.; Chandra, G,:* Cryogenics 14 (1974) 414
3.266. *Rechowicz, M.; Ashworth, T.; Steeple, H.:* Cryogenics 7 (1967) 369
3.267. *Richardson, R. C.:* Physica 90B (1977) 47
3.268. *Richards, M. G.; Tofts, P. S.; Turner, P. R.:* Cryogenics 13 (1973) 182
3.269. *Ries, R. P.; Mapother, D. E.* in: Temperature, its Measurement and Control in Science and Industry, Vol. IV, Part 2, 1972, p. 885
3.270. *Ries, R. P.; Moore, B. K.:* Rev. Sci. Instr. 41 (1970) 996
3.271. *Rijn, C. van,; Durieux, M.* in: Temperature, its Measurement and Control in Science and Industry, Vol. IV, Part 1, 1972, p. 73
3.272. *Rindelhardt, U.; Hegenbarth, E.:* Cryogenics 15 (1975) 355
3.273. *Roberts, T. R.; Sydoriak, S. G.:* Phys. Rev. 102 (1956) 304
3.274. *Robichaux, J. E. jr.; Anderson, A. C.:* Rev. Sci. Instr. 40 (1969) 1512
3.275. *Rogers, J. S.*, et al.: Metrologia 4 (1968) 47
3.276. *Rose, H. J.; Brink, D. M.:* Rev. Mod. Phys. 39 (1967) 306

3.277. *Rosenbaum, R. L.:* Rev. Sci. Instr. 39 (1968) 890; 40 (1969) 577
3.278. *Rosenbaum, R. L.:* Rev. Sci. Instr. 11 (1970) 37
3.279. *Rosenbaum, R. L.; Eckstein, Y.; Landau, J.:* Cryogenics 14 (1974) 21
3.280. *Rosenbaum, R. L.; Oder, R. R.; Goldner, R. B.:* Cryogenics 4 (1964) 333
3.281. *Roth, E. P.; Matey, J. R.; Anderson, A. C.; Johns, D. A.:* Rev. Sci. Instr. 49 (1978) 813
3.282. *Rubin, G. L.:* Cryogenics 10 (1970) 14
3.283. *Rubin, L. G.; Golahny, Y.:* Rev. Sci. Instr. 43 (1972) 1758
3.284. *Rubin, L. G.; Lawless, W. N.:* Rev. Sci. Instr. 42 (1971) 571
3.285. *Rusby, R. L.* in: Temperature, its Measurement and Control in Science and Industry, Vol. IV, Part 2, 1973, p. 865
3.286. *Saito, S.; Sator, T.:* Rev. Sci. Instr. 46 (1975) 1226
3.287. *Sambrook, J.*, et al.: J. Phys. E: Sci. Instr. 11 (1978) 991
3.288. *Sample, H. H.: Neuringer, L. J.; Rubin, L. G.:* Rev. Sci. Instr. 45 (1974) 64
3.289. *Sample, H. H.; Neuringer, L. J.:* Rev. Sci. Instr. 45 (1974) 1389
3.290. *Sample, H. H.; Rubin, L. G.:* Cryogenics 17 (1977) 597
3.291. *Sample, H. H.; Rubin, L. G.:* Cryogenics 18 (1978) 223
3.292. *Sanchez, J.; Benoit, A.; Flouquet, J.:* Rev. Sci. Instr. 48 (1977) 1090
3.293. *Sano, W.; Isotani, S.:* Cryogenics 13 (1973) 179
3.294. *Sapp, R. C.; Tschanz, J. F.:* Cryogenics 10 (1970) 498
3.295. *Sarwinksi, R. E.:* Proc. 1970 Ultralow Temp. Symp. Washington NRL Rep. 7133 (1970) p. 48ff.
3.296. *Schlosser, W. F.; Munnings, R. H.:* Cryogenics 12 (1972) 225
3.297. *Schlosser, W. F.; Munnings, R. H.:* Cryogenics 12 (1972) 302
3.298. *Schooley, J. F.:* J. Phys. LT-15, II (1978) C6-1169
3.299. *Schooley, J. F.; Soulen, R. J.* jr.: Adv. Cryo. Eng. 17 (1972) 192
3.300. *Schooley, J. F.; Soulen, R. J.* jr.: Instr. Technol. 21 (1974) 35
3.301. *Schriempf, J. T.; Schindler, A. I.:* Cryogenics 5 (1965) 174
3.302. *Scribner, R. A.; Adams, E. D.:* Rev. Sci. Instr. 41 (1970) 287
3.303. *Scribner, R. A.; Adams, E. D.* in: Temperature, its Measurement and Control in Science and Industry, Vol. IV, Part 1, 1972, p. 37
3.304. *Scribner, R. A.; Panczyk, M. F.; Adams, E. D.:* J. Low Temp. Phys. 1 (1969) 313
3.305. *Shen, L.; Heberlein, D. C.* in: Temperature, its Measurement and Control in Science and Industry, Vol. IV, Part 2, 1972, p. 791
3.306. *Sherman, R. H.; Sydoriak, S. G.; Roberts, T. R.:* J. Res. NBS 68A (1964) 579
3.307. *Silver, A. H.; Zimmerman, J. E.* in: Applied Superconductivity (ed. *Newhouse, V. L.*) Vol. I, 1975, p. 1ff.
3.308. *Silver, A. H.; Zimmerman, J. E.; Kamper, R. A.:* Appl. Phys. Lett. 11 (1967) 209
3.309. *Sites, J. R.; Smith, H. A.; Steyert, W. A.:* J. Low Temp. Phys. 4 (1971) 605
3.310. *Slavin, A. J.:* Cryogenics 12 (1972) 121
3.311. *Snelson, D. R.* in: Temperature, its Measurement and Control in Science and Industry, Vol. IV, Part 2, 1972, p. 871
3.312. *Soulen, R. J.* jr.: Cryogenics 14 (1974) 250
3.313. *Soulen, R. J.* jr.: J. Phys. LT-15, II (1978) C6-1166
3.314. *Soulen, R. J.* jr.; *Colwell, J. H.:* J. Low Temp. Phys. 5 (1971) 325
3.315. *Soulen, J. R.* jr.; *Marshak, H.:* Low Temp. Phys. LT-14, 4 (1975) 60
3.316. *Sparks, L. L.; Hust, J. G.:* NBS Spec. Publ. 260-34 (1972)
3.317. *Sparks, L. L.; Powell, R. L.* in: Temperature, its Measurement and Control in Science. and Industry, Vol. IV, Part 3, 1972, p. 1569
3.318. *Sparks, L. L.; Powell, R. L.:* J. Res. NBS 76A (1972) 263
3.319. *Sparks, L. L.; Powell, R. L.:* Cryogenics 12 (1972) 40
3.320. *Sparks, L. L.; Powell, R. L.; Hall, W. J.:* NBS Monogr. 124 (1972)
3.321. *Star, W. M.:* J. Phys. E: Sci. Instr. 2 (1969) 910
3.222. *Steinback, M.; Anthony, P. J.; Anderson, A. C.:* Rev. Sci. Instr. 46 (1978) 671
3.323. *Steinback, M.; Matsumoto, D.; Anderson, A. C.:* Rev. Sci. Instr. 50 (1979) 260
3.324. *Steyert, W. A.* in: Temperature, its Measurement and Control in Science and Industry, Vol. IV, Part 2, 1972, p. 1253

3.325. *Stolfa, D. L.; Goodkind, J.M.:* Proc. 1970 Ultralow Temp, Symp. Washington NRL Rep. 7133, p. 120
3.326. *Storm, L.:* Proc. ICEC-3, Berlin 1970, p. 226
3.327. *Straty, G. C.; Adams, E. D.:* Rev. Sci. Instr. 40 (1969) 1393
3.328. *Suomi, M.; Anderson, A. C.; Holmström, B.:* Physica 38 (1968) 67
3.329. *Švec, K.; Koláč, M.; Matas, J.; Šafrata, S.; Těthal, T.:* Czech. J. Phys. A23 (1973) 501
3.330. *Swartz, J. M.; Gaines, J. R.* in: Temperature, its Measurement and Control in Science and Industry, Vol. IV, Part 2, 1972, p. 1117
3.331. *Swartz, D. L.; Swartz, J. M.:* Cryogenics 14 (1974) 67
3.332. *Swartz, J. M.; Swartz, D. L.:* Adv. Cryog. Eng. 20 (1975) 389
3.333. *Swenson, C. A.; Wolfendale, P. C. F.:* Rev. Sci. Instr. 44 (1973) 339
3.334. *Symko, O. G.:* J. Low Temp. Phys. 1 (1969) 451
3.335. *Symko, O. G.* in: Temperature, its Measurement and Control in Science and Industry, Vol. IV, Part 2, 1972 p. 1239
3.336. *Szofran, F. R.; Gregory, B.; Seidel, G.* in: Temperature, its Measurement and Control in Science and Industry, Vol IV, Part 2, 1972 p. 1233
3.337. *Szofran, F. R.; Seidel, G.:* Low. Temp. Phys. LT-13, 4 (1974) 508
3.338. *Taylor, R. D.* in: Temperature, its Measurement and Control in Science and Industry, Vol. IV, Part 2, 1972, p. 1259
3.339. *Templeton, I. M.; MacDonald, D. K.:* Proc. Phys. Soc. B 66 (1953) 680
3.340. *Terry, C.:* Rev. Sci. Instr. 39 (1968) 925
3.341. *Thompson, J. R.; Thomson, J. O.:* Rev. Sci. Instr. 48 (1977) 1713
3.342. *Tiggelman, J. L.; Durieux, M.* in: Temperature, its Measurement and Control in Science and Industry, Vol. IV, Part 1, 1972, p. 149
3.343. *Tiggelman, J. L.; VanRijn, C.; Durieux, M.* in: Temperature, its Measurement and Control in Science and Industry, Vol. IV, Part 1, 1972, p. 137
3.344. *Tominaga, A.:* Cryogenics 12 (1972) 389
3.345. *Trefny, J. U.; Cruz-Uribe, A.; Fox, J. N.:* Cryogenics 19 (1979) 316
3.346. *Utton, D. B.; Soulen, R. J.; Marshak, H.:* Low Temp. Phys. LT-14, 4 (1975) 76
3.347. *Vanier, J.* in: Temperature, its Measurement and Control in Science and Industry, Vol. IV, Part 2, 1972, p. 1197
3.348. *Vevai, J. E.; Elliot, D. G.; Hoeywell, W. I.:* Cryogenics 12 (1972) 192
3.349. *Vroomen, A. R. de; Van Baarle, C.:* Physica 23 (1957) 785
3.350. *Wagner, R. R.; Anderson, P. T.; Bertman, B.:* Rev. Sci. Instr. 41 (1970) 917
3.351. *Wagner, R.; Bertman, B.:* Bull. IIF, Annex 1970-2, p. 23, Tokyo (1970)
3.352. *Walckiers, L.; Issi, J.-P.:* Cryogenics 15 (1975) 228
3.353. *Wampach, H. R.; Sullivan, N. S.:* Rev. Sci. Instr. 49 (1978) 1622
3.354. *Ward, D. A.:* Cryogenics 12 (1972) 209
3.355. *Webb, R. A.:* Rev. Sci. Instr. 48 (1977) 1585
3.356. *Webb, R. A.; Giffard, R. P.; Wheatley, J. C.:* Phys. Lett. 41A (1972) 1
3.357. *Webb, R. A.; Giffard, R. P.; Wheatley, J. C.:* J. Low Temp. Phys. 13 (1973) 383
3.358. *Webb, R. A.; Giffard, R. P.; Wheatley, J. C.:* Low Temp. Phys. LT-13, 4 (1974) 517
3.359. *Webb, R. A.; Greytak, T. J.; Johnson, R. T.; Wheatley, J. C.:* Phys. Rev. Lett. 30 (1973) 210
3.360. *Weder, E.:* Kältetech. 16 (1964) 398
3.361. *Wehr, G.; Sieber, G.; Böning, K.:* Cryogenics 17 (1977) 43
3.362. *Welter, J. M.; Johnen, F. J.:* Cryogenics 15 (1975) 28
3.363. *Weymann, W.* in: Methods of Experimental Physic (ed. *Coleman, R. V.*), Vol. 11. New York: Acad. Press 1974, p. 485 ff
3.364. *Wheatley, J. C.:* Low Temp. Phys. LT-13, 4 (1974) 455
3.365. *Wheatley, J. C.:* Prog. Low Temp. Phys. VI, (1970) 77
3.366. *Wheatley, J. C.:* Rev. Mod. Phys. 47 (1975) 415
3.367. *Wheatley, J. C.; Griffing, D. F.; Estle, T. L.:* Rev. Sci. Instr. 27 (1956) 1070
3.368. *Whitehead, N. F.*, et al.: J. Phys. E: Sci. Instr. 7 (1974) 36
3.369. *Whitmore, S. C.; Ryan, S. R.; Sanders, T. M.* jr: Rev. Sci Instr. 49 (1978) 1579
3.370. *Williams, J. M.:* Cryogenics 15 (1975) 307

3.371. *Wolfendale, P. C. F.:* J. Phys. E: Sci. Instr. 2 (1969) 659
3.372. *Wolfendale, P. C. F.:* Adv. Cryog. Eng. 18 (1973) 328
3.373. *Wolfendale, P. C. F.; Firth, I. M.:* Proc. ICEC-2, Brighton (1968), p. 218
3.374. *Yamaguchi, M.:* Proc. ICEC-2, Brighton 1968, p. 226
3.375. *Yarmchuk, E. J.; Glaberson, W. I.:* Rev. Sci. Instr. 49 (1978) 460
3.376. *Yee, R.; Zimmerman, G. O.:* Cryogenics 10 (1970) 136
3.377. *Zarubin, L. I.,* et al.: Chlodnictwo (Pol.) 12 (1977) 8
3.378. *Zeisse, C. R.:* Phys. Rev. 173 (1968) 301
3.379. *Zimmerman, J. E.:* Cryogenics 12 (1972) 19
3.380. *Zimmerman, J. E.; Abeshouse, D. J.; Maxwell, E.; Keiland, D. R.:* Proc. Low Temp. Conf. LT-13. New York—London (1973) Vol. 4, p. 591
3.381. *Zimmerman, J. E.; Thiene, P.; Harding, J. T.:* J. Appl. Phys. 41 (1970) 1572
3.382. *Zinov'eva, K. N.; Karstens, G. E.:* Cryogenics 14 (1974) 622

Sachregister

Absaugethermometer 211
Absorptionsgrad 22, 129, 143
Adiabate 13
Adsorption 37
Allen-Bradley-Widerstand 272, 274, 287, 288, 291, 293
Alterung, — des Thermometers 76, 89, 104, 277, 282, 315
Alumel 58, 59, 69, 73, 75, 253
Aluminium 54, 68, 137, 202, 358, 373, 374, 386, 389
Aluminiumoxid 77
Ammoniak 49, 201
Anilin 173
Ankopplung, — des Thermometers 263, 286, 352ff., 408, 411ff.
Apiezon 409
Ardometer 128
Argon 201
Äthylalkohol 41, 175
Augenempfindlichkeit 131
Ausdehnungskoeffizient 11, 37
Ausdehnungsthermometer 33, 170
Äthan 49
Äthylen 49, 201
Azeton 173

Bariumtitanat 127, 382
Beckmann-Thermometer 43
Besetzungsthermometer 17, 367
Bimetall-Thermometer 45
Blei 52, 54, 137, 202, 386, 421
Bolometer 118ff., 121
Bolometer, dielektrisches 121
Bolometer, pyroelektrisches 122
Boltzmann-Konstante 4, 20, 24
Boltzmann-Faktor 370, 371
Boyle-Gesetz 10
Bruger-Schaltung 96
Butan 50

Callendar-Gleichung 82
Carnot-Prozeß 7, 11ff.
Celsius-Skala 10
Cer-Dipocolinat (CDP) 323
Cer-Magnesium-Nitrat (CMN) 283, 321, 347, 353ff., 394, 421
Chopper 65, 262, 300
Chrom 137
Chrom-Kalium-Alaun (CPA) 323
Chrom-Methylammonium-Alaun (CMA) 354
Chromel 59, 69, 73, 75, 253, 257
Chromnickel 57, 58
Clausius-Clapeyron-Gleichung 46, 351, 401
Clausius-Mossotti-Beziehung 377
Cooper-Paar 396
Cry-Con-Kitt 409
Cryobridge 309
Curie-Gesetz 16, 348, 354, 374
Curie-Konstante 16, 18, 319, 326, 354, 373
Curie-Temperatur 160
Curie-Weiß-Gesetz 159

Dampfdruck 49, 194, 199, 241, 242, 354
Dampfdruckkorrektur 245
Dampfdruckthermometer 46ff., 241ff., 408, 418
Dayem-Brücke 342
Delta-Bond 409
Detektor, thermoelektrischer 114
—, thermopneumatischer s. Golay-Zelle
Diamel 256
Differential-Gasthermometer 38, 249
— -Manometer 34, 38, 237, 249, 405
— -Thermoelement 53, 115, 216
— -Widerstandsthermometer 102
Diffusorthermometer 212
Digitalmillivoltmeter 64, 259
Diodenthermometer 294ff.
Doppelkompensator 307
Doppler-Verbreiterung 145
Dreifarbenpyrometer 141
Dreileiterkompensation 92
Druck, osmotischer 20, 399, 405ff., 408
Druckdifferenz, thermomolekulare 48, 245

Druckeinfluß, auf Thermometer 74, 103, 312
Durchflußthermostat 165, 427
Durchlaßgrad 113
Durchlaßspannung, von Dioden 294

Eccotherm 409
Eichfehler, der Thermometer 192, 407ff.
Eichkryostat 315, 422ff.
Eichthermostat 192, 247
Eichverfahren, für Thermometer 66, 104, 190ff., 262, 315, 363, 375, 417ff.
Eigenleitfähigkeit, von Halbleitern 266
Einbaufehler 72, 203, 206ff., 408ff.
Einschlußthermometer 40
Eisen 52, 58, 69, 80, 83, 137, 139, 370
Eisen-Ammonium-Alaun (FAS) 324
Eispunkt 197
Elektrolyt-Thermometer 78, 86
Elektronentemperatur 145
Emissionsgrad 23, 129, 136ff., 143
Empfindlichkeit, der Thermometer 273ff., 281, 388
Energielücke 84
Enthalpie 14, 163
Entmagnetisierung, adiabatische 348
Entmagnetisierungsfaktor 319, 389
Entropie 1, 3, 5, 12, 400
Erstarrungspunkt 199
Erwärmungsfehler 90, 94, 102

Fadenkorrektion 42
Fadenthermometer 42
Fahrenheit-Skala 10
Fallbügelregler 170
Farbemissionsgrad 138
Farbpyrometer 137, 140
Federthermometer 44
Fernmessung 44, 97,190
Fit-Programm 271, 276, 420
Fixpunkt, sekundärer 200
Fixpunkt, thermometrischer s. Temperaturfixpunkt
Flammentemperatur 142
Flüssigkeitsthermometer 39ff.
Flüssigkeitsthermostat 173
Flußquant, magnetisches 336, 395
Flußtransformator, supraleitender 343
Fluxmeter, magnetisches 328ff.
Fluxon 336
Fortafix 409
Fotodiode 133
Fotomultiplier 133
Fotothermometrie 142
Fototransistor 133
Fotowiderstand 133
Fourier-Gleichung 288
Freon 178

Gadolinium-Sulfat 325
Gallium 202
Galliumarsenid-Diode 295
Galliumarsenid-Widerstandsthermometer 296
Gammaquanten-Anisotropie 15, 18, 367
Gasadsorption 246, 248
Gasgesetz, ideales 10
Gaspyrometer 211
Gastemperaturmessung 146, 163, 209ff.
Gasthermometer 10, 408
—, akustisches 149
—, konstanten Druckes 12, 35
—, konstanten Volumens 12, 33, 236ff.
Gasthermostat 175
Geräteglas 42
Germanium 54, 86, 88, 296
Germanium-Widerstandsthermometer 30, 265ff., 281, 299, 408, 427
Gesamtstrahlungskonstante 23, 113
Gesamtstrahlungspyrometer 113ff., 126
Gleichgewicht, thermisches 1
Glühfadenpyrometer 131ff., 139
Golay-Zelle 118, 124ff.
Gold 137
Gold-Eisen-Legierung 255
Gold-Kobalt-Legierung 254
Goldschmelzpunkt 27, 30, 67, 82, 109, 135, 192, 200
Graphit 54, 61, 67, 137, 149
Grauglas, neutrales 112
Grenzflächenwiderstand 353
Grenzwellenlänge 107, 113
Grüneisen-Formel 79

Hakenrohrthermometer 212
Halbleiter-Thermometer 84ff.
Halbleiterbolometer 120
Halbwertsbreite 365
Hall-Effekt 154
Hartshorn-Brücke 332
Hauptsatz, nullter 1
—, erster 4
—, zweiter 7, 16, 22, 51, 52, 348
Hauttemperatur 216
Helium-3, flüssig 19, 48, 245, 324, 352, 367, 374, 400
Helium-3, Schmelzkurve 351, 376, 399ff.
Helium-4, flüssig 19, 48, 201, 244, 418
Helium-4-Gas 37, 39, 164
Helium-4-Skala 30
Helligkeit 130
Hilfsstrahler 112
Hochdruckgasthermometer 240
Hochtemperatur-Thermostat 182
Hochvakuumofen 182
Hohlraumstrahler 108
Hyperfeinaufspaltung 326ff.

Impedanz, thermische 268, 307, 311, 412
Indium 202, 386, 388, 421
Inhomogenitätsspannung 70, 259
Interferometer, optisches 156ff.
Interpolation von Meßwerten 270, 276
Iridium 37, 54, 57, 202
Isentrope 13
Isotherme 1, 208

Jenaer Glas 36, 41, 42, 43, 44
Josephson-Diode 397
Josephson-Effekt 337ff., 391, 395
Joule-Gesetz 10

Kadmium 54, 202, 386, 421
Kapitza-Widerstand 248, 287, 312, 352ff., 373, 404, 410, 416
Karbonyl-Nickel 83
Karborund 61
Kelvin-Temperaturskala 2, 8, 27
Kernentmagnetisierung 356
Kernmoment, magnetisches 5
Kernorientierungsthermometer 19, 364, 367ff., 408
Kernparamagnetismus 355ff.
Kernresonanzthermometer 360ff., 365ff., 408
Kernspin 5, 6, 357
Kernspin-Temperatur 355, 357
Kernspin-Thermometer 18
Kernsuszeptibilität 18, 356ff.
Kernthermometer 398, 408
Kirchhoffsches Strahlungsgesetz 22
Kirchhoff-Rankine-Gleichung 46
Kitte 409
Kleber 409
Knudsen-Beziehung 48
Kobalt 18, 54
Koeffizient, pyroelektrischer 382
Kohle-Glas-Thermometer 281
Kohle-Widerstandsthermometer 271ff., 289, 316, 408
Kohlendioxid 49, 201
Kohlepapier-Thermometer 278ff.
Kohleschichtbolometer 120
Kohleschicht-Thermometer 277ff., 280, 411
Kompensationsapparat 62, 90, 297
Kompensationsschreiber 171
Kompressibilität 44
Kompressibilitätsfaktor 147
Konstantan 52, 54, 58, 60, 69, 73, 214, 254, 284, 410, 413
Kontakt-Thermometer 44, 169, 170
Konverter, Spannungs-Frequenz- 64, 99
—, Spannungs-Zeit- 64
Körper, grauer 138
—, nichtschwarzer 129, 136
—, schwarzer 22, 106ff., 161, 193

Korrelationsverstärker 21, 154
Korringa-Beziehung 18, 356, 365
Korringa-Konstante 362, 373
Kovar, 61, 88
Kreisprozeß 7, 12, 17
Kreuzfadenpyrometer 132
Kreuzspulinstrument 96
Kristallzüchtungsofen 183
Kryobrücke 284
Krypton 50, 201
Kupfer, 52, 58, 69, 71, 73, 80, 137, 202, 254, 358, 362, 373, 374, 414

Landé-Faktor 18
Lanthan-Cer-Magnesiumnitrat (CLMN) 323
Leuchtdichte 106, 110
Lichtschwächung 132, 135
Lichtstrom 131
Linearisierung, der Thermospannung 66
—, bei Widerstandsthermometern 97
Lindeck-Rothe-Kompensator 62
Linienumkehr 144
Lock-in-Verstärker 65, 299, 301, 346, 426
Lorenz-Lorentz-Gleichung 157
Lötstelle 51, 53, 60
Luftthermostat 176

Magnesia 61, 75
Magnetfeldeinfluß, auf Thermometer 75, 257, 268, 290, 312ff., 402
Mangan 18, 265
Mangan-Ammonium-Sulfat (MAS) 325, 354
Manganin 54, 93, 214, 284, 410
Masse, effektive von Helium-3 406
Mathiessen-Regel 79
Matsushita-Widerstand 284, 288, 293, 313
Meßbrücke, induktive 304ff., 331ff.
Metall, flüssiges 148
Metallthermostat 166
Methan 50, 201
Mikropyrometer 121, 132
Mikroradiometer 126
Miller-Integrator 184
Milliskop 129
Minco-Thermometer 88
Molybdän 57, 61, 77, 137, 149
Mößbauer-Effekt 15, 19, 369ff.
Mueller-Brücke 94
Multiplizierverstärker 156

Nachwirkung, thermische 42
Naphthalin 173, 202
Nebenlötstelle 53, 67, 69, 72
Neél-Temperatur 326
Neon 27, 83, 196, 201, 242, 418, 421
Nernst-Masse 108
Neutronenbestrahlung 58, 61, 75, 293, 314
Nickel 45, 54, 80, 83, 120, 137, 139, 202

Nickel-Widerstandsthermometer 83
Niobium 389, 395
Niobnitrid 124, 127
Normalsilber 253
Nullpunktsdepression 42
Nullpunktsfluktuationen 391
Nullpunktthermostat 172, 197
Nyquist-Formel 118, 390ff.

Oberflächentemperatur 105, 213ff., 221
Ohmite-Widerstand 312
Ordnungstemperatur, magnetische 320

Paramagnetikum 16, 321ff., 353
Peltier-Effekt 51, 172
Peltier-Koeffizient 51
Pentan 41
Petroleum 173
Pfaffsche Differentialgleichung 2
Phasendiagramm 194
Phononenwiderstand 353
Plancksche Strahlungsformel 24, 106
Platin 52, 54, 69, 71, 73, 80, 86, 137, 202, 362, 373, 374
Platin-Rhodium 29, 52, 54, 56, 69, 73, 192
Platin-Temperatur 81
Platin-Widerstandsthermometer 27ff., 80, 99, 104, 191, 192, 264
Porzellan 36, 45, 61, 89
Präzisionsthermostat 178ff.
Primärfixpunkt 195ff.
Primärthermometer 15, 394
Programm-Temperatursteuerung 185ff.
Propan 50
Pyrometer, optische 130ff., 192
Propylen 50

Quanteninterferometer, magnetisches 335ff.
Quarzglas 36, 37, 42, 45, 61, 89
Quarzglasthermometer 88
Quarzschwinger 150
Quarzthermometer 150
Quecksilber 41, 42, 54, 201, 202, 386

Radiometer 126
Rasotherm 36
Rauchglas 112
Raum, schädlicher 35
Rauschfaktor 118
Rauschleistung 117, 155, 181
Rauschspannung 20, 117, 299, 346, 384, 390
Rauschspannungsthermometer 20ff., 151ff., 349, 376, 390ff., 399, 408
Rauschtemperatur, äquivalente 392
Rayleigh-Jeans-Strahlungsformel 25
Réaumur-Skala 10
Reflexionsgrad 23
Reglerempfindlichkeit 165
Relaxationszeit 6, 18, 356, 404
Response-Funktion 97, 99, 425
Restwiderstand 79, 123
Richtungspolarisation 368
Rotationstemperatur 145

Sättigungsdruck 46
Sauerstoff 27, 46, 83, 196, 201, 242
Salz, paramagnetisches s. Paramagnetikum
Schallgeschwindigkeit 147, 250
Schalter, supraleitender 261
Schmelzdruck, von Helium-3 20, 403ff.
Schmelzpunkt 68
Schutzrohr, für Thermometer 61, 89, 87, 203ff., 218
Schwefel 173
Schwefeldioxid 49, 201
Schwefelwasserstoff 49
Seebeck-Koeffizient 56, 74
Seger-Kegel 161
Sektor, rotierender 110
Sekundärfixpunkt 200ff.
Sekundärthermometer 15
Selbstaufheizung 368, 408
Selbsteichung 363
Siedeverzug 195
Siedepunkt 46, 194, 198
Signal/Rausch-Verhältnis 117
Silber 137
Silberschmelzpunkt 82, 27
Silikonfett 409
Silikonöl 193
Silit 61
Silizium 54, 127, 137, 296
Silizium-Widerstandsthermometer 268ff.
Siliziumkarbid 269
Sonar-Manometer 47
Spannungskoeffizient 11
Spannungsteiler, induktiver 303
Spannungsteiler-Meßbrücke 306
Speer-Widerstand 272, 275, 287, 288, 293, 312, 318, 319, 410, 420
Spektralfotometer 135
Spin-Gitter-Relaxationszeit 356
Spin-Spin-Relaxationszeit 356, 361,
Sprungpunkt, supraleitender 122, 317, 351
SQUID 341ff.
SQUID-Magnetometer 344ff., 357ff., 364
SQUID-Rauschspannungsthermometer 393
Stabthermometer 40, 45
Standardthermometer 39, 191
Stefan-Boltzmann-Gesetz 23
Stickoxidul 49, 201
Stickstoff 37, 39, 201
Strahldichte, spektrale 22, 130, 162
Strahlungspyrometer 105
Strahlungstemperatur, schwarze 113

Substanzen, pyroelektrische 382
Superfluidität, von Helium 19, 376, 422
Supraleiter 261, 340, 385, 416, 418ff.
Supraleitungsbolometer 122
Supremax-Glas 42, 43
Suszeptibilität, magnetische 16ff., 320, 328, 354

Tantal 54, 57, 137
Tauchstrahler 109
Teledeltos-Papier 278
Temperatur, absolute 2, 348
—, gasthermometrische 37
—, magnetische 320, 354
—, negative, absolute 5
Temperaturaufzeichnung 190, 259
Temperaturdifferenzmessung 38
Temperaturfeld 60, 142, 156, 226
Temperaturfixpunkt 194, 195, 417
Temperaturgradientenmessung 390
Temperaturkoeffizient, allgemein 9
—, des elektrischen Widerstandes 80
Temperaturintegrator 100
Temperaturleitfähigkeit 218, 289
Temperaturmeßfarben 142
Temperaturmessung, berührungsfreie 223ff.
—, interferometrische 156
—, kalorimetrische 162
—, magnetische 158
Temperaturregelung 164ff., 389, 422
Temperaturskala, absolute thermodynamische 6, 8, 12, 21, 348, 375
—, empfohlene praktische (EPT) 30, 421
—, internationale praktische (IPTS) 26ff., 82, 242, 418, 421
Temperaturskala, strahlungstheoretische 22
Temperaturübertragung, induktive 224
Temperaturwellen 167
Tensionsthermometer 46
Thermistor 84ff., 98, 175, 272
Thermistorbolometer 128
Thermoelement 51ff., 251ff., 408, 415
Thermographie 161, 226
Thermokolore 160
Thermometer, akustisches 26, 148, 250
—, dielektrisches (kapazitives) 313, 377ff., 408
—, ferroelektrisches 159
—, piezoelektrisches 160
—, pyroelektrisches 160, 381ff.
—, supraleitendes 385
—, thermoelektrisches 52ff.
Thermometerkorrektion 39, 69
Thermometerträgheit 203, 216, 268, 287, 289
Thermosäule 53, 115
Thermospannung 29, 51, 62, 252, 259
Thermospannungskonverter 65
Thermostat 164
Thévenin-Theorem 97
Thomson-Brücke 92, 95
Thomson-Effekt 51
Thomson-Joule-Effekt 14, 15, 38
Thomson-Koeffizient 51
Thüringer Glas 43
Toluol 41, 201
Tripelpunkt 194, 197
Tunneldiode 341
Turbinenrührer 173

Übertemperatur 102
Übertragungsfunktion 168
Ultraschall-Resonanzthermometer 149
Unterkühlung 68, 194
Uran 54

Vakuum-Thermoelement 115
Van't Hoff-Beziehung 19
Verdampfungskryostat 424
Verhältnis, gyromagnetisches 356
Verstärker, rauscharmer 152, 392
Verstärkerrauschen 153
Verteilungstemperatur 138, 141
Vicalloy 158

Wanner-Pyrometer 135
Wärmeausdehnungskoeffizient 44
Wärmekapazität, von Thermometern 289
Wärmeleitfähigkeit 167, 204, 214, 287, 289, 352, 413
Wärmeübergangszahl 204, 214
Wasser 27, 83, 197, 199
Wassersiedepunkt 198
Wasserstoff 27, 37, 38, 39, 83, 195, 243, 421
Wasserthermostat 174
Wassertripelpunkt 197
Weak link 341
Wechselrichter, supraleitender 261
Wechselspannungsbrücke, gepulste 309
—, selbstabgleichend 308
Wechselspannungskompensator 307ff.
Wechselstrombrücke 285, 298, 301, 309, 378
Weiß-Konstante 320ff., 327
Wellenlänge, effektive 107
Wheatstone-Brücke 91, 118, 177, 304
Widerstand, elektrischer 78ff.
Widerstands-Frequenz-Konverter 310
Widerstandskonverter 97
Widerstandsrauschen 115
Widerstandsthermometer 78ff., 86ff., 263ff.
—, supraleitendes 387ff.
Widerstandsverhältnis 28, 67, 81
Wien-Brücke 310

Wien-Strahlungsformel 24, 106ff., 113, 130
Wiensches Verschiebungsgesetz 23
Winkel-Korrelationskoeffizient 367
Wirbelstromverluste 362
Wolfram 57, 77, 137, 139, 202
Wurzelheizung 207

Xenon 50, 105, 201

Zeitkonstante, des Thermometers 117, 289, 374, 383, 416
Zink 27, 30, 54, 199ff., 202, 386, 421
Zinn 83, 123, 124, 127, 137, 386
Zirkon 389
Zirkonoxid 61
Zustandssumme 4, 17
Zweifarbenpyrometer 142

GPSR Compliance

The European Union's (EU) General Product Safety Regulation (GPSR) is a set of rules that requires consumer products to be safe and our obligations to ensure this.

If you have any concerns about our products, you can contact us on ProductSafety@springernature.com

In case Publisher is established outside the EU, the EU authorized representative is:

Springer Nature Customer Service Center GmbH
Europaplatz 3
69115 Heidelberg, Germany

Batch number: 10683525

Printed by Printforce, the Netherlands